2011年11月24日，《中国气候与环境演变：2012》第六次首席主笔会议在海南省海口市召开

中国科学院、中国气象局、中国科学院寒区旱区环境与工程研究所、冰冻圈科学国家重点实验室　联合资助

中国气候与环境演变:2012

总主编:秦大河

第三卷　减缓与适应

主　编:潘家华　胡秀莲

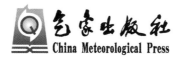

气象出版社

China Meteorological Press

中国气候与环境演变:2012

总 主 编 秦大河

副总主编 丁永建　穆　穆

顾 问 组（按姓氏笔画排列）

丁一汇	丁仲礼	王　颖	叶笃正	任振海	伍荣生
刘丛强	刘昌明	孙鸿烈	安芷生	吴国雄	张　经
张彭熹	张新时	李小文	李吉均	苏纪兰	陈宜瑜
周卫健	周秀骥	郑　度	姚檀栋	施雅风	胡敦欣
徐冠华	郭华东	陶诗言	巢纪平	傅伯杰	曾庆存
焦念志	程国栋	詹文龙			

评审专家（按姓氏笔画排列）

马继瑞	马耀明	方长明	王乃昂	王式功	王　芬
王苏民	王金南	王　浩	王澄海	邓　伟	冯　起
刘子刚	刘　庆	刘昌明	刘春蓁	刘晓东	刘秦玉
朱立平	阳　坤	齐建国	吴艳宏	宋长春	宋金明
张龙军	张军扩	张廷军	张启龙	张志强	张　强
张　镭	张耀存	李　彦	李新荣	杨　保	苏　明
苏晓辉	陈亚宁	陈宗镛	陈泮勤	周华坤	周名江
易先良	林　海	郑　度	郑景云	南忠仁	姚檀栋
洪亚雄	贺庆棠	赵文智	赵学勇	赵新全	唐森铭
夏　军	徐新华	秦伯强	钱维宏	高会旺	高尚玉
巢清尘	康世昌	阎秀峰	黄仁伟	黄季焜	黄惠康
彭斯震	曾少华	程义斌	程显煜	程根伟	蒋有绪
谢祖彬	韩　发	管清友	翟惟东	蔡运龙	戴新刚

文字统稿 孙惠南　赵宗慈　郎玉环　刘潮海

办 公 室 冯仁国　巢清尘　赵　涛　高　云　王文华　谢爱红

　　　　　王亚伟　赵传成　熊健滨　傅　莎

第三卷 减缓与适应

主　编　潘家华　胡秀莲

主　笔（按姓氏笔画排列）

　　　　于宏源　王　克　任　勇　庄贵阳　许光清　张车伟

　　　　张坤民　张海滨　杨宏伟　陈　迎　周大地　郑易生

　　　　姚愉芳　姜克隽　胡秀莲　喻　捷　潘家华　潘根兴

贡献者（按姓氏笔画排列）

　　　　王　宇　王　谋　邓梁春　冯升波　冯相昭　田春秀

　　　　刘　强　朱伟云　张海东　李玉红　杨玉盛　陈冬梅

　　　　傅　莎　谢来辉　薛艳艳　魏　珣

序 一

在中国共产党第十八次全国代表大会胜利结束,强调科学发展观、倡导生态文明之际,《中国气候与环境演变:2012》即将出版,这对全面深刻认识中国气候与环境变化的科学原理和事实,这些变化对行业、部门和地区产生的影响,积极应对气候和环境变化,主动适应、减缓,建设生态文明,促进我国经济社会可持续发展,实现 2020 年全面建成小康社会的目标,有着重要意义。

早在 2000 年,中国科学院西部行动计划(一期)实施之初,中国科学院就启动了《中国西部环境演变评估》工作。该项工作立足国内、面向世界,主要依据半个多世纪以来中国科学家的研究和工作成果,参照国际同类研究,组织全国 70 多位专家,对我国西部气候、生态与环境变化进行了科学评估,其结论对认识我国西部生态与环境本底和近期变化,实施西部大开发战略,科学利用和配置西部资源,保护区域环境,起到了重要作用。

在上述工作开展的过程中,在中国科学院和中国气象局共同支持下,2002 年 12 月又开始了《中国气候与环境演变》(简称《科学报告》)和《中国气候变化国家评估报告》(简称《国家报告》)的编制工作。这两个报告相辅相成,《科学报告》为《国家报告》提供科学评估依据,是为基础;《国家报告》关注其核心结论及影响、适应和减缓对策。这两个报告分别于 2005 年和 2007 年正式出版,报告的出版,标志着我国对全球气候环境变化的系统化、科学化的综合评估工作走向了国际,成为国际重要的区域气候环境科学评估报告之一,既丰富了国际上气候变化科学的内容,也为我国制定应对气候变化政策,坚持可持续发展的自主道路,以及国际气候变化政府谈判等,提供了科学支持,发挥了重要作用。

为了继续发挥科学评估工作的影响和作用,在中国科学院西部行动计划(二期)和中国气象局行业专项支持下,2008 年《中国气候与环境演变:2012》(简称《第二次科学报告》)的评估工作开始启动。这次评估报告是在联合国政府间气候变化专门委员会(IPCC)第四次评估报告(AR4)2007 年发布后引起广泛关注基础上开展的,之所以确定在2012 年出版,目的是为将于 2013 年和 2014 年发布 IPCC 第五次评估报告(AR5)提供更多、更新的中国区域的科学研究成果,为国际气候变化评估提供支持。为此,我们尽可能吸收参加 IPCC AR5 工作的中国主笔、贡献者和评审人加入《第二次科学报告》撰写专家队伍,这有利于把中国的最新评估成果融入 AR5 报告,增强中国科学家在国际科学舞台上的声音。另外,还可使《第二次科学报告》接受国际最新成果和认识的影响,以国际视野、结合中国国情，探讨适应与减缓的科学途径，使我们的报告更加国际化。此外，在AR5正式发布之前出版此报告，可以形成从国际视野认识气候环境变化、从区域角度审视中国在全球气候变化中的地位和作用的全景式科学画卷。

　　本报告由三卷主报告和一卷综合报告组成，内容涉及中国与气候、环境变化的自然、社会、经济和人文因素的诸多方面，是一部认识中国气候与环境变化过程、影响领域、适应方式与减缓途径的最权威科学报告。对此，我为本报告的出版而感到欣慰。

　　参加本报告的100多位科学家来自中国科学院、中国气象局、教育部、水利部、国家海洋局、农业部、国家林业局、国家发展和改革委员会、中国社会科学院、卫生部等部门的一线，他们为本报告的完成付出了辛勤劳动和艰辛努力。我为中国科学院能够主持并推动这一工作而感到高兴，对科学家们的辛勤工作表示衷心感谢，对取得如此优秀的成果表示祝贺！我相信，本报告的出版，必将为深入认识气候与环境变化机理、积极应对气候与环境变化影响，在适应与减缓气候与环境变化、实现生态文明国家目标中起到重要作用。我还要指出，本报告的出版只代表一个阶段的结束，预示着下一期评估工作的开始，而要将这一工作持续推动，需要全国科学家的合作、努力与奉献。

中国科学院院长

发展中国家科学院院长

二〇一二年十二月

序 二

在政府间气候变化专门委员会(IPCC)第五次评估报告(AR5)即将发布之前,《中国气候与环境演变:2012》(简称《第二次科学报告》)出版在即,这是一件值得庆贺、令人欣慰的事。我向以秦大河院士为主编的科学评估团队四年来的认真、细致、辛勤工作表示衷心的感谢!

2005年,由中国气象局和中国科学院共同支持,国内众多相关领域专家历时三年合作完成的《中国气候与环境演变》正式出版。这是我国第一部全面阐述气候与环境变化的科学报告,不仅为系统认识中国气候与环境变化、影响及适应途径奠定了坚实的科学基础,还为之后组织完成的《第二次科学报告》提供了重要科学依据,在科学界和社会产生了广泛的影响。《中国气候与环境演变》评估工作借鉴IPCC工作模式,以严谨的工作模式梳理国内外已有研究成果,以求同存异的态度从争议中寻求科学答案,以综合集成的工作方式从众多文献中凝集和提升主要结论,从而使这一研究工作体现出涉猎文献的广泛性、遴选成果的代表性、争议问题的包容性、凝集成果的概括性,这也是这一评估成果受到广泛关注和好评的主要原因所在。

2008年,中国气象局与中国科学院再次联合资助立项,启动了《第二次科学报告》评估研究,其主要目的是为了继续发挥科学评估工作的影响和作用,与IPCC第五次评估报告(AR5)相衔接,进一步加强对我国气候与环境变化的认识,积极推动我国科学家的相关研究成果进入到IPCC AR5中,扩大中国科学家研究成果的国际影响力,为我国科学家参与AR5工作提供支持。这次评估工作,在关注国际全球和洋盆尺度评估的同时,更加强调在区域尺度开展评估工作。因此,《第二次科学报告》对国际上正在开展的区域尺度气候环境变化评估工作是一种推动,也是一个贡献。我对此特别赞赏,并衷心祝贺!

我们特别高兴地看到,参与《第二次科学报告》的绝大多数作者以IPCC联合主席、主笔、主要贡献者和评审专家等身份参与了IPCC AR5工作中,对全球气候变化及其影响的科学评估工作发挥了积极作用。我相信,这些专家在参与国内气候与环境变化评估研究的基础上,一定会将中国科学家的更多研究成果介绍到国际上去。

在经历了第一次科学评估工作并积累丰富经验之后,《第二次科学报告》已经完全与国际接轨,从科学基础、影响与脆弱性和减缓与适应三个方面对我国气候与环境变化进行了系统评估。从本次评估中可以看出,我国相关领域的研究成果较上次评估时已经取得了显著进展,尤其是影响、脆弱性、适应和减缓方面的研究,进展更加显著,这主要体现在研究文献数量已有了很大增长,质量也大大提高,有力支持本次评估研究能够从三方面分卷开展。我相信,如果这一评估工作能够周期性地持续坚持下去,将推动我国相关领域研究向更加深入的程度、更加广泛的领域发展,也必将为我国科学家以国际视野、区域整体角度审视气候变化、影响与适应和减缓提供科学借鉴和支持,促进我国科学家在国际舞台上发挥更大作用。

郑国光

中国气象局局长

IPCC 中国国家代表

2012 年 12 月 10 日

前　言

　　全球气候与环境变化问题是当代世界性重大课题。从 1990 年起,联合国政府间气候变化专门委员会(IPCC)连续出版了四次评估报告,其中,以 2007 年发布的第四次评估报告(IPCCAR4)影响最大,之后又启动了第五次评估报告(IPCCAR5)工作。在我国,2005年出版了第一次《中国气候与环境演变》科学评估报告,该报告为中国第一次《气候变化国家评估报告》的编写奠定了坚实的科学基础。为了与国际气候变化评估工作协调一致,总结中国科学家的研究成果并向世界推介,也为了宣传中国科学家对全球气候和环境变化科学做出的贡献,四年前我们申请就中国气候与环境变化科学进行再评估,即开展第二次科学评估工作。2008 年,这项工作在中国科学院和中国气象局的支持和资助下正式立项、启动,称之为《中国气候与环境变化:2012》,意思是在 2012 年完成并出版,以便与2013—2014 年 IPCC 第五次评估报告的出版相衔接。

　　四年来,科学评估报告专家组 197 位专家(71 位主笔作者,126 位贡献者)同心协力,团结合作,兢兢业业,一丝不苟地工作,先后举行了四次全体作者会议、九次各章主笔会议和六次综合卷主要作者会议。报告全文写了四稿,在第三、第四稿完成后,先后两次分送专家评审,提出修改意见,几经修改,终于完成并定稿。现在,《中国气候与环境变化:2012》将与大家见面,我感到无比欣慰。

　　本书采用科学评估的程序和格式进行编写,在广泛了解国内外最新科研成果的基础上,面对大量文献,在科学认知水平和实质进展方面反复甄别,提取主流观点,形成了本报告的主要结论。在选取文献时,以近期正式刊物发表的研究成果为主要依据,引用权威数据和结论,对中国气候与环境变化的科学、气候与环境变化的影响与适应及减缓对策等诸多问题,进行了综合分析和评估。《中国气候与环境变化:2012》的出版目的是能够为国家应对全球变化的战略决策提供重要科学依据。在本评估报告的工作接近尾声时,我国还出版了《第二次气候变化国家评估报告》,本科学报告也为这次国家评估报告的编制奠定了基础。

　　《中国气候与环境演变:2012》共分四卷,分别为《第一卷　科学基础》、《第二卷　影响与脆弱性》、《第三卷　减缓与适应》及《综合卷》。报告在结构上与 IPCC 评估报告基本一致,这样做便于两者相互对比。第一卷主要从过去时期的气候变化、观测的中国气候和东亚大气环流变化、冰冻圈变化、海洋与海平面变化、极端天气气候变化、全球与中国气候变化的联系、大气成分及生物地球化学循环、全球气候系统模式评估与预估及中国区域气候预估等方面对中国气候变化的事实、特点、趋势等进行了评估,是认识气候变化的科学基础。第二卷主要涉及气候与环境变化对气象灾害、陆地地表环境、冰冻圈、陆地水文与水资源、陆地自然生态系统和生物多样性、近海与海岸带环境、农业生产、重大工程、区域发展及人居环境与人体健康的影响等内容,最后还从适应气候变化的方法和行动上进行了评估。第三卷主要从减缓气候变化的视角,从化减缓为发展的模式转型、温室气体排放情景分析、温室气体减排的技术选择与经济潜力、可持续发展政策的减缓效应、低碳经济的政策选择、国际协同减缓气候变化、社会参与及综合应对气候变化等八个方面讨论了减缓气候变化的途径与潜力。为了方便决策者掌握本报告的核心结论,我们召集卷主笔和部分章主笔撰写了《综合卷》。《综合卷》是对第一、第二和第三卷报告的凝练与总结,对现阶段的科学认识给出了阶段性结论。有些结论并非共识,但事关重大,我们在摆出自己倾向性观点的同时,也对其他观点给予说明与罗列。考虑到科学报告应秉持的开放性以及方便中外交流,《综合卷》还出版了英文版。

上述四卷的内容涉及气候与环境变化的自然、社会、经济和人文因素的诸多方面,是目前国内认识中国气候与环境变化过程、影响及适应方式与减缓途径领域里最权威的科学报告。为此,我为本报告的出版而感到欣慰和兴奋!

参加本报告编写的专家共有 197 人,他们来自全国许多部门,包括中国科学院、中国气象局、教育部、卫生部、水利部、国家海洋局、农业部、国家林业局、国家发展和改革委员会、外交部、财政部、中国社会科学院以及一些社会团体。另外,还有 78 位一线专家审阅了报告,提出了宝贵的意见。我衷心感谢全体作者和贡献者、审稿专家、项目办和秘书组,以及中国科学院和中国气象局,感谢他们的辛勤劳动和认真负责的态度,感谢部门领导的大力支持。本书是多部门、多学科专家学者共同劳动的结晶,素材又源于科学家的研究成果,所以本书也是中国科学家的成果。

孙惠南、赵宗慈、郎玉环、刘潮海研究员对全书进行了文字统稿。中国科学院冰冻圈科学国家重点实验室负责项目办和秘书组工作,王文华、王亚伟、谢爱红、赵传成、熊健滨、傅莎组成秘书组为本项目做了大量且卓有成效的工作。气象出版社张斌等同志任本书责任编辑,他们认真细致的工作使本书质量得到保证。在此我们一并表示衷心感谢!

由于气候与环境变化科学的复杂性以及仍然存在学科上的不确定性,加之项目组专家的水平问题等,本报告必然有不足和疏漏之处,我们期待着广大读者的批评与指正。你们的批评意见也是开展下一次科学评估工作的动力。

2012 年 12 月 11 日于北京

目　　录

第一章　低碳转型的挑战 ……………………………………………………（ 1 ）

　　1.1　减缓气候变化的科学基础与研究进展 …………………………（ 1 ）

　　　　1.1.1　科学认识气候变化 …………………………………………（ 1 ）

　　　　1.1.2　全球温室气体排放 …………………………………………（ 2 ）

　　　　1.1.3　我国温室气体排放情况 ……………………………………（ 3 ）

　　　　1.1.4　减缓气候变化研究进展 ……………………………………（ 4 ）

　　1.2　减缓气候变化的挑战与机遇 ……………………………………（ 6 ）

　　　　1.2.1　减缓气候变化的经济约束 …………………………………（ 7 ）

　　　　1.2.2　减缓气候变化促进可持续发展 ……………………………（ 8 ）

　　　　1.2.3　减缓气候变化的战略选择 …………………………………（ 11 ）

　　　　1.2.4　中国的努力与成效 …………………………………………（ 14 ）

　　1.3　减缓气候变化的评估内容和不确定性问题 ……………………（ 15 ）

　　　　1.3.1　评估的主要内容 ……………………………………………（ 16 ）

　　　　1.3.2　评估结论的不确定性 ………………………………………（ 16 ）

　　参考文献 ………………………………………………………………（ 17 ）

第二章　温室气体排放情景分析 ……………………………………………（ 19 ）

　　2.1　情景研究方法 ……………………………………………………（ 19 ）

　　　　2.1.1　背景 …………………………………………………………（ 19 ）

　　　　2.1.2　排放情景的定性分析 ………………………………………（ 20 ）

　　　　2.1.3　排放情景的定量分析 ………………………………………（ 21 ）

　　　　2.1.4　IPCC 排放情景 ……………………………………………（ 23 ）

　　2.2　中国排放情景回顾和评价 ………………………………………（ 25 ）

　　　　2.2.1　社会经济情景 ………………………………………………（ 25 ）

　　　　2.2.2　能源情景 ……………………………………………………（ 30 ）

　　　　2.2.3　二氧化碳排放情景 …………………………………………（ 36 ）

　　　　2.2.4　工艺过程和其他温室气体排放情景 ………………………（ 38 ）

　　2.3　技术与政策 ………………………………………………………（ 40 ）

　　　　2.3.1　减排情景中的技术因素 ……………………………………（ 40 ）

　　　　2.3.2　减排成本 ……………………………………………………（ 43 ）

　　　　2.3.3　国际机制情景 ………………………………………………（ 48 ）

　　　　2.3.4　情景中的减排政策 …………………………………………（ 49 ）

　　参考文献 ………………………………………………………………（ 50 ）

第三章　温室气体减排的技术选择与经济潜力 ……………………………（ 51 ）

　　3.1　引言 ………………………………………………………………（ 51 ）

　　3.2　能源供应部门 ……………………………………………………（ 53 ）

3.2.1 化石燃料发电技术 ……………………………………………（ 53 ）

3.2.2 核电 ……………………………………………………………（ 56 ）

3.2.3 可再生能源发电 ………………………………………………（ 56 ）

3.2.4 中国低碳发电技术减排潜力与成本估算 ……………………（ 60 ）

3.3 工业部门 ………………………………………………………………（ 61 ）

3.3.1 能源利用技术现状及发展趋势 ………………………………（ 61 ）

3.3.2 温室气体关键减排技术评价与选择 …………………………（ 63 ）

3.3.3 关键减排技术的减排潜力和成本分析 ………………………（ 67 ）

3.3.4 实施减排技术的障碍和政策措施 ……………………………（ 70 ）

3.4 交通运输部门 …………………………………………………………（ 71 ）

3.4.1 温室气体减排技术现状和趋势 ………………………………（ 71 ）

3.4.2 温室气体减排技术评价和选择 ………………………………（ 72 ）

3.4.3 温室气体减排成本和潜力分析 ………………………………（ 75 ）

3.4.4 实现减排技术的障碍和政策措施 ……………………………（ 77 ）

3.5 建筑部门 ………………………………………………………………（ 79 ）

3.5.1 温室气体减排现状和趋势 ……………………………………（ 79 ）

3.5.2 温室气体减排技术评价和选择 ………………………………（ 79 ）

3.5.3 温室气体减排技术的减排成本和潜力分析 …………………（ 81 ）

3.5.4 实施减排技术的障碍和政策措施 ……………………………（ 83 ）

3.6 农业和能源作物 ………………………………………………………（ 83 ）

3.6.1 温室气体减排技术现状和趋势 ………………………………（ 83 ）

3.6.2 温室气体减排技术评价和选择 ………………………………（ 84 ）

3.6.3 温室气体减排成本和经济潜力分析 …………………………（ 91 ）

3.6.4 实现减排潜力的障碍与政策措施 ……………………………（ 91 ）

3.7 林业部门 ………………………………………………………………（ 92 ）

3.7.1 温室气体减排技术现状和趋势 ………………………………（ 92 ）

3.7.2 减排技术评价与选择 …………………………………………（ 93 ）

3.7.3 减排技术的经济潜力 …………………………………………（ 96 ）

3.7.4 小结 ……………………………………………………………（ 96 ）

3.8 畜牧业 …………………………………………………………………（ 97 ）

3.8.1 温室气体排放现状 ……………………………………………（ 97 ）

3.8.2 养殖业甲烷排放及其减排 ……………………………………（ 97 ）

3.8.3 养殖业与养殖环境的减排潜力分析 …………………………（ 99 ）

3.9 农林废弃物 ……………………………………………………………（ 100 ）

3.9.1 农林废弃物温室气体排放现状 ………………………………（ 100 ）

3.9.2 温室气体减排技术与潜力 ……………………………………（ 100 ）

3.9.3 废弃物减排的技术和经济分析 ………………………………（ 102 ）

3.9.4 废弃物温室气体减排的障碍和政策措施 ……………………（ 103 ）

3.9.5 小结 ……………………………………………………………（ 103 ）

参考文献 ………………………………………………………………………（ 103 ）

第四章 可持续发展政策对气候变化的减缓效应 ……………………………（ 106 ）

4.1 引言 ……………………………………………………………………（ 106 ）

4.2 中国可持续发展战略思想及政策体系 …………………………………………（107）
    4.2.1 中国可持续发展战略思想的形成和发展 ……………………………（107）
    4.2.2 中国可持续发展政策体系 ……………………………………………（108）
    4.2.3 中国可持续发展主要政策减缓效应评价思路 ………………………（110）
4.3 转变经济发展方式政策的减缓效应 …………………………………………（111）
    4.3.1 产业结构调整政策的减缓效应 ………………………………………（111）
    4.3.2 优化国土开发格局政策的减缓效应 …………………………………（113）
    4.3.3 绿色贸易政策的减缓效应 ……………………………………………（114）
    4.3.4 绿色消费政策的减缓效应 ……………………………………………（115）
4.4 社会政策的减缓效应 …………………………………………………………（116）
    4.4.1 人口与计划生育政策的减缓效应 ……………………………………（116）
    4.4.2 扶贫开发政策的减缓效应 ……………………………………………（119）
4.5 能源政策的减缓效应 …………………………………………………………（122）
    4.5.1 中国经济社会可持续发展对能源的要求 ……………………………（122）
    4.5.2 合理引导需求的能源政策 ……………………………………………（127）
    4.5.3 优化能源结构的能源政策 ……………………………………………（132）
    4.5.4 能源政策的减缓效果 …………………………………………………（137）
4.6 生态环境保护政策的减缓效应 ………………………………………………（138）
    4.6.1 生态保护与植被建设政策的减缓效应 ………………………………（139）
    4.6.2 大气污染控制政策的减缓效应 ………………………………………（141）
    4.6.3 垃圾处理处置政策的减缓效应 ………………………………………（142）
4.7 小结 ……………………………………………………………………………（143）
参考文献 ……………………………………………………………………………（144）

第五章 低碳经济的政策选择 ………………………………………………………（145）
4.1 低碳经济的概念辨识及评价指标体系 ………………………………………（145）
    5.1.1 低碳经济的概念及其内涵 ……………………………………………（145）
    5.1.2 低碳经济的核心要素 …………………………………………………（147）
    5.1.3 低碳经济的评价指标体系 ……………………………………………（148）
5.2 实现低碳经济的途径 …………………………………………………………（150）
    5.2.1 节约能源和提高能效 …………………………………………………（150）
    5.2.2 能源体系低碳化 ………………………………………………………（151）
    5.2.3 保持并增加自然碳汇 …………………………………………………（152）
    5.2.4 推行低碳价值理念 ……………………………………………………（153）
    5.2.5 非 CO_2 类温室气体减排 ……………………………………………（154）
5.3 国外低碳经济政策与实践 ……………………………………………………（155）
    5.3.1 法律法规等命令控制手段 ……………………………………………（155）
    5.3.2 财税引导与激励政策手段 ……………………………………………（157）
    5.3.3 市场灵活机制 …………………………………………………………（159）
    5.3.4 信息支持及自愿性行动 ………………………………………………（160）
    5.3.5 国际低碳经济政策对中国的启示 ……………………………………（161）
5.4 低碳经济的政策选择 …………………………………………………………（163）
    5.4.1 可持续发展的政策矩阵 ………………………………………………（163）

5.4.2 实施法律法规等命令控制手段 ……………………………………（164）

5.4.3 实施利用市场的财税引导与激励政策手段 …………………………（167）

5.4.4 创建灵活的市场机制——"碳信用"与"碳交易" ……………………（170）

5.4.5 加强信息支持、自愿性行动等鼓励公众参与的政策 …………………（171）

参考文献 ………………………………………………………………………（172）

第六章 国际合作减缓气候变化 ……………………………………………（175）

6.1 国际合作减缓气候变化的现状 …………………………………………（175）

6.1.1 全球气候变化合作的必然性 …………………………………………（175）

6.1.2 全球气候合作的发展与曲折 …………………………………………（176）

6.1.3 联合国框架下的气候变化合作 ………………………………………（180）

6.1.4 国际合作的其他平台和重要机制 ……………………………………（181）

6.2 参与全球气候合作意愿的影响因素分析 ………………………………（182）

6.2.1 生态和地理环境因素 …………………………………………………（182）

6.2.2 市场和经济利益 ………………………………………………………（183）

6.2.3 能源安全 ………………………………………………………………（185）

6.2.4 政治驱动因素和气候变化的协同 ……………………………………（186）

6.3 国际合作的减缓气候变化方面评估 ……………………………………（189）

6.3.1 国际合作减排的经济评估 ……………………………………………（189）

6.3.2 国际合作减排的政治评估 ……………………………………………（192）

6.3.3 国际协同对国内制度建设的影响 ……………………………………（194）

6.4 中国同国际社会应对减缓气候变化的全方位合作 ……………………（195）

6.4.1 多边合作 ………………………………………………………………（195）

6.4.2 双边合作 ………………………………………………………………（199）

6.4.3 挑战与困境 ……………………………………………………………（201）

6.5 未来国际气候制度的设计 ………………………………………………（202）

6.5.1 国际气候制度评估 ……………………………………………………（202）

6.5.2 国外关于2012年后国际气候制度的各种建议 ………………………（204）

6.5.3 国际气候制度与公平原则 ……………………………………………（211）

6.5.4 国际气候制度与技术转让 ……………………………………………（213）

参考文献 ………………………………………………………………………（218）

第七章 地方政府和社会参与 ……………………………………………（221）

7.1 引言 ………………………………………………………………………（221）

7.2 地方政府的参与 …………………………………………………………（222）

7.2.1 气候变化与城市的责任 ………………………………………………（222）

7.2.2 国际城市的减缓目标和方法 …………………………………………（223）

7.2.3 中国城市的减缓现状与努力 …………………………………………（226）

7.2.4 低碳城市在中国遇到的挑战 …………………………………………（231）

7.3 企业的参与 ………………………………………………………………（235）

7.3.1 企业减排的驱动力 ……………………………………………………（235）

7.3.2 企业着手减排的步骤 …………………………………………………（239）

7.3.3 行政手段与市场手段 …………………………………………………（240）

7.4 公众与社团参与 ……………………………………………………（242）
　　7.4.1 气候变化与公众参与 ………………………………………（242）
　　7.4.2 国际气候政治的公众参与新趋势 …………………………（243）
　　7.4.3 社团和公民团体在中国减缓气候变化中的参与 …………（244）
7.5 低碳与可持续消费 ……………………………………………………（247）
　　7.5.1 可持续消费政治议程的进展 ………………………………（247）
　　7.5.2 可持续消费理论探索中的几个关键问题 …………………（248）
　　7.5.3 低碳和可持续消费 …………………………………………（250）
参考文献 ………………………………………………………………………（252）

第八章 综合应对气候变化 …………………………………………………（253）
8.1 引言 ……………………………………………………………………（253）
8.2 减缓和经济发展战略与政策的协同 …………………………………（254）
　　8.2.1 中国经济发展阶段和主要问题 ……………………………（254）
　　8.2.2 减缓气候变化给中国经济发展带来的挑战和机遇 ………（256）
　　8.2.3 中国经济发展战略重点和减缓政策的协同 ………………（258）
　　8.2.4 减缓与能源安全的协同 ……………………………………（263）
8.3 减缓和社会发展的协同 ………………………………………………（266）
　　8.3.1 减缓与扶贫的协同 …………………………………………（266）
　　8.3.2 减缓与就业的协同 …………………………………………（268）
　　8.3.3 减缓与保障妇女权益的协同 ………………………………（271）
8.4 减缓与环境政策的协同 ………………………………………………（272）
　　8.4.1 减缓与环境政策的相互关系 ………………………………（272）
　　8.4.2 减缓与环境政策的协同 ……………………………………（272）
8.5 减缓与适应的协同 ……………………………………………………（274）
　　8.5.1 减缓和适应的差异性 ………………………………………（274）
　　8.5.2 减缓和适应的协同与权衡取舍 ……………………………（275）
　　8.5.3 促进减缓和适应气候政策的协同 …………………………（275）
8.6 综合应对气候变化,促进绿色经济转型 ……………………………（276）
参考文献 ………………………………………………………………………（277）

第一章　低碳转型的挑战

主　笔:潘家华,周大地
贡献者:王　谋,张海东

提　要

本章简要介绍减缓气候变化在气候变化研究中的地位和作用,概述减缓气候变化国际国内主要的研究成果,分析减缓气候变化的困境,并从福利经济学的角度考察实施减缓战略的经济约束。面对气候变化的挑战,提出化"危"为"机"的减缓模式,在技术创新、消费模式和能源结构等方面实现转型,在推进转型中需注意地区差异、阶段特征可能导致的转型误区,促进国际合作。社会经济的低碳转型,应该作为实现减缓气候变化的战略选择,本章对转型路线图以及相应的制度保障也进行了阐述。作为第三卷的导论,本章不仅勾画了低碳转型的进展和相关问题及其关联,并就认识和看待研究中存在的各种不确定性进行了分析。

1.1　减缓气候变化的科学基础与研究进展

气候变化,涉及环境、经济安全以及社会稳定等众多人类可能面临的棘手问题,是当前备受国际社会关注的一个重大议题,对人类社会的可持续发展带来严峻的挑战。为应对全球气候变化,以 1988 年政府间气候变化专门委员会(IPCC)的成立为标志,人类开始不断加强在气候变化方面的科学研究,相继发布了四次评估报告,为各国政府和国际社会提供了比较权威的科学信息,同时也推动了国际社会之间的合作和政府间谈判的进行。

1.1.1　科学认识气候变化

科学认识气候变化,不仅要分析气候的历史、现在和未来,更需要了解气候变化的原因、影响及对策。据 IPCC(2007a)报告,人类活动成为当今气候变暖的主要驱动因素,这个观点在国际学术界以及国际社会是主流认识,全球也正在共同经历气候变化所导致的更加频繁的种种气候极端事件。科学认知气候变化,涉及气候变化的科学基础、影响脆弱性与适应和如何减缓气候变化。首先是气候变化的基础研究,包括气候变化趋势、气象观测以及气候变化原因分析等内容,也被称作认识气候变化的自然科学基础;气候变化必然会作用于地表生态系统以及附着于环境生态系统的人类社会,对这些影响的广度和深度的判断以及如何适应这些气候变化导致的影响,构成科学认识气候变化的第二部分,也就是气候变化的影响和适应;如前所述,如今气候变化与地质历史时期地球作为天体的运动规律而导致的冷暖更替不同,气候变暖主要是由于人类活动,尤其是人类活动中化石燃料燃烧排放导致大气温室气体浓度增加造成的,因此,通过社会治理,减少温室气体排放,减缓气候变化,维护气候与环境安全,成为科学认识气候变化问题第三部分研究内容,即减缓气候变化,同时这也是人类社会治理气候问题、应对气候变化最直接的战场。

科学认识气候变化的三个部分相互紧密联系,尤其是在未来气候变化趋势预估,适应方式和人类发展约束等方面。气候变化的科学研究,会逐渐清晰地给出影响气候变化的主要因素,以及气候变化的趋势和保证气候系统安全的各种阈值,如温室气体浓度目标、辐射强迫目标值等(丁一汇,2007);影响和适应研究则根据假设的温度变化情景,对农业、林业、水资源、海岸带等问题开展影响评估以及适应研究,提出适应方案与对策;减缓领域的研究则更为综合,不仅包括关键减排技术的研发与部署,更包括国际社会协同应对气候变化制度构建以及责任和义务约束。

按照上述方法,本卷作为《中国气候与环境演变 2012》的第三卷,核心为科学认识减缓气候变化问题,重点关注国际气候制度、关键技术选择、经济发展模式等相关问题。

减缓气候变化是指通过经济、技术等各种政策、措施和手段,以及增加温室气体碳汇,努力控制温室气体的排放(陈宜瑜等,2005)。近年来的有关研究和决策实践表明,减缓已经成为当今国际经济关系和国际政治的一个焦点问题。由于气候变化源之于温室气体排放,而温室气体的排放是因为化石能源的消费,化石能源消费又是经济增长的动力和一定物质生活水平的保障。这样,气候变化与经济增长和生活水平直接相关联,从而涉及国家利益即经济发展的空间和温室气体减排的费用分担。在IPCC 的四次评估报告中可以明显地看到"科学"的成分中所体现的国家利益内涵以及国际政治妥协下的科学"平衡"(潘家华等,2007)。

1.1.2 全球温室气体排放

全球温室气体排放,主要源自化石燃料燃烧产生的 CO_2 排放,自工业革命以来呈现快速增加态势。全球与化石燃料相关的 CO_2 排放,从 19 世纪中叶的约 2 亿吨,增长到 2010 年的 290 亿吨,增长 144 倍(图 1.1)。2006 年,电力及热力供应排放大约占 GHG(温室气体排放)的 45.1%,制造业和建筑业占 19.2%,交通运输业占 19.2%,其他燃料燃烧占 11.3%,工业过程温室气体排放占 4.5%(WRI,2009)。

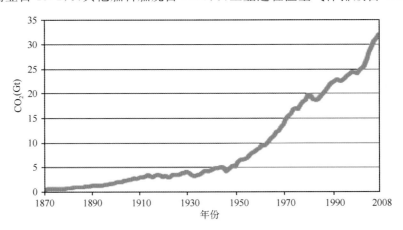

图 1.1　全球温室气体排放的历史变化(来源:美国能源部二氧化碳信息分析中心)

延续现行的气候减缓政策和相关的可持续发展做法,未来几十年全球温室气体排放将继续增加。根据 IPCC 第四次评估报告,在 SRES 非减缓情景下[①],预估 2000—2030 年全球基线温室气体排放量将增加,增幅区间为 97 亿吨 CO_2 当量至 367 亿吨 CO_2 当量。在 SRES(IPCC,2000)各情景中,预估到 2030 年甚至更长时间,化石燃料仍在全球能源结构中占主导地位。因此,预估 2000—2030 年能源利用过程中的 CO_2 排放量将在这一期间增加 40%~110%。预估在能源领域 CO_2 排放增量的三分之二至四分之三将来自非附件一国家(即发展中国家),预估到 2030 年这些国家的人均能源 CO_2 排放(2.8~5.1 吨 CO_2)仍低于发达国家人均排放水平(9.6~15.1 吨 CO_2)。

主要温室气体排放行业包括:

能源供应。全球能源行业碳排放一直持续上升,如果不采取有效的政策行动,预计来自化石燃料

---

① SRES(Special Report on Emission Scenarios,IPCC,2000)情景不包括额外的气候政策干预,这意味着不包括明确假定执行《联合国气候变化框架公约》或《京都议定书》排放目标的各种情景。

燃烧的全球 CO_2 排放至少将增加 40% 以上,即从 2009 年的大约 290 亿吨 CO_2 当量/年增加到 2030 年的 370 亿～530 亿吨 CO_2 当量/年。2009 年,发电和热力供应的排放仅为 118 亿吨 CO_2(占总排放的 40% 左右),到 2030 年,这些排放将增加到 177 亿吨 CO_2。

交通运输。全球交通运输活动随着经济的增长日益增多,在发展中国家许多地区尤为如此,贸易量扩大和个人收入增长强化了对交通运输的需求。2009 年,交通运输占与总能源有关的温室气体排放的贡献率约为 23%(2009 年交通行业的 CO_2 排放为 66 亿吨 CO_2,IEA,2011)。预计在今后几十年,交通运输活动将强劲增长。如果不对当前能源利用模式做出重大调整,则世界交通运输能源的利用将继续以每年 2% 的速度增长,到 2030 年,能源利用和碳排放比 2002 年的水平要高出约 80%。

民用和商用建筑。2004 年,建筑行业的温室气体直接排放(不包括用电产生的排放)约为 5 亿吨 CO_2/年;当包括用电产生的排放时,建筑行业产生的与能源有关的 CO_2 排放大约为 86 亿吨/年。对于 2030 年建筑行业的 CO_2 排放量,第四次评估报告根据不同情景作了分析,包括用电产生的排放在内,其变化区间大约在 114 亿～156 亿吨 CO_2。

工业。工业 CO_2 排放量(含用电)从 1971 年的 60 亿吨 CO_2 增长至 2004 年的 99 亿吨 CO_2(约占当年总排放量的 19%)。根据 IPCC(2007a)第四次评估报告的情景分析,2030 年工业 CO_2 排放预估大约为 140 亿吨 CO_2(包括用电)。

农业。2005 年,农业排放估算为 5.1 亿～6.1 亿吨 CO_2 当量(占全球人为温室气体排放的 10%～12%),其中 CH_4 产生了约 33 亿吨 CO_2 当量,N_2O 产生了约 28 亿吨 CO_2 当量。在 2005 年全球人为温室气体排放中,农业 N_2O 排放占 60%,CH_4 占 50%。农业温室气体排放趋势是对全球变化的响应,随着饮食变化、人口的增长和对粮食需求的增加,预计排放将增加。新兴技术也许减少粮食产量单位的排放量,但该行业温室气体绝对排放量有可能继续增加。如不出台其他政策,到 2030 年预估农业 N_2O 和 CH_4 排放将分别增加 35%～60% 和 60%,超过 1990—2005 年观测到的 14% 的非 CO_2 温室气体排放增幅。

林业。全球森林覆盖面积约为 39.52 亿公顷,约占全球陆地面积的 30%,林业碳排放主要来自于毁林。2000—2005 年,全球毁林速率约为 1290 万公顷/年,由于造林、景观恢复以及森林的自然扩大,森林面积的净损失为 730 万公顷/年,低于 20 世纪 90 年代的 890 万公顷/年(20 世纪 90 年代,毁林造成的碳排放估计在 5.8 亿吨 CO_2/年)。第四次 IPCC 报告显示,2030 年土地利用变化和林业的基线 CO_2 排放将与 2000 年持平或略有下降。

1.1.3 我国温室气体排放情况

2000 年以来,伴随经济的快速发展以及在国际经济格局中"世界工厂"地位的逐渐强化,我国温室气体排放也呈现出显著上升的趋势。根据国际能源署(IEA,2011)能源燃烧 CO_2 排放数据统计[①],我国 2009 年能源使用相关的 CO_2 排放为 68.3 亿吨,相比 2000 年 30.8 亿吨增长了约 1.25 倍。IEA 的数据显示,2007 年我国能源使用相关的 CO_2 排放量已超越美国,成为全球第一大排放国。

从国家排放总量来看,我国排放总量约占全球 CO_2 总排放的 23.6%。不仅如此,人均排放也迅速增加,超过世界平均水平。据世界资源研究所(WRI,2009)CAIT 数据库资料显示,2007 年中国人均温室气体排放量为 5.1 吨,全球排名第 66 位,高于世界人均水平,但仍然低于发达国家人均水平,例如美国 19.3 吨,欧盟 8.2 吨。但从另一方面看,发达国家人均排放稳中有降,而中国人均排放攀升迅速。2009 年,美国由于金融危机,人均排放为 16.9 吨,低于 1971 年 20.7 吨的 1/5;欧盟 27 国也从 1990 年的人均 8.6 吨下降到 7.2 吨。而我国则从 1971 年的人均 1.0 吨增加到 1990 年的 2.0 吨,继而攀升到 2009 年的 5.1 吨,已经高出瑞典的人均 4.5 吨,接近于法国的人均 5.5 吨水平。

当然,如果考虑历史排放责任,我国人均历史累计排放水平与发达国家相比仍然较低。考虑 1900—2007 年人均累积 CO_2 排放(燃料使用相关),我国仅以人均 80.4 吨位居世界第 89 位,与美国人

---

① IEA CO_2 Emisson from fuel combustion 2011. 不含中国香港和中国台湾。

均 1093 吨、欧盟人均 571 吨 CO_2 排放相距甚远。

单位国内生产总值（GDP）CO_2 排放自 2005 年以来随着单位 GDP 能耗下降的要求，呈现下降趋势。"十一五"规划明确规定单位 GDP 能源消耗下降 20% 左右，并作为约束性指标得以执行。2010 年，单位 GDP 能耗比 2005 年下降了 19.1%。考虑到非化石能源产量和火电发电效率的提高，单位能源的二氧化碳排放也出现下降态势。参照"十二五"规划中碳强度比能源强度高 1 个百分点推算，2010 年我国单位国内生产总值较 2005 年下降约 20%。随着技术水平的进步、落后产能的继续淘汰、产业结构的不断优化以及节能减排政策的颁布和进一步实施，我国碳生产率还将不断提升，单位 GDP 碳排放强度也会进一步下降。

21 世纪的前 20 年是我国社会经济快速发展的机遇期。社会经济持续增长，工业化、城市化水平不断提高，人民居住、交通、文化及生活消费水平也将不断提升。生产、消费能力的增长，基础设施建设和社会福利改进的需求，都将刺激能源利用和碳排放持续增加。这符合发展的惯性也符合发展的规律。世界和中国都在探寻低碳发展的道路，未来将以尽量低的排放代价，实现社会经济的发展。

1.1.4 减缓气候变化研究进展

（1）IPCC 第四次评估报告主要结论

在减缓气候变化研究方面，IPCC（2007b）集合全球科学家就全球减排行动的目标、成本以及措施开展了研究。

减排的经济潜力及成本。IPCC 评估表明，到 2030 年减排的经济潜力十分可观，但成本并不高。当碳权价格为 20 美元/吨 CO_2 当量时，每年的减排潜力为 90 亿～180 亿吨 CO_2 当量；碳价达到 50 美元/吨 CO_2 当量时的减排潜力可达 140 亿～230 亿吨 CO_2 当量，到 100 美元/吨 CO_2 当量时，减排的潜力可达 170 亿～260 亿吨 CO_2 当量。部门技术经济分析结果与宏观分析结果大体相同。如果考虑节能及包括健康、安全等社会收益，有 50 亿～70 亿吨 CO_2 当量减排潜力的经济成本为负，即减排会带来社会收益。到 2030 年，使温室气体浓度（按 CO_2 当量计）稳定在 445～535 ppm（1 ppm 即百万分之一）水平的宏观成本不到当年 GDP 的 3%，稳定在 535～590 ppm 的成本只占当年 GDP 的 0.6%，这点损失几乎微不足道，但不同地区的减排成本可能存在很大的差别。研究表明，2030 年之前存在的经济减排潜力如果得以实现的话，可部分抵消全球温室气体的排放增长，甚至将排放量控制在当前水平以下。

部门的减排技术和措施不尽相同。以能源供应为例，当前可采取的措施包括：提高能源效率，减少煤炭使用，开发利用核能、热能和可再生能源，尽早实施碳捕获和存储等。2030 年之前预计可采取的措施包括：对燃煤发电设备实施碳捕获和存储，利用先进的核能和可再生能源，如潮汐能、太阳能等。还包括对发展中国家的新能源结构进行投资，对工业化国家的能源结构进行升级，制定旨在促进能源安全的政策等。这些措施都能够为减排创造有利条件。

稳定大气温室气体浓度。2030 年之后，为稳定大气温室气体浓度，温室气体年排放量需在一定时间后下降，稳定水平愈低，到达峰值后下降的速度愈快。未来 20～30 年的减缓措施，会在很大程度上决定全球长期平均升温的幅度，并关系到能否将温室气体浓度稳定在较低水平。如果把温室气体浓度稳定在 490 ppm（535 ppm，590 ppm，710 ppm，855 ppm 或 1130 ppm）CO_2 当量以下，对应全球平均温度的增幅相对工业革命前将升高 2.0～2.4℃（2.4～2.8℃，2.8～3.2℃，3.2～4.0℃，4.0～4.9℃ 或 4.9～6.1℃），那么年排放量需在 2015 年（2020 年、2030 年、2060 年、2080 年或 2090 年）达到峰值，然后下降，这意味着需要在技术的发展、获取、应用和推广等方面建立适当的和有效的激励机制，同时扫除有关障碍。到 2050 年，若大气温室气体浓度稳定在 445～535 ppm 水平，对国民经济的成本即每年 GDP 的损失将低于 5.5%；稳定在 550 ppm 水平的成本约占当年 GDP 的 1.3%，仅造成 GDP 年均增长率下降 0.1 百分点；如果稳定在 650 ppm 水平，每年 GDP 损失约为 0.5%，所造成的 GDP 年均增长率下降幅度不到 0.05 个百分点。不过不同国家、不同行业的减排成本有明显不同。制定适当的全球减缓对策，需要考虑哪些气候变化带来的损失可以避免，采取减缓措施能给其他方面带来哪些收益，以及考虑可持续发展、公平目标的界定，风险管理和减排成本与中长期气候变化风险之间的平衡。

市场机制和政府干预。目前已经实施的减缓政策和措施各有利弊,市场机制和政府干预缺一不可。给碳排放定价等市场机制能够有效推动低碳产品和技术的开发利用。在2030年之前若将碳价提高到20~80美元/吨CO_2当量,2050年之前提高到30~155美元/吨CO_2当量,就能够使2100年的大气温室气体浓度控制在550 ppm左右。这些研究表明,尽管存在不确定性,但只要给碳一个大于零的价格,且有广泛参与的减排承诺,通过各种政策手段,完全可能将大气温室气体浓度控制在550 ppm以下,而且还可促进可持续发展。政府可通过财政投入、制定标准和市场机制等多种手段,在低碳技术的开发、创新和应用等方面发挥重要作用。对发展中国家的技术转让受制于实施条件和财政状况。有效执行《联合国气候变化框架公约》和《京都议定书》将对未来的减排行动起到重要的基础和示范作用。通过商业手段可获得的技术和预计今后几十年将变成商业化的技术,实现稳定大气温室气体浓度水平的目标是可能的,但条件是激励机制要到位,以鼓励投资、降低成本及进一步开发和部署宽泛的技术组合。各种减排技术的贡献会因为时间、地区和稳定水平的差异而不同。

(2)第二次国家评估报告主要结论

减缓气候变化的政策绩效。中国在可持续发展的框架下,将控制温室气体排放与国内节能降耗、发展可再生能源、植树造林等相关政策措施有机结合,在减缓温室气体排放方面已取得显著成效。1999—2009年,中国单位GDP的CO_2排放下降了55%。"十一五"期间,通过综合运用经济、法律、技术和必要的行政手段,加大资金投入,甚至不惜代价关停、淘汰落后生产能力,中国的单位GDP能耗和主要高耗能产品的综合能耗持续下降。到2010年年底,中国的单位GDP能耗累计下降了19.1%。中国制定了促进可再生能源和核电发展的相关规划,形成了包括法律、产业、技术和财政等内容的低碳能源发展政策框架,中国低碳能源应用的规模正不断扩大,2009年中国商品化非化石能源消费量达到2.4亿吨碳当量。循环经济实践为提高资源、能源利用效率、控制温室气体排放做出了积极的贡献。2008年,中国的工业固体废弃物综合利用率达到64.9%,近1/4的钢产量来源于废钢,20%的水泥原料来自于固体废物,1/3的纸浆原料来自于再生资源。截至2008年年底,中国年产沼气量达到120亿立方米,相当于减少CO_2排放4900万吨。同时,在农业部门通过推广高产水稻品种、水稻灌溉管理技术、秸秆青贮氨化技术、配方施肥等措施也在一定程度上减缓了CH_4、N_2O等温室气体排放。大力开展植树造林、退耕还林和封山育林等,有效地促进了森林资源的恢复和增长,增强了森林碳汇能力。据估算,1980—2005年中国造林活动累计净吸收约30.6亿吨CO_2,森林管理累计净吸收16.2亿吨CO_2,减少毁林排放4.3亿吨CO_2。

减缓温室气体排放的潜力。减缓温室气体排放主要途径包括:强化节能,加强技术进步,提高能源转化和利用效率的技术节能,及转变发展方式、调整产业结构、推进产业升级、提高产品增加值率的结构节能;发展核能、水电、风电、太阳能等新能源和可再生能源,优化能源结构,降低单位能源消费的碳排放量;控制工业生产过程温室气体排放;减少农业温室气体排放,并通过植树造林、减少毁林、森林管理、封山育林等增加森林碳汇。

能源供应部门的减排技术和潜力。采用自下而上的方法,从技术特征、经济性、发展潜力、推广障碍几个方面,系统分析了主要能源转换技术的发展潜力和减排效果。对先进高效燃煤发电技术、煤基多联产技术、碳捕集和封存技术、核电技术、水电技术、风电技术、太阳能发电、生物质能发电技术和生物燃料技术等进行了评估,并给出了促进这些技术发展和应用的政策建议。与2005年相比,到2020年中国能源供应部门主要减排技术的减排潜力可达到18亿吨CO_2左右。从减排潜力和减排成本两个方面看,2005—2020年,中国能源供应部门优先发展和推广的CO_2减排技术是超(超)临界发电技术、水电、核能和陆上风电,这四类技术不仅减排潜力大而且减排成本较低。

终端能源利用部门的减排技术和潜力。针对2005—2020年中国能源终端利用部门减排CO_2的技术潜力和成本的评估及不确定性分析表明,减少CO_2排放的技术和实践一直在不断发展,其中许多技术集中在工业、交通运输和建筑等能源终端利用部门,是中国目前和未来减缓碳排放增长的主要部门。2020年中国能源终端利用部门技术减排潜力约22亿吨CO_2,其中工业、交通运输和建筑部门分别占46%、28%和26%。要实现这些技术的减排潜力,关键在于能源效率提高和减排成本降低的速度,以及技术推广的力度。此外，还需要努力克服经济、社会、行为和（或）体制上的种种障碍。

工业生产过程中的减排技术和潜力。工业过程排放温室气体相对比较复杂，涉及的温室气体种类较多，包括 CO_2、N_2O 以及含氟气体等。排放领域较多，排放状况、减排技术差异大，对环境、经济和社会的影响也比较复杂。经综合分析相关工业过程上下游产业和技术发展现状及趋势，以及相关国际国内政策，预计到 2020 年，中国工业生产过程温室气体相对减排潜力为 2.39 亿～5.43 亿吨 CO_2 当量。

农林及其他土地利用的减排增汇技术和潜力。减少农业温室气体排放，增加农田、草地、湿地和森林生态系统碳汇的技术措施具有相当潜力。减缓稻田甲烷排放的技术措施涉及间歇灌溉、肥料管理、选择高产低 CH_4 排放速率的水稻品种以及使用稻田甲烷抑制剂，间歇灌溉可以减少稻田甲烷排放 30%～40%，相对于使用厩肥而言，堆肥和沼渣可以减少 40%～60% 的 CH_4 排放；减缓农田 N_2O 排放的技术措施包括精准施肥、选用肥料品种、改善施肥方式和使用硝化抑制剂等；施用有机肥、秸秆还田与免耕等能够增加农田土壤碳储量 0.47～0.96 吨 C/（公顷·年）；秸秆综合利用和发展能源作物也是农业领域减排增汇的主要措施，秸秆青贮、氨化每年可减少 N_2O 动物肠道甲烷排放约 17 万吨，能源作物的减排潜力为 6600 亿吨 CO_2。发展户用沼气池和推动规模化养殖企业发展大中型沼气工程处理动物粪便，是减少粪便温室气体排放和能源替代的有效措施。2015 年，全国户用沼气可减排 0.78 亿～1.2 亿吨 CO_2/年，2015 年沼气工程可减排 268 万吨 CO_2。

植树造林、减少毁林、森林管理、封山育林等活动增加森林碳汇。林业活动碳吸收汇主要来自林木生长碳吸收，土壤仅占总碳源汇量的 10% 左右。如果选取 2000 年作为基年，2010—2030 年植树造林、减少毁林、森林管理、封山育林的净碳汇吸收量为 4.17 亿～6.1 亿吨 CO_2/年。

减缓未来温室气体排放的相关因素。除部门和技术减排因素外，未来温室气体排放还取决于中国未来社会经济以及能源与环境发展的目标，具体因素包括经济增长、人口与城市化水平、产业结构、能源技术创新、能源安全、国际贸易与内涵排放等。中国未来的能源与 CO_2 排放会随着经济的增长而适度地增加。未来能源与 CO_2 排放情景具有不确定性。中国还处于快速工业化阶段（陈佳贵，2009），经济增长率高，未来能源与 CO_2 排放情景的不确定性要大大高于发达国家。经济增长的不确定性是影响未来中国能源消费与碳排放不确定性最关键的因素，未来 GDP 能源强度或 GDP CO_2 强度的不确定性要低于能源消费量或 CO_2 排放量的不确定性。中国提出实现 2020 年 GDP CO_2 排放强度比 2005 年下降 40%～45% 的自主减缓行动目标，符合中国的国情和发展阶段特征。为实现该目标，2010—2020 年总共需要新增投资大约 10 万亿元人民币，其中节能、新能源与可再生能源发展各需新增投资约 5 万亿元。

转变经济发展方式，走中国特色的低碳发展之路。转变经济发展方式，走以低碳为重要特征的新型工业化和城市化道路，既是中国应对全球气候变化的需要，也是贯彻落实科学发展观，建设资源节约型和环境友好型社会，实现可持续发展的必然选择。中国在能源供应、终端利用、生产过程、土地利用等方面，通过整合可持续发展的政策措施，可以积极有效地向低碳发展方式转型。当然，实现低碳发展需要加强技术创新，加快先进低碳技术研发和产业化步伐；需要加大投入，加速发展低碳战略性新兴产业，促进传统产业转型升级，实现低碳化发展；需要加强体制和机制建设，为低碳发展创造良好的制度环境、政策环境和市场环境；同时也需要倡导低碳社会消费观念，改变不可持续的生活方式。尽管中国当前的发展阶段不可能在短期内实现绝对的低碳化，但从长远看，发展低碳经济与中国的可持续发展是协同一致的。全面参与国际合作，调动全社会力量，必将加速中国的低碳化进程。

1.2 减缓气候变化的挑战与机遇

减缓气候变化，需要采用更加低碳的技术，以及气候友好的发展政策和措施。这些技术与政策的部署和实施都会涉及经济成本以及对原有政策架构、发展模式的调整，这些新的部署与调整必然对实施减缓气候变化的行动构成挑战。

1.2.1 减缓气候变化的经济约束

气候变化与经济发展密切相关。人类经济活动排放大量的温室气体,引起全球气候变化,因而温室气体排放与经济发展水平在一定程度上存在关联。这就意味着,随着经济的进一步发展,尤其是发展中国家经济发展水平的提高,温室气体的排放还可能会进一步增加。而减缓气候变化,必须要求削减温室气体的排放,这必然对经济发展产生直接影响。因此,减缓潜力必然会受到经济发展的约束,具体表现在减缓的经济成本负担、社会福利损失以及各国发展阶段等经济特征的制约。

(1)成本负担

IPCC(2007b)第四次评估报告指出,决定减排总成本的最主要因素是为了达到一个给定的目标而需要减排的量,大气中 CO_2 的浓度稳定在越低的水平,成本就越高,而且不同的基准线对减排的绝对成本有非常大的影响。在不考虑固碳等因素时,当稳定目标从 750 ppm 降低到 550 ppm 时,减排成本只有适度增加,而稳定目标从 550 ppm 降低到 450 ppm 时,减排成本增加很大,除非基准情景中的排放水平很低。部门技术经济分析结果与宏观分析结果大体相同。如果考虑节能及包括健康、安全等社会收益,有 50 亿~70 亿吨 CO_2 当量减排潜力的经济成本为负,即减排会带来社会收益。到 2030 年,使温室气体浓度(按 CO_2 当量计算)稳定在 445~535 ppm 水平的宏观成本不到当年 GDP 的 3%,稳定在 535~590 ppm 的成本只占当年 GDP 的 0.6%,成本并不大。到 2050 年,如果将温室气体浓度稳定在 445~535 ppm 水平,宏观成本占当年 GDP 的比重将小于 5.5%;如果稳定在 550 ppm,成本约占当年 GDP 的 1.3%,仅造成 GDP 年均增长率下降为 0.1%;如果稳定在 650 ppm,每年 GDP 损失约为 0.5%,带来的 GDP 年均增长率下降不到 0.05 个百分点。

不过不同国家、不同行业的减排成本有明显不同。制定适当的全球减缓对策,需要考虑哪些气候变化带来的损失可以避免,采取减缓措施能给其他方面带来哪些收益,并考虑可持续发展、公平目标的界定,风险管理和减排成本与中长期气候变化风险之间的平衡。

(2)福利损失

经济发展理念的参照系是当前的福利水平,追求的目标是在当前的水平上有所改进。因此,它接受并认可单个国家或国家集团在发展上的差异,而且允许这种差异的进一步扩大。从一方面看,这种发展的积极含义在于不同国家或国家集团均有发展的权利;优势个体或群体高的效用回报或福利收益,对社会弱势个体或群体有一种"外溢效应"和"示范效应"[①]。但从另一方面看,由于现实的不公平和强势个体或群体对资源的垄断占有,社会弱势个体或群体的发展权益可能被忽略甚至被剥夺。

对于社区或国家,如果区内或国内生产总值比上一个核算时段呈增长趋势,也就向发展迈进了一步。以货币计量的收入或生产总值是可以无限增加的,由此,效用或福利水平也可以无限得到改进。因而,发展可以是无限的。经济发展也考虑资源约束,但容许资源替代和不同目标之间的权衡取舍。要素替代在市场竞争条件下,必然会在资本、劳动力和自然资源之间发生,实现个人或社会总效用的最大化。在鱼与熊掌不可兼得的情况下,也可以通过效用或福利得失的比较来权衡取舍。例如,人们可以牺牲健康或环境来实现收入的增加和经济的增长,实际上,自然资源的约束就变得淡化甚至消失了。全球协同实施减缓行动,就是重新权衡取舍的过程,将气候环境变化的物理容量作为发展的限度,约束经济发展模式,也可能导致传统发展模式下一定程度的社会福利损失。

发展权益以及社会福利应该如何度量?除人均收入指标外,包括健康、教育、就业、住房等,来评价福利水平和社会经济发展。联合国开发计划署(UNDP,2011)通过分析有关生活品质和人权等基本要素,去掉比较敏感的政治指数,取收入、期望寿命和受教育水平三项指标,而得到综合性的人文发展指数,对各国国民的生活质量、社会福利进行评价比较。

---

① 外溢效应(spill over effect)也称扩散效应(spread effect),见 Myrdal G. 1956. *Development and Under Development:A Note on the Mechanism of National and International Economic Inequality*. National Bank of Egypt,36.

据 IPCC 第四次评估报告,2004 年全球温室气体排放构成中,26% 来自能源供应,19% 来自工业生产,土地利用变化和林业占 17%,农业占 14%,交通运输占 13%,住宅及服务行业占 8%,实施温室气体减排,必然是全方位的,会影响和涉及社会经济体中各个部门,这也必然会导致一些既得福利和福利预期的调整。而调整过程,将对温室气体减排形成约束。

（3）发展阶段

罗斯托(Rostow,1960)用经济理论解释经济历史的进程,把社会发展分为必须依次经过的 6 个阶段:传统社会阶段、起飞准备阶段、起飞进入自我持续增长的阶段、成熟阶段、高额群众消费阶段和追求生活质量阶段。工业化进程也可分为劳动力密集、资本密集和知识密集型几个阶段(陈佳贵,2007)。能源需求,显然是从属于经济发展规律的。处于工业化初期的发展中国家,商品能源的消费出现增长;在劳动力密集型的工业化阶段,能源消费稳定增长;而在资本密集型的工业化阶段,能源消费高速增长;对于那些已进入后工业化的知识密集型的发达经济体,能源消费呈现低速,乃至于负增长[①]。

一般而言,更高的收入意味着更高的排放。从各国历史发展阶段看,人均收入水平与人均排放都体现出一种逐渐趋同的趋势。

稳定全球温室气体浓度的目标在未来全球排放总量上施加了一个量的约束,在这一阈值下,社会发展和碳排放需求的扩张会受到限制。各国发展的历史经验表明,人均排放量会经过一个低收入、低碳排放,继而随着收入提高而碳排放需求增加,到高收入而碳排放降低的阶段性过程。从人均能源消费趋势看,各国在工业化完成之前普遍呈上升状态,但差距在不断缩小。

减排对于发达国家与发展中国家具有不同的含义和影响。由于发展阶段的不同,高收入国家对碳排放的需求增量较为有限,而低收入国家尚需要大量的排放空间,来实现其经济发展的潜力。由于社会分摊成本和基本生存的需要,以及经济制度的转型,低收入国家国民的人均碳排放需求,很可能需要在一定时期内高于世界人均水平;而高收入国家的国民,由于消费惯性使然,短时期内大幅降低能源消耗也比较困难。

对各国碳排放的环境库兹涅茨曲线进行的实证分析发现,在人均收入 8000～30000 美元这一区间,许多发达国家人均碳排放和碳排放强度开始出现下降。这一区间范围较大,可能意味着各国在技术水平、人口增长、消费方式、能源结构、政策导向等多方面都存在着差异。斯特恩报告认为,如果没有足够的政策干预,人均碳排放与人均收入之间的正向关系将会长期持续。因此,必须从影响碳排放的各种因子出发制定气候政策,尽可能地提前并降低碳排放库兹涅茨曲线拐点出现的峰值,从而在进入较高发展水平之后较早地实现减排目标。

发达国家由于长期的历史积累,基础设施建设投资已基本到位,人口增长也基本稳定,其能源需求以及温室气体排放增幅基本得到控制,但需要大幅降低已经很高企的人均排放水平。而发展中国家在世界经济一体化背景下,更多地承担了国际分工中材料、燃料、初级加工品或劳动密集型产品生产和出口,温室气体排放增加是必然过程,经济发展需要排放空间。这些阶段性特征,也对全球协同减排形成约束。

1.2.2　减缓气候变化促进可持续发展

气候变化将触及全球的每一个角落,同样,应对气候变化将以一种积极的方式惠及全球经济的各个方面。国际社会期望削减温室气体排放的措施通过低成本获得成效。实际上,一些措施将对 GDP 增长做出积极贡献,比如,到 2020 年使建筑领域温室气体排放减少 30%。政府实行激励机制,采取措施鼓励金融和技术市场发挥灵活性和创造力,可以实现经济、社会和环境的多重目标。在可持续发展框架下,转"危"为"机"需要审视当前的生产生活方式以及社会发展模式,同时更需要在技术研发、消费模式以及能源结构等方面探索转型。

---

① 如果说俄罗斯东欧国家能源负增长是经济衰退造成的,但德国的能源负增长却使其经济一直处于增长状态。德国在 2006 年的能源消费总量比 1990 年下降了 2%。见 IEA,2011.

（1）技术创新转型

发展中国家一方面需要发展经济，另一方面又面临应对气候变化的压力，必然需要依靠技术创新解决经济发展与控制温室气体排放的问题。在与之相关的技术创新项目中，技术创新向低碳化、节约化、普及化转型尤为明显。

在减缓领域，技术创新主要体现在：能源供应领域（最主要的是风电技术、地热技术、整体煤气化联合循环技术、聚光太阳能发电技术、生物质/生物燃料以及氢能技术等），终端使用领域（工业、交通和建筑）与基础设施，CO_2的捕获与封存技术以及减少其他温室气体排放。每个类别中都存在着相当数量的可得技术，但在没有政府补贴或其他支持的情况下，并非所有技术都具商业竞争力。第二代生物质燃料、车用氢燃料电池、太阳能光伏并网发电以及CO_2捕获与封存等技术需要大量的研发与示范。

大量的投资对于促进经济体各个部门的能源有效转化与使用是必须的。技术创新将使能源需求与供应大大减少，从而减少温室气体排放。公共和私人部门的国际合作也必将促进技术创新、低碳和节约型技术快速发展。

（2）消费模式转型

城市居民的日常生活对CO_2等温室气体排放"贡献"颇大，据测算（王宪恩，2009），1999—2002年，我国城镇居民生活用能已占到每年全国能源消费量的大约26%，CO_2排放的30%是由居民生活行为及满足这些行为的需求造成。在美国，交通和生活领域的能耗，约占总能耗的2/3。应对气候变化，改变传统消费模式同样非常重要。

减少交通领域的排放。主要途径有：通过优化城市规划和道路定价，将碳价格纳入供应链设计；利用视频会议代替商务旅行，从而降低交通需求；通过技术改进提高燃油效率；增加生物燃料和其他替代燃料的使用。

改变行为方式和决定。碳排放在很大程度上是每天每个企业和消费者所做出的数以亿计决定的结果。向低碳经济转型，需要消费者改变其所购买的商品、企业改变其生产的商品及提供商品和服务的方式。为此，在不影响消费者福利的情况下，采取有效措施影响消费者和企业决策方式，通过选择低碳产品而激励市场，提高产业结构和能源效率，实现减排。

对排放密集型商品和服务需求的减少，不仅减少排放，而且对构建节约型社会和促进人类可持续发展都具重要意义。

（3）能源结构转型

从目前的能源结构来看，低碳能源仅占世界一次能源消费总量的11.8%（BP，2009），而且大部分来自核能和水能。虽然可再生能源和生物燃料取得了迅速增长，但它们仅分别占全球电力生产总量的1%和交通燃料需求的1%。如世界仍按现有水平增长，到2030年终端能源需求量将增长55%。在目前可信情景下，在未来很长时间里，煤炭仍将是世界主要能源。除提高能效外，在未来20～30年内实现低碳能源供应需从以下几个方面进行工作：

增加可再生能源供给。扩大可再生能源（如风能、地热、水电、太阳能、生物质能、潮汐能）供应存在着巨大潜力。IEA预测总体认为，在有利的减排情景下（到2050年将CO_2排放量缩减至现有水平的一半），可再生能源，特别是风能、太阳能和生物质能，将占到全球电力供应量的46%。但若要实现这种占有率，需在规模化、低成本和高性能方面进行投资。近年来，受石油价格上涨和全球气候变化的影响，可再生能源开发利用日益受到国际社会重视，许多国家提出了明确的发展目标，制定支持可再生能源发展的法规和政策，使可再生能源技术水平不断提高，产业规模逐渐扩大，成为促进能源多样化、实现节能减排和可持续发展的重要措施。

大力发展核能等低碳能源。核能是一项成熟的低排放发电技术，极具竞争力。随着碳价格的引入和煤炭价格的上升，核能将更具竞争力。低碳能源供应没有单一解决办法，但只要有恰当的激励机制（如碳价格、上网电价、补贴）以及对技术开发和应用的投资，就有可能创建一个低碳能源供应组合，从而在增加电力生产量的同时也大大降低温室气体排放强度，使电力行业2050年的排放量与2005年相比减少71%。

（4）注重转型的阶段特性

由于技术、经济、政治、文化、社会、行为和/或体制上的种种差异，各国、各地区减排机会和障碍类型各不相同，并随时间变化。温室气体减排、社会经济转型必须基于现实格局，在经济、社会、环境协调发展的基础上逐步推进。

第一，地区差异。在工业化国家，未来减排潜力主要来自于消除社会和行为障碍。例如美国人如果改变其生活方式，其人均能源消费和碳排放水平，完全可以减少一半，与欧洲水平相当。对于经济转型国家，温室气体减排的机会主要来源于能源价格的合理化和能源效率的提高。在发展中国家，能源价格存在扭曲现象，数据和信息的获取困难，不容易得到先进技术。因而需要一定的资金、技术，并通过培训和能力建设，来克服温室气体减排的各种障碍。对于任何国家，消除障碍也就意味着得到新的机会。

必须承认的是未来碳排放增加主要来自于发展中国家。因为发达国家已经达到较高的发展水平，对能源需求的增加较为有限，而且由于技术进步，碳排放强度将进一步降低。但对于发展中国家，发展相对滞后，尚有较大的发展空间。表1.1对发达国家和发展中国家的碳排放需求进行了初步评估，表明今后碳排放的增长，在很大程度上来自于发展中国家发展经济和提高生活水平的需要。

表 1.1 发达国家和发展中国家碳排放需求比较

发展需求	内容	发达国家	发展中国家	排放需求评估
基本生存	衣、食、住（住房面积、家用电器、空调、供热）	已基本满足	尚有较大差距	仍将有较大的需求增长，主要用于发展中国家改善国民生存条件
生活质量	医疗卫生、教育文化、期望寿命等	已处于较高水平	仍处于相对低下水平	直接排放需求较低，可略为不计
经济与制度结构	合理的劳动就业结构、社会保障、政治与民事权益	已基本建立并趋于完善	传统农业部门的制度惯性，阻碍合理经济制度结构的建立	发展中国家需要工业化、城市化和法制化来大量吸收和转化传统的、低效的农业劳动力，必然需要大量的碳排放
社会分摊成本	邮电、交通、通讯、道路、防洪抗旱设施、自来水和排污设施、污染治理设施等	体系相对完善，主要为维护和折旧投入	体系尚未建或尚在建，主要为建设投入	发达国家对体系维护的碳排放需求较低，但发展中国家体系建立的碳排放需求巨大
环境保护	污染治理、碳排放强度等	污染得到基本控制，碳排放强度较低	污染仍在蔓延，碳排放强度较高	发达国家的碳排放强度可望进一步降低，发展中国家的碳排放强度需要经过一个从增加到降低的过程

资料来源：潘家华等，2008.

促进社会发展的资源禀赋方面，也存在地区差异。一是人文资源禀赋，即知识和资本。像法国，在发展核电上有其技术、资本优势，核电在其整个电力结构中占的比例超过了2/3，除了自己消费，还卖到德国、瑞士、意大利等国。二是自然资源禀赋。零碳能源方面，像北欧的挪威、瑞典，水资源丰富，水电占70%、80%；南美的巴西也是如此。风力发电，风太大或太小都不行，三级到五级最好。欧洲的风速比较均匀，风力利用小时比中国多。一般来说，年有效风力小时数达到2300小时，风力发电才算经济可行，而中国一般在1900小时左右。含碳能源也存在资源禀赋问题，在煤炭、石油、天然气中，煤的含碳量最高，每吨标煤含碳量是0.68吨，排放2.5吨CO_2；1吨标煤热量的石油含碳量大概是0.5～0.6吨，排放约1.9吨CO_2；而1吨标煤热量的天然气只排放约1.4吨CO_2。由于中国、南非等国的能源结构以煤炭为主，石油、天然气较匮乏，这就限制了高品位商品能源利用，导致效率相同的情况下，排放增加。自然资源禀赋还涉及森林覆盖率问题，因为在自然状态下，森林可以吸收并储存CO_2，将其固定在植被或土壤中。在平衡状态,森林吸收和释放 CO_2 大致相等,因而从原则上讲,绿色植物属于碳中性。森林覆盖率越高,碳汇能力就越强。

因此,在推进经济转型过程中,需充分考虑地区差异问题,即保证各国各地区经济社会可持续发展,又能保证减排行动实施。

第二,阶段特征。如前所述,能源需求、温室气体排放,是从属于经济发展规律的。只有根据实际情况制定适当的减缓战略,才能保证实施效果。

以中国为例,经济发展与能源消费表现出明显的匹配性(潘家华,2009a,2009b)。中国的三峡工程一直未建,最主要的原因并非是技术和资金原因,而是电力需求不足而未建设。当中国的工业化尚未起步时,缺乏需求使得商品能源投资的回报得不到保障。中国发展的蓝图,使得三峡水电开发几经沉浮,在20世纪90年代初才付诸实施。进入21世纪,中国进入资本密集型的工业化阶段,大规模的基础设施、房屋建筑,需要大量的能源消费支撑,形成高速公路、铁路和房地产的存量积累。当这些资本和能源密集度高的存量接近发达国家的饱和程度,中国的能源消费显然要发生质的转型,即从生产积累型转向生活消费型的能源需求格局,表现为第三产业能源消费比例上升,如重庆能源消费已经出现这一趋势。第三产业能源的比例,已从1997年的5.8%增加到2007年的16.9%,其中交通运输所占份额从3.68%增加到11.2%。如果能源战略仍然注重数量的增长,不考虑增幅的变化和结构增速的转型,这样一种需求预期,有可能出现战略失误。

第三,避免政策障碍。如知识产权、贸易保护等问题。应对气候变化,实施减缓战略,需要国际社会积极配合,达成具有约束力的国际协议以及一系列相关的政策措施。在实施政策转型的过程中,发达国家始终在技术和市场等问题上不肯放手,对协同实施减缓战略产生消极影响。

知识产权问题 UNFCCC 在第4.5条中已有明确表述,要求发达国家"扩大向发展中国家缔约方的技术开发与转让规模",但发达国家总是借知识产权问题,阻碍或拒不履行向发展中国家转让先进的环境友好技术。气候变化重大技术的转移不应照搬市场经济的规则,全世界应该建立一个和谐的环境,促进气候变化重大技术的有效转移和推广,采取积极的行动应对气候变化符合全人类的共同利益,也是国际社会的共同责任。由于大气特性,温室气体减排具有全球红利,因此,向发展中国家转让气候变化友善技术,应该成为发达国家的政治意愿,而不应该作为交换条件或者是获利工具。尤其对政府而言,政府应该打破技术转让的障碍,创造一种促进技术转让的积极机制,使技术转让更加畅通。

碳关税问题。碳关税并不会是一种关税,而是源自于关贸总协定中有的边境调节税制度,是为了调节各国税制差别,对进口商品征收的国内税。碳关税是否适用边境调节税制度,还存在许多争议的。主张碳关税者是认为,在温室气体减排发展问题上,发展中国家没有设定温室气体总量减排目标,使得发达国家的减排效果大打折扣,而且使得其能源密集型企业在国际市场上无法公平竞争。所以,碳关税被认为是一种拉平相关领域竞争起跑线的重要举措。从发展中国家的角度看来,所谓减排带来的竞争力问题,是发达国家在海外转移排放所导致,征收碳关税更无公平性可言。许多西方国家学者的研究发现,实施碳关税尽管能够取得一定的环境和经济效益,但是对征收国本身也带来高昂的成本代价,结果得不偿失。当然,对被征税国以及国际贸易体系来说都有重要的负面影响。

应对全球气候变化的挑战,是人类社会最大规模的合作,气候谈判不能像 WTO 谈判那样,无限期拖延。以知识产权为名拒不履行技术转让以及碳关税等贸易威胁对谈判有害无益,在各国气候政策转型过程中应看清问题实质,制定促进国际合作,实现全球温室气体减排的积极政策。

1.2.3　减缓气候变化的战略选择

低碳发展即社会经济系统在消费模式、产业构成、能源结构、资源开发和利用等方面不断趋向低碳化的过程。低碳发展具有三个方面的含义,一是能源含碳比重不断下降,即能源结构的清洁化;二是经济结构的低碳化,多发展碳密度低的经济产业;三是单位产出所需要的能源消耗不断下降,即能源利用效率的提升。从社会经济发展的长期趋势来看,由于技术进步、能源结构优化和采取节能措施,碳生产力也在不断提高。因此,低碳化进程也就是碳生产力不断提高的过程。

低碳发展可以在不同的实践层面展开，除了在全球和国家层面上探讨低碳经济之外，还可以建立低碳经济区、低碳城市、低碳社区等。2008 年 6 月，英国前首相布莱尔（Blair，2008）在提交给八国集团峰会的报告《打破气候变化僵局：构建低碳未来的全球协议》中，提出全球向低碳经济转型的六种途径：终端能源效率机遇；能源供给的清洁化；促进新技术的发展与应用；减少交通领域的排放；改变管理者与决策者的态度与行为；保护并不断扩大全球碳汇。

（1）发展与低碳的一体化协同

减缓气候变化和发展相辅相成，发展对减排促进作用主要表现在：发展可以改造和淘汰高能耗、低产出、重污染的生产工艺，通过产业结构调整，促进产业结构升级，从而达到节能降耗，减少排放。当经济和社会发展到一定程度，能源密集型的第一和第二产业比例降低，以服务、金融和物流为主的第三产业比例上升，降低单位产值能耗和排放强度；其次，发展为减排提供技术保障、降低减排成本并提供减排资金，为人类提供更多清洁能源；最后，发展提高人的思想意识，改变消费行为，减少不必要消费和排放。

第一，低碳发展促进产业结构升级。产业结构是由技术水平、人口规模和结构、经济体制和自然资源禀赋等因素决定的，标志着一国经济发展水平的高低和发展阶段与方向。一般情况下，随着经济发展和人均收入水平的提高，劳动力、资本在三次产业间的分布发生规律性变化。由于产业间产品附加值差异以及由此带来的相对收入差异，劳动力首先从第一产业向第二产业转移；当人均收入水平进一步提高时，劳动力又向第三产业转移；社会资本分布重心也逐步从第一产业向第二、第三产业转移。由于第三产业能源强度低，在规模化清洁再生能源出现之前，产业结构调整是节能减排的重要途径和必经之路。

第二，发展为减排提供技术支撑和创造新能源。目前，世界上多种新能源和减排技术都可以解决温室气体排放以应对气候变化，但由于技术和成本原因未能推广使用。太阳能作为一种取之不尽的清洁零排放能源，如能得到充分利用则可解决人类能源和排放问题。而制约太阳能光伏产业发展的主要原因是来自高昂的太阳能电池板，使得太阳能发电成本过高。据估算（中国光伏产业发展报告），到 2030 年，才能与常规火电电价竞争。人类现在还不能利用可控核聚变能量，一旦可控核聚变能量能够实现，可以说将永远解决人类能源的需求。聚变所用的核燃料氘，储量非常丰富。1 升水中就含有 0.03 克氘，地球上的水中总共约含有 40 多万亿吨氘，假如这些的氘的 1% 能作为核燃料加以利用，照现在的能耗计算，足以满足人类未来几亿年对能源的需求。

第三，发展促进减排的国际协作。减缓气候变化是人类发展共同面临的问题，发达国家需在资金和技术方面切实帮助发展中国家走可持续之路，降低专利技术可获得成本，以发展促进全球减排，并在减排中谋求发展。

（2）低碳转型路线图

实现低碳转型，就是对能源与经济结构，能源效率及碳汇等社会经济的因子加以调控，在满足社会经济发展的前提下，减少温室气体排放。

第一，能源结构的调整。社会经济发展需要的是能源，而不是碳。不同的能源形式或单位热值所含碳的数量相去甚远。核能、可再生能源这些能源形式属于无碳能源。这些能源的获取与消费，没有温室气体的排放。当然，有关设备如核电厂所用的水泥钢材和风力发电机的生产，需要消耗能源，涉及温室气体排放。但这些可再生能源所生产和供给的热值，远高于有关设备生产、维护所需要的能源。这部分能源与化石能源一样可以满足社会经济发展所需要的热值，但没有温室气体排放，属于无碳能源。因此，调整能源结构不会影响社会经济目标的实现，但却可以减少碳排放。比如将中国的煤炭消费降低一个百分点，代之以水电或核能，则中国温室气体的排放总量将减少 1.14%。就是用含碳量低的化石能源天然气或石油替代煤炭，每减少 1 个百分点的煤炭消费，碳排放量将分别减少 0.46% 和 0.28%。

第二，经济结构优化。同等规模的经济总量，处于同样的技术水平，如果产业结构不同，则碳排放量可能相去甚远。农业受自然和社会需求的制约，产业扩张的余地非常有限，而且通常是在结构变化中处于降低的情况。工业资本品和消费品的生产,从理论上讲可以不断推陈出新、扩大规模、增加品种,但也有一个市场饱和问题。但服务业则不同。而工业生产效率的改进,生活质量的提高,在相当程度上需要服务业的发展,例如法律、信息、家政等,可以服务于社会的方方面面,而对能源需求又不高。因此,大力提高服务业在产业和经济结构中的比例,有助于保持国民经济在总量不变或增长的情况下,减少温室气体的排放。服务业有高端低端之分。低端的家政、餐饮等资本技术密集度低,服务半径小,多限于本地,增加值小,可以大力发展但在经济中的地位不可能很高。而高端服务业如信息、生物技术、金融等,对技术和资金的要求高,服务半径大,增加值高。但由于发展中国家不具备资金、技术、管理方面的优势,靠发展高端服务业来实现低碳发展,在经济全球化背景下,缺乏比较优势,难以突破。相反,中国和其他一些发展中国家由于劳动力成本低廉,社会相对稳定,正在或已经成为"世界工厂",成为经济全球化进程中工业制造品的主产地。经济结构的调整有助于减碳发展,但这种调整受到经济与战略等方面的制约。发展中国家处于后发地位,受制约较多,选择范围较小。

第三,提高能源效率。提高能源效率,等于同样的产出却减少了能源消费,降低了温室气体排放。多年来,中国的钢铁、铜、水泥等产品产量居世界第一位,消费量占世界总量的1/4或更高。如果我们达到当前世界先进水平,只需采用常规的先进技术,仅能源节省一项,即可减少大量的生产成本。许多节能措施并不涉及增量成本问题。例如建筑节能,在北方如果用双层玻璃窗户和采用隔热材料,可以大量节省供热和制冷能耗和成本。

在生产规模为一定或产量明确的情况下,一些主要产品的能源效率改进的潜力可以估算,如火电可以减少1/5的煤耗,吨钢可以减少300千克标准煤的能耗。但另一方面来看,如果火电的装机容量增加1/5,则煤电的总能耗并没有降低;同样,如果钢铁的生产能力在当前基础上增加50%,即使全部采用世界上先进的技术,总能耗也不会降低。也就是说,发展中国家生产规模的扩张会在一定程度上抵消能源效率提高所节省的能源。在考虑未来能源需求与碳排放时,需要考虑发展中国家经济规模的扩张。

对于多数发展中国家,采用当前世界上已广为采用的成熟技术来提高能源效率,上限值只是一种理论状态;也就是说,发展中国家的工业产品能耗,不可能一步就达到同期世界先进水平。问题不在于技术本身,而在于能源效率较低的技术所沉淀的大量资本投入。火电、钢铁、化肥等高大耗能行业的资本密集度非常高。一旦投入,资本的折旧多在20年以上;而飞机的经济寿命更是长达50年。采用新技术,也意味着将原有技术一起的资本投入全部抛弃。这对于企业来说,几乎是不现实的。因此,旧技术的淘汰或能源效率的提高,需要一个过程,并非能够"一刀切"达标,在一天或一年内达到理想的效率水平。

第四,增强碳汇潜力。减缓气候变化的努力,除了减少向大气排放温室气体外,还包括降低大气中现有CO_2存量的各种措施。由于绿色植物通过光合作用吸收固定大气中的CO_2,因而通过土地利用调整和林业措施将大气温室气体储存于生物碳库,也是一种积极有效的途径。

发达国家的土地利用已基本定型,碳汇的潜力较为有限。位于热带的许多发展中国家,尤其是拉美和东南亚地区的发展中国家,毁林现象十分普遍。毁林实际上就是将森林及其土壤中储存的碳释放到大气,增加温室气体的排放。在这些国家,减少或避免毁林,强化林业管理而提高森林生物量,便可以大量减少碳的排放并额外地吸收和固定大气中的CO_2。对于中国、印度这样的人口众多、历史上毁林比较厉害的发展中国家,改进土地利用和增加造林,从而增加生物碳汇,潜力也相当可观。

(3)实现低碳社会的制度保障

减缓气候变化需要采取一定的政策措施。国内的政策手段,包括一系列的限制或减少温室气体排放的经济和管制政策。经济政策手段包括征收排放税、碳税或能源税、可贸易碳排放许可、补贴、储蓄/返还系统。政府的强制性政策手段涉及技术或性能标准、产品禁令等。政府还可以通过自愿协议、政府支出和投资、环保标志以及绿色市场、支持研究和开发等手段,促进温室气体减排。在实践中,气候变化的政策可能是多种手段的组合。在许多情况下,市场手段的成本可能较低,但是,强制性的能效标准和性能规定的环境保护效果较好。

气候政策可能产生改善污染状况和提高人民福利水平的附带效益。同样，非气候政策也会产生气候效益。例如控制大气污染的政策，在减少大气二氧化硫的同时，CO_2 的排放量也得到大量削减，尽管后者并非是污染防止政策的初衷。因此，气候变化政策需要与其他的经济和环境政策结合起来，促进长期的社会和技术变革，以满足可持续发展和减缓气候变化的要求，使温室气体减排变得更加有效。减缓气候变化是一个国际问题，需要加强国际交流与合作，加强政府、非政府组织和私营企业的参与。促进全球减缓气候变化的政策选择包括：

第一，进一步加强国际间合作与协议

UNFCCC 及其《京都议定书》为解决长期的国际环境问题奠定了国际合作基础，但二者仅仅是朝着应对气候变化的国际对策的实施迈出的第一步。《京都议定书》最重要的成果是刺激了一系列国家政策的出台、创建了国际碳市场和促进了排放交易体系的形成。但是，目前一个充分的、全球范围内的交易体系尚未得到实施；《京都议定书》目前的局限性在于排放限制幅度较小，因而对大气浓度的影响也有限。由于气候变化是全球共同面临的问题，任何解决途径，如果不包括更大份额的全球排放，将会耗费更多的成本或取得较少的环境成效。为此，应建立一个整体性的强财政资助、技术转让和能力建设国际框架，没有这种合作，世界将不能走上稳定安全的排放轨道来避免危险性气候变化。若没有财政资助和技术转让，发展中国家将无动力也没有能力去参与那些要求它们对能源和产业政策进行重大改革的多边协议；没有能力建设，就不可能使全球参与温室气体减排，实现发展中国家的可持续发展。

第二，国家政策和措施

法规措施和标准。法规标准一般不会激励排污者开发新的技术以减少污染，但可以刺激技术创新，例如在建筑业的节能标准，可以激励节能技术和措施的使用，减少 GHG 排放。尽管很少专门制订减少 GHG 排放的法规标准，但是作为共生效益，标准的实施能减少温室气体排放。

税费。设计合理的税费体制，可以较好的把碳排放控制在一定水平之下，具有很好的环境成效。如碳税的征收可以激励使用低碳或无碳能源，生产和消费低碳产品，降低碳排放；作为共生效益，环境税费的征收可减少对高污染物化石能源需求而转向清洁能源，从而减少化石能源的碳排放。

建立可交易许可制度。由于各行业、各个国家和各地区在温室气体减排方面的边际成本不同，在行业、国家、国际层面上建立的可交易许可制度成为控制常见污染物和 GHG 的排放的经济手段，所允许的碳排放量决定了碳的价格和这些手段的环境成效。

财政激励措施。补贴和减免税等财政措施可用来激励新的、GHG 排放技术的推广，对克服新技术推广方面的障碍起至关重要作用。如减少化石燃料的补贴和提高可再生能源的上网电价，可降低化石燃料的使用量和提高低碳或无碳能源的生产量。

对技术研发的支持。为确保低碳技术研发，需大量资金投入和政策支持，同时还需经济和法规手段来促进新技术的部署和推广。而政府对研发的支持是一种特殊的激励措施，它可以成为一种重要的手段来确保能长期获得低碳排放技术。

强化信息披露手段。将与碳排放和与气候变化有关的信息及时向公众披露，让公众掌握充分信息数据，为公众参与减排提供支撑。如碳标签制度将产品生命周期中的碳排放标签贴在产品上，告知消费者所消费产品的碳排放，影响消费者改变消费行为，选择低碳产品，从而促使低碳产品生产和产业升级。

1.2.4　中国的努力与成效

我国把应对气候变化与实施可持续发展战略，加快建设资源节约型、环境友好型社会，建设创新型国家结合起来，努力控制和减缓温室气体排放，不断提高适应气候变化能力。在调整经济结构、转变发展方式，大力节约能源、提高能源利用效率、优化能源结构，植树造林等方面采取了一系列政策措施，取得了显著成效。

（1）调整经济结构，大力发展第三产业

从 20 世纪 80 年代后期开始，中国政府更加注重经济增长方式的转变和经济结构的调整，将降低资源和能源消耗、推进清洁生产、防治工业污染作为中国产业政策的重要组成部分。通过实施一系列产业政策，加快第三产业发展，调整第二产业内部结构，使产业结构发生了显著变化。1990 年中国三次产业的产值构成为 26.9 ∶ 41.3 ∶ 31.8,2008 年为 11.3 ∶ 48.6 ∶ 40.1,第一产业的比重持续下降,第三产业有了很大发展,尤其是电信、旅游、金融等行业,尽管第二产业的比重有所上升,但产业内部结构发生了明显变化,机械、信息、电子等行业的迅速发展提高了高附加值产品的比重,这种产业结构的变化带来了较大的节能效益。

(2)节约能源使用,提高能源使用效率

20 世纪 80 年代以来,中国政府制定了"开发与节约并重、近期把节约放在优先地位"的方针,确立了节能在能源发展中的战略地位。通过实施《中华人民共和国节约能源法》及相关法规,制定节能专项规划,制定和实施鼓励节能的技术、经济、财税和管理政策,制定和实施能源效率标准与标识,鼓励节能技术的研究、开发、示范与推广,引进和吸收先进节能技术,建立和推行节能新机制,加强节能重点工程建设等政策和措施,有效地促进了节能工作的开展。2005—2009 年,我国万元 GDP 能源强度由 1.28 吨下降为 1.08 吨[①],能源利用转换效率由 1990 年的 66.48% 上升为 2009 年的 72.01%。国家统计局能源司的数据显示,"十一五"期间,我国炼焦工序单位能耗下降 40.9%,原油加工单位综合能耗下降 28.4%,单位烧碱生产综合能耗下降 34.8%,单位乙烯生产综合能耗下降 11.5%,吨水泥综合能耗下降 28.6%,吨钢综合能耗下降 12.1%,单位铜冶炼综合能耗下降 35.9%,单位电解铝综合能耗下降 12.0%,电厂火力发电标准煤耗下降 16.1%[②]。"十一五"期间,六大高耗能行业累计节能近 4 亿吨标准煤,如果按照 2.3 吨 CO_2/吨标准煤的排放系数计算,大约减排 9 亿吨 CO_2。

继续淘汰落后产能,进一步促进能源利用效率的提高。"十一五"期间,六大高耗能行业淘汰落后产能成效突出。全国累计关闭小发电机组 5400 万千瓦,累计淘汰炼铁落后产能约 11173 万吨,炼钢落后产能约 6683 万吨,焦炭落后产能约 10538 万吨,铁合金落后产能约 663 万吨,水泥落后产能约 34000 万吨[③]。这些行动不仅可以提高能源利用效率,对改善环境也意义重大。

(3)发展可再生能源,优化能源结构

2005 年颁布《可再生能源法》,制定可再生能源优先上电网、全额收购、价格优惠及社会分摊的政策,建立可再生能源发展专项资金,支持资源评价与调查、技术研发、试点示范工程建设和农村可再生能源开发利用。截至 2010 年底,中国水电装机容量达到 2.13 亿千瓦,电力装机居世界第一位。风电规模成倍增长,装机容量超过 3100 万千瓦。太阳能热水器集热面积达到 1.1 亿平方米,多年位居世界第一。核电装机 1000 万千瓦,比 2006 年增长 30% 以上。可再生能源发电装机容量占全部发电装机容量的 26%,并提供了 19% 的全国的电力供应。

(4)大力开展植树造林,加强生态建设和保护

改革开放以来,随着中国重点林业生态工程的实施,植树造林取得了巨大成绩,据第七次全国森林资源清查,全国森林面积达到 19545 万公顷,森林覆盖率从 20 世纪 90 年代初期的 13.92% 增加到 2008 年的 20.36%。除植树造林以外,中国还积极实施天然林保护、退耕还林还草、草原建设和管理、自然保护区建设等生态建设与保护政策,进一步增强了林业作为温室气体吸收汇的能力。与此同时,中国城市绿化工作也得到了较快发展,2009 年中国城市建成区绿化覆盖率为 38%,城市人均公共绿地 10.66 平方米,这部分绿地对吸收大气 CO_2 也起到了一定的作用[④]。

1.3 减缓气候变化的评估内容和不确定性问题

减缓气候变化是一个综合性的挑战,既需要国际协同的政治意愿,更需要国内基于技术发展、成本估算、排放预估等研究而制定的国内减排政策和发展方式和路径的选择,以及社会各方面的积极参与。

---

① 单位国内生产总值(GDP)能耗等指标公报. http://www.stats.gov.cn/tjgb/qttjgb/qgqttjgb/t20100715_402657560.htm.

② 六大高耗能行业十一五节能近 4 亿吨标准煤降幅超 10%. http://www.smehb.gov.cn/assembly/action/browsePage.do? channelID=1291369781943&contentID=1296178734169.

③ "十一五"我国主要耗能产品单耗明显降低. http://news.xinhuanet.com/fortune/2011-02/04/c_121050652.htm.

④ 中国应对气候变化的政策与行动. http://www.ccchina.gov.cn/WebSite/CCChina/UpFile/File927.pdf.

因此,减缓气候变化评估,不仅要反映现在,还要预估将来;不仅要研究经济,还要考虑政治;不仅要评估环境,还要评估社会;不仅要评估技术,还要考虑成本与政策。

1.3.1　评估的主要内容

本卷(减缓气候变化)共分八章(图1.2)。第一章导言,主要介绍减缓问题研究进展以及主要挑战,综述温室气体的历史与未来排放趋势,探寻发展模式转型与减缓的协同。第二章通过多种情景分析对未来排放进行预估,并就满足情景预估提出社会及技术发展需求。第三章对不同的技术及其发展趋势进行评价,并就技术的成本、减排潜力及部署进行分析。减缓气候变化涉及社会经济的各个领域,关键技术在生产领域的应用和推广,以及与相关社会发展政策如经济发展方式、人口政策、能源政策、生态环境保护政策等的协同,必将为减缓气候变化提供良好的政策实施环境,第四章重点分析可持续发展政策对减缓气候变化的促进意义。同样的政策方向,可能有多种实施途径,其结果可能相差甚远,第五章就低碳发展、低碳经济的政策选择进行分析,阐述了低碳发展与减缓气候变化的内在联系。如前所述,减缓气候变化不只是一个技术,更不只是一些工程,需要所有国家共同努力以及所有社会成员的共同参与,第六章、第七章分别从国际协同和社会公众参与的角度讨论构建国际气候制度的利益纷争及前景展望,社会参与的研究中则基于不同的社会主体如企业、个人、非政府组织、媒体等参与减缓气候变化的方式及意义进行探讨。第八章即最后一章,就多目标综合应对气候变化实施减缓行动进行概括,并就发展模式转型与减缓气候变化协同的意义和前景进行展望。

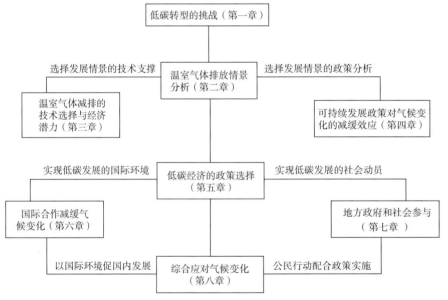

图1.2　第三卷主要内容逻辑结构图

1.3.2　评估结论的不确定性

在认识气候变化的过程中,不确定性问题广受国际社会广泛关注。历史气候变化的重建,当前气候变化的检测,和未来气候变化趋势判断及数值模拟,都存在着研究和认识不确定性。这些不确定性不仅仅是对科学认识气候变化面临的问题,也是全球如何达成政治协议,应对气候变化面对的问题。

(1)不确定性的主要含义

一般来说,不确定性可归纳为以下几种基本含义:由于研究系统中信息缺乏或无法获得信息而造成的不确定性,称为不确定性(uncertainty);由于研究系统中存在歧义信息而造成的不确定性,称为歧义性(ambiguity);由于多余信息的存在而造成系统难以识别从而产生的不确定性,称为缺乏可识别性;由于非对称信息的存在而造成的不确定性,称为非对称性(asymmetry)(中国气候变化科学概论)。

在联合国政府间气候变化专门委员会(IPCC)的评估报告中,不确定性是对某一变量(如气候系统的未来状态)未知程度的表示。不确定性可以作定量的表示(如不同模式计算所得到的一个变化范围),也可以作定性的描述(如对专家小组判断的反映)(Moss et al. 2000a)。从总体上说,不确定性可分为研究方法的不确定性、测量过程的不确定性、模型模拟的不确定性以及认识判断的不确定性。

第一,评估方法的不确定性。评估方法是决定研究结果最关键的问题,如何回顾历史、认识现在、预估未来都需要设计合理的研究方法。间接的或不完全的(或片面的)或没有记录的历史的重构就造成了回溯历史过程的不确定性。与根据已有历史发展结果回顾历史过程不同,预估未来发展,含有更多的不确定,社会的、经济的、线性的非线性的、相互影响作用的等等都需要考虑。评估方法是不断积累的过程,但任何评估方法也无法做到完美,因为无法穷尽一件事物所有的影响因素,因此,不管什么样的评估方法都或多或少的存在认识缺陷,从而导致不确定性。克服方法的不确定性,需要尽量综合集成不同的研究,识别要点及关键手段,使评估方法更全面,结论也更综合。

第二,模型模拟的不确定性。模型是预测未来最主要手段,每个模型都希望能包含影响模拟结构的所有因素,并赋予他们最真实的权重,因此,模型往往非常复杂,且需要调整的参数很多。尽管如此,几乎所有的模型在设计和结构上也只能无限的靠近真实,而无法达到完全真实,尤其是对未来的预测,情景假设参数往往带有较强的主观性,导致模拟结果有很大差异;突发事件以及小概率事件几乎无法预测,但往往导致与模拟结果产生偏差。

第三,认识判断的不确定性。即便对于相同的测量结果,不同的专家因其个人偏好、知识背景和国家集团等也可能有不同的判断和解释;而模型结构和相关参数设计,带有更大的主观性,认识上的差异也会更大。站在不同的立场看待同样的研究成果,认识也会不同。如对于同一个温室气体浓度目标,环境部门可能认为做得还不够,但工业部门认为已经很难达到;受气候变化影响敏感性很强的国家已经认为很危险了,其他国家认为还应该有更多的排放空间。在国际间,认识上的不确定性往往反映在国际气候制度谈判中,并受到国家或国家集团政治实力的影响,从而成为国际主流认识。

(2)正确认识和对待不确定性问题

正因为气候问题本身以及理解和判断具有不确定性,不同利益集团可能从各自有利方面认识问题,并设定框架约束对方,从而导致国际气候政治的复杂化,使气候问题脱离单纯的环境问题而上升为经济和发展问题。减缓气候变化研究中的不确定性广泛地存在于情景分析、技术发展趋势分析及成本分析、政策效果分析以及国际合作中。例如,IPCC第三次评估报告认为稳定550 ppm CO_2 浓度水平尚有难度,第四次评估报告称可能将大气温室气体浓度稳定在445 ppm CO_2 当量水平,浓度水平更低,而且是 CO_2 当量,难度无疑会更大,实施结果更具不确定性。部分技术如氢能、碳捕获与封存,目前尚在初期开发阶段,尚没有实际利用,是否可行,也存在不确定性。

受人类认知能力的约束,不确定性问题是一定存在的,科学研究、评估就是不断推动认识由不确定向确定转化。不能因为不确定性的存在,拖延或延迟应对气候变化的行动,更不能因为部分问题不确定性的存在,而否定科学研究的价值。应对气候变化科学研究中,很多的不确定性来自学科的交叉和相互影响,这也是应对气候变化问题综合、复杂等特性对科学研究提出的挑战。这需要各领域科学家,从自然和人类社会相互影响的巨系统的观念出发,立足自身研究,同时考虑和协同相关领域研究成果,使研究结论更加有助于经济发展和社会福利的改进,也更加有助于国际合作应对气候变化进程中消除政治分歧,促进建立更加公平、高效的国际气候制度。

参考文献

陈佳贵.2009.中国工业化进程报告.北京:社会科学文献出版社.

陈宜瑜等主编.2005.中国气候与环境演变(下卷)——气候与环境变化的影响与适应、减缓对策.北京:科学出版社.

丁一汇.2007.中国气候变化科学概论.北京:气象出版社.

潘家华,等.2007.减缓气候变化的最新科学认知.气候变化研究进展,**3**(4):187-194.

潘家华,郑艳.2008.碳排放与发展权益.世界环境,(4):58-63.

潘家华.2009a.我国能源发展的战略误区.中国能源,**31**(7):15-18.

潘家华.2009b.怎样发展中国的低碳经济.绿叶,(5):20-27.

王宪恩.2011.改变不良消费嗜好生活 注重"低碳"细节.http://finance.qq.com/a/20090908/002356.htm.

Blair,T.2008.Break the Deadlock.Climate Group,UK.

IEA(International Energy Agency).2011.CO_2 Emissions from Fossil Fuel Combustion.OECD,Paris.

IPCC (Intergovernmental Panel on Climate Change).2000.Special Report on Emission Scenarios.Cambridge University Press,Cambridge.

IPCC.2007a.Climate Change 2007:Synthesis Report.Cambridge:Cambridge University Press.

IPCC.2007b.Climate Change 2007:Mitigation.Cambridge:Cambridge University Press.

Moss R H and Schneider S H.2000.Uncertainties in the IPCC TAR:Recommendations to lead authors for more consistent assessment and reporting.In:Guidance Papers on the Cross Cutting Issues of the Third Assessment Report of IPCC.World Meteorological Organization,Geneve.pp.33-51.

Rostow W W.1960.Stages of Economic Development:A non-communist manifesto.Cambridge:Cambridge University Press.

UNDP.2011.Human Development Report 2011.Oxford:Oxford University Press.

WRI (World Resources Institute).2009.Climate Analysis Indicators Tool (CAIT).World Resources Institute,Washington D.C.

第二章 温室气体排放情景分析

主　笔：姜克隽，姚愉芳

贡献者：李玉红，魏　珣

摘　要

温室气体排放情景是分析未来气候变化减缓对策的基础。本章通过回顾迄今为止国内及国际的最新研究成果，对温室气体排放情景进行分析和评价。首先对排放情景的背景和研究方法进行总结；其次对 IPCC 温室气体排放情景进行分析和评价；再次回顾和评价中国 CO_2 和其他温室气体的排放情景，以及排放情景中的主要组成部分，即社会经济发展情景、能源排放及 CO_2 和其他温室气体排放情景、工艺过程排放情景、土地利用排放情景等；最后对情景中的主要驱动因子即技术与政策进行分析与评述，包括技术和减排成本，另外对情景中的主要政策进行评述，包括国际机制和减排政策选择。

2.1　情景研究方法

2.1.1　背景

人类社会已经认识到气候变化将给全球带来巨大的影响，开始寻求"趋利避害"的可能应对措施。1992 年通过的《联合国气候变化框架公约（UNFCCC）》最终目标是"将大气中温室气体浓度稳定在防止气候系统受到危险干扰的水平上"。要达到这个目标有许多实质性的问题需要解决，例如这个目标浓度定为多少合适，不同浓度下的排放路径如何，达到这个目标的代价有多大，如何分配排放权才能体现"共同但有区别的责任"原则并使所有国家都能公平有效地参与合作来实现这个目标。排放情景的研究目的就是要对这些问题进行说明（IPCC，2001；姜克隽等，2008）。

一般在谈到未来可能发生的情况时，常常是想到预测。通常来讲，预测可以是指对未来可能发生事情的描述。逐渐地，预测一词成为未来最为可能发生事情的说法，主要代表了预测者自身所认识的对未来发展的倾向性认识。预测常常给出一个结果，有时是几个（一般不超过 3 个），即使在这种情况下，这几个结果也比较接近。预测的时间一般比较短，在企业或实体中应用时常常为数天到数年，在宏观经济分析时可以到 10 年甚至 20 年。

当人们开始想象一些更长时间未来的可能发展趋势时，就发现决定未来发展的主要因素的不确定性变得非常大。如在探索未来 10～30 年的发展趋势时，社会经济的发展、人口的变候变化的一些特定目标设置各种可能的政策，继而分析可能的排放趋势。研究温室气体排放动，技术的变化等都会有多种可能趋势。这多种因素的多种趋势可能的组合有多种，也会导致分析目标的多种发展可能。在这种情况下，对未来特别是在气候变化问题出现以后，需要对未来 100 年甚至更长时间的未来发展趋势进行分析描述，

由于未来温室气体排放趋势是一个非常复杂的动态系统的产物，主要取决于人口发展、社会经济发展和技术进步等因素，同时温室气体排放的影响是一个时间跨度比较大的过程，一般需要几十年到

几百年的时间,在温室气体排放构想预测中也需要对长时间区间进行分析,一般的分析范围是 50~300 年,其中大多数温室气体排放构想预测的时间区间为 100 年,因此,对其进行预测几乎是不可能的。为了能够为防范气候变化采取对策和科学研究提供一定的依据,需要对未来的各种可能发展趋势进行研究与分析,一般采取情景分析的方法。情景是对未来的一个想象或设想,或多个想象或设想。通常所讲的预测可以看作是一组情景中的一个,不同的情景可以是对未来发展的不同描述。排放情景一般可以分类为不采取气候变化对策情况下的情景和采取对策情况下的情景。采取气候变化对策情况下的情景是依据气候情景的主要目的是为未来温室气体在大气中的可能浓度趋势提供一个基础数据,进一步分析可能出现的温度上升,同时还可以为决策过程和谈判过程提供一定的依据。

温室气体的排放源所涉及的领域很广,可以分为自然现象的排放和人为活动引起的排放。由于自然现象的排放一般是人类社会所无法控制的,为了能够为人类社会防范气候变化所采取的对策提供依据,在温室气体排放情景研究中一般主要分析人为活动引起的排放。人为活动引起排放的排放源也包括许多复杂的过程,基本可以分类为能源活动引起的排放,工业生产引起的排放,土地利用过程引起的排放,以及人类生活活动中所产生的排放如垃圾等。

这里对国内近期进行的相关研究进行回顾和评价,对其中主要的参数和结果进行描述,并对模型中的政策和措施进行分析。

2.1.2　排放情景的定性分析

在对中国和全球未来经济、社会发展途径进行描述时,由于各种发展的可能性都会存在,因此,在研究过程中,首先给出几个发展框架,以定性描述形式给出未来的几种可能发展模式,称为定性分析。定性分析着重于对发展模式的系统描述,变量、参数也着重于相互间关系的描述,数据的要求是次要的。有时仅需要几个主要的发展参数,如经济发展规模或速度,人口发展规模或速度,技术发展趋势,资源可供条件等,可以以一些定量数据给出。

由于对未来发展模式的描述中,需要考虑的因素很多,一般基于几种主要因素之间相关的一致性,给出几个发展模式。发展模式不应该过多,除非有一些特定要求,一般在 3~8 个之间,这样的数目能够比较清晰地说明和解释未来的发展模式。我国学者需在全球发展模式的环境中,考虑中国可能的不同发展模式,研究中国的能源与温室气体排放情景。

这种定性分析方法在 IPCC 的排放情景专门报告(SRES)的情景研究中得到了很好的体现。由于温室气体排放情景需要分析的时间区间为未来几十年到 100 年,这么长的时间跨度会有各种各样的发展格局。为此,IPCC 专门召集了研究社会发展、未来学、技术发展等方面的专家,采用定性分析方式构建了未来长期和能源、排放相关的情景。在 SRES 情景之后,对未来排放情景的定性分析则比较简化为主要的关键因素的描述,不再采取 IPCC SRES 情景中那样的大规模邀请专家制定情景的方式。IPCC 排放情景研究小组在对已有排放情景进行分析的基础上设计了四种全球发展模式,见图 2.1(IPCC,2000)。

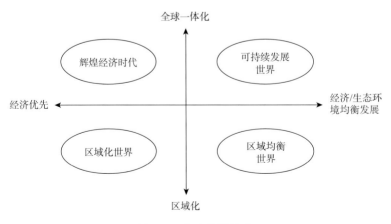

图 2.1　全球发展模式

辉煌经济时代(简称 A1):这是一种高经济发展情景。在这种发展情景下,世界经济得到充分发展,而人口得到较好控制。2100 年,世界国民生产总值为 550 万亿美元,从 1990 年起以年均 3.1% 的速度增长。而人口在 2050 年上升至 90 亿～100 亿,之后下降到 2100 年的 70 亿～80 亿。发展中国家的经济得到快速发展,在 2100 年人均为 7 万美元左右,而同期 OECD 国家的人均国民生产总值为 10 万美元(按照 1990 年美元价)左右。发达国家和发展中国家的收入差距大大缩小(1990 年发展中国家的人均国民生产总值为 OECD 国家的五十分之一左右)。经济增长和发展的主要驱动因素有高劳动力资本(高教育水平)、技术进步和普及以及自由贸易。社会繁荣因而成为主要特征。由于社会快速发展而引发的对自然资源的压力由于技术进步而得到缓解。从能源供应来说,可再生能源如太阳能、生物质能大范围得以利用,非常规能源如油页岩等石油资源、深海碳氢化合物等天然气资源能够以较低成本得到开采。由于在高经济发展情景下,需要大量能源支持。不同的能源供应方式会产生不同的排放途径,因此在这种情景下,又设立了四个子情景。

煤炭情景(A1C):丰富的煤炭资源得到利用,假定未来的能源供应以煤炭为主。

石油、天然气情景(A1G):非常规石油、天然气资源得到大范围开发,能源供应以石油、天然气为主。

技术发展情景(A1T):可再生能源、核能利用技术快速发展,成本大为降低,使其成为能源供应的主导。

平衡发展情景(A1B):为上述三个子情景的平衡发展模式。

区域化世界(A2):这是一个低经济增长情景。经济发展主要依赖于国内或区域资源。世界国民生产总值在 250 万亿美元左右,年均增长速度约为 2.6%。发达国家人均国民生产总值在 2100 年约为 7 万美元,而发展中国家为其 1/6 左右。人口则持续增长,在 2100 年达到 160 亿。区域化的资源利用导致能源供应依赖于能源资源的分布。由于人类智力资源无法得到充分利用,技术进步相对缓慢,可再生能源的利用无法大规模进行。存在区域之间贸易壁垒。

可持续发展世界(B1):这一情景的主要特点是对环境的共同认识,促使世界在全球环境管理下走可持续发展道路。社会革新和社会平等得到体现。发达国家的环境和社会发展历程为发展中国家所接受。这仍然是一个高经济发展情景,2100 年世界国民生产总值在 350 万亿美元左右。发达和发展中国家人均收入差距减小,在 2100 年发展中国家人均国民生产总值约为发达国家的一半。人口的发展模式与 A1 情景一样。全球环境管理和自由贸易促使社会走向可持续发展。

区域均衡世界(B2):这个情景下的世界体现出区域化倾向,环境问题又得到很好认识。在各区域内追求可持续发展道路。到 2100 年,世界国民生产总值在 250 万亿美元左右,发达国家和发展中国家人均收入差距相对较大,在 2100 年,发展中国家人均国民生产总值约为发达国家的 1/5。人口增长处于中间水平,2100 年世界人口为 110 到 120 亿。

2.1.3 排放情景的定量分析

(1)一般定量分析方法

从研究方法论来看,由于排放情景研究的长时间区间和排放源的复杂性,使得排放情景的研究成为一个涉及多学科的研究领域,对未来情景以及变量、参数间关系的描述需要数据支持,称之为定量分析。为了能够很好说明排放情景中各种因素的数据一致性,模型成为一个主要的定量分析方法。在排放构想研究的初期,分析用的模型相对比较简单。随着研究的不断深入,在对排放源、影响排放的因素、模型方法论方面取得了不断的发展,到目前对排放情景的研究已经比较深入,模型分析可以覆盖所有的排放源,在时间跨度上可以是 100 年甚至更长时间。目前主要包括以下模型方法:

一般均衡模型/部分均衡模型,如 WITCH,REMIND,IPAC-Emission,GCAM,MERGE,LDNE 模型等。

动态经济学模型,如 TIMER,WORLDSCAN,MARIA 模型等。

技术经济模型，如 MESSAGE，AIM/Enduse，MARKAL，IPAC-AIM/技术模型等。

计量模型：LEAP 模型。

在本章评述的各个研究中，清华大学采用了 MARKAL 模型，人民大学采用了 PECE 模型，这两个是基于最小成本的技术分析模型。美国 LBNL 采用了 LEAP 模型，IEA 采用的是分部门分析模型，基本也是自底向上的技术模型。Tyndall 中心的情景采用了回望分析方法，依据未来的减排目标，分析现在的排放情景。能源研究所的 IPAC 模型则是一个综合评价模型，在分析中国能源和排放情景的时候，采用了 IPAC-全球模型、IPAC-AIM/技术模型，以及 IPAC-SGM 模型的多模型系统。其中 IPAC-全球模型是一个以能源系统为主的部分均衡模型，IPAC-AIM/技术模型是和 MARKAL 模型类似的线性规划最小成本技术模型，IPAC-SGM 则是一个一般均衡模型。IPAC-AIM/技术模型和 IPAC-SGM 模型是国家模型，IPAC-全球模型是一个分 22 个区域的全球模型。

（2）综合评价方法

由于气候变化问题的复杂性，目前已经有许多模型方法可以用来对温室气体减排对策进行分析评价。为了解决全球环境问题、特别是全球气候变化问题，必须综合从自然科学到社会人文科学广泛学科的科学了解，系统地阐明问题的基本结构和解决方法。为此引进了称为"综合评价"的政策评价过程，开发了作为核心工具的跨多学科的大规模仿真模型（IPCC 评价报告，1996，第三工作组）。这种模型称为"综合评价模型（IAM）"，用作密切联系科学和政策相互关系的共同平台。现在仅以全球气候变化对策为对象的综合评价模型，全世界已开发了 20 多个。

综合评价模型能对社会经济系统的能源生产和消费，温室气体排放、循环，气候变化，生态等四个领域的影响过程，进行一定程度的综合分析：

1）社会经济系统：能源生产、消费、农林业、畜牧、城市活动、其他。

2）温室效应，温室气体在全球的循环系统：碳循环、大气化学反应。

3）气候系统：辐射对流、大气、海洋环流系统。

4）水文、生态系统：自然生态系统、人类生态系统、水文系统等。

迄今开发的综合评价模型，概括起来可分成四个类型：

第一类是从社会经济活动到气候变化及其对社会经济影响的全过程进行详细分析的大规模的综合评价模型。它处于综合评价的核心位置，适用于问题分析和政策效果分析两个方面的研究。这种模型称作全范围综合评价模型。现在日本开发的 AIM 和荷兰的 IMAGE2，已在实际应用。美国国家太平洋西北实验室的 GCAM 模型和麻省理工学院的 MIT 模型，目前正开发中。第二类是以有关气候变化的自然现象、气候变化影响和损害机制为中心的综合评价模型，MAGICC，PAGE 等相当于这类模型。这些模型也可看作第一类模型的子模型。第三类是在考虑气候变化损害时，特别注意分析未来对策的时间表和经济发展最佳途径的综合评价模型。由于结构简单，能在动态最优模型上研究经济发展与气候变化的相互作用。DICE，MERGE 相当于这类模型。第四模型结构更加简单，重视与政策制定者的交流，因而是注重系统开发的综合评价模型。TARGETS 模型是这类模型的代表。

另一方面联合国气候变化框架公约的签订，也离不开综合评价。特别是框架公约的第二条，围绕"对气候系统不进行人为干涉的水准"的科学解释，对综合评价模型期望很大。1993 年美国对全球气候变化综合评价模型的研究，投入大量资金。定期召开研讨会，还出版了专门的期刊。例如美国的大气研究大学联合机构（UVAR）、斯坦福大学的能源模型论坛（EMF），招集全世界的综合评价专家，以集中讨论的形式，就综合评价和综合评价模型的最前沿发表研究成果和交换意见。另外以欧洲为中心，创办了有关综合评价和综合评价模型的国际学术刊物（Inter J of Environmental Modeling & Assessment）。

综合评价的研究目标为：认识未来人类社会和自然系统的发展模式；寻找并评价政策制定中的主要问题；确定研究方向以加强对适合对策的认识。

气候变化的复杂性和广泛学科性，决定了综合评价方法和模型是研究气候变化问题的主要手段。

只有充分掌握综合评价方法和模型才能深入认识气候变化问题，对所要采取的行动给出指导。20 世纪 70 年代综合评价方法就在国际上得到认识，到目前经过 30 多年的发展，综合评价方法和模型已经走向广泛应用阶段。而在我国，由于目前对综合评价方法和模型尚处于与国外合作研究阶段，没有开发出自己的综合评价模型，使得我们在学术研究方法上落后于发达国家，因而对气候变化的认识也还具有相当不足之处，难于对国内气候变化的学术研究和政策制定提供充足的依据，同时无法在国际社会对气候变化研究领域发挥作用。

基于能源消费温室气体的排放模型，是综合评价模型中的一个组成部分，也是开发比较成熟的模型，迄今已开发了许多，大体可分为两类。第一类为以经济学模型为出发点的模型，它以价格、弹性为主要的经济参数，集约地表现它们与能源生产和消费的关系，叫做自顶向下型模型。第二类是以反映能源生产和消费的人类活动所使用的技术过程为基础，对其进行详细描述。以能源生产、消费为主进行预测的模型，又叫自底向上模型。自底向上型模型优点很多，最大优点是以人们活动、技术变化的详细信息为基础进行预测，所以预测结果很具体，易于解释、对政策制定者说明政策的具体发展方向及其效果时既具体又有说服力。

自底向上型模型目前的开发方向有两个。一个是以能源供应、转换为中心用于分析高效率技术的引入及其效果的模型，以国际能源组织为核心开发的 MARKAL，法国开发的 EFOM 等是这个领域的代表。另一个是以能源需求、消费为分析对象，对各部门的人类活动变化所引起的能源需求和消费方面的变化，进行详细的分析计算的模型，通常叫做"终端能源消费模型"，这种模型以法国的 MEDEE，斯德哥尔摩环境研究所开发的 LEAP 最有名。但是，以能源需求、消费为焦点，以效率更高的技术的引进和普及的"终端能源消费、能源技术模型"的开发目前还很落后。日本国立环境研究所开发的 AIM 模型就是在这一方面进行了开拓性工作，并已经在亚太地区多个国家使用。

目前为止，全球综合评价模型向两个方向发展，一是规模大而且复杂，一般包括几个模型，覆盖从排放模型、碳循环模型、气候模型、影响评价模型等全范围模型，其中每一个模型都比较复杂，如 IMAGE 模型、GCAM 模型、AIM 模型、MESSAGE 模型、IPAC 模型等。另一个方向是规模小而且功能单一，如可以快速运行可分析多种减排需求下的成本效益分布。

2.1.4 IPCC 排放情景

IPCC 作为国际上一个主要评价气候变化研究进展的科学组织，排放情景是其分析评价的一个主线。IPCC 进程中的情景研究、评估代表了国际上排放情景的研究进程。这里就 IPCC 排放情景的研究和评估过程进行介绍。

（1）IPCC 情景研究历程

IPCC 在其 1990 年公布的第一次评估报告中，已经采用了排放情景。1992 年，在对这些情景进行了进一步开发的基础上，形成并公布了一组排放情景，称之为 IS92 排放情景，其中包括 6 个情景，这些情景均为假定为不采取气候变化对策情况下的情景。IS92 情景中包括了从能源活动和土地利用过程中的 CO_2、CH_4、N_2O 和 SO_2 排放，其他排放没有进行详细分析。

在 IS92 排放情景的开发过程中，使用了美国环保局的 ASF（Atmospheric Stabilization Framework，大气稳定框架）模型，这个模型包括了能源、土地利用等几个子模型，分别计算不同来源的排放。其能源子模型是部分均衡模型，是在 ERB（Edmonds，Relly and Barns）模型的基础上扩展而来。

为了更好认识未来温室气体排放趋势，以对气候变化产生的可能影响进行评价，1996 年在气候变化框架公约（UNFCCC）下的国际气候变化专家组（IPCC）决定开发一套不采取对策下的温室气体排放情景，作为 IPCC 的排放情景专门报告（SRES）出版，这里就称为 SRES 情景。

在 SRES 公布之后，为了准备第三次评估报告，IPCC 又组织了减排情景的研究，被称作后 SRES 情景（Post-SRES 情景）。该组情景的研究结果在第三工作组第三次评估报告的第三章得到体现。第四次评估报告中，没有再由 IPCC 主持开展情景研究工作，但对第三次评价报告的各种情景进行了分析。为了准备 IPCC 的第五次评估报告，IPCC 已经决定提出新的排放情景，但组织方式有所改变。

(2)SRES 情景

为了更好地认识未来温室气体排放趋势,以对气候变化产生的可能影响进行评价,IPCC 于 2000 年出版了排放情景特别报告(IPCC,2000),提出了不采取对策情况下的温室气体排放情景。同时 IPCC 的第三次评价报告对所开发的对策情景进行了分析和评价(IPCC,2001)。在 IPCC 第四次评价报告中又对第三次评价报告以来的各种情景进行了分析,对情景总的主要驱动因子进行了综述(IPCC,2007)。

到目前为止,IPCC 排放情景特别报告(SRES)中的情景是到目前为止由 IPCC 主导开发的一组情景。SRES 情景大大扩展了排放情景的研究和开发方法,这也是 IPCC 排放情景的一个重大贡献。为开发排放情景,IPCC 成立了数百人的专家组,这些专家来自相关研究领域,发展中国家的专家也参与其中。根据对以前情景的评价结果,专家组为新的排放情景设计了研究开发进程,以使其能够更好地实现其设计目的。进程包括四个部分:一是对现有的排放情景进行回顾与评价;二是分析主要排放情景的特点与相互联系;三是形成未来发展的情景框架(Storyline)作为对主要发展参数的描述,同时利用模型得到量化的样本排放情景;四是公开未来发展的情景框架(Storyline)和样本排放情景,以获取广泛的意见和建议(姜克隽,2005)。

(3)IPCC 新的排放情景

在第四次评估报告中,IPCC 没有开发新的排放情景。但随着气候变化减排需求的进一步加强,大家已经认识到需要开发新的排放情景。因此,IPCC 决定在第五次评价报告前开发一套新的排放情景(IPCC,2007a)。但这次情景开发不再采取 SRES 情景研究进程,而采取了广泛邀请世界模型组参与的方式。但是考虑到情景的多样性,仍然希望采取比较集中的研究,于是由一些模型组组建了模型研究团体(Consortium)。目前已经由能源模型论坛(EMF),国际应用系统研究所(IIASA),日本国立环境研究所(NIES)牵头成立了模型研究团队,其中包括了国际上近三十个模型组。

第五次评估报告的情景主要目标是提供减排情景,目前划分了三类情景,包括全球中长期减排情景(到 2100 年或 2300 年),区域中长期减排情景(2050 年),区域中短期减排情景(2020—2030 年)(IPCC,2007b)。

考虑到主要目标是减排情景,IPCC 建议采取了新的研究方法,即将展望(Forecast)和回望(Backcast)研究方法相结合(见图 2.2)。

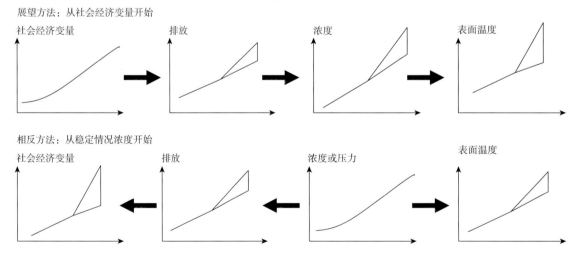

图 2.2 新的情景研究框架示意图

回望研究方法是首先设定未来的温度目标,然后通过排放情景分析如何实现这个目标。如设定 2100 年的全球温室气体浓度达到 550 ppm 的目标,利用情景分析通过怎样的减排途径、技术、成本、政策来实现该目标。

2.2 中国排放情景回顾和评价

2.2.1 社会经济情景

（1）未来经济预期

这里首先对近期经济学家们的研究进行评述，以说明未来可能的经济走向。能源和排放模型中一般都采用经济发展作为最重要的需求驱动分析因素，但是这些模型的未来经济发展一般都直接采用其他经济模型的分析结果，或者大量的参考了这些结果，应用到各自的能源和排放模型中。能源和温室气体排放模型研究组一般都在经济发展分析方面并不擅长，所以基本都采取和近期经济发展趋势分析主流结果比较类似的方式应用到自己的模型中。

排放情景研究中的社会经济情景一般来自于经济模型的研究结果。也有一些排放模型可研究经济社会情景。由于影响中国经济未来走势的因素太多，经济学家们对未来经济的预期变化比较大。

对今后一段时期中国经济能不能继续高速增长，学术界历来有乐观和悲观两派，乐观派认为中国有巨大的市场潜力，劳动力供给充分；储蓄率、投资率很高；人均 GDP 水平还很低，产业结构层次也低，就业结构层次更处于较低阶段，中国完全有可能再维持 10～20 年的经济快速增长，主要观点包括认为在世界范围内的新技术革命及第五轮世界经济长波的背景下，正处于工业化、城镇化和市场化的中国，潜力巨大的社会供求将有力地推动其经济增长。

胡鞍钢[1]预期，利用五大战略构建新的发展观，中国经济总量未来二十年仍将保持快速发展，到 2020 年，成为世界最大的经济实体，2030 年会是美国 GDP 总量的两倍以上。

林毅夫[2]则认为，中国未来经济可以维持 30 年左右的 8%～10% 的快速增长，且完全有能力在本世纪中叶成为世界上最大的、最有实力的经济实体。他主要考虑了文化、技术的发展潜力。

李善同（2010）的模型研究认为，未来中国经济也将比较快速增长，考虑了经济结构转型，投资。劳动力效率的提高。

樊纲（2007）认为，中国过去 30 年的增长和投入增长分不开，1987—2005 年的年均 9.5% 增长率中，大约 5.5% 是资本劳动投入所产生的增长，3.8%～4.2% 是全要素生产率[3]，而科技创新对经济增长的贡献大概是 0.3%，而未来 20 年将达到 1.1%～1.3% 的水平，从理论上说，中国还有 20 年 8% 以上的高增长。

悲观派则认为，中国经济增长受到许多因素的限制，如农民收入水平低、人均自然资源少、环境保护任务重、国际竞争力低。特别是由于中国的崛起，中国经济增长的外部力量正在发生变化，掣肘的因素会越来越多，中国很难继续保持目前的增长速度。

表 2.1 和表 2.2 分别罗列了中外专家、学者对未来 30～50 年中国经济发展的预测结果。总体看来，中国国内学者对中国经济发展前景比较看好，而国际机构则更多地考虑了中国经济发展面临的制约和挑战，预测结果要低于中国学者，但依然是同期世界经济增长速度最快的国家之一（白泉等，2009）。

---

[1] 胡鞍钢. 中国应以五大战略构建中国新的发展观. 中国新闻网（http://www.chinanews.com.cn），2003-06-25.
[2] 林毅夫. 2030 年中国超越美国. 南方日报，2005-02-01.
[3] 即扣除投入因素之后的效率改进、技术进步、生产率的提高所导致的增长，远高于通常发展中国家 1% 的全要素增长.

表 2.1　中国经济增长预测汇总（国内机构）

研究者	2000—2010 年	2010—2020 年	2020—2030 年	2030—2040 年	2040—2050 年
楼继伟（2010）		7%～8%			
王一鸣（2010）		8%～9%			
李善同等（2011）	9.6%	7.9%	6.1%	4.8%	3.5%
牛犁等（2009）	9.8%	8.3%	6.2%	4.9%	3.6%
刘遵义（2010）			2030 年赶上美国		
胡鞍钢（2011）		8.5%	6.7%		

表 2.2　中国未来经济增长预测（国际机构）

研究者	2010—2020 年	2020—2030 年	2030—2050 年
世界银行（WB）（2010）	7.6%		
国际能源署（IEA）（2010）	4.7%	3.9%	
兰德公司（2008）	2.1%～5.3%（2010—2015）		
高盛公司（2010）	7.5%（2005—2015）	5.3%（2015—2030）	3.7%
国际能源署（IEA），世界能源展望 2007	7.7%	4.9%	

对中国未来产业结构的演变，国内学者也做了不少研究和分析，表 2.3 列举了相关机构在不同时期的预测结果。上述预测具有共同的变化特点，随着经济的发展和生活水平的提高，第一产业比例不断降低，第三产业比重不断上升，在第二产业内部，技术密集型加工业比例呈上升态势。

表 2.3　有关中国未来产业结构变化的预测汇总

研究者	产业	2000 年	2010 年	2020 年	2030 年	2050 年
李善同等（2009）	第一产业		10.9%	9.8%	9.2%	
	第二产业		47.3%	40.9%	37.4%	
	第三产业		41.8%	49.3%	53.4%	
牛犁等（2009）	第一产业		9.7%	6.6%	4.8%	
	第二产业		48.3%	46.8%	42.9%	
	第三产业		42.0%	46.6%	52.3%	

（2）人口情景

根据联合国社会发展署（UNDESA）的研究结果，到 2050 年全球人口将达到 90 亿，其中有 30 亿人口增长来自发展中国家。其中，中国人口在 2030 年前后达到高峰，而印度将在 2030 年以后成为全球人口最多的国家；发达国家总人口将基本不变，德国、日本、俄罗斯的人口将会有比较明显的下降。

国内机构和学者也对 2050 年中国人口的演变作了展望和预测。一般而言，2000 年之前所作的预测均认为，中国人口高峰值出现在 2040 年前后，峰值人口均在 15 亿以上（见图 2.3），2050 年人口依然在 15 亿以上；并且预测年份越早，中国的峰值人口越高，最高接近 16 亿；近期所作的预测，则根据 2000 年第五次人口普查进行了调整。他们普遍认为，中国的人口总量高峰将提前到来，峰值也有所削减。预计 2030 年前后人口达到高峰，在 14.6 亿～15 亿之间；随后人口转入负增长，2050 年可降至 14 亿左右（白泉等，2009）。

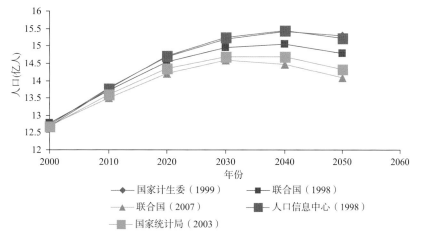

图 2.3 未来中国人口展望

无论是何种预测,未来中国人口缓慢增长将是必然趋势,中国未来经济社会发展将面临老龄化的挑战,发达国家的老龄化是一个渐进的过程,并且是先富后老,一般在 60 岁以上人口占 10% 以上的时候,人均 GDP 都达到 1 万美元以上。而在中国人均 GDP 不到 3000 美元的时候,中国 60 岁以上老年人口已达 1.43 亿,占总人口的 11%。从各方机构的预测结果看,到 2040 年,中国老年人总数将达到 4.11 亿,占到总人口的 29%,它将超过法国、德国、意大利、日本和英国目前的人口总和,届时每 3～4 人中就有 1 名老年人。老龄化对未来中国经济发展的最大影响是人口红利的丧失,但也会促进医疗保险业、服务业的发展,也会对消费模式产生影响,进而对总能源需求产生不同的影响。

在人口方面,IEA 预测中国以年均千分之四的人口增速,2030 年总人口达到 14.6 亿。中国人口表现出两个明显的趋势:第一,家庭规模缩小,中国实行计划生育以来,育龄妇女人均生育 1.7 个孩子,与荷兰水平接近,低于 2.1 的正常代际更替;第二,人口老龄化,劳动力占总人口比重在 2010 年左右达到峰值,退休人口在 2030 年翻一番,60 岁以上人口占总人口的 24%,抚养比从当前的 2.1 降低到 2030 年的 1.4[①]。中国面临未富先老的危机。

联合国预测,2015 年中国城镇化率达到 49%,2030 年达到 60%。城镇人口以年均 2% 的速度增加,到 2030 年,农村人口将减少到 5.7 亿(IEA,2007)。城镇居民的人均能源消费远高于农村居民,因此,城镇化过程增加对能源的需求。

各个模型中采用的人口有所区别,但相对来说差别不大,见图 2.4。

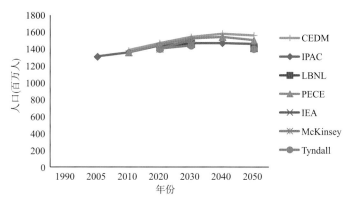

图 2.4 模型情景分析中的人口情景

能源所的 IPAC 模型在分析能源和排放情景中,采用了 IPAC-人口模型分析了未来人口增长、年龄分布、劳动力供给。这样可以将能源消费、排放和不同特点的人口分组结合起来。从总量上来说,人口

---

① 劳动力人口是年龄介于 15～60 岁的人口。

情景主要考虑近期的几个主要规划和研究数据。政府继续对中国人口增长进行控制。农村人口生育状况也在不断改善,计划外生育有所减少,中国人口基本按照目前的构架向前发展。之后,随着中国经济的不断发展和人们生育观念的逐步改变,外加人口高峰到来后面临负增长局面,政府有意识地放宽对人口增长的限制,间隔生育措施逐步实施,使中国的人口数基本维持在一个较低水平。这里主要采用了国家计划生育委员会的人口发展情景,并利用 IPAC-人口模型进行了分析。在这种情景下 2030—2040 年中国人口达到高峰,为 14.7 亿人左右,2050 年下降到 14.6 亿。

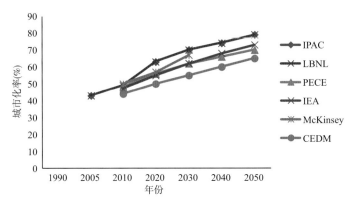

图 2.5　模型情景分析中的城市化率情景

能源所利用 IPAC-人口模型对人口的年龄分布进行了分析,主要用于劳动力供应和消费模式研究。考虑到未来中国妇女分年龄段的生育率,在收入增加时情况下会下降。依据社会发展背景的类似性,模型采用了日本 2005 年的生育率作为中国 2030 年的生育率。

(3)排放情景研究模型中的经济情景

一般情况下,能源和排放模型的研究组的经济情景基本上参考相关经济情景研究组的结果,所以各个模型组的区别在于他们所选择的经济情景会有所不同。图 2.6 给出了不同模型组的经济发展情景。

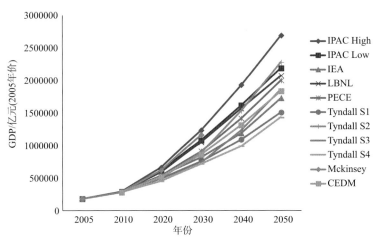

图 2.6　模型情景分析中的 GDP 情景

从图 2.6 可以看出,各个模型组的 GDP 情景差别还是比较大的。清华大学、人民大学和能源所 IPAC 模型组选择了较高的 GDP 增长速度,和目前国内经济增长分析中中高增长速度比较一致。但是 IPAC 模型组也选择了一个低增长情景,但是这个低增长情景和其他模型组相比也相对比较乐观。人民大学的 PECE 模型选择了国家规划的 GDP 增长速度。与国内模型组相比,很明显的一个区别是,国际上的模型组基本上采用了比较低的 GDP 增长速度,主要原因是因为国际经济模型对中国未来 GDP 增长的分析结果都比较低(见表 2.4)。这在国际模型研究中普遍存在的一个问题。在全球经济分析模型中很难给出中国一枝独秀的结果,致使中国的经济增长速度在全球模型中的明显低于实际发生的情况,也就远低于国内经济学家的预测。

表 2.4　各情景中的 GDP 增长速度(单位:%)

		2010—2020	2020—2030	2030—2040	2040—2050
IPAC High		8.38	7.11	4.98	3.6
IPAC Low		7.71	5.81	4.14	3.07
IEA		6.58	4.4	3.8	3.8
LBNL		7.76	5.85	4.09	2.82
PECE		6.6	5.5	4.5	3.5
Tyndall	S1	5.77	4.3	3.79	3.28
	S2	5.91	5.9	5.62	4.03
	S3	4.98	4.89	5.26	4.19
	S4	4.87	4.74	3.24	3.74
Mckinsey		8.2	6.5		
CEDM		6.2	5.3	4.3	3.4

　　一些模型组更加详细的分析了产业部门的未来发展情景。如果要进行经济发展模式,或者经济结构调整对能源和排放的影响的话,详细分部门经济发展的分析就很重要。

　　在 IEA 基准模型中,2007—2030 年中国 GDP 年均增速 6%,其中第三产业比重增加最快,从 2005 年的 40% 增加到 2030 年的 47%。在其高增长情景模型中,在持续增长的出口和对重工业的投资刺激 GDP 增速达到 7.5%,到 2030 年,高增长情景下的 GDP 比基准情景高出 42%。

　　尽管经济增长被认为是影响温室气体排放最重要的因素,但这只是一个总量指标,消费者的消费模式和生活方式影响了产业结构和能源需求,从而影响到温室气体的排放。以 IEA2007 的社会经济基准情景为基础,Guan 等人对中国居民的消费模式进行了预测。他们采用 2002 年投入产出表,根据收入的需求弹性和人均收入估计,预测 2002—2030 年的收入弹性,其结论是居民对制造产品的需求弹性基本保持不变,但是对农产品的需求弹性降低,而对交通、金融等服务产品的需求弹性提高。2030 年,中国 GDP 达到 38 万亿元(2002 年不变价),其中,农业比例仅占 3%,而服务业达到 47%(Guan,et al.,2008)。

　　假设中国居民采取西方式的生活模式,即城镇居民的人均消费迅速增长以致到 2030 年,达到美国 2002 年的人均 2.5 万美元(PPP)消费水平,比基准情景高出 25%,这要求城镇居民的收入年均增长 5.9%,如果农村居民收入与之保持相同趋势,那么农村居民收入须年均增长 5.4%,这就要求中国 GDP 年均增长 6.4%。经济结构偏向于服务业为主,服务业占 GDP 的比重达到 60%,而农业比例降到 2%。Vuuren 等(2003)假设中国将继续实行开放政策,快速的技术进步,服务业占 GDP 的比例从 2000 年的 34% 增加到 2050 年的 60%。

　　IPAC 模型考虑到中国经济快速发展,2030 年之后,支撑 GDP 增长因素变为以内需增长为主,国际常规制造业的竞争力由于劳动力成本快速上升而下降。通过采取一系列行之有效的措施,经济结构不断改善,产业结构逐步升级,先进产业的国际竞争力日渐增强,使中国经济仍能在不断调整中以较为正常的速度发展,估计 2000—2050 年,中国经济保持年均 6.4% 的增长速度。

　　IPAC 模型的经济情景中,2030 年时,我国工业仍占据 GDP 中的重要位置,而且工业是能源消费的主要行业,因此,在中长期情景中需要对工业进行详细分析。他们着重对工业的高耗能行业进行分析,描述未来 30—50 年的工业部门情景。先利用 IPAC-CGE 得到各工业部门的增加值。在这些部门中,可以直接用于计算产品产量的仅有钢铁部门。建材部门的产品比较少,但有占据优势的产品,因此也可以采取增加值和产品产量相关分析方法得到其产量。能源所和人民大学的研究都给除了未来高耗能产品产量的情景。表 2.5 和表 2.6 中给出了 IPAC 模型中主要高耗能产品产量的情景。这里也考虑分析了未来高耗能产品产量的不确定性。2010 年我国粗钢产量已经达到 6.3 亿吨,水泥产量已经达到 17.3 亿吨,超过了低碳情景和强化低碳情景的数据水平。根据 IPAC 模型组进行的关于高耗能产品产量预测的研究,2010 年的高耗能产品产量,从基础建设来看,每年新增的房屋建筑面积、公路、高速公路、铁路、高速铁路、机场等,已经可以支撑我国快速经济发展需求,因此很有可能我国的高耗能产品产量将在"十二五"期间达到峰值。但是由于经济发展的惯性,以及投资的盲目性,还会有所提高,但是空间已经不大。

表 2.5　主要高耗能产品产量（基准情景）

产品	单位	2005 年	2020 年	2030 年	2040 年	2050 年
粗钢	亿吨	3.55	7.1	6.8	5.4	4.3
水泥	亿吨	10.6	19	19.5	15	12
玻璃	亿重量箱	3.99	8.3	10	9	8
铜	万吨	260	890	890	830	650
铝	万吨	851	1750	1850	1700	1400
铅锌	万吨	510	950	950	900	800
纯碱	万吨	1467	2500	2700	2600	2450
烧碱	万吨	1264	2600	2800	2800	2700
纸和纸板	万吨	6205	12000	14000	14000	14000
化肥	万吨	5220	7900	7950	7500	7300
乙烯	万吨	756	3700	3900	3900	3700
合成氨	万吨	4630	7100	7200	7100	6400
电石	万吨	850	1400	1400	1200	800

表 2.6　主要高耗能产品产量（低碳情景和强化低碳情景）

产品	单位	2005 年	2020 年	2030 年	2040 年	2050 年
粗钢	亿吨	3.55	6.1	5.7	4.4	3.6
水泥	亿吨	10.6	16	16	12	9
玻璃	亿重量箱	3.99	6.5	6.9	6.7	5.8
铜	万吨	260	700	700	650	460
铝	万吨	851	1600	1600	1500	1200
铅锌	万吨	510	720	700	650	550
纯碱	万吨	1467	2300	2450	2350	2200
烧碱	万吨	1264	2400	2500	2500	2400
纸和纸板	万吨	6205	11000	11500	12000	12000
化肥	万吨	5220	6100	6100	6100	6100
乙烯	万吨	756	3400	3600	3600	3300
合成氨	万吨	4630	5000	5000	5000	4500
电石	万吨	850	1000	800	700	400

　　中国社会科学院数量经济与技术经济研究所（简称社科院）利用 CEDM 模型对中国未来 50 年经济、社会前景进行了分析。在满足发展潜力条件下，当 2050 年人均 GDP 达到 1 万美元时，GDP 总量达到 127.6 万亿元。经济增长路径为 2020 年 GDP 达 35.71 万亿元，2000—2020 年 GDP 年增长率为 7.2%，2020—2050 年为 4.3% 左右。人均 GDP 2020 年达 2952 美元，2050 年为 9937 美元。

　　在满足发展潜力下，产业结构变化为，第一产业占 6.7%，第二产业占 41.6%，第三产业占 51.7%。与人均 GDP 1 万美元时的产业结构基本符合（第二产业高些，第三产业低些）。2050 年城市化率为 65%。

2.2.2　能源情景

　　各个模型组在分析未来的能源情景的时候，一般首先定义不同的情景。这里选择了几个模型组的结果，选择的依据主要是这些模型组有比较好的研究报告，详细说明其模型方法，研究结果。同时这些模型组中有不少也长时间参与到多个模型论坛中，模型研究的学术公开性较好。这里包括了近期影响比较大的国内模型组合国外模型组的研究结果，这些研究都是专门针对中国进行的。包括中国作为一个区域的全球模型的研究结果不包含在这里。各个模型研究的总结见表 2.8。

表 2.7　国内国际有关中国能源情景和温室气体排放情景研究项目评述

机构/项目	研究时间	目的	预测期	情景个数	情景描述	方法	部门	非能源排放源
能源研究所/全球 2℃ 情景下中国情景研究	2011 年	排放情景	2005—2050 年	1	全球 2℃ 升温目标下中国的排放情景	IPAC 模型	42 个部门，包括终端部门和能源供应部门	包括
能源研究所/2050 中国低碳发展情景研究	2009 年	能源和排放情景	2005—2050 年	3	Baseline、低碳情景、强化低碳情景	IPAC 多模型情景分析	42 个部门，包括终端部门和能源供应部门	包括
人民大学环境学院	2009 年	排放情景	2007—2050 年	3	基准情景、轻排情景、减排情景	PECE 模型		
能源研究所 2050 能源和温室气体排放情景研究	2005 年	能源和排放情景	2000—2100 年	3	基准情景、CO$_2$ 减排情景、多种温室气体减排情景	IPAC 多模型情景分析		包括
清华大学核能院	2005 年	能源情景	1995—2050 年	3				
LBNL.中国温室气体排放情景研究	2010 年	能源和排放情景	2000—2050 年	3		IPAC 多模型情景分析		包括
社科院数技经所	2004 年	能源情景	2005—2050 年	5	基准、优化能源结构（减排）、提高效率、天然气替代石油、煤液化情景			
英国 Tyndall 中心.	2009 年	能源和排放情景	2005—2050 年	4				
国际能源署. 全球能源展望 2010	2007 年	能源情景	2008—2030 年	3	基准情景、备选情景和高增长情景			
麦肯锡/绿色中国发展报告	2010 年	温室气体减排情景	2008—2030 年	2	基准情景、减排情景			

各个模型组的情景定义一般根据研究目标会有所不同。

能源研究所的利用中国综合政策评价模型（IPAC）在 2009 年到 2010 年进行的中国 2050 年低碳情景研究（姜克隽等，2009），之后又进行了全球 2℃减排目标下中国情景的研究。四个情景设定条件见表 2.8（姜克隽等，2012）。

表 2.8　IPAC 四个情景设定条件

情景	简称	设定条件
基准情景	BaU	2005—2050 年年均 GDP 速度 6.4%，代表国际经济发展研究中较高的经济发展速度区间。高消费模式，全球投资，关注环境，但是先污染后治理，技术投入大，技术进步快速
低碳情景	LC	考虑中国的可持续发展、能源安全、经济竞争力等所能实现出低碳发展情景。充分考虑节能、可再生能源发展、核电发展，同时对 CCS 技术有所利用。在中国经济充分发展情况下对低碳经济发展有一定的投入
强化低碳情景	ELC	全球一致减排，实现较低温室气体浓度目标，主要减排技术得到进一步开发。成本下降更快，中国对低碳经济投入更大，CCS 的利用得到大规模发展
2℃情景	2DLC	在全球两度升温目标下中国温室气体排放途径，考虑更加严格的排放控制，先进节能技术、大规模发展可再生能源、核电，以及 CCS 技术，同时进一步考虑消费方式的变化，以期在全球范围内支持气候变化目标的实现

IEA 所作的《世界能源展望 2007》对中国进行了专门的情景研究，时间跨度为 2005—2030 年。IEA 在世界能源模型的基础上，针对中国设计了三种情景：基准情景、备选情景和高增长情景。在备选情景中，政府采取强有力的政策措施，保证能源效率的提高和对环境的有效保护，这是一种相对可持续的发展方式，能源需求和碳排放相对较低。

人民大学的基准情景（BAU）该情景充分考虑国内发展需求。在情景期内，中国政府施加了一定的额外政策（如淘汰落后产能，调节产业结构等），但不考虑强制性的减排措施（如征收能源税和碳税等）。控排情景（EC）最大限度地考虑了中国在不引起经济衰退下的减排潜力。该情景描述了中国为了对全球应对气候变化的行动作出更大的贡献，进一步采取多种致力于降低能源消耗，实现产业结构和能源结构转变的政策后的能源需求和排放的发展趋势。减排情景（EA）—最大限度的考虑了中国在 2030 年达到峰值，到 2050 年在技术上能取得的减排潜力。

LBNL 的研究考虑了三个情景。基准情景，加速发展情景，以及强化 CCS 的加速发展情景。其基准情景考虑了现有政策，并假设现有政策持续下去。加速发展情景则在现有政策情况下，进一步考虑节能政策以及电力部门的低碳技术利用。强化 CCS 的加速发展政策，是在中国仍旧大规模发展燃煤电站的情况下，大范围引入 CCS 技术。

英国 Tyndall 中心的情景研究定义了四个情景，S1 是指在全球 450 ppm 的目标下，依据 2050 年人均趋同一致的原则，1990 年到 2100 年累计碳排放预算为 70 GtC，2020 年之前参照 IPAC 模型的排放路径，2020 年达到排放峰值；S2 是指在全球 450PPM 的目标下，依据 2050 年 GDP 碳强度同一致的原则，1990 年到 2100 年累计碳排放预算为 110 GtC，2030 年之前参照 IPAC 模型的排放路径，2030 年达到排放峰值；S3 是指在全球 450PPM 的目标下，依据 2050 年人均趋同一致的原则，1990 年到 2100 年累计碳排放预算为 90 GtC，2020 年之前参照 IEA 模型的排放路径，2020 年达到排放峰值；S4 是指在全球 450 ppm 的目标下，依据 2050 年碳强度一致的原则，1990 年到 2100 年累计碳排放预算为 111 GtC，2030 年之前参照 IEA 模型的排放路径，2030 年达到排放峰值。

麦肯锡的情景有两个，一个是基准情景，考虑了现有政策，目前的节能和可再生能源技术继续发展，减排情景则着重考虑了目前已经被掌握，未来有大规模利用潜力的技术。

图 2.7 给出了主要模型组的一次能源需求情景。可以看出，各个模型组的结果差别很大。这些差别主要在于情景定义的不同。基准情景的一次能源需求量相对比较大，2030 年各个情景的范围

在 50 亿～60 亿吨标煤之间,2050 年在 54 亿～71 亿吨标煤之间。2050 年较低的情景来自于 LBNL 的情景,其主要已经考虑了现有的大量政策。政策情景或者低碳情景中,2030 年内一次能源需求量分布在 35 亿到 55 亿吨标煤之间。这里的区别就更大,主要是各个情景中设定的参数很不同,假定也不同。其中较低的情景出现在 Tyndall 情景和 IEA 的政策情景中,他们主要考虑了全球气候变化目标的需求。其他几个模型采用了自底向上分析方法,较多地考虑了中国可能的经济发展需求,以及可能的节能潜力。

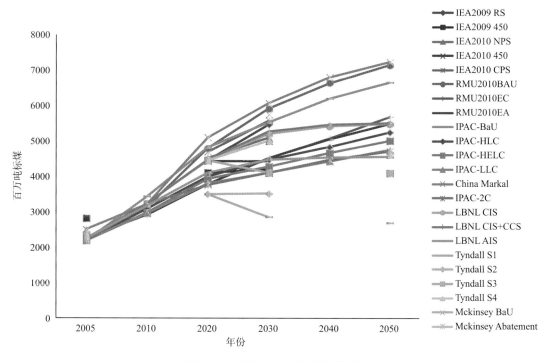

图 2.7 各情景中的一次能源需求量

IEA 的情景认为,中国能源价格改革将逐渐取消生产补贴,与国际价格逐步接轨。技术进步以及设备更新影响到了中国能源的使用效率和能源密集度[1]。

在基准情景中,中国基础能源需求年均增长速度为 3.2%,其中,天然气和核能分别达到 6.4% 和 6.5%,可再生能源为 9.9%。到 2030 年,中国能源总需求达到 38 亿吨油当量,煤炭依然是主要能源,占全部能源的 63%,发电是煤炭需求的主要用户;石油需求量翻倍,交通运输用油占石油需求的比例从 2005 年的 35% 提高到 2030 年的 55%;天然气在能源需求中的比例有所提高,从 2005 年的 3% 增长到 2030 年的 5%;核能不超过 2%,其他可再生能源的比例为 0.9%。

在模型中,2030 年的火电发电煤耗比 2005 年降低 15%,钢铁和水泥能耗分别减少 14 和 17%,交通运输降低 32%。

备选情景中,中国政府加强了现有政策的实施并且采取新的政策,抑制对能源需求的增长,年均增长率控制在 2.5%。2030 年,对基础能源的需求 46.4 亿吨标煤,比基准情景低 14.7%,其中,对煤炭和石油的需求分别降低了 23.2% 和 19.2%,而对核能的需求提高了 79%,对太阳能和风能等可再生能源的需求提高了 57.4%。相对基准情景,备选情景中的能源需求减少,主要由于采用各种节能措施和能效的提高,如中央政府采取的关停并转小型和无效率的工业企业和发电厂,转而利用效率高的技术。长期来看,经济结构的调整对于降低能耗的作用越来越大,其为减少能源需求量贡献 43%,能耗效率的提高和能源结构的转换贡献了其他 57%。

高增长情景下,7.5% 的 GDP 增速要求能源需求以年均 4.0% 的速度增长,总能源需求达到 67 亿

① 单位 GDP 耗能。

吨标煤,比基准情景高出 23%,其中对石油和天然气的需求比基准情景高出了 30%。

能源所利用一个多模型框架,包括 IPAC-AIM/技术模型,IPAC-全球模型,IPAC-SGM 能源经济模型,得到中国 2050 年能源需求和排放情景。

低碳情景与基础情景相比,2030 年和 2050 年一次能源需求量分别减少 22% 和 24%。2050 年基准情景一次能源需求量由 2005 年的 21.89 亿吨标准煤增加到 66.57 亿吨标准煤,其中煤炭占 44%,石油占 27.6%,天然气占 10%,核电占 9%,水电占 6%,风电、生物质能发电等新能源和可再生能源占 3.4%。

2050 年低碳情景的一次能源需求量由 2005 年的 21.89 亿吨标准煤增加到 50.82 亿吨标准煤,其中煤炭占 37.4%,石油占 20.2%,天然气占 14.4%,核电占 14.2%,水电占 8.4%。风电、生物质能发电等新能源和可再生能源占 5.4%。

从一次能源需求总量看,2030 年低碳情景比基准情景减少了近 12 亿吨标准煤,其中包括近 10 亿吨煤炭;2050 年低碳情景比基准情景减少了近 16 亿吨标准煤,其中煤炭超过 10 亿吨。2030 年低碳情景由于核电和水力发电量的增加,与基准情景相比,能源需求结构得到优化;2050 年低碳情景由于石油、核电和天然气需求量的增加致使一次能源需求结构与基准情景相比得到了进一步优化。2050 年低碳情景中,风电、生物质能发电、醇类汽油、生物柴油等能源需求量所占比例达到 5.4%,比基准情景上升了 2 个百分点。

低碳情景一次能源需求量所面临的挑战主要在未来 45 年中。石油和天然气需求量的快速增长。在基准情景中,石油需求量从 2005 年的 3.05 亿吨增加到 2030 年的 6.75 亿吨和 2050 年 7.18 亿吨;而在低碳情景中,石油需求量从 2005 年的 3.05 亿吨迅速增加到 2030 年的 11.008 亿吨和 2050 年 12.8 亿吨。

从能源需求弹性系数看,基准情景 2005—2030 年能源需求弹性系数为 0.47,2030—2050 年为 0.22;低碳情景 2005—2030 年能源需求弹性系数为 0.34,2030—2050 年为 0.19。

2050 年基准情景和低碳情景的发电量由 2005 年的 24940 亿千瓦时分别增加到 108628 亿千瓦时和 95226 亿千瓦时。基准情景 2005—2030 年发电量年均增长速度为 4.78%,2030—2050 年为 1.42%;低碳情景 2005—2030 年发电量年均增长速度为 4.06%,2030—2050 年为 1.72%。按照一次能源计算,基准情景用于发电的能源总量为 19.87 亿吨标准煤,占一次能源需求总量的 29.8%;低碳情景用于发电的能源总量为 14.59 亿吨标准煤,占一次能源需求总量的 28.7%。

与基准情景相比,低碳情景 2050 年发电量构成中,煤电所占比例由 53% 下降到 35%,在下降的 18 个百分点中,天然气发电、水电、核电和风电分别贡献了 2 个、4 个、9 个和 3 个百分点。由于低碳情景的电源结构优于基准情景,致使每千瓦时电力的一次能源消耗系数比基准情景低 16%,并使终端能源消费构成也得到了优化。在 2050 年低碳情景终端能源消费量构成中,电力占 32%,与基准情景相比,高出 8 个百分点。

强化低碳情景的 CO_2 排放量和低碳情景相比,2030 年之后开始有明显下降,2050 年和低碳情景相比下降 48%。与低碳情景相比,在进一步强化节能的基础上,一次能源需求量下降 4.5%,可再生能源发电、核电等发电量所占比例为 58%。

清华大学核能技术研究院利用 MARKAL 模型对 1995—2050 年分部门终端能源需求预测进行了预测。未来终端能源消费将有较大增长,2050 年的终端能源消费量（将达 33.99 亿吨标准煤）,是 1995 年的 3.5 倍。而且分部门终端能源消费构成将发生较大变化,主要表现在:一是工业部门消费比例有很大降低,到 2050 年将降至 37%,比 1995 年下降 33%。二是居民服务业与交通运输部门,特别是交通运输部门的消费比重将有较大增长,2050 年与 1995 年相比分别增长 12%、6% 和 16%。工业部门能源消费比重的大幅度下降一方面反映了产业结构调整的趋势,另一方面业反映了工业部门内部行业结构与产品结构调整。中国 2050 年工业部门消费比例与经济合作和发展组织（OECD）国家 1990 年的水平（36.48%）相当,交通部门比例仍稍低于 OECD 国家 1980 年的水平（27.89%）,与世界 1990 年的平均水（25.71%）相当。

1980—1990 年,中国能源消费弹性因数为 0.56,年节能率 3.71%,1990—1995 年的 5 年间,经济的高速发展使能源消费弹性因数仅为 0.46,年节能率高达 6.07%。虽然未来一次能源消费年增长率将逐渐下降,但由于 GDP 增长速度的放缓,能源消费弹性因数将从 1995—2010 年间的 0.38 增至 2010—2030 年间的 0.43,2030—2050 年间的 0.49,相应的年节能率亦从 4.65% 降至 3.21%,2.19%。OECD 国家 1980—1990 年能源消费弹性因数平均为 0.48,年节能率为 1.6%;世界平均的能源消费弹性为 0.78,年节能率 0.7%。中国未来即使到 2050 年,年节能率仍能在 2% 以上,能源消费弹性 0.49,与 OECD 国家 1980—1990 年间的水平相当。尽管未来节能的力度较大,能源消费的增长速度远低于 GDP 的增长速度,但到 2050 年,中国一次能源的消费仍很大,接近 53 亿吨标煤。

中国社科院数量经济与技术经济研究所将以系统动力学与投入产出方法为原理的中国经济社会发展模型(CEDM 模型)、终端能源需求模型(Leap 模型)、能源供应模型(MARKAL 模型)三个模型综合在一起对能源情景进行研究。

1)基础方案

基础方案计算结果表明,为满足发展潜力,即人均 GDP 达到 1 万美元左右时,需供应一次能源高达 57.7 亿吨标煤,其中煤炭占 56%,石油占 20.4%,天然气占 11.8%,可再生能源占 11.8%。二氧化碳排放量达 31.09 亿吨(以碳计);2050 年人均能源消费量为 3.7 吨标煤/人,低于发达国家 20 世纪 90 年代水平;能耗系数由 2000 年的 1.68 吨标煤/万元降至 2050 年的 0.45 吨标煤/万元,年均下降率为 2.6%,50 年能源弹性系数为 0.5 左右。

发电能源结构中,煤炭占 56.4%,核电占 4.4%,天然气占 25.6%,新能源发电占 5.2%,水电占 8.4%。人均装机为 1.82 千瓦/人;人均发电量为 6948 千瓦时,达到 90 年代发达国家水平。

2)提高能效方案(Ease)

提高能效方案计算结果表明,2050 年人均 GDP 达到 1 万美元时,一次能源供应量降为 49.7 吨标煤,二氧化碳排放量降为 26.4 吨(以碳计),结构与基础方案相似。

因提高能效使能耗系数由 2000 年的 1.68 吨标煤/万元降至 2050 年的 0.4 吨标煤/万元,年均下降率为 2.9%。50 年能源供应弹性系数为 0.45 左右。2050 年人均能源供应量为 3.19 吨标煤/人;人均发电量为 5904 千瓦时;人均装机为 1.48 千瓦/人。

3)优化能源结构方案(Nase)

优化能源结构方案计算结果表明,能源供应结构优化,煤炭由 56% 降至 51.2%,可再生能源由 11.8% 升至 16.6%,二氧化碳排放量由 31 亿吨降至 29 亿吨。

本方案加快新能源和可再生能源发展,提高新能源和可再生能源的发展速度,包括:提高水电装机容量,2050 年水电装机从 240 GW 提高到 320 GW;地热发电、太阳能发电技术的发展是基准方案的 1.5 倍;加快发展核电,2050 年核电装机容量从 125 GW 提高到 210 GW。

4)煤液化方案(Case)

适宜地发展煤液化技术,实现以煤基燃料替代石油是解决中国石油资源缺乏和保障能源安全的途径之一。

煤液化方案中,2050 年一次能源供应量为 61.25 亿吨标煤,CO_2 排放量为 34.17 亿吨碳,均高于基础方案。

5)天然气替代石油消费方案(Gase)

2050 年一次能源供应量为 57.6 亿吨标煤,CO_2 排放量为 30.4 亿吨碳,与基础方案基本相同。

人民大学的 PECE 模型的研究结果表明,到 2050 年,在所有情景下,中国未来的一次能源需求仍将持续上升。在基准情景下,中国一次能源需求量从 2005 年到 2050 年年均增长 2.6%,到 2050 年则达到 71 亿吨标煤,总增长量达到 220%。年均增速从 2010 年到 2020 年间的 4.3% 下降到 2030—2050 年间的 1%。在该情景下,煤炭将仍然是一次能源的支柱,但其比重会略有下降。石油仍然是第二大能源。对天然气、核电和非水电可再生能源的需求会加大,但其总体比重仍然较低。水电在能源需求中的比重基本保持不变。

在控排情景和减排情景下，中国一次能源需求持续上升的态势没有得到改变，在 2050 年前一次能源需求均未出现拐点，只是其增长速度相对基准情景将大幅度放缓。在控排情景和减排情景下，中国的一次能源需求在 2005—2050 年间的年均增速将分别降为 2.1% 和 2%，并在 2050 年分别达到 57 亿和 55 亿吨标准煤，相对基准情景均有大幅下降。从能源结构上看，随着核能、风能、太阳能等低碳能源的大规模应用，煤炭在一次能源结构中的比例将大幅下降，在减排和控排情景下煤炭在 2050 年的比例将分别降为 44% 和 36%。

2.2.3 二氧化碳排放情景

各个模型组的 CO_2 排放情景的结果见图 2.8。这些结果分布范围很广，对其模型参数分析后可以看出，图中 2030 年排放量大于 110 亿吨 CO_2 均是各个模型组的基准情景，2050 年持续上升至 120 亿吨到 170 亿吨，有些情景表明可以在 2040 年到 2050 年达到排放峰值。采取气候变化政策的情景的 CO_2 排放的范围在 85 亿吨到 110 亿吨，2050 年范围为 50 亿吨到 80 亿吨。其中几个对全球实现 2℃升温目标进行分析的模型结果表明，中国的 CO_2 排放需要在 2025 年之前达到峰值，峰值不超过 90 亿吨 CO_2，到 2050 年下降到 25 亿吨左右。IEA 的 450 ppm 情景峰值在 2020 年达到了 90 亿吨，但之后快速下降。IPAC 的 2℃情景峰值为 84 亿吨，之后开始下降，与 IEA 情景相比，下降速度相对较缓。

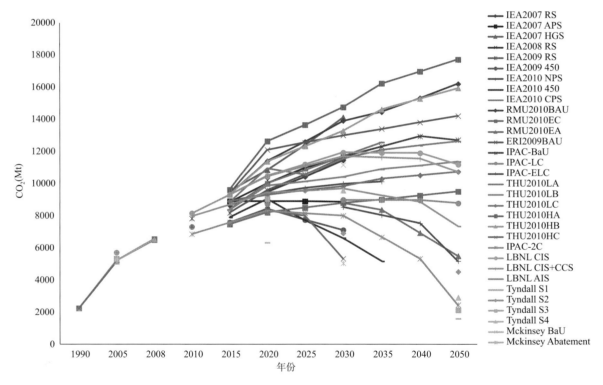

图 2.8　各情景中的 CO_2 排放量

IEA 预测的基准情景下，2005—2030 年，中国每年排放增速平均为 3.3%，2030 年，中国与能源相关的二氧化碳排放 114.5 亿吨，比美国高出 66%，占全球排放的 27%。

备选情景中，政策措施可以减缓能源进口的增长和日益加重的局部污染，而且也遏制了二氧化碳排放的增长。能源消费总量的相对降低和较低含碳能源比重的提高，将使得 2030 年的碳排放比基准模型减少 22.5%，大约 26 亿吨。

相反，高增长情景下，与能源相关的碳排放比基准模型增加 23%，也是 26 亿吨。这部分增量主要来自发电厂燃烧的煤炭，后者贡献了 18 亿吨。从人均来看，2030 年的人均碳排放达到了 OECD 国家当前水平的 90%。

尽管总量很高，中国人均碳排放依然低于发达国家。2005 年，与能源相关的中国人均二氧化碳排放为 3.9 吨,到 2030 年,基准情景下的排放量翻倍,单位 GDP 排放则从 2.2 吨/千美元下降到 1.2 吨/千美元,每吨油当量的排放从 2.9 吨提高到 3.0 吨。

根据 IPAC 情景研究结果,低碳情景与基础情景相比 2030 年和 2050 年一次能源需求量分别减少 22% 和 24%。强化低碳情景的 CO_2 排放量和低碳情景相比 2030 年之后开始有明显下降,2050 年和低碳情景相比下降了 48%。与低碳情景相比,在进一步强化节能的基础上,一次能源需求量下降 4.5%,可再生能源发电、核电等发电量所占比例为 58%,增加了 7%。同时燃煤电站在 2020 年之后大规模普及 IGCC,同时配备 CCS。钢铁、水泥、电解铝、合成氨、炼油、乙烯等高耗能工业普遍使用 CCS。建筑普遍使用可再生能源技术,如先进太阳能热水器供热水和采暖,同时户用风电和光伏技术在适合的建筑和地区得到普遍使用。

清华大学核能技术研究院的研究认为,2010 年、2030 年和 2050 年中国 CO_2 排放量将分别达 44 亿吨、71 亿吨和 110 亿吨。2050 年中国能耗消费强度将下降至 1990 年的 12%,与 OECD 国家 1990 年的水平相当。1990 年中国能源消费的碳排放强度比 OECD 国家高 27%,到 2050 年单位标煤能源消费的碳排放将降至 0.572。2050 年单位标煤能源消费的碳排放强度将降至 0.572。2050 年中国单位 GDP 的碳排放强度将比 1990 年下降 89%,但仍稍高于 1990 年 OECD 国家的 0.166 千克/美元。

中国人均二氧化碳排放量很低,1990 年为 2 吨/人,是世界平均水平的一半,不及 OECD 国家平均水平的 1/6。即使到 2050 年,中国人均碳排放量也仅有 7 吨/人,只有 OECD 国家 1990 年平均水平的 54%。

中国社会科学院数学经济与技术经济研究所的研究结果显示,基准方案下,未来中国 CO_2 排放量将有较大增长。在满足发展潜力下,2050 年将达到 114 亿吨 CO_2,是 2000 年的 4 倍,年均增长率为 2.8%。虽然各部门二氧化碳排放量都有不同程度的增长,但排放量部门构成发生了变化。农业、工业部门(不包括发电部门)、建筑业等部门的排放量占总排放量的比重下降,而服务业、交通运输业、居民生活的排放量比重有较大增长。到 2050 年,电力、工业、交通、居民生活是排放量最大的 4 个部门,约占排放总量的 90% 以上。这些部门节能的成效及清洁能源比例的增加,将是控制 CO_2 排放的关键所在。

五种方案中,2050 年 CO_2 排放量由 96.76 亿吨到 125.29 亿吨,其中提高能效方案排放量最低,为 96.76 亿吨,而煤炭液化方案排放量最高,为 125.29 亿吨。

人民大学 PECE 模型三个情景下未来的 CO_2 排放情况如图 2.9 所示。在基准情景下,中国未来与能源相关的 CO_2 排放将呈现迅猛发展的势头,2020 年、2030 年和 2050 年的 CO_2 排放量将分别达到 114 亿吨、139 亿吨和 162 亿吨,2050 年前无法达到峰值。事实上,在基准情景下,中国政府也已经做出了一定程度的减排努力。

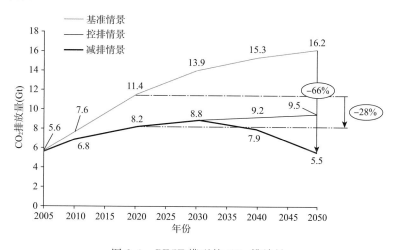

图 2.9　PECE 模型的 CO_2 排放量

在控排情景下，中国采纳了包括提高能效和发展可再生能源在内的一系列措施，实现了可观的减排成果，但并没有大规模应用碳捕获和碳封存、太阳能发电、电动汽车等昂贵技术。与基准情景相比，在控排情景下，2020，2030 和 2050 年分别在基准情景的基础上减排了 32 亿吨、51 亿吨和 67 亿吨 CO_2，单位 GDP 的 CO_2 排放强度分别在 2020，2030 年和 2050 年的基础上降低了 51%，69% 和 85%。2030 年至 2050 年的温室气体排放增量被控制在 7 亿吨 CO_2 以内。

在减排情景下，中国在 2030 年后考虑了能实现最大减排潜力的技术选择。研究发现，如果要使中国在 2030 年出现峰值，在技术上存在可能性，但需要付出巨大社会经济代价。在此情况下，中国 2050 年的 CO_2 排放量最多可降低到 55 亿吨，排放强度将在 2005 年的基础上降低 91%，人均 CO_2 排放量将降低为 3.7 吨/人。

近期能源研究所进行的全球 2℃ 升温目标下中国排放情景的研究，给出了更为严格的减排情景（姜克隽等，2012），见图 2.10。实现全球 2℃ 目标，要求中国在 2025 年之前达到峰值。多种分析表明，在采取不同的全球排放分担方式情况下，如果要实现全球 2100 年升温目标控制在 2℃ 升温的水平，中国都需要在 2025 年之前达到峰值。此结论比 IPAC 模型研究强化低碳情景更为严峻。基于对 GDP 的不同假设，2025—2020 年碳强度的降幅为 49%～59%，高于政府公布的行动目标。

2030 年中国可以达到峰值，之后进入深度减排。根据 IPAC 模型研究，我国可以争取在 2030 年实现 CO_2 排放的峰值，该研究结论也已经在多个模型组中得到共识。实现 2030 年达到峰值的主要途径包括调整经济结构、强化节能、大力发展可再生能源和核电、利用 CCS、强化低碳发展的土地利用。

实现全球 2℃ 目标，中国实现峰值的排放量也要相对比较低。对全球 2℃ 温度控制目标的分析表明，即使 2025 年中国实现了排放峰值，要求的排放量也处于比较低的水平。CO_2 排放量的峰值要控制在 90 亿吨 CO_2，这是一个巨大的挑战。

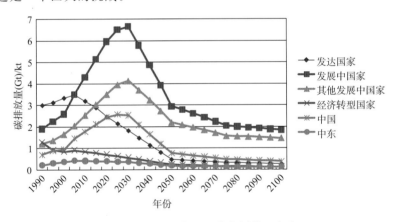

图 2.10　IPAC 模型人均趋同分配方案

2.2.4　工艺过程和其他温室气体排放情景

工艺过程的排放主要包括钢铁、水泥等生产过程中非能源使用导致的 CO_2 排放，以及一些化学工艺过程中的 N_2O 排放，如己二酸生产过程（IPCC，2007b；姜克隽，2009a）。

目前在情景中考虑工艺过程排放的研究在国内还很有限，已经报告的主要有能源所的 IPAC 模型，分析了钢铁、水泥和化工过程中的排放。分析方法基本和世界上其他模型分析方法类似，即将一个动态的排放系数和产品产量相关联（姜克隽等，2003；Jiang 等，2005）。

在模型情景分析中，其他温室气体主要包括 CH_4，N_2O，HFC，PFC，SF_6，这些气体包括在京都议定书中。另外，还包括黑炭，非挥发性有机物等。同时作为具有制冷效应的气溶胶前驱物，SO_2，NO_x 等也常常在情景分析中进行分析，同时也作为分析共生效应的主要排放物（姜克隽，2009a）。

一氧化碳（CO）的主要排放源包括：化石燃料燃烧、工业过程（铝生产、Silisium 碳化物生产、焦炭生产、钢铁生产）、农业废弃物燃烧、土地利用变化和森林。目前国内尚没有对其排放量的计算。

氧化亚氮（N_2O）的主要排放源包括：化石燃料燃烧（包括汽车尾气）、工业过程（硝酸生产、合成氨生产、尿素生产）、农业废弃物燃烧、农业土壤、土地利用变化和森林。

氮氧化物（NO_x）的主要排放源包括：化石燃料燃烧、工业过程（有色金属生产、硝酸生产、氮肥生产、炼钢过程、乙烯生产）、农业废弃物燃烧、土地利用变化和森林。

氢氟碳化物（HFCs）的主要排放源包括以下几个方面。

氢氟碳化物生产过程：作为 HCFC-22 生产过程中的副产品，HFC-23 的排放估计为 HCFC-22 产量的 4%。在氟立昂的生产过程中，泄漏量估计为产量的 0.5%。

空调和冰箱使用和废弃过程、泡沫塑料、溶剂、灭火器、烟雾剂容器。

全氟化碳（PFCs）的主要排放源包括：冰箱使用和废弃过程、泡沫塑料、溶剂、灭火器、烟雾剂容器。

六氟化硫（SF_6）的主要排放源包括：高压电器设备的绝缘液体，灭火设备和防爆设备，铝和镁铸造过程。六氟化硫在铝和镁铸造过程中作为隔离气体使用。由于六氟化硫是惰性气体，因此在其生产过程中六氟化硫的排放量等于使用量。但是，在能源所所进行的排放清单调查中，结论是中国的铝和镁铸造过程中不使用 SF_6，因此，目前其排放量为零。

SO_2 的主要排放源包括化石燃料燃烧、工业过程、农业废弃物燃烧、土地利用变化和森林。

SO_2，NO_x 排放的分析更多地和能源活动关联起来，目前国内已经有不少研究，但长期情景的研究并不多。目前仅有能源所的 IPAC 模型对其他温室气体和具有制冷效应的气体进行了情景分析。这里主要就 IPAC 模型的研究结果进行评述。IPAC 研究主要利用能源模型进行长期情景分析，和各种能源利用技术相关联，同时在长期分析背景下，也利用了环境 KUZNETS 曲线。

对于其他气体，由于这些气体的分析资料还不太多，而且没有较为完善的预测方法，在这里采取简单的方法对其进行预测。根据这些气体的排放源，将其分为两类，一类是与 GDP 发展相关的排放源，如制冷设备、工业产品、灭火设备等。这些排放设置与 GDP 增长的弹性关系对未来排放量进行计算。另一类是与电力设备相关的排放源，如电冰箱、空调设备等，这些排放量采用与电力需求的弹性关系进行预测的方法。

图 2.11～图 2.16 给出了 IPAC 模型进行中国多种温室气体排放方案研究中计算的其他温室气体和当地污染物气体的排放（姜克隽，2004）。

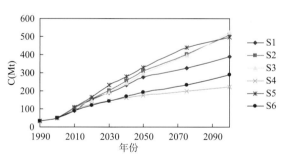

图 2.11　CO 排放量

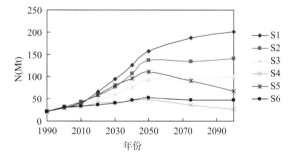

图 2.12　N_2O 排放量

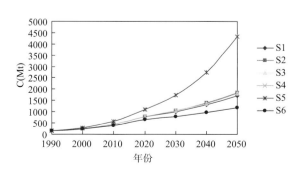

图 2.14　SF_6 排放量

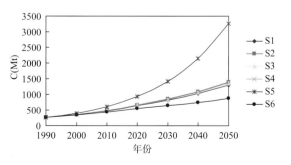

图 2.15　PFC 排放量

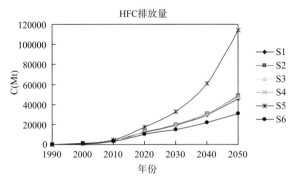

图 2.16 HFC 排放量

　　另外，近期为了进行温室气体排放研究和当地污染物的研究，IPAC 模型组又对黑炭和 PM$_{2.5}$进行了研究。黑炭是近期受到关注较多的一种温室气体，同时黑炭又是一种当地污染物。SO$_2$，NO$_x$，以及 PM$_{2.5}$又是气溶胶的前驱物，有一定的制冷效应。对这些气体的研究，是近期温室气体排放情景研究的重要领域。图 2.17～图 2.20 给出了 IPAC 模型组在进行 2050 排放情景研究中给出的其他气体的排放情景。

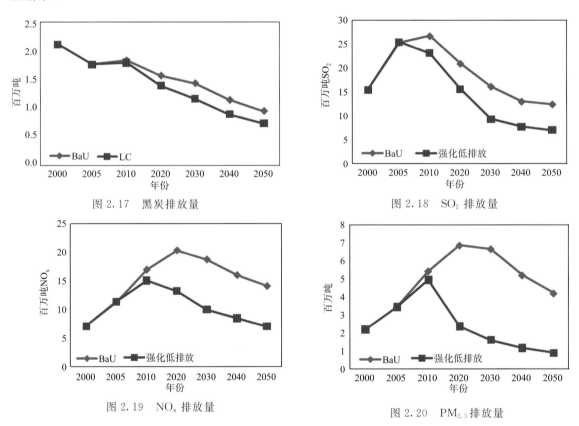

图 2.17 黑炭排放量　　　　　　图 2.18 SO$_2$ 排放量

图 2.19 NO$_x$ 排放量　　　　　　图 2.20 PM$_{2.5}$排放量

2.3 技术与政策

2.3.1 减排情景中的技术因素

（1）模型方法和技术表达

技术是实现减排的核心，因此在所有模型的情景分析中，都会考虑技术因素。但是不同的模型方法考虑技术的方式不同。自顶向下类型的模型一般考虑技术因素的方式比较概括，而自底向上类型的模型则比较具体。

可计算一般均衡模型(CGE)模型,由于主要应用微观经济学中的方法,因此其对技术的描述比较简单,一般是采用技术进步规模参数来表示,但技术进步参数的确定比较缺乏很好的研究,比较多的是采用历史趋势延续的方法。近几年,CGE 模型的研究者们已经主要到这个问题,目前已经有所改善,一些模型,如美国西北太平洋实验室的 SGM 模型、哈佛大学的 MERGE 模型等,已经在 CGE 模型中引入一些具体的技术,将 CGE 模型中的部门描述更加详细化,引入更多的层次,可以利用较多的技术信息来反映技术进步。如新的 SGM 模型中已经可以纳入 50 多种主要的技术。

部分均衡模型,就比 CGE 模型可以更深入一步分析技术的趋势。由于部分均衡模型的均衡主要考虑能源市场,因此,可以有较大的空间考虑能源技术。如 GCAM 模型、IPAC-Emission 模型中均考虑了 70 到 100 多种能源和中端技术。

动态经济学模型也可以考虑较多的技术,目前的 IMAGE 中的 TIMER 模型,MESSAGE 模型中均有比较多的能源技术描述。

但是上述这些自顶向下模型,对技术详细程度的考虑相对还是比较大范围的重要典型技术。而自底向上模型则可以考虑很详尽得技术。

IPAC-AIM/技术模型中包括了近 600 中技术,基本覆盖了终端、能源转换、能源生产中的主要技术。清华-MARKAL 模型中也包括近 100 项技术,主要是能源供应和转换技术。人民大学的 PECE 模型也包括 500 多种技术。

(2)情景中的技术选择和技术普及率

目前各个模型组对情景中的技术的报告不尽相同,但基本上都强调了技术的作用。

能源所 IPAC 模型的低碳情景研究中比较多的报告了技术对实现低碳情景的作用,并设计了路线图(姜克隽等,2009b)。这是一种比较典型的在自底向上类型的技术模型中描述技术贡献的方式。在 LBNL 的情景、PECE 情景,清华的 Markal-China 模型中都采用类似的技术普及率方式。

根据情景研究结果,以及上述低碳技术学习曲线分析,可以得到实现减缓的主要低碳技术(表 2.9)。表 2.10 则给出了不同情景中更为详细的技术的普及率的一个示例。这样的技术分析,可以更好地在技术层面解析未来温室气体排放的可能性,将总的排放趋势的讨论引入到更加技术型的分析中。对其他研究和决策制定的支持性较强。表 2.9,表 2.10 给出了较好的说明,如何将未来的减排和技术的发展、普及相关联。如果能够做到这种技术发展和普及,对中国的温室气体减排就可以有明显的贡献。

表 2.9 实现强化减缓情景的重大技术

序号	部门	技术	描述	备注
1	工业技术	高效设备	先进高效锅炉、窑炉,高效工艺设备,高效电机,余热回收技术	大量市场化,但需要新型先进技术
2		新型水泥、钢铁制造技术		
3		CCS	水泥、钢铁、化工行业	
4	交通	超高效柴油汽车	先进柴油混合动力	
5		先进电动汽车		
6		燃料电池汽车		
7		高效飞机	30%以上能效提高	
8		生物燃料飞机		
9	建筑	超高效空调	COP>7	
10		LED 照明		
11		户用可再生能源	太阳光伏/风能/热水器/采暖	

续表

序号	部门	技术	描述	备注
12		热泵		已经成熟
13		高绝热建筑		已经成熟
14		高效电器		2020 年之前成熟
15	发电	IGCC/多联产	效率大于 55%	
16		IGCC/燃料电池	效率大于 60%	
17		陆地风电		成熟
18		近海风力田		2020 年之前成熟
19		太阳光伏发电		
20		太阳能热发电		
21		先进核电技术		
22		先进 NGCC	效率大于 65%	
23		生物质能 IGCC		
24		CCS		
25	替代燃料	纤维素乙醇		
26		生物柴油	汽车、船舶、飞机	
27	电网	智能电网		
28	循环利用技术		可回收建材,低耗材	

表 2.10　重大技术普及率

技术	效率	2030 年比例		2050 年比例		说明
		基准情景	低碳情景	基准情景	低碳情景	
电动汽车	14 kWh/百千米	8%	12%	15%	35%	
先进电动汽车	9 kWh/百千米				15%	
氢动力汽车	1.3 kg 氢/百千米		2%		25%	
高效氢动力汽车	0.8 kg 氢/百千米				5%	
IGCC/多联产	效率 45%,2030 年 54%	3%	6%	25%	35%	
燃料电池 IGCC	63% 效率		1%		20%	
先进天然气发电	效率 53%,2030 年 62%	15%	23%	65%	90%	占天然气发电的比例
IGCC+CCS	效率下降 10%,碳捕获 70%				25%	
IGCC+CCS	效率下降 11%,碳捕获 90%				20%	
生物质 IGCC+CCS	效率下降 10%,碳捕获 70%				4%	
超低排放城市家庭	CO_2 减排 80%			4%	50%	
超低排放农村家庭	CO_2 减排 80%			2%	75%	

　　IEA 的研究中给出了政策情景下的技术路线图。清华大学的研究也给出了未来技术的发展趋势。

2.3.2 减排成本

(1)综述

成本是气候变化减缓中一个重要的因素,不论在国际合作的谈判中,还是在国家、地区的减缓行动中,成本一直都是一个在政策制定、学术研究中起到决定作用的因素。特别是在近期国际谈判进程中,以及我国确定低碳发展的国家政策制定中,成本在广泛地起到作用。

这里的关注点是中国温室气体减排的成本。一方面目前我国已经在国际谈判进程中起着重要作用,中国进行减排已经成为我国对国际的承诺。另一方面,也更为重要,就是我国的低碳发展。2009 年以来,低碳发展、低碳经济、低碳产业、低碳技术的概念越来越广泛的得到政府和大众的接纳。政府已经明确表示将低碳发展纳入国家发展规划,制定明确的政策促进低碳经济、低碳产业和低碳技术的发展。各个研究机构对未来中国低碳发展途径研究越来越多,也越来也一致。近期发表的几个研究机构的未来中国能源和排放情景的研究表明,中国可以在 2030 年达到排放的峰值,在 2050 年回到 2005 年的排放水平上。但是我们也看到,几个研究小组的区别是成本,一些结果表明,这样的减排成本并不很高,而另外一些研究的结果则说明减排成本很高。而且成本的表达方式不同,使得外界的读者看起来有些困惑。成本本身确实也具有比较复杂、多样的经济学含义,特别是在气候变化减缓的背景下,就变得更为多元化。

在经济学、商业和会计学中,成本就是付出的代价,往往和一个商业事件或者经济交易相联系。

常见的经济学成本术语包括:平均成本、会计成本、经济成本、固定成本、实际成本、边际成本、机会成本、企业成本、精神成本、社会成本、沉没成本、交易成本、可变成本、社会成本、宏观经济成本、外部成本等。这些术语也经常出现在和气候变化相关的研究中和讨论中。

对减排成本的估算结果,有一些重要因素需要分析说明,包括税收循环、目标设定和国际合作机制。

1)税收循环

气候政策的净成本取决于:在引入减排政策之前税制结构;减排政策的性质(如涉及部门、税收制度、收益循环方式等)。这点与前文所讨论的双重获利关系密切。如前所述,气候政策所引起的福利损失的大小取决于现行税制。现行税制越扭曲,福利损失越大。这意味着碳税既可能带来福利损失也可能带来双重获利。

2)GHG 减排目标设定

目标的选择和时间跨度都影响到成本估算。减排目标与基准情景假设有关,可以定义为相对于基准年的减排量,也可以定义为相对于未来发展趋势的减排量。在前一种情况下,减排量是确定的,但由于未来排放水平是未知的,因此,减排所需要付出的努力也是不确定的。同样,以后一种情况下,不确定性也存在。

气候变化的危害与大气中 GHG 浓度的积累量有关。因此,目标设定应该考虑到气体的长期大气寿命期。减排目标应该设定为某一个时间跨度的减排量,减排的时间性质应该反映一些动态问题,例如排放和气候变化危害的时间和途径依赖性。

在自顶向下模型和从底向上模型中都涉及时间灵活性的问题。关于技术变化的假设遵循一个简单的法则,即随时间变化的技术改变可以拓展 GHG 减排措施的范围。相对于短期目标,技术变化可以降低长期目标的减排成本。

3)国际合作机制

各个国家的减排成本各不相同,随着资源禀赋、经济结构和发展、组织机构以及其他不同因素的不同而变化。这种成本的差异为通过国际合作灵活机制产生和获得收益创造了机会。像国际碳贸易这样的机制可以促进国家和地区间的合作减排活动,从而使全球控制成本最小化。

当国际排放贸易具有较大的灵活性时,减排成本通常会降低,这同时也说明对贸易的限制会增加任何减排目标的成本。但也有人指出这样的论断削弱了发达国家通过技术发展在境内进行减排的积极意义和影响。

4）贴现

关于折现率的争论由来已久。在 IPCC 报告中用两种方法来折现：法定方法（prescriptive approach）和描述性的（descriptive approach）。前者设定一个折现率，取值可能比较低，大约在 2%～33% 之间；后者基于投资者在日常决策中使用的折现率（based on what rates of investors actually apply in their day-to-day decisions）。取值相对较高，最小 6%。

对于气候变化及其影响，应该从不同的角度来选择折现率。在发达国家，4%～6% 的折现率可能合理的。实际上这个折现率已经被欧盟用来评估公共部门项目。在发展中国家，折现率可以高达 10%～12%，例如国际银行就利用这个折现率评估在发展中国家的投资。但应该注意，以上这些折现率并不能反映私人回报率，一般私人回报率要高一些，在 10%～25% 之间。

对于气候变化来说，有一个重要问题就是是否为碳减排提供折现率的问题。在一个减排成本研究中，未来的温室气体减排的价值是否比目前的减排低呢？回答也许是肯定的，因为未来减排的影响可能小一些。尤其某些对碳汇项目来说，目前的活动会产生未来的碳效益。但是目前大部分研究都没有为碳变化提供折现率。

（2）成本研究结果

贺菊煌等（2002）建立研究中国环境问题的静态 CGE 模型，分析了征收碳税对国民经济各方面的影响。在征收平衡碳税情况下（对各部门同比例削减产值税和增值税，使生产税对 GDP 的比率保持不变），碳税对 GDP 影响很小，当二氧化碳减排 25%，GDP 降低 0.31 个百分点。碳税对价格的影响主要表现为煤炭和石油价格的上升。碳税对产量的影响主要表现为煤炭产量的缩减。

二氧化碳减排 24.5% 时，减排的边际成本为 289 元（由 GDP 的减少衡量）。减排边际成本随着减排量的增加而增加。

陈文颖等（2004）分别根据人均原则、考虑历史责任的人均原则、效率原则与人均原则的加权平均、以人均二氧化碳排放为基准同时兼顾效率共四种原则，计算 2050 年中国的碳排放限额相对于 2050 年基准排放减排率分别为 23%、11%、46.4%、27.4%。

若从 2030 年开始减排且以后每年都维持同样的减排率，那么 2030 年当年的边际减排成本最高，以后逐年减少。这主要由于在刚开始减排时需要投入大量资金引入先进的技术，这些技术的寿命周期一般在 20 年左右。除了在减排实施年引入的减排技术外，以后每年还需要新增减排技术的容量以满足减排的绝对量的增加。碳边际减排成本随着减排率的增加而增加，减排率从 10% 提高到 46.4%，2030 年的碳边际减排成本（1995 年美元不变价）将从 45 美元/吨增加到 254 美元/吨。可见，在高减排率下，中国的碳边际减排成本是相当高的。

陈文颖等（2004）估算了减排对中国 GDP 的影响。模型关于减排技术构成的结果表明：高幅度的碳减排将主要依赖于核电的发展，例如在 30% 的减排率下，2050 核电的装机容量将高达 500 GW。但是这么大规模利用核电将受到核电站选址、公众可接受性、投资、减排成本、安全、核废料处理、国际压力等方面的制约。根据有关专家的估计，2050 年中国核电发展的规模大约在 160～250 GW 之间。当减排率低于 20% 时，有无核电限制 GDP 损失率几乎一样，但当减排率高于 20% 时，在有核电限制的减排情景下的 GDP 损失率明显增大，而且核电发展的限制越强，其 GDP 损失率也越高。

他们的研究发现，当减排率为 0～45% 时，由于碳减排造成的 GDP 损失率在 0～2.5% 之间。碳减排对 GDP 增长的影响在减排实施之前约 10 年发生，并逐渐增强一直延续到实施减排以后若干年，其后将趋于稳定，减排率越高，对 GDP 增长的冲击强度越大，持续时间也越长。越早开始实施减排，规划期内的 GDP 总损失越大，在不同的减排率下，若从 2040 年提早到 2030、2020 或 2010 年开始实施碳减排，规划期内未贴现的 GDP 总损失将分别增大 0.58～0.74、1.00～1.32、1.10～1.83 倍。

IEA（2007）的研究认为，在可持续发展情景下，控制能源需求和二氧化碳排放需要从根本上改变投资和消费模式，即高耗能企业减少投资，而消费者必须购买价格较高的节能产品。2006—2030 年，消费者在节能产品的投资要比基准情景多出 3080 亿美元（未贴现）。消费需求的降低减少了生产供应量，如能源供应的基础设施减少投资 3850 亿美元。总起来看,在节能产品上每多投资 1 美元,将减少供应侧投资 3.5 美元。

IPAC 模型则结合全球和我国的温室气体排放基准情景,定义了多种全球和中国的减排情景,也进行了减排对中国经济影响分析。这里着重研究比较严格的排放目标,如全球在 2150 年实现 650 ppmv、550 ppmv、450 ppmv 浓度稳定下的情景,以观察我国的经济影响。对于更高浓度水平的目标,如 750 ppmv 和 950 ppmv,其结果肯定小于比较严厉的目标。这里还分析了现有研究中比较关注的人均排放趋同方案和碳强度排放减排方案。下面给出各种减排情景的定义。

IPAC 模型中的减排情景定义:

• 650 ppmv 减缓情景:发达国家 2000 年开始减排,发展中国家 2030 年开始减排。发展中国家采用比发达国家晚 20～30 年的减缓对策力度。2100 年全球累计排放量为 1100 Gt。

• 550 ppmv 减缓情景:发达国家 2000 年开始减排,发展中国家 2030 年开始减排。发展中国家采用比发达国家晚 20～30 年的减缓对策力度。2100 年全球累计排放量为 850 Gt。

• 450 ppmv 减缓情景:发达国家 2000 年开始减排,发展中国家 2020 年开始减排。发展中国家采用比发达国家晚 20～30 年的减缓对策力度。2100 年全球累计排放量为 600 Gt。

• 人均排放量趋同减缓情景:以 2150 年稳定在 650 ppmv 为目标,发达国家从 2005 年开始减排,2100 年下降到 0.9 tC/人。发展中国家在接近发达国家人均排放水平时开始减排。中国在 2070 年左右开始减排。

• 碳排放强度情景:发展中国家碳排放强度年均下降 2%。但由于中国的碳排放强度下降率在基准线中已经达到 2.7%,因此这种情景对中国不产生影响。

表 2.11 中给出了各种减排情景对中国经济的影响分析结果。

表 2.11　各种减排情景导致的 GDP 损失(正数表示损失,负数表示收益)和减排率

	2010 年	2020 年	2030 年	2050 年	2075 年	2100 年
GDP 损失率,%						
650	−0.1%	−0.1%	1.2%	1.1%	0.9%	0.9%
550	−0.2%	−0.2%	1.9%	2.0%	2.0%	2.4%
450	1.4%	2.3%	2.9%	3.7%	3.9%	4.8%
人均减排	−0.2%	−0.2%	−0.1%	−0.1%	0.7%	1.5%
碳排放强度	−0.2%	−0.2%	−0.1%	−0.1%	−0.2%	−0.2%
CO_2 减排率,%						
650	−1.5%	−1.7%	18.8%	22.6%	27.7%	30.5%
550	−2.6%	−2.4%	29.1%	40.6%	51.6%	58.0%
450	14.7%	30.0%	41.6%	62.4%	69.0%	75.0%
人均减排	−2.6%	−2.4%	−1.9%	−1.8%	27.3%	48.5%
碳排放强度	−2.6%	−2.4%	−1.9%	−1.8%	−4.0%	−3.1%

从表 2.11 可以看出,从 2005 年以后发达国家开始减排起,由于发达国家能源价格上升,发展中国家的产品更具竞争力,因而普遍现象是发展中国家的经济会出现收益。

在 450 ppmv 稳定情景下,发展中国家也要在 2010 年开始减排,因而中国开始出现经济损失。由于减排率大,因而经济损失也大,2100 年可以达到当年 GDP 的 4.8%。但这个分析中没有考虑减排目标增大情况下技术进步速率也增大情况。如果考虑这种技术进步,GDP 的损失会有所减小。

碳排放强度减小情景中,由于对中国没有减排要求,出现的是 GDP 的增加,这是一种"溢出"效益,这时中国的 CO_2 排放也增加。

通过各种减排方案对中国 GDP 影响分析，可以得出以下基本结论：

• 大规模减排会对我国经济带来损失，如在上面 450 ppmv 稳定情景中所表示出的那样，2100 年可以达到 4.8%。

• 长期有准备的减排的损失要远小于突然快速的减排。如果提前 10 年或 20 年进行有关减排的准备，可以在技术储备、投资和资本方面开始逐渐适应减排的需要，从而大大减小减排对经济的影响。

• 技术是实现减排的核心. 有适当的技术出现，全球减排成本就取决于这些技术的成本。因此全球各国要实施减排，需要进行技术创新，加快一些重大技术的研究与开发。我国一方面注重技术引进，加强先进技术能力，提高能源效率；同时注重对结合我国情况的重大技术加大研究与开发投资，如清洁煤技术，这些技术的开发只能依赖于几个使用煤炭的国家（中国，美国，澳大利亚，南非，日本等），而且对我国影响很大。

• 从 GDP 增长速度的变化来观察，在采取比较严格的浓度目标时，如 450 ppmv，2100 年的 GDP 损失为 4.8%，而 2000 年到 2100 年的平均增长速度从 4.23% 减少为 4.19%。

为了实现减排和低碳经济，需要加大投入。在这里的情景研究中，分析了各种投资和成本。图 2.21～图 2.23 给出了这些数据。

图 2.21 给出了能源工业的投资。有两个因素，一是低碳情景中由于节能导致能源需求明显小于基准情景，因此从能源工业的规模上看，低碳情景的投资小于基准情景。二是低碳情景中的技术成本要高于基准情景，导致对能源工业的投资增加。这两个因素结合起来考虑，可以从图 2.21 中看出，低碳情景中能源工业的投资略小于基准情景。

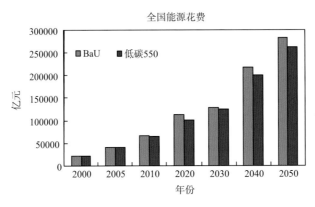

图 2.21　能源工业投资需求

全国的能源花费是另一个衡量一个国家投入的指标。全国能源花费是指终端能源量乘以能源价格。一方面，由于节能，低碳情景中终端能源需求量下降，花费减小，同时又由于增加能源税和碳税后，能源价格上升导致花费增加。从图 2.22～图 2.23 中可以看出，总体上看，低碳情景的能源花费低于基准情景。如果不考虑能源税和碳税，低碳情景中的能源价格与基准情景相比是下降的。

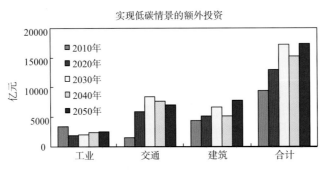

图 2.22　能源花费

在情景分析中也给出了实现低碳情景的终端部门的额外投资。这里比较难以界定,为了便于计算,考虑模型中的主要用能技术的投资差别,同时也包括了对公共交通包括地铁的投入(见图 2.23)。

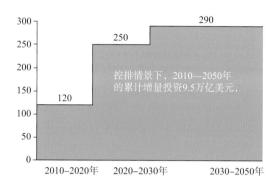

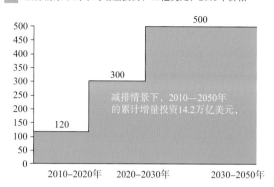

图 2.23 实现低碳情景的额外投资

麦肯锡公司刚刚完成的中国减排技术成本曲线研究,从技术的角度给出了成本的描述。研究涉及五大部门200多种节能减排技术,部门包括公用和民用建筑及家电使用;道路运输;高排放工业(包括钢铁、水泥、化工、煤炭开采、废弃物管理);电力;农林业。其中估计,要实现全部潜力,中国在今后二十年中平均每年需新增资本投入 1500 亿~2000 亿欧元。据分析,其中约 1/3 的投资将产生经济回报;1/3 将产生较低到中等程度的经济成本,还有 1/3 将会产生巨大的经济成本。

根据 PECE 模型的研究,实现控排情景和减排情景将引致高额的增量投资和增量成本。研究发现,如果想要实现控排情景和减排情景,那么在 2010—2050 年,中国分别需要新增高达约 9.5 万亿和 14.2 万亿美元的增量投资(相当于平均每年约 2400 亿和 3550 亿美元的增量投资)。随着减排量的提高,相应的增量投资将会大幅提高。此外,可以看到,绝大多数的增量投资将发生在 2030 年之后(2010—2030 年每年需要的增量投资约为 1850 亿美元和 2100 亿美元,2030 年后,每年需要的增量投资为 2900 亿美元和 5000 亿美元),这与众多将对减排产生重大贡献的技术(如 CCS 技术、高效蓄能技术、第四代核能等)将在 2030 年后实现商业化和取得大规模应用有关。根据分析,这些投资有一部分能带来经济回报,但也有很大部分会带来巨大的经济成本,尤其是诸如 CCS 等技术的应用,除了巨大的增量投资,还会因为所招致的效率损失带来巨大的增量成本。图 2.24 给出了控排情景和减排情景下的增量成本。

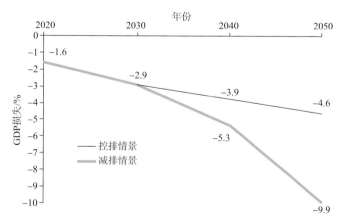

图 2.24 PECE 模型给出的增量投资需求

PECE 研究组构建的 CGE 模型模拟结果表明(见图 2.25),以 2005 年为基准年,在控排情景和减排情景下,中国 2050 年相对基准情景的 GDP 损失分别达到 4.6% 和 9.9%(相当于 1 万亿美元和 2.3 万亿美元,2005 年不变价,达到 2005 年的 GDP 水平的 46% 和 97%),平均每吨 CO_2 对应的 GDP 损失为 158 美元和 210 美元。

另外，对目前国际国内进行减排成本研究的结果和模型方法进行分析，可以总结出，不同的模型方法对成本的报告是有所区别的。自底向上型的技术模型，如 IPAC-AIM/技术模型，麦肯锡的模型，一般是对技术成本进行分析，而没有考虑社会成本，所以一般倾向于低估减排成本；而对于自顶向下型的经济学模型，如 CGE 模型，如果在对技术进步考虑不多的情况下，则常常高估减排成本。这里看到的比较高的 GDP 损失的结果，基本上是在减排情景中没有考虑低碳发展带来

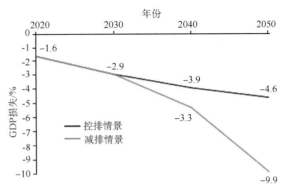

图 2.25　PECE 情景下的 GDP 损失

的进一步的技术进步因素。另外，自底向上型的技术模型，对成本的报告比较多样，同时也可以考虑协同效应；而自顶向下型的经济学模型，对成本的报告一般为 GDP 的损失。

2.3.3　国际机制情景

在情景分析中，有不少研究组考虑了国际合作机制，如国际碳税、碳贸易、减排目标、责任分担等。这也是模型研究组常用的情景设定参数之一。这些研究多出于全球模型的研究（IPCC，2007），但一些国内针对中国的研究中也考虑这些国际机制（姜克隽，2009b；张焕波等，2008）。

这些国际机制的设计，是分析减排情景的主要因素。目前在模型中分析这些国际机制的研究在国内还不是很多，这也是未来模型研究中需要加强的一点。

IPCC 第四次评价报告中给出了未来不同稳定情景的排放目标，见表 2.11。从表 2.11 可以看出，第一类的 CO_2 当量浓度在 445～490 ppm 之间，可能的升温在 2.0～2.4℃，2050 年的排放量与 200 年相比减少 50% 到 85%。第二类的 CO_2 当量浓度在 490～535 ppm 之间，可能的升温在 2.4～2.8℃，2050 年的排放量与 200 年相比减少 30% 到 60%。第三类的 CO_2 当量浓度在 535～590 ppm 之间，可能的升温在 2.8～3.2℃，2050 年的排放量与 200 年相比减少 30% 到增加 5%。目前国际模型研究组，以及国际合作讨论中，较多地以这三类情景作为减排情景。

表 2.11　TAR 之后的各类稳定情景的特征

类别	辐射强迫 /(W/m²)	CO_2 浓度 /ppm	CO_2 当量浓度 /ppm	通过"最佳估值"气候敏感度在工业化前基础上的达到平衡状态全球平均温度/℃	CO_2 排放最高峰值年份	2050 年全球 CO_2 排放的变化（相对于2000 年排放）/%	评估情景的数量
Ⅰ	2.5～3.0	350～400	445～490	2.0～2.4	2000—2015	−85～−50	6
Ⅱ	3.0～3.5	400～440	490～535	2.4～2.8	2000—2020	−60～−30	18
Ⅲ	3.5～4.0	440～485	535～590	2.8～3.2	2010—2030	−30～+5	21
Ⅳ	4.0～5.0	485～570	590～710	3.2～4.0	2020—2060	+10～+60	118
Ⅴ	5.0～6.0	570～660	710～855	4.0～4.9	2050—2080	+25～+85	9
Ⅵ	6.0～7.5	660～790	855～1130	4.9～6.1	2060—2090	+90～+140	5

IPCC 第五次评估报告更加强调较低 CO_2 浓度的情景，如实现将全球升温控制在 2℃ 和 1.5℃ 的目标，这也意味着对国际合作机制提出进一步的需求。

能源所的 IPAC 模型研究中，分析了国际合作的构架，包括排放权分配、国际贸易机制、技术转让机制，这些都对未来排放情景的结果产生影响，也一般作为模型的分析和输入参数使用。同时，IPAC 模型中

也包括了对未来长期气候变化合作格局的分析，从而判断未来长期气候变化减排目标实现的可能性。

在不同的模型分析中，在对情景假设的基础下，各种国际机制可以在模型中进行模拟。王铮分析了中国加入碳市场和国际分担情况下的中国减排效果。能源所 IPAC 模型则分析了碳税、国际碳定价、国际分担、中国可能的承诺目标等对策的效果。

2.3.4 情景中的减排政策

在情景研究分析中，针对减排情景，都会设定一些减排政策，来实现预期的减排途径。不同的模型方法采用的政策是不同的。自顶向下的宏观经济学模型，擅长分析税收政策，贸易政策，以及排放约束。而自底向上型的技术模型则可以描述各种技术政策、税收和补贴、减排目标、消费行为等方面的政策。由于 IPAC 模型包括了多种模型，比较全面地实现了政策的中和评价，这里就用能源所 IPAC 模型的政策框架来总体说明。

通过模型模拟分析主要的政策，其结果表明，实现低碳情景，需要长时期，在广泛的领域实施经济结构调整政策，促进低碳技术发展的政策，低碳消费政策。

表 2.12　实现减排目标的政策

	2020 年之前	2020—2050 年
国家规划	设置五年计划的能源强度目标、碳强度目标，十二五期间尝试能源总量控制目标和碳排放目标	长期减排目标
经济财政政策	提高燃油税，开征资源税，环境税，征收高耗能产品出口税，节能补贴	碳税，能源税
	试点国内碳贸易市场，参与国际碳市场	国内碳贸易，国际碳贸易
工业节能和减排	大强度关闭五小，不断强化提高的工业能效标准，先进技术准入标准，实现超出节能规划的产品能源单耗目标；工艺过程中的 N2O 和 HFC 排放控制技术普及；水泥生产过程试点利用废弃物；工业生产过程试点 CCS 技术	不断强化提高的工业能效标准，先进技术准入标准，2030 年世界领先的节能指标；工业 CCS 技术大规模利用
建筑	全面实现新建建筑 50% 节能标准，部分地区实施 65% 节能标准，新建建筑 75% 节能标准进行示范和局部普及；2020 年对 50% 既有建筑实现节能改造；家用电气节能标准逐渐与发达国家先进水平接近，一些家用电器（如电冰箱）节能标准世界领先；城市居民炊事用能普遍天然气化，农村居民炊事用能清洁化（LPG，二甲醚等，生物质气化，沼气等）；农村新建建筑逐步普及节能建筑；公共建筑空调设备全面实现节能要求；采暖实现以集中供暖为主的多种供暖形式；被动式采暖和通风系统在新建建筑中普遍采用；建筑太阳能热水器普及；对分布式可再生能源发电进行补贴以促进屋顶太阳能系统的利用	全面实现节能建筑普及，新建建筑达到 65% 和 75% 节能标准；低碳建筑普及；建筑用可再生能源如太阳能热水器、屋顶太阳能光伏基本普及；利用太阳能的技术如太阳能空调、采暖技术成熟
交通	城市交通全面促进公共交通的发展，构建舒适快速的公共交通系统，大型城市初步构建轨道交通体系；全面促进步行和自行车的慢性交通体系，特别是在中小城市；不断提高强化的汽车燃油经济性标准；鼓励节能小型汽车的发展，对新能源汽车进行补贴以鼓励其发展，到 2020 年形成占新车 40% 以上的规模；构建低能耗清洁公交车队和出租车队；制定政策促进多种减少出行的城市服务体系；城市规划纳入减少交通需求的紧凑型城市理念	公共交通全面实施；先进的燃油经济性标准；促进低排放汽车发展；新能源汽车全面普及；慢性交通成为城市出行的重要部分；紧凑型城市设计规划

续表

	2020 年之前	2020 年到 2050 年
农业和土地利用	在水稻田、化肥施用、畜牧业方面开始采取减排措施,2020 年之前实现减排潜力的 25％,森林碳汇实现国家目标	全面实现农业的减排潜力
可再生能源和核电	实现 15％非化石能源目标；2020 年风电装机 1.5 亿千瓦以上,光伏 2000 万千瓦,水电 3.3 亿千瓦,核电 8000 万千瓦；分布式可再生能源发电定价机制	到 2050 年可再生能源和核电占据重要部分
公众参与	促进低碳消费生活方式,低碳出行,减少高载能产品消费,垃圾减量	低碳消费生活方式,低碳出行,减少高载能产品消费,垃圾减量
CCS 技术	实验示范技术促进政策	大规模实施,电价补贴,碳税等

参考文献

白泉,戴彦德,胡秀莲,等.2009.中国 2050 年低碳发展之路：能源需求暨碳排放情景分析.北京：科学出版社.

高盛公司.2010.全球及中国宏观经济展望报告.高盛公司报告.

胡鞍钢.2011.2020 年的中国：一个新型超级大国.杭州：浙江人民出版社.

姜克隽,胡秀莲.2003.Non-CO$_2$ Emission Scenario in China.//第三届国际甲烷与氧化亚氮减排技术大会论文集.北京.

姜克隽,胡秀莲,庄幸,等.2008.中国 2050 年的能源需求与 CO$_2$ 排放情景.中国气候变化研究进展,**4**(5)：296-302.

姜克隽,胡秀莲,庄幸,等.2009.中国 2050 年的低碳发展情景和技术路线图.//中国 2050 能源发展战略.北京：科学出版社.

姜克隽,庄幸,贺晨旻.2012.全球升温控制在 2℃以内目标下中国能源与排放情景研究.中国能源,(2)：18-21.

姜克隽.2005.IPCC 第三工作组第二次新排放情景研讨会简介.气候变化研究进展,**1**(2)：92.

兰德公司.2008.中国评价报告,兰德公司报告.

李善同,刘云中.2011.2030 年的中国经济.北京：经济科学出版社.

刘遵义.2010.中国经济下一个 30 年.中国社会科学报,2010 年 3 月 20 日.

楼继伟.2010.中国经济的未来 15 年：风险、动力和政策挑战.比较,(6)：1-3.

张焕波,王铮,郑一萍,何琼.2008.不同气候保护政策的模拟对比研究.中国人口·资源与环境,**18**(3)：15-19.

Guan D,Hubacek K,Weber C,et al.2008.The Drivers of Chinese CO$_2$ emissions from 1980 to 2030.Global Environmental Change,**18**：626-634.

IEA.2007.World Energy Outlook 2007,IEA 出版物.

IEA.2010.World Energy Outlook 2010,IEA 出版物.

IPCC.2000.Special Report on Emission Scenarios,Cambridge University Press，UK.

IPCC.2001.Climate Change 2007：Mitigation,Cambridge University Press，UK.

IPCC.2007a.Climate Change 2007：Mitigation,Cambridge University Press，UK.

IPCC.2007b.Towards New Scenarios for Analysis of Emissions,Climate Change,Impact and Response Strategies,available at http://221.179.130.216：81/1Q2W3E4R5T6Y7U8I9O0P1Z2X3C4V5B/www.ipcc.ch/pdf/supporting-material/expert-meeting-ts-scenarios.pdf.

Jiang Kejun,Huxiulian.2005.Emission scenario of non-CO$_2$ gases from energy activities and other sources in China.Ser.C Life Sciences 2005 Vol.48 No.11-10

第三章　温室气体减排的技术选择与经济潜力

主　笔:胡秀莲,潘根兴,许光清

贡献者:刘　强,王　宇,杨玉盛,朱伟云

提　要

　　温室气体减排的技术选择与经济潜力分析是制定减排对策,实现减排目标的重要依据。减少温室气体排放的技术和实践一直在不断的发展中,其中许多技术集中于能源生产和供应、工业、交通运输、建筑部门、农业和能源作物、林业、畜牧业和农林废弃物处理过程中。本章通过回顾国内外的最新研究成果,对在这些部门中进行温室气体减排技术选择与经济潜力分析的认识和进展进行评价。重点分析和评价了这些部门温室气体减排技术的现状和未来发展趋势,2020年和2030年减排技术选择,减排技术的经济潜力和成本,研发、推广减排技术的障碍以及克服障碍的对策。由于文献中对评价减排技术潜力和成本的数据来源、基准线设定、对技术推广应用的普及程度的估值区间等均比较宽泛,现有的各部门关于减排潜力和成本的定义和在研究及方法处理上存在较大差别等原因,本章评价结果存在一定的不确定性。

3.1　引　言

　　IEA出版的《能源技术展望:面向2050年的情景与战略》报告中的重要结论之一:如果不采取相应的对策,到2050年全球能源需求和CO_2排放将翻一番以上。这些能源需求增量以及CO_2排放增量中的大部分来自发展中国家。能源技术开发可以带领全球能源部门进入更加可持续的轨道。五个技术发展情景(分别为路线图情景、低可再生能源情景、低核能情景、无二氧化碳捕集与封存情景和低能效情景)表明,采用现有或者正在开发的技术,可以在2050年将全球能源领域的CO_2排放恢复到目前水平。与基准情景相比,这五个情景产生的巨大差别来源于:交通、工业和建筑行业的能源增效;一次能源发电转向无碳的核能和可再生能源发电,而燃气和燃煤电站也采用了二氧化碳捕集与封存(CCS)手段,从而导致发电行业的显著脱碳。

　　五个技术发展情景还表明:能源增效对CO_2减排的贡献为31%～53%;CO_2捕集与封存(CCS)技术的贡献为20%～28%;替代燃料的贡献为11%～16%;可再生能源的贡献为5%～16%;核能为2%～10%;生物交通燃料为6%;其他技术为1%～3%。第六个情景(技术附加情景)对核能、可再生能源、先进生物燃料和氢能燃料电池技术的发展做出了更为乐观的假设。根据这些假设,2050年CO_2排放量将比目前水平降低16%;氢能和生物燃料提供了34%的交通能源,将石油需求恢复到目前的需求水平。

　　IPCC第四次评估报告预估2030年之前能够实现商业化的关键减缓技术主要有:

　　能源供应部门:改进能源供应和配送效率;燃料转换:煤改气;核电;可再生热和电(水电、太阳能、风能、地热和生物能);热电联产;尽早利用CCS(如储存清除CO_2的天然气);碳捕获和封存(CCS)用于燃气、生物质或燃煤发电设施;先进的核电;先进的可再生能源,包括潮汐能和海浪能、聚光太阳能、和太阳光伏电池。

交通运输部门：更节约燃料的机动车；混合动力车；清洁柴油；生物燃料；方式转变：公路运输改为轨道和公交系统；非机动化交通运输（自行车，步行）；土地使用和交通运输规划；第二代生物燃料；高效飞行器；电池储电能力更强和使用更可靠的先进的电动汽车和混合动力汽车。

建筑部门：高效照明和采光；高效电器和加热、制冷装置；改进炊事炉灶，改进隔热；被动式和主动式太阳能供热和供冷设计；替换型冷冻液，氟利昂气体的回收和回收利用；商用建筑的一体化设计，包括技术，诸如提供反馈和控制的智能仪表；太阳光伏电池一体化建筑。

工业部门：高效终端使用电气设备；热、电回收；材料回收利用和替代；控制非 CO_2 气体排放和各种大量流程类技术；提高能效；碳捕获和封存技术用于水泥、氨和铁的生产；惰性电极用于铝的生产。

农业部门：改进作物用地和放牧用地管理，增加土壤碳储存；恢复耕作泥炭土壤和退化土地；改进水稻种植技术和牲畜及粪便管理，减少 CH_4 排放；改进氮肥施技术，减少 N_2O 排放；专用生物能作物，用以替代化石燃料使用；提高能效；提高作物产量。

林业部门：保持或扩大森林面积；保持或增加林地层面的碳密度；保持或增加景观层面的碳密度，以及提高林产品的异地碳储量和促进产品和燃料的替代等。

IPCC 减缓气候变化工作组对 2010 年和 2020 年全球温室气体排放潜力进行了估算，各个产业部门均有可能以较低成本甚至是净收益来实现较大幅度的减排。其中，建筑物通过提高电器、设备的能源效率和改善建筑结构等措施可减排 CO_2 15%～30%。工业部门通过提高能源和原材料使用效率等技术措施，到 2020 年减排潜力可达 26 亿～55 亿吨 CO_2/年。交通部门轻型汽车能源效率技术的进展比预料的要快，混合动力汽车燃料经济性已提高 50%～100%。燃料电池汽车已于 2003 年投入市场。通过新技术的应用到 2020 年减排潜力约 15%～30%。农业部门 CO_2 减排的总潜力与交通部门大致相当，减排总量可达 13 亿～28 亿吨 CO_2/年。废弃物主要是垃圾填埋排放的 CH_4 到 2020 年将与 2010 年的 2 亿吨/年持平。由于能源供应和转换涉及大量资金和技术，因而在 2010 年的减排量只有交通部门的一半，但到 2020 年减排量将与交通部门持平。从总量上看，到 2020 年，主要部门温室气体较低成本减排的技术潜力可达 132 亿～185 亿吨 CO_2/年。减排量相当于同期全球排放总量预测值的20%～30%。

麦肯锡出版的《中国的绿色革命：实现能源与环境可持续发展的技术选择》报告中着重讨论了在基准情景下，中国通过提高能效减少温室气体排放的额外潜力。充分挖掘所有技术的最大潜力，不仅可以大大改善中国的能源安全形势，同时还将 2030 年温室气体排放量控制在约 80 亿吨 CO_2（减排情景），只比 2005 年高 10%左右。到 2030 年减排情景的排放量比基准情景减少了将近一半。总减排潜力达 67 亿吨 CO_2，其中，建筑和家电使用部门 11 亿吨，道路运输 6 亿吨，高排放工业 16 亿吨，电力 28 亿吨，农林 6 亿吨。

要实现减排情景中巨大减排潜力需要相当可观的新增投资。报告估计要实现全部潜力，中国在今后 20 年平均每年需新增资本投入 1500 亿～2000 亿欧元。其中约 1/3 的投资将产生经济回报；1/3 将产生较低到中等程度的经济成本，还有 1/3 将会产生巨大的经济成本。

除了经济成本外，还有不少影响技术应用的障碍，包括社会成本（例如实施新技术导致的就业转移）、政府行政成本、信息和交易成本等。这些障碍都将限制中国完全实现技术潜力的能力。

在气候变化背景下，潜力是指随着时间的推移能够实现，但尚未实现的减缓量或适应量。经济潜力指 GHG 的减缓量，它考虑了社会成本和效益以及社会贴现率，同时假设市场效率通过政策和措施而提高，并且各种障碍被清除。然而，目前自下而上和自上而下的经济潜力研究在考虑生活方式选择和包括所有外部因素（如局地空气污染）方面存在局限性。

针对市场潜力的研究能够用于向决策者通报有关减缓潜力的信息（包括现行的政策和障碍），而针对经济潜力的研究表示如果出台适当的新政策和附加政策，清除各种障碍并纳入社会成本和效益，则可取得什么样的结果。因此，经济潜力一般大于市场潜力。

减缓潜力估算的方法有两大类，即"自下而上"的方法和"自上而下"的方法，这两类方法主要用于评估经济潜力。自下而上的研究基于对减缓方案的评估,突出强调具体的技术和规定。这类研究一般是针对行业的研究,宏观经济视为不变。自上而下的研究主要评估各减缓方案的整体经济潜力。

本章主要针对目前至2030年以前温室气体减排技术评价与选择方面的认识的主要进展进行评估。减少温室气体排放的技术和实践一直在不断的发展中,其中许多技术集中于能源生产和供应、制造业、交通运输、建筑部门、农业和能源作物、林业和废弃物处理过程中。通过对这些部门温室气体减排技术现状和未来趋势、减排技术评价与选择、减排成本等文献的回顾与总结,科学评估温室气体减排技术的经济潜力,温室气体减排技术在研发、推广和扩散过程中所面临的障碍,以及克服这些障碍的对策。

3.2 能源供应部门

当前,全球电力生产所消耗的化石燃料占总量的32%,排放的CO_2占能源消费相关CO_2排放总量的41%,因此能源供应部门的技术进步和结构优化对于全球的气候和环境改善具有至关重要的作用。而中国以煤为主的能源供应体系在应对气候变化的背景下,则面临着更加严峻的挑战。截至2010年底,中国的电力装机总量已达到9.62亿千瓦,发电量达到4.23万亿千瓦时,其中80.8%来自煤炭、16.2%来自水电,核电和其他可再生能源仅占很小的份额,如表3.1所示(国家电力监管委员会,2009)。

表 3.1 中国电力装机及结构

类别	发电装机容量(万 kW)		全口径发电量(亿 kWh)	
	2007 年	2010 年	2007 年	2010 年
合计	71746	96219	32644	42280
水电	14823	21340	4714	6863
火电	55607	70663	27207	34145
核电	896	1082	629	768
风电	420	3107	94	501

注:2007 年 6000 千瓦及以上发电设备运行小时数分别为火电 5316 小时/年,水电 3522 小时/年,核电 7737 小时/年;2010 年相应数据分别为火电 5031 小时/年,水电 3429 小时/年,核电 7924 小时/年,风电 2097 小时/年。

由图 3.1 可见,无论在清洁煤转化技术方面,还是在非化石能源发电技术方面,中国都具有很大的发展空间,而其发展趋势、发展潜力及成本和效率将作为本节分析的重点。

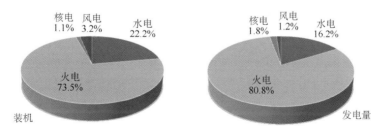

图 3.1 2010 年中国发电装机及其发电量份额

3.2.1 化石燃料发电技术

当前,中国 80.8%的发电量来自煤炭,而且以煤炭为主能源结构仍将在未来相当长一段时间内将保持其主导地位,因此积极采用先进的清洁煤发电技术、提高发电效率、降低单位发电量的供电煤耗,从而降低CO_2及其他相关污染物的排放将对中国应对气候变化发挥重要作用。本部分中所讨论的技术主要包括：超临界和超超临界发电技术、循环流化床技术、天然气联合循环技术、整体煤气化联合循环技术、煤气化多联产技术和二氧化碳捕集与封存技术。

（1）超临界和超超临界发电技术

超临界和超超临界机组技术是较为成熟的高效发电技术。目前，超临界技术已在 OECD 国家得到广泛应用，并取得了显著的节能减排效果，因此成为中国新建燃煤电厂的优先技术选择。中国的超超临界火电机组设备已逐渐实现国产化，进入了大规模应用阶段。仅 2006 年，中国就新增了 1800 万千瓦的超临界机组；2007 年又有 7 台百万千瓦级的超超临界机组相继投产运行。截至 2009 年 3 月，中国已投产 100 万千瓦超超临界机组 15 台，在建项目达到 60 台，拟建项目超过 120 台机组，新建项目绝大多数都是 60 万千瓦及以上的大型超超临界机组。

超超临界技术可通过不断提高蒸汽的温度及压力、改进热力循环来提高机组的热效率。与常规的亚临界发电技术相比较，超超临界发电技术具有明显的效率优势，一般可达到 39%～45%。

同时，由于超超临界发电技术已基本成熟，因此其成本也具备与常规亚临界发电技术成本相竞争的能力。通常，超超临界的发电成本比常规亚临界的发电成本低 13%～15%左右，如表 3.2 所示。

表 3.2　燃煤发电技术性能与经济性比较

指标	容量（WWe）	发电煤耗（gce/kWh）	发电效率（%）	发电成本（RMB/kWh）
亚临界	300	314	39.1	0.329
超临界	600	291	42.2	0.285
超超临界	1000	281	43.7	0.281

基于上述对超超临界发电技术的效率和成本比较分析可见，大规模应用超临界和超超临界发电技术将是我国未来燃煤电厂发展的主流方向，是我国未来建设大容量燃煤机组的主力技术。但未来超临界和超超临界发电技术的发展仍面临着许多障碍，其中最大的障碍在于原材料性能提高（发明和制造抗高温、耐水蒸气腐蚀的钢材作为锅炉材料）和控制系统升级（开发灵活性的控制系统）（IEA，2008）。

（2）循环流化床技术

目前循环流化床技术已在世界范围内广泛应用，装机容量在 250～300 MW 之间，沸腾式流化床（BFBC）和循环式流化床（CFBC）是该技术发展的两条主要路径，而用氧气代替空气也可应用于循环流化床（CFB）技术中以降低 CO_2 排放，这一技术可以更灵活地控制温度范围，从而获得更高的效率。循环流化床的主要优点是燃料适用性广、效率高、负荷调节范围大，燃烧过程中直接脱硫，对于中国大量劣质燃料的使用价值极大。目前，中小容量的自主技术在中国占据主导地位，国产 300 MW 技术已经投入运行，正在开展 600 MW 超临界循环流化床机组技术研制；日本也在尝试将大型循环流化床系统向超临界循环转化。

循环流化床技术采用流态化燃烧方式，具有环保性能优越、脱硫效果好、可燃用其他炉型不能燃用的劣质燃料等优点，因此，对于矿区发电、煤矸石综合利用、燃用含矸量较高的原煤等，循环流化床技术的应用推广价值极大。但从经济性分析，循环流化床技术的成本略高于常规煤粉锅炉。

综上所述，循环流化床技术在以下领域具有广阔的应用市场前景：对热电联产和现有的小机组进行环保改造；煤矸石和洗中煤发电的资源综合利用；与超临界技术相结合，作为新建机组的后备技术选择之一。

目前，流化床燃烧技术在开发超临界参数和超大型锅炉方面尚存在技术和经济障碍，需要进一步研究氧化燃烧条件，以更好地控制二氧化碳高浓度下污染物的产生量。

（3）整体煤气化联合循环技术

整体煤气化联合循环（IGCC）技术是最清洁、高效的煤电技术之一，其原理是把煤气化和燃气—蒸汽联合循环发电系统有机集成的一种洁净煤发电技术。目前，该系统效率为 40%～47%（预计其最高效率可达 50%左右），适用于煤炭、石油、焦炭、生物质及城市固体废弃物等所有含碳原料，且具有污染物(包括硫化物、氮氧化物等)排放量低、效率提高潜力大、能有效控制二氧化碳排放等优点。IGCC 技术的具体效率参数如表 3.3 所示(Loyd,2007)。

表 3.3 化石燃料火电机组性能

电厂类型	PCC	PCC	PCC	PCC	NGCC	IGCC
燃料	煤炭	煤炭	煤炭	煤炭	天然气	煤炭
蒸汽循环	亚临界	超临界	超超临界	超超临界 (AD700)	三压再热	三压再热
蒸汽条件	188 bar 540℃ 540℃	250 bar 560℃ 560℃	300 bar 600℃ 620℃	350 bar 700℃ 700℃	124 bar 566℃ 566℃	124 bar 563℃ 563℃
发展阶段	商业化普及	商业化	推广	推广	示范	示范
总效率/%	43.9	45.9	47.6	49.9	59.3	50.9
净效率/%	40.2	42.0	43.4	45.6	58.1	44.1
CO_2 排放/(t/h)	381	364	352	335	170	321
CO_2 排放/(t/h)	0.83	0.80	0.77	0.73	0.35	0.74

注:PCC(pulverzed coal combustion),煤粉燃烧;IGCC(Integrated-gasifiers combined-cycles),整体煤气化联合循环。

从经济性的角度分析,目前 IGCC 技术的投资成本仍远高于常规火电技术(比亚临界发电技术成本高出近 50%)和超临界机组,但通过进一步的技术研发和示范,有望与超临界电站发电成本基本相当。

由于受到高成本和技术发展阶段的限制,IGCC 发电系统距离真正意义上商业化运行还有较长的时间,但由于其具有清洁高效的优势,因此,成为我国中长期实现煤炭综合高效清洁利用的最优技术选择之一,而且在与 CO_2 捕集和封存技术结合方面较煤粉炉发电技术有效率和经济优势。

IGCC 发电系统面临着初始投资成本高,技术成熟度较低的障碍,其系统运行可靠性还有待于进一步工程检验。而且,中国目前尚未完全掌握 IGCC 系统的核心技术,特别是尚未掌握燃用低热值富氢燃料的燃气轮机的设计和制造技术。

(4)碳捕集与封存 CCS

CO_2 捕集和封存(CCS,CO_2 capture and storage)是指将 CO_2 从工业或其他的排放源处分离出来,通过某种运输方式运输到某个地点,将 CO_2 注入到地下储层中进行封存,并使该被封存的 CO_2 被长期和大气相分离的过程。如果要大规模减少 CO_2 排放同时又允许煤炭在满足全世界能源需求中发挥重要的作用,CCS 是促使这种景象发生的一种关键技术(MIT,2007)。

到目前为止,世界上还没有任何商业运行的电厂实施全规模的 CCS。中国在 CCS 方面的工作起步较晚,但进展很快。目前中国对先进燃煤发电技术、CO_2 捕集技术、CO_2 提高原油采收率(EOR)技术等方面的研究都在有序开展中。中国正在天津建设第一座 IGCC 燃煤示范电站,并在 2020 年前将其改造成能够进行集制氢、氢气燃机和氢燃料电池发电循环、CO_2 捕集封存于一身的近零排放燃煤电站。中国华能集团北京热电厂在 2008 年 9 月建成中国第一套燃煤机组燃烧后烟气脱碳示范装置,年 CO_2 处理能力为 3000 吨。

CCS 技术可分为以下几类:煤粉电厂燃烧后 CO_2 捕集技术、IGCC 电厂燃烧前 CO_2 捕集技术和化工—动力多联产系统 CO_2 捕集技术。各发电领域 CO_2 捕集技术的效率及成本参数如表 3.4 所示(Jin 等,2008)。

表 3.4　发电领域 CO_2 捕集技术效率损失与捕集成本

技术名称	效率损失（原有基础上降低）	成本（单位 CO_2 捕集成本，美元/吨 CO_2）
燃烧后捕集技术	8~13 个百分点	29~51
燃烧前捕集技术	7~10 个百分点	13~37
纯氧燃烧技术	10~12 个百分点	21~50

3.2.2　核电

核电是一种可以大规模替代化石能源的高效发电技术，而且也是一种几乎不会产生任何污染（SO_2，NO_x，烟尘和 CO_2）的清洁能源。核电技术的发展大致可划分为四代，其中第一代核电技术现已基本关闭；第二代核电技术则是当前运行核电站的主力技术；新核能技术（第三代创新型和第四代核电技术）是未来核能发展主要技术。截至 2010 年底，中国核电装机容量达到 10.82 GWe，核准建设的核电机组有 34 台，已经开工建设 28 台，总装机容量为 30.97 GWe，占全球在建规模的 40% 以上，是目前世界上核电在建规模最大的国家。

2011 年 3 月，日本因地震发生的严重核泄露事故给世界核电事业上了新的一课。作为世界上在建核电机组最多、规划发展核电规模最大的国家，中国的核电发展计划正在被重新检视。此次事件导致人们对核电安全性产生了一定的顾虑，中国相关部门在做相关决策时对核电安全性的重视程度也将进一步提高，因此，会在一定程度上影响核电审批和建设进度，但对核电的规划和建设规模不会造成很大影响。

从经济角度分析，核能具有初始投资高、运行成本低、设计寿命长（40~60 年）等特点，其生产成本中，投资成本占总成本的 50%~60%；燃料成本占 20%~30%；运行管理成本占 10%~20%。目前，第二代、第三代核电厂的初始投资成本约为 15000~18000 元/千瓦，投资回收期在 10~15 年之间。由于核电系统的发电成本受负荷因子影响最大，其运行率越高、发电成本越低，因此适合作为基本负荷电源。

中国核电技术发展迅速，预计到 2020 年，中国核电装机容量将达到 7000~8000 万千瓦，在建装机容量 3000 万千瓦左右，总装机将超过 1 亿千瓦。

3.2.3　可再生能源发电

（1）风电

1）风电发展及其资源分布

中国幅员辽阔，风能资源丰富，风能资源总的技术可开发量 286 GW（28.6 亿千瓦）。考虑到实际可利用的土地面积等因素，可利用的陆地上风能储量约 80 GW（8 亿千瓦），近海可利用的风能储量有 15 GW（1.5 亿千瓦），共计约 95 GW（9.5 亿千瓦）。如果陆上风电年上网电量按等效满负荷 2000 小时计，则每年可提供 1.6 万亿千瓦时的电量，近海风电年上网电量按等效满负荷 2500 小时计，每年可提供 3750 亿千瓦时的电量，合计约 2 万亿千瓦时的电量，相当于 2004 年全国用电量。

中国发展并网风力发电自 2005 年 2 月《可再生能源法》颁布之后开始迅猛发展。截至 2010 年，中国风电累计装机容量超过 4000 万千瓦，连续多年新增装机容量比前年翻一番，装机规模为世界第一。目前，中国已有 80 多家风机整机制造企业，1.5 兆瓦机组本地化率已超过 70%。

2）风电技术发展

自 20 世纪 80 年代以来，风机规模有较大幅度增长，以每 5 年翻一番的速度发展，单机装机容量已达到 5 兆~6 兆瓦，风机转子直径达到 126 米，风电技术快速发展（IEA，2008）。受到政策的支持，中国企业进步迅速，已基本掌握兆瓦级风机制造技术，1.5 兆~2 兆瓦风机已成为我国的主力机型。

从成本方面分析，陆地风电的成本在过去十年中呈现出大幅下降的趋势，根据世界风能理事会最近对风力发电成本下降进行的研究表明，风力发电成本下降中的 60% 依赖于规模化发展，40% 依赖于技术进步。目前，中国风电机组价格为 5500~6500 元/千瓦，风电场建设投资为 9000~11000 元/千瓦，年等效满负荷小时数 1600~2800 小时，上网电价 0.5~0.6 元/千瓦时。有研究预测表明，在未来二三十年中，由于规模化、系列化、标准化三方面因素的不断改进，风电成本仍有下降空间，到 2020 年，陆地风机的总体造价可比当前水平下降 20%～25%,发电成本也可实现同幅下降(Jorgen Lemmings 等,2009)。

2010 年初,中国政府在风能资源丰富的 6 个省区制定了 7 个 10 GW 级风电基地规划,根据此规划,2020 年中国并网风电总装机容量有望达到 1.5 亿千瓦。

(2)太阳能发电

太阳能利用方式主要有:太阳能热用于直接向居民和工业生产过程提供热能,聚光太阳能发电(CSP,concentrated solar power)和太阳能光伏发电(PV,photovoltaic),以及太阳能制氢燃料,但是由于太阳能密度低且具有间断性,导致其难以大规模开发利用,且利用成本较高,因此目前太阳能提供的能源量不足全球商业能源总量的 1%。

1)中国的太阳能资源

中国太阳能资源丰富,太阳年总辐照量平均为 1050～2450 千瓦时/平方米之间,大于 1050 千瓦时/平方米的地区占国土总面积的 96% 以上,中国陆地表面每年接受的太阳年辐射相当于 1.7 万亿吨标准煤,主要分布在西藏、新疆以及青海、甘肃和内蒙古西部(见图 3.2)。

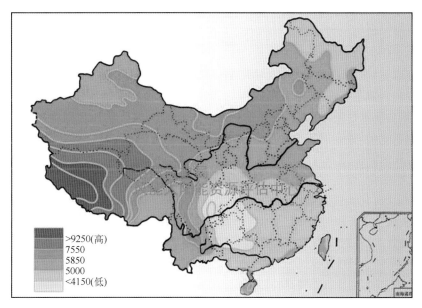

图 3.2　中国太阳能资源分布图

2)太阳能光伏发电技术发展状况

晶体硅和膜技术是太阳能光伏发电系统中的两类主要技术,其中晶体硅技术已基本成熟,占据着绝对的市场份额(90% 以上)的太阳能光伏模块都是以晶体硅为原料基础,且其主体地位可持续到 2020年。薄膜技术是近期开发的新技术,其优点在于可以用较少的原材料获得更高的自动控制性能和资源生产效率,同时可以实现光伏电池与建筑物的结合,其缺点在于发电效率较低及缺乏示范经验,各种技术的效率如表 3.5 所示。

表 3.5　2050 年太阳能光伏发电的技术和市场特征

	以结晶硅为基材		薄膜		新概念设备	
	激光、机械	多晶硅	非晶/微晶薄膜电池	多晶硅薄膜电池	超高效	超低成本
模块效率/%	24～28	20～25	CIS:22～25 Si:20	6～8	40	10～17
寿命/年	40～50	40～50	30～35	30	25	10～15
市场份额	缝隙市场/空间	大市场	大市场	大市场	缝隙市场/大市场	大市场
应用	受到安装面积限制	所有	所有	消费者产品,尤其是大面积的建筑屋顶	受安装面积限制	所有

近几年，中国光伏产业在世界光伏市场的拉动下发展迅速。2007年，中国光伏电池产量超过德国和日本，居世界第一位。2008年产量继续提高，年底已达到2500MWp。截至2010年，中国太阳能电池组件产量达到10GW，占世界产量的45%，安装光伏发电组件累计达到800MW，光伏电池制造产业年产量占全球市场的40%。

并网光伏系统的发电成本仍高于传统发电技术，主要包括光伏电池、并网逆变器、配电测量及电缆、设备运输、安装调试等项，同时受当地的太阳辐射强度、系统寿命和折现率影响。2008年底，中国并网光伏系统的总成本约为30～50元/Wp，其中光伏电池成本约占系统总成本的60%左右，对光伏系统的总成本具有重大的影响。

综合中国太阳能资源和技术发展状况，到2020年，通过在大中型城市推广光伏屋顶系统，并建设一定规模的大型示范并网太阳电站，中国太阳能光伏发电装机容量有可能达到2000万kWp。

3）聚光太阳能发电

聚光太阳能发电技术直接利用太阳光，将其数倍聚焦后，形成高能密度和高温，其产生的热量可用于驱动传统发电系统发电，此外还可以应用为工业过程和建筑供热和供冷、海水淡化，及制氢等方面。该技术适用于太阳能直接辐射程度较高的地区，因此受到地域限制，一般来讲2000千瓦/平方米的太阳辐射强度是应用CSP技术的最低资源要求（Pharabod，1991）。

CSP技术主要有三种类型：槽式、碟式和塔式，其各自的太阳能聚光倍数分别为30～100、500～1000和1000～10000。槽式CSP技术采用矿物油、熔盐和水/蒸汽等物质作为热传导介质，可应用于混合动力发电厂，目前该技术已基本成熟，是几乎所有国家和地区的已建和计划项目的首选技术，其系统的最大聚焦能力为200倍，最高温度为400℃，太阳能热效率可达到60%，发电效率为12%。塔式CSP系统的原理是采用双轴跟踪器和二次反射技术以获得更好的聚光效果，其系统设计根据其所采用热传导介质的不同而有所变化（熔盐仍然是被广泛应用的热传导介质），目前尚处于示范阶段。碟式CSP系统目前在少数地区运行，其装机容量约为10千瓦。

有研究表明，未来槽式CSP技术的成本将下降到4.3～6.2美分/千瓦时；塔式CSP系统的成本将下降到3.5～5.5美分/千瓦时。通过增加产量、扩大发电规模和促进技术进步等方式可使槽式CSP系统的装机容量增加到2.8GW，塔式CSP系统增加到2.6GW；通过R&D能力的进一步改进，可使槽式CSP系统装机容量增加到4.9GW，塔式系统增加到8.7GW。

（3）水电

水电技术是一项成熟的可再生能源发电技术，已经在世界范围内被广泛应用，也是中国最重要的可再生能源资源之一。根据2003年全国水能资源复查成果，全国水能资源技术可开发装机容量为5.42亿千瓦，年发电量2.47万亿千瓦时；经济可开发装机容量为4亿千瓦，年发电量1.75万亿千瓦时。水能资源分布广泛，从地域上看主要分布在西部地区，约70%在西南地区，并主要集中在长江、金沙江、雅砻江、大渡河、乌江、红水河、澜沧江、黄河和怒江等大江大河的干流上，总装机容量约占全国经济可开发量的60%，具有集中开发和规模外送的良好条件。截至2010年底，中国水电装机容量已达2.1亿千瓦。

水电是目前成本最低的发电技术之一，大多数水电系统运行期都较长，并已收回了成本投资。在OECD国家，新建大型水电系统的资本成本为2400美元/千瓦，运行成本为3～4美分/千瓦时；在发展中国家，水电的投资成本不高于1000美元/千瓦，小水电的运行成本通常为2～6美分/千瓦时，这类水电系统通常可以在不需要重置成本的情况下运行50年甚至更长时间。相比之下，中国的大水电发电成本平均在0.2～0.25元/千瓦时，小水电发电成本为0.25～0.28元/千瓦时左右。

同其他能源技术一样，水电技术也需要在提高效率、降低成本和改善可靠性方面做出突破。对于大型水电系统，要关注其与其他可再生能源的整合，开发混合发电系统，并开发新技术，以将其对环境的影响降到最低。对于小型水电系统，需要进一步通过研发工作改进设备的设计、研究不同材料的差异、改善控制系统、将优化生产过程纳入到水资源综合管理系统中来，积极发展风—水混合发电系统和氢能辅助水电系统。根据IEA的能源技术展望分析，在考虑水电发展受到水资源与土地资源利用限制的基础上，中国未来的水电产量仍将比现在有很大程度的增长。到2020年水电装机容量可达到

2.9亿～3.5亿千瓦,除川、滇、藏外,其他地区水电资源基本开发完毕或已经达到较高开发水平。

（4）生物质能发电

1）技术现状

生物质发电通常采用直接燃烧发电、混烧发电和气化发电等技术路径,是现代生物质能利用技术中最成熟和发展规模最大的领域(见表3.6)。到2008年底,中国的生物质发电装机容量约为300万千瓦,其中蔗渣发电约170万千瓦、垃圾发电约100万千瓦,其余为稻壳等农林废弃物气化发电和沼气发电等(IEA,2008),2010年,中国生物质发电装机增加到550万千瓦,比2008年增长近一倍。

表3.6 生物质发电典型技术特征

转化类型	典型容量	净效率	投资成本（美元/千瓦）
直接燃烧发电	10～100 MW	20%～40%	1975～3085
热电联产技术(CHP)	0.1～1 MW	60%～90%	3333～4320
	1～50 MW	80%～100%	3085～3700
混合燃烧	5～100 MW（现有） 100 MW（新厂）	30%～40%	123～1235 ＋电厂成本
垃圾填埋气	＜200 kW～2 MW	10%～15%	
生物质整体气化联合循环发电技术(BIGCC)	5～10 MW 示范 30～200 MW 未来	40%～50%	4320～6170 1235～2740

2）直燃发电

生物质直燃发电技术单位投资成本较高,需要进行规模生产,而且对资源供给量也有较高要求,因此在大型农场、林场或农林业集中地区,直燃发电已成为大规模处理利用农林废弃物的主要方式,并已进入推广应用阶段。中国近几年生物质直燃发电产业发展迅速,但由于项目造价水平普遍高于常规燃煤电厂,而且在秸秆配套预处理工艺设备和秸秆锅炉积灰、结渣和腐蚀等方面仍然存在技术难点,因此目前建成的项目多处于示范阶段。

城市生活垃圾发电是生物质直接燃烧发电的另外一种主要形式,目前中国在引进国外垃圾焚烧发电技术和设备的基础上,已基本具备制造垃圾焚烧发电设备的能力,但总体来看,我国在生物质发电的原料收集、净化处理、燃烧设备制造等方面与国际先进水平还有一定的差距。

3）混燃发电

生物质混燃发电技术简单,对原有设备改造的工作量小,投资小,而且掺混量可以调节,对原料价格有较强的调控能力,抗风险能力强,因此,是生物质利用最经济的技术。中国目前尚未对生物质混燃发电有明确的政策优惠,所以混燃技术的使用仅属示范阶段。

4）气化发电

气化发电是指以生物质为原料,以空气,水蒸气等为气化介质,在高温条件下通过热化学反应将生物质转化为可燃气体,净化后燃烧,驱动内燃机或燃气轮机,带动发电机发电。生物质气化发电系统从发电规模可分为小规模、中等规模和大规模三种。从国际上来看,小规模的生物质气化发电已进入商业示范阶段,比较适合于生物质分散利用,投资较少,发电成本也低;大规模的生物质气化发电一般采用煤气化联合循环发电技术,适合于大规模开发利用生物质资源,发电效率也较高,已进入示范和研究阶段,是今后生物质工业化应用的主要方式(IEA,2008;吴创之等,2008)。

5）发展潜力分析

综合考虑各方面的因素和目前中国生物质资源的特点,中国生物质发电应以规模化利用秸秆和林业三剩物等非种植类生物质资源为主,其原因是这些废弃生物质资源能量密度较低,生物质发电成本受原料收集成本的影响很大。

从成本方面分析，通过技术学习和规模经济效应，生物质发电成本在未来将有一定的降低，可能从目前62～185美元/兆瓦时降到2050年的49～123美元/兆瓦时，而循环流化床（CFB）技术和100兆瓦装机容量以上混燃发电技术的单位发电成本有可能降到60～80美元/兆瓦时，在价格上具有很强的竞争优势（IEA，2008）。

根据中国《可再生能源中长期发展规划》规划，到2020年生物质能发电装机达到3000万千瓦，其中农林废弃物发电2200万千瓦，垃圾发电200万千瓦，沼气发电400万千瓦。

3.2.4　中国低碳发电技术减排潜力与成本估算

以300 MWe的亚临界煤电机组为参考基准，各类低碳发电技术与此基准技术相比较，计算各自的减排量和减排成本，结果如图3.3所示。2020年，中国能源供应部门实施高效发电技术和可再生能源、新能源发电技术可实现减排近16亿吨CO_2。

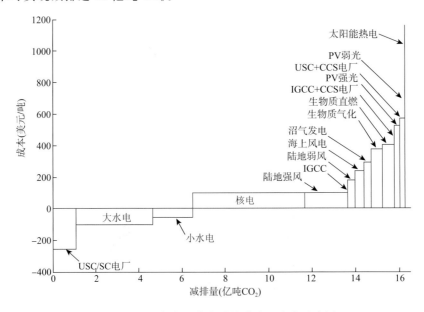

图 3.3　2020年能源技术减排潜力及成本示意图

从电力部门的减排潜力看，核能、水电技术的减排潜力较大，各占能源供应部门减排总量的三分之一左右；其次为风电技术，其减排潜力到2020年可达2.7亿吨CO_2，占减排总量的17%；此外，超临界技术带来的减排潜力也将占总减排潜力的8%，达到1.3亿吨CO_2；IGCC和CCS技术在近期所能发挥的作用十分有限。

从各种技术的减排成本角度看，在各类技术中，除超临界发电技术和水电技术的减排成本为负以外，绝大部分技术的减排成本都为正，且大部分处于30～100美元/吨CO_2之间。这表明中国低碳能源技术的应用需要付出较大的经济成本，相比而言核电、风电和IGCC发电技术的减排成本相对较低，可在近期内重点开发。

针对各类可再生能源和新能源所处的发展阶段和资源、技术特点，其中近期的发展建议如下：

大力发展洁净煤转化技术：在2005至2020年期间，超超临界发电技术不仅发电效率高，而且已成为无悔的CO_2减排技术，应该成为此期间新建燃煤电厂的主流技术；循环流化床技术在此期间也具有很好的应用前景，尽管不是无悔的CO_2减排技术，但减排成本相对较低，应积极鼓励其发展；IGCC和多联产系统在中长期具有很好地应用前景，在"十二五"和"十三五"期间，加大系统核心技术和系统集成技术方面的研发投入，扩大系统示范，进一步识别系统运行的效益和风险。

合理开发水电：2005—2020年，水电技术为无悔的CO_2减排技术。在高度注重生态环境保护和移民、征地等社会问题的情况下，加快大中型水电开发利用进程，积极发展小水电。

超常规发展核电：2005—2020年，核电技术虽然不是无悔的CO_2减排技术，但减排成本低。应该利用国内外两个市场解决铀矿供应问题,通过对第三代技术的消化吸收,提高中国规模化制造、安装、建设能力。

大力开发风电:加强风电资源的勘探开发,促进机组大型化和在海上应用,解决风电并网问题,鼓励风、光互补发电和分散式供电。

加快太阳光伏发电产业化:加强技术研发和开拓下游市场,进行商业化示范和推广,解决太阳能光伏发电两头在外的问题。

积极探索太阳能热电技术:积极投入太阳能热电技术的研发和示范,把提高效率和降低成本作为太阳能热电技术的首要任务,为长期的技术路径提供选择。

适度发展生物发电:在生物质资源富集地区推广生物质发电,鼓励发展煤、生物质共燃发电,加大对城市垃圾焚烧发电、畜禽养殖场沼气发电、工业有机废水沼气发电的支持力度。

3.3 工业部门

3.3.1 能源利用技术现状及发展趋势

以工业为主的第二产业是中国改革开放以来经济社会发展的持续推动力。"十五"以来,中国进入工业化中期阶段,工业对国民经济的贡献率(工业增加值增量与 GDP 增量之比)和拉动率(GDP 增长速度与工业贡献率之积)基本上占 50% 左右(国家统计局,2010)。1979—2010 年,全国 GDP、工业、第一产业和第三产业增加值年均增长速度分别为 9.9%,11.4%,4.6% 和 10.9%,其中工业增长速度遥遥领先(国家统计局,2011a)。

由于主要工业品产量持续翻番,中国已成为名副其实的工业生产大国,主要工业产品产量均居世界前列。2010 年,中国的粗钢、煤炭、水泥、化肥、棉布、电视机等产品产量均居世界首位,其中,粗钢产量由 2000 年 1.29 亿吨增加到 2010 年的 6.27 亿吨;水泥产量从 2000 年的 5.97 亿吨增长到 2010 年的 18.8 亿吨;平板玻璃产量从 2000 年的 1.84 亿重量箱,增至 2010 年的 6.30 亿重量箱(国家统计局,2011),短短 10 年内,粗钢产量翻了两番多,水泥和平板玻璃的产品产量均翻了一番多。2010 年中国的粗钢、水泥、平板玻璃、建筑陶瓷、化学纤维等产品产量占世界总产量的比重已超出 50% 以上。

由于重化工业的快速发展,导致中国工业部门能源消费量持续增长。2010 年工业终端能源消费量达到 15.6 亿吨标煤(电热当量计算法)。其中,黑色冶金、化学工业、非金属矿制品业和石油加工业的能源消费量占工业终端用能部门能源消费总量的 67%(国家统计局,2011b)。图 3.4 显示了 2010 年中国工业部门分行业终端能源消费量构成。

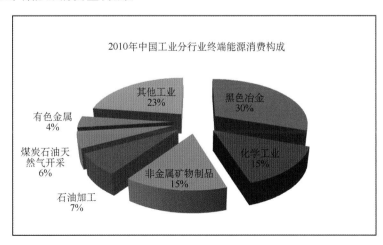

图 3.4 2010 年中国工业部门分行业终端能源消费量构成

20 世纪 90 年代以来,中国通过实施各项节能政策与技术措施,取得了显著的节能效果。一些高效节能技术的普及率大幅度提高。例如,2010 年与 2005 年相比,钢铁行业干熄焦技术普及率由不足30%提高到 80%左右;高炉炉顶煤气压差发电(TRT)技术普及率由 50%提高到 95%;电解铝大型预焙槽技术产量所占比重由 52%提高到 90%;水泥新型干法工艺产量所占比重由 40%提高到 80%(各行业协会,2011)。与此同时,2005 年以来中国高能效设备的规模迅速扩大,在钢铁和建材行业表现尤为突出。

能源节约不仅对国民经济增长的贡献明显增大,也对减缓温室气体的排放作出了贡献。然而,与国民经济发展需要和国际先进水平相比,中国无论是单位 GDP 能源强度、主要耗能产品单位能耗、主要耗能设备能源利用效率等均有不同程度的差距,节能和提高能源效率的潜力仍然很大。

2010 年中国的钢铁、水泥、合成氨、炼油、乙烯等行业主要产品单位能耗平均比国际先进水平(世界领先水平的国家的平均值)高 20%左右,其中,大中型钢铁企业吨钢可比能耗高 10.4%,水泥综合能耗高 6.3%,以天然气为原料的大型合成氨生产装置综合能耗高 35.6%,原油加工综合能耗高 27%,乙烯综合能耗高 33.8%(王庆一,2011)。尽管影响能源效率和单位产品能耗水平的因素很多且非常复杂,诸如能源结构和质量、企业规模、原料路线、装备技术水平、节能技术普及率、资源回收利用率等,但分析数据显示,中国主要工业产品能耗与国际先进水平相比仍存在一定差距(见表 3.7),节能潜力和节能难度均不容忽视,也说明工业部门是中国实现节能和减缓 CO_2 排放的优先和重点领域(胡秀莲等,2007)。

表 3.7 主要高耗能产品能耗及国际比较

	中国			国际先进水平	2010 差距	
	2000	2005	2010		能耗	+%
煤炭生产电耗/(kWh/t)	29	25	23.4	17	6.4	27.4
钢可比能耗/(kgce/t)(大中型企业)	784	732	681	610	71	10.4
电解铝交流电耗/(kWh/t)	15418	14575	13979	14100	−121	−0.9
铜冶炼综合能耗/(kgce/t)	1277	780	500	360	140	28.0
水泥综合能耗/(kgce/t)	181	167	126	118	8	6.3
平板玻璃综合能耗/(kgce/重量箱)	25	22	16.3	15	1.3	8.0
原油加工综合能耗/(kgce/t)	118	114	100	73	27	27.0
乙烯综合能耗/(kgce/t)	1125	1073	950	629	321	33.8
合成氨综合能耗/(kgce/t)	1699	1650	1553	1000	553	35.6
烧碱综合能耗/(kgce/t)	1439	1297	1006	910	96	9.5
纯碱综合能耗/(kgce/t)	406	396	323	310	13	4.0
电石电耗/(kWh/t)	3475	3450	3340	3000	395	10.2
纸和纸板综合能耗/(kgce/t)(自制浆)	1540	1380	1080	580	500	46.3

来源:国家统计局;工业和信息部;各行业协会;日本能源经济研究所能源经济统计手册,2010 年版;IEA,OECD 国家能源统计等,2010 年;中国可持续能源项目参考资料,2011 年数据,王庆一编著。

中国正处在工业化和城市化进程中,从目前到本世纪中叶为了实现"三步走"的社会经济发展战略目标,GDP 将保持持续快速增长。随着工业化进程加快,2020 年之前工业增长速度将高于 GDP 增长速度,持续到 2030 年以后开始缓慢下降,届时工业增加值占 GDP 的比重将维持在 47%左右(国家发展和改革委员会能源研究所,2009)。由于人均收入的增长,居民消费结构将升级,居民对居住面积、汽车,道路等基础设施建设需求呈旺盛增长趋势,外加国际贸易的需求都将对未来中国钢铁、水泥等产品的服务量需求和工业部门的能源需求量产生影响。

到 2020—2030 年中国工业部门的钢铁、水泥、玻璃、合成氨等主要高耗能产品产量将达到峰值(国家发展和改革委员会能源研究所,2009)。在此期间,由于受能源效率提高、技术进步、产业和产品结构变化、能源消费结构优化以及其他行业迅速发展等因素的影响,工业部门的能源需求量将由 2010 年的 15.6 亿吨标煤(电热当量计算法)增加到 2020 年的 21 亿吨标煤和 2030 年的 24 亿吨标煤。钢铁、建筑材料、石油化工和有色金属行业的能源需求量占工业部门能源需求量的比重将由 2010 年的 67% 下降到 2020 年的 53% 和 2030 年的 48%(中国能源统计年鉴,2011;国家发展和改革委员会能源所,2009)。

2010 年中国工业终端用能部门矿物燃料燃烧排放 CO_2 约 35.7 亿吨,占全国 CO_2 排放总量的 49% 左右,因此,工业终端用能部门是中国减缓 CO_2 排放的优先和重点领域。在未来的几十年中,工业部门通过持续的推广应用技术先进、节能减排效果好、节能减排潜力大、碳减排成本低、推广普及空间大、具有持续竞争力的碳减排技术和成本有效的 CO_2 捕集和封存技术对中国实现 CO_2 减缓排放目标至关重要。

3.3.2 温室气体关键减排技术评价与选择

2030 年之前工业部门能够实现商业化的减缓 CO_2 排放的关键技术主要包括:高效率的终端电气设备;热、电回收利用;材料回收利用和替代;控制非 CO_2 气体排放和各种工艺流程类技术;水泥、合成氨和钢铁行业生产过程中提高能源效率以及碳捕集和封存技术;铝生产过程中惰性电极利用技术等(IPCC,2007)。

工业领域存在降低能源需求、减少 CO_2 排放的巨大潜能。关键的减排技术措施诸如:提高发动机、泵、锅炉、加热系统的热效率;增加材料的循环利用;使用新的更加先进的生产工艺和材料;提高材料使用效率等。工业部门最大的 CO_2 排放源为钢铁工业,非金属矿物制品主要如水泥、玻璃和陶瓷,化学和石化制品。具有节能和降低 CO_2 排放的巨大潜能的新型尖端工业技术主要包括:石化工艺中替代蒸馏的先进薄膜技术、钢铁直接浇铸工艺、石化工业使用生物原料来替代石油和天然气等(IEA,2010)。

(1)钢铁工业

钢铁工业是中国国民经济各行业中耗能较多的行业之一。近 10 年来,钢铁工业能源消费量占全国总能源消费总量的比例一直徘徊在 12%~16% 之间,单位增加值能耗是工业部门平均水平的 3 倍以上(国家统计局,2011)。2010 年中国 6.27 亿吨粗钢产量中,88.05% 为转炉钢,11.93% 为电炉钢,0.02% 为其他工艺钢。同时,钢铁行业也是主要的温室气体排放源之一。

近年来,国际钢铁工业界的技术创新活动主要集中在钢铁产品生命全周期的节能降耗与环境保护领域,并取得了一系列重大技术成果。例如直接还原法、熔融还原法、薄板坯连铸—连轧、直接薄带铸造等新型工艺流程的应用,不仅缩短了生产流程、减少了工序,从而大幅度减少了生产钢铁所需的资源和能源消耗。另外,通过对现有工艺和技术装备进行完善,也有明显的节能降耗作用,如高炉喷煤、转炉溅渣护炉、热轧的无头轧制等技术。

此外,一系列具有节能作用的钢铁新产品被研究开发出来,如高强度汽车板、高效电工钢、高温高压锅炉管、高强度高韧性管线钢、节能住房建筑用钢以及激光拼焊板、家电用彩涂钢板、自润滑膜处理热镀锌钢板等。

钢铁工业主要减排技术有:

1)干法熄焦技术(CDQ)是目前国内外较广泛应用的一项节能减排技术。干法熄焦技术可回收红焦显热的 80%,可降低焦化工序能耗 68 千克标准煤/吨,是钢铁企业节能(二次能耗回收量)效果最好的技术。目前,中国已有干法熄焦技术装备 49 套,在建项目约 40 套。利用干法熄焦技术还可提高炭质量,对高炉炼铁工序具有很好的增产节焦效果。

2)煤调湿技术(CMC)是将炼焦煤料在装炉前去除一部分水分,保持装炉煤水分稳定在 6% 左右,然后装炉炼焦。按 2010 年全国的焦炭生产规模推算,若在全国的焦化企业推广应用煤调湿技术,年可节约 300 万吨标准煤,减少焦化污水约 1500 万吨,减排 CO_2 约 1600 万吨。

3)高炉炉顶煤气压差发电技术(TRT)与高炉煤气干法除尘技术相结合是对高炉余压、煤气综合利用的系统集成技术。这种集成技术一方面可提高 TRT 发电效率 30% 以上,使吨铁发电量达到 35~40

千瓦时；另一方面实现了高炉煤气全干法除尘，减少或基本没有新水消耗和废水排放。

4）转炉余热蒸汽发电技术的应用，可在提高转炉烟气余热回收量的基础上，重点开发低压（饱和）蒸汽发电技术。如吨钢发电量按照 15 千瓦时计算，全国年产转炉钢 5 亿吨，则每年可以发电 75 亿千瓦时，折合约 300 万吨标准煤，产生经济效益 40 多亿元。同时，所发电力可以替代从社会电厂购电，实现 CO_2 社会减排量 2630 万吨，减排 SO2 约 6 万吨，社会环境效益显著。

5）燃气-蒸汽联合循环发电技术（CCPP）与常规电厂相比热电转换效率高出近 10 个百分点，已接近天然气和柴油为燃料的相近型号的燃气轮机联合循环发电水平。钢铁厂的 CCPP 技术的应用以燃用高炉煤气为主，有的工厂可能掺入少量焦炉煤气或转炉煤气，这项技术为钢厂富余煤气利用提供了良好的途径。CCPP 技术排烟中 CO_2 排放比常规火力发电厂可减少 45％～50％，不排放 SO_2、飞灰及灰渣，NO_x 排放很低，目前已达到小于 25 毫克/千克，今后有望达到 59～9 毫克/千克。目前，中国钢铁企业高炉煤气和焦炉煤气仍有放散。若将这些煤气都用于 CCPP 发电，仅此一项每年约可节约 600 万吨标准煤。

6）采用高炉喷煤技术与焦化工序相比，可节约高炉炼铁能耗 30％～40％。用 1 吨煤粉代替 1 吨焦炭，可降低炼焦工序能耗约 90 千克标准煤/吨左右，而且可减少炼焦过程污染物排放对环境的影响。2010 年全国重点钢铁企业中有近 20 个企业喷煤比大幅度增加，焦比有所降低，燃料比也得到相应降低，促进了高炉炼铁工序节能。

7）氧气转炉炼钢能量分析表明，热装铁水带入的显热和潜热占总热量的 81.9％；消耗的氧气、煤气和动力总共只占 18.1％，折合 22.6 千克标准煤/吨；而转炉烟气含有的显热和潜热占总热量的 27.6％，折合 34.6 千克标准煤/吨。只要回收 70％的烟气热量，就可实现氧气转炉炼钢能量消耗为负值。

8）电炉炼钢所需热量 70％～80％来源于电，用废钢冶炼时所耗电量约为总电量的 60％～70％。用超高功率操作和吹氧喷碳均可降低电耗。目前，中国电炉使用热铁水已较普遍，最高的达 80％以上，平均 40％以上。如将废钢预热到 500～600℃，可实现节电 10％～20％。对电炉废气余热进行回收，可实现节能 8.7 千克标准煤/吨钢。

9）高效蓄热式加热炉技术是将蓄热式热回收和换向式燃烧系统与加热炉结合为一体，可利用低热值高炉煤气的技术，如将高炉煤气加热到 1100℃ 以上，可实现节能 30％～50％，炉子的热效率可达 70％。

10）高温节能涂料是由耐火粉料、过渡金属氧化物、增黑剂、烧结剂和悬浮剂等组成的黏稠悬浮流体，将其喷刷在工业炉窑内壁上，可形成 0.3～0.5 mm 的涂层。此涂料用在一般火焰炉上，可节能 3％～7％；用在电加热炉上，可节能 20％～28％，同时可延长炉子使用寿命。

11）直接还原和熔融还原技术是直接还原法生产生铁是指在低于熔化温度之下将铁矿石还原成海绵铁的炼铁生产过程，其产品为直接还原铁（即 DRI），也称海绵铁，供电炉炼钢。熔融还原法是指不用高炉而在高温熔融状态下还原铁矿石的方法，其产品是成分与高炉铁水相近的液态铁水，供转炉炼钢。直接还原法和熔融还原法的共同优点是流程短，不用焦炭。直接还原和熔融还原技术是钢铁工业节能和减排的新型技术，具有广泛的应用前景。

12）CO_2 捕集和封存技术：全世界铁产量大约是 7 亿吨，排放的 CO_2 大约是 12.50 亿吨。假如重新设计高炉，使用氧气喷射代替富氧鼓风再循环，那么，使用物理吸附剂可以消除 CO_2。使用氧气可以使高炉减少 23％～28％的碳需求，CO_2 捕集可以减少 85％～95％的排放。

（2）石油和化工行业

石油和化工行业是对能源依赖度很高的行业，能源既是燃料、动力，又是生产原料，做原料的能源占 45％左右。2009 年，中国石油和化工行业消耗各种能源 3.65 亿吨标准煤。其中，近 70％的能源消耗集中在石油与天然气开采、炼油、氮肥、烧碱、纯碱、无机盐、橡胶加工等行业。2010 年，国家重点统计的原油加工、乙烯、合成氨、烧碱、纯碱、电石等 6 种石油和化工产品的单位产品综合能耗比 2005 年平均下降了 4％左右。

石油和化工行业主要减排技术：

1）烧碱工业电解槽节能改造

烧碱企业通过改造，约三分之一的普通隔膜电解槽可改为节能型的离子膜电解槽，同时采用整流、变电和蒸发新技术，可使每吨烧碱的平均综合能耗降低 136 千克标准煤，按年产烧碱 500 万吨计，每年可节约 68 万吨标准煤。同时，还可减少大量的"三废"排放。隔膜电解槽改为离子膜法生产每吨烧碱可节能 400 千克标准煤，如改造 100 万吨生产能力，每年可节约 40 万吨标准煤。

2）纯碱工业采用联碱法生产工艺

氨碱法、联碱法和天然碱这三种纯碱生产方法在中国都存在。其中，主要产能的生产工艺为氨碱法和联碱法。随着合成氨变换气直接制碱（联碱）技术的逐步推广，2010 年中国联碱法生产工艺吨碱综合能耗已降至 273 千克标准煤/吨，为行业领先水平，优于日本联碱法生产工艺的能耗水平（280 千克标准煤/吨）。2010 年中国纯碱平均单位产品综合能耗为 332 千克标准煤/吨，继续推广应用联碱法生产工艺仍存在一定的节能减排潜力。

3）硫酸工业低温热能回收利用技术

美国孟山都（Monsanto）公司开发的硫酸工业低温位热能回收系统能够有效回收干吸工段产生的低温热能，使总热能回收率达到 90% 以上，有很好的节能效果。中国硫酸工业高、中温位热能大部分已回收利用，而低温位热能回收利用潜力很大。

4）大型密闭电石炉

国内每生产 1 吨电石平均电耗比国外先进水平高 6.8%～13%。若将年产 1000 万吨电石生产能力的设备改用大型密闭电石炉技术，生产每吨电石的电耗可下降 200 千瓦时，节约能源折 240 万吨标准煤；采用中空电极技术，利用石灰粉和焦炭粉，可节约标准煤 120 万吨；炉气回收综合利用，每吨电石可产炉气 400 标准立方米，热值 2800～3000 千卡/标准立方米，相当于 0.17 吨标准煤，若将 1000 万吨电石的炉气加以利用，则可节约 170 万吨标准煤。合计可节约能耗 520 万吨标准煤/年。

5）引进大型合成氨装置

中国先后引进大型合成氨装置 30 多套，虽经多次改造，吨氨能耗目前平均水平仍比国外先进水平高 35% 左右。生产每吨氨的节能潜力约 280 千克标准煤；国内以煤为原料的合成氨生产采用先进的气化工艺，吨氨能耗可下降 10%；随着中国天然气产量的提高，调整原料结构，增加天然气制合成氨的比重，与煤焦制合成氨的能耗相比每吨氨可少用 600 千克标准煤。

6）乙烯工业节能减排技术

全面降低裂解炉能耗，改造老炉型，新建裂解炉实现大型化；推广高效塔盘、填料及高效换热器，回收利用烟气余热和低温热能；采用自动点火系统，提高火炬气回收率等技术措施的推广应用，可使乙烯生产的综合能耗下降 15%～20%。另外，优化乙烯裂解原料，增加以石脑油为原料生产乙烯的比例，与以轻柴油为原料相比，生产吨乙烯的能耗可降低 10% 左右。

7）CO_2 回收利用、捕集和封存技术

超临界液体 CO_2 发泡技术（LCD）的优点是采用液态 CO_2 作为发泡剂，既保护环境，又降低成本，是一项很有前途的替代丁烷技术；CO_2 降解塑料是利用 CO_2 替代生产原料的技术，每生产 1 吨塑料需要消耗 0.5 吨 CO_2，对石油的消耗至少可减少 1 吨，减排 CO_2 3.57 吨；以 CO_2 为气化剂生产高纯 CO 气技术是一项直接生产高纯 CO 的新工艺技术，应用前景广阔，已在中国首先实现了工业化。另外，可通过老厂改造实现 CO_2 捕集和封存技术。

（3）水泥工业

水泥生产的能源消耗量由三部分组成，即生产水泥中所用熟料在其煅烧（烧成）时所消耗的热能，水泥生产过程中所消耗的电能折成的热能，水泥生产过程中所用原燃料及矿渣等混合材烘干时需消耗的热能之和。2010 年中国生产水泥行业消耗能源 1.81 亿吨标煤，能源消费结构以煤炭为主，生产吨水泥综合能耗比国际先进水平高出 6% 左右。

水泥行业主要减排技术：

1）高效粉磨设备及技术

粉磨设备主要应用于生料制备、煤粉制备和水泥粉磨等环节，其电量消耗占水泥生产综合电耗的62%～68%。应用高效笼式选粉机更替离心式选粉机可在增产系统生产能力12%～18%的情况下，减低单位能耗2～4千瓦时/吨；更替旋风式选粉机可增产6%～10%，降低单位能耗1～2千瓦时/吨。应用循环预粉磨对于生料磨可节电1.5～2.7千瓦时/吨，相当于降低系统单耗7%～13%；对于水泥磨可节电2.7～4.3千瓦时/吨，相当于降低系统单耗7%～11%。对于生料磨应用辊式磨单位电耗比应用传统的球磨可节电15%～20%。

2）熟料烧成技术

水泥生产过程中绝大部分燃料消耗用于熟料烧成。预分解系统的主要功能是利用窑尾排出的高温烟气及煤粉燃烧放出的热量，将生料加热分解后入窑煅烧。提高预热器级数是减少窑尾废气温度的主要措施，增加一级预热器，一般废气温度可降低20～30℃，将5级预热器增加至6级预热器后，按废气温度平均降低30℃计算，系统热耗至少降低75.3千焦耳/千克熟料（18千卡/千克熟料）。

3）新型干法水泥生产线余热发电

余热发电是中国水泥企业余热利用的主要方式。回收新型干法熟料生产线一级筒废气用来发电或供热具有显著的节能效果。同时，废气通过余热锅炉降低了排放的温度，还可有效地减轻水泥熟料生产对环境的热污染，具有良好的经济效益和社会效益。一条日产5000吨5级预热器水泥生产线余热发电装机容量可达7.5～10 MW，吨熟料余热发电量约40千瓦时/吨，可提供水泥生产过程中所需电力的20%以上，投资回收期不到4年。

4）电机拖动系统变频调速节能改造

变频调速技术具有优良的软启动特性和连续的无级调速性能，因此产生显著的节能效果。水泥生产线装备有大量的电机、风机等用电设备，主要用于窑头、窑尾、磨机风机及其他大型风机、回转窑传动装置等。变频调速装置不仅节能，而且关系到设备安全运转、工艺稳定及产品质量。通过采用变频调速技术改变设备的运行速度，调节风量大小，改变依靠挡板来调节风门开度的生产方式，平均节约用电达30%。

5）废弃物替代原料和燃料

利用矿渣、粉煤灰、煤矸石、炉渣、页岩、磷渣、碱渣、赤泥、电石渣等废弃物作为替代原料用于水泥生产不仅充分利用了工业废渣，而且降低了水泥生产的能耗。单独利用矿渣配料每吨熟料约节能3千克标准煤，单独利用钢渣做配料每吨熟料约节能4千克标准煤，同时利用矿渣和钢渣做配料每吨熟料约节能5千克标准煤。水泥工业可利用的替代燃料的可燃废弃物种类很多，绝大多数的可燃工业废物和几乎所有的商业、市政、农林业、畜牧业废物及部分家庭垃圾均可以通过水泥窑系统进行焚烧使热能回收利用。替代燃料的节能效果取决于替代燃料的热值水平。不同替代燃料的热值水平范围为1674～5500千卡/千卡，相应的燃料替代率范围为20%～100%，热值替代率范围为0.5～1。

6）CO_2 捕集和封存技术（CCS）

重新设计或改造水泥窑时，可以考虑使用物理吸附剂捕获石灰石煅烧释放的废气中的 CO_2；使用氧气替代水泥窑中的空气，进而可产生纯 CO_2 废气。

（4）玻璃行业

推广应用浮法工艺玻璃生产技术及设备，如熔化技术、成形技术和生产优质低耗浮法玻璃的软件技术及设备等。发展日熔化量500吨以上的大型优质浮法玻璃生产线，改造现有技术水平较低的平板玻璃生产线，推广现代化节能窑炉。采用强化窑炉全保温技术，减少燃料消耗。减少废气排放量和火焰空间的热强度，延长窑炉使用寿命。采用先进的熔窑设计技术，优化窑炉结构，合理选用熔窑耐火材料，采用先进的窑炉控制设备和热工控制系统。采用富氧、全氧燃烧技术，减少废气的排放量。采用电辅助加热、玻璃液鼓泡等技术，提高玻璃的熔化率，改善玻璃液熔化质量，降低单位热耗。推广在重油中加入乳化剂或纳米添加剂等添加剂技术。发展玻璃熔窑中低温余热利用及发电。

通过以上各项措施，可使中国浮法玻璃生产平均每重箱油耗到比目前约降低15%，与目前发达国家的平均水平相当。

（5）制砖行业

在今后 10～15 年内，国内企业通过节能技术改造，发展内燃砖、空心砖、混凝土砌块、加气混凝土制品等，使节能利废产品的市场占有率能提高到 50%～60%，烧结普通砖减少至 40%～45%。充分利用工业废渣，包括建筑垃圾和城市生活垃圾，特别是废渣中残余热量的二次利用。加强优质节能型产品的开发、生产和推广，推行使用节能型装备，实现清洁化生产工艺和循环经济模式。有 50% 以上的企业使用窑炉余热人工干燥工艺技术，预计行业单位煤耗可降低 25%～35%，单位电耗可降低 15%～25%。

（6）造纸工业

采用新型蒸煮，余热回收，热电联产，以及废纸利用技术，同时还要考虑污染物减排；化学制浆采用连续蒸煮或低能耗间歇蒸煮，发展高得率制浆技术和低能耗机械制浆技术；高效废纸脱墨技术；多段逆流洗涤、全封闭热筛选、中高浓漂白技术和设备；造纸机采用新型脱水器材、真空系统优化设计和运行、宽压区压榨、全封闭式汽罩、热泵、热回收技术等；制浆、造纸工艺过程及管理系统计算机控制技术。提高木浆比重，扩大废纸回收利用，合理利用非木纤维。

（7）有色金属工业

推广先进的铜闪速熔炼工艺，加快淘汰和改造鼓风炉、反射炉、电炉等传统铜熔炼工艺。发展大型氧化铝生产预焙电解槽工艺。目前，中国电解铝工业已淘汰了所有落后的自焙槽工艺，全部采用先进的大型预焙槽工艺，200kA，300kA 级大型预焙槽将成为中国电解铝生产的主力槽型，160KA 以上大型预焙槽技术占电解铝生产能力的 80% 以上。

（8）工业部门各行业通用的 CO_2 减排技术

工业部门各行业通用的 CO_2 减排技术主要包括：高效变频节能电机、高效燃煤工业锅炉和窑炉、高效工业照明、热电联产和余热、余能回收利用等。

3.3.3 关键减排技术的减排潜力和成本分析

（1）关键技术的减排潜力

对于减缓成本和潜力的估算取决于有关未来社会经济增长、技术变化和消费模式的假设。特别是对有关技术推广的驱动因素、长期的技术性能和成本改进潜力的假设具有很大的不确定性(IPCC，2008)。有不同的定义减缓潜力的方法，因此，明确潜力的具体含义很重要。在气候变化背景下，潜力是指随着时间的推移能够实现，但尚未实现的减缓量或适应量(IPCC，2008)。技术潜力是指通过实施一项经过示范的技术或做法能够实现 GHG 减排或提高能效的量(IPCC，2008)。

工业部门碳排放增长的主要驱动力来自伴随工业化和城市化进程的几大行业的产品产量扩张。主要如钢铁、水泥、乙烯、有色金属等产品产量均在 2020—2030 年达到峰值。2020 年中国工业部门减排 CO_2 的技术潜力近 10 亿吨，其中钢铁、石化和水泥三大高排放行业的减排潜力占工业部门减排潜力的 37% 左右。2030 年中国工业部门减排 CO_2 的技术潜力约 17 亿吨，其中钢铁、石化和水泥三大高排放行业的减排潜力占工业部门减排潜力的 33% 左右(国家发展和改革委员会能源所，2009；胡秀莲，2007)。中国 2020 年和 2030 年工业部门主要技术的减排潜力见表 3.8。

工业部门实现碳减排潜力的主要动力来自能源效率的持续提升、新工艺新技术的推广应用与普及、副产品和废弃物的回收利用、原料和燃料替代以及 CO_2 捕获和封存技术(CCS)的应用。2020 年中国工业部门近 10 亿吨 CO_2 减排潜力中，提高能源效率的减排潜力占 63%；新工艺新技术的推广应用与普及、副产品和废弃物的回收利用、原料和燃料替代的减排潜力占 34%；CO_2 捕获和封存技术(CCS)应用的减排潜力占 3%。2030 年中国工业部门约 17 亿吨 CO_2 减排潜力中，提高能源效率的减排潜力占 58%；新工艺新技术的推广应用与普及、副产品和废弃物的回收利用、原料和燃料替代的减排潜力占 36%；CO_2 捕集和封存技术(CCS)应用的减排潜力占 6%。

表 3.8　中国 2020 年和 2030 年工业部门主要技术的 CO_2 减排潜力

工业行业	主要减排技术措施	技术减排率/%	减排潜力（百万吨 CO_2）	
			2020 年	2030 年
钢铁行业	新型干法熄焦技术(CDQ)	20～35	10	15.5
	煤调湿技术(CMC)	15～30	28	41.5
	高炉喷煤技术			
	干式高炉炉顶煤气压差发电技术(TRT)			
	蓄热式加热炉技术	20～50	10	14
	燃气-蒸汽联合循环发电技术(CCPP)			
	直接还原法和熔融还原技术	50～60	6	19
	钢铁行业 CO_2 捕集技术(CCS)	5～15	4	9
石油化工	烧碱先进离子膜技术	20～40	20	30
	硫酸工业低温热能回收利用技术	15～20	14	20
	大型密闭电石炉	10～20	14	22
	大型天然气替代煤制合成氨装置	20～30	25	40
	乙烯裂解炉实现大型化	20～40	10	15
	回收利用烟气余热和低温热能	10～30	18	30
	石化行业 CO_2 捕集和封存技术(CCS)	5～10	9	14
水泥行业	高效笼式选粉机和循环预粉磨技术	5～15	30	43
	新型干法水泥生产线	20～50	40	65
	水泥窑余热发电	30～60	28	38
	废弃物替代原料和燃料			
	水泥行业 CO_2 捕集和封存技术(CCS)	10～15	6	9
玻璃行业	高效节能玻璃窑炉技术	20～50	14	25
	玻璃熔炉中低温余热发电技术	20～35	8	10
有色金属行业	大型氧化铝预焙电解槽技术	10～40	8	16
	冶炼烟气余热发电	15～30	7	10
造纸行业	造纸行业的新型连续蒸煮技术	15～45	50	80
	热电联产和余热利用技术			
各行业的通用技术	高效燃煤工业锅炉	10～45	340	591
	高效变频节能电动机			
	废弃物回收利用			
	热电联产	20～30	240	360
	高效工业照明			
	余热、余能回收利用			

（2）关键技术的减排成本

应用 IPAC-AIM/能源技术模型，通过实施征收碳税的政策，对主要耗能部门的碳减缓排放成本进行分析的结果显示，在相同的减排成本下，工业部门的累计减排量最大，说明在工业部门存在大量的潜在减排技术，这些技术需要通过各种措施才可以实现减排。模型分析结果还表明，到 2030 年工业部门技术减排潜力为 15 亿吨 CO_2，其中约 49% 的潜力减排成本为负（存在净效益）或零（胡秀莲等，2007）。

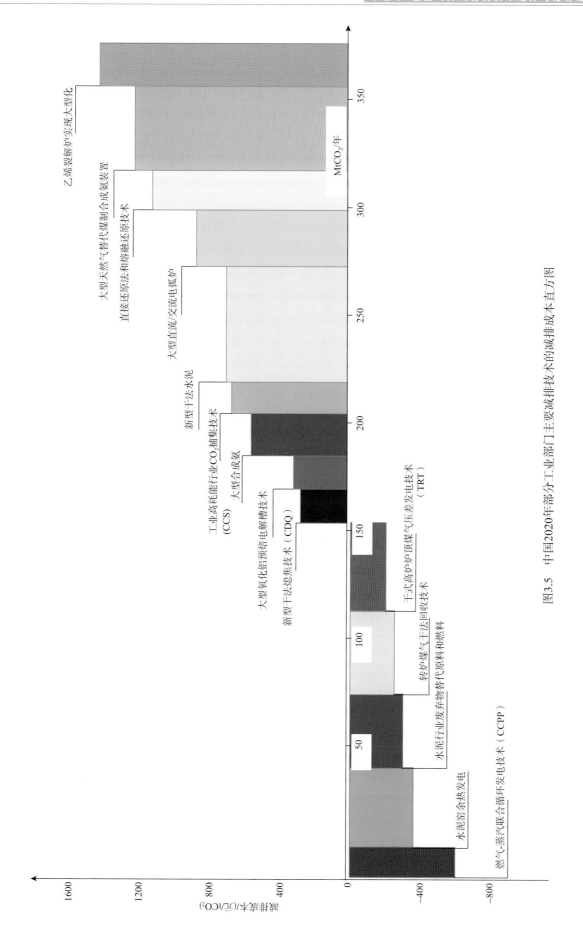

图3.5 中国2020年部分工业部门主要减排技术的减排成本直方图

增量成本分析方法是被广泛应用的一种成本分析方法，特别是 20 世纪 80 年代以来增量成本分析方法被广泛应用于对节能技术的节能潜力和成本的分析与评价。应用增量成本分析方法对被选择的工业部门关键减排技术的减排潜力和成本分析结果显示，2020 年中国工业部门 CO_2 技术减排潜力约 10 亿吨 CO_2，其中约 47％的技术减排潜力的减排成本为负成本。2020 年部分工业部门主要减排技术的减排成本曲线见图 3.5。2030 年中国工业部门 CO_2 技术减排潜力约 17 亿吨 CO_2，其中约 43％的技术减排潜力减排成本为负成本（胡秀莲等，2007）。

3.3.4　实施减排技术的障碍和政策措施

（1）工业部门实施减排技术的障碍

1）经济方面的障碍。主要表现为缺少资金和低利率的融资渠道，缺乏促进减排技术普及和推广的激励政策，以克服较高的碳减排技术的初始投资和燃料价格变化的影响等。这些障碍可能会不同程度的限制更先进的减排技术的研究、开发、示范与推广，限制先进技术的引进、消化吸收、国产化和创新发展，限制了适应性技术和先进技术的贸易和转让。

2）技术方面的障碍。主要表现为新技术的开发和创新能力以及获得新技术的能力有限。缺乏技术引进和促进技术普及和推广的机制，缺乏长远的技术发展战略，致使有些先进技术引进后不能及时的安排一批后续项目，影响了技术的消化吸收和国产化进程。由于缺乏技术信息，影响了对适用性和先进技术的选择，致使决策滞后。

3）社会方面的障碍。主要表现为缺少公众意识，公众对气候变化及相关知识缺乏了解，对温室气体减排技术缺乏认识和关心不够。人们受教育的程度、不同的价值观念和生活习惯也将对减排技术的普及和推广产生影响。

4）管理/体制方面的障碍。主要表现为缺乏信息、缺少实施碳减排技术的规划和管理机制，缺乏各项行之有效的标准、政策和法规，市场机制不完善，技术和能源价格不能反映环境成本和社会成本等。

（2）工业部门实施减排技术的政策措施

1）加强研发投入以促进能源技术和减排技术的进步和创新

国内相关研究结果表明，通过提高中国工业部门的能源效率、利用先进技术和低碳排放技术，可以较低成本实现相当大部分的技术减排潜力。

技术创新是世界范围内应对气候变化的核心手段，当前能源生产与消费领域的先进技术已成为高新技术研发和高新技术产业国际竞争的战略重点。有关政府部门应加强对技术创新和研发的投入，积极跟踪和研究新一代能源技术和减排技术，以保证不断提高中国的国际竞争力，为未来发展争取更大的空间。

2）实施有利于节能和减缓碳排放的激励政策

发达国家的经验已经表明，各种减缓碳排放的激励政策和环境标准的制定与实施，将有利于技术的进步和减缓温室气体的排放。最具典型的政策如征收能源税、碳税、环境税、自愿协议、减少对化石燃料的补贴、税收减免/优惠、政府补贴/资助、绿色电力、基金、标准和标识、宣传/教育等。相关研究结果表明，短期内征收碳税对中国宏观经济影响较大，长期来看征收碳税对中国宏观经济影响会逐渐减少。另外，节能标准和标识的制定与实施具有明显的节能和减排效果，应扩大涉及的范围和产品。

3）大力加强国际合作，利用国际合作机制实现碳减缓排放

能源领域高新技术的研究和技术转移是提高能源效率、改善能源结构的关键。在加大自主研发和产业化力度的同时，应加强在能源等领域的国际合作，引进先进技术和设备，积极参加双边和多边的国际合作计划，尽快缩小与国际先进水平的差距。积极参与并推进《联合国气候变化框架公约，以下简称公约》框架下的技术转让和国际合作，引进资金和技术。积极开展与发达国家的 CDM（清洁发展机制）项目合作。

3.4 交通运输部门

3.4.1 温室气体减排技术现状和趋势

中国交通部门的能耗在总能耗中的比例不高,却是发展最快的一个部门。公路交通近几年的迅速发展,使其成为中国交通运输部门耗能最多的领域。2010 年公路里程 400.82 万千米,其中高速公路 7.41 万千米,公路业完成了国内运输的 53.85% 的旅客周转量和 30.59% 的货物周转量。2010 年铁路营业里程 9.12 万千米,完成了国内运输的 31.41% 的旅客周转量和 19.49% 的货物周转量。2010 年内河航道里程 12.42 万千米,水运业共完成了国内运输的 0.26% 的旅客周转量和 48.24% 的货物周转量。2010 年民航航线里程 276.51 万千米,完成了国内运输的 14.48% 的旅客周转量和 0.13% 的货物周转量。

根据 IEA 的研究,交通运输需求的强劲增长使其在中国终端能源消费量中占的比例从 1980 年的 5% 上升为 2005 年的 11%,2005 年到 2030 年期间,交通运输业的石油需求将会增长近三倍,占中国石油需求增量的三分之二以上(IEA,2007)。

2009 年中国交通运输业的能源消费量达到 1.39 亿吨油,占终端能源消费量的 13.2%(王庆一,2010)。在 IEA 的参考情景中,中国交通部门的燃料消耗量在 2020 年达到 2.95 亿吨油,在 2030 年达到 4.87 亿吨油(IEA,2009)。在 IEA 的研究中,中国交通部门的燃料消耗量在 2020 年达到 3.12 亿吨油,在 2030 年达到 4.38 亿吨油(IEA,2009)。

(1)公路

截至 2010 年年底,中国公路总里程达 400.82 万千米,公路密度为 41.75 千米/百平方千米。高速公路达 7.41 万千米,居世界第二位。截至 2010 年年底,中国民用汽车拥有量为 7801.83 万辆,每千人汽车拥有量为 58 辆。

中国的汽车技术距离国际先进水平还有差距,以乘用车和轻型商用车的油耗水平为例,2006 年我国乘用车平均燃油消耗量为 8.06 升/百千米,分别比欧洲和日本 1995 年的水平高 2% 和 22%,比欧洲 2006 年的水平高出 14% 左右,比日本 2005 年的水平高出 50% 左右(全国汽车标准化委员会,2008)。2009 年我国轻型商用车的平均燃料消耗量与国外相比也有不小的差距,N1 类汽油车为 8.46 升/百千米;N1 类柴油车为 8.98 升/百千米;M2 类汽油车为 9.11 升/百千米;M2 类柴油车为 9.28 升/百千米(中国汽车技术研究中心,2010)。由此可见,中国公路交通减排温室气体的技术潜力比较大。

温室气体减排技术包括各种替代燃料技术和先进驱动技术,两者不同的组合会影响汽车的燃油消耗和温室气体排放。

常规汽油车和柴油车的节能技术包括内燃机技术和非内燃机技术,被称作燃油经济性技术,在国际上被认为是成本有效的技术。替代燃料技术和其他先进驱动技术如混合动力技术、纯电动汽车技术和燃料电池汽车技术则普遍面临成本问题和其他障碍,其中混合动力汽车技术和纯电动汽车技术已有部分商业化应用,而燃料电池技术距离大规模商业化应用尚有待时日。

(2)其他

除公路交通之外的交通方式主要包括铁路、航空和水运。

1)铁路

截止到 2010 年底,中国铁路营业里程达到 9.1 万千米,里程长度居世界第二位。路网密度 95.0 千米/万平方千米,电气化里程 4.2 万千米,电化率 46.6%,高速铁路的建设也达到世界先进水平(铁道部统计中心,2011)。铁路单位运输工作能耗量约为公路的 10.3%,民航的 7.1%,管道的 16.7%,与水运基本持平。由此可见,铁路运输是能耗小排放低的交通运输方式。

铁路交通的技术主要是铁路机车,目前有蒸汽机车、内燃机车和电力机车三种类型,分别采用煤炭、燃油(主要是柴油)、电力作为驱动能源,磁悬浮列车也采用电力作为驱动能源,可归于电力机车类型。中国目前三种耗能类型的铁路机车都存在，但主要是内燃机车和电力机车，2003 年以后蒸汽机车只有 80～90 辆，已经不用于运输，到 2010 年基本淘汰完毕。截至 2009 年，我国铁路客运周转已经基本实现电气化，而内燃机车只是负担部分的货物周转。

电气化铁路的电能可以来源于多种其他形式的一次能源如核能、风能、水能、煤等，因此，铁路作为资源节约型的绿色交通工具，加快其发展，尤其是电气化铁路，对优化综合交通运输行业的能源消耗结构、缓解我国能源紧缺以及生态环境恶化的矛盾都具有重要的战略意义。

2）航空

中国民航里程自改革开放以来增长迅猛，"十一五"期间定期航班航线增加 623 条，年均增长 8.4%，按重复距离计算的航线里程增加 125.6 万千米，年均增长 7.9%，按不重复距离计算的航线里程增加 76.7 万千米，年均增长 6.7%（中国民航局，2011）。

航空系统的温室气体减排技术主要包括发动机功能改进技术、替代燃料技术和空气动力学技术等。

3）水运

水运交通主要包括各种在内河、湖泊、远近洋运输的船舶以及港口装卸作业设施等，能源类型主要有柴油、重油、汽油、电力等。

2010 年底，中国内河航道通航里程为 12.42 万千米，比"十五"末增加 979 千米。等级航道 6.23 万千米，占总里程的 50.1%，各水系内河航道通航里程分别为：长江水系为 64064 千米，珠江水系为 15989 千米，黄河水系为 3477 千米，黑龙江水系为 8211 千米，京杭运河为 1439 千米，闽江水系为 1973 千米，淮河水系为 17246 千米。2010 年底，中国拥有水上运输船舶 17.84 万艘，净载重量 18040.86 万吨，平均净载重量 1011.22 吨/艘，载客量 100.37 万客位。全国内河航道共有 4177 处枢纽，其中具有通航功能的枢纽 2352 处。通航建筑物中，有船闸 860 座、升船机 43 座。2010 年底，全国港口拥有生产用码头泊位 31634 个，其中，沿海港口生产用码头泊位 5453 个，内河港口生产用码头泊位 26181 个（交通运输部规划司，2011）。

水运领域的温室气体减排技术主要体现在两块：一是水运交通工具本身的节能技术和替代燃料技术；二是运输的中转，即在码头、港口的节能技术。

3.4.2 温室气体减排技术评价和选择

（1）公路

1）替代燃料技术

天然气基燃料。压缩天然气和液化石油气汽车在我国发展比较早，技术比较成熟，但是面临气源和基础设施不健全的问题。天然气合成油（GTL）技术仅处于研究阶段，国内在天然气合成油的生产及应用方面开展的工作很少。

煤基燃料。煤基燃料主要包括甲醇、二甲醚、煤合成油等。中国具有相对丰富的煤炭资源，从资源和成本角度考虑，煤基燃料有较大优势。但是从世界范围看，利用天然气生产这三种燃料在经济和环境上更具优势。因此，中国的煤基燃料发展面临着挑战。刘宏等（2007）的研究结果也表明煤基甲醇在能源效率和环境影响方面都要劣于煤电路径。煤基燃料仅在使用 CCS 的情况下可以作为减排选择。

生物质燃料。目前，在世界范围内生物质车用燃料有第一代生物质燃料和第二代生物质燃料。第一代生物质燃料主要有乙醇、生物柴油和生物质合成油。第二代生物质燃料有纤维素乙醇和合成柴油。

多个研究报告均认为乙醇的生产是能够实现以相对较少的化石能量生产出相对较多的生物质能量——乙醇。但国内乙醇生产行业的能耗水平还比较差，每产出 1 个单位热值的乙醇，需要消耗约 1.14 单位热值的化石能量，这是一个负的能量效益。相比于国际上的乙醇生产的能耗控制先进水平，中国的乙醇燃料生产在降低生产环节的能量消耗方面还有很大的潜力（中国汽车技术研究中心等，2010）。国际咨询机构科尔尼公司发表的报告认为，中国的乙醇生产成本比美国高 17%，效率更低。

常规的生物柴油的生产是比较成熟的工艺，生产过程中不存在技术性的障碍。目前国内有 30 多家生物柴油生产厂,生产规模一般都在 2 万吨以下,大部分以工业废油和废食用油为原料,少数厂家以麻风树含油果实及油菜籽、棉籽油等下脚料为原料。

2008 年以前,我国的 4 家燃料乙醇定点企业均采用玉米与小麦等淀粉质作物为原料,目前木薯乙醇已在广西开展应用和推广试验,非粮高糖作物甜高粱乙醇也建立了 5000 吨产量的示范项目。

采用酯交换法生产生物柴油,原料为动植物废弃油脂的技术已处于初步商业化阶段,原料为小桐子等木本油料植物的技术尚处产业化示范阶段。采用水解发酵法生产纤维素乙醇,在我国已至少有四家示范项目,分别为中粮生化能源有限公司在黑龙江肇东采用玉米秸秆为原料建立的 500 吨酶水解项目,河南天冠集团在河南南阳采用玉米秸秆为原料的 3000 吨酶水解项目,中国科学院过程工程研究所在山东泽生生物科技有限公司建立的年产 3000 吨秸秆酶解发酵产业化示范工程以及上海华东理工大学在上海集贤采用锯末和稻谷为原料的 600 吨稀酸水解项目。

2)先进驱动技术

燃油经济性技术。燃油经济性技术即传统汽油车节能技术(石油和化学工业研究院等,2006)主要包括直接喷射技术、可变气门技术、涡轮增压技术、双离合器式自动变速器技术、电子控制技术、整车轻量化技术、低阻力轮胎技术、改善的空气动力学技术等。美国环境保护署也分析了不同的燃油经济性技术的减排潜力及汽车模拟结果,总结如表 3.9 所示。

表 3.9 传统汽油车节能技术的减排潜力

技术	CO_2 减排潜力/%	累积的 CO_2 减排潜力/%
改善的空气动力学	3.0	3.0
改善滚动阻力	1.5	4.5
低摩擦润滑剂	0.5	4.9
减轻发动机摩擦	2.0	6.8
可变气门正时技术	3.0	9.6
可变气门升程技术	4.0	13.2
积极转换逻辑(Aggressive Shift Logic)	1.5	14.5
早扭矩液力变矩器锁止(Early Torque Converter Lockup)	0.5	15
6 速自动变速器	5.5	19.6
6 速手自一体变速器	6.5	24.9
42 伏电压制动启动	7.5	30.5
电动助力转向	1.5	31.5
42 伏交流电压和改善的交流发电机	3.0	33.6
总减排效果	33.6	
汽车参数试验估计	27.1	
估计的协同效益损失	−6.5	

混合动力和电动汽车技术。混合动力和电动汽车技术包括整车开发及其整车匹配标定技术,内燃机、传动装置及其控制系统技术;以及电池系统、电机驱动系统和整车多能源动力总成控制系统等各种电动汽车都具有的共性技术。

燃料电池汽车技术。目前,燃料电池汽车样车开发和示范运行都已证明其技术可行性,但要达到实用化还面临着很多的挑战,主要表现为全生命周期评价其一次化石能源消耗高;燃料电池的使用寿命需要进一步提高;燃料电池的成本要大幅度降低;需要解决氢源和基础设施问题。

欧训民等(2010)总结比较了纯电动汽车、混合动力汽车和燃料电池汽车的全生命周期分析和未来展望,中国汽车技术研究中心(2010)的研究展望了 2015 年多种车辆驱动技术的燃油消耗,总结如表 3.10 所示。

表 3.10　低碳车辆动力系统的现状及发展

类型	全生命周期分析	未来展望
纯电动汽车	一次化石能源消耗节约27%,温室气体减排10%	2012年左右节能潜力可达50%,减排35%左右;如应用CCS技术,能源消耗相差不大,但可减排73%温室气体
混合动力汽车	—	2015年节能潜力可达4.5%~30.6%,2020年节能潜力将达到35%~45%
燃料电池汽车	一次化石能源消耗增加10%,温室气体减排10%	2015年节能潜力可达57%,2020年节能潜力可达77%

来源:欧训民等,2010;中国汽车技术研究中心,2010

3)综合评价

中国汽车技术研究中心等(2007)对32种燃料技术和驱动技术的组合进行了全生命周期评价,石油和化学工业规划院等(2006)对车用替代能源进行了全生命周期评价,不同燃料和驱动技术组合的能量消耗和温室气体排放如表3.11所示。

表 3.11　不同燃料和驱动技术组合的全生命周期能量消耗和温室气体排放比较

不同燃料和驱动技术的组合		车辆每行驶单位里程所消耗的总能量/(kJ/km)	车辆每行驶单位里程所产生的温室气体[1]/(g CO_2/km)
石油基燃料与各种驱动技术的组合[2]		2100~2989	160~243
天然气基燃料与各种驱动技术的组合[3]		2133~3122	143~213
煤基燃料与各种驱动技术的组合[4]		3067~4911	343~571
第一代生物燃料	生物质乙醇	3311~3733	200~227
	生物柴油	2556	242
燃料电池	煤基燃料电池	2244~3433	117~364
	天然气基燃料电池	1667	71
	太阳能燃料电池	1467~1678	0~21

来源:中国汽车技术研究中心,2010;石油和化学工业规划院等,2006

中国汽车技术研究中心等(2010)根据研究结果得出的结论为:在所有汽车燃料中,石油基燃料配以先进的汽车驱动技术,特别是混合驱动技术,使得整体的总能量消耗以及温室气体排放与其他燃料途径相比表现均衡。考虑到基础设施、生产技术成熟度、车辆技术、成本等方面的因素,石油基燃料将在未来较长时间内占据车用燃料市场的主导地位。

张阿玲,申威等(2008a)认为,中国政府不宜大规模推广天然气基和煤基车用液体燃料,而发展柴油轿车和混合动力轿车可能是更好的选择。根据资源的区域分布特点,在某些地区可以开展煤基和天然气基车用燃料的研究和示范工作,但是需要加强对配套碳贮存技术的开发。

同时,张阿玲等(2008b)认为,到2020年,如果CCS技术和混合动力技术结合到煤基燃料路线中,后者的全生命周期化石能耗与传统汽油路线相当,温室气体排放进而低于传统石油路线。

(2)其他

其他交通运输工具的减排技术也包括各种替代燃料技术和先进驱动技术以及车身轻量化和空气

---

① 指 CO_2,CH_4 和 N_2O。
② 指汽油、柴油与点燃式、直喷压燃式和混合驱动的组合。
③ 指压缩天然气、液化石油气、天然气合成油与点燃式、直喷压燃式驱动的组合。
④ 指甲醇、二甲醚、煤液化油与点燃式、直喷压燃式和混合驱动方式的组合。

动力学技术等等,具体包括下述关键技术领域。

1)铁路

铁路系统的温室气体减排技术主要包括内燃机节能技术和电力机车节能技术。内燃机节能技术主要包括改进柴油的使用技术,比如发展电子燃油喷射技术,推广使用零号柴油技术,推广润滑油、燃油添加剂和节油装置的应用,采用高冷凝点的柴油等等;提高内燃机车的技术装备水平,以降低内燃机的油耗率,比如强化柴油机结构和性能参数,采用加装机车新型轮轨自动润滑节能装置等技术措施;加强技术管理,比如应用内燃机车用油计算机管理系统,监督内燃机车用油执行全过程,保证计量准确,加强对内燃机车用柴油、润滑油的质量检验等等。电力机车节能技术主要包括再生制动节电、主风机变频改造、智能耗电记录仪、机车向客车供电技术等等。

2)航空

航空系统的温室气体减排技术主要包括发动机功能改进技术、替代燃料技术和空气动力学技术等。其中燃料替代技术主要有航空合成燃料技术和生物质燃料技术等,空气动力学技术主要包括层流控制技术、改进舱体技术、改进飞机机翼技术等。此外,计算机飞行计划(CFP)、飞行器的辅助动力装置(APU)和二次放行等飞行管理技术的推广和应用,也可以大大降低航空业的温室气体排放。

3)水运

水运领域的温室气体减排技术主要体现在两块:一是水运交通工具本身的节能技术和替代燃料技术;二是运输的中转,即在码头、港口的节能技术。交通工具本身的节能技术主要包括优化新船型及其主尺度线型、优选低转速大直径螺旋桨、应用节能型柴油机、应用主机废气余热回收利用技术、防污漆、优选机舱自动化控制操作、优化电子喷油控制装置、新型燃油添加剂、优化设计减轻船舶自重量、轴带发电机、采用节油减烟器等。运输中转过程的节能技术主要包括集装箱、散货码头在工艺、设备等方面的节能技术如门机电控变频改造技术、发动机降频改造技术、高杆节能灯技术、冷藏箱用电软启动技术、集卡全场智能调控系统等。另外,结构性的节能措施如内河船队和海运船队运力结构调整、船型结构优化,以及管理性的节能措施如船舶经济航速航行、提高船舶载重量利用率、采用精确气象导航技术优化航线、优选最佳船舶纵倾航行状态、加强船舶维修保养等都能取得显著的温室气体减排效果。

3.4.3　温室气体减排成本和潜力分析

(1)公路

交通部门温室气体减排成本主要体现在经济成本、社会成本、环境成本等几个方面。

IEA(2007)的研究认为,在中国提高汽车能效的成本低于经合组织国家,对于一部中等重量的轿车,如果其能效提高10%,估计消费者需要为此支付的额外成本约为1500元人民币。按当前的汽油价格计算,投资回收期仅为3年半左右,远低于车辆的使用寿命。因此,传统汽车节能技术即改善燃油经济性的技术被认为是成本有效的技术,具有明显的市场潜力。

石油和化学工业规划院等(2006)根据各种替代燃料车的技术进展情况,比较了各种替代燃料车在其全生命周期内的经济性,进行了各种替代燃料汽车的运行费用(包括全寿命周期内燃油费用、全寿命周期维修费用和全车寿命期内运行费用)比较,得出如下结论:根据不同替代燃料车的燃油经济性,同时考虑维修增加费用的情况,按各种替代燃料的预计价格,混合动力汽车、压缩天然气和液化石油气汽车的运行费用最低,甲醇汽车的运行费用略低于汽油车,而乙醇汽车的运行费用要高于汽油车。

石油和化学工业规划院(2006)和中国汽车技术研究中心等(2007)的研究都涉及了目前中国第一代生物燃料的生产成本。以工业废油和废食用油为原料的生物柴油的生产成本为3500元/吨,以麻风树含油果实和油菜籽、棉籽油等下脚料为原料的生物柴油的生产成本为4000元/吨,以木薯为原料的生物乙醇的生产成本为2524元/吨,以玉米为原料的生物乙醇的生产成本为4179元/吨。

许多国外研究机构如IEA(2008)和麦肯锡(2009)等对关键减排技术的减排成本的变动趋势和减排潜力做了研究,总结如表3.12所示。

表 3.12　各关键技术的减排成本和减排潜力比较

关键技术	减排成本/（元/吨CO₂）			2030 年技术减排潜力/%	2030 年绝对减排潜力/（亿吨CO₂）
	2015 年	2030 年	2050 年		
轻型汽油车燃油经济性技术	−1140	−840	480	30	1.79
轻型柴油车燃油经济性技术	−216	−190	852	30	0.01
轻型汽油车混合动力技术	300	−156	−360	35	
纤维素乙醇		100			0.37
轻型插入式混合动力技术	660～3000	360～1620	492～1272	55	1.53
轻型纯电动汽车	1260−6360	1020−3720		65	0.43
轻型燃料电池汽车	1740−6120	1200−3900		77	
中型汽油车燃油经济性技术		590			0.21
中型柴油车燃油经济性技术		520			0.22
中型汽油车混合动力技术		10000			1.07
重型柴油车燃油经济性技术		220			0.32

来源：IEA，2008；麦肯锡，2009.

在社会成本方面，国外有学者认为，汽车提高能效，即提高燃油经济性后，可能会导致更多的平均行驶里程，从而导致更多的排放。而采用整车轻量化等提高燃油经济性的技术后，可能导致汽车的安全性降低，交通事故的发生率上升等。另外液化天然气汽车的高存储和分配成本以及供给限制，液化石油气汽车有更高的易燃性等等。但社会成本方面国内鲜有系统详尽的文献。

环境成本主要体现在减少温室气体排放的同时是否引起了其他环境污染物的排放或自然资源的耗竭等。各种替代燃料技术的开发应用过程中，环境成本的评估和核实尤其重要。如有着丰富煤炭资源的中国西北地区，看似是开发煤制交通燃料项目的最好的地方，同时也面临着巨大的挑战：水资源匮乏、生态环境脆弱等等。中国当前以煤为原料生产甲醇的产能占甲醇总产能的60%左右，且当前许多地方企业煤制甲醇装置规模较小，尤其是一些小化肥厂联产甲醇的生产方式的生产成本高、污染严重是值得关注的问题。生物乙醇在生产过程中可能会增加化肥的施用量和水资源的消耗，生物柴油的使用可能会增加 NOx 的排放，液化天然气燃料的 HC 排放可能更高，电动汽车的电池处理过程中可能会带来新的环境污染等问题都应该引起关注。

（2）其他

根据铁路、航空和水运交通部门的内部结构和技术采用率的不同，计算所得上述三交通部门在2030 年的绝对减排潜力见表 3.13。

表 3.13　铁路、航空和水运交通部门的关键减排技术的减排潜力

部门	关键减排技术	技术描述	成本信息	技术减排率/%	绝对减排潜力（2030年，亿吨CO₂）
铁路	内燃机节能技术	主要包括柴油机减磨技术、柴油低烧技术、机车冬季打温技术和燃油配送计算机管理系统等	低—中	20	1.08
	电力机车节能技术	主要包括再生制动节电、主风机变频改造、智能耗电记录仪、机车向客车供电技术等	中	5～8	
航空	燃料替代技术	航空合成燃料和生物质燃料	高	20	0.18
	空气动力学技术	主要包括层流控制技术、改进舱体设计、改进飞机机翼等	非常高	25	

部门	关键减排技术	技术描述	成本信息	技术减排率/%	绝对减排潜力(2030年,亿吨CO_2)
水运	交通工具本身的节能技术	主要包括优化新船型及其主尺度线型、优选低转速大直径螺旋桨、应用节能型柴油机、应用主机废气余热回收利用技术、防污漆、优选机舱自动化控制操作、优化电子喷油控制装置、新型燃油添加剂、优化设计减轻船舶自重量、轴带发电机、采用节油减烟器、使用替代燃料等	低—中	20~30	0.65
	运输中转过程的节能技术	主要包括集装箱、散货码头在工艺、设备等方面的节能技术如门机电控变频改造技术、发动机降频改造技术、高杆节能灯技术、冷藏箱用电软启动技术、集卡全场智能调控系统等	中	30~40	

来源:原阳阳等,2011.

由于不同的情景研究所设定的政策情景和社会经济发展情景等各不相同,所计算的交通运输部门的涵盖范围也有所不同,各种情景研究中有关中国交通运输部门的绝对减排潜力也不尽相同,比较如表3.14所示。

表3.14　各情景研究中有关中国交通运输部门的绝对减排潜力比较(单位:亿吨CO_2)

研究机构	2015年	2020年	2030年	2035年	2050年
IEA(2007)	0.3		2.94		
IEA(2009)		1.08	5.4		
麦肯锡(2009)			6.0		
发改委能源所课题组(2009)①		2.67		7.16	12.0
中国人民大学课题组(2009)					13.1
清华大学课题组			11.9		17.4

来源:IEA,2008;IEA,2009;麦肯锡,2009;国家发展和改革委员会能源所,2009;

3.4.4　实现减排技术的障碍和政策措施

(1)公路

公路交通温室气体减排技术开发、推广、应用的障碍主要体现在强制性标准的制订和完善、缺乏资金和优惠的财税政策支持、技术暂时不具有成本有效性、原料供应、基础设施的匹配、消费者认可等几个方面。

为有效控制中国汽车交通油耗和温室气体排放,必须逐步完善和实施包括强制性的标准和基于市场的具有经济激励效果的财税政策等一揽子的政策体系。

汽车排放中最能导致全球变暖的温室气体包括CO_2、CH_4和N_2O。CO_2的排放与所消耗的含碳燃油数量成正比。在其他因素均等的情况下,减少燃料消耗将降低汽车交通的CO_2排放量,同时也能降低甲烷、氧化亚氮等温室气体的排放量。另外,汽车尾气中的颗粒物、氮氧化物、可挥发有机物等大气污染物可以转化为气溶胶或氢氧自由基而产生辐射强迫,因此控制汽车大气污染物的排放,也能对控制温室气体的排放产生协同效应。因此,有利于公路交通部门减排温室气体的强制性标准包括燃料经济性标准和排放标准(许光清等,2009)。

目前来说,促进公路交通实现减排技术的政策措施包括以下几点:

---

① 表中该行数据为低碳情景相对节能情景的绝对减排量。

1）实行燃料经济性标准。目前，燃料经济性标准被国内外公认为是政府控制汽车燃油消耗最有效的手段之一。中国目前的燃料经济性标准不仅包括《乘用车燃料耗限值》标准，还包括《轻型商用车燃料消耗量限值》标准，以及与这两项标准相对应的试验方法、审批公示制度、标识管理、监督机制以及奖惩配套管理办法等（冯相昭等，2008）。中国乘用车燃料经济性标准实施效果显著，其第一阶段标准实施以来，乘用车平均燃油消耗量下降非常明显，从 2002 的 9.11 升/百千米下降到了 2006 年的 8.06 升/百千米，4 年间下降了 11.5%，累计节省汽油 118 万吨（全国汽车标准化委员会，2008）。轻型商用车燃料经济性标准的实施效果也很显著，2009 年我国 N1 类汽油车平均燃料消耗量从 2006 年的 9.62 升/百千米降为 8.46 升/百千米；N1 类柴油车从 9.92 升/百千米降为 8.98 升/百千米；M2 类汽油车从 10.34 升/百千米降为 9.11 升/百千米；M2 类柴油车从 9.34 升/百千米降为 9.28 升/百千米。除 M2 类柴油车外，其他车型燃料消耗量均大幅下降。标准实施几年以来，累计节省汽油约 91.03 万吨，柴油 68.06 万吨（中国汽车技术研究中心等，2010）。此外，《重型商用车燃料消耗量限值》将于 2012 年 7 月 1 日起实施。近年来，我国的燃油经济性标准制定和实施的步伐很快，对于公路交通减排，对于减排技术的推广应用都起到了非常好的作用。

2）制订控制汽车大气污染物排放的政策和法规。控制汽车大气污染物排放的政策和法规主要包括针对新生产汽车和在用汽车的污染物排放限值标准和与之相关的测量、检测方法，我国自 1983 年首次颁布汽车排放标准（吕安涛等，2003）。我国从 2000 年开始实施相当于欧洲排放标准系列的国家标准。国家相关汽车排放法规政策对于汽车排放污染物的控制与检测从定型（型式核准）、批量生产（生产一致性）、新生产汽车到在用汽车，都有所覆盖（陈曙红，2007）。我国分别从 2000 年、2004 年和 2008 年开始实施了国 I、国 II 和国 III 排放标准。北京市于 2008 年实施国 IV 排放标准，于 2012 年实施相当于欧 V 标准的京 V 标准。近年来，我国制定与实施汽车大气污染物排放标准的步伐也非常快，但同时，应加强与排放标准配套的油品标准的制订和实施工作。

3）实施标识制度和改善公众意识。标识制度被认为是有效提高公众意识的政策手段。中国国家强制性标准《轻型汽车燃料消耗量标识》已于 2010 年 1 月 1 日起强制实施。该标准要求，汽车生产商和进口商要按照统一的方法测定并申报汽车燃料消耗量，新生产和进口汽车销售时必须在显著位置粘贴燃料消耗标识（王佐函，2009）。另外我国也拟推行轻型汽车温室气体排放标识制度。这些措施都对提高公众和消费者的气候变化意识，从而推动减排技术的大范围应用起到了很好的作用。

4）节能和新能源汽车的推广鼓励性政策和财税优惠政策。2005 年以来，我国在多项相关规划中明确指出推动新能源汽车产业的发展，并出台了一系列优惠政策以加快新能源汽车的产业化进程。2009 年 1 月 23 日，财政部、科技部联合发布了《关于开展节能与新能源汽车示范推广试点工作的通知》，明确指出要在试点城市开展节能与新能源汽车示范推广试点工作，以给予财政补助的政策鼓励在公共服务领域率先推广使用节能与新能源汽车。2010 年 6 月，我国正式启动了私人购买新能源汽车补贴试点工作，对满足条件的新能源汽车，按 3000 元/千瓦时予以补贴。2012 年 1 月 1 日起施行的新《车船税法》规定，对节约能源的车辆，减半征收车船税；对使用新能源的车辆，免征车船税。总之，近年来国家在节能和新能源汽车的推广鼓励性政策和财税优惠政策方面做了许多工作，取得了明显的进展。

（2）其他

在铁路、航空和水运业，其温室气体减排技术在推广、应用中的障碍主要包括体制障碍、机制障碍、融资障碍、相关技术、资金、人力物力、政策、法律法规等的支持不能全方位落实等障碍。

在石油资源短缺、能源问题已经成为制约我国道路运输业发展瓶颈的形势下，应进一步加强研究不同交通运输子行业的不同环节进行温室气体减排的主要评价体系与控制措施，在各行业建立严格的管理制度和有效的激励机制，发挥市场配置资源的基础性作用，以能源的高效利用促进交通事业又好又快发展。

3.5 建筑部门

3.5.1 温室气体减排现状和趋势

建筑部门的温室气体减排主要来自于建筑节能和新能源的利用,建筑部门的温室气体减排技术也主要是节能及新能源技术,这些技术的应用程度如何对于未来中国建筑部门的温室气体减排非常关键。

建筑部门是中国的能耗大户,因此也是温室气体排放大户。按有关机构估算,中国 2006 年建筑商品能耗约为 5.6 亿吨标煤,约占全社会总能耗的 23.1%。如果包括建筑用非商品能源,建筑能耗量将达到 6.89 亿吨标煤。建筑能耗是指建筑使用过程中的能源消耗,主要包括建筑采暖、空调、热水供应、炊事、照明、家用电器、电梯、通风等能源系统和设备的运行能耗。其中,采暖和空调能耗是最大组成部分,占全部能耗的 50%~60%。中国建筑部门的能源利用效率水平总体看较低,与发达国家还有不小的差距——中国建筑的平均保温隔热水平为北欧等同纬度发达地区的 1/2 到 1/3(屈宏乐,2008;唐曙光,2007),因此,节能和温室气体减排潜力巨大。

中国政府对建筑节能工作给予了越来越多的重视,特别是进入"十一五"以后,出台了多项促进建筑节能的法令法规和政策措施,包括在《国民经济和社会发展"十一五"规划》当中,将建筑节能列为十大节能重点工程之一;在《国务院关于印发节能减排综合性工作方案的通知》中对建筑节能工作进行了明确的部署和安排;在新修订的《中华人民共和国节约能源法》将建筑节能单列为一节,并对新建建筑节能、既有建筑节能改造、可再生能源在建筑中的应用、加强政府办公建筑和大型公共建筑的节能运行管理和改造等做出了明确的规定和要求等。

通过这些努力,中国建筑部门的节能水平及可再生能源利用得到较大幅度的提升:截至 2009 年底,中国各地建设项目在设计阶段执行节能设计标准的比例为 99%,施工阶段执行节能设计标准的比例为 90%;全国累计节能建筑面积达到 40.8 亿平方米,相当于每年减排二氧化碳约 9360 万吨。全国城镇太阳能光热应用建筑面积达到 11.8 亿平方米,太阳能热水器保有量超过 1 亿平方米。

但即便如此,中国建筑节能的总体水平仍然较低,全国既有建筑还普遍存在着能耗较高的问题,未来还需进一步改善。新建建筑节能将是未来建筑节能的重点,有文献表明,新建建筑节能仅使建筑成本增加 5%~8%,低于既有不节能建筑的节能改造成本(10%~15%)(唐曙光,2007)。与此同时,要加大对已有商业建筑的节能改造力度,研究显示,商业建筑节能改造有较大的经济效益,节能改造每平方米可获得 20 元-30 元的直接收益。

从技术类型看,中国建筑部门的节能减排技术众多,有些技术由于技术水平较为成熟、成本效益明显,已经得到较大规模的利用,如区域集中供热、高效照明、节能电器等等。但另外一些技术由于处于研发或示范阶段或是初期投资成本较高,市场占有率仍较低,还需要通过相关鼓励政策和措施来带动它们的发展,如先进热泵技术、被动房屋设计等。总体来说,建筑节能和新能源技术能带来明显的碳减排,而且很多技术从全寿命期看经济效益大于其成本投入,长期减排成本也是负值,因此,未来随着建筑节能政策力度的加强、市场机制的完善、技术水平的提高、技术成本的下降,建筑部门各种减排技术,特别是一些新兴的、节能强度更高的节能技术和可再生能源技术,有望在建筑部门温室气体减排方面发挥越来越大的作用。

3.5.2 温室气体减排技术评价和选择

根据建筑能耗的特点,可以将中国建筑部门的减排技术大致分为 7 类。

(1)建筑围护结构节能技术

建筑物围护结构包括外墙、门窗、屋顶和地面、楼梯间间隔等等。在整个建筑物的热损失中,围护结构传热的热损失达 70%~80%,门窗缝隙空气渗透的热损失占 20%~30%。中国目前在建筑保温状况上与发达国家还有较大差距,是造成中国建筑能耗高于发达国家数倍的主要原因之一。

中国建筑围护结构节能技术目前已经具备了一定的发展规模和水平，主要的技术包括外墙外保温技术、高效节能玻璃技术、屋顶保温及绿化技术、建筑遮阳技术等，另外像相变蓄热材料技术、冷屋顶技术有望在未来发挥更大的作用。这些技术的应用目前还因一些问题的存在而受到限制，最主要的问题是技术造价较高[①]，其次还有工程施工水平差、产品质量低等。

建筑围护结构节能技术的节能潜力较大。研究表明，通过采取墙体保温措施，在冬季比较寒冷地区的节能效果可以达到50%～75%；通过采用节能玻璃，可比传统玻璃节能40%～60%或更高；通过采用屋顶保温技术和建筑遮阳技术，可降低建筑物的空调电耗10%～50%。总的来说，通过采用建筑热维护结构节能技术，可以实现节能50%～70%（IPCC，2007；IEA，2009）。

（2）采暖系统节能技术

采暖耗能在中国建筑能耗中所占比例非常高，尤其是北方地区的采暖能耗，占北方地区建筑能耗的50%以上，占全国建筑能耗的1/3还多（耿瑞涛，2008）。中国在过去多年来一直采用传统的自备锅炉供暖模式，这些锅炉大都容量小、效率低、设备陈旧老化，且长期在低负荷下运行，因此能源利用效率较低，未来应该向以清洁电能为基础的采暖技术进行转变。

采暖系统的减排技术主要包括4类：提高区域集中供热比例，采用大型高效率锅炉，以及将燃煤锅炉转变为燃气锅炉；扩大区域热电联供和热电冷联供的规模；改善供热计量体系和供热价格机制，节约供热需求；提高供热管网的热效率，减少供热输送中的热损失。

在这些技术当中，前两类技术由于具有较好的节能效果和经济效益，已经得到了较为广泛的应用[②]，但由于受到热负荷的性质及季节变化等因素的制约，全年总节能量不大。对于供热计量体系和供热机制的改善来说，由于在设施安装投资、供热价格机制等方面还存在不小障碍，应用范围较小，仅在少数地区进行了试点。总体上看，通过采用采暖系统节能技术，可以实现节能20%～30%（Mckinsey，2009）。

（3）供冷系统节能技术

供冷能耗在建筑能耗中所占的比例很高，尤其在一些夏季炎热的大中型城市中比例会更高。在国内一些大城市，空调能耗已经占到了全市用电量的1/3，且峰谷耗电差还在不断加大。

供冷系统主要节能技术包括：空调系统变频控制技术、空调蓄能技术、空调余热回收技术、太阳能空调技术等，其中前两种技术是当前推广的重点，后两种技术尚处于研发和示范当中，市场潜力有限。中国供冷系统当前先进技术的应用比例比发达国家要低很多，但随着技术价格的逐步降低，它们的市场比例呈加速增长趋势（杨西伟等，2007）。

采用供冷系统节能技术能大幅降低夏季制冷时期的电力消耗。采用目前最节能的空调（能效已经达到6.5 W/W）替代最低能效的空调（能效只有1.5 W/W），可以减少空调用电70%以上（IEA，2009）；采用变频控制技术能大幅降低冷水机组、风机、水泵等空调设备的能耗，其中，冷水机组变频控制可节能20%～30%，风机水泵类变频控制可节能40%～50%（杨西伟等，2007）。总体看，供冷系统节能技术的采用可以实现20%～50%的节能效果。

（4）照明节能技术

中国照明用电量占总用电量的10%左右，目前主要仍以低效照明为主。采用高效照明灯具是中国建筑节能改造中的一项重要内容，从20世纪90年代中期就开始实施了"绿色照明工程"，并将其列为"十一五"十大重点节能工程之一。受政策推动，高效照明灯具的市场拥有率不断提高，目前高效照明产品保有量占全社会照明产品保有量的比例已经超过了50%，用户普及率超过了80%，预计在"十一五"期间，通过"绿色照明工程"将形成节电能力290亿千瓦时。

照明系统的节能技术主要包括：采用更高效照明灯具替代传统照明灯具，如采用紧凑型荧光灯（CFLs）或更为节能的发光二极管（LED）替代白炽灯等；通过先进的照明设计、管理和智能控制，降低照明需求。研究显示，高效节能照明灯具相比普通灯具可以实现节电率35%～70%。用LED替换紧凑型荧光

---

① 如采用外墙外保温技术和普通墙体结构相比，每平米外墙的造价要偏高30%～40%。
② 如热电联产发电量已经占到总发电量的11%以上。

灯(CFL)和白炽灯,最高可实现节能90%以上(徐先勇等,2007;Mckinsey,2009)。

(5)节能电器

建筑中各种电器和电子设备的使用量和使用强度都呈不断上升趋势,其耗能量也不断攀升。与发达国家相比,中国电器和电子设备中相当一部分的能效水平仍然较低,为此,中国政府出台了一系列相关政策措施如电器能效标准、电器节能标识等来促进节能电器和电子设备的使用。

目前各种家用电器和电子设备的更新换代速度较快,新型电器和电子设备不仅在功能上更为强大,节能效果上也更为突出,长期看也具有更高的经济收益。研究显示,通过采用节能型电器,可以比传统家用电器节能25%以上(IEA,2009)。

(6)可再生能源利用技术

可再生能源在建筑中的使用不仅可以实现节能,还能在很大程度上减少温室气体排放。建筑中的可再生能源利用技术主要包括:太阳能光热、地源热泵技术、太阳能光电技术、地热能利用技术等。

太阳能热利用技术目前在中国建筑部门中应用最为广泛,尤其是太阳能热水器,已经成为当前最成熟、应用最广泛、产业化发展最快的可再生能源利用技术之一,截至2007年,全国的太阳能热水器保有量为1.1亿平方米,居全球第一。地源热泵技术是另外一种应用较为广泛的可再生能源技术,近几年在中国发展非常迅速,2007年应用面积已经达到了7000万平方米,其他技术如地热供暖和供热水技术、太阳能供暖技术在某些地区已经得到迅速的发展[1],未来在某些资源丰富的地区发展潜力巨大。

可再生能源技术的节能减碳效果明显,研究显示,使用太阳能热水器,会比传统热水器节能50%～70%(IEA,2008),地源热泵技术相比其他常规供暖技术可节能30%～70%(杨西伟等,2007)。

(7)新建建筑节能设计技术

建筑领域已经有诸多节能减碳的设计理念,包括绿色建筑、低碳建筑、被动房屋、节能建筑等。它们都强调在建筑设计的过程中要从全寿命周期的角度综合考虑建筑的材料、部件、技术和设备的选取以及建筑的形状、布局和朝向,以达到建筑的最低能源需求和最少碳排放的效果。

中国目前对新建建筑实施了更严格的节能标准,随之带动了新建建筑节能设计的发展,出现了一些示范性的节能建筑和低碳建筑,但相比发达国家,在建筑节能设计的法律法规、制度规范、设计能力等各个方面还有差距。

新建建筑的节能设计能够实现建筑的低碳排放甚至是零碳排放,如通过采用节能建筑设计,可比传统建筑节能50%～65%,而采用更先进的"被动房屋设计"技术,可以比节能建筑进一步节能70%以上(IEA,2009)。

3.5.3 温室气体减排技术的减排成本和潜力分析

中国建筑部门的很多减排技术可以在负成本或零成本的条件下实现减排,如采暖系统节能技术、供冷系统节能技术、节能照明技术、节能电器技术以及可再生能源利用技术等,其中减排成本最低的技术是节能照明和节能电器[2](IEA,2009;Mckinsey,2009)。

对于建筑围护结构节能来说,由于建筑类型的不同、建筑所处气候区域的不同以及技术要求的节能强度的不同,减排成本的变化范围很大,从负成本到很高的正成本,平均看为正成本。

对于新建建筑节能设计来说,约有40%的部分可以负成本实现减排,其中,对于仅满足节能建筑标准的新建建筑来说,其减排成本相对较低,尤其对于北方采暖区来说基本为负值,但对于被动房屋、绿色建筑等来说,由于节能和减排要求较高,减排成本在未来一段时期仍会维持正值。

粗略估算,建筑部门能够以负成本或零成本实现的减排潜力约占总减排潜力65%,其余35%的减排潜力仍为正减排成本。不同技术的减排成本和潜力如表3.15所示。

---

[1] 地热供暖及热水技术在京津地区发展迅速,太阳能供热技术在西部偏远地区得到较好应用。

[2] 包括各种节能空调。

表 3.15　建筑部门主要减排技术的碳减排成本

减排技术类型	减排技术措施	减排成本描述	常规减排成本[1] /(元/吨 CO_2)	到 2030 年减排潜力[1] /(亿吨 CO_2)
建筑围护结构节能	• 墙体节能 • 门窗节能 • 其他围护结构节能	围护结构改造的减排成本随区域和建筑类型的不同变化很大。最低的减排成本可能会低至 -1000 元/吨 CO_2。高的减排成本可能达到上百元甚至几千元。另外，节能改造的方式也会在很大程度上影响减排成本的高低，仅仅是增加节能材料的成本往往在任何成本较低，但如设计建筑物围护结构的更新和替换，成本会成倍增加	-130~200	2
采暖系统节能	• 提高区域集中供热比例，采用高效锅炉和燃气锅炉 • 热电联产和热电冷三联供 • 改善供热计量体系和供热管网热损失 • 减少供热管网热损失	单从经济成本看，该类技术措施在大部分情况下减排成本为负值。低的可达到负的几百元或上千元，但如果考虑政策和机制创新改革成本，其减排成本也可能成为正成本	-120~120	1.4
供冷系统节能	• 空调蓄能技术 • 变频空调技术 • 空调余热回收技术 • 太阳能空调技术	通常可以以负成本实现减排，其范围在 -500~到 -200 元/吨 CO_2 之间	-500~-200	0.5
照明节能	• 先进的照明设计、管理和控制 • 将白炽灯替代为 CFLs 或 LED	节能照明设备的寿命更长，因此为明显的负成本，可以低至负的上千元/吨 CO_2，但初期投资相对较大，需要政策支持	-1300~-1000	1.4
节能电器	• 节能冰箱、洗衣机、彩电、热水器等	具有良好的节能收益，因此可以实现零成本或成本，具体取决于节能强度的大小	-1000~0	0.6
可再生能源利用	• 太阳能热水器 • 地源热泵技术 • 地热利用技术	一般情况下初始投资高，回收期长。回收期长的技术如广泛的太阳能热水器，已经可以实现负成本，甚至是很低的负成本。由于生产规模较大和制造材料成本的下降	-1000~0	0.2
新建建筑节能化设计	• 节能建筑、被动房屋、低碳建筑、绿色建筑等	减排成本有负有正，根据建筑所处气候区域的减排和要达到的节能程度的不同而不同。在北方地区新建节能建筑，节能强度要求更高的设计方式如被动房屋设计，绿色建筑的减排成本会很高，可能高达几千元/吨 CO_2	-100~2000	3.4

注 1：对于不同技术的减排成本，国内研究较少。此处主要参考了 IEA 和 Mckinsey 的研究结果；成本数据为 2008 年价格并按当年汇率折算。

3.5.4 实施减排技术的障碍和政策措施

（1）应用减排技术的障碍

结合国内外相关研究来看，尽管建筑部门存在巨大的减排潜力，但在推广应用减排技术方面仍存在很多障碍，主要包括：

1）建筑节能和减排技术改造或应用的初始投资过高。

2）缺乏有效地基于市场的融资机制和激励机制。

3）减排技术的应用涉及很多利益主体，但对于技术实施后的收益往往缺乏明确的共享机制，因此导致投资方缺乏采用减排技术的主动性和积极性。

4）建筑部门的节能标准还较低，对节能效果的监督也不够到位，导致很多节能效果不好的技术仍被大量采用，使先进减排技术的市场空间受到挤压。

5）与建筑节能与减排技术应用相关的技术法规、政策和机制还不够完善，特别是建筑供热体制、能源价格机制等无法起到对节能的鼓励作用。

6）在节能建筑设计、先进节能和减排技术的研发和应用方面进展较慢，与发达国家尚有不小差距。

7）节能建筑的施工质量和节能材料的性能还有待进一步提高。

8）对建筑节能和减排的社会意识还有待加强等。

（2）实施减排技术的政策措施

为了促进先进减排技术在建筑部门的推广应用，既要注重政策的全面性、系统性、连续性，又要紧扣建筑节能的关键环节，突出重点。具体来说，需要在以下方面加大努力：

1）强化建筑节能政策的制定和执行，为减排技术的应用创造良好的政策环境，包括：强化对新建建筑和新增用能设备节能标准的制定、执行和监督；建立更为科学的建筑能效评价指标体系和建筑节能标准体系；将当前推动建筑节能的思路由"抓措施"转为"抓节能效果"，使各种先进减排技术真正发挥减排效力。

2）完善建筑节能技术体系，包括：强化建筑节能的技术规划与设计；加强建筑节能及减排技术及材料的研发、创新、示范与应用，促进这些技术成本的进一步下降；加强建筑节能统计工作；加强节能科技队伍人员建设；完善建筑节能技术的法规与监管体系。

3）加强对建筑节能减排技术的经济激励，包括：改善能源价格体系，推行"阶梯能源价格体系"；改革供热机制，推广按供热/冷计量收费；加大对建筑节能技术及减排技术的财政补贴力度和税收优惠力度及范围等。

4）改善促进建筑节能减排的市场融资机制并培育相应的市场主体，包括：建立合理的市场融资机制和培育相应的融资机构；理顺相关方的利益关系，将节能和减排行为与相关方的经济效益挂钩；研究基于市场的长效融资方案并推动相应机构的建立。

5）提高建筑节能减排的社会意识，包括：加强对建筑节能的政策和技术的推广、宣传和普及；加强对建筑节能服务市场的培育；加强在建筑节能方面的能力建设和国际合作。

3.6 农业和能源作物

3.6.1 温室气体减排技术现状和趋势

全球农业利用面积占全球陆地的 37%，农业源 CH_4、N_2O 释放量分别占全球人为源总量的 52% 和 84%；据估计，农业和土地利用引起的温室气体释放（碳排放当量，下同）占总释放的约 $1/3$，在发达国家约占 10%（Smith 等，2008）。

自《京都议定书》签约以来，主要发达国家和有关国际组织相继开展了对耕地土壤的固碳潜力及其实现途径的分析研究，提出了农业（田）固碳和温室气体减排的潜力与水平的估计报告，并反映到应对气候变化的国际对话中,在不同程度上影响着联合国气候变化公约组织排放清单及减排机制的认同。美国、加拿大、英国、法国、德国、比利时等国都在 20 世纪末和 21 世纪初完成了国家尺度的土壤碳库与固碳技术潜力的研究,欧盟碳计划实施了对欧盟 15 国土壤固碳潜力的研究。世界粮农组织也组织了对全球耕地土壤固碳潜力的评估。美国通过国家基金会(NSF)和能源部资助,在全国各大区设立了土壤固碳研究中心;美国农业部成立了有 9 所大学合作的农业(土壤)固碳减排研究协作中心,系统而深入地研究农业特别是土壤固碳减排的潜力、可行技术及其经济及政策的影响。

根据 IPCC 有关统计,全球农业减排的技术潜力高达 55 亿～60 亿吨 CO_2/年,其中 89% 来自土壤固碳,11% 来自农业生产温室气体释放的直接减排(Smith et al.,2007)。但是,这种自然潜力能实现的程度将取决于碳贸易的价格。当碳贸易价为每吨碳 20 美元、50 美元和 100 美元时,其经济潜力将分别为 15 亿～16 亿吨、25 亿～27 亿吨和 40 亿～43 亿吨 CO_2/年。另外,将大气 CO_2 固定在长生命周期的农产品(包括竹木制品、秸秆加工品、皮革制品等),同样因加工耗能(包括人力耗能)等因素,全球碳固定潜力仅可达 3 百万吨 CO_2。此外,通过种植生物能作物替代化石能源对于温室气体减排也有一定意义,但因农业土地资源、水资源和生产与交通条件等因素的限制,其全球潜力还很有限,同时也带来环境问题和次生温室气体释放问题。例如,在热带森林沼泽开发棕榈油生物能作物,引起热带泥炭土的碳库急剧释放,因而被国际环境机构紧急叫停。尽管美国作物生物能转化和种植生物能替代化石能源,可潜在替补美国 2004 年总排放的 14%～24%[①]。根据美国的研究,现有土壤有机质管理技术普遍推广可以每年固碳 2.57 亿～8.07 亿吨 CO_2,但当前全部 1.77 亿公顷的农业用地的实际固碳速率仅为 4400 万吨 CO_2/年。

中国是一个有悠久历史的农业大国,农业用地面积约 133 万平方千米,占国土总面积的 14% 左右。中国农业土壤约保有 15 Pg 的有机碳,其中约 5 Pg 储存于耕作表层中(潘根兴,2008)。对于中国农业的整体固碳减排潜力目前还没有系统的研究和权威的资料。对于土壤特别是农业土壤的固碳潜力已有过较多的报道。很多研究表明,农业固碳技术同时还可以起到增产和提高农业生产稳定性及可持续性的作用(Lal,2004;Pan 等,2009a),这种固碳通过提高土地和养分资源的利用率可以进一步减少土地利用的温室气体排放,例如过度施用氮肥是稻田 N_2O 排放增加的主要原因,提高养分利用率而减少氮肥使用而达到减少化肥工业能源排放(Pan 等,2009b;李洁静等,2009)。在 2009 年 12 月,联合国粮农组织提出了资助发展中国家发展农业固碳、促进粮食安全的报告(FAO,2009),建议将农田固碳减排纳入全球气候变化对话与合作中。因此,中国农田固碳的双赢作用也可能为应对气候变化中中国农业和乡村发展带来新的机遇。

3.6.2 温室气体减排技术评价和选择

农业减排主要有如下两种主要技术途径:通过土壤吸收大气 CO_2 储存于土壤而增"汇"与通过减少农业活动的 CH_4 和 N_2O 向大气的排放而减"源",它们构成共同达到降低大气温室气体浓度的农业减排技术。但是,由于农业土壤碳主要是附存于土壤有机质的有机碳,它是极重要的土壤功能活性物质,增汇同时起到改善土壤质量和生产力的作用,而减排技术和措施需要在生产过程中另外增加技术和生产资料投入,可能增加生产成本和农业生产过程的能源消耗成本而带来一定的排放成本。

(1)农业土壤固碳技术和措施

土壤固碳是农业上最有效和具有生产促进作用的减排技术。国际上已初步构成包括促进作物生物量碳的土壤储存技术(有机物施入、作物秸秆覆盖)、土壤碳保护技术(保护性耕作的物理保护、化学调理剂稳定技术)和外源碳土壤封存技术(废弃物碳土壤封存、深层分派技术等)等多方面的农业固碳技术框架。国外推广和实施最为广泛的技术措施是保护性耕作、养分综合管理,以及农田转化为林地和草地等利用转变途径。最近 5 年来,将作物秸秆高温无氧热裂解转化为生物黑炭而封存于土壤的生

---

① Paustian K, Antle J M, Seehan J. Paul E A. Agriculture's role in greenhouse gas mitigation. Pew Center on Global Climate Change. 2006. pp1-76

物黑炭技术等一些固碳减排新兴技术正在世界上试验推广。

对于全球和本土国家和地区农业土壤的固碳潜力估计研究见表3.16。Thomson等(2008)考虑到气候变化情景和气候变化政策,认为未来全球农业土壤的固碳潜力为210百万吨/年。中国学者和部分国外学者对于中国农田土壤的固碳潜力和实效有较多研究报道,依研究方法和资料存在一定出入。对分布于全国不同地区的耕地表土监测结果的Meta Analysis分析表明,1985—2006年间我国农业土壤耕作层(0~20厘米)土壤有机碳贮量年均增加24.9±2.7百万吨(Pan等,2010)。利用Agro-C农业生态系统碳平衡模型估计结果是,1980—2000年中国农业土壤有机碳年均增加14.5~20.3百万吨,扩展到表土(0~30厘米)的有机碳贮量年均增加16.5~27.7百万吨。

表3.16 全球和不同国家和地区的农业土壤固碳潜力(单位:百万吨/年)(据潘根兴2009整理)

	当前水平	未来潜力
全球土壤		1200~2600
全球农业土壤	75~1140	400~1500
欧盟农业土壤	56	80~100
美国农业土壤	67.3	83
印度农业土壤		6~7
中国农业土壤	34	66.7

1)合理施肥

有机无机配合施肥是提高作物产量的关键管理技术,也是提高土壤碳储存的最重要技术,通过增加有机物质输入、改善和优化土壤微生物群落而达到稳定有机质,使土壤得以保持更多的土壤有机碳。通过配方施肥和有机无机配合施肥等合理施肥措施而提高我国土壤有机碳储存是构建我国土壤碳库的重要农业管理途径。以江苏省为例,至2006年,配方施肥面积占耕地总面积的40%,有机无机配合施肥在20%以下。根据太湖地区和洞庭湖区稻田生态系统的不同施肥技术的定位研究,有机无机配合施肥,可以比单施化肥达到增产和固碳的作用,提高稻谷产量10%~30%,提高碳汇35%~70%[李洁静等,2009;彭华等,2009]以上。根据全国不同地区施肥试验效果的对比,化肥配施有机肥,可以使土壤固碳提高20%~30%。根据Pan et al.(2010)的分析,1985—2006年间全国农田土壤表土平均固碳0.076±0.219克/(千克·年)(其中旱地平均0.056±0.200克/(千克·年),水田平均0.110±0.244克/(千克·年),总计增加表土有机碳库25.5百万吨C/年。

对1980年代以来全国不同地区肥料长期试验资料的分析,化肥合理配施下全国旱地和水田平均每年固碳分别为0.10克/(千克·年)和0.11克/(千克·年);而有机无机配合施肥处理下,旱地土壤和水田固碳分别为0.22克/(千克·年)和0.30克/(千克·年)(Wang等,2010)。因此,合理化肥配施特别是有机无机配合施肥管理可以成倍提高农田土壤有机碳固定能力。如果全国农地全部实施有机无机配合施肥,农田表土固碳潜力对于减排份额(1994年排放基准)的贡献可以由面上的17%提高到29%。李洁静等(2009)的研究还表明,有机无机配合施肥还可以起到减少CH_4和N_2O排放的作用,因而这种施肥措施可带来更大的生态系统净碳汇。

2)保护性耕作

国外的保护性耕作是保护和提高土壤碳库的最重要和代表性的固碳技术途径。各种耕作方式都对土壤造成不同程度的扰动。耕作使得有机质分解条件如土壤透气性和土壤含水量等被改变,同时耕作也破坏了土壤的团粒结构,使稳定的、被吸附的有机质易于分解,增强土壤有机碳的矿化;土壤扰动还改变根系生物量,从而引起土壤呼吸速率加快。因此,少免耕能够明显减弱耕作对土壤的物理干扰,减弱风雨对土壤侵蚀作用,促进土壤有机碳的物理保护,从而减少土壤呼吸损失,达到延长碳的平均滞留时间,从而增加农田土壤的固碳。West等对全球耕作长期试验资料的统计,由常规耕作转化为免耕,固碳速率介于0.57±0.14吨C/(公顷·年)。

　　IPCC 估算，通过适当的农业管理措施，每年能使全球农业土壤碳库提高 0.4～0.9 PgC，如持续 50 年，全球土壤碳库累积可望增加 24～43 PgC。尽管一些研究显示，少免耕可能主要是改变了碳的分布，使碳库更集中于表层，但仍然有证据表明少免耕能显著增加全土的碳储存（Nicoloso，et al.，2009）。少免耕还因减少了耕作活动而减少了农业能源消耗，同时又具有减少 CH_4 和 N_2O 排放的作用，故其净碳汇效应仍是显著的。

　　结合秸秆还田的保护性耕作技术在固碳技术中已在全球 70 多个国家推广应用。美国、加拿大、澳大利亚、巴西、阿根廷等国推广面积已占本国耕地面积的 40%～70%；世界各国推广面积总和约占全球耕地面积的 11% 以上。至 21 世纪初期，我国的保护性耕作面积仅占耕地总面积的 25%。

　　根据农业部和国家发展改革委联合印发的《保护性耕作工程建设规划（2009—2015 年）》，到 2015 年在我国北部和西部农区的保护性耕作面积发展到 1 千万公顷[①]。采用生态系统过程模型结合遥感资料的模拟研究提出（Yan et al.，2007），若我国农田 50% 面积免耕并 50% 的收获物还田，则可以固碳达 32.5 百万吨 C/年。但是，对全国保护性耕作长期试验的统计表明（王成己等，2009），保护性耕作处理下旱地和水田表土有机碳平均固定速率分别达 0.21 和 0.51 克/（千克·年），若只是少免耕下，旱地和水田表土固碳速率分别仅为 0.04 和 0.10 克/（千克·年），而结合秸秆还田的保护性耕作下其速率则分别达到 0.17 和 0.65 克/（千克·年）。

　　与国外主要是旱耕和复种指数较低的农业国情不同，中国耕作干扰很频繁的农田的保护性耕作，只有在增加有机物投入的情况下才显示明显的固碳效应。另外，由于我国耕层较浅，有机质背景含量较低，适当的耕作仍可能因较多有机质保存于次表层而显得增加土壤碳储量，例如深松耕作与免耕同样能增加西北黄土地区耕地的土壤有机碳储库。

　　3）水分管理与灌溉

　　根据全国第二次土壤普查资料统计，中国因为灌溉而水耕增加了约 0.3 Pg 的表土有机碳库（Pan 等，2004），水田土壤与旱耕土壤相比，表土碳密度提高了约 11 吨 C/公顷。根据许信旺（2009）对长江中下游地区丘陵地区稻田的分析（表 3.17），农田排灌设施配套可比无配套平均提高耕层有机碳储存 3 克/千克，河流水引灌比水库水和山塘水灌溉提高储存有机碳 0.7～1.7 克/千克。农田排灌设施配套下水稻产量提高而增加了有机物输入。河流携带悬浮质有机物也提高了有机物质的农田输入。但是，稻田漫/畦灌提高有机碳储存可能与灌溉水在农田的滞留时间延长而增加了悬浮质的输入。因此，看来合理和良好的灌溉和水分管理可以起到一定的促进土壤有机碳积累而增汇的效果。但这方面资料还有待于积累。

表 3.17　不同灌溉水源和灌溉方式对农田表土有机碳储存的影响（单位：克/千克）（安徽省贵池区调查，许信旺，2009b）

灌溉水源	样本数	SOC	灌溉管理		样本数	SOC
河流	1808	17.51±7.13 a		沟灌	2549	15.53±6.35 b
湖泊	162	16.34±4.41 b	灌溉方式	漫/畦灌	2373	17.69±5.40 a
水库	1025	16.43±5.11 b		无灌	114	11.37±4.11 c
塘堰	1913	15.81±5.26 c	农田设施	基本配套	2971	17.58±6.23 a
靠天田	140	11.61±4.35 d	配套	无配套设施	309	14.66±5.25 b

注：表列中数字后的不同小写英文字母表示同一因素不同条件间的显著性差异（$P<0.05$）

　　4）作物种植和轮作

　　对于轮作的土壤固碳效应的研究还不多。全球资料的对比显示，旱地作物轮作平均增加耕层土壤碳 0.2±0.12 吨 C/（公顷·年）。但小麦—休闲轮作、玉米单作转变为玉米—大豆轮作不增加土壤固碳。根据许信旺（2009b）的研究，旱作物一年一熟种植制耕层土壤有机碳储存高于旱作物一年两熟，但水旱轮作＞旱作物单作＞旱作物轮作。同是水稻的轮作，稻—稻≈稻—油＞稻麦，双季稻＞单季稻；油菜—大豆（甘薯）轮作耕层有机碳明显高于油菜—棉花轮作。水稻因为生物量高，其增加熟制因为有机物质输入增多而趋向于增加土壤碳储存。研究表明，长江三角洲地区稻油轮作下耕层有机碳储存平均高于稻麦轮作下 9.31 吨 C/（公顷·年），估计年固碳速率达 0.42 吨 C/（公顷·年）。但目前仍很难从国家尺度上评价不同种植制度对土壤固碳的影响。

5）生物能作物生产

通过种植生物能作物而生产生物燃料而替代部分化石能源，因生物能是吸收大气 CO_2 而产生能源，因而替补了相应能量的化石燃烧，从而表现减排。生物能作物包括利用边际土地种植柳枝稷和柳树、狼尾草、芒萁等生产生物柴油、农业土地种植玉米、甘蔗、高粱、油菜生产乙醇、甲烷等生物燃料，利用热带湿地种植棕榈树生产棕榈油等，在英国、美国、瑞典等发达国家已有规模生产和工厂化加工生物燃料。欧洲的试验示范研究表明，柳树、芒萁等边际土地生产生物能作物不但可以获得生物能，还可以起到水土保持、抑制农业面源污染的良好作用。2010 年，英国、瑞典、德国等欧洲国家的生物能作物种植面积将达到 100 万公顷规模。国际上正在形成一些相关政策和措施鼓励生物能产业发展。但是，生物能种植在世界上已经开始出现与饲料和粮食生产相冲突的情形，还存在一些技术和经济上的问题有待解决。

最近 3 年来，关于种植生物能作物生产生物柴油和生物乙醇而替代化石燃料有较多争论。首先牵涉与农业的争地问题，发达国家如加拿大和美国是粮食输出国，发展生物能作物种植必将减少粮食种植，这将危及已经脆弱的世界粮食供应（FAO，2009），并可能转而刺激贫穷的发展中国家毁林开荒，其结果仍将增加土地利用的温室气体排放；如果要避免与粮食作物争地，就必须利用闲置地或弃耕地，这些土地的生物量生产力平均只能达到农业地的 40％，这样全球生物能作物的能源替代潜力仅 5％～8％，且不论这些未利用土地的生产成本较高。因此，生物能作物反而应该在非洲发展中国家推广，那里草地适合生物能作物生长，可以就地满足当地较低的能源消费（Compbell 等，2008）。还有研究认为，以往对不同国家和地区估计的生物柴油生产潜力被过分夸大了，甚至高估了 100％以上（Johnston 等，2009）。其次，以往的评估过分强调了生物能作物的能源转化效率，而没有考虑转化为生物能生产同样会产生土地利用转变下的碳库损失问题。

美国学者对美国种植玉米用于生产生物乙醇的生产情形进行了经济和生态效益评估，并与美国自然保护计划中的闲置土地对比，发现农地种植生物乙醇玉米导致的土壤有机质下降而释放的碳要超过 50 年内所生产的生物乙醇的能源替代量，因而从系统的碳平衡上是得不偿失的。而对 142 块自然保护计划下闲置土地的分析表明，其由农地闲置后固定的碳要超过种植生物乙醇玉米 40 年而产生的能源替代效应，而闲置土地在经济上更节省成本。因此，他们提出与其说生物能作物生产替代能源，不如闲置土地固碳而减排。况且，闲置土地上自然生长的草类也可用来生产纤维素乙醇。看起来，发展中国家种植生物能作物生产替代性能源有诸多困难，减排潜力很有限。IPCC AR4 对此项减排潜力也没有作明确评估。

中国的玉米乙醇生产已经相当规模，2008 年产能达到 1000 万吨水平。中国首条百万吨生物基化工醇生产线将于 2011 年建成投产。中国正在拟订生物质能源替代石油的中长期发展目标，到 2020 年，中国生物质能源消费量要占到整个石油消费量的 20％。到 2020 年，生物液态燃料生产规模达到 2000 万吨，其中燃料乙醇 1500 万吨、生物柴油 500 万吨。目前用于生物乙醇生产的原料主要是玉米，其次是含糖量高的薯类作物（红薯、木薯等），甜高粱也在发展中。中国农业是高度集约化农业，闲置或废弃农业用地资源有限，占用耕地生产生物能可能不是中国生物能发展之路。目前的这些生物能原料都是旱粮作物，一方面与农争地，另一方面影响饲料市场稳定（例如中国玉米产量的 75％用于饲料）。必须注意的是，如果在南方稻作农业地区发展旱地生物能作物，可能也会产生原稻田土壤较高的有机质碳库的快速损失。据李志鹏等（2007）报道，太湖地区水稻土种植甜玉米 3 年，土壤有机质库损失达 2 吨 C/（公顷·年）。

不过，中国发展纤维素乙醇具备很大的资源潜力。中国农业每年产生的秸秆等农作物等废弃物资源量达 6 亿吨，具备 3 亿吨燃料乙醇的生产潜力。况且，这种生物能生产不再另外占用农业耕地。此外，中国尚有广大面积的芦苇湿地，14 个芦苇主产区，宜苇面积 130 万公顷以上。据测定，生长较好的芦苇生物量可达 20～40 吨/公顷，湿地芦苇的茎秆生物量可达 10 吨/公顷以上。芦苇茎秆中的纤维素含量达 40%～60%，一旦纤维素乙醇技术商业化，每公顷芦苇茎秆生物量可生产 1800 升燃料乙醇，其能源替代性潜力十分可观。如果能在新长滩涂湿地引种芦苇，开发湿地芦苇生物能作物产业，则可增加陆地碳汇 100 万吨 CO_2 当量以上。目前，中国已经投产了纤维乙醇产业化生产线，因此，利用芦苇等非农作物生产替代性生物能在中国是值得优先考虑的。

（2）农业 CH_4、N_2O 温室气体减排技术

1）稻田 CH_4 减排

稻田是大气 CH_4 的重要排放源。中国是水稻种植大国，水稻 CH_4 排放量约占全球稻田 CH_4 排放总量的 30% 左右。稻田甲烷排放是产甲烷菌在厌氧环境下的稻田中利用田间植株根际部的有机物质转化形成 CH_4 的量，除去水稻根际部 CH_4 氧化菌对 CH_4 氧化后的剩余量。总体而言，稻田 CH_4 排放量取决于稻田 CH_4 产生、氧化和传输共同作用的结果。稻田甲烷排放主要受土壤性质、灌溉和水分状况、施肥、水稻生长和气候等因素的影响。减少稻田甲烷排放的方法主要有施肥、灌水管理、选择适宜的水稻品种以及生物抑制剂的施用。

①稻田水分管理

稻田水分状况是影响稻田甲烷排放的决定性因素。通过改变稻田的水分管理可以改变甲烷菌生存的厌氧环境从而控制甲烷产生和排放。我国有关稻田 CH_4 排放的大量观测结果表明，水稻田采用中期烤田较持续淹水稻田能减少 CH_4 排放量的 50% 左右，若改淹灌为节水灌溉，常规间隙灌溉能减少 CH_4 排放量 30% 左右。此外深水灌溉（10 厘米水层）代替潜水灌溉（3 厘米薄水层），对稻田土壤 CH_4 起到很好的封存作用，亦能一定程度上抑制稻田 CH_4 排放。冬季排干、翻耕或冬季种植旱作物可以有效减少冬水田非水稻生长季和水稻生长季 CH_4 排放。

②沼渣肥替代新鲜农家有机肥

稻田施用新鲜农家有机肥会显著增加稻田 CH_4 排放，但一些研究表明，用沼渣肥替代普通有机肥大约可减少甲烷排放 55%。在大量施用化肥的水稻产区施行化肥和沼渣混施的方法一方面可以减少水稻高产过分对化肥的依赖，另一方面可以减少由于施用常规有机肥造成的稻田 CH_4 排放。

③种植和选育低 CH_4 排放水稻品种。

不同水稻品种可导致稻田甲烷排放 1.5～3.5 倍的差异。一般情况下，稻田甲烷排放和水稻的生物总量成反比关系，生物量大的水稻品种可以把更多的碳固定在水稻植株中，从而减少甲烷排放。此外，稻田甲烷排放与水稻收获指数有显著负相关关系，矮秆水稻一般具有较高的收获指数，CH_4 排放较低。选择高收获指数的水稻品种和改善种植技术提高收获指数一定程度上可以减缓稻田 CH_4 排放。因此，合理选育和种植低 CH_4 排放水稻品种，是有效减少稻田 CH_4 排放的重要措施之一。

④合理耕种方式。

稻田 CH_4 氧化率受耕种方式的影响，采用耕作强度低的少耕或免耕的管理方法，可增加土壤 CH_4 氧化能力。这是因为开垦耕作改变了土壤的物理化学性质和土壤中微生物区系的结构和组成，从而使土壤对 CH_4 氧化能力发生改变，稻田 CH_4 氧化速率随着耕作强度的降低而增加。半旱式水稻种植能提高土壤通气状况，改善土壤氧化还原条件，有效抑制 CH_4 排放。

⑤化学和生物抑制剂。

甲烷抑制剂通过减少产甲烷基质（如减少土壤中有机质含量）和抑制产甲烷菌活性从而减缓稻田 CH_4 排放量。目前应用较多的 CH_4 抑制剂主要分两大类：肥料型甲烷抑制剂和农药型甲烷抑制剂。无论何种抑制剂均以不影响水稻产量、且能有效降低 CH_4 排放量为前提。肥料型甲烷抑制剂，主要原料为特种腐植酸，可以将有机质转化为腐殖质，增加稻谷产量的同时减少形成 CH_4 的基质，适用于中等或肥力条件较差的稻田，降低稻田甲烷排放量的 30% 左右；农药型甲烷抑制剂，其主要成分是一种光谱灭菌剂和少量表面活性剂，不仅能抑制甲烷菌活性从而降低稻田 CH_4 排放，同时抑制有害病菌的发

展,适用于易发生病虫害的南方稻区,可以抑制稻田 CH_4 排放量的20%左右。此外,许多含溴和氯元素的化学物质如溴甲烷—磺酸、氯仿、氯甲烷也可以抑制甲烷菌的活性。EM(Effective Microorganisms)是一种含有光合细菌的微生物菌剂,对稻田 CH_4 排放有抑制作用,并可代替化肥使水稻产量增加。乙炔(acetylene)、氯啶(nitrapyrin)、双氢胺(dicyandiamide)、碳化钙(Calcium carbide)等也都具有抑制 CH_4 产生的作用。

2)农田 N_2O 减排

农业是大气 N_2O 的重要排放源。农业排放占大气 N_2O 总人为排放源的60%左右。土壤中 N_2O 的产生主要是在微生物的参与下,通过硝化和反硝化作用完成。硝化作用将铵盐氧化为硝酸盐,反硝化作用则由土壤微生物将硝酸盐还原成 N_2 或中间产物 NO 和 N_2O。一般认为反硝化作用比硝化作用具有更大的 N_2O 排放贡献。影响农田 N_2O 排放的因素主要有土壤类型、作物类型、施肥及灌溉等农业措施和气候因素(温度、降水、光照)等。氮素供应和氮肥施用对农业土壤 N_2O 的排放具有明显的促进作用,过量施肥导致 N_2O 排放速率增加。因此,减少农业土壤 N_2O 产生的外源 N 输入、提高氮肥利用效率、采用缓释肥和添加硝化抑制剂等是减少农田 N_2O 排放的主要途径。

①避免过量施肥,提高氮肥利用率。

测土配方施肥是当今世界科学施肥的发展方向,也是中国科学施肥的主体技术。通过合理的养分配比、改表施为深施、有机肥与化肥混施等可提高氮肥利用率,若将氮肥利用率从20%～30%提高到30%～40%,则可相应降低10%的 N_2O 排放。如果全国全面普及测土配方施肥,肥料利用率可望提高3%以上,据此推算,测土配方施肥将减少农田 N_2O 排放3%左右。

②调整肥料结构的"非协调性"。

长期以来中国农业高产过分依赖外源化肥投入,忽视有机肥和生物肥料的施用,造成肥料结构不合理,化肥施用所引起的 N_2O 排放量急剧攀升。在化学肥料的 N：P：K 肥料结构中,N 肥比例过重,K 肥比例偏低,中国化肥结构的 N：P：K 比例为1：0.45：0.16,与世界发达国家 N：P：K 比例为1：0.45：0.27相比,钾肥的比例太小。鉴于中国化肥品种结构的"非协调性"问题,要充分发挥氮肥的增产效果及减少 N_2O-N 形式氮损失必须增施有机肥和调整化肥中 N：P：K 比例。至2010年,中国有机肥施用比例要提高到30%～40%,N：P：K 比例应调整到1：(0.4～0.45)：0.30,即减小化学氮肥的施用量和相对增加量,提高钾肥的施用量,提过 N 肥利用率,减少 N 肥的 N_2O 损失。

③缩小 N 肥地区性分配的"非平衡性"。

中国地区间化学氮肥用量存在很大差异。就中国化学氮肥的地区分布格局而言,化学氮肥1/3集中在占总耕地面积不到1/5的东南沿海省区,而占耕地总面积37%的黑龙江、吉林、内蒙古、山西、宁夏、甘肃、青海、新疆、云南、贵州和西藏等11省区化学氮肥年施用量只占总用量的18%,由于中国南方降水量充沛,高外源 N 输入引起的 N_2O 转化率较高,另一方面主要分布于南方和长江中下游一代的稻田 N 肥施用量过大,稻田 N_2O 排放量亦不容忽视。因此,改善氮肥施用的地区"非平衡性"状况,不仅能够进一步增加农业产量,而且可以减少化学氮肥过量施用造成的环境影响,包括有效减少农田 N_2O 排放。

④采用缓释肥和长效肥料

碳酸氢铵和尿素是中国农业的主体肥料,但它们的肥效期短,挥发损失量大,氮素利用率低。一些研究表明,与施用普通碳酸氢铵和尿素相比,长效碳酸氢铵与长效尿素能显著减少 N_2O 排放,其减排效果在高达50%～70%。基于已有资料的综合分析,得出包膜缓释肥和长效肥的减排效果在35%左右。

⑤施用硝化抑制剂和脲酶抑制剂。

硝化抑制剂与氮肥一起应用于农业,可以减少土壤 N_2O 释放。脲酶抑制剂和硝化抑制剂由于能显著抑制产生 N_2O 的关键土壤过程,因此其与化学氮肥如尿素和硝态氮肥仪器施用,能显著减少 N_2O 排放。基于已有资料的综合分析,硝化抑制剂的减排效果平均为38%,在提高肥料利用率的同时减少 N_2O 气态损失。

⑥合理选择农业管理措施

如稻田水分管理、少（免）耕、高 C/N 比秸秆填埋等。虽然早期研究认为稻田 N_2O 排放可以忽略，但中国稻田一般采用中期烤田的灌溉方式，稻田 N_2O 排放量仍然较高。特别是近年来，前期淹水、中期烤田和后期干湿交替的间隙灌溉模式可有效控制无效分蘖造成的水稻减产逐渐被农民接受，但一定程度上加剧了 N_2O 排放。选择合适的耕作方法是减少 N_2O 释放量的重要途径。研究表明耕作土壤比免耕土壤能产生和排放更多的 N_2O，采用免耕法 N_2O 排放量将减少 5％～10％。耕作改变了土壤的结构和通透性，影响土壤中硝化和反硝化作用的相对强弱及 N_2O 在土壤中的扩散速率及其土壤有机质的分解速率，进而影响产生 N_2O 微生物基质。高 C/N 比秸秆填埋利于土壤 N 的反硝化作用完全，导致土壤中 N_2O 进一步转化为 N2，减少 N_2O 排放量，而且秸秆腐解过程产生的化感物质会抑制土壤微生物活性，使稻田 N2O 排放减少。研究表明，高 C/N 比秸秆填埋与氮肥混施可降低 N2O 排放 30％左右。

3）综合减排

虽然针对农田 CO_2、CH_4 和 N_2O 排放都明确了一些有效的减排措施，但由于一些农田温室气体排放之间存在明显的消长关系使得农田温室气体减排呈现复杂性。例如，稻田中期烤田在有效抑制 CH4 排放的同时，显著增加了 N_2O 排放（Cai et al.，1997），秸秆还田在有效增加土壤 C 库量的同时，稻田秸秆直接还田却明显促进了 CH_4 排放（马二登等，2010）。因此，基于 CO_2、CH_4 和 N_2O 排放的综合温室效应为评价指标，寻求农田综合减排措施正成为国内外研究的重点，也是当前农田温室气体减排的核心任务。另外，需要强调的是农田温室气体减排措施要以保证和提高农业生产力为前提，在保证粮食安全的前提下，寻求减缓气候变化的农业管理技术，实现农业的生产效应、环境效应和气候效应的协调统一，促进全球变化背景下的农业可持续发展。

农业温室气体减排技术的潜力还需考虑减排与农业生产力的关系。中国农业应对气候变化首先是保持农业的持续发展，保持对仍然增长着的人口中国粮食和纤维的稳定供应。保持高生产能力下的固碳减排是中国农业缓解气候变化的必然途径，这也是农业当前实际固碳减排能力弱于发达国家的根本缘由。评价一项固碳减排技术的可推广性及可达到的减排潜力需要首先考虑是否是在保持生产能力基础上。因此，宜用单位产出的固碳减排效果评价技术的潜力；另外，考察农业固碳减排技术的减缓气候变化效应，不但需要分析其即时效果，而且需要结合其全作物生长期的能源平衡，即需要对农作物生产的全生命周期的整体分析（LCFA）和用于生产特定收获物的所有环节的能源平衡分析（即农业生产的碳足迹）。国外学者采用碳足迹分析方法，阐明了免耕等保护性耕作技术确实是旱地农业减缓气候变化的有效技术途径。不过，对于中国高产农业来说，少免耕一般不能提高产量，因而保护性耕作作为高产和高碳汇的技术在中国可能有明显的局限性（王成己等，2009）。相反，对南方稻田的一些案例研究表明，有机无机复合施肥显得是增产增汇和减排双赢的重要和关键的综合减排技术途径（李洁静等，2009a,b；彭华等，2009）。

根据美国的研究，在农业生产中减少化肥、农药等的投入也可以实现温室气体的减排，因为其需要量的减少可以减少化肥生产量，从而减少能源消耗。当前中国农业粮食生产水平远远高于美国，但肥料施用的碳成本是美国的 2.4 倍[①]，特别是中国氮肥生产的能源消耗约是美国等发达国家的 3 倍（逯非等，2009）。因此，增产而减肥的技术、固氮作物和害虫综合治理技术都可以通过直接减少农业化学品投入而间接产生固碳增汇效应。豆科作物的种植和轮作，并不直接产生田间可测定的固碳减排实效，但通过减少氮肥生产而达到节能减排。豆科作物与其他粮食作物轮作，尽管豆科作物在生长过程中会排放 N_2O 气体，但可以大大减少化学 N 肥的施用。鉴于此，2009 年 7 月联合国批准了生物固氮而节省氮肥的清洁生产（CDM）减排机制途径[②]。从农业系统固碳减排技术的生产和环境效益的集成分析和农作物生产周期的碳足迹分析，可以证明有机无机配合施肥是中国农业减缓气候变化最有效、最经济

---

① 潘根兴.2009.中国农业与应对气候变化.CNC—IGBP 2009 年会报告，北京.

② ［2010-02-18］.http://cdm.ccchina.gov.cn/english/NewsInfo.asp？NewsId=3748.

的技术途径,尤其是中国有机废弃物资源化与循环农业仍是一个亟待解决的问题。对于生物黑炭技术由于一方面是解决秸秆燃烧释放温室气体问题,另一方面又具有改良土壤和增产的良好效应,将是未来减缓气候变化的一种可行的潜在技术选择(潘根兴等,2010b)。

3.6.3　温室气体减排成本和经济潜力分析

减缓气候变化的农业技术,因技术性质的不同而分别/或不同程度地涉及生产成本和施用成本。一般来说,农田管理的固碳技术成本连带于生产本来环节中,例如有机无机配合施肥技术、水分管理、灌溉等技术产生一些人工、机械和运输等能源成本,这些构成生产过程的投入碳成本,在农田一般占总流通的40%~70%(李洁静等,2009;彭华等,2009)。而少免耕等保护性耕作可能因减少了机械和人工投入而不产生额外的成本。而温室气体减排技术,例如氮肥硝化抑制剂、CH_4 抑制剂等,还可能涉及生产成本,这部分将反映在肥料价格中。在美国免耕无需碳补贴,而施用厩肥、堆肥等有机肥需的额外成本约为45~70美元/公顷。因此,在美国可实现的土壤固碳减排潜力主要取决于碳信用的价格。中国太湖地区施用有机肥固碳的边际成本约为200元/吨C,相当于20欧元(李洁静等,2009)。因此,农业固碳减排潜力还取决于经济可行性。农产品价格在一定程度上影响着农民田间管理的积极性和投入,也是农业固碳减排潜力可实现与否的重要因素。关于中国农业固碳减排的经济分析是一个急需研究的课题。

3.6.4　实现减排潜力的障碍与政策措施

农业的生产者和农田的管理者是农民。农业固碳减排需要农民的直接参与,农业实现固碳减排的潜力,首先需要建立鼓励农民积极参与的机制。根据南京农业大学对农民的调查,中国农民自觉减排的积极性有限,在有补贴的情况下才表现出较高的热情。当前,农业部门正在实施的有机质提升计划,国家财政每亩补贴3元,江苏省每亩补贴高达20元,但仍然是政府行政推动为主,实施中将财政补贴通过政府采购购买秸秆腐熟剂、有机肥等农资产品以食物发放农民。

前述指出,有机与无机配合施肥是最有效的固碳减排途径,而市场经济下产品有机肥是最方便和实用的有机培肥方式。但是,有机肥产业集中程度低、企业规模小,2009年春季含氮40%的尿素的市场价格每吨1500元,不同养分含量的有机肥价格每吨600~1500元,以单位养分比较有机肥产品价格往往较高,是制约农业废弃物有机肥还田的主要因素。目前国家财政按每吨200~300元给予补贴(江苏每吨补贴企业200元),但农民并未从中得到实惠。

另外,中国农业的经营规模和经营机制也在很大程度上制约固碳减排技术的推广。2006年,全国人均耕地面积不到1.3亩[①],户均耕地面积在长江三角洲、珠江三角洲、成都平原为2~4亩,西南山地区在4亩左右,在黄淮海平原较多也只有6亩左右,在西北黄土高原区可多至10亩。在南方地区,小规模的农户耕地平均分散在3~4块田块。中国农业的规模小、地块分散经营极不利于规模种植与吸纳和应用先进技术。在农村许多地区的农田经营采用外租的方式,外租经营者往往急功近利,不利于土壤和农业的生态环境效益的保持和发挥。

江西东北部的村级土地管理调查表明(张琪,2004),有1/3的农户采用外租方式将耕地短期租借给当地或外地农民,承包地耕层有机碳储

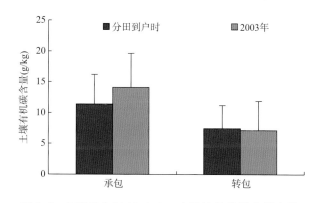

图3.6　江西省余江15户105个田块的耕层土壤有机质变化与土地经营权的关系

---

① 1亩＝1/15公顷,下同。

量是转包地的 1 倍，前者近 20 多年来平均固碳 0.12 克/（千克·年），而转包地不但没有固碳反而略有下降（图 3.6）。因而，现阶段土地转租不利于固碳减排。21 世纪初以来，在一些城市周边地区、黄淮海平原地区，因土地流转机制的逐步完善，规模化经营得到发展。例如在江西南昌市郊的南昌县，拥有 50 亩以上土地的种植大户近 1500 户，占水稻种植面积的 1/6。这种越来越趋于集中的土地经营方式将促进固碳减排和应对气候变化。

尽管如此，农业的固碳减排能力不可避免的受到了经济机制的制约，无论财政补贴还是碳交易在农业的固碳减排中将展现巨大的政策杠杆作用。中国农业效益比较低下，种植业一年的经济收益在南方双季稻地区介于 400～600 元/亩，在珠江三角洲地区也仅达 1000 元。按照南方稻区的碳汇边际成本（200 元/吨 C），当前观察到的良好管理下土壤固碳速率约为 0.3～0.6 吨 C/（公顷·年）（潘根兴等，2008），稻田区碳汇速率介于 3～5 吨 C/（公顷·年）（李洁静等，2009；彭华等，2009），平均每亩的固碳收益和碳汇收益分别达 4 元～12 元和 40～70 元，不到种植业收益的 1/10。一个 10 亩地的农户按碳贸易价格得到的年碳收益将只达数十元和 400～700 元。但是，50 亩的规模经营农户，土壤固碳和生态系统碳汇年碳收益可分别达 2000 元和 20000 元以上。因此，中国农业固碳减排的经济潜力将只有在有效的土地流转和规模经营基础上才能得以实现。其次，需要发展碳计量和报告机制，能即时对土壤固碳和生态系统增汇进行评估，以作为碳信用和碳交易的依据。而这是固碳减排经济学研究首先必须解决的技术问题。当前，国内尚缺乏对固碳减排的农业经济和农户经济行为的分析评价。

3.7 林业部门

3.7.1 温室气体减排技术现状和趋势

森林在维护全球碳平衡中起着十分重要的作用。全球森林面积为 41.61 亿公顷，其中热带、温带、寒带分别占 32.9%、24.9% 和 42.1%。虽然在全球各类植被类型中森林面积只占陆地总面积的 1/3，森林生态系统储存的碳约占全球陆地总碳库的 77%，森林地上植被碳库约占全球地上总碳库的 86%，每年固定的碳约占整个陆地生态系统的 2/3（Dixon et al.，1994）。据估算，2000—2050 年全球造林碳汇潜力达 28Pg C，若未来 50 年将全球可造林地全部造林，碳汇潜力达 38 Pg C。若全球停止毁林，每年可保护 1.2～2.2 Pg C；到 2050 年，减少热带地区毁林的碳汇潜力可达 14～20 Pg C 碳。2000—2050 年全球能源作物替代可达 20～73 Pg C。

因而，森林和林业活动在固碳减排上的重要作用受到国际社会广泛关注。2004 年，美国普林斯顿大学的 Pacala 和 Socolow 提出"稳定楔"理论以应对未来 50 年内气候变化的问题，其中利用森林来吸收大气 CO_2 是减缓气候变化的主要技术之一。世界自然基金会（WWF）在瑞士日内瓦发布了《气候对策：WWF 2050 年远景展望》报告和全球能源技术战略计划于 2007 年发布了题为《全球能源技术战略：应对气候变化》的研究报告，均将林业发展作为减排和调节气候变化的重要战略途径。

IPCC（2007）提出：林业是未来 30～50 年增加碳汇、减少排放成本、经济可行的重要措施。鉴于林业固碳减排的重要性，目前世界各个国家都积极探索林业行业的固碳减排技术，以期增强各个国家碳汇能力，并在国际气候变化谈判中争取主动权。目前，国际上有关林业固碳/减排技术的研究主要集中在减少毁林，造林再造林，加强现有森林的抚育管理（包括轮伐期确定、采伐方式选择、林地清理方式、肥料管理、火灾管理和病虫害防治等），薪柴、能源林等生物质能源对化石燃料的替代、木制品延长利用技术和对建筑材料的替代等方面。

在过去的 30 年中，中国大规模的林业生态工程建设使森林资源实现面积和蓄积量显著增加。根据第六次全国森林资源清查结果，中国林业用地面积 2.85 亿公顷，森林面积 1.75 亿公顷，森林蓄积量 124.56 亿立方米，森林覆盖率 18.21%。特别是人工林保存面积超过 0.467 亿公顷，居各国之首，约占世界人工林面积的 26%。森林资源的增加在提高固碳能力上发挥着巨大的作用。1981—2000 年，森林植被碳库由 4.3 Pg 增加到 5.9 Pg，年均碳汇为 0.075 Pg，相当于同期中国工业 CO_2 排放量的

11.4％。《中国应对气候变化国家方案》指出，1980—2005 年中国造林活动累计净吸收约 30.6 Pg CO_2，森林管理累计净吸收 16.2 Pg CO_2，通过减少毁林少排放 4.3 Pg CO_2。

中国十分重视林业在固碳减排中的不可替代的作用。2007 年《应对气候变化国家方案》中，明确了森林资源的保护和发展作为减排和应对气候变化的重要途径和手段；林业等生物固碳技术已列入国家应对气候变化科技专项行动的重点任务。2009 年 6 月召开的首次中央林业工作会议明确把发展林业作为应对全球气候变化的战略选择。根据国家颁布的《中国林业发展战略研究》，到 2050 年中国森林覆盖率将达到 26％以上。当基准年选为 1990 年时，2010，2030 和 2050 年新增林地的森林植被生物碳吸收量分别可达 0.61 Pg，1.11 Pg 和 1.30 Pg 碳。2000—2050 年，造林、封育和天然林保护累积碳汇达 7.8 Pg，其中 2000—2010 期间为 2.0 Pg，2011—2030 年可达 4.0Pg，2031—2050 年还可增 1.9Pg。虽然科学界对中国森林生态系统碳汇功能有了一定的认识，但有关森林生态系统的固碳减排技术研究则在近年来才逐渐引起重视，研究还相对较少，有关森林固碳减排的理论和技术体系尚未建立，中国林业固碳减排潜力未能充分发挥。

3.7.2 减排技术评价与选择

（1）增强林地碳吸存能力措施

中国森林植被平均碳密度介于 35～46 吨/公顷（Fang 等，2001），远低于世界平均水平 86 吨/公顷。改善林分质量，提高森林生产力，增加单位面积森林的碳密度，是提升中国森林碳汇能力的一个重要措施。

人工林连栽（如杉木、杨树、桉树等）导致地力退化是碳汇衰减的重要原因，而营造针阔混交林、针阔轮栽、加强抚育管理等措施，构建异龄、多层的林分结构，是增加人工林碳汇的一种重要措施。南方杉木林连栽（二代/三代）的碳密度比一代下降 22.9％和 35.0％（杨玉盛，1998）。而我国人工纯林树种单一，南杉北杨，造成人工林林分结构简单，群落光能利用率不高，导致森林固碳能力较低。南方三代杉木林采伐地营造杉木火力楠混交林生态系统碳贮量比继续营造杉木林（四代林）群落年碳吸存量增加 1.0～2.1 吨 C/（公顷·年）；良好集约经营的毛竹林年固碳量达 12.75 吨 C/（公顷·年），是粗放经营毛竹林的 1.56 倍（周国模等，2006）。

通过改进选种育种和种植技术，可以提高树木成材速率，增加单位面积的固碳效率。目前，杉木、马尾松、桉树、杨树等速生优良树种的大面积栽培已发挥了巨大的固碳效益。其他具有高碳吸存潜力的林木如杂交柳、杂交杨、柳枝稷、芦竹、柳属灌木等的选育已开始得到重视。碳汇人工林的林木选育应从固碳效率出发，重视碳吸存相关的林木性状（如生长速率、含碳率、木材密度、深根性等）和固碳效应研究。另外，从对乡土树种的选择，可以增强适应性、保护生物多样性，同时促进就地育苗就地种植，而减少苗木运输过程中的碳排放。

施肥在中国人工林经营与管理中开始得到广泛应用，但施肥对中国森林固碳的影响仍不明确。受 N 限制的森林，增加 N 输入能够增强净生产力和土壤有机碳储量，但施肥也可能通过改变凋落物和土壤 C/N 比，促进土壤呼吸，降低土壤有机碳储量。同时，施肥本身和肥料生产过程中会产生温室气体排放，因而，人工林施肥的碳汇效益仍具有不确定性。

（2）林地减排措施

减少采伐影响是保护现有森林碳贮存的重要途径。传统的采伐作业对保留木的破坏率可高达 50％。杉木林皆伐后生态系统碳库损失（包括植被和土壤）高达 51％；皆伐后采伐剩余物火烧加速矿质土壤有机碳分解，火烧后 5 天表土有机碳损失 17％（Yang 等，2005）。采伐后保留采伐剩余物可缓解碳库损失。如，杉木林皆伐后不采取火烧措施清理林地，保留的采伐剩余物碳约 17 吨/公顷，避免表土 3.4 吨/公顷碳的释放（杨玉盛等，1998）。采伐剩余物覆盖林地，降低了地表温度，减少了土壤有机碳的分解。保留采伐剩余物也减少了林地水土流失而避免土壤碳流失。在亚热带人工林，保留采伐剩余物迹地第一年土壤有机碳流失量仅为 19.5 千克/公顷，而火烧清理迹地高达 283.9 千克/公顷（杨玉盛，1998）。可见，在营林生产上应尽量避免采取皆伐、火烧，以减少土壤碳排放。采用良好林地更新方式也能较大程度提高人工林固碳效率。在福建三明亚热带地区的实验表明，天然更新、人促更新和人工营造米槠林固碳量分别为 10.7,17.1 和 13.5 吨 C/(公顷·年)，人工促进天然更新比传统的人工林皆伐火烧后再造纯林能明显提高林分固碳能力。

（3）合理轮伐，促进持续碳汇

森林碳汇经营目标有别于传统的用材林经营，调整轮伐期长短是保持和提高林地固碳效率的重要管理措施。以平均净生态系统生产力与连年净生态系统生产力相等的年限来确定轮伐期，不同立地条件下的杉木林碳汇轮伐期介于 32～43 年，长于杉木用材林经营轮伐期（30 年）。以地位级 I 的杉木林为例，分别模拟了 20 年、30 年和 40 年轮伐期整个生产经济系统（林地＋木材产品）碳贮量的变化，模拟的时间均为 120 年，则 30 年和 40 年轮伐期在 120 年内的林地碳贮量分别比 20 年轮伐期平均提高 50％和 80％，并显著提高经济效益。根据中国政府规划的未来各阶段森林发展目标，在 2011—2030 年期间开展长轮伐期造林估计累计碳汇达 1.9 Pg C，而在 2031—2050 年期间轮伐期造林仍可增汇 0.6 Pg C。当然，碳汇经营合理轮伐期的确定，还需要兼顾碳汇和木材双重效益。因而，轮伐期长短可能会因碳汇和木材价格的相对变动而调整。

（4）森林保护

成熟森林或老龄林一般具有巨大的生态系统碳贮量，但仍然具有明显的固碳功能。例如，广东鼎湖山国家自然保护区内 400 年成熟森林 0～20 厘米土壤碳汇达到 0.61 吨 C/(公顷·年)（Zhou 等，2006）。因而，保护现有的成熟森林特别是老龄林仍将获取很大的碳吸存效益。中国正实行大规模的天然林保护工程。根据全国生态环境建设规划，因天然林的保护和禁伐，2000—2050 年间形成碳汇累计可达 1.6 Pg C，而封育活动固碳潜力也达 1.5 Pg C。

森林火灾是各种干扰中对森林影响最大的因子。估计 1959—1992 年间中国森林火灾引起的碳释放约为 9 百万吨 C/年。而 1991—2000 年间中国森林火灾直接排放碳累积达 20.24～28.6 百万吨 C。另外，中国每年遭受病虫害的森林面积在 100 万公顷左右，这方面的碳库损失还没有系统研究。因此，火灾和病虫害发生后的及时应急处置预案，保护现有森林资源，也是增加森林碳汇的一个重要途径。

（5）退化地造林

至 2010 年，中国荒漠化、水土流失治理中造林形成的固碳潜力将达 32.59 百万吨/年（吴庆标等，2008）。若将 30％的荒漠化土地、沙化土地营造成灌木林，按照 5 年平茬一次，灌木林平均生物量 17.8 吨/公顷计算，新增造林地年均约可净生长 9.2 亿吨生物量，其固碳潜力可达 1.7 Pg CO_2。

在干旱缺水的西部地区，造林选择宜慎重，注意采用适地适树、乡土树种优先、按不同效益区划选择树种、多种乔灌草植物相结合等技术措施。在干旱草地区造林可能造成土壤碳库的相对消减，如科尔沁沙地退化草地营造樟子松人工林 32 年后，土壤有机碳、全氮和全磷含量分别下降了 21％,42％和 45％。

南方丘陵红壤水土流失区早在 20 世纪 50 年代初就进行了以造林、种草等生物措施为主的大规模生态恢复实践，也发挥着明显的碳汇功能。有研究表明，严重侵蚀退化红壤造林后生态系统总有机碳贮量将达到 49.9～113.1 吨/公顷，明显高于严重侵蚀地有机碳贮量 17.5 吨/公顷（杨玉盛等，2002）。对于严重退化的红壤侵蚀区，科学的造林模式与人工管理措施相结合对固碳和植被恢复效果亦同样重要。不采取恢复措施的严重侵蚀红壤乔木层有机碳积累速率仅为 0.03 吨 C/(公顷·年)，而采取种草促林措施的乔木层有机碳积累速率为 0.48 吨 C/(公顷·年)，而采取植灌促林措施的乔木层有机碳积累速率为 6.6 吨 C/(公顷·年)（杨玉盛等，2002）。严重侵蚀退化红壤土壤亦具有巨大的碳吸存潜力，造林后土壤固碳速率高达 1.1 吨 C/(公顷·年)。

沿海防护林建设也是增加我国森林碳汇能力的途径之一。研究表明，华南沿海木麻黄人工林生态系统年净固碳率达 11～31 吨 C/(公顷·年)。木麻黄纯林及其与厚荚相思混交林生物量碳贮量约分别为 72.2 和 74.3 吨/公顷，但混交林 0～100 厘米土壤碳贮量达 42 吨/公顷，比纯林平均提高 50％。因此，合理选择沿海防护林树种及混交模式不仅稳定防护林群落，也能够通过改良土壤提高生态系统碳贮存能力。

（6）生物能源林

中国发展生物质能源刚刚起步，但潜力巨大。现已查明的油料植物（种子植物）种类为 151 科 697 属 1554 种，其中种子含油量在 40% 以上的植物为 154 种，能够规模化培育利用的乔灌木树种有 10 多种。目前，作为生物柴油开发利用较为成熟的有麻疯树、小桐子、黄连木、光皮树、文冠果、油桐和乌桕等树种。中国现有的林木生物质年可获得量约 9 亿吨，每年可利用发展生物质能源的生物量大概为 3 亿吨左右，如果 3 亿吨林木资源都开发成能源被利用，可减少 CO_2 排放量 0.4 Pg 以上。目前还有宜林荒山荒地 5700 多万公顷和 1 亿公顷的边际性土地可用于大力发展生物质能源技术，以培养能源领域。

按照《全国能源林建设规划》和《林业生物柴油原料林基地"十一五"建设方案》，"十一五"期间中国将建设能源示范林基地 83.33 万公顷，到 2020 年要培育高产优质能源林 1333.33 万公顷，加上利用林业生产剩余物，林业生物质能源量占到国家生物质能源发展目标的 50% 以上。2007 年，首批林业生物质能源林基地建设项目在云南、四川等省正式启动，基地面积 60 多万亩，可实现约 6 万吨生物柴油原料供应能力。

近年来可替代性的生物质能源产业在我国发展迅速，但存在底子较薄、某些关键技术还不成熟等问题，尤其是生物质能源林产业（生物柴油、生物乙醇燃料）作为新兴产业，因其原材料及生产工艺的限制，目前尚不具备价格优势，短期内的发展还需要国家出台相关财政补贴及税收扶持政策。

（7）农林复合经营

农林复合系统固碳，与单一栽培的人工林或农作物相比能获得更高的地上和地下部分净碳吸存。农林复合系统固定 CO_2 的能力是单一农业系统的 1.6～2.1 倍。华北平原上泡桐-小麦-玉米和杨树-小麦-玉米复合系统分别比单纯的农耕地减少碳排放 0.23 吨 C/（公顷·年）和 0.50 吨 C/（公顷·年）。亚热带地区杉农复合经营的生物量是杉木纯林的 1.08～7.64 倍，杉木林郁闭后套种砂仁的复合模式可提高土壤有机质含量 4.2%～12.2%（杨玉盛，1998）。估计中国现有农林复合经营模式总面积达 4524 万公顷，碳汇总量估计为 1.8 Pg CO_2/a。当然，农林复合系统源汇效应取决于其建立前的土地利用情况和当前的管理措施，合理的设计和管理能使其成为有效的碳汇。

此外尚有大面积适宜进行复合农林经营的土地据估计中国东北、西南和东南三个区，如以 2000 年为基准线，2000—2030 年可用于固碳减排的农林复合经营面积分别为 720 万公顷、750 万公顷和 480 万公顷，潜在共可增加碳汇 2.9 Pg C。

（8）发展城市林业

近年，城市林业不但是城市生态屏障，也在人为植被固碳上具有重要作用。据北京、上海和南京等城市的森林碳储量变化的初步估计，城市森林碳密度介于 7.70～30.20 吨/公顷，年固碳量介于 0.06～4.80 吨/公顷。中国城市森林树龄普遍较短，尤其是新建城区植被比例较大，因此在未来相当一段时期内我国城市森林碳汇功能将持续增加。按中国城市森林平均固碳速率 2.4 吨/公顷计算，城市绿化率以 35% 计算，2007 年仅中国地级市市辖区森林固碳量可达 5200 万吨，相当于 2003 年全国森林碳储量（51.6 亿吨）的 1%（吴庆标等，2008）。

但目前尚无大区域尺度乃至全国城市森林碳储量估算资料。城市下垫面强烈的空间异质性和人为影响，也是造成城市森林碳蓄积估算误差大的原因。

（9）木材高利用率加工技术、木制品寿命延长技术和循环利用技术

2008 年中国木材产量高达 8100 万立方米，已经成为全球木质品家具的最大生产国和出口国。根据 IPCC 木质林产品的三种碳储量估算方法（储量变化法、生产法和大气流动法），中国 1961—2004 年的木质产品碳储量不断增加，年均增长高达 790～1170 万吨，2004 年中国木质产品碳储量为 393.6～532.4 MtC，是中国同期森林生物量碳储量的 7.6%～10.3%（白彦锋等，2009）。因此，提高木制品碳储量对中国今后实现减排目标具有重大意义。

目前，中国的森林采伐利用率和木材综合利用率分别为 61% 和 63%，与世界先进国家水平有较大的差距。应用先进木材切割技术可以直接提高原材出材率。此外，在木材加工企业适度采用木材结构，替代钢铁水泥还能产生可观的减排效果。

木制品使用寿命延长技术可以减少木材的需要量，采用化学药品处理、物理压缩以及与其他材料单元（合成高聚物、金属、非金属等）复合而成的新型材料，可使木制品碳储藏效果延长而减排。

3.7.3 减排技术的经济潜力

（1）林业固碳减排的成本分析

因自然与社会经济状况、项目规模、造林树种和造林模式等的差异，不同国家和地区的单位碳汇造林成本范围为 $0.1 \sim 40$ 美元/吨 C。而中国不同地区、不同造林方式的成本在 4.0 ± 2.9 美元/吨 C，森林碳的净现值在 3.0 ± 4.2 美元/吨 C；由于经济发展和汇率变动等因素，不同时期估算的碳汇成本将有很大差异。李怒云（2007）对中国造林成本的区域分布进行了研究，全国造林成本介于 $100 \sim 4025$ 元/亩之间，大部分区域造林成本介于 $100 \sim 485$ 元/亩之间，主要树种造林成本介于 $486 \sim 859$ 元/亩之间。

造林成本最低地区主要集中在亚热带的江苏、浙江、福建、广东等东南沿海地区，而在干旱或半干旱、西南干热河谷和其他石质山地等地区，立地环境恶劣，树木生长较慢，碳汇成本相应较高。造林、封育和天然林保护等林业活动的碳增汇成本也有很大不同（表 3.18）。从初始投资角度看，改善疏林管理促进森林生长是一个较好的选择；如果考虑成本净现值，则封山育林并不是经济上有利的造林方式。从森林经营管理看，天然更新的固碳成本最低，其次是森林保护。

表 3.18 我国林业活动固碳成本和成本净现值（单位：美元/吨 C）

林业活动	初始成本	成本现值
短轮伐期造林	$1.6 \sim 2.7$	$3.21 \sim 5.4$
长轮伐期造林	$0.9 \sim 2.5$	$1.09 \sim 3.02$
天然更新	$0.2 \sim 0.2$	$0.28 \sim 0.41$
森林保护	$1.07 \sim 2.54$	$0.42 \sim 0.8$

（2）森林碳汇贸易作为森林生态补偿途径的潜力分析

生态公益林是以发挥森林的生态效益为主导功能的森林，具有公共物品的属性。目前，中国建立了中央、省、县三级生态公益林补偿基金制度，中央、省级和县级财政分别占 96%，2% 和 2%。据测算，生态公益林造林成本、管护成本和禁止商业采伐的机会成本平均分别为每年 $200 \sim 300$ 元/公顷、$120 \sim 150$ 元/公顷和 $500 \sim 600$ 元/公顷（李文华等，2007）。因此，新造林平均成本合计为 $820 \sim 1050$ 元/公顷；现存林的平均成本合计为 $620 \sim 750$ 元/公顷。尽管中央财政已累计投入 200 多亿元，生态公益林的补偿标准较高的地区平均每年得到补偿 120 元/公顷，仍远远低于生态公益林的经济成本。

生态公益林通过自主减排碳交易市场实现公益林碳汇补偿将有巨大潜力。中国现有集体生态公益林 1 亿公顷，如果按 20 吨 CO_2/（公顷·年）的吸收强度，当前国际 CO_2 平均交易价格 20 美元/吨 CO_2 计算，生态公益林平均每年固碳价值 400 美元/公顷，总价值达 400 亿美元。根据《中国碳平衡交易框架研究》报告，中国如建立"碳源-碳汇"交易制度，以此为基础建立中国碳基金制度和中国生态补偿金制度，将推动碳汇林业的发展和森林对全国减排的巨大贡献。

3.7.4 小结

林业在固碳减排中具有不可替代的作用。IPCC AR4 归纳了林业固碳减排的四类方案，包括保持或扩大森林面积，保持或增加林地地层面的碳密度，保持或增加景观层面的碳密度，以及提高林产品的异地碳储量和促进产品和燃料的替代。从长远来看，可持续的林业管理策略（旨在保持或增加森林的碳储量，同时森林每年出产木材、纤维或能源）将会产生最大的持续减缓 CO_2 效益。改进采伐作业方式亦可有效保护碳储存。通过造林再造林和森林管理活动，能有效增加碳汇能力。另外，提高木材利用率，增加木质品利用寿命,也是减少温室气体的重要途径。

3.8 畜牧业

3.8.1 温室气体排放现状

畜牧业包括草地畜牧业和农区畜牧业。草地畜牧业主要依赖于草地及牧草的生产,因此草地(土壤)、牧草和家畜形成一个相互依赖、相互制约的草畜生态系统,而草畜系统的温室气体排放涉及家畜温室气体直接排放和草地温室气体排放及草地碳汇效应。农区畜牧业主要为集约化舍饲条件下的养殖生产,其日粮中精饲料主要依赖于玉米和豆粕,而粗饲料主要依赖于大量作物秸秆和部分来源于草地的牧草,因此农区畜牧业与农业系统的温室气体间接排放和家畜生产的直接排放有关。

草畜系统温室气体排放是畜牧业温室气体排放的主要方面。草地贮藏全球陆地生态系统 $36\%\sim64\%$ 的碳,而放牧草地贮藏了全球 $10\%\sim30\%$ 的土壤 C。近年来,中国草地碳储量减少,CO_2 和 N_2O 排放大幅提高,草地 90% 以上退化,其中 $1/3$ 以上重度退化,草地碳库及其调控体系面临严峻而紧迫的威胁。另一方面,适度放牧可维持土壤健康和草地碳库。因此,草畜互作是农业系统温室气体调节的重要途径。草食家畜是重要的 CH_4 和 N_2O 排放源,向家畜提供高品质牧草,可以有效提高家畜饲料转化率,减少 CH_4 的排放和排泄物 N_2O 的释放水平。

家畜养殖可排放大量温室气体。家畜 CH_4 排放量占人类源甲烷排放的 $35\%\sim40\%$,家畜 N_2O 排放量可占人类源 N_2O 总量的 $2/3$。据 2007 年我国统计年鉴,中国养猪量达 5 亿头,占世界的二分之一;山羊和绵羊量 3.69 亿只,居世界首位;鸡养殖量达 45 亿只,居世界首位;牛和水牛存栏量为 1.7 亿头,居世界第三位。随着中国畜牧业的快速发展,其温室气体排放量将趋于总体增加趋势。

3.8.2 养殖业甲烷排放及其减排

养殖业甲烷生成主要源自动物胃肠道发酵和粪尿有机物厌氧发酵。据 FAO(2009)估计,2004 年中国动物消化道发酵产甲烷 885 万吨,占全球的 10.3%,其中以肉牛的排放量为主,512 万吨,占 58%;其次为绵羊和山羊,共产生 151 万吨,占 17%;水牛 125 万吨,占 14%,奶牛 49 万吨,占 5%。此外,尽管猪不是反刍动物,但由于中国生猪存栏量大,约占全球二分之一,猪的甲烷排放量为 48 万吨(表3.19)。

表 3.19 2004 年全球消化道发酵产甲烷量(单位:百万吨/年)(根据 FAO,2009)

地区/国家	奶牛	肉牛	水牛	绵羊、山羊	猪	总量	所占比例/%
印度	1.7	3.94	5.52	0.91	0.01	12.08	14.07
中国	0.49	5.12	1.25	1.51	0.48	8.85	10.31
其他国家	13.5	41.09	2.73	7.02	0.6	64.94	75.63
全球总计	15.69	50.16	9.23	9.44	1.11	85.87	100

家畜产生的甲烷量主要来源于反刍动物,反刍动物瘤胃发酵所产甲烷约占人类活动甲烷总产量的 22%,是全球甲烷总排放量的 15%。一头牛每天产甲烷 $250\sim500$ 升,全球 13 亿头牛所产甲烷占家畜甲烷总排放量的 $73\%\sim80\%$。随着近年来农业结构调整,中国食草型的牛、羊业发展迅速。河南、河北、山东、安徽等是牛存栏和出栏数量最大的省份,在反刍动物养殖中很大程度上依赖于农作物秸秆,而这种以粗饲料(玉米秸、稻草、麦秸)为主的养殖模式条件下,虽利用了大量农作物秸秆作饲料,促进了农区养畜的迅速发展,但同时导致反刍家畜甲烷产量大幅度增加。中国反刍动物饲喂数量巨大,其排放甲烷还有关饲料能量的损失(甲烷可占总能的 $5\%\sim15\%$)。在第三世界国家,秸秆等低质粗饲料

是反刍动物产生大量甲烷的主要原因。

除肠道产甲烷外，畜禽粪尿有机物厌氧发酵是养殖业甲烷排放的另一途径。据 FAO(2009)统计表明，2004 年中国动物粪便甲烷排放量约为 384 万吨，其中猪粪便管理系统甲烷排放为 343 万吨，占 89%。养禽产甲烷 14 万吨，占 3.6%；肉牛等 11 万吨，占 2.8%；奶牛 5 万吨，水牛和羊（绵羊和山羊）各产 5 万吨（表 3.20）。

表 3.20　2004 年全球粪便产甲烷量（单位：百万吨/年）(FAO 2009)

地区/国家	奶牛	肉牛等	水牛	绵羊、山羊	猪	禽	总	所占比例/%
印度	0.2	0.34	0.19	0.04	0.17	0.01	0.95	5.42
中国	0.08	0.11	0.05	0.05	3.43	0.14	3.86	22.01
其他国家	2.8	3.98	0.1	0.25	4.77	0.83	12.73	72.58
全球总计	3.08	4.41	0.34	0.34	8.38	0.97	17.54	100

目前降低反刍动物甲烷排放量的主要技术措施是提高动物营养和调控瘤胃功能。从相关技术的甲烷减排能力来看，增加谷物饲料量、粗饲料加工造粒处理等不适于养殖业低成本生产；而饲料添加二羧酸及其钠盐和包被饲料能有效降低甲烷产量，改变指氢气利用途径产生丙酸，但体内作用效果有待进一步证实；添加油脂虽能降低甲烷产生量，但在一定程度上影响了饲料中纤维降解率；添加离子载体类抗生素可有效降低甲烷产生量，但也影响瘤胃纤维降解性能，且可能产生潜在的食品安全问题；益生素特别是化学益生素是比较有发展前途的调控措施，不仅能降低甲烷产量，而且对动物和环境无副作用。

一些可以发挥作用的技术措施包括：

(1)饲料产甲烷性能调节

1)提高草地牧草生产效率、提高饲草料品质。牧草的类型、组成、饲喂水平以及植物的不同生长阶段都可以通过调节瘤胃周转率来调节瘤胃发酵。摄入高质量牧草时，以甲烷形式损失的饲料能量降低。选用营养期牧草来提高动物生产性能，能降低单位摄食量的甲烷排放量。所以，培育和提高草地优质牧草，是草地养殖业甲烷减排的优先技术发展需求。在农区畜牧业中，改善低质饲料的品质可提高消化率和瘤胃内食糜颗粒的流通速率，减少瘤胃甲烷生成和粪便中残留的有机物，进而减少单位饲料消耗的甲烷产量。而干草粉碎和制粒、稻草的氨处理以及玉米等饲草的青贮和微贮都能有效提高饲料利用率，减少甲烷产生。

2)调节日粮组成，减少瘤胃甲烷生成日粮精料比例的增加可促进微生物群落结构的适应性变化，并改变瘤胃细菌发酵生成甲烷前体的比例，从而大大减少了单位产品（肉/奶）对应的甲烷产量和甲烷能比例。

(2)饲料产甲烷性能调节

1)饲料添加植物成分调控瘤胃甲烷生成植物次生代谢物如皂角苷、单宁、精油可显著抑制瘤胃甲烷产生。皂苷主要通过抑制原虫来抑制瘤胃甲烷的产生，茶皂苷还可通过降低甲烷菌活性减少甲烷的产生。然而皂苷对原虫和真菌的抑制作用可能影响瘤胃粗纤维降解。油菜籽油、向日葵籽油、和亚麻籽油等精油或富含精油的植物也能抑制瘤胃甲烷的生成，但作用机理不清楚。与粗料相比，在精料中添加椰子油对甲烷排放的抑制效果更好。大蒜油中的有机硫化物能抑制产甲烷菌活性。芥子油也可抑制产甲烷菌活性。但这些成分在饲料中添加过多不仅增大成本，还可降低采食量和饲料消化率，影响钙磷代谢。富含单宁的植物能降低体外及绵羊、羔羊和牛体内瘤胃甲烷的产量，可能由于它们对甲烷菌活性和瘤胃纤维降解的作用。

2)添加电子受体调控瘤胃甲烷生成

饲料中添加苹果酸和富马酸可减少生成甲烷的氢气。虽然二羧酸也能有效改变氢的利用方向，使其生成丙酸而降低甲烷产量，但反刍动物二羧酸的添加会降低瘤胃 pH 值，这可能影响瘤胃发酵。因此，可以添加这些酸的钠盐

3)益生素和化学益生素调控瘤胃甲烷生成酵母和酵母培养物能直接影响瘤胃发酵,增加动物生产性能,尽管其作用机理还不太清楚。酵母需要每天喂,这种技术一般适合用于奶牛和肥育肉牛。乙酸菌也存在于成年反刍动物的瘤胃内,但数量非常低。增加乙酸菌在瘤胃内的数量是调控瘤胃发酵的可行途径,但还需进一步研究影响乙酸菌活性的因素和提高瘤胃内乙酸产量的方法。有关添加甲烷氧化菌控制产甲烷的研究也见报道,甲烷氧化菌(Brevicillus parabrevis)作为益生素应用于体内外试验中,使甲烷产量分别减少 5.9% 和 18.2%。但是,甲烷氧化菌的体内应用效果还鲜见报道。

化学益生素是一类促进肠道有益菌增殖的饲料添加剂。果寡糖作为化学益生素在牛中的应用效果很好。在饲喂干草和 30% 精料的绵羊日粮中添加 20 g 果寡糖使甲烷产量下降 10%,公牛日粮中添加 50 g/d 的果寡糖能使甲烷产量降低 11%,但是,化学益生素的作用和机理还有待深入研究。

(3)培育高生产性能品种,降低单畜排放强度

培育高生产性能品种,改善饲养管理,提高畜群群体生产力,是反刍动物甲烷减排的另一可行技术途径。由于遗传因素对反刍家畜生产性能的发挥具有关键作用,因此,通过不断选育品种,提高生产力,可适度减少饲养总量,减少动物本身维持需要的消耗及其在维持消耗下所产生的甲烷,同时单位畜产品的甲烷排放量也随之减少。此外,优化畜群结构,淘汰低产畜、病畜,优化奶牛合理有效的利用年限,均是提高反刍家畜个体生产力,减少胃肠道总甲烷排放量的主要技术对策。

(4)改善饲养管理,提高畜群群体生产力

对放牧家畜补饲精料或改为舍饲也能有效减少单位产品的甲烷产量。在放牧条件下补饲精料后,奶牛产奶量明显提高,单位奶产量的甲烷产量则显著降低,育肥牛单位增重的甲烷产量也相对降低。在相同饲料条件下,与限饲相比,自由采食的反刍家畜采食量大,每天甲烷产量相对较高,但生产效率的提高使单位产品的甲烷排放量降低,同时有利于减小饲养规模,减少家畜维持状态下产生的大量甲烷。此外,优化畜群结构,淘汰低产畜、病畜,优化奶牛合理有效的利用年限,均是提高反刍家畜群体生产力,减少胃肠道总甲烷排放量的主要技术对策。

另外,维持瘤胃低 pH 环境,适当使用抗生素或药物,选择性选择性地抑制产生 H2 的细菌、原虫和甲烷菌生长也是减少反刍动物甲烷排放的技术方面。但是,我国养殖业甲烷排放的技术发展还很初步,目前看来尚无系统和经济有效的专门技术体系,而且养殖业饲料管理单一的调控措施很难最终和持久发挥甲烷减排效果。

3.8.3 养殖业与养殖环境的减排潜力分析

(1)提高反刍动物生产效率的减排潜力

反刍动物生产效率高低直接影响甲烷的排放总量,据推测,通过提高家畜生产力减少的甲烷排放量可占到动物胃肠道甲烷排放总量的 10%～30%。该措施的主要原理在于,提高反刍动物的生产效率有助于降低养殖总量,从而单位畜体的甲烷排放总量降低。据 IPCC(1996)调查报告显示,仅改良品种可使全球每年甲烷排放量减少 1～6 Mt。

(2)饲料合理配制的减排潜力

牧草的类型、组成、饲喂水平以及植物的不同生长阶段都可通过调节瘤胃周转率来调节瘤胃发酵。摄入优质牧草时,以甲烷形式损失的饲料能量可降低 15%。据 IPCC(1996)调查报告显示,提高饲料消化率每年甲烷排放量可减少 1～3 Mt,而提高饲草饲料品质和均衡供应营养素每年甲烷排放量可减少 10～35 Mt。

(3)低质粗饲料资源合理利用的减排潜力

反刍动物摄食低质量的粗饲料特别是作物秸秆(如玉米秆、稻草秸秆、麦秆等)能产生大量甲烷。亚洲国家采用作物秸秆饲喂反刍动物是一个普遍现象。在中国反刍动物养殖很大程度上依赖于农作物秸秆,虽利用了大量农作物秸秆作饲料,促进了农区养畜的迅速发展,但同时导致反刍家畜甲烷产量大幅度增加。

中国每年秸秆的生产总量达 7 亿吨,其中相当一部分被用于饲喂给反刍动物,因此,合理利用粗饲

料资源,有助于我国养殖业甲烷减排。改善粗饲料品质,对秸秆进行加工处理,玉米等饲草的青贮和微贮都能提高饲料利用率,减少甲烷产生。尽管目前已有多种提高粗饲料利用资源的方法,但效果仍不理想。

降低养殖业温室气体排放是一个综合技术问题,需要再改善粗饲料品质、营养调控、加强育种、提高动物的生产性能及改进饲养管理措施等方面进行整合和配套。因此,同时降低整个养殖业废弃物产生和饲料与能源的浪费在我国畜牧业温室气体减排中是不可忽视的方面。目前尚无这些技术的系统形成,因而全面评估畜牧业温室气体减排潜力还十分困难。

3.9 农林废弃物

3.9.1 农林废弃物温室气体排放现状

（1）农林生物质废弃物产生与处理现状

农业生产产生大量秸秆废弃物。目前,中国18亿亩耕地各类农作物年产生秸秆总量约7亿吨,其中水稻、小麦、玉米等大宗农作物秸秆在5亿吨左右,秸秆还田处理和综合利用不到25%。

中国农村生活垃圾等有机废弃物排放量也十分惊人,据估计人均日产生活垃圾量约0.5千克,而城镇可达1千克。2008年全国即全国城镇生活垃圾清运量约为2.0亿吨,村庄生活垃圾清运量约为1.2亿吨,总计达3.2亿吨,大部分为餐厨生物质废弃物。近年来仍以8%～10%的速度增长,而无害化处理率不到1/5(例如天津市"十一五"期间处理率为19.3%)。生活垃圾处理成为环境保护的难题。

同时,高速发展的畜牧业带来养殖业畜禽废弃物大幅度增加。2000年国家环境保护总局对全国23个规模化养殖集中的省、市调查显示,1999年我国禽畜粪便的产出量约为19亿吨。2003年已经达到鲜重35.25亿吨。据一些大城市郊区的调查,养殖业畜禽废弃物利用率一般不到20%,如北京市的畜禽粪便加工处理能力仅有22万吨,处理率仅为3%。

中国林业加工和利用中也产生大量木制品废弃物。尽管这些木质废弃物循环利用技术(热解利用和水解利用;生产洁净能源;生产人造板;生产复合材料;制作木质陶瓷等)已经相当成熟,但由于收集困难、原料污染(木质废弃物混杂矿物质、泥沙、化学防腐剂、涂料等废料,目前还没有对应成熟的处理工艺),循环利用的经济效益低,因而废弃和堆置仍是中国木材工业的主要废弃物来源途径。

（2）农林生物质废弃物温室气体排放

农田秸秆因没有可行的处理技术而导致大量温室气体排放。以河南为例,全省秸秆总量约7000万吨/年,因为腾茬的需要,就地焚烧达3500万吨/年,相当于每年烧掉1750万吨/年标准煤(马骥,2009)。据估计,中国每年因秸秆燃烧产生的直接排放达70百万吨C。粪尿有机物厌氧分解产生大量温室气体,包括甲烷和N_2O,其中粪尿排泄物释放的N_2O是人类活动产生N_2O的三分之二。畜禽粪尿有机物厌氧发酵是养殖业甲烷生成的另一途径。据FAO(2006)统计,2004年中国动物粪便甲烷排放量约为384万吨,主要以猪粪便管理系统甲烷排放为主,产生343万吨,占89%,这主要由于猪饲养量大,约占全球二分之一。养禽产甲烷14万吨,占3.6%,肉牛等11万吨,占2.8%,奶牛5万吨,水牛和羊(绵羊和山羊)各产5万吨。生活垃圾废弃物的堆置和环境释放产生的温室气体还没有系统的估算和评价,林木生物质的丢弃和堆放产生的温室气体也还没有研究资料。

3.9.2 温室气体减排技术与潜力

（1）农业废弃物处理的行业技术

1）农业秸秆还田

秸秆还田作为保护性耕作的主要技术对于减排具有明显意义。这部分已经在农业部分阐述,稻田秸秆还田往往会产生较多的CH_4排放,但可能抑制其N_2O排放,其综合结果将是净的CO_2当量减排。

2）废弃物堆肥有机肥化

畜禽废弃物堆肥化也是证明可以显著减少废弃物排放的技术。采用高温堆肥将畜禽废弃物制成有机肥可以起到明显的减排作用。据陈同斌等（2010）估计，生产1000万吨这种堆肥有机肥可替代20％的化肥，每年可以减少肥料制造的温室气体排放1500万吨CO_2。

3）沼气转化减排

在农村建设户用沼气池、生活污水净化沼气池和大中型沼气池等各类沼气工程，将秸秆、养殖业废弃物转化为能源沼气技术已经成型和普遍推广。秸秆沼气池可以将1吨秸秆转化为250立方米沼气，可供一户农户1年生活所需。2003年以来，国家累计投入资金190亿元支持农村沼气建设，截至2008年底，全国农村户用沼气达到3050万户，各类农业废弃物处理沼气工程3.95万处（大中型养殖场沼气工程2700处），乡村沼气服务网点7万个。总计3050万户用沼气和养殖场沼气工程年生产沼气约122亿立方米，生产沼肥（沼渣、沼液）约3.85亿吨，相当于替代1850万吨标准煤，减少CO_2排放4500多万吨。目前，四川/贵州的农村沼气减排已经作为自主减排交易项目在大面积推广，国内首个农户沼气自愿减排项目已落户贵阳。

根据农业部编制的《全国农村沼气工程建设规划》，到2010年，全国将有4000万农户用上沼气，达到适宜农户的30％左右；全国规模化养殖场大中型沼气工程总数达4700处左右，达到适宜畜禽养殖场总数的39％左右。全国沼气工程每年可产生约154亿立方米的沼气，相当于替代2420万吨标准煤的能源消耗和1.4亿亩林地的年蓄积量，年减少CO_2排放约6000万吨。

4）养殖业废弃物减负管理减排

合理的粪尿排泄物管理是实现温室气体的可行和必要措施。如畜舍原位废弃处理利用自然干式卫生技术，可少或不产生污水排放问题；养畜、养禽通过一定垫料使家畜产生的粪便与垫料发生发酵技术，可保证家畜正常生长，在3～4年内无需清洗，因此无污水排放，达到减少废弃物减排效果。该技术最早在日本和韩国推广应用，目前中国部分省市也在推广应用；养殖业废弃物重新利用技术则是通过干湿分离清粪法，将干粪有机质进一步用于特种养殖的基质，生产蝇蛆和蚯蚓等。

（2）农林废弃物生物质炭化利用综合减排技术

采用不利用外加能源的热裂解技术可以对废弃物生物质碳进行炭化处理而实现废弃物温室气体减排（潘根兴等，2010a）。对一定含水量的农林废弃物生物质采用550℃以下热裂解工艺和连续式碳化立窑，并通过水/汽两道分离装置可以地连续处理废弃物生物，分离得到的气体经过净化和纯化成为可燃气，可以作为生活能源或气体发电并网。液体为木醋液和生物焦油，可以用来生产生物制剂或进一步进行精炼生产生物柴油。目前可以实现在同一条生产线上将秸秆等具有一定热值的有机废弃物全部处理，产品包括生物黑炭、生物焦油和可燃气。1吨干生物质可获得300千克左右的炭，250千克左右的木醋液和800～1000立方米左右的可燃气，外加40千克左右的生物焦油。

热裂解立窑技术可满足水分含量达25％的废弃物的转化，如果是含水量更高的废弃物（例如畜禽规模化养殖废弃物和生活垃圾废弃物），只要作自身转化的燃气回流利用工艺改造和适当采用轮窑加速脱水，或者湿法热解，仍可生产实现生物质碳化而得到生物黑炭和焦油；根据不同的工艺和设备，适用于生物质碳化转化减排而实现综合减排的废弃物原料可以是木屑、树皮、和各种作物秸秆（作物茎叶，果壳，米糠），其他有机废弃物如制糖工业中甘蔗渣、制油工业中油菜饼和橄榄油的残渣、畜禽养殖废弃物、纸渣和污泥等。因为采用中低温工艺环境污染小，不需燃煤，免除废弃物粉碎过程，生产过程由中央控制系统控制，洁净而自动化程度较高，能做到连续生产，从而改变了废弃物处理减排技术的手工化人力操作，做到连续地生产线生产，符合现代产业化特点．这种技术有可能成为废弃物生物质循环利用的综合温室气体减排关键和战略技术（潘根兴等，2010 b）。

热裂解生物质碳化技术优于其他生物能技术不在于其产物保持了多达50％的生物质碳，还在于它适合施用于农田，能带来显著增产和减排的间接效应。生物质能的燃烧排放约占全球CH_4排放的10％和N_2O排放的1％。将生物能作物裂解转化为生物质碳尽管不能消除这些排放，但是能通过热裂解大大减少能源释放。

秸秆等废弃物生物质炭化减排的途径包括因为资源化利用而避免了燃烧排放，生物质炭化的生物燃气作为替代能源而减少化石能源排放和应用后减少农田温室气体直接排放。

首先，生物质碳转化，避免了堆放和废置的排放，中国每年仅秸秆焚烧排放达0.26 Pg CO_2；其次，生物质炭化产生的可燃气可以作为替代能源,通过替代等当量的能源消费而产生替代性减排效应。按每吨干生物质碳化产生 800 立方米可燃气,仅农作物秸秆废弃物 7 亿吨,全部转化可产生约 5 千亿立方米可燃气,按 2.5 立方米可燃气发 1 度电,年可发电 2500 亿度,抵消约 0.7Pg CO_2 当量的能源排放。

其次,国内外的大量试验表明,农田施用生物质黑炭大约可以减少 10% 的肥料施用量,在肥沃稻田的试验可以减少高达 50% 的氮肥施用量(Zhang 等,2010)。按每公顷施用 10 吨生物黑炭,可以减少氮肥施用量 10% 计,每年 7 亿吨秸秆的生物质碳转化可产生约 1 亿吨生物黑炭,可施用农田面积达 1 千万公顷,相当于 1/10 的全部农田。中国年农田施用氮肥总量约 5 千万吨,至少可每年节省约 50 万吨的氮肥。生产每吨氮肥产生约 5 吨 CO_2,相当于避免化肥工业温室气体排放 2.5 百万吨 CO_2。

最后,生物黑炭施用于农田表现出显著的土壤反硝抑制作用,降低土壤 N_2O 排放系数。在稻田施用生物黑炭每公顷 10～40 吨,N_2O 排放系数降低 50%～70%(Zhang 等,2010)。生物黑炭的固碳作用可以从土壤固碳导致土壤碳库增加的碳量直接估算。以产量 10.5 吨/(公顷·年)的稻田为例,将其秸秆全部转化为生物黑炭(1 吨秸秆产生 300 千克生物黑炭计),每年可增加土壤有机碳 3 吨 C/(公顷·年),中国全部稻田(约 3000 万公顷)可能增加土壤碳汇约为 90 百万吨。这远远超过 IPCC 第四次评估报告中提出的农业土壤可以减排 20% 而计算的我国农田固碳潜力 60 百万吨。可以抵消中国 2006 年总温室气体排放量 1.6 Pg 的 6%。如果全部农田秸秆能通过生物黑炭还田,则减排潜力可能达到 2006 年总温室气体排放量的约 10%(潘根兴等,2010a,2010b)。当前,国际上正在编制农业秸秆等废弃物生物质炭化的全生命周期综合减排效应评价方法,并努力推动将其作为农业减缓气候变化的重要途径之一(Roberts 等,2010)。

3.9.3 废弃物减排的技术和经济分析

农业废弃物资源化减排虽然在技术上具备极大的潜力,但因成本问题存在十分明显的经济制约。首先,大量的废弃物分散在田间和养殖场,需要收集、集中和运输。以秸秆的收集为例,1 亩稻田秸秆收集的工时至少 0.5 个工,收集成本约达每吨 70 元;而秸秆还田处理仅需拖拉机打碎处理,每亩约需费用 30 元,每吨仅需 50 元左右;利用鸡粪猪粪等养殖业废弃物生产有机肥的成本介于 200～500 元/吨,平均为 400 元/吨.而氮肥和磷肥的成本分别约为 1500 元/吨和 3500 元/吨(2008 年),按单位养分含量计算,化肥仍优于有机肥,沼气的成本约为每吨废弃物处理 120～150 元。

生物质碳化转化还田也需要一定的技术和设备投入,首先需要对原料收集/运输和仓储的成本.根据河南三利新能源公司农作物秸秆生物质碳化生产可燃气、生物黑炭的企业效益的评估,该公司采用租赁秸秆打包机给农民经纪人,后者完成收集运输和仓储,秸秆的生产前成本达 250 元/吨,同时还有企业的生产线和运行成本。根据美国农场式生物黑炭生产系统的评价,生产 1 吨生物质碳的成本约为 40 美元/吨 C(即 1 吨秸秆处理的成本约为 500 元),这样以秸秆废弃物处理的整个成本约达 700 元/吨。养殖业废弃物和以生活垃圾味承载的农业废弃物的生物质碳处理还需要另外的脱水和污水处理成本,至少每吨将达到 800～900 元/吨。因此,若以秸秆直接还田,秸秆和养殖业废弃物生产有机肥和生物质碳化生产可燃气和生物黑炭等三个最有代表性的废弃物处理减排为基本途径,并主要考虑土壤增碳增汇和节省化肥的减排增汇效应,则不同技术下的减排的经济潜力估计列于表 3.21。

表 3.21 不同成本下农业废弃物处置温室气体减排的经济潜力估计

方式和途径	成本/(元/吨废弃物)	经济潜力/(百万吨 CO_2)
秸秆还田	50	0.11
沼气	120—150	0.15
有机肥	200—500	0.18
生物质碳化	700—900	0.25

注:土壤有机碳的变化参数分别引自王成己等(2009)和 Wang 等(2010);有机肥养分的化肥替代减排引自刘洪涛等(2010)。

3.9.4　废弃物温室气体减排的障碍和政策措施

目前,中国废弃物处置和资源化利用技术发展方面还存在很多管理和政策缺陷。

(1)中国在养殖业排放的管理政策和措施相对滞后

中国废弃物的堆放、处理有待规范,养殖场减排技术如发酵床养殖技术还处于起步阶段,只有小范围的示范,废弃物资源化处理的很多技术处于研究阶段,有的技术也只是在小范围内推广或示范。例如,养殖业废物生物质重新利用技术,虽然可以开发高质量的饲料添加剂,还能生产生物制剂,增加产品附加值,但该技术需要生物技术产业的支撑,不适于农村推广。

(2)废弃物收集缺乏机制和动力

劳动力价格因素也决定了农民不屑于投入劳动和工时去收集废弃物,使农业生物质真正被遗弃为"农村废弃物"。农业经营规模小,农田分散管理,分散的废弃物缺乏规模效益。家庭联产承包责任制下,一般农户的经营规模在数亩,养殖场在数十头,失去收集、生产和加工农业废弃物而投入农业的利益驱动,另外,年轻农民不喜欢废弃物收集处理的脏活累活。再者,传统废弃物收集和某些"除废"方式不符合现代农村发展实际和农民生活方式改变,不符合现代洁净生产和体面生产的要求。然而一些以"除废"为目标的处理方式,往往"环境不友好",引发公众关注,推行难度大。例如城镇垃圾焚烧发电,由于公众对空气环境质量的担忧,选址不易被公众接受,曾经发生已经建设的垃圾发电厂不得不下马的案例。

因此,需要有政策和机制的配套建设。国家应着手对农业行业在保证农产品安全生产的同时,在节能减排上予以引导和政策性扶持或补贴。国家对生物质能源的生产采取了积极的引导和扶持政策,那么对废弃物生物质利用和减排产业应该同样给予专门的减税和补贴政策,尽快在国家气候变化和新农村建设的相关框架内落实优惠的激励政策。另外,建议尽快开展进行自主减排交易或行业和地区碳补偿,以使废弃物生物质转化和减排技术得到更快发展和推广。

3.9.5　小结

中国农林业和农村秸秆、禽畜粪便和生活垃圾等生物质有机废弃物面广量大,是农业温室气体的重要排放源,同时又是农业环境污染的主要源头。废弃物资源化处理具有十分显著的温室气体减排潜力,同时对于中国农业生产中有机培肥和改良土壤以及循环农业具有不可替代的作用。不同的废弃物资源化技术存在技术经济和成本以及劳动力的限制,一些技术还不能满足现代产业化生产。当前,以热裂解为基本原理的废弃物生物质碳化产业化技术已经成型,有望成为农业和农村有机废弃物资源化利用的最佳解决方案,显现出温室气体减排的巨大潜力,并可能发展为中国低碳农业和循环农业以及国际农业减排技术竞争的根本技术支撑。只有通过国家的适当的经济补贴或刺激政策,才有可能从经济上激励农业废弃物生物质碳化而实现巨大的减排潜力,并在国家整个温室气体减排战略中占据关键地位。当前,需要产业化上解决政策和经营管理的支持机制。

参考文献

白彦锋,姜春前,张守攻.2009.中国木质林产品碳储量及其减排潜力.生态学报,**29**(1):399-405.

陈曙红.2007.我国汽车排放新标准.交通标准化,**167**:16-20.

冯相昭,邹骥,许光清.2008.中国燃油经济性标准的经济研究.环境保护,**392**:23-26.

耿瑞涛.2008.我国建筑节能问题的经济思考.北方经济,**3**:30-31.

国家电力监管委员会.2009.电力监管年度报告 2008.http://www.serc.gov.cn/zwgk/jggg/200904/W020090423388640605404.pdf.2009-8-23..

国家发展和改革委员会能源研究所.2009.中国 2050 年低碳发展之路:能源需求暨碳排情景分析.北京:科学出版社.

国家统计局.2010.中国统计年鉴 2010.北京:中国统计出版社.

国家统计局.2011a.中国统计摘要 2011.北京:中国统计出版社.

国家统计局.2011b.中国统计年鉴 2011.北京:中国统计出版社.

胡秀莲,等.2007.中国减缓部门碳排放的技术潜力分析.中外能源,**12**(4):1-9.

交通运输部规划司.2011.2010 年公路水路交通运输行业发展统计公报.

李洁静,潘根兴,张旭辉,等.2009.太湖地区长期施肥条件下水稻—油菜轮作生态系统净碳汇效应及收益评估.应用生态学报,**20**(7):1664-1670.

李志鹏,潘根兴,张旭辉.2007.改种玉米连续 3 年后稻田土壤有机碳分布和 13C 自然丰度变化.土壤学报,**44**(2):244-251.

刘宏等.2007.甲醇汽车和电动汽车的煤基燃料路径生命周期评价.汽车节能,(5):.

刘洪涛,陈同斌,郑国砥,等.2010.有机肥与化肥的生产能耗、投入成本和环境效益比较分析.生态与农村环境学报,**19**(4):1000-1003.

逯非,王效科,韩冰,等.2009.农田土壤固碳措施的温室气体泄漏和净减排潜力.生态学报,**29**(9):4993-5006.

吕安涛,冯晋祥,李祥贵.2003.我国汽车排放标准的发展现状及对策研究.交通标准化,**120**:39-42.

马骥.2009.中国农户秸秆就地焚烧的原因:成本收益比较与约束条件分析——以河南省开封县杜良乡为例.农业技术经济,(2):77-84.

麦肯锡.2009.中国的绿色革命:实现能源与环境可持续发展的技术选择.

欧训民,张希良.2010.中国低碳车辆技术现状与发展趋势.气候变化研究进展,(2):136-140.

潘根兴,张阿凤,邹建文,等.2010a.农业废弃物生物黑炭转化还田作为低碳农业途径的探讨.生态与农村环境学报,**26**(4):394-400.

潘根兴,林振衡,李恋卿,等.2010b.试论我国农业和农村有机废弃物生物质碳产业化.中国农业科技导报,**13**(1).Doi.:10.3969/j.issn.1008-0864 2011.01.

潘根兴.2008.中国土壤有机碳库及其演变与应对气候变化.气候变化研究展.**4**(5):282-289.

彭华,纪雄辉,刘昭兵,等.2009.洞庭湖地区长期施肥条件下双季稻田生态系统净碳汇效应及收益评估.农业环境学报,**28**(6):2526-2532.

屈宏乐.2008.我国建筑节能工作的现状和展望.砖瓦世界,**1**:22-26.

石油和化学工业规划院,等.2006.中国车用能源与道路车辆可持续发展战略研究.

唐曙光.2007.我国建筑节能技术政策研究.中外建筑,**4**:80-83.

铁道部统计中心.2011.中华人民共和国铁道部 2010 年铁道统计公报.

王成己,潘根兴,田有国.2009.保护性耕作下农田表土有机碳含量变化特征分析——基于中国农业生态系统长期试验资料.农业环境学报,**28**(6):2464-2475.

王庆一.2011.2011 能源数据.能源基金会.

王佐函.2009.《轻型汽车燃料消耗量标识》2010 年强制执行.商用汽车,**9**:112.

吴庆标,王效科,段晓男,等.2008.中国森林生态系统植被固碳现状和潜力.生态学报,2008,**28**(2):517-524.

徐先勇,方厚辉,张国强.2007.建筑照明节能途径.大众用电,**10**:37-39.

许光清,邹骥,杨宝路,等.2009.控制中国汽车交通燃油消耗和温室气体排放的技术选择与政策体系.气候变化研究进展,**5**(3):167-173.

许信旺,潘根兴,孙秀丽.等.2009.安徽省贵池区农田土壤有机碳分布变化及固碳意义.农业环境学报,**28**(6):2551-2558.

许信旺,潘根兴,汪艳林,等.2009.中国农田耕层土壤有机碳变化特征及控制因素.地理研究,**28**(3):601-612.

杨玉盛.1998.杉木林可持续经营的研究.北京:中国林业出版社.

原阳阳,许光清.2011.我国城市间交通运输能源需求的情景分析.北京:中国人民大学.

张阿玲,申威,韩维建,等.2008a.车用替代燃料生命周期分析.北京:清华大学出版社.

张阿玲,等.2008b.2050 能源技术展望.北京:清华大学出版社.

张琪.2004.近 20 年来水稻土有机碳变化——县级和村级尺度的研究.南京农业大学硕士学位论文.DOI:CNKI:CD-MD:2.2004.086188.2004-07-13.pp36-55.

中国民航局.2011.2010 年民航行业发展统计公报.

中国汽车技术研究中心,通用汽车公司.2010.中国未来多种车用燃料的 Wells toWheels 能量消耗和温室气体排放研究.北京.

FAO. 2009. FAO profile for climate change [EB/OL]. [2009-07-21] http://www.fao.org/docrep/fao/012/ak914e/

ak914e00. pdf.

IEA. 2007. World Energy Outlook 2007—China and India Insights, Chapter10, 343-353. Paris: OECD/IEA.

IEA. 2008. CO_2 Capture and Storage: A Key Carbon Abatement Option, Chapter6. Paris: OECD/IEA.

IEA. 2009. Energy Technology Perspectives: Scenarios & Strategies to 2050, Chapter10, 345. Pairs: IEA.

IPCC. 2007. Climate Change 2007 Mitigation. Contribution of Working Group III to the Fourth Assessment Report of the Intergovernmental Panel on Climate Change. Cambridge: Cambridge University Press.

Jin H G, et al. , 2008. Fundamental study of CO_2 control technologies and policies in China. Science in China Series E: Technological Sciences, **51**(7): 857-870.

Johnston M, Foley J A, Holloway T, et al. 2009. Resetting global expectations from agricultural biofuels. Environ Res Lett, 4. doi: 10. 1088/1748-9326/4/1/014004.

Jorgen Lemming, Poul Erik Morthorst, Niels-Erik Clausen. 2009. Offshore Wind Power: Experiences, Potential and Key Issues for Deployment, 14~19. http://130. 226. 56. 153/rispubl/reports/ris-r-1673. pdf. 2009-02-06.

Loyd S. 2007. New Thermal Power Plant Technologies: Technology Choices for New Projects - CCGT, IGCC, Supercritical Coal, Oxyfuel Combustion, CFB, etc. London: 2nd Clean Coal & Carbon Capture: Securing the Future Conference.

Mckinsey&Company. 2009. China's Green Revolution: Prioritizing Technologies to Achieve Energy and Environmental Sustainability. B.

Nicoloso R S, Rice C W, Amado T J C, 等. 2009. Deep soil carbon sequestration under no-tillage cropping systems in tropical and temperate climates. Climate Change: Global Risks, Challenges and Decisions, IOP Conf. Series: Earth and Environmental Science, 6 . doi: **10**. 1088/1755-1307/6/4/242030.

Pan G, Zhou P, Li Z P, et al. 2009b. Combined inorganic/organic fertilization enhances N efficiency andincreases rice productivity through organic carbon accumulation ina rice paddy from the Tai Lake region, China. Agriculture, Ecosystem and Environment, **131**: 274-280.

Pan G Smith P Pan W. 2009a. The role of soil organic matter in maintaining the productivity and yieldstability of cereals in China. Agriculture, Ecosystem and Environment, **129**: 344-348.

Pan G, Li L Q, Wu L, et al. 2004. Storage and sequestration potential of top soil organic carbon in China's paddy soils. Global Change Biology, **10**: 79-92.

Pan G, Xu X W, Smith P, et al. 2010. An increase in topsoil SOC stock of China's croplands between 1985 and 2006 revealed bysoil monitoring. Agriculture, Ecosystem and Environment, 136: 133-138.

Pharabod F, Philibert C. 1991. LUZ Solar Power Plants: Success in California and Worldwide Prospects, Action committee for solar energy—"Energy for the World". Paris, France.

Roberts K G, Brent A G, Joseph S, et al. 2010. Life cycle assessment of biochar systems: Estimating the energetic, economic, and climate change potential. Environ Sci Technol, **44**, 827-833.

Smith P, Martino D, Cai Z C, et al. 2008. Greenhouse gas mitigation inagriculture [J]. Philosophical Transactions of the Royal society, **363**: 789-813.

Wang Chengji, Pan Genxing, Tian Youguo, et al. 2010. Changes in cropland topsoil organic carbon with different fertilizations under long-term agro-ecosystem experiments across mainland China Science in China, Series C, **53**(7): 1-8 .

Yang Y S, Guo J F, Cheng G S, et al. 2005. Carbon and nitrogen pools in Chinese fir and evergreen broadleaved forests and changes associated with felling and burning in mid-subtropical China. For Ecol Manage. , **216**: 216-226.

Zhang A F, Cui L Q, Pan, G X, et al. 2010. Effect of biochar amendment on yield and methane and nitrous oxide emissions from a rice paddy from Tai Lake plain, China. Agriculture, Ecosystem and Environment, doi: 10. 1016/j. agee. 2010. 09. 003.

第四章　可持续发展政策对气候变化的减缓效应

主　笔：任　勇，张车伟，杨宏伟
贡献者：田春秀，冯相昭，冯升波

提　要

经过 20 年的发展，中国已形成适合国情的可持续发展战略思想，并初步构建了可持续发展的对策体系。在经济领域，以转变发展方式为主线；在社会领域，以人口控制、扶贫开发和建立绿色消费模式为主要特征；在环境保护领域，建立了污染防治和生态建设与保护的对策体系；在能源领域，以能源节约、煤炭清洁化、新能源和可再生能源开发为重点。中国的可持续发展对策体系符合约翰内斯堡世界峰会关于经济发展、环境保护和社会进步作为可持续发展三大支柱协调推进的精神。气候变化是环境问题，本质是能源问题、经济发展方式问题和社会生活模式问题。从这一角度看，或者说从温室气体排放与能源、经济和社会的总体关系上看，中国的可持续发展对策体系与减缓气候变化的对策措施是对立统一的，相互制约、协同促进。根据现有的研究成果和一些必要的定性分析，本章对中国可持续发展主要政策和做法对减缓气候变化的效应进行了评价。尽管评价结果在科学性和全面性方面尚有许多不足之处，但对完善中国的可持续发展政策和健全减缓气候变化政策仍有较大的启示意义。

4.1　引言

可持续发展是 20 世纪以来人类为解决威胁自身持久健康发展的资源和生态环境问题，在对其产生的经济、社会、政治、文化根源的认识过程中形成的理论成果。1972 年的斯德哥尔摩人类环境会议，在开启国际环境合作进程和许多国家环境保护进程的同时，也引发了人们关于处理环境与发展关系的思考和研究。1984 年成立的联合国环境与发展委员会在全面深入地研究了资源环境问题背后的政治、经济、技术和文化等方面的根源后，于 1987 年发布了《我们共同的未来》，首次提出可持续发展的概念，即既满足当代人的需要，又要对后代人满足其需要的能力不构成危害的发展。1992 年在巴西里约热内卢召开的联合国环境与发展大会标志着国际社会将可持续发展由概念转变为具体的战略和行动，通过了《21 世纪议程》、《里约宣言》、《联合国气候变化框架公约》、《生物多样性公约》以及《森林问题原则声明》等重要文件，实现了人类认识和处理环境与发展问题的历史性飞跃。经过十年的探索实践，2002 年约翰内斯堡可持续发展世界首脑会议再次深化了人类对可持续发展的认识，重申了世界各国在可持续发展过程中应当承担的义务与责任，将可持续发展实践具体化为经济发展、社会进步与环境保护这三大支柱的协调推进。

从对问题的认识进程和应对的措施看，气候变化与可持续发展密不可分。气候变化是当今人类社会可持续发展面临的最大的挑战，实现可持续发展必须减缓和适应气候变化，应对气候变化是为了可持续发展，也必须放在可持续发展的进程中进行。《联合国气候变化框架公约》（以下简称《公约》）将可持续发展作为应对气候变化所必须坚持的三个基本原则之一。2002 年，在印度新德里召开的《公约》第八次缔约方会议通过的《气候变化与可持续发展德里部长级宣言》进一步明确提出，应在可持续发展框架下应对气候变化问题。2007 年底通过的巴厘路线图中进一步强调了发展中国家要在可持续发展框架下，在发达国家履行向发展中国家提供足够的技术、资金和能力建设支持的前提下，采取适当的国内减缓行动。发达国家的支持和发展中国家的减缓行动均应是可测量、可报告和可核查的。实际上，这些国际共识和原则是基于对两者关系的科学认识。IPCC 第四次评估报告指出，在多数情况下，温室气体减排政策往往有利于推动可持续发展，同样地，可持续发展政策也能够为减排行动创造有利条件（IPCC，2007）。换句话讲，减缓气候变化的政策具有促进可持续发展的协同效应，而可持续发展战略与政策措施也会产生减缓气候变化的协同效应。国际社会和中国的探索实践都充分地证明了这一点。

为此，本章在简要回顾中国可持续发展战略思想形成的历史进程的基础上，总结中国可持续发展的政策框架；重点是根据已有文献和理论分析，对中国现行的主要可持续发展政策对减缓气候变化的协同效应进行定性和定量的评价。

4.2 中国可持续发展战略思想及政策体系

4.2.1 中国可持续发展战略思想的形成和发展

中国可持续发展战略思想的形成及实践与国际进程基本同步。其中，20 世纪 90 年代被认为是中国可持续发展战略思想开始形成的重要时期。

在 1992 年里约联合国环境与发展大会之后，中国对实施可持续发展战略采取了非常积极的态度，迅速制订了《中国环境与发展十大对策》，并将实施持续发展战略列为头条，明确指出转变发展战略，走可持续发展道路，是加速我国经济发展、解决环境问题的正确选择，这表明可持续发展理念开始进入我国执政理念和发展战略全局中。1994 年，中国政府率先发布了以可持续发展为核心内容的《中国 21 世纪议程——中国 21 世纪人口、环境与发展白皮书》，《中国 21 世纪议程》既是中国推动可持续发展的战略，也是中国政府走可持续发展道路的承诺。此后，中国一方面积极探索可持续发展的做法和模式，另一方面在治国理政的方略中不断深化了对处理资源环境保护与经济社会发展关系的认识。例如，早在 1994 年，中国政府将加强环境保护列为 20 世纪 90 年代改革开放和现代化建设的十大任务之一。1996 年，提出了"保护环境的实质就是保护生产力"的论断，形成了将环境与经济相统一相协调的认识基础；同年，中国政府发布的《国民经济和社会发展"九五"计划和 2010 年远景目标纲要》，将实施可持续发展作为现代化建设的一项重大战略进行了部署，首次提出转变经济增长方式的要求。1997 年，中国政府再次强调，要实施科教兴国和可持续发展两大战略（任勇，2009）。

进入新世纪以来，中国可持续发展战略思想及实践出现了两个鲜明的特点。第一，对可持续发展的战略定位提升到了最高的层次，将经济发展、环境保护、社会进步纳入到一个统一的战略框架之中，这就是科学发展观的提出。以人为本，全面、协调、可持续的科学发展观，对中国发展的意义在于它既是世界观，要改变对发展的根本看法；又是方法论，对中国在发展转型期面临的各种复杂问题要采取统筹兼顾的方法。科学发展观是统领中国发展的最高纲领，在某种程度上看，是可持续发展观念的中国化。坚持科学发展，就可以通向新的社会文明形态，即中国政府 2007 年提出的建设生态文明的要求。第二，可持续发展的实践和目标更加具体化。2002 年，中国将可持续发展能力不断增强，生态环境得到改善，资源利用效率显著提高，促进人与自然的和谐，推动整个社会走上生产发展、生活富裕、生态良好的文明发展之路列为全面建设小康社会的四大目标之一。2005 年又明确提出，建设资源节约型、环境友好型社会，这是中国实施可持续发展和建设生态文明的中长期目标[①]。在科学发展观的统领下，为实现这些宏伟目标，中国政府从"十一五"时期开始在经济发展、环境保护和社会进步等领域采取了一系列大规模的和创新性的具体行动（参见 4.2.2 节），也取得了显著进展。而且，这些战略、目标和行动在

---

① 摘自《生态文明与可持续发展》一书"总论"部分．北京：人民出版社，党建读物出版社，2011。

2011 年颁布的《国民经济和社会发展十二五规划纲要》（简称《十二五规划纲要》）得以深化和加强。《十二五规划纲要》将推动科学发展作为主题，将转变发展方式作为主线，将改善民生作为目标，将提高生态文明水平作为新要求，将建设资源节约型、环境友好型社会作为加快转变经济发展方式的重要着力点，首次确定了温室气体排放的约束性指标。为此，中国环境与发展国际合作委员会在 2011 年的年会上指出，中国进入了一个绿色发展的转型期。

总之，经过近 20 年的探索与实践，中国基于国情基本形成了具中国特色的可持续发展战略思想体系，并付诸于不断强化和拓展的政策框架与行动路线图。

4.2.2　中国可持续发展政策体系

约翰内斯堡可持续发展世界首脑会议将可持续发展明确为经济发展、环境保护、社会进步这三大支柱的协调推进。《中国 21 世纪议程》将中国的可持续发展战略与实践界定为三大领域：一是社会可持续发展，包括人口、居民消费与社会服务，消除贫困、卫生与健康、人类住区和防灾减灾等，其中最重要的是实行计划生育、控制人口数量和提高人口素质。二是经济可持续发展，《中国 21 世纪议程》将促进经济快速增长作为消除贫困、提高人民生活水平、增强综合国力的必要条件。三是资源的合理利用与环境保护，包括水、土等自然资源保护与可持续利用等。从 20 多年的实践，特别是"十一五"以来的主要对策措施看，中国可持续发展的政策体系[①]主要涵盖了经济、社会和环境保护三个领域。

在经济领域，发展是第一要务，全面、协调、可持续是根本要求。这样的发展不再是简单的经济增长速度和规模扩张，而是质量的提升。追求高质量和包容性的经济增长，既可以确保社会财富的均衡和持续积累，又可以减少对资源环境的压力，以最小的资源环境代价换取财富积累，增强经济增长的持续性。中国正处工业化的中期阶段，高资源能源消耗、高污染排放的重化工业化是基本特征。因此，转变发展方式，走一条科技含量高、经济效益好、资源消耗低、环境污染少、人力资源优势得到充分发挥的新型工业化道路是中国可持续发展实践在经济领域的主要对策和做法。按照 2007 年中国政府提出的思路，从三个方面采取措施推动发展方式的转变：一是促进经济增长由主要依靠投资、出口拉动向依靠消费、投资、出口协调拉动转变；二是主要依靠第二产业带动向依靠第一、第二、第三产业协同带动转变；三是由主要依靠增加物质资源消耗向主要依靠科技进步、劳动者素质提高、管理创新转变。

为了促进经济发展方式转变，中国于 2010 年发布了《全国主体功能区规划》，在国土空间上首先优化发展布局，划分了优化开发区、重点开发区、限制开发区、禁止开发区。为了推动产业和产品升级换代，提高经济增长的科学技术含量，中国在"十一五"时期开始实施了提高自主创新能力的《国家中长期科学和技术发展规划纲要（2006—2020 年）》。在转变发展方式的实践中，中国探索出了许多具体的模式。从 20 世纪 90 年代后期即开始实行了淘汰落后产能，建立了限制或禁止高能耗高污染产业发展制度，2003 年实施了《清洁生产促进法》。从 2005 年开始，逐步推广循环经济发展模式，2009 年正式实施了《循环经济促进法》。2008 年金融危机后，中国在 4 万亿元的经济刺激计划中，大幅度提高对资源环境和产业结构调整的投资力度，积极探索绿色经济模式（任勇，2009）。2010 年中国政府发布了《关于加快培育和发展战略性新兴产业的决定》，提出要重点培育和发展节能环保、新一代信息技术、生物、高端装备制造、新能源、新材料、新能源汽车等 7 个战略性新兴产业，将这些知识技术密集、物质资源消耗少、成长潜力大、综合效益好的产业培育成为先导产业和支柱产业；2011 年颁布的《"十二五"规划纲要》进一步强调提出到 2015 年，7 大战略性新兴产业增加值要占到 GDP 的 8%。此外，2007 年以来，中国通过降低或取消出口退税、开征或提高临时出口关税，优化贸易政策，控制"两高一资"（高能耗、高排放、资源型）产品出口，在一定程度上遏制了资源产品大量出口、污染排放留在国内的现象；同时，自"十一五"以来，中国积极推动环境经济政策体系建设，通过财税引导与激励手段，不断探索绿色信贷、环境污染责任保险等制度的政策实践。

---

　　① 　为便于论述和理解，本章的"政策"一词采用广义的概念，包括成文的法律法规、制度、标准，以及实践中的具体做法，即相当于对策措施。

在社会领域,两个方面的政策措施对推动中国可持续发展发挥了显著的作用。一是持续严格实施的人口控制政策,对减轻资源压力和减少环境污染做出了特殊的贡献;二是扶贫开发政策。中国的扶贫力度和效果为国际社会所公认,率先实现了联合国千年行动计划中的减贫目标,而且扶贫的内容正在不断深化、范围正在不断拓展。扶贫的意义不仅在于解决贫困人口的发展致富问题,而且在不少地区解决了贫穷与生态破坏的恶性循环。另外,逐步建立绿色消费模式是中国在社会领域可持续发展实践的新做法,主要体现在三个方面:一是通过建立环境标志、生态标志、有机标志、节能标志等产品认证制度,建立能源节约、环境友好的产品市场,截至 2011 年 6 月 30 日,已发布《家用制冷器具》、《家用电动洗衣机》、《数字式多功能复印设备》、《数字式一体化速印机》、《彩色电视广播机》五项中国环境标志低碳产品标准,共有 16 家企业生产的 12 类 728 个规格型号的产品通过认证;二是建立政府绿色采购制度,政府率先践行绿色消费;三是通过价格补贴和税收优惠,推广诸如节能灯、电动汽车等低能耗、低排放的产品消费。此外,为了建设和谐社会,促进发展成果的公平分享,中国政府近年来大力加强了社会保障体系建设,推动社会进步。此外,为了建设和谐社会,促进发展成果的公平分享,中国政府近年来大力加强了社会保障体系建设,推动社会进步。

从 1973 年起步,中国的环境保护走过了 30 多年的历程,覆盖了污染防治和生态建设与保护两个领域,颁布了 10 多部法律,在减轻经济高速增长的环境代价、改善生态环境质量和优化经济发展方面都取得了长足的发展。在生态建设与保护方面,通过持续几十年的植树造林和植被恢复工程,中国的森林覆盖率由新中国成立时的 8.6% 提高到 2010 年的 20.36%,完成了"十一五"规划纲要提出的 2010 年我国森林覆盖要从 2005 年的 18.2% 增加到 20% 的目标,而且在"十二五"规划纲要中中国政府进一步提出到 2015 年森林覆盖率提高到 21.66%,森林蓄积量增加 6 亿立方米;通过建立各种自然保护区,使得占国土面积 15.1% 的生态系统得以保护。从 20 世纪 90 年代中期开始,中国进入大规模高强度的污染治理阶段。特别是"十一五"时期,国家超额完成了将主要污染物减排 10% 的约束性指标,与 2005 年相比,2010 年的二氧化硫和化学需氧量排放总量分别减少了 14.29% 和 12.45%。中国的污染减排,在改善了环境质量的同时,促进了经济发展方式的转变,优化了经济增长模式,通过环境影响评价制度限制了高能耗高污染产业和项目的准入,通过严格的污染排放标准和末端治理约束倒逼企业改进产品工艺、改善产品结构、提高资源能源效率。截至 2010 年底,环境保护部对简单低水平重复建设、高耗能、高污染和资源性行业、产能过剩行业和不符合要求的 813 个项目环评文件作出退回环评报告书、不予受理、不予审批或暂缓审批等决定,涉及投资额超过 2.9 万亿元。中国"十二五"规划纲要又进一步确定了将 SO_2、化学需氧量减排 8%,氮氧化物、氨氮减少 10% 的约束性目标。

能源问题既是经济问题,也是环境问题,能源政策是可持续发展的核心政策,发挥着基础性的作用,这对于以煤炭为主的中国显得更为重要。能源节约、煤炭清洁化、新能源和可再生能源开发是中国能源政策的三大支柱,对以较低的能源消费增长支撑高速增长的经济,减轻过快增长的污染排放发挥了极其重要的作用。自 1990 年到 2005 年,中国单位 GDP 能耗下降了 46.6%,累计节约和少用能源约 8 亿吨标准煤,相当于少排 CO_2 约 18 亿吨。"十一五"期间,中国基本实现了能耗强度降低 20% 的约束性目标。近年来,新能源和可再生能源开发进入快速发展时期,风电、太阳能装机容量增幅世界最快,核电建设也进入快车道。截至 2010 年底,水电装机容量达到 2.13 亿千瓦,比 2005 年翻了一番;核电装机容量 1082 万千瓦,在建规模达到 3097 万千瓦;2010 年,风电装机容量从 2005 年的 126 万千瓦增长到 3107 万千瓦,光伏发电装机规模由 2005 年的不到 10 万千瓦增加到 60 万千瓦,太阳能热水器安装使用总量达到 1.68 亿平方米,生物质发电装机约 500 万千瓦,沼气年利用量约 140 亿立方米,全国户用沼气达到 4000 万户左右,生物燃料乙醇利用量 180 万吨,各类生物质能源总贡献量合计约 1500 万吨标准煤。[①]

总之,自 20 世纪 90 年代以来,中国初步建立了包括经济、社会、环境和能源等主要领域的可持续发展对策体系。当然,中国的可持续发展无论从这些主要领域自身还是总体看,面临的挑战依然严峻、

---

① 国家发展和改革委员会.2011.中国应对气候变化的政策与行动——2011 年度报告。

形势依然复杂、任务相当艰巨，相应的对策体系仍需继续加强和完善。

4.2.3　中国可持续发展主要政策减缓效应评价思路

　　气候变化是环境问题，本质是能源问题、经济发展方式问题和社会生活模式问题。从这一角度看，或者说从温室气体排放与能源、经济和社会的总体关系上看，可持续发展的对策措施与减缓气候变化的对策措施是对立统一的，相互制约、相互促进。对此，许多专家学者试图应用一些概念模型或因素分解法等方法进行了相关研究。徐国泉等（2006）采用 Divisia 分解法，建立中国人均碳排放的因素分解模型，定量分析了 1995—2004 年间能源结构、能源效率和经济发展等因素的变化对中国人均碳排放的影响。冯相昭等（2008）利用修改后的 Kaya 恒等式对 1971—2005 年中国的 CO_2 排放进行了无残差分解，对从"四五"到"十五"计划期间的排放变化展开详细分析，结果表明经济的快速发展和人口的增长是 CO_2 排放增加的主要驱动因素，能源效率的提高有利于减少 CO_2 排放，而能源结构的低碳化则是降低 CO_2 排放水平的重要战略选择。朱勤等（2009）综合考量经济产出规模、人口规模、产业结构、能源结构及能源效率等因素对碳排放的影响。刘红光等（2009）借助 LMDI 分解法分析了我国 1992—2005 年工业燃烧能源导致碳排放的影响因素。王俊松等（2010）采用 Divisa 方法对我国 1990—2007 年的 CO_2 排放量进行分解分析，结果表明：经济增长效应是中国 CO_2 排放量增加的主要因素，能源强度效应是抑制 CO_2 排放量的主要原因。

　　现有的主要研究结果显示，经济政策、社会（人口）政策和能源政策等可持续发展政策可以直接或间接对温室气体排放产生影响，进而对减缓气候变化发挥作用。根据 Kaya 恒等式，温室气体（主要是 CO_2）排放主要由能源结构的碳强度、单位 GDP 能耗、人均 GDP 以及人口等多种因素共同决定（如图 4.1 所示），而这几种因素同时也是能源政策、环境政策、经济政策以及社会（人口）政策作用的对象，相互之间可以发挥协同效应。

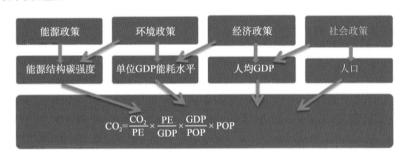

图 4.1　可持续发展政策减缓效应示意图

（CO_2 表示二氧化碳排放；PE 表示一次能源消费；GDP 表示国内生产总值；POP 表示人口）

　　因此，从中国可持续发展对策体系不难看出，在经济领域，中国以转变发展方式为主线的政策对降低经济增长对能源的依赖程度，提高能源效率，减少温室气体排放，减缓气候变化无疑是直接的贡献者，换言之，是应对气候变化措施的组成部分。同样，节能、能源清洁化和新能源、再生能源开发本身就是减缓气候变化的应有之策。在社会领域，中国的人口数量控制和质量提高政策为减少能源需求，改变消费模式做出了特殊贡献；成功的扶贫开发模式破解了贫穷与自然生态保护的恶性循环，增加了碳汇。

　　然而，对可持续发展政策对气候变化的减缓效益做出全面科学的评估面临两大困难。首先是受限于现有研究成果，特别是定量研究的严重缺乏。尽管中国开展可持续方面的研究有二十多年的历史，但对近些年许多新的政策的评估研究仍显不足。中国广泛而深入地开展气候变化领域的研究出现在近几年。所以，将减缓气候变化与可持续发展政策结合起来研究自然是凤毛麟角。其次，如上所述，从相互之间的作用机理上，可持续发展政策与减缓气候变化效果之间总体上应该是统一的。但具体到某一项政策或某一领域政策的总体效果看，情况不尽其然。例如，经济发展方式的转变、产业结构的调整、能源效率的提高对减少温室气体排放是肯定的，但消费模式不改变、经济总量和能源消费大幅度的增长往往吞没了结构调整和效率提高的效应,即反弹效应。再例如,建立循环经济模式,增加可利用的资源量和效率,但再利用再制造也可能消耗更多的能源,增加温室气体的排放。通过建设污染处理设施,减少了常规污染物的排放,但会增加温室气体的排放,当这个增加量超过了污染治理倒逼生产方式改善所减少的温室气体的排放量时,减缓气候变化的协同效应就是负的。如此等等。

为此,本章后面各节的评价遵循了两条原则和方法:一是抓住中国可持续发展政策体系中主要领域的主要方面,不求评价政策体系的全部和整体减缓效应,即在经济领域,主要围绕转变发展方式的主要政策措施;在社会领域,以人口政策和扶贫开发为重点;能源政策,以能源节约、煤炭清洁化、新能源和可再生能源开发为重点;在环境领域,以污染防治和生态保护的主要做法为重点。二是尽量采用已有研究成果,特别是引用定量分析结果。在不如所愿的情况下,为了确保主要可持续发展政策不缺失,采用定性分析和定量估算办法来弥补。

4.3 转变经济发展方式政策的减缓效应

在节能减排和应对气候变化的国内外双重压力下,中国政府制定并实施了一系列旨在转变经济发展方式的政策措施,包括产业结构调整政策、优化国土开发政策、绿色贸易以及绿色消费政策等。

4.3.1 产业结构调整政策的减缓效应

为促进经济结构的调整和经济发展方式的转变,中国制定和实施了一系列政策措施。近年来,国务院先后颁布了《促进产业结构调整暂行规定》、《关于加快推进产能过剩行业结构调整的通知》、《关于加快发展服务业的若干意见》、《关于加快培育和发展战略性新兴产业的决定》等重要文件,国家发展和改革委员会也发布了《产业结构调整指导目录(2005年)》等产业政策性文件,并针对产能过剩,出台了钢铁、电解铝、水泥、铁合金、焦化、煤炭、电石、电力、纺织等行业的结构调整若干意见[①]。这些政策和措施的实施无疑对发展或淘汰相关行业的落后产能起到很大的推动作用,对中国产业结构调整和升级的影响明显。政府在产业结构优化升级中的作用不仅体现在宏观政策的制定上,有时政府还会出台和采取一些诸如减税、低息贷款、出口优惠等具体措施鼓励资本进入某些行业和领域,如2000年为鼓励软件产业发展,国家采取了对增值税一般纳税人销售其自行开发生产的软件产品2010年前按17%的法定税率征收增值税,对实际税负超过3%的部分即征即退用于企业研究开发软件产品和扩大再生产的税收优惠政策。

现阶段,中国政府主要将降低资源和能源消耗作为产业结构调整政策的重要目标之一,推动产业结构的优化升级,努力形成低投入、低消耗、低排放、高效率的经济发展方式。这些产业结构调整政策可以概括为两大类:一类是加快发展低能耗、低排放的产业如服务业、高新技术产业,培育和发展7大战略性新兴产业;另一类是淘汰传统高能耗、高排放产业的落后产能,加快其技术改造、技术升级进程。

就第一类产业结构调整政策而言,通过加快发展低能耗、低排放的服务业和高新技术产业、培育战略性新兴产业,不仅能够提高单位GDP的碳生产率、促进国民经济结构的低碳化,而且也能减少对化石燃料的消耗、降低温室气体的排放,从而产生减缓气候变化的协同效应。自"十一五"以来,中国政府已经制定和出台了许多政策措施,旨在加快服务业、高新技术产业的发展。如2007年发布了《关于加快发展服务业的若干意见》,提出到2010年服务业增加值占GDP的比重比2005年提高3个百分点。同年发布的高技术产业、电子商务和信息产业等领域的"十一五"规划也提出到2010年高技术产业增加值占工业增加值的比重比2005年提高5个百分点。2010年国务院制定并发布的《关于加快培育和发展战略性新兴产业的决定》,明确了培育发展战略性新兴产业的总体思路、重点任务和政策措施,并提出要加快建设国家创新体系,实施知识创新工程和技术创新工程,加强重大技术攻关。

---

① 冯素杰.2010.产业结构调整30年:历程与特点.重庆大学学报(社会科学版),**16**(3):14-20.

"十一五"期间,中国服务业的增加值年均增长 11.9%,比国内生产总值年均增速高 0.7 个百分点,服务业增加值占国内生产总值比重由 40.3% 提高到 43%。2010 年中国高技术制造业的产值达到 7.6 万亿元人民币,比 2005 年增长了一倍多。就战略性新兴产业而言,有关研究(中国环境与发展国际合作委员会,2011)表明,通过降低工业过程能耗、发展循环经济、发展高效节能和节材产品,到 2015 年,节能环保产业的发展,预计可以节约 3.56 亿吨标准煤,减少 CO_2 排放 8.18 亿吨,到 2020 年可以节约 8.34 亿吨标准煤,减少 CO_2 排放 19.12 亿吨;到 2015 年,新能源发展可以替代化石能源 4.67 亿吨,相当于减少温室气体排放 11.50 亿吨,到 2020 年,可以替代化石能源 7.2 亿吨,减少温室排放 17.71 亿吨;新能源汽车的发展则将会降低工业化过程中物质流和人员流动的温室气体排放,到 2020 年产生 3 亿吨的二氧化碳减排量,如表 4.1 所示。

表 4.1　战略性新兴产业温室气体减排效果测算

	二氧化碳减排效果		备注
	2015 年	2020 年	
节能环保	8.18 亿吨	19.12 亿吨	直接效果
新能源	11.5 亿吨	17.71 亿吨	直接效果
新能源汽车		3 亿吨	通过减少物质流和人员流动的排放来减少工业排放
生物产业	可以替代石油成为工业原料		直接效果
信息通信产业	2020 年减排 6.15 亿吨		直接减排和间接减排的比例为 1 : 5
新材料	对节约资源、环境治理以及材料回收循环和再利用将起到重要作用		间接效果
高端制造业			

针对第二类产业结构调整政策而言,主要是淘汰落后产能和遏制高耗能、高排放行业过快增长,加快这些行业的技术升级改造,此类政策直接能够减少能源消耗、降低温室气体排放,进而达到减缓气候变化的目的。为了淘汰落后产能,中国政府 2007 年发布了 12 个行业"十一五"期间淘汰落后产能计划目标(如表 4.2 所示)。有关统计数据显示,"十一五"期间,通过"上大压小",累计关停小火电机组 7682 万千瓦,淘汰落后炼钢产能 7200 万吨、炼铁产能 1.2 亿吨、水泥产能 3.7 亿吨、焦炭产能 1.07 亿吨、造纸产能 1130 万吨、玻璃产能 4500 万重量箱;电力行业 30 万千瓦以上火电机组占火电装机容量比例由 2005 年的 47% 上升到 2010 年的 71%,钢铁行业 1000 立方米以上大型高炉炼铁产能比例由 48% 上升到 61%,电解铝行业大型预焙槽产量比例由 80% 提升到 90% 以上[①]。

表 4.2　中国"十一五"时期淘汰落后生产能力计划

行业	淘汰内容	淘汰目标
电力	实施"上大压小"关停小火电机组	5000 万千瓦
炼铁	300 立方米以下高炉	10000 万吨
炼钢	年产 20 万吨及以下的小转炉、小电炉	5500 万吨
电解铝	小型预焙槽	65 万吨
铁合金	6300 千伏安以下矿热炉	400 万吨
电石	6300 千伏安以下炉型电石产能	200 万吨
焦炭	炭化室高度 4.3 米以下的小机焦	8000 万吨

---

① 国家发展和改革委员会.2011.中国应对气候变化的政策与行动——2011 年度报告.

续表

行业	淘汰内容	淘汰目标
水泥	等量替代机立窑水泥熟料	25000 万吨
玻璃	落后平板玻璃	3000 万重量箱
造纸	年产 3.4 万吨以下草浆生产装置、年产 1.7 万吨以下化学制浆生产线、排放不达标的年产 1 万吨以下以废纸为原料的纸厂	650 万吨
酒精	落后酒精生产工艺及年产 3 万吨以下企业（废糖蜜制酒精除外）	160 万吨
柠檬酸	环保不达标柠檬酸生产企业	8 万吨

在水泥行业，通过推广余热发电、节能粉磨、变频调速、水泥助磨剂、废渣综合利用等节能环保技术，2010 年新型干法水泥熟料产能与 2005 年相比增加了 2.6 倍，而且新型干法水泥熟料产能占总产能的比例从 2005 年的 40％提高到 2010 年的 81％。2010 年每吨新型干法水泥熟料综合能耗降至 115 千克标准煤，比 2005 年下降 12％。年综合利用固体废弃物超过 4 亿吨。55％的新型干法水泥生产线配套建设了余热发电装置。此外，"十一五"期间，在许多地区也建设了一批利用水泥窑无害化最终协同处置城市生活垃圾、城市污泥、各类固体废弃物的示范工程[1]。

在钢铁行业，"十一五"期间，重点推广了多项重大节能环保技术，如干熄焦装置（CDQ）、大型高炉配套炉顶压差发电装置（TRT）、全连铸、溅渣护炉技术、低热值煤气联合循环发电（CCPP）、烧结余热的回收利用、副产煤气回收利用、蓄热式燃烧技术等。截止 2009 年底，重点大中型钢铁企业拥有各类机械化焦炉约 340 座，已配备 89 套干熄焦装置，干熄焦率 70％，比 2005 年提高了 45％；2000 立方米以上高炉 TRT 配备率 100％，1000 立方米以上高炉 TRT 配备率达到 96.3％；转炉煤气回收量由 2005 年 50 立方米/吨钢提高到 2009 年的 88 立方米/吨。截至 2010 年，重点统计钢铁企业各项节能减排指标全面改善，吨钢综合能耗降至 605 千克标准煤、耗新水量 4.1 立方米、SO_2 排放量 1.63 千克，与 2005 年相比分别下降 12.8％、52.3％和 42.4％。固体废弃物综合利用率由 90％提高到 94％[2]。

4.3.2 优化国土开发格局政策的减缓效应

在 IPCC 发布的第三、第四次气候变化评估报告中均强调指出，土地利用变化是驱动全球气候变化的重要因子之一，特别是自然保护区、生态功能脆弱区、湿地等区域的不合理开发将有可能削弱植物吸收碳汇的能力，从而增加碳排放。而优化国土开发格局的各项政策措施将有助于减少此类不必要的碳排放，从而对减缓气候变化作出积极贡献。具体而言，考虑资源环境承载力的优化国土开发格局政策，不仅能够减少对自然保护区、生态功能脆弱敏感区等区域的破坏，促进这些区域的可持续发展，而且能够增加这些区域植被吸收碳汇的能力，对减缓气候变化产生积极的协同效应。

目前我国国土开发空间结构不合理问题突出，主要表现为生产空间偏多，生态空间偏少；农村居住占用空间偏多，城市居住占用空间偏少；经济布局与资源环境失衡，一些地区超出资源环境承载能力过度开发，使得生态系统整体功能退化（马凯，2007）。在这种背景下，主体功能区逐渐成为近年来中国政府为调整国土开发空间结构，优化经济布局，促进区域协调发展的战略举措，而且也是保护生态环境的一项重要措施。关于主体功能区的相关政策发展如专栏 4.1 所示。

根据现有主体功能区的概念，中国的主体功能区可划分为四大类，即优化开发区域、重点开发区域、限制开发区域以及禁止开发区域。

其中，优化开发区域是指国土开发密度已经较高、资源环境承载能力开始减弱的区域。重点开发区域是指资源环境承载能力较强、经济和人口集聚条件较好的区域。此两大类区域可以通过加快经济发展方式转变，摒弃过去依靠大量占用土地、大量消耗资源能源和大量排放污染实现经济较快增长的模式，将降

---

[1] 中国水泥工业"十二五"发展规划. 2011. 中国政府网.
[2] 中国钢铁工业"十二五"发展规划. 2011. 中国政府网.

低单位产值的能耗水平和碳排放强度、提高增长质量放在首位,从而减少能源消费和温室气体排放。

限制开发区域是指资源环境承载能力较弱、大规模集聚经济和人口条件不够好并关系到全国或较大区域范围生态安全的区域。对于此类区域,要坚持保护优先、适度开发、点状发展,因地制宜发展资源环境可承载的特色产业,加强生态修复和环境保护,引导超载人口逐步有序转移,逐步成为全国或区域性的重要生态功能区。禁止开发区域是指依法设立的各类自然保护区域。对于此类区域,要依据法律法规规定和相关规划实行强制性保护,控制人为因素对自然生态的干扰,严禁不符合主体功能定位的开发活动。实施这两类规划,必将带来区域内资源能源使用的大量减少,从而带来温室气体排放的减少,同时,由于区域内自然生态得到很好的保护,增加森林、植被等的固碳能力。

专栏 4.1　中国主体功能区政策发展历程

2006 年 3 月 5 日,国务院在其《政府工作报告》中提出要"开展主体功能区划研究,合理确定优化开发、重点开发、限制开发、禁止开发四类功能区的范围,根据各区域的主体功能定位,确定发展方向和配套政策",这是首次正式在政府文件中提出主体功能区的概念。

2006 年 3 月通过的《中华人民共和国国民经济和社会发展第十一个五年规划纲要》中也详细阐述了主体功能区的概念,即主体功能区主要包括优化开发区域、重点开发区域、限制开发区域以及禁止开发区域四大类。

2006 年 12 月 29 日,国务院印发《人口发展"十一五"和 2020 年规划》,提出要"在主体功能区建设中引导人口自愿、有序、平稳流动",要"发挥市场机制在人力资源配置中的基础性作用,引导人口在四类功能区之间合理分布,逐步改变人口分布与经济分布和生态环境承载能力失衡的状况。

2007 年 7 月 26 日,国务院发布《关于编制全国主体功能区规划的意见》,其中对主体功能区的评价标准,确定原则,相关政策等都有了明确的规定。同时,该意见提出了新的政策手段即环境保护政策,其具体内容是指要"据不同主体功能区的环境承载能力,提出分类管理的环境保护政策。优化开发区域要实行更严格的污染物排放和环保标准,大幅度减少污染排放;重点开发区域要保持环境承载能力,做到增产减污;限制开发区域要坚持保护优先,确保生态功能的恢复和保育;禁止开发区域要依法严格保护"。

2007 年 10 月,中共十七大的报告明确提出要"加强国土规划,按照形成主体功能区的要求,完善区域政策,调整经济布局"。

2010 年 6 月 12 日,国务院常务会议审议并原则通过了《全国主体功能区规划》。会议指出,统筹谋划未来人口分布、经济布局、国土利用和城镇化格局,确定不同区域主体功能,并据此明确开发方向和政策,推进形成主体功能区,是深入贯彻落实科学发展观的重大战略举措。

2011 年 3 月通过的《中国国民经济和社会发展第十二个五年规划纲要》中明确提出要实施主体功能区战略,"促进人口、经济与资源环境相协调。对人口密集、开发强度偏高、资源环境负荷过重的部分城市化地区要优化开发。对资源环境承载能力较强、集聚人口和经济条件较好的城市化地区要重点开发。对影响全局生态安全的重点生态功能区,要限制大规模、高强度的工业化城镇化开发。对依法设立的各级各类自然文化资源保护区和其他需要特殊保护的区域要禁止开发"。

4.3.3　绿色贸易政策的减缓效应

"十一五"以来,为了实现节能减排目标,中国采取了积极的绿色贸易政策,通过降低或取消出口退税、开征或提高临时出口关税,控制"两高一资"产品出口,在一定程度上遏制了"资源产品大量出口、污染排放留在国内"的现象,相应的,这些绿色贸易政策的实施对于减少中国制造业的温室气体排放作出了积极的贡献。

2005 年,分期分批调低和取消了部分高耗能、高污染、资源性产品的出口退税率;2006 年,财政部、国家发改委、商务部、海关总署、中国税务总局联合发布《关于调整部分商品出口退税率和增补加工贸易禁止类商品目录的通知》,调整了部分商品出口退税率,如,取消了煤炭、木炭等原材料的出口退税,还将钢材、纺织品等出口退税率下降了 2%~5%。2007 年,取消 553 项"两高一资"产品的出口退税,降低 2268 项容易引起贸易摩擦及 10 项由退改免的出口商品退税率,调整共涉及 2831 项商品;2010 年,前后五次调整进出口关税,如自 2010 年 7 月 15 日起,取消部分钢材、医药、化工产品、有色金属加工材等商品的出口退税,总数达 406 种。其中,"两高一资"产品品种所占比例高达 30%左右。2011 年我国对 600 多种资源性、基础原材料和关键零部件产品实施较低的年度进口暂定税率。

总体而言,大多数行业的出口退税率都有不同程度下调。其中较明显的是资源类和高能耗、高污染行业,如煤炭、石油和天然气等矿物采选业、焦炭、化工、建材以及钢铁等行业。

政府在调整出口退税率的同时,还出台了征收出口关税的政策,主要针对矿物、稀土、焦炭以及钢铁等"两高一资"产品。如我国从 2004 年取消了焦炭的出口退税,并从 2006 年开始征收出口暂定关税,税率从 5%,15%,25%,一直提高到现在的 40%,不仅利于调整出口结构,而且减少了资源消耗,改善了焦炭生产地的环境质量。在出口关税税率方面,也有所上调,以钢铁等金属冶炼及压延工业为例,2007 年该部门出口关税的平均税率为 3.4%,2008 年该部门出口关税税率上调到 7.8%,上调了 4 个百分点以上。自 2007 年 6 月起,对 142 项产品加征出口关税。其中,重点是对 80 多种钢铁产品加征 5%~10%的出口关税。

限制"两高一资"产品出口,为实现节能减排和温室气体排放作出了重要贡献。以焦炭产品出口为例,2010 年我国出口焦炭 334.57 万吨,与 2006 年的 1449.9 万吨相比,出口量下降 76.92%,相应的耗煤量也下降 76.92%,也就是说,与 2006 年相比,2010 年我国焦炭出口量的减少,相应减少了 2174.89 万吨煤,相当于减少了 4208.29 万吨 CO_2 排放。[①]

4.3.4 绿色消费政策的减缓效应

随着人民生活水平的不断提高以及在拉动经济增长方面内需发挥的作用不断增强,消费理念与消费者在经济转型中的作用将对绿色消费转型起到举足轻重的作用。从市场经济的角度来看,需求本身不仅决定能源与资源的利用规模,同时也影响能源与资源的利用效率,进而对温室气体的排放产生一定影响。

目前,中国的绿色消费政策主要包括针对政府部门的绿色采购制度,以及针对社会公众、各类组织团体开展的各类绿色消费宣传教育活动。其中,政府的绿色采购,具有强烈的示范效应,可以引导和影响社会公众的消费价值取向,增强公众保护环境、节能减排的社会责任意识,推动绿色消费,促进绿色消费市场的形成。2006 年 10 月,财政部和原国家环保总局联合发布了《关于环境标志产品政府采购实施的意见》,要求各级国家机关、事业单位和团体组织用财政性资金进行采购的,要优先采购环境标志产品,不得采购危害环境及人体健康的产品。这是中国开始建立公共绿色采购的重要标志。截至 2010 年底,绿色采购涵盖了 30 个产品类别,涉及约 500 家供应商,提供了 14 万余种产品。

在节能减排和低碳发展广受关注的宏观背景下,中国近年来加大了对低碳消费的宣传教育力度,倡导社会公众进行低碳生活、绿色消费。现阶段,中国公众正以各种实际行动践行绿色消费,广泛参与自备购物袋、双面使用纸张、控制空调温度、不使用一次性筷子、购买节能产品、低碳出行、低碳饮食、低碳居住等节能低碳活动,从日常生活衣、食、住、行、用等细微之处,实践低碳生活消费方式。各地公众积极参与"地球一小时"倡议,在每年 3 月最后一个星期六晚熄灯一小时,共同表达保护全球气候的意愿。开展千名青年环境友好使者行动等活动,在机关、学校、社区、军营、企业、公园和广场等宣讲环保理念,倡导低碳生活,践行绿色消费。在全国一些大中城市,低碳生活成为时尚,人们开始追求简约、低碳的生活方式。上海、重庆、天津等城市开展"酷中国——全民低碳行动",进行家庭碳排放调查和分

---

① 环境保护部环境与经济政策研究中心.2011.中国"十一五"节能和减缓气候变化措施对污染减排的协同效应研究报告.

析。哈尔滨等城市开展了节能减排社区行动，动员社区内的家庭、学校、商服、机关参与节能减排。中国各地的大、中、小学积极宣传低碳生活、保护环境，一些高校提出建设"绿色大学"等目标，得到广泛响应。这些措施和行动对减少温室气体排放发挥了重要作用。

4.4 社会政策的减缓效应

社会政策是国家为了解决社会问题，促进社会安全，改善社会环境，增进社会福利而制定的一系列政策、行动准则和规定的总称，它涵盖的范围很广，涉及社会生活的方方面面，如国民福利、就业、住房、健康、文化、教育、人口、婚姻与家庭生活、社区及社会公共环境以及宗教等等。作为世界上最大的发展中国家，中国虽然还没有形成像发达国家那样完善的社会政策体系，但很多社会政策却具有鲜明的中国特色。计划生育政策和扶贫开发政策就是两项最具中国特色的社会政策，这两项政策的实施不仅有效地缓解了中国所面对的人口问题和贫困问题，而且还极大地促进了中国的可持续发展，为全世界的可持续发展作出了贡献。本节具体评估中国这两项社会政策的减缓效应。

4.4.1 人口与计划生育政策的减缓效应

人口是影响温室气体排放的重要变量。一般说来，在经济增长过程中，随着人均收入和人均消费水平的提高，人均 CO_2 排放量将逐渐增加，但不同类型的消费方式和消费习惯对人均 CO_2 排放量具有重要影响，如同样是发达国家，2008 年美国人均 CO_2 排放量高达 20.4 吨，英国则为 9.4 吨，还不到美国的一半。在人均消费水平和人均碳排放量一定的情况下，人口数量成为决定国家或地区 CO_2 排放量的关键因素。中国是世界上少数实施人口控制政策的国家，政策的实施大大减缓了人口增长，使中国少生了大约 3 亿多人口，降低了中国 CO_2 排放的潜力，为全世界可持续发展作出了巨大贡献。

（1）人口与计划生育政策

中国是世界上少数实行人口和计划生育政策的国家之一，经过三十多年的实践，这一政策经过了从简单控制人口数量增长到统筹解决人口问题的转变。

中国实施人口和计划生育政策的主要目的就是通过鼓励节制生育来减缓人口增长速度。这一政策最早始于 20 世纪 70 年代，当时主要强调计划生育要成为个人的自觉行动。1980 年是计划生育政策的一个转折点，此后的计划生育政策变得更加严格。1980 年 9 月 25 日，中共中央发出了《关于控制中国人口增长问题致全体共产党员、共青团员的公开信》。其中心内容是提倡一对夫妇只生育一个孩子。它标志着中国较为严格的计划生育政策开始在全国范围内实施，具体来说，就是只允许"一对夫妇生育一个孩子"的政策。

进入 20 世纪 90 年代以来，中国更加重视计划生育工作。1991 年，中共中央下发了《关于加强计划生育工作，严格控制人口增长的决定》，要求各级党委、政府务必把计划生育摆到与经济建设同等重要位置上，党政一把手必须亲自抓、负总责。1992 年，国家计生委总结推广了山东等地实施人口与计划生育目标管理责任制的经验，对于确保人口计划的实施起了关键性的作用。1994 年，国家计生委联合 10 个部门发出了《关于做好农村计划生育三结合工作的通知》，"三结合"成为计划生育的主要手段。1995 年，计生委又提出要实现计划生育工作思路和工作方法的转变，即要由仅就计划生育抓计划生育向与经济社会发展密切结合，采取综合措施解决人口问题转变；由以社会制约为主向逐步建立利益导向与社会制约相结合，宣传教育、综合服务、科学管理相统一的机制转变。至此，中国 20 世纪 90 年代人口和计划生育工作可以被概括为坚持"三不变"，落实"三为主"，推行"三结合"，实现"两个转变"，达到"一个目标"（彭佩云，1998）。

中国在 2002 年颁布了《人口与计划生育法》，法律规定：国家稳定现行生育政策，鼓励公民晚婚晚育，提倡一对夫妻生育一个子女；符合法律、法规规定条件的，可以要求安排生育第二个子女。具体办法由省、自治区、直辖市人民代表大会或者其常务委员会规定。《人口和计划生育法》的颁布实施标志着人口和计划生育政策有了法律基础，政策的执行有了法律保证。

面对人口问题的新形势,中共中央、国务院在 2006 年发布了《关于全面加强人口和计划生育工作统筹解决人口问题的决定》(以下简称《决定》),提出了如下几个基本判断和人口发展的思路:一是生育水平过高或过低都不利于人口与经济社会的协调发展;二是稳定低生育水平必须创新工作思路、机制和方法;三是制定人口发展战略,既要着眼于人口本身的问题,又要处理好人口与经济社会资源环境的关系;四是必须调整发展思路,确立"人口发展在国民经济和社会发展中处于基础性地位"、"发展为了人民、发展依靠人民、发展成果全体人民共享"、"优先投资于人的全面发展"等新的重要战略理念。《决定》的出台标志着中国的计划生育政策由过去简单控制人口数量向综合治理人口问题转变,由简单追求减少人口数量向追求人的全面发展转变。

总体来看,中国计划生育政策的执行效果存在较大的城乡差异。一般来说,城镇地区较好地执行了"一对夫妇生育一个孩子"的政策,而农村地区并没有像城镇地区一样严格执行。从 1984 年开始,大多数农村计划生育政策都被放宽为如果第一个孩子为女孩,则在间隔 4~5 年后可以生育第二个孩子。由此可见,把中国的计划生育政策笼统地说成为"一对夫妇只生育一个孩子"的政策并不恰当。有研究(郭志刚等,2003)指出,在现行的生育政策下,全国有 63% 左右的夫妇生育一个孩子,35.6% 的夫妇生育 2 个孩子,1.3% 的夫妇可以生育 3 个孩子。

(2)人口与计划生育政策的减排效应

研究表明,中国人口与计划生育政策对 CO_2 减排作出了巨大贡献。《中国应对气候变化国家方案》(2007)指出,在人口与计划生育政策的长期影响下,2005 年中国人口出生率为 12.4‰,自然增长率为 5.89‰,明显低于发展中国家,也低于世界平均水平;自 20 世纪 70 年代实行计划生育以来,中国累计少生 3 亿多人,仅 2005 年一年就少排放 CO_2 13 亿吨。另外,有关中国计划生育对环境影响的地区案例研究也表明,计划生育政策的实施的确有效缓解了案例地区人口增长与生态环境的紧张关系(陈昌清,2002)。

20 世纪末以来,国外学者逐渐重视国际范围内计划生育政策对气候变化的影响,普遍认为中国计划生育政策对防止全球气候恶化的贡献非常大。Nicholas(2006)研究表明人口数量及其增长对气候的影响较大(参见表 4.3)。从表 4.3 可以看出,与美国、欧盟、印度和转型国家等经济体相比,1992—2002年中国能源利用效率增加最为显著,但 CO_2 排放增长率仍然高达 3.7%,仅低于印度,造成这一状况的原因主要在于中国经济的快速增长,中国人均 GDP 增长对 CO_2 排放的贡献高达 8.5%,是美国、欧盟等经济体的 4 倍多,是印度的将近 2 倍;而中国人口增长的贡献只有 0.9%,低于印度的 1.7% 也低于美国的 1.2%,这说明中国控制人口增长的政策对减缓 CO_2 排放做出了积极贡献。因为如果中国人口增长对 CO_2 排放的贡献达到印度或者美国的水平,那么,中国 CO_2 放增长率肯定会大大超过目前的水平。

表 4.3　1992—2002 年各国与能源相关的二氧化碳排放:增长率及其贡献因素(单位:%)

国家	CO_2 排放增长率	人均 GDP 的贡献	CO_2 强度贡献	能源强度的贡献	人口增长的贡献
美国	1.4	1.8	0	−1.5	1.2
欧盟	0.2	1.8	−0.7	−1.2	0.3
中国	3.7	8.5	0.5	−6.4	0.9
印度	4.2	3.9	1.1	−2.5	1.7
转型国家	−3.0	0.4	−0.6	−2.7	−0.1
世界平均	1.4	1.9	−0.1	−1.7	1.4

资料来源:(Stern,2006)

美国俄勒冈州立大学的 Murtaugh 等(2009)进一步从计划生育影响未来人口的生育数量角度加深了人们对计划生育与环境变化的理解。研究认为,以往人们也注意到了计划生育对环境的正面影响,但常常忽视计划生育对人口增长的连锁反应:如果不实行计划生育,我们多生育的后代在其成年后会生养更多的子女，即从长期看，如果没有计划生育，今天多生一个小孩意味着将来的人口会多出几个，这就形成一个连锁累积效应；由于连锁累积效应，多生一个小孩对环境的影响程度可能是生育者自身影响的几倍，这表明未来人口增长和环境的关系是当前人口再生产选择的结果。正因为如此，虽然单个中国人生育子女对环境的长期影响不到单个美国人的五分之一，但由于中国和印度这样的发展中国家的人口与消费水平（人均收入与消费水平决定了能源消费量）都在持续增长，考虑到这些因素后，这些国家实行计划生育对环境总的积极影响可能更可观。

（3）人口与计划生育政策展望与减排

中国的人口和计划生育政策已经实施30多年，政策目标已经实现，与此同时，这一政策的一些不利效应和后果开始显现，是否要进行政策调整正在引起社会各界激烈争论。但是，从长远来看，中国的人口和计划生育政策并不是一项可以永远持续的政策，在完成其使命的情况下，终有一天会退出历史舞台。事实上，一些地区已经根据各自情况对计划生育政策进行了微调。目前，大部分省市都允许夫妇双方都为独生子女的可以生育2个孩子，还有些省市开始探索允许夫妇双方只要一方为独生子女就可以生育2个孩子的政策。上海2009年规定符合再生育条件的夫妻可以生育二胎，以缓解人口老龄化趋势，《广西壮族自治区人口和计划生育条例（2012年修订）》也包含了适当放宽再生育一个子女的条件，取消二胎生育间隔期限制的内容。

按中国目前的生育水平（1.8左右的总和生育率），2020年中国总人口达到14.5亿，在2033年前后达到峰值15亿人，其后将进入持续的负增长，15～64岁人口将在2016年达到高峰，为10.1亿人（国家人口发展战略研究课题组，2006）。中国人口和计划生育政策的成功实施使得中国几十年的时间内走过了发达国家几百年才能完成的人口转变历程。其结果，中国人口占世界人口的比例不断下降。1950年中国人口占世界人口的比例为22%，现在降低到20%左右，这一比例预计还将进一步降低，到2050年左右会降低到15%左右。

展望未来，从计划生育与CO_2减排的更长期关系来看，计划生育政策仍将发挥重要作用。一项对有关计划生育政策和CO_2排放关系的研究（Wire，2009）表明，计划生育政策是一种有效同时也是比较便宜的减排手段，计划生育每投入7美元将减排1吨CO_2，而使用低碳技术减排1吨CO_2的成本是25美元，每减排1吨CO_2计划生育投入不足低碳技术成本的三分之一。按照这一研究，中国的计划生育政策仍然会极大地促进二氧化碳的减排，表4.4是部分国家计划生育政策对CO_2排放的影响。从该表可以看出，从2010年到2050年，如果中国不实行计划生育政策，人口会达到14.17亿，如果实行计划生育政策，人口则为13.92亿，计划生育政策会使2050年中国人口减少2500万人左右。考虑到2010—2050年每年的人口差异，实行计划生育政策和不实行计划生育政策相比，40年累计的人年数相差10.13亿，如果按人均每年排放$CO_2$3.84吨计算，则2010—2050年间会累计减排二氧化碳近40亿吨。

表 4.4　计划生育对 CO_2 排放的影响

不实行计划生育情况下不同国家的人口与 CO_2 排放量（2010—2050 年）						
国家	各年人口（千人）				2010—2050 年总人口（千人）	人均年 CO_2 排放（吨）	总 CO_2 排放（千吨）
	2010	2011	…	2050			
阿富汗	29138	30101	…	73938	2098936	0.03	62968
中国	1354256	1362542	…	1417045	59140710	3.84	227100325
印度	1212258	1230790	…	1613800	60208409	1.2	72250091
肯尼亚	40867	41926	…	85410	2598662	0.31	805585
英国	61898	62221	…	72365	2780883	9.4	26140298
美国	317694	320566	…	403932	15083942	20.4	307712421

续表

实行计划生育情况下不同国家的人口与CO_2排放量(2010—2050年)						
国家	各年人口(千人)				2010—2050年总人口(千人)	人均年CO_2排放(吨)	总CO_2排放(千吨)
	2010	2011	…	2050			
阿富汗	29022	29861	…	63266	1910283	0.03	57308
中国	1353090	1360198	…	1392160	58109479	3.84	223140400
印度	1213648	1227531	…	1549533	58545889	1.2	70255067
肯尼亚	40748	41684	…	75979	2424315	0.31	753088
英国	61866	62155	…	71356	2750493	9.4	25854631
美国	317439	320051	…	394001	14824758	20.4	302425061

资料来源:(Wire,2009)(Thomas,2009)

2010—2050年因为实行计划生育情况而减排CO_2最多的国家见表4.5,从该表可以看出,中国是世界上仅次于美国因为计划生育减排第二多的国家。

表 4.5　(2010—2050年)实行计划生育情况下减排CO_2较多的国家(单位:亿吨)

国家	减排CO_2
美国	50
中国	40
俄罗斯	30
印度	20
南非	10
墨西哥	10

资料来源:(Wire,2009)

总的来看,人口和计划生育政策是中国的国家行动,这一政策的实施在促进中国人口快速转变的同时,客观上起到了减缓世界人口压力,缓解人口和资源环境之间矛盾的作用,对全世界CO_2减排作出了巨大贡献。

4.4.2　扶贫开发政策的减缓效应

贫困是困扰人类发展的世界性难题,不仅威胁着世界各国尤其是发展中国家的经济、政治和社会稳定,而且阻碍了整个人类社会的可持续发展。扶贫政策对贫困地区CO_2排放有双重作用,一方面,在扶贫过程中,随着贫困地区居民的收入水平和消费水平的提高,人均CO_2排放量相应增加;另一方面,随着扶贫中大量使用节能技术、清洁技术,实施退耕还林政策以及民众能源消费习惯的改善和生态保护意识的提高,扶贫工作又可能降低贫困地区的人均CO_2排放。中国环境友好型扶贫政策和项目有效地减缓了贫困地区CO_2排放。

(1)扶贫开发政策的主要内容

中国农村实施的开发式扶贫政策也是具有鲜明中国特色的社会政策。和其他反贫困政策不同,开发式扶贫政策不仅致力于减轻贫困地区的贫困程度,而且还要促进贫困地区的经济增长,通过促进经济增长减轻贫困是这一政策的主要做法。

中国的扶贫开发政策始于20世纪80年代。当时,中国处于整体贫困状态,人民生活水平普遍很低,特别是农村地区,基本温饱无法得到保证。为了缓解农村地区的贫困,政府开始实施有针对性的、大规模的扶贫政策。1984年中共中央、国务院联合发出《关于帮助贫困地区尽快改变面貌的通知》,要求各级党委和政府采取措施,帮助群众摆脱贫困。在此背景下,1986年国务院贫困地区经济开发领导小组成立(1993 年更名为国务院贫困开发领导小组)，全国有组织、有计划、大规模的扶贫开发拉开了序幕。中国的贫困及扶贫战略经历了不同的发展阶段，中国扶贫政策也经历了从传统的分散救济式扶贫向开发式扶贫转变，并进而将重点转移到依靠科学进步和提高农民素质的过程(陈俊生,1998)。

从 1994 年起中国政府开始实施《国家八七扶贫攻坚计划》，集中人力、物力、财力，动员社会各界力量，开展大规模扶贫攻坚，计划用 7 年的时间，也就是到 2000 年底基本解决农村剩余 8000 万贫困人口的温饱问题。进入 21 世纪后，中国的农村贫困出现了新的特点：一是脱贫成本增加；二是减贫速度放缓；三是贫困人口分布呈现点(14.81 万个贫困村)、片(特殊贫困片区)、线(沿边境贫困带)并存的特征；四是贫困群体呈现大进大出的态势。在实施《中国农村扶贫开发纲要(2001—2010 年)》后，中国确定了 14.81 万个贫困村作为扶贫工作的重点，覆盖了 80% 的贫困人口。

针对农村贫困出现的新特点，农村扶贫政策也出现了新变化。国家"十一五"规划指出，要在"十一五"期间基本解决农村贫困人口的温饱问题，并逐步增加他们的收入。2007 年，国家在农村建立了最低生活保障制度，对农村贫困人口的基本生存问题做了兜底性的制度安排。十七届三中全会《决定》明确提出完善国家扶贫战略和政策体系，坚持开发式扶贫方针，实现农村最低生活保障制度和扶贫开发政策有效衔接。2009 年政府工作报告明确了加大扶贫开发力度，实行新的扶贫标准，对农村低收入人口全面实施扶贫政策。新标准提高到人均 1196 元/年，扶贫对象覆盖大约 4007 万人。上述政策和措施表明中国扶贫已经步入了新阶段，中国已经构建了开发式扶贫政策、农村最低生活保障制度和农村社会救助制度相互衔接和配合的扶贫政策体系。

中国扶贫开发政策的实施有效地缓解了农村贫困，农村贫困人口规模快速减少，困难群体的生产与生活条件得到根本性改善，扶贫工作取得了举世瞩目的成就。从世界银行标准来看，中国在 1981—2004 年间人均日消费不足 1 美元人口从 65% 下降到 10%，绝对贫困数量从 6.52 亿下降到 1.35 亿，5亿多人在此期间摆脱了贫困。中国的扶贫成就为世界发展作出了巨大贡献，全世界发展中国家贫困人口在上述期间从 15 亿减少到 11 亿，如果没有中国的贡献，发展中国家贫困人口将会不减反增(The World Bank,2009)。

(2)扶贫开发政策的减排效应

理论上讲，摆脱贫困与保护环境之间并没有必然的矛盾，现实中两者的冲突往往是人类技术选择的结果，是某种摆脱贫困的方式导致的或是某种保护环境的方式导致的矛盾，而人们原本可以选择其他方式来避开二者之间可能存在的矛盾。贫困本身并不一定必然导致环境退化，它取决于贫困人口拥有多大的选择余地以及他们对外界压力和刺激的反应方式(贺建林,2001)。从长远的观点看来，消除贫困和维持良好环境不仅没有矛盾，而且还可以是相互促进的，因为摆脱贫困后的人们对环境服务的需求增大，使人们更积极主动地改善环境，同时也可以有更多投入去维护良好的环境，良好的环境能提供人民新的更多的发展机会(李小云等,2005)。

中国关注环境的扶贫实践对环境保护产生了积极影响，如退耕还林政策和自然保护区制度。退耕还林政策在 1999 年开始试点，2002 年正式启动，工程区遍布全国 25 个省市区和新疆建设兵团，主要集中在中西部地区，涉及全国一半以上的贫困县和 90% 以上的贫困人口。2002 年 1 月前共兑现粮食 196.4 万吨，现金 3.34 亿元，种苗补助 9.96 亿元，退耕还林地区贫困人口的收入普遍得到提高。中国"国家可持续发展实验区"的实践也证明，通过在贫困地区实行节能技术、沼气工程等扶贫措施，可以实现脱贫与保护环境的双赢。1986 年开始，国家社会发展综合试点工作开始实施，到 2007 年，已经建立了 52 个国家可持续发展实验区，省级可持续发展实验区 90 余个(科学技术部科技司和中国 21 世纪议程管理中心,2007)。其中在农村贫困地区发展沼气生态农业，形成了农业废弃物-沼气池-农作物、畜禽往复循环的生产模式，不仅取得了较好的经济效益，又取得了良好的生态效益(见表 4.6)。

表 4.6 一些扶贫项目的经济效益与生态效益

地区	项目	经济效益	生态效应
江西赣州章贡区	猪-沼-果工程	(1)平均增收节支 1500 元； (2)节省化肥 0.3 万吨	(1)每年减少薪柴耗费 10 万吨； (2)开展沼肥综合利用，推广沼肥种菜、种果、养鱼，每年少使用化肥 0.3 万吨
河北正定县	生物废弃物生产生物饲料	(1)产量提高:叶类提高 20%～30%；果类提高 10%～20%； (2)每亩地节约化肥、农药 300 多元	(1)有效处理了 7.6 万吨废弃物； (2)每年减少使用煤炭 500 吨； (3)为生态农场提供还田、改善土壤肥力和性状，减少了化肥施用
云南南华	中英合作云南环境发展与扶贫项目——南华示范项目	(1)生猪从 460 头增到 1086 头，牛从 148 头增到 587 头。粮食亩产增加 30～45 千克； (2)村民获得培训误工补助费 328615 元。参与项目活动实施劳工报酬 408165 元	(1)增加 200 亩生态林，100 亩薪炭林，3000 株核桃和 100 亩刺苞菜； (2)使用节柴灶，用柴量从每天 15～25 千克减为 5～10 千克；推广生猪生喂，农户每天煮食薪柴从 15～25 千克减为 10～15 千克； (3)替代烤烟的产业发展：引种 400 亩洋芋、产业化发展畜牧业，烤烟种植面积由 150 亩减少到 50 亩，减少薪柴 100 吨

资料来源:赣州和正定案例来自科学技术部科技司和中国 21 世纪议程管理中心.2007.中国地方可持续发展特色案例前沿.北京社会科学文献出版社；华南案例来自南华示范项目总结报告.2009.http://zksky.study365.cn/logrs28678.html.

尤其值得指出的是,沼气项目不仅是中国农村贫困地区最常见的扶贫项目,而且也是在全国农村都得到大力推广的节能项目。农村沼气项目不仅缓解了农村能源短缺状况,而且由于替代了农村的其他能源消耗而起到了减排 CO_2 的作用。根据董红敏等(2009)对湖北恩施土家族苗族自治州农村户用沼气池项目的评估,户用沼气池的建设既能减少目前粪便管理方式造成的 CH_4 排放,又能充分利用可再生能源,减少化石燃料的使用和减少 CO_2 排放,预计每个农户可实现温室气体减排 1.4～2.0 吨 CO_2 当量。根据"全国农村沼气工程建设规划(2006—2010 年)",到 2010 年全国农村户用沼气池总数达到 4000 万户,占适宜农户的 30%左右,年生产沼气 155 亿立方米;到 2015 年,农村户用沼气池总数达到 6000 万户左右,年生产沼气 233 亿立方米左右。因此,中国未来的农村户用沼气工程建设将会给农村生态环境带来更大的减排效益。根据农村生活用能的加强预测方案,在 2010—2050 年间,沼气替代生物质能和煤炭可使年 CO_2 排放减少 307.77～4592.80 万吨(张培栋等,2005)。

另外,环境脆弱地区的生态移民也在很大程度上缓解了扶贫与生态的冲突。中国一些山区贫困人口的生存条件极端恶劣,又无法改造水土,农作物种植成本高,劳动力耗费高,产量却很低(陈俊生,1998),就地扶贫可能对当地的生态环境破坏非常大。有研究表明,人口压力是石漠化形成的主要因素,控制人口和生态移民是解除和减轻石漠化地区的人口压力的有效办法(但新球等,2004)。例如,浙江武义县南部山区通过人口的下山转移,不但使下山的贫困人口真正脱贫,还使原来的山地资源和环境得到改善,山区生态环境、生态资源和生态效益进入良性循环的轨道(冯潮前,2003)。

不同类型的扶贫政策对环境造成的影响是不同的。对云南省村级扶贫综合规划与环境关系的评估表明,云南实施的大部分规划项目未对环境造成明显的负面影响,且一些规划中的农田基本建设(如坡改梯)、新能源建设(建沼气池、节柴灶)和经济开发项目(如种植无公害蔬菜)对环境还有正面影响,但是,一些规划不当的项目将对环境造成不利影响,如云南会泽引进了许多高产和高经济回报的农作物,其中大多数需要显著增加农药化肥的施用量,对环境造成较大污染(蔡葵,2004)。一般来说,以环境干预为主,辅以减贫的项目都会带来生态环境的改善,作物产量的提高和家庭收入的多样化和收入的增加。环境干预与扶贫相结合的项目如果采取参与式的方法,并建立相关或直接的目标瞄准和检测系统,对改善环境和提高生活水平的成效会更显著(约翰·泰勒等,2002)。

(3)扶贫政策展望与减排

虽然中国农村扶贫开发取得了巨大成就,但中国缓解贫困的任务依然艰巨,从总量上看,中国贫困人口仍然数量庞大。2005年每天消费不足1.25美元(购买力平价)的人口大约2.54亿(The World Bank,2009),规模仅次于印度。同时,易于陷入贫困的人群数量庞大。2001—2004年,农村1/3人口至少一次陷入消费贫困。中国目前扶贫与保护环境的任务仍然很艰巨。随着贫困率的下降,剩余贫困人口更为分散,扶贫措施更难以达到。收入差距的扩大使得经济增长的成果难以平等地被每个人分享,经济增长的减贫效果也越来越弱。因此,仅仅依靠农村开发式扶贫政策很难解决农村剩余的贫困问题,尤其是那些依靠自己能力难以摆脱贫困的群体迫切需要新的社会救助政策予以扶持。同时,在那些资源极端贫乏或生态极度脆弱的贫困地区,环境友好型的扶贫政策会更能够兼顾脱贫和环境保护之间的关系。中国众多扶贫项目实施的结果也证明,通过建立将环境与脱贫结合起来的扶贫战略和政策,不仅可以有效降低贫困地区居民对生态环境和自然资源的破坏,而且可以使他们避免陷入贫困与环境破坏之间的恶性循环。虽然中国扶贫工作任重而道远,但通过采取环境友好型的扶贫战略来促进贫困地区民众的收入增长,实现扶贫与环境保护和CO_2减排的双赢是可能的。

从长期来看,中国贫困人口摆脱脱贫的需求必将进一步刺激经济增长,从而还将从总体上带来CO_2排放量的继续增长。但需要指出的是,中国CO_2排放与发达国家CO_2排放具有不同的本质,中国为使大批贫困人口摆脱贫困排放是生存型排放,而发达国家的排放则属于奢侈型排放。

4.5 能源政策的减缓效应

能源是人类社会赖以生存和发展的重要物质基础。能源供应持续增长,为经济社会发展提供了重要的支撑,然而能源的大量开发和利用,也是造成环境污染和气候变化的主要原因之一。正确处理好能源开发利用与环境保护和气候变化的关系,是迫切需要解决的问题。

中国政府正在以科学发展观为指导,加快发展现代能源产业,坚持节约资源和保护环境的基本国策,把建设资源节约型、环境友好型社会放在工业化、现代化发展战略的突出位置,努力增强可持续发展能力,建设创新型国家,继续为世界经济发展和繁荣作出更大贡献。化石能源使用是温室气体排放增加的主要来源,中国有利于减缓气候变化的能源政策可归纳为

节约能源、优化能源结构以及煤炭等化石能源的清洁高效利用等方面。本节重点讨论我国在节能和能源结构优化方面的政策,分析其对减缓温室气体排放的贡献。

4.5.1 中国经济社会可持续发展对能源的要求

(1)中国能源资源的特点

能源政策的制定在一定程度上受到能源资源的制约,能源资源是能源发展的基础。中国能源资源有以下特点:

能源资源总量比较丰富。中国拥有较为丰富的化石能源资源。其中,煤炭占主导地位。煤炭保有资源量10345亿吨,剩余探明可采储量约占世界的13%,列世界第三位。已探明的石油、天然气资源储量相对不足,油页岩、煤层气等非常规化石能源储量潜力较大。中国拥有较为丰富的可再生能源资源。水力资源理论蕴藏量折合年发电量为6.19万亿千瓦时,经济可开发年发电量约1.76万亿千瓦时,相当于世界水力资源量的12%,列世界首位。

人均能源资源拥有量较低。中国人口众多,人均能源资源拥有量在世界上处于较低水平(如图4.2)。煤炭和水力资源人均拥有量相当于世界平均水平的50%,石油、天然气人均资源量仅为世界平均水平的1/15左右。耕地资源不足世界人均水平的30%,制约了生物质能源的开发。

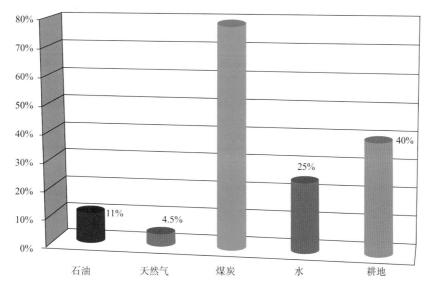

图 4.2 中国人均资源水平与世界水平的比较(世界=100%)

能源资源赋存分布不均衡。中国能源资源分布广泛但不均衡。煤炭资源主要赋存在华北、西北地区,水力资源主要分布在西南地区,石油、天然气资源主要赋存在东、中、西部地区和海域。中国主要的能源消费地区集中在东南沿海经济发达地区,资源赋存与能源消费地域存在明显差别。大规模、长距离的北煤南运、北油南运、西气东输、西电东送,是中国能源流向的显著特征和能源运输的基本格局。

能源资源开发难度较大。与世界相比,中国煤炭资源地质开采条件较差,大部分储量需要井工开采,极少量可供露天开采。石油天然气资源地质条件复杂,埋藏深,勘探开发技术要求较高。未开发的水力资源多集中在西南部的高山深谷,远离负荷中心,开发难度和成本较大。非常规能源资源勘探程度低,经济性较差,缺乏竞争力。

(2)社会经济可持续发展对能源发展的要求

实现可持续发展已经成为中国社会经济发展的一个重要基本方针。能源既是重要的必不可少的经济发展和社会生活的物质前提,又是现实的重要污染来源,解决好中国的能源可持续发展战略问题,是实现中国社会经济可持续发展的重要环节。

胡锦涛在中国共产党第十七次全国代表大会上的报告对能源资源环境领域制定的目标具体而清晰,明确了中国能源经济的可持续发展方向。首次对节能予以详细、具体的阐述,能源战略在国家发展大局中的重要性由此可见一斑。未来能源经济工作中的重点在于节约能源,提高能源利用效率,减少环境污染排放;加大能源结构调整力度,提高可再生能源与清洁能源的比重,走能源与环境的可持续发展之路。

中国共产党第十七次全国代表大会提出,要加快转变发展方式,在优化结构、提高效益、降低消耗、保护环境的基础上,实现人均国内生产总值到 2020 年比 2000 年翻两番。《中华人民共和国国民经济和社会发展第十二个五年规划纲要》明确提出,到 2015 年,非化石能源占一次能源消费比例达到 11.4%,与 2010 年水平相比,单位国内生产总值能源消耗降低 16%,单位 GDP CO_2 排放降低 17%,化学需氧量、SO_2 排放分别减少 8%,氨氮、氮氧化物排放分别减少 10%。

为实现经济社会发展目标,中国能源发展"十二五"(2011—2015 年)目标是:增强危机意识,树立绿色、低碳发展理念,以节能减排为重点,健全激励与约束机制,加快构建资源节约、环境友好的生产方式和消费模式,增强可持续发展能力,提高生态文明水平。落实节约优先战略,全面实行资源利用总量控制、供需双向调节、差别化管理,大幅度提高能源资源利用效率,提升各类资源保障程度。

因此,中国社会经济可持续发展对能源发展的要求可概括为以下五个方面:

1)坚持节能优先战略

中国人口众多,能源资源相对不足。由于中国正处在工业化和城镇化加快发展阶段,能源消耗强度较高，消费规模不断扩大，特别是高投入、高消耗、高污染的粗放型增长方式，加剧了能源供求矛盾和环境污染状况。能源问题已经成为制约经济和社会发展的重要因素。

改革开放以来，随着社会经济的高速发展，能源供应难以满足迅速增长的需求，节能必然要受到重视。从宏观经济的发展趋势看，未来保持必要的较高增长速度是经济发展的需要，在全球金融危机的背景下，扩大内需已经成为未来一段时期主要的经济发展方向。为达到经济发展目标，政府正在加大基础设施建设，鼓励终端消费，这必然会导致能源消费的进一步扩张。

中国把资源节约作为基本国策，坚持能源开发与节约并举、节约优先，积极转变经济发展方式，调整产业结构，鼓励节能技术研发，普及节能产品，提高能源管理水平，完善节能法规和标准，不断提高能源效率。节能是缓解能源约束，减轻环境压力，保障经济安全，实现全面建设小康社会目标和可持续发展的必然选择，体现了科学发展观的本质要求，是一项长期的战略任务，必须摆在更加突出的战略位置。

2）优化能源结构

中国长期以来能源结构以煤为主，是造成能源效率低下，环境污染严重的重要原因。能源结构的优质化是社会经济发展的必然趋势。中国将通过有序发展煤炭，积极发展电力，加快发展石油天然气，鼓励开发煤层气，大力发展水电等可再生能源，积极推进核电建设，科学发展替代能源，优化能源结构，实现多能互补，保证能源的稳定供应，减少能源消费对环境的污染。

• 优化电源结构

在未来的终端能源消费结构中，电力的比例将不断扩大。因此，对发电能源结构要有长期的规划，避免临时和缺乏系统规划的选择。

首先要尽量利用水力资源。中国水力资源丰富，目前利用率很低，发展潜力巨大。水电项目可以很好地和防洪、抗旱、农业灌溉结合起来，取得更大的综合社会经济效益。与煤炭生产、运输、发电过程中产生的种种环境问题比较起来，水电是一种对环境和生态影响小得多的清洁能源。如果将水电的巨大综合社会经济效益考虑在内，发展水电的优越性就更加突出。

核电也是一种可靠的清洁能源，核电的安全性已经达到很高的水平。在现有技术条件下，核废料的处理也可以得到妥善地解决。和燃煤电厂实际带来的环境和人身安全问题相比，核电的优越性是十分明显的。发展核电符合中国实现可持续发展能源战略方向。应该根据中国的实际国情，确定核电发展的技术方向，实施长期和稳定的发展战略，以实现核电发展的长期目标。

其他可再生能源发电潜力巨大，但由于发电成本高和技术不成熟等原因，目前开发利用的规模有限。在发展可再生能源发电时，应充分考虑可再生能源发电的环境效益，使其环境外部性能够反应到合理的电价体系中来，对风电等可再生能源发电提供优惠政策；并积极促进可再生能源技术的推广和应用。

• 加快发展天然气

随着人民生活水平的提高和城市化的发展，对气体和液体燃料的需求必然不断扩大。当前和今后几十年内，石油和天然气仍将是世界范围的主要能源，特别是天然气的发展方兴未艾。天然气的利用不仅有很好的环境效果，建立在天然气基础上的能源技术，也是当前和今后长时期内能源效率最高的技术。中国的天然气基础比较薄弱，在形成天然气基础设施网络的时期，需要大量的投入和政策支持。正在实施的西气东输工程意义重大，天然气基础管网一旦建成，将带动天然气开发的进程，可望使天然气的实际成本明显降低。

• 发展农村可再生能源

中国城市化的进程还要持续几十年，发展农村可再生能源仍是促进可再生能源利用的重点。发展农村可再生能源必须结合农村发展的特点和实际，以农村沼气等生物质能源开发为重点，以太阳能、风能、微水电等高效利用为补充的农村可再生能源开发利用体系。近年来，现代商品化可再生能源逐渐成为发展的重点，如太阳能热水器已形成规模市场。但总的说来，商品化可再生能源在农村推广应用仍然十分有限。从传统落后的可再生能源利用，发展到现代商品化可再生能源利用，必须借鉴发达国家先进可再生能源技术,同时自主开发适合于国情的可再生能源技术,并努力降低成本。

3）实施煤炭清洁利用

越来越迫近的全球气候变化的限制因素,将使煤炭的使用逐渐受到碳排放的严重制约,这些因素在煤炭的气化和液化技术开发和未来应用时必须充分予以考虑。优化能源结构和充分合理利用中国的煤炭资源并不矛盾。在能源结构优化的过程中,煤炭必然将退出一些使用领域,但是煤在中国能源中的地位仍然将十分重要。目前中国煤炭的使用技术和方式与可持续发展的社会经济发展目标有很大的差距。

解决煤炭的清洁利用问题一定要从中国的实际情况出发,要看到中国今后几十年内燃煤发电以及其他的燃煤利用将仍然是煤炭的主要用途,洁净煤技术的主要发展方向要围绕煤炭的主要利用方面。目前煤炭供应过程和转换过程中有大量可以立即行动而且对煤炭的清洁利用有明显实效的事情可做。如煤炭的筛选和洗选,更加合理的煤质管理和配送,型煤的利用,水煤浆利用等等都大有潜力。

煤炭的气化和液化有可能作为远期技术储备,如果考虑以煤为原料提供液体或气体燃料的话,则必须全面分析评估其经济可行性,还要考虑全过程的环境影响。除此以外,还必须考虑能源系统的总体效率。

4）加强环境保护

中国以建设资源节约型和环境友好型社会为目标,积极促进能源与环境的协调发展。坚持在发展中实现保护、在保护中促进发展,实现可持续发展。保护环境是可持续发展的一个基本点,在中国的可持续发展能源战略中既要考虑到如何在能源的开发转换利用过程中的污染防治和环境保护,还要考虑在能源结构和效率方面如何适应不断提高的环保要求。环保本身也是推动能源技术发展的基本动力之一。

当前在发达国家,环境保护要求已经成为决定能源结构,从而决定能源成本的重要因素。中国的环境考虑将在今后逐步成为能源结构选择的越来越重要的因素,能源结构的清洁化,对能效的提高也有很大的推动作用。

由于环境问题的外部性特点,环境污染和保护的内部化不会自然发生,需要在各个层次达成共识,形成法律、技术标准、执行监督的完整体系。在这方面进行各种政策干预和公众教育推动的余地很大。为了实现可持续发展的能源战略,应该在能源发展的各个环节充分考虑环保的需要。能源基础设施庞大,使用期很长。能源系统一旦建成,改变起来不但成本很高,还要用几十年的时间。所以在能源建设中不但要考虑环境保护现在的要求,而且要充分预见今后的环境要求。

5）依靠能源技术进步

中国在制定其能源发展战略时,必须密切关注全球能源技术发展的趋势,明确能源技术的发展方向。目前中国的能源技术发展速度加快,与世界先进水平的距离正逐渐缩短,但是如果只是闭门造车式的发展,将来可能会越走越偏。只有时刻关注发达国家所引领的能源技术的发展方向,并据此对自身的发展路线不断进行调整,才能避免发展的盲目性,而始终朝着能源技术最前沿迈进。随着气候变化对能源技术发展影响的进一步深入,中国应加强气候友好能源技术的研究开发,在未来能源技术前沿占据一席之地。中国充分依靠能源科技进步,增强自主创新能力,提升引进技术消化吸收和再创新能力,突破能源发展的技术瓶颈,提高关键技术和重大装备制造水平,开创能源开发利用新途径,增强发展后劲。

（3）能源可持续发展与减缓气候变化的协同性

近年来,随着经济的迅速发展和人民生活水平的不断提高,中国的温室气体排放量持续增加,目前已经成为全球温室气体排放量最大的国家之一,2009 年化石燃料燃烧的 CO_2 排放量已达到 68.8 亿吨,占世界排放总量的 23.7%（IEA,2011）。但是,中国的温室气体历史累积排放水平较低。根据世界资源研究所关于 1850—2005 年的历史排放的统计结果,中国的人均累积排放为 71.3 吨 CO_2,居世界第 89 位。

根据 Kaya 恒等式①,一个国家 CO_2 排放量的增长,主要取决于四个方面的因素:人口、人均 GDP、

---

① Kaya 恒等式:CO_2 排放量＝人口×人均 GDP×单位 GDP 能源强度×CO_2 排放系数。

单位 GDP 能源强度和 CO_2 排放系数，其中 CO_2 排放系数主要取决于能源消费结构。可以看出，节能减排和优化能源结构与控制温室气体排放有很大的协同性，对控制温室气体排放具有积极的意义。因此，中国能源政策的制定方向是实现国内发展目标和全球气候保护目标的统一，中国须以节能减排和优化能源结构来应对气候变化挑战。

从单位 GDP 能源强度因素来看，能源利用效率提高 1 个百分点，温室气体排放相应降低 1 个百分点。节约能源和提高能源效率将有助于合理引导终端消费，通过降低能源需求量而达到控制温室气体排放的目的。与以往的研究相比，2007 年发表的 IPCC 第四次评估报告更加重视节能在减缓温室气体排放中的关键作用。

从优化能源结构因素来看，中国是世界上少数几个以煤为主要燃料的国家，在 2009 年全球一次能源消费构成中，煤炭仅占 29.4%，而中国则高达 68.8%。以煤炭作为参照，提供同样热值能源服务量的前提下，使用石油可以减少 18% 的 CO_2 排放，使用天然气可以减少 37% 的 CO_2 排放（图 4.3）。如果使用其他无碳能源，包括一次电力（核电及风电、水电、光伏发电等可再生能源发电）和生物质能、太阳能等的其他形式的能源利用，则没有 CO_2 排放。

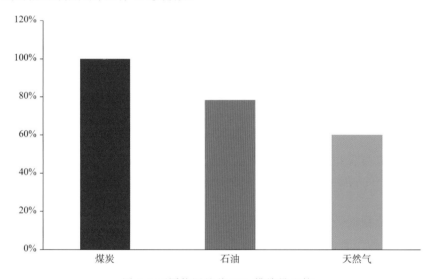

图 4.3 不同能源品种 CO_2 排放量比较

由于调整能源结构在一定程度上受到资源结构的制约，中国以煤为主的能源资源和消费结构在未来相当长的一段时间将不会发生根本性的变化。目前中国一次能源结构中煤炭的比例仍然占三分之二以上（图 4.4）。因此，开发和利用高效的清洁煤技术，对未来中国控制温室气体排放至关重要。

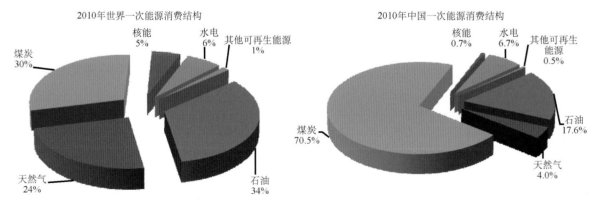

图 4.4 2010 年中国和世界一次能源消费结构比较

（根据《BP 世界能源统计 2010》整理）

4.5.2 合理引导需求的能源政策

（1）概述

中国是人口众多、资源相对不足的发展中国家。要实现经济社会的可持续发展，必须走节约资源的道路。中国政府始终将节约能源作为宏观调控的主要内容，作为转变发展方式、优化结构的突破口和抓手。中国有计划、有组织地开展节能工作始于 20 世纪 80 年代初，通过贯彻"开发与节约并举，把节约放在首位"的方针，到上世纪末实现了经济增长翻两番、能源消费增长翻一番的目标。中国政府于1997 年 11 月发布《节约能源法》，并于 2007 年进行了修订，该法使中国的节能工作逐步纳入法制化轨道。中国政府在 2004 年制定并实施了《节能中长期专项规划》，确定了"十一五"期间能耗降低目标，并将节能任务具体落实到各省、自治区和直辖市以及重点企业。为继续深入推进能源节约，中国政府进一步提出把节约资源作为基本国策，2007 年发布了《国务院关于加强节能工作的决定》，将能源消耗纳入各地经济社会发展综合评价和年度考核，实行单位国内生产总值能耗指标公报制度，实施节能目标责任制和问责制，构建节能型产业体系，促进经济发展方式的根本转变。2011 年是"十二五"的开局之年，在"十一五"取得较大节能成效的基础上，国家进一步落实节约优先战略，再次将能耗降低指标纳入中华人民共和国国民经济和社会发展规划，并对非化石能源占一次能源消费的比例提出了明确的指标要求，加快构建资源节约、环境友好的生产方式和消费模式。

（2）已发布的节能相关政策法规

长期以来，中国政府始终坚持能源开发与节约并举，把节约放在首位的方针。20 世纪 80 年代以后，国务院和各级政府主管部门制定和实施了一系列的节能规章（表 4.7，专栏 4.2，4.3），有效地推动了节能和提高能效工作。

表 4.7　2001 年以前中国政府颁布的有关节能的规章和文件

发布时间	发布单位	主要内容
1982 年	国务院	《关于进一步加强节约用电的若干规定》要求对生产用电定额管理，按月考核，择优供电；实行计划用电，节电有奖；设备更新给予资金优惠等。并规定了 9 种高耗电产品的最高电耗的限额标准，超标要限电或停电
1986 年 1 月	国务院	《节约能源管理暂行条例》，该条例包括节能管理体系、节能管理基础工作、能源供应管理、工业用能管理、城乡生活用能管理、技术进步、奖罚、宣传教育等，合计 60 条
1986 年 7 月	国家经委、财政部、机械部、工商银行	《鼓励推广节能机电产品和停止生产淘汰落后产品的暂行规定》。规定国家公布的淘汰机电产品，必须停止生产，设计部门不得继续设计，淘汰的机电产品不得转移使用。生产节能产品的企业可优先安排技术改造项目并给予贴息贷款支持；可优先减免调节税；实行分类折旧，在一定时期内减免产品税
1986 年 8 月	国家经委、国家计委	《关于进一步加强石油消费管理和节约使用的通知》，控制用油机具；严格控制烧油；取缔土炼油炉；推广节油措施
1987 年 1 月	国家经委	《企业节约能源管理升级（定级）暂行规定》，决定在全国企业中开展节能管理升级活动。对升级条件、审批程序、奖励等做了具体规定，分国家节约能源特级企业、一级企业、二级企业和省级节能企业，由各行业制定标准
1987 年 2 月	国务院	《国务院关于压缩各种锅炉和工业窑炉烧油的指令》和《国务院关于节约工业锅炉用煤的指令》
1987 年 4 月	国家经委、国家计委	发布近期推广 33 项节能技术措施的通知
1987 年 7 月	国家环境保护委员会、国家计委、国家经委、财政部	《发展民用型煤的暂行办法》，要求发展民用型煤，价格按"保本微利"原则，实行优质优价；落实补贴政策；加强生产和经营管理；采用多种渠道筹集资金；重视科技攻关并广泛宣传

续表

发布时间	发布单位	主要内容
1988 年 3 月	国家计委	要求推广 48 项节能、节材、资源综合利用技术
1991 年 3 月	国家计委	《企业节约能源管理升级（定级）规定》的通知，规定了升级（定级）范围、条件、审批程序及奖励等，附有报批表格式和行业制定先进能耗指标的说明
1991 年 4 月	国家计委	《进一步加强节约能源工作的若干意见》提出了能源消耗指标的考核和公布制度；节能主管部门要参与基建和技改计划的制订；坚持节能奖；加大节能投入
1992 年 11 月	国家计委、国务院生产办、建设部	《基本建设技术改造工程项目可行性研究报告增列节能篇（章）的暂行规定》，规定基建和技改项目可行性研究报告要增设节能篇；节能篇应经有资格的部门评估；各行业要有节能设计规范
1996 年 2 月	国家经贸委、机械部	公布《中国风机水泵节能产品推荐名录》
1996 年 5 月	国家计委、国家经委、国家科委	《中国节能技术政策大纲》，节能技术方向长远与近期相结合，以近期 2000 年前推行的节能技术和工艺设备为主，相应考虑中长期的节能技术作为技术储备，包括实现能源资源的优化配置与合理利用；加速工业窑炉、锅炉及其他用能设备的更新改造；提高供热效率；工业窑炉余热余能利用；回收工业生产中放散的可燃气体；发展新能源和能源替代技术；开发推广节能新材料；加强能源计量、控制、监督和科学管理；建立节能型综合运输体系；重视建筑节能；加强城乡民用能源管理；主要耗能行业工艺节能等十二个部分计 330 条
1996 年 7 月	国家经贸委	《"九五"资源节约综合利用工作纲要》要求提高资源利用效率、节能，从而减少污染物排放，提高经济增长的质量和效益，改善环境
1996 年 9 月	国家经贸委、国家计委、国家科委	发布"九五"期间推荐的重点推广科技成果 106 项
1997 年 11 月	全国人民代表大会	《中华人民共和国节约能源法》，2007 年 10 月 28 日修订，对节能管理和合理使用与节约能源进行了规定，确定了重点节能领域，包括工业节能、建筑节能、交通运输节能、公共机构节能以及重点用能单位节能，强调了节能技术进步，以及激励措施和法律责任
1999 年 3 月	国家经贸委	《重点用能单位节能管理办法》，规定了重点用能单位是指：年综合用能 1 万吨标准煤以上，以及省级经贸委指定的 5000～10000 吨标准煤的用能单位；国家经贸委及省级经贸委负责各管辖区重点用能单位节能监督、管理工作；重点用能单位要建立健全的节能管理制度，聘任合格的能源管理人员
2000 年 12 月	国家经贸委	《节约用电管理办法》。要求加强用电管理，采取技术上可行、经济上合理的节电措施，减少电能的直接和间接损耗，提高能源效率和保护环境；鼓励、支持节约用电科学技术的研究和推广，加强节约用电宣传和教育，普及节约用电科学知识，提高全民的节约用电意识；定期公布主要高耗电产品的国内先进电耗指标，对高耗电的主要产品实行单位产品电耗最高限额管理

专栏 4.2　"十一五"以来国务院及部委发布的节能相关政策

1.《国务院关于加强节能工作的决定》，2006

2.《国务院关于印发节能减排综合性工作方案的通知》，2007

3.《国务院关于成立国家应对气候变化及节能减排工作领导小组的通知》，2007

4.《国务院关于节能减排统计、监测及考核实施方案和办法的通知》，2007

5.《国务院批转发展改革委、能源办关于加快关停小火电机组若干意见的通知》，2007

6.《国务院办公厅关于严格执行公共建筑空调温度控制标准的通知》，2007

7.《国务院办公厅关于建立政府强制采购节能产品制度的通知》，2007

8.《国家发展改革委等部门关于印发千家企业节能行动实施方案的通知》,2006

9.《国家发展改革委等部门关于印发"十一五"十大重点节能工程实施意见的通知》,2006

10.《国家发展改革委等部门关于印发节能减排全民行动实施方案的通知》,2007

11.《国家发展改革委、国家环境保护总局关于印发煤炭工业节能减排工作意见的通知》,2007

12.《国家发展改革委关于加快推进产业结构调整遏制高耗能行业再度盲目扩张的紧急通知》,2007

13.《国家发展改革委、科技部联合发布中国节能技术政策大纲(2006)》,2006

14.《教育部关于开展节能减排学校行动的通知》,2007

15.《科技部等六部门关于发布节能减排全民科技行动方案的通知》,2007

16.《财政部、国家发展改革委关于印发节能技术改造财政奖励资金管理暂行办法的通知》,2007

17.《财政部、国家发展改革委关于印发高效能照明产品推广财政补贴资金管理暂行办法的通知》,2007

18.《交通部关于进一步加强交通行业节能减排工作的意见》,2007

19.《国家发展改革委关于印发重点用能单位能源利用状况报告制度实施方案的通知》,2008

20.《国家发展改革委、科技部等部委关于贯彻实施〈中华人民共和国节约能源法〉的通知》,2008

21.《财政部、国家发展改革委关于调整高效节能空调推广财政补贴政策的通知》,2010

22.《国家发展改革委发布固定资产投资项目节能评估和审查暂行办法》,2010

专栏 4.3 《节能中长期专项规划》(2004 年)

《规划》是改革开放以来中国制定和发布的第一个节能中长期专项规划,提出了节能的目标、重点领域和重点工程。

• 宏观节能量指标

到 2010 年每万元 GDP(1990 年不变价,下同)能耗由 2002 年的 2.68 吨标准煤下降到 2.25 吨标准煤,2003—2010 年年均节能率为 2.2%,形成的节能能力为 4 亿吨标准煤。2020 年每万元 GDP 能耗下降到 1.54 吨标准煤,2003—2020 年年均节能率为 3%,形成的节能能力为 14 亿吨标准煤,相当于同期规划新增能源生产总量 12.6 亿吨标准煤的 111%,相当于减少 SO_2 排放 2100 万吨。

• 重点领域

—重点工业:电力、钢铁、有色金属、石油石化、化工、建材、煤炭、机械

—交通运输:公路运输、新增机动车、城市交通、铁路运输、航空运输、水上运输、农业、渔业机械

—建筑、商用和民用:建筑物、家用及办公电器、照明器具

• 重点工程

燃煤工业锅炉(窑炉)改造工程、区域热电联产工程、余热余压利用工程、节约和替代石油工程、电机系统节能工程、能量系统优化工程、建筑节能工程、绿色照明工程、政府机构节能工程、节能监测和技术服务体系建设工程

---

(3)合理引导需求的政策措施效果

推进节能减排的工作思路集中体现在六个方面:依靠结构调整,这是节能减排的根本途径;依靠科技进步,这是节能减排的关键所在;依靠加强管理,这是节能减排的重要措施;依靠强化法制,这是节能

减排的重要保障;依靠深化改革,这是节能减排的内在动力;依靠全民参与,这是节能减排的社会基础。

1)推进经济结构调整

长期以来,中国能源效率偏低的主要原因是经济增长方式粗放、高耗能产业比重过高。中国坚持把转变发展方式、调整产业结构和工业内部结构作为能源节约的战略重点,努力形成低投入、低消耗、低排放、高效率的经济发展方式。中国加快产业结构优化升级,大力发展高新技术产业和服务业,严格限制高耗能、高耗材、高耗水产业发展,淘汰落后产能,促进经济发展方式的根本转变,加快构建节能型产业体系。

2)推进工业节能

工业是中国能源消费的重点领域。中国坚持走科技含量高、经济效益好、资源消耗低、环境污染少、人力资源得到充分发挥的新型工业化道路,加快发展高技术产业,运用高新技术和先进适用技术改造传统产业,提升工业整体水平。

• 千家企业节能行动

为加强重点耗能企业节能管理,促进合理利用能源,提高能源利用效率,中国政府在 2006 年 4 月发布了《千家企业节能行动实施方案》。千家企业是指钢铁、有色、煤炭、电力、石油石化、化工、建材、纺织、造纸等 9 个重点耗能行业规模以上独立核算企业,2004 年企业综合能源消费量达到 18 万吨标准煤以上,共 1008 家。千家企业节能行动的主要目标是企业能源利用效率大幅度提高,主要产品单位能耗达到国内同行业先进水平,部分企业达到国际先进水平或行业领先水平,带动行业节能水平的大幅度提高,实现节能 1 亿吨标准煤左右。《实施方案》要求将节能目标分解到各省。企业通过调整产品结构,加快技术改造,提高管理水平,降低能源消耗。推动企业开展能源审计、编制节能规划,公告企业能源利用状况,启动重点耗能企业能效水平对标活动。

千家企业 2004 年综合能源消费量为 6.7 亿吨标准煤,占全国能源消费总量的 33%,占工业能源消费量的 47%。据统计,2006 年千家企业主要产品单位能耗明显降低,电力、钢铁、水泥、石油化工、有色、化工、造纸等行业主要产品单位能耗下降了 3%~10.5%,实现节能 2000 万吨标准煤,相当于减少 CO_2 排放 4657 万吨。"十一五"期间,千家企业单位氧化铝综合能耗、乙烯生产综合能耗、烧碱生产综合能耗等指标下降了 30% 以上,单位原油加工综合能耗、电解铝综合能耗、水泥综合能耗等指标下降了 10% 以上,供电煤耗下降近 10%,部分企业的指标达到了国际先进水平。根据国家发展改革委发布的关于"十一五"期间千家企业节能目标完成情况的公告,"十一五"时期,千家企业节能行动共实现节能量 1.6549 亿吨标准煤,超额完成预期目标,相应减排 CO_2 达 3.8 亿吨。

3)实施节能工程

2004 年颁布的《节能中长期专项规划》中提出十大重点节能工程,为组织实施好这项工作,国家发展改革委等相关部门在 2006 年 7 月发布了《"十一五"十大重点节能工程实施意见》。十大重点节能工程包括:燃煤工业锅炉(窑炉)改造工程、区域热电联产工程、余热余压利用工程、节约和替代石油工程、电机系统节能工程、能量系统优化工程、建筑节能工程、绿色照明工程、政府机构节能工程、节能监测和技术服务体系建设工程。

十大重点节能工程是实现"十一五"单位 GDP 能耗降低 20% 左右目标的一项重要的工程技术措施,目标是在"十一五"期间实现节能 2.4 亿吨标准煤。

"十一五"期间,国家制定发布了十大重点节能工程实施意见,中央和省级地方财政都设立了节能专项资金,对节能改造实行投资补助和财政奖励,有力推动了十大重点节能工程的实施,共形成节能能力 3.4 亿吨标准煤。中央预算内投资安排 80 多亿元、中央财政节能减排专项资金安排 220 多亿元,共支持了 5200 多个重点节能工程项目,形成节能能力 1.6 亿吨标准煤。十大重点节能工程的实施取得了良好的经济和社会效益:

一是大幅度提高了能源利用效率。2010 年与 2005 年相比,火电供电煤耗由 370 克标准煤/千瓦时降到 333 克标准煤/千瓦时,下降了 10.0%;吨钢综合能耗由 694 千克标准煤降到 605 千克标准煤,下降了 12.8%;水泥综合能耗下降了 24.6%;乙烯综合能耗下降了 11.6%;合成氨综合能耗下降了14.3%。

二是促进了先进节能技术的推广应用。2010年与2005年相比,钢铁行业干熄焦技术普及率由不足30%提高到80%以上,水泥行业低温余热回收发电技术由开始起步提高到55%,烧碱行业离子膜法烧碱比例由29.5%提高到84.3%。新型阴极铝电解槽、高压变频、稀土永磁电机、等离子无油点火等一大批高效节能技术和产品得到普遍应用。

三是促进了节能环保产业发展。我国高效照明产品、家用电器、电机、新型节能墙材等节能设备和产品的市场规模得到大幅度提升,节能环保装备的研发和制造水平显著提高(参见专栏4.4)。

专栏4.4 案例:北京市积极推广节能灯的政策与行动

在一些地区,节能灯通常遭到冷遇,全民节能意识淡薄是一个原因,但更重要的是价格原因,节能灯的市场价格普遍比普通灯具高数倍。2007年4月22日,财政部、国家发改委联合召开全国高效照明产品推广工作会议,明确中央财政将对城乡居民使用节能灯给予50%的补贴,并公布各省市推广节能灯的份额。

随着经济社会的快速发展,北京市近年来的能源状况日益紧张。2008年,北京市月高峰用电负荷达到1460万千瓦,其中,电力资源中约12%用于照明领域。国家补贴政策出台后,北京市立即采取更大的动作——在50%中央补贴的基础上,市级财政跟进补贴30%,区级财政补贴10%。这样,一盏标价为10元的节能灯在三级政府的补贴后,就成为北京市民家中的"一元节能灯"。2008年6月15日,北京市在东城、西城、崇文、宣武4个区启动推广500万只"一元节能灯"计划,居民只需持北京市户口,每户就能限购5只节能灯。

灯管内部大多含有重金属物质,如果随意丢弃造成破碎后一旦被人口鼻吸入,可能导致多种疾病。此外,不当处理还会造成严重的环境污染。北京市发改委在"一元节能灯"的推广中全程倡导环保理念,鼓励居民在购买新节能灯时"交"出家中换下的白炽灯,由政府进行无害化处理。

---

4)推进煤炭清洁利用

中国将进一步推进煤炭清洁利用,发展大型联合循环机组和多联产等高效、洁净发电技术,研究CO_2捕集与封存技术。目前中国一次能源结构中煤炭的比例仍然占据三分之二以上。因此,开发和利用高效的清洁煤技术,对未来中国控制温室气体排放至关重要。

近期的关注重点是,确保新建的火电厂高效运行,同时尽量提高已建火电厂的效率。国家在中央和部委颁布的文件中积极鼓励煤炭的清洁利用,如2006年国家发改委和财政部发布的《国家鼓励的资源综合利用认定管理办法》、2004年国家发改委发布的《关于燃煤电站项目规划和建设有关要求的通知》等法规和政策性文件,政策鼓励使用60万千瓦以上的(超)超临界机组、30万千瓦以上整体煤气化联合循环机组(IGCC)、严格限制煤耗大于每度电300克标煤(空冷每度电305克标煤)的机组和装机容量小于30万千瓦的传统燃煤机组的建设。随着新建的大型电厂并网发电,中国的煤电平均能效正在逐步追赶发达国家。据估算,中国火电厂2005年的平均能效是32%。如果政府通过进一步的政策鼓励等措施,未来将有更多的超临界大电厂并网发电,亚临界电厂将被逐步淘汰,预计到2030年平均能效可能达到40%[①]。同时,跟踪研究并推动采用更先进发电技术,如整体煤气化联合循环是用来将煤炭及其他碳氢化合物转化为电能和其他有用产品的一种灵活而高效的技术。

2007年发布的《中国应对气候变化方案》中提到开发和应用CO_2捕集及利用、封存(CCS)技术,来提高应对气候变化的能力。目前,碳捕集和封存技术还不够成熟,无法广泛用于火电厂。CCS属于末端治理技术,可以减排80%~90%的CO_2,但同时使自用电增加14%~25%,供电成本上升21%~78%,因此CCS可能降低发电效率,进而增加一次能源的消费量,同时还需要付出巨大的经济代价,能

---

① 数据来源:中华人民共和国2009年国民经济和社会发展统计公报及国家发改委能源所估算。

源供应成本将大幅攀升。从中长期看，如果 CCS 技术成熟度和推广利用规模能够提高，CCS 的成本可能逐渐下降并趋于可接受水平。

5）加强管理节能

中国政府建立了政府强制采购节能产品制度，积极推进优先采购节能（包括节水）产品，选择部分节能效果显著、性能比较成熟的产品予以强制采购。积极发挥政府采购的政策导向作用，带动社会生产和使用节能产品。研究制定鼓励节能的财税政策，实施资源综合利用税收优惠政策，建立多渠道的节能融资机制。深化能源价格改革，形成有利于节能的价格形成机制。实施固定资产投资项目节能评估和审核制度，严把高耗能增长的源头。建立企业节能新机制，实施能效标识管理，推进合同能源管理和节能自愿协议。建立健全节能法律法规，依法强化节能管理。加强节能管理队伍建设，加大执法监督检查力度。

6）倡导全社会节能

中国采取多种形式大力宣传节约能源的重要意义，不断增强全民资源忧患意识和节约意识。倡导能源节约文化，努力形成健康、文明、节约的消费模式。将节约能源纳入基础教育、职业教育、高等教育和技术培训体系，利用新闻出版、广播影视等媒体，大力宣传和普及节能知识。继续深入开展节能宣传周活动，动员社会各界广泛参与，努力建立全社会节能的长效机制。

4.5.3 优化能源结构的能源政策

（1）概述

中国能源资源的开发潜力较大。煤炭已发现的资源量仅占资源蕴藏量的 13%，可采储量占已发现资源量的 40%。水力资源开发利用程度仅为 20%。石油资源探明程度为 33%，开始进入勘探中期，仍有较大潜力。天然气资源探明程度为 14%，处于勘探早期，资源前景广阔。非常规能源资源尚处于开发利用初期，开发潜力较大。可再生能源开发利用刚刚起步，发展空间很大。资源节约、综合利用和循环利用等方面，也存在着很好的前景。

新能源和可再生能源对环境不产生或很少产生污染，既是近期急需的补充能源，又是未来能源结构的基础。大力开发利用新能源和可再生能源，特别是把它们转化为高品位的电能，将成为减少环境污染的重要措施之一，对经济和生态环境协调发展、实现小康具有重大意义。

中国政府一直关心新能源和可再生能源的开发利用，长期以来，中国在能源建设过程中出台了各种政策来推动包括可再生能源在内的新能源的发展，但中国能源立法的进程一直比较缓慢，因此，诸多与可再生能源相关的政策没有能够及时上升为法律。随着中国能源立法工作的逐步展开，一些相关法律对可再生能源发展问题都予以关注，如《电力法》《节约能源法》《建筑法》《大气污染防治法》等法律中都有部分条款涉及促进可再生能源的发展。但是，从总体来看，在《可再生能源法》出台之前，可再生能源的发展主要通过部门规章予以调整，例如，原国家计委制定的《新能源基本建设项目管理的暂行规定》（1997）、原国家环境保护总局颁布的《秸秆禁烧和综合利用管理办法》（2003）等。原国家计委、原国家科委和原国家经贸委在 1995 年共同制定了《1996—2010 年新能源和可再生能源发展纲要》，提出了"九五"以至 2010 年新能源和可再生能源的发展目标、任务以及相应的对策和措施，成为其后中国发展可再生能源的重要依据。当然，由于中国可再生能源立法的严重缺失以及可再生能源发展本身的部分非市场性属性，可再生能源发展还无法形成可以有效吸引国内外投资的成熟、独立产业。

随着中国经济的飞速发展，能源供需矛盾日益突出，能源问题日益严重，传统能源开发利用造成的环境问题日益恶化，加快发展可再生能源已成为中国的重大能源战略选择。为了推进可再生能源的开发利用，克服可再生能源开发利用所面临的法律和政策障碍，2003 年十届全国人大常委会将制定《中华人民共和国可再生能源法》列入了 2003 年立法计划。在国务院有关部门和有关科研院所以及社会团体的共同参与下，全国人大环境与资源保护委员会于 2004 年 12 月完成了《中华人民共和国可再生能源法（草案）》的起草工作，并提请全国人大常委会审议。经十届全国人大常委会第十三次会议和第十四次会议审议，《中华人民共和国可再生能源法》（以下简称《可再生能源法》）于 2005 年 2 月 28 日获得通过，于 2006 年 1 月 1 日起开始实施。

（2）已发布的新能源和可再生能源相关政策法规

为了支持和鼓励新能源和可再生能源的发展，中国政府制定了明确的产业发展政策，主要包括：

1986 年 12 月国家经委印发《关于加强农村能源建设的意见》，要求编制农村能源长远规划；制定农村能源技术经济政策；加强技术攻关；抓好农村节能；建立和发展农村能源产业；建立农村能源技术服务体系。

1986 年国家计委、农业银行、农业部发布《扶持农村能源发展贷款》，给予沼气生产、太阳能、省柴灶、地热利用等农村能源技术的推广和应用项目提供贴息贷款，中央财政给予贴息补助。1987 年国务院建立农村能源专项贴息贷款，用于支持可再生能源产业化和商业化：建设了年产小风电机 10000 台的制造能力；引进了非晶硅光伏电池生产线；支持了 91 个风电场的前期准备工作及示范活动；支持了 100 多个中型沼气工程建设及其配套设备的生产；扶持了 60 多个省柴节煤灶专业生产厂；支持了 100 多家太阳能热水器生产厂，形成了近 100 万平方米太阳能热水器的生产能力。农村能源专项贷款还支持了地热、生物质气化、成型等其他可再生能源技术的产业化发展项目。

1995 年 1 月国家计委、国家科委、国家经贸委印发《新能源和可再生能源发展纲要》，要求在巩固、提高节柴改灶成果的基础上，实现居民节煤炉灶具的商品化生产和销售，完善省柴灶的产业体系和服务体系；加速农村生物质能利用技术的更新换代，发展高效的直接燃烧技术、致密固化成型、气化和液化技术，形成和完善产业服务体系；加强大中型沼气工程的设计规范、标准和设备的成套供应；加快小水能资源的开发；扩大太阳能的开发利用，推广应用节能型太阳能建筑、太阳能热水器和光伏发电系统。

1996 年 3 月第八届全国人民代表大会第四次会议批准的《中华人民共和国国民经济和社会发展"九五"计划和 2010 年远景目标纲要》，提出要推广省柴、节煤炉灶和民用型煤，形成产业和完善服务体系。因地制宜，大力发展小型水电、风能、太阳能、地热能、生物质能。

1999 年 1 月国家计委和科技部发布《关于进一步支持可再生能源发展的有关问题》，要求积极支持可再生能源发电项目，对可再生能源发电项目的贷款给予 2% 的财政贴息。可再生能源发电应允许上网，电价按"还本付息＋合理利润"原则定价。国家对风力发电、光伏发电的进口设备实行低进口税率。对一些可再生能源项目实行低所得税税率，还可以在项目建成后一定时期内减免所得税。小水电产生的利润免交所得税，国有小水电的利润不用上缴国家财政。

1999 年以后，山东、河北、黑龙江、安徽、甘肃等省也分别制定了《农村能源建设管理条例》或《新能源开发利用管理条例》，规定乡（镇）、县级以上人民政府农村能源主管部门主管本行政区域内用于农村生活、生产的生物质能（沼气、秸秆、薪柴等）、太阳能、风能、地热、微水能等新能源和可再生能源的开发利用和农村节能技术的推广应用，所属管理机构具体负责日常管理工作。政府及有关部门必须坚持因地制宜、多能互补、综合利用、讲求效益和开发与节约并举的方针，安排专项资金用于支持农村能源开发利用示范工程的建设。组织推广沼气及其综合利用技术、太阳能热利用和发电技术、用于种植、养殖等方面的地热利用技术、风能利用技术、微水能发电技术、生物质气化、固化、炭化技术、农村生产、生活节能技术等等。

《"十五"能源发展重点专项规划》和《电力工业"十五"规划》均明确把发展新能源和可再生能源作为中国能源可持续发展的长远战略。

2001 年 11 月国家计委和科技部发布《当前优先发展的高技术产业化重点领域指南》，在先进能源技术中包括了发展新能源和可再生能源产业，要求因地制宜地开发并推广生物质能、风能、太阳能、氢能和地热能等可再生清洁能源。

2005 年 2 月 28 日第十届全国人民代表大会常务委员会第十四次会议通过了《中华人民共和国可再生能源法》，对有关推进可再生能源开发利用的法律制度和政策措施，作出了比较完整的规定，确立了可再生能源发展的基本法律制度和政策框架体系。

2009 年 12 月 26 日第十一届全国人民代表大会常务委员会第十二次会议通过了对《中华人民共和国可再生能源法》的修改。修改后的可再生能源法规定，国家实行可再生能源发电全额保障性收购制度。同时还规定，国家财政设立可再生能源发展基金，资金来源包括国家财政年度安排的专项资金和依法征收的可再生能源电价附加收入等。修改决定还完善了可再生能源开发利用规划的编制程序和内容，规定：国务院能源主管部门会同国务院有关部门，根据全国可再生能源开发利用中长期总量目标和可再生能源技术发展状况，编制全国可再生能源开发利用规划，报国务院批准后实施。

可再生能源法基本是一个框架法或政策法，为了推进可再生能源法的有效实施而开展的配套行政法规如专栏4.5,4.6所示。

专栏4.5 近年发布的可再生能源相关法规、政策和标准

1.《可再生能源产业发展指导目录》,2005

2.《可再生能源发电价格和费用分摊管理试行办法》,2006

3.《可再生能源发电有关管理规定》,2006

4.《可再生能源发展专项资金管理暂行办法》,2006

5.《促进风电产业发展实施意见》,2006

6.《可再生能源电价附加收入调配暂行办法》,2007

7.《国家发展改革委、财政部关于加强生物燃料乙醇项目建设管理,促进产业健康发展的通知》,2006

8.《可再生能源建筑应用专项资金管理暂行办法》,2006

9.《可再生能源建筑应用示范项目评审办法》,2006

10.《国家发展改革委关于风电建设管理有关要求的通知》,2005

11.《民用建筑太阳能热水系统应用技术规范》,2005

12.《国家电网公司风电场接入电网技术规定》,2006

13.《柴油机燃料调和用生物柴油》,2007

14.《能源发展"十一五"规划》,2007

15.《可再生能源中长期发展规划》,2007

16.《可再生能源"十一五"发展规划》,2008

17.《财政部关于调整大功率风电机组及其关键零部件、原材料进口税收政策的通知》,2008

18.《风力设备产业化专项资金管理暂行办法》,2008

19.《国家发展改革委关于完善风力发电上网电价政策的通知》,2009

专栏4.6 《可再生能源法》(2005年)(节录)

中国政府是现阶段开发利用可再生能源的重要推动力量,目的是加速其实现商业化和规模化,政府的职责主要体现在营造市场、制定市场规则和规范市场等方面,通过市场机制引导市场主体开发利用可再生能源。因此,在《可再生能源法》中,构建了五项重要的制度:

• 总量目标制度

可再生能源产业是一个新兴产业,开发利用存在成本高、风险大、回报率低等问题,必须依靠政府的积极推动,而政府推动的主要手段是提出一个阶段性的发展目标。一定的总量目标,相当于一定规模的市场保障,采用总量目标制度,可以起到引导投资方向的作用。总量目标制度是可再生能源法的核心和关键,是政府推动市场引导原则的具体体现。

• 强制上网制度

可再生能源是间歇性的能源,在现有技术和经济核算机制条件下,大多数可再生能源的产品还不能与常规能源产品竞争,实行可再生能源电力强制上网制度,可以起到降低可再生能源项目交易成本、缩短项目准入时间、提高项目融资的信誉度等作用,有利于可再生能源产业的迅速发展。

- 分类电价制度

大部分可再生能源发电成本明显高于常规发电成本,难以按照电力体制改革后的竞价上网机制确定电价。因此需要建立分类电价制度,即根据不同的可再生能源技术的社会平均成本,分门别类地制定相应的固定电价或招标电价,并向社会公布,从而减少审批环节,降低了交易成本。

- 费用分摊制度

可再生能源资源分布不均,需采取措施解决可再生能源开发利用高成本对局部地区的不利影响,想办法在全国范围分摊可再生能源开发利用的高成本。实施费用分摊制度后,地区之间、企业之间负担公平的问题可以得到有效的解决,从而促进可再生能源开发利用的规模化发展。

- 专项资金制度

缺乏有效和足够的资金支持一直是可再生能源开发利用中的一大障碍,可再生能源开发利用能否持续发展,很大程度上也取决于是否有长期和足够的资金支持。因此法律中提出设立可再生能源专项资金,专门用于费用分摊制度无法涵盖的可再生能源开发利用项目的补贴、补助和其他形式的资金支持。

(3)优化能源结构的主要政策措施效果

1)加快发展油气

中国继续实行油气并举的方针,稳定增加原油产量,努力提高天然气产量。加大石油天然气资源的勘探开发力度,重点加强渤海湾、松辽、塔里木、鄂尔多斯等主要含油气盆地勘探开发,积极探索陆地新区、新领域、新层系和重点海域勘查,切实增加可采储量。深入挖掘主要产油区的发展潜力,加强稳产改造,提高采收率,延缓老油田产量递减。在经济合理的条件下,积极开发煤层气、油页岩、油砂等非常规能源。继续加快石油和天然气管网及配套设施建设,逐步完善全国油气管网。按照挖潜东部、发展西部、加快海域、开拓南方的原则,通过地质理论创新、新技术应用和加大投入力度等措施,稳定国内油气的供应。

2)优化电源结构、积极开发核电

电力是高效清洁的能源,建立经济、高效、稳定的电力供应体系,是保证国民经济和社会稳定发展的基本要求。中国坚持以结构调整为主线,优化电源结构。在综合考虑资源、技术、环保和市场等因素的基础上,优化发展煤电,建设大型煤电基地,鼓励发展坑口电站,重点发展大型高效环保机组。积极发展热电联产,加快淘汰落后的小火电机组。在保护生态、妥善解决移民问题的条件下,大力发展水电。积极推进核电建设。适度发展天然气发电。鼓励可再生能源和新能源发电,计划到2020年16%的电力来自可再生能源。根据电力统计年报数据,从2000年到2010年,中国风电装机容量由34万千瓦提高到2958万千瓦,水电装机容量由7935万千瓦提高到21606万千瓦,核电装机容量由210万千瓦提高到1082万千瓦。

根据国家《核电中长期发展规划》,中国积极发展核电,推进核电体制改革和机制创新,努力建立以市场为导向的核电发展机制;加强核电设备研发和制造能力,提高引进消化吸收及再创新能力;加强核电运行与技术服务体系建设,加快人才培训;实施促进核电发展的税收优惠和投资优惠政策;完善核电安全保障体系,加快法律法规建设。根据保障能源供应安全,优化电源结构的需要,统筹考虑中国技术力量、建设周期、设备制造与自主化、核燃料供应等条件,到2020年,核电运行装机容量争取达到4000万千瓦;核电年发电量达到2600~2800亿千瓦时。同时,考虑核电的后续发展,2020年末在建核电容量应保持1800万千瓦左右。截止2010年底,中国在运核电机组共计13台,总装机容量1082万千瓦;在建施工规模扩大到3395万千瓦,居全球首位。

3)大力发展可再生能源

可再生能源是中国能源优先发展的领域。可再生能源的开发利用,对增加能源供应、改善能源结构、促进环境保护具有重要作用，是解决能源供需矛盾和实现可持续发展的战略选择。中国在 2005 年 2 月颁布《可再生能源法》，制定了可再生能源发电优先上网、全额收购、价格优惠及社会公摊的政策。建立了可再生能源发展专项资金，支持资源调查、技术研发、试点示范工程建设和农村可再生能源开发利用。通过落实《可再生能源法》(2005)和实施清洁发展机制(CDM)项目，可再生能源开发呈现快速发展趋势。2007 年 9 月，中国发布了《可再生能源中长期发展规划》，确定了到 2020 年的可再生能源发展总体目标。今后 15 年中国将提高可再生能源在能源消费中的比例，解决偏远地区无电人口用电问题和农村生活燃料短缺问题，推行有机废弃物的能源化利用，推进可再生能源技术的产业化发展。规划还提出了相应的具体定量目标。根据《可再生能源发展中长期规划》(2007 年)，到 2010 年和 2020 年，中国可再生能源占一次能源比例分别达到 10%和 15%，中国将投资 20000 亿元人民币来实现 2020 年可再生能源发展目标。中国的可再生能源利用取得了明显效果，包括可再生能源发电在内，2010 年可再生能源利用总量达到 2.7 亿吨标准煤，相当于减少 CO_2 排放约 6 亿吨。

根据各类可再生能源的资源潜力、技术状况和市场需求情况，可再生能源发展的政策措施及减缓效果如下：

• 水电

中国将继续积极推进水电流域梯级综合开发，在做好环境保护和移民安置工作的前提下，加快大型水电建设。同时，在水能资源丰富地区，结合农村电气化县建设和实施"小水电代燃料"工程需要，加快开发小水电资源。到 2020 年，全国水电装机容量预计将达到 3 亿千瓦，其中大中型水电 2.25 亿千瓦，小水电 7500 万千瓦。截至 2010 年底，中国水电装机容量已达 2.16 亿千瓦，年发电量达 6867 亿千瓦时，电力装机和发电量均居世界第一位。此外，截至 2010 年底，水电在建规模约 6551 万千瓦，2020 年水电发展规划目标有望超前实现。

• 生物质能

根据中国经济社会发展需要和生物质能利用技术状况，重点发展生物质发电、沼气、生物质固体成型燃料和生物液体燃料，大力推进生物质能源的开发和利用。截至 2010 年底，生物质发电装机约 550 万千瓦，生物质固体成型燃料年利用量为 50 万吨左右，非粮原料燃料乙醇年产量为 20 万吨，生物柴油年产量为 50 万吨左右。到 2020 年，生物质发电总装机容量达到 3000 万千瓦，生物质固体成型燃料年利用量达到 5000 万吨，沼气年利用量达到 440 亿立方米，生物燃料乙醇年利用量达到 1000 万吨，生物柴油年利用量达到 200 万吨。

• 风电

通过大规模的风电开发和建设，促进风电技术进步和产业发展，实现风电设备制造自主化，尽快使风电具有市场竞争力。在经济发达的沿海地区，发挥其经济优势，在"三北"（西北、华北北部和东北）地区发挥其资源优势，建设大型和特大型风电场，在其他地区，因地制宜地发展中小型风电场，充分利用各地的风能资源。主要发展目标为到 2010 年，全国风电总装机容量达到 500 万千瓦。重点在东部沿海和"三北"地区，建设 30 个左右 10 万千瓦等级的大型风电项目，形成江苏、河北、内蒙古 3 个 100 万千瓦级的风电基地。建成 1~2 个 10 万千瓦级海上风电试点项目；到 2020 年，全国风电总装机容量达到 3000 万千瓦。在广东、福建、江苏、山东、河北、内蒙古、辽宁和吉林等具备规模化开发条件的地区，进行集中连片开发，建成若干个总装机容量 200 万千瓦以上的风电大省。建成新疆达坂城、甘肃玉门、苏沪沿海、内蒙古辉腾锡勒、河北张北和吉林白城等 6 个百万千瓦级大型风电基地，并建成 100 万千瓦海上风电。近年来，风电规模成倍增长，2010 年总装机容量达 2958 万千瓦，已接近 2020 年风电发展规划目标。

• 太阳能

积极发展太阳能发电和太阳能热利用，加强新能源和替代能源的研究与应用。多年来，我国太阳能利用规模一直位居世界第一。2010 年，我国太阳能光伏发电总容量达到 80 万千瓦，太阳能热水器集热面积 1.68 亿平方米。根据可再生能源中长期发展规划，预计到 2020 年全国太阳能发电装机规模可达到 500 万千瓦，太阳能热水器集热面积达到 8 亿平方米，以上两项太阳能利用产生的能源量约为 1.1 亿吨标煤，可对化石能源形成有效替代。

- 其他可再生能源

积极推进地热能和海洋能的开发利用。合理利用地热资源,推广满足环境保护和水资源保护要求的地热供暖、供热水和地源热泵技术,在夏热冬冷地区大力发展地源热泵,满足冬季供热需要。在具有高温地热资源的地区发展地热发电,研究开发深层地热发电技术。在长江流域和沿海地区发展地表水、地下水、土壤等浅层地热能进行建筑采暖、空调和生活热水供应。到2010年,地热能年利用量达到400万吨标准煤,到2020年,地热能年利用量达到1200万吨标准煤。到2020年,建成潮汐电站10万千瓦。

- 煤层气的开发利用

中国政府通过激励政策,加强对煤层气和矿井瓦斯的利用,发展以煤层气为燃料的小型分散电源。地面抽采项目减免交探矿权和采矿权使用费,对煤矿瓦斯抽采利用及其他综合利用项目实行税收优惠政策,煤矿瓦斯发电项目享受《可再生能源法》规定的鼓励政策,工业、民用瓦斯销售价格不低于等热值天然气价格,鼓励在煤矿瓦斯利用领域开展清洁发展机制项目合作等。

- 农村可再生能源利用

中国有7.5亿人口生活在农村,受经济和技术水平的限制,仍有多数农村地区依靠传统方式利用生物质能源。解决农村能源问题是全面建设社会主义新农村的必然要求,也是中国的一个特殊问题。中国政府坚持因地制宜,多能互补,综合利用,注重实效的原则,加强农村能源建设。中国通过实施"光明工程"、"农网改造"、"水电农村电气化"和"送电到乡",同时充分利用小水电、风力和太阳能发电,改善了农村生产生活用能条件,解决了3000多万农村无电人口及偏远无电地区的用电问题,基本实现了城乡同网同价。中国将继续积极发展农村户用沼气、生物质能利用、太阳能热利用等,为农村地区提供清洁的生活能源。继续推广应用省柴节能灶炕、小风电、微水电等农村小型能源设施。继续增加农村优质化石能源的供应,提高农村商品能源的消费比重。继续加强农村电网建设,积极扩大电网覆盖范围。积极开展绿色能源示范县建设,加快推进农村可再生能源开发利用。

大力发展农村沼气,推广太阳能、省柴节煤炉灶等农村可再生能源技术。近年来,国家进一步加大了农村沼气建设的投入力度,主要用于加快推进农村户用沼气、大中型沼气和集中供气工程建设,加强沼气技术创新、维护管理和配套服务等工作,截至2010年底,全国户用沼气池和大中型沼气工程的年沼气利用总量约为160亿立方米,折标煤1140万吨。随着国内沼气技术进步和装备制造水平提高,沼气工程规模将继续扩大,预计2020年户用沼气、畜禽粪便沼气和工业有机废水沼气的利用规模可达到500亿立方米,成为农村能源的有益补充,并促进生态农业发展和提高资源综合利用水平。

4.5.4 能源政策的减缓效果

"十一五"时期,经过全社会的共同努力,通过采取一系列强有力的政策措施,中国的节能工作取得了显著成效,全国单位国内生产总值能耗较2005年下降19.1%,累计实现节约标准煤约6.3亿吨,完成了"十一五"规划纲要确定的约束性目标(表4.8)。五年来,中国以能源消费年均6.6%的增速支持了国民经济年均11.2%的增速,能源消费弹性系数由"十五"时期的1.04下降到0.59,为应对全球气候变化作出了重要贡献。

表4.8 "十一五"时期宏观节能情况

年份	能源消费总量(万吨标煤)	能源消费增长率(%)	GDP增长率(%)	单位GDP能耗(吨标煤)	能源消费弹性系数	单位GDP能耗下降(%)
2005	235997		11.3	1.276	0.93	
2006	258676	9.6	12.7	1.241	0.76	2.74
2007	280508	8.4	14.2	1.179	0.59	5.04
2008	291448	3.9	9.6	1.117	0.41	5.20
2009	306600	5.2	9.1	1.078	0.60	3.58
2010	325000	6.0	10.3	1.032	0.59	4.27

通过优化能源结构,在实现单位 GDP 能源强度下降的节能目标的同时,由于能源结构向低碳化方向发展,单位 GDP 温室气体排放强度在能源强度下降的基础上可进一步降低(如图 4.5)。

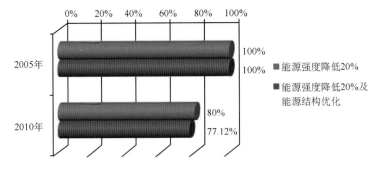

图 4.5　能源政策对降低碳排放强度的贡献

中国能源消费已经位居世界第二。2010 年,中国能源消费总量达 32.5 亿吨标煤,其中煤炭、石油和天然气等化石燃料的比例分别为 69.9%,17.4% 和 4.3%[①]。中国高度重视优化能源消费结构,煤炭在一次能源消费中的比例由 1980 年的 72.2% 下降到 2010 年的 69.9%,其他能源比例由 27.8% 上升到 30.1%。其中可再生能源和核电比重由 4.0% 提高到 8.3%,石油和天然气略有下降。终端能源消费结构优化趋势明显,煤炭能源转化为电能的比例提高了一倍以上,商品能源和清洁能源在居民生活用能中的比重明显提高。

4.6　生态环境保护政策的减缓效应

近 30 多年来,中国为保护环境、维护生态平衡和提高生态承载力做了大量努力,制订了一系列政策措施,这些政策措施已成为中国可持续发展政策体系的重要组成部分,其中有许多政策措施对于增强自然生态系统与社会经济系统的良性循环,对于维护国家生态安全、能源安全和经济安全具有重要战略意义。在这里主要讨论几种可能对减缓气候变化产生影响的政策:生态保护与植被建设政策、大气污染控制政策和垃圾处理处置政策。分析这几种政策是否真正具有减缓气候变化的协同效应的政策矩阵如表 4.9 所示。

表 4.9　中国主要环境政策减缓效应分析矩阵

政策类型	具体政策	政策是否具有减缓效应	
		正效应（＋）	负效应（－）
生态保护与植被建设	天然林禁伐、退耕还林还草、植树造林等森林生态系统保护政策措施	＋	
	退耕还草、修复和保育天然草场等草原生态建设和管理政策措施	＋	
	侵蚀控制、轮作施肥、保护性耕作、秸秆还田、施用有机肥等农业生态系统管理措施	＋	
	退化土地恢复、水土流失防治与湿地保护	＋	
大气污染防治	SO₂ 排放控制	＋	－ *
	机动车尾气排放控制	＋	－ *
垃圾处理处置	发展循环经济	＋	
	垃圾焚烧	＋	
	垃圾填埋气回收利用	＋	

注 * 表示一些大气污染防治措施有可能存在负的减缓效应,具体解释详见 4.6.2 小节。

[①]　数据来源:中华人民共和国 2009 年国民经济和社会发展统计公报及国家发改委能源所估算。

4.6.1 生态保护与植被建设政策的减缓效应

生态保护与植被建设是中国环境保护工作的重要内容,为此,中国政府颁布了许多政策措施,其中有关天然林禁伐、退耕还林还草、植树造林、草原建设和管理、退化土地恢复、水土流失防治以及湿地保护等政策措施的贯彻实施对于增强中国吸收温室气体的汇的能力作出了重要贡献。

(1)保护森林生态系统对固碳的贡献

在减缓气候变化方面,除了通过减少化石燃料燃烧所产生的温室气体排放之外,增加森林碳汇供给也是一项重要战略选择,因为森林生态系统在调节全球碳平衡、减缓大气中 CO_2 等温室气体浓度上升、保护全球气候安全方面具有不可替代的作用。

中国通过大力开展植树造林活动,成功实施了"三北"防护林、长江中上游防护林体系、沿海防护林体系、防沙治沙、太行山绿化、农田防护林体系和黄河中游防护林体系等 10 大林业生态工程,并成为世界人工林面积最大的国家。目前,中国人工林保存面积 6200 万公顷。据第七次全国森林资源清查,中国的森林面积已达 1.95 亿公顷,其中人工林保存面积 6168.84 万公顷,人工林蓄积 19.61 亿立方米;森林覆盖率由 2005 年的 18.21% 提高到 2010 年的 20.36%,森林蓄积量达到 137.21 亿立方米,全国森林植被碳储量达 78.11 亿吨(国家发展和改革委员会,2011)。

与此同时,我国城市绿化工作也得到了较快发展。据 2010 年中国国土绿化状况公报全国城市建成区绿化覆盖面积已达 149.45 万公顷、绿地面积 133.81 万公顷、公园绿地面积 40.16 万公顷;建成区绿化覆盖率 38.22%、绿地率 34.17%、人均公园绿地面积 10.66 平方米。

除植树造林以外,中国还积极实施天然林保护、自然保护区建设等生态建设与保护政策,并在 2009 年 11 月发布了《应对气候变化林业行动计划》(见专栏 4.7)。这些政策措施的实施使森林覆盖率从 20 世纪 80 年代初期的 12% 增加到 2010 年的 20.36%,全国森林面积达到 1.95 亿公顷,进一步增强了林业作为温室气体吸收汇的能力,对减缓全球气候变化作出了重要贡献。根据 2007 年发布的《中国应对气候变化国家方案》,1990—2005 年,我国通过植树造林、森林管护等净吸收了 50 亿吨的 CO_2。

专栏 4.7　中国应对气候变化林业行动计划(节录)

2009 年 11 月由国家林业局发布的《应对气候变化林业行动计划》规定了三个阶段性目标:一是到 2010 年,年均造林育林面积 400 万公顷以上,全国森林覆盖率达到 20%,森林蓄积量达到 132 亿立方米,全国森林碳汇能力得到较大增长;二是到 2020 年,年均造林育林面积 500 万公顷以上,全国森林覆盖率增加到 23%,森林蓄积量达到 140 亿立方米,森林碳汇能力得到进一步提高;到 2050 年,比 2020 年净增森林面积 4700 万公顷,森林覆盖率达到并稳定在 26% 以上,森林碳汇能力保持相对稳定。

《林业行动计划》规定实施的 22 项主要行动,包括林业减缓气候变化的 15 项行动和林业适应气候变化的 7 项行动。

林业减缓气候变化的 15 项行动是:大力推进全民义务植树,实施重点工程造林,加快珍贵树种用材林培育,实施能源林培育和加工利用一体化项目,实施全国森林可持续经营,扩大封山育林面积,加强森林资源采伐管理,加强林地征占用管理,提高林业执法能力,提高森林火灾防控能力,提高森林病虫鼠兔危害的防控能力,合理开发和利用生物质材料,加强木材高效循环利用,开展重要湿地的抢救性保护与恢复,开展农牧渔业可持续利用示范。

林业适应气候变化的 7 项行动是:提高人工林生态系统的适应性,建立典型森林物种自然保护区,加大重点物种保护力度,提高野生动物疫源疫病监测预警能力,加强荒漠化地区的植被保护,加强湿地保护的基础工作,建立和完善湿地自然保护区网络。

---

(2)保护草原生态系统对固碳的贡献

草地在区域气候变化及全球碳循环中扮演着重要的角色。草地生态系统是陆地生态系统重要的组成部分，是世界上分布最广的植被类型之一，它覆盖了几乎 20% 的陆地面积，净初级生产力约占全球陆地生物区净初级生产力的三分之一，活生物量碳贮量占全球陆地生物区碳贮量的六分之一以上，土壤有机碳贮量占四分之一以上，在只考虑活生物量及土壤有机质的情况下，草地碳贮量约占陆地生物区总碳贮量的 25%（耿元波等，2004）。

我国采取的恢复和保育天然草地的生态建设措施也加强了草原生态系统的固碳功能，对减缓气候变化做出了重要的贡献。退耕还草、修复草地等工程在恢复草地植被的同时，也提高了 CO_2 被光合作用吸收和存储到生物量和土壤中的速度，固碳作用得到加强；另外，这些生态建设措施还加强了对草地生物多样性（尤其是野生动物）的保育与合理开发，合理管理草地，增加了草地生物量碳和土壤碳储量。到 2010 年，全国保护性耕作技术实施面积 6475 万亩，机械化免耕播种面积 1.67 亿亩，秸秆机械化粉碎还田面积 4.28 亿亩（国家发展和改革委员会，2011）。

（3）保护农业生态系统对固碳的贡献

建立完善的农业环境保护体系，不仅有助于实现农业和农村经济的可持续发展和国家的整个宏观发展战略，也可以起到控制温室气体排放的作用。研究表明，大气中约有 20% 的 CO_2，70% 的 CH_4 和 90% 的 N_2O 来源于农业活动和土地利用的转换等过程（李明峰等，2003）。农业已成为温室气体的第三大排放源。其中生物质燃烧、农田和反刍动物是农业排放温室气体的主要因素。据研究，农田温室气体的排放尤其是稻田 CH_4 和 N_2O 的排放，是农业温室气体的重要组成部分。水田的厌氧分解，氮肥的不合理使用以及落后的耕种方式等，都是促进农田甲烷排放的因素。因此，地区农业生态建设对温室气体减排的协同效应具有重要意义。

我国目前的农田面积约 9500 万公顷，其中稻田占 10%。适合的管理措施，如侵蚀控制、轮作施肥、保护性耕作、秸秆还田、施用有机肥等，都可以使农田土壤碳储量不断增加。以 2008 年为例，全国实施保护性耕作超过 4000 万亩，提高土壤有机质含量 0.03%，可增加农田碳汇 120 万吨。通过推广低排放的高产水稻品种和水稻间歇灌溉技术，减少水稻田甲烷排放，推广秸秆青贮氨化技术，可以有效减少反刍动物甲烷排放。自 2005 年在全国范围内开展测土配方施肥行动以来，到 2008 年中国有 9 亿亩农田采用了测土配方施肥，减少氮肥用量 10% 以上，减少农田氧化亚氮排放 2.8 万吨，相当于减排 890 万吨 CO_2 当量。

（4）退化土地恢复、水土流失防治和湿地保护对固碳的贡献

退化土地是指那些严重退化而不能再恢复到其原来景观的土地，如严重侵蚀的土地、工业污染（如重金属以及有机物等污染）的土地、矿山废弃地、盐化、碱化和沙化土地等，同时，有人认为水土流失面积和城市建设用地也属其中。由于严重的破坏，这些土地已不包括在其原来所属于的农地、林地或草地范畴中。据中科院资料，目前我国沙漠化土地面积为 283 万平方千米，荒漠化速度为 2640 平方千米/年；水土流失面积共达 367 万平方千米，占国土面积的 38.2%，其中水蚀面积达 188 万平方千米；矿山废弃地也已达到 198 万公顷，而且呈逐年增加趋势。虽然科学家们指出，在可接受的投资费用前提下，只有 20%～40% 的退化土地可以得到恢复，但由于我国退化土地的面积较大，因此对其进行合理的治理仍然可以获得可观的碳收益，这也是发展中国家提高碳储量的一个途径，但需要相当大的资金投入来获得这些收益（李旸，2010）。

我国对退化土地恢复的途径主要包括：一是侵蚀控制。控制水土流失可以减少我国的土壤碳储量损失，提高土壤肥力和土地生产力，并使植物碳储量也得到增加；二是城市绿地。我国的城市绿化工作发展很快，自 1996 年以来，增加速度尤快，面积每年比上一年净增 3.8 万公顷，因此增加城市绿地也是生物固碳的重要途径；三是农地转化。农地转化是指将不适于耕作的农地，如风沙区和水土流失严重的坡耕地退耕还林还草，以防止土壤碳进一步损失，并使植物生物量碳储量增加。目前，我国退耕还林计划正逐步实施，这部分土地在未来吸收大气二氧化碳方面的潜力估计会有一定增加。

此外，湿地保护也能产生显著的固碳作用。湿地是一种比较活跃的生态系统类型，它与陆地、大气圈、水圈作用的绝大部分生物地球化学通量有关。由于水分过于饱和的厌氧的生态特性，湿地积累了大量的无机碳和有机碳。湿地中的微生物活动相对较弱，植物残体分解释放 CO_2 的过程十分缓慢，因

此形成了富含有机质的湿地土壤和泥炭层,起到固定碳作用。湿地是全球最大的碳库,储存在泥炭中的碳占地球陆地碳总储量的15%。据估算,全球沼泽湿地一年约有3.7亿吨碳积累。我国泥炭地储存着15.03亿吨有机碳,其吸碳能力远远超过森林。我国青藏高原高寒湿地、东北湿地以及分布在几大流域的湿地是巨大的碳库,纳入陆地生态系统碳管理框架具有重要战略意义。湿地同时也是温室气体的重要释放源。如果湿地遭到破坏,湿地的固碳功能将减弱,同时湿地中的碳就会氧化分解,湿地就会由"碳汇"变成"碳源",加剧全球变暖的进程。当前我国符合《京都议定书》的生态系统碳汇占工业CO_2总排放量的4%~6%,到2020年这个碳汇可提高2~4倍,占工业CO_2总排放量的7%~8%。因此,增强湿地碳吸收与碳管理可在一定程度上减轻我国所面临的温室气体减排压力,为加快我国的工业化进程争取空间和时间。

我国增加湿地碳汇的途径:一是建立湿地公园和湿地自然保护区。建立自然保护区能够减少人类活动对湿地的干扰和破坏,是保护湿地及其赖以生存的野生动植物的基本手段。而建立城市湿地公园既可以平抑城市碳源,又能改善城市生态环境和增加旅游收入,可谓环境与经济双赢。二是湿地恢复,包括湿地生物、湿地水质和水量,湿地面积及调蓄洪水功能的恢复。近年来,由于水资源的过度开发利用,我国许多湿地因来水量减少而干涸,许多重要湿地调蓄洪水功能几近丧失,许多湿地生物物种濒临绝境,因此,对湿地采取恢复措施和综合治理迫在眉睫。三是建立人工湿地处理污水机制。人工湿地在低成本治理污水方面显示出极大的优势,具有广阔的发展前景。中国在人工湿地处理污水方面还相对滞后,需要加大技术研发和资金投入的力度。四是开展湿地保护的国际合作。通过国际合作,不仅可以增加湿地保护的资金投入,还能学习国外许多关于湿地保护的先进技术和管理方法,并以此促进我国湿地保护事业的发展。

4.6.2 大气污染控制政策的减缓效应

近年来,中国采取了一系列重大政策措施,不断加大环境保护工作力度,在国民经济快速增长、人民群众消费水平显著提高的情况下,全国环境质量基本保持稳定,主要污染物排放总量得到控制,工业产品的污染排放强度下降。通过实施管理减排、结构减排和工程减排等三大措施,主要污染物减排工作取得了突破性进展。这些实实在在的减排成效,不仅大量减少了常规污染物的排放总量,同时对减少社会经济活动中温室气体排放总量也具有显著的协同效应,为减缓气候变化做出了积极贡献。当然,某些污染物减排措施也会增加温室气体排放,即出现所谓负的协同效应。但总的来看,正的协同效应远远大于负的协同效应,污染减排的协同效应不容忽视。

(1)工业环境污染防治领域的减排措施及成效

为实现"十一五"规划纲要提出的主要污染物(SO_2和COD)排放在2005年的基础上减少10%的目标,中国采取了多方面积极措施:一是关停并转了大批资源能源消耗高、污染排放强度大、经济效益差、污染治理成本高的小企业,通过调整产业政策,淘汰了一批工艺技术落后的生产能力,不断优化产业结构,促进解决工业结构性污染。在关停并转过程中,注重运用经济手段,促进企业积极性,如北京市研究建立了《北京市鼓励企业退出"三高"、支持发展替代产业资金管理办法》,采用奖励、项目补助等办法,安排2670万元鼓励北京市稷山水泥厂等22家企业主动退出高污染、高耗能、高耗水生产环节,发展替代产业。二是实施建设项目环境影响评价制度,从源头上预防环境污染。通过该制度,许多地方根据当地的污染物总量控制计划来确定和优化建设项目,对"两高一资"项目严格把关,否决了一大批高能耗高污染的工业建设项目。同时,全力推进规划环评,推进产业结构优化升级,促进可持续发展。三是加强对企业污染防治的监督管理,要求达标排放。四是投入大量资金、技术和管理资源,努力淘汰消耗臭氧层物质(ODS)。

上述环境管理政策措施在提高资源能源效率和经济效益、控制国内环境污染、减缓温室气体排放等方面带来了"多赢"的效果,体现在多个层面。以下是两个例证:一是通过实施淘汰ODS的政策措施,过去二十多年间,中国淘汰了11万多吨ODS,约合40亿吨CO_2当量,如果计算避免的潜在温室气体减排量,对气候的贡献就更为巨大。以CFCs为例,多边基金秘书处评估中国如果不淘汰CFCs,则到 2007 年我国对 CFCs 的年需求量约为 20 万吨,折合 14 亿吨 CO_2/年。二是环保部环境与经济政策研究中心以四川省攀枝花为案例开展的协同效应与协同控制研究表明,攀枝花市"十一五"总量减排措施对减少温室气体排放总体上有显著的协同效应,实施关闭四川华电攀枝花发电公司 1 号机组等 28 项措施可以削减 SO_2 5.58 万吨,同时,能够减少 CO_2 排放 210.4 万吨。

（2）城市环境污染防治领域的减排措施及成效

在城市污染防治领域,除了那些针对工业污染防治的政策措施得到强化实施之外,机动车尾气污染、生活废水和垃圾的污染防治是重要方面。我国在机动车尾气污染治理方面,逐步加强排放标准政策体系建设并取得显著进展。2004 年 7 月 1 日,中国在全国范围内开始实施相当于欧Ⅱ标准的国家机动车污染物排放标准第二阶段限值。2005 年 12 月 30 日起,北京对轻型汽油车和轻型燃气汽车、重型柴油发动机和重型燃气发动机实施相当于欧Ⅲ排放标准的国Ⅲ标准。2006 年中国开始鼓励发展小排量汽车。2008 年 3 月 1 日起实施机动车国Ⅳ排放标准。各种鼓励措施都是建立在节能环保基础上的。通过建立机动车环保标志管理制度,加强机动车环保检验合格标志管理,不断规范和完善用车管理制度。2009 年 7 月,环境保护部制定《机动车环保检验合格标志管理规定》,开始对机动车标志管理进行统一和规范。积极开展黄标车加速淘汰工作。环境保护部下发《关于落实汽车以旧换新政策鼓励黄标车提前报废的通知》,明确淘汰工作程序和职责分工,对各地提出有关要求。汽车环境标准的加严极大地减少了污染的排放,近 10 年间,我国加强了对汽车污染的控制,通过逐步提高汽车尾气排放标准,使得平均每辆车污染排放量减少 90% 以上,也相应减少了大量温室气体的排放。

在北京,为了践行"绿色奥运"理念,北京市政府采取了一系列积极措施。其中大气污染防治被作为北京改善环境质量、兑现"绿色奥运"承诺的重中之重。2001 年申奥成功以来,北京市煤烟型污染治理、机动车污染控制、工业污染防治和扬尘控制等方面,实施了 160 多项大气污染控制措施。包括调整能源结构,控制烟煤型污染;不断严格机动车排放标准,通过财政补贴等激励政策加速黄标车的淘汰,倡导绿色出行,积极推进绿色交通体系建设;加快工业结构调整,加大工业污染防治力度;加大扬尘控制力度等。这些措施的采取不仅兑现了"绿色奥运"的承诺,而且产生了长远的效应,大大减少了北京及周边省区常规污染物排放,同时大量减少了温室气体的排放。

需要指出的是,尽管大气污染控制政策措施往往存在协同效应,但并不是所有的大气污染控制措施均可以带来减少温室气体排放的协同效应,即也有可能存在互斥效应。以工业领域为例,中国现阶段采用的常规末端减排技术普遍存在高耗能现象,最明显的例子是电厂、钢铁企业纷纷加装末端脱硫装置导致能耗上升,温室气体排放增加。在交通领域也存在类似现象,例如为满足机动车尾气排放控制要求,一些汽车制造商选用的催化助燃技术可能会增加机动车的油耗,从而导致 CO_2 等温室气体排放增加。

4.6.3 垃圾处理处置政策的减缓效应

作为可再生能源和资源综合利用的优先领域,中国政府鼓励垃圾焚烧、垃圾填埋气回收利用项目,制定了一些政策措施。1986 年,全国环境保护委员会提出中国城市垃圾治理以减量化、资源化、无害化为最终目的。1995 年,中国颁布《中华人民共和国固体废弃物污染环境防治法》。依据该法规定,城市生活垃圾应当及时清运,并积极开展合理利用和无害化处置;城市生活垃圾应当逐步做到分类收集、储存、运输和处置。2006 年,国家发改委颁布的《国家鼓励的资源综合利用认定管理办法》也对垃圾焚烧炉、垃圾发电等做出了相关规定。

同时,为推进垃圾处理处置的减量化、资源化和无害化进程,中国政府也出台了一些相关优惠政策。主要包括:一是税收优惠,即免除增值税和减免企业所得税。2008 年,财政部、国家税务总局下发了《关于资源综合利用及其他产品增值税政策的通知》（财税〔2008〕156 号）,规定从 2008 年 7 月 1 日起,对销售以垃圾为燃料生产的电力或者热力实行增值税即征即退政策。同年,财政部、国家税务总局还下发了《关于执行资源综合利用企业所得税优惠目录有关问题的通知》（财税〔2008〕47 号）,规定企业自 2008 年 1 月 1 日起以《目录》中所列资源为主要原材料,生产《目录》内符合国家或行业相关标准的产品取得的收入,在计算应纳税所得额时,按 90% 计入当年收入总额。2008 年 1 月 1 日实施的《企业所得税法》对企业综合利用资源,生产符合国家产业政策规定的产品所取得的收入,可以在计算应纳税所得额时减计收入10%。二是上网电价优惠,而且国家对发电量进行全额收购,《可再生能源电价附加收入调配暂行办法》对此进行了具体规定。垃圾填埋气体发电实行优先上网,上网电价不低于0.5元每千瓦时(含税)。三是以垃圾处理费的方式给予企业补贴。如现阶段城市居民的垃圾处理费,原则上按不低于每月每户9元收取。

此外,中国政府非常重视在固体废弃物(如城市垃圾)领域开展循环经济的试点示范工作,积极推进资源利用减量化、再利用、资源化,从源头和生产过程减少温室气体排放。近年来,循环经济从理念变为行动,在全国范围内得到迅速发展。国家制定《清洁生产促进法》、《固体废物污染环境防治法》、《循环经济促进法》、《城市生活垃圾管理办法》等法律法规,发布《关于加快发展循环经济的若干意见》。通过试点示范,迄今为止,中国已经初步探索形成企业、企业间或园区、社会三个层面的循环经济发展模式,同时,废旧家电回收处理和汽车零部件再制造试点也取得积极进展。完善废弃物综合利用和再生资源回收利用的税收优惠政策,加大国债和中央预算内投资对发展循环经济重点项目的支持力度。通过引进、消化、吸收和自主创新,形成了一批具有自主知识产权的先进技术,特别是开发、示范和推广了一批对行业有重大带动作用的共性和关键技术。电石渣干法制水泥、高炉和回转窑消纳社会废物等一批适用技术得到广泛应用。2005年,中国钢、有色金属、纸浆等产品近三分之一左右的原料来自再生资源,水泥原料的20%、墙体材料的40%来自于工业固体废物。半导体制造、封装过程降低温室气体排放也取得明显成效,电子信息产品制造过程温室气体排放处于较低水平。

制定促进填埋气体回收利用的激励政策,发布《城市生活垃圾处理及污染防治技术政策》以及《生活垃圾卫生填埋技术规范》等行业标准,推动垃圾填埋气体的收集利用,减少甲烷等温室气体的排放。研究推广先进的垃圾焚烧、垃圾填埋气体回收利用技术,发布相关技术规范,完善垃圾收运体系,开展生活垃圾分类收集,提高垃圾的资源综合利用率,推动垃圾处理产业化发展,加强垃圾处理企业运行监管,截至2010年,城市生活垃圾无害化处理率达78%。

4.7 小结

经过20年的发展,中国形成了适合国情的可持续发展战略思想,初步构建了可持续发展的对策体系。在经济领域,以转变发展方式为主线;在社会领域,以人口控制、扶贫开发和建立绿色消费模式为主要特征;在环境保护领域,建立了污染防治和生态建设与保护的对策体系;在能源领域,以能源节约、煤炭清洁化、新能源和可再生能源开发为重点。中国的可持续发展对策体系符合约翰内斯堡世界峰会关于经济发展、环境保护和社会进步作为可持续发展三大支柱协调推进的精神,对促进中国的可持续发展发挥了重要作用。气候变化是环境问题,本质是能源问题、经济发展方式问题和社会生活模式问题。从这一角度看,或者说从温室气体排放与能源、经济和社会的总体关系上看,中国的可持续发展对策体系与减缓气候变化的对策措施是对立统一的,相互制约、协同促进。根据已有研究成果和一些必要的定性分析,中国可持续发展主要政策和做法对减缓气候变化发挥了较明显的直接作用和协同效应。中国所采用的转变经济发展方式政策对于促进中国产业结构的低碳化调整发挥了重要作用;以计划生育为主要内容的人口政策不仅有利于可持续发展战略目标的实现,而且对保障中国能源安全供应、减缓气候变化具有重要贡献。通过能源节约和优化能源结构,努力降低化石能源消耗,减少温室气体排放是中国现行能源政策的主要目标,这些政策的贯彻落实无疑将直接对减缓气候变化产生了明显效果。中国为保护环境、维护生态平衡和提高生态承载力方面而采取的一系列政策措施,已成为中国可持续发展政策体系的重要组成部分,其中有许多政策措施对于增强自然生态系统与社会经济系统的良性循环,对于维护国家生态安全、能源安全和减缓气候变化产生了较为显著的协同效应。

为此,要以科学发展观为指导,进一步构建和完善科学合理的可持续发展政策体系,通过调整相关经济政策、社会政策、能源政策、环境政策并使其得到很好的执行,在节约能源、减少常规污染物排放的同时,最大限度地实现减少温室气体排放。

参考文献

《2008 年环境经济政策盘点》. 2009. 环境经济,(1):26-33.

《温室气体吸收汇的现状和潜力》. 中国气候变化信息网. 详见网页：http://www. ccchina. gov. cn/file/source/ea/ea2002080204.htm.

蔡葵等. 2004. 中国云南省村级扶贫综合规划与环境关系评估报告. 环境与贫困协调管理：中国的机遇与挑战国际研讨会. 2004.1.8-9. 北京.

陈昌清. 2002. 推行计划生育改善生态环境——金寨县实施"少生孩子多栽树"发展思路 20 年之调查. 人口与经济,(5):.

陈俊生. 1998. 扶贫工作文集. 贵阳：贵州人民出版社.

但新球,喻甦,吴协保. 2004. 我国石漠化地区生态移民与人口控制的探讨. 中南林业调查规划,**23**(4):49-51.

董红敏,等. 2009. 农村户用沼气 CDM 项目温室气体减排潜力. 农业工程学报,**25**(11):293-296.

冯潮前. 2003. 山区贫困人口与资源及环境的关系——武义县下山脱贫实践的个案剖析. 浙江师范大学学报(社会科学版),(1):.

耿元波,董云社,齐玉春. 2004. 草地生态系统碳循环研究. 地理科学研究进展,**23**(3):74-81.

郭志刚,张二力,顾宝昌,等. 2003. 从政策生育率看中国生育政策的多样性. 人口研究,**27**(5):1-10.

国家发展和改革委员会. 2011. 中国应对气候变化的政策与行动白皮书 2011.

国家人口发展战略研究课题组. 2006. 国家人口发展战略研究报告. 北京：中国人口出版社.

贺建林. 2001. 关于人口增长、环境退化、贫困与政策取向的深层次思考. 西北人口,(2).

科学技术部科技司和中国 21 世纪议程管理中心. 2007. 中国地方可持续发展特色案例前沿. 北京：社会科学文献出版社.

李小云,勒乐山,左停. 2005. 中国环境与贫困：现状、关系和问题. 载于李小云等主编：《环境与贫困：中国实践与国际经验》. 北京：社会科学文献出版社.

李昒. 2010. 我国低碳经济发展路径选择和政策建议. 城市发展研究,**17**(2):56-67.

刘红光,刘卫东. 2009. 中国工业燃烧能源导致碳排放的因素分解. 地理科学进展,**28**(2):285-292.

马凯. 2007. 实施主体功能区战略科学开发我们的家园. 求是,(17):11-16.

彭坷珊. 1994. 控制人口增长,改善生态环境. 科学学与科学技术管理,第 12 期.

彭珮云. 1998. 在全国计划生育工作会议上的讲话//计划生育工作文件选编. 北京：中国经济出版社,393-394.

任勇. 2009. 绿色新政：多重危机下的系统创新. 环境经济,(10):20-24.

王俊松,贺灿飞. 2010. 能源消费、经济增长与中国 CO_2 排放量变化——基于 LMDI 方法的分解分析. 长江流域资源与环境,**19**(1):18-23.

徐国泉,刘则渊,姜照华. 2006. 中国碳排放的因素分解模型及实证分析：1995—2004. 中国人口资源与环境,**16**(6):158-161.

张培栋,等. 2005. 中国农村户用沼气工程建设对减排 CO_2、SO_2 的贡献——分析与预测. 农业工程学报,**21**(12):.

中国环境与发展国际合作委员会. 2011. 中国低碳工业化战略研究.

朱勤,彭希哲,陆志明,等. 2009. 中国能源消费碳排放变化的因素分解及实证分析. 资源科学,**31**(12):2072-2079.

IEA. 2011. CO_2 Emissions From Fuel Combustion.

IPCC. 2007. 气候变化 2007:综合报告. 瑞士.

Murtaugh P A,Schlax M. 2009. Reproduction and the carbon legacies of individuals. Global Environmental Change,19:14-20.

Stern N. 2006. Stern Review on the Economics of Climate Change. http://www. hm-treasury. gov. uk/sternreview_index. htm.

The World Bank. 2009. From Poor Areas to Poor People:China's Evolving Poverty Reduction Agenda.

Wire. T 2009. Fewer Emitters,Lower Emissions,Less Cost,Reducing Future Carbon Emissions by Investing in Family Planning:A Cost/Benefit Analysis. Organization:Optimum Population Trust.

第五章 低碳经济的政策选择

主　笔:张坤民,庄贵阳
贡献者:谢来辉,陈冬梅,邓梁春

提　要

　　低碳经济是在气候变化背景下催生的。从《联合国气候变化框架公约》签署,到《京都议定书》生效,再到"后京都谈判"的艰难上路,关于发展权与排放权的辩论不断升级,低碳经济越来越受到关注。但是,何谓低碳经济,如何从传统的高碳经济走向低碳经济,需要从概念、内涵和实现路径等方面进行深入分析。作为全球排放大国和最大的发展中国家,中国需要寻找一条适合自身的低碳发展之路,以在保障社会经济发展的前提下积极参与全球减排行动。

　　低碳发展,需要制定清晰的政策目标,整合已有的并创建新的政策体系和手段。清晰的政策目标将传递出明确无误的信号,促使企业和个人都积极融入到低碳行动中来,并给企业以坚持低碳模式的信心。实施低碳经济的政策工具则应具多样性并相互协调。中国已经制定并实施了不少有关法律法规,但经济激励措施有待大力加强。尤其是要通过各种政策工具的协同作用,向企业发出明确信号,并帮助企业决策者从更广阔、更全面的角度来应对气候变化的挑战和机遇。

5.1　低碳经济的概念辨识及评价指标体系

5.1.1　低碳经济的概念及其内涵

　　虽然低碳经济的术语在 20 世纪 90 年代后期的文献中就曾出现,但首次出现于官方文件是 2003 年 2 月 24 日由英国时任首相布莱尔发表的《我们未来的能源——创建低碳经济》的白皮书。该《能源白皮书》指出,英国将于 2050 年将其温室气体排放量在 1990 水平上减排 60%,从根本上变成一个低碳经济的国家。低碳经济概念引发了各国以低碳发展应对气候变化的信心和兴趣。2007 年英国出台的《气候变化战略框架》进一步提出了全球低碳经济的远景设想,指出低碳经济的巨大影响可以同第一次工业革命相媲美。日本提出将充分利用能源和环境方面的高新技术,把日本打造成为全球第一个"低碳社会"。美国虽然在气候变化问题上一直态度消极,但 2007 年 7 月美国参议院提交到美国国会的法律草案中就包括一项《低碳经济法案》,表明低碳经济的发展道路有望成为美国未来的重要战略选择。与此同时,各国各级政府提出了无数的低碳举措,企业领导人也在积极行动。今天的问题不再是向低碳经济转型是否必须,而是如何迅速并且在什么规模促进向低碳经济转型。

　　英国虽然提出了低碳经济概念,但并没有给出明确界定。对于低碳经济是一种经济形态还是一种发展模式,或是二者兼而有之,学术界和决策者尚未有明确共识。环境保护部部长周生贤指出,低碳经济是以低耗能、低排放、低污染为基础的经济模式,是人类社会继原始文明、农业文明、工业文明之后的又一大进步。其实质是提高能源利用效率和创建清洁能源结构,核心是技术创新、制度创新和发展观的转变。发展低碳经济,是一场涉及生产模式、生活方式、价值观念和国家权益的全球性革命(张坤民等,2008)。庄贵阳(2007)利用碳排放弹性作为脱钩指标,分析了全球 20 个主要温室气体排放大国在不同发展阶段人均收入和温室气体排放增长之间的脱钩特征,指出全球向低碳经济转型具有阶段性特征。中国环境与发展国际合作委员会(CCICED,2009)报告将低碳经济界定为一个新的经济、技术和社会体系,与传统经济体系相比在生产和消费中能够节省能源,减少温室气体排放,同时还能保持经济和社会发展的势头。

实际上,上述概念都部分地把握到了低碳经济的核心特征,即低碳排放、高碳生产力和阶段性特征,并且都指出了低碳经济的目标是为了应对能源、环境和气候变化挑战,低碳经济的实现途径是技术创新、提高能效和能源结构的清洁化等等。但是,上述概念也存在着不足之处:一方面,对于低碳排放的含义及其与实现人文发展目标的关系未作具体深入的阐释;另一方面,对于低碳经济的内在驱动力未作深入剖析。

因此,潘家华等(2010)认为,低碳经济是指在一定的碳排放约束下,碳生产力和人文发展均达到一定水平的一种经济形态,旨在实现控制温室气体排放的全球共同愿景。碳生产力指的是单位 CO_2 排放所产出的 GDP,碳生产力的提高意味着用更少的物质和能源消耗产生出更多的社会财富。人文发展意味着在经济能力、健康、教育、生态保护、社会公平等人文尺度上实现经济发展和社会进步(潘家华等,2008)。这一概念的特点在于,一方面对于人文发展施加了碳排放的约束,另一方面强调碳排放约束不能损害人文发展目标,其解决途径便是通过技术进步和节能等手段提高碳生产力。这一概念并未刻意区分绝对或相对的低碳排放,但是,从短期来看,可以在不改变其能源结构和产业结构的前提下,提高能源利用效率和碳产出效率,实现相对的低碳排放;从长期来看,技术进步能够借助清洁能源替代、低碳技术应用等手段实现一国碳排放总量的绝对下降。低碳并不是目的,而只是手段,重要的是要保障人文发展目标的实现。

实际上,对于低碳经济概念认识上的分歧,也存在对低碳经济和低碳发展概念的混淆使用现象,其实两者是有机统一的互补关系。低碳经济是一种经济形态,而向低碳经济转型的过程就是低碳发展的过程,目标是低碳高增长,强调的是发展模式。低碳经济通过技术跨越式发展和制度约束得以实现,表现为能源效率的提高、能源结构的优化以及消费行为的理性。低碳经济的竞争表现为低碳技术的竞争,着眼点是低碳产品和低碳产业的长期竞争力。

由于低碳经济是一个比较前沿的理念,因此,在认识低碳经济问题上,还存在很多误区。庄贵阳(2009)、曾纪发(2009)和潘家华等(2010)做过相应的梳理。由于发展低碳经济没有可以借鉴的成功模式,因此,必须有一个从实践到认识、再实践、再认识的一个过程。潘家华等(2010)对于绿色经济、低碳经济和循环经济三个概念的异同做过深入分析。

低碳经济与循环经济既有联系也有不同。低碳经济是有特定指向的经济形态,针对的是导致全球气候变化的 CO_2 等温室气体以及主要是化石燃料的碳基能源体系,旨在实现与碳相关的资源和环境的有效配置和利用。从低碳经济的内涵而言,实现低碳经济的具体途径中,减少能源消耗和提高能源效率都很好地体现了循环经济减量化的要求,而对 CO_2 等温室气体的捕集埋存、尤其是以 CO_2 埋存并提高原油采收率等措施,则很好地体现了循环经济再利用和资源化的原则。此外,开发应用消耗臭氧层物质的非温室气体类替代品,则体现了循环经济在再设计、再修复、再制造等更广意义上的要求。因此,低碳经济与循环经济具有紧密的联系。

绿色经济则是一个概念相对模糊的提法,可以认为,凡是与环境保护和可持续发展相关联的经济形态和发展模式都可以纳入绿色经济的范畴。但是,绿色经济本身很难量化评估,并且并没有从投入要素的角度隐含社会经济发展所面临的约束性条件。而低碳经济则是在社会经济发展传统的基本要素(也即劳动力、土地和资本)下,进一步将土地等自然资源投入细化为能源等自然资源的消耗和温室气体排放的环境容量,使得碳排放成为社会经济发展的一种投入要素和约束性指标。绿色经济与低碳经济最大的区别在于绿色经济没有碳排放的刚性约束。

绿色经济和低碳经济比循环经济的概念更为扩大,不光是讲绿色生产,还讲绿色消费和低碳消费。绿色经济不等于低碳经济。绿色包括了伦理的、经济的、环境的方方面面。低碳经济的针对性特别强,其范围比绿色经济要小,但比循环经济要宽。"绿色的"不见得就是"低碳的"。中国之所以对绿色经济更加关注和强调,在于中国传统的生态环境问题如水污染、大气污染和固体废弃物等问题尚未解决,希望在应对气候变化过程中把传统的污染物问题一并解决,发展低碳经济要寻求协同效应。

潘家华等(2010)进一步分析了低碳经济与低碳社会的异同。中国之所以强调低碳经济,日本强调低碳社会,在于各国的碳排放结构不同。发展中国家的工业排放占全社会排放的70%,而发达国家工业、建筑和交通排放各占三分之一。中国发展低碳经济的着力点应当放在产业经济部门,使产业经济低碳化;发达国家发展低碳经济的着力点应当放在削减居民生活消费中的碳排放,使社会生活低碳化。当前中国低碳经济建设主要着眼于技术和产业层面,但也不能忽略从社会消费层面减少温室气体排放的重要性。我们要发展的不仅是低碳经济,而且要着眼于推动整个社会变革,建设低碳社会。

在现实生活中,很多人把低碳经济等同于节能减排,其实是没有把握低碳经济的本质。根据KAYA恒等式,一个国家CO_2排放量的增长取决于人口、人均GDP、单位GDP能耗和能源结构四个因素。其中,中国人口基数大且在今后一定时间将继续增加,满足人们不断增长的物质和文化生活需要也要求人均GDP迅速增长,因此,这两个因素对中国控制碳排放增长起反向作用。中国所能采取的措施就是降低单位GDP能耗和提高可再生能源在一次能源消费中的比例。虽然控制碳排放与节能减排具有一致性,但节能减排只是当前中国低碳经济转型的一项具体行动。

5.1.2　低碳经济的核心要素

潘家华等(2010)在对低碳经济界定的基础上,提出低碳经济应该包涵四个核心要素:资源禀赋、低碳技术、消费模式和经济发展阶段。

(1)资源禀赋

资源禀赋是实现低碳经济的物质基础。资源禀赋涉及广泛的内容,包括矿产资源、可再生能源、土地资源、劳动力资源,以及资金和技术资源等等,都是发展低碳经济的重要投入要素。其中,与低碳经济关系最为密切的是低碳资源,包括太阳能、风能、水力资源及核能等零排放的清洁能源;还有能够提供碳汇的森林资源、湿地、农田等等。自然地理条件是否宜居,会影响到居民衣食住行及社会经济对能源的依赖程度。可见,低碳资源是否丰富,是发展低碳经济的重要影响因素之一。

(2)技术进步

技术进步因素对低碳经济的影响至关重要。技术进步能够从不同角度推动低碳化的进程,包括能源效率、低碳技术发展水平(如碳捕获技术等)、管理效率、能源结构等。一般所说的低碳技术主要针对电力、交通、建筑、冶金、化工、石化、汽车等重点能耗部门,既包括对现有技术的应用、近期可商业化的技术,也包括远期可能应用的技术。例如,从现阶段来看,能源部门的低碳技术涉及节能、煤的清洁高效利用、油气资源和煤层气的勘探开发、可再生能源及新能源利用技术、CO_2捕获与埋存等领域的减排新技术。

(3)消费模式

一切社会经济活动最终都要体现为现实或未来的消费活动,因而一切能源消耗及其碳排放在根本上都是受到全社会各种消费活动的驱动。研究表明,由于发展水平、自然条件、生活方式等多方面的差异,不同国家居民消费产生的能源消耗和碳排放具有较大的差异。此外,全球化导致的生产与消费活动的分离,使得一国真实的消费排放被国际贸易中的转移排放问题所掩盖(陈迎等,2008)。假定各国碳排放强度相同,则一国消费的对外依赖度越高,消费导致的碳排放也越多。因此,从消费侧而非生产侧角度,探讨一国国民实际消费导致的碳排放,有助于采取更加公平的视角从源头上推动低碳发展。

(4)经济发展阶段

尽管各国碳排放的驱动因素有所差异,但是就发展阶段而言,不外乎是由消费和生产两种因素决定的。简言之,发达国家主要是后工业化时代的消费型社会所带动的碳排放,而发展中国家主要是生产投资和基础设施投入带动的资本存量累积的碳排放。对于发展中国家来说，正处于经济发展的存量积累阶段，经济持续高增长是为了弥补基础设施等资本存量的不足，只有在实物资本存量累积到一定程度，人文发展水平才能随之提升，而在此之前，维持经济快速增长的资源和能源消耗都难以在短时间内得以降低。

因此，经济发展阶段是一个国家向低碳经济转型的起点和背景。发达国家已经实现了高人文发展的目标，而发展中国家必须实现低碳转型和人文发展的双重目标，这必将增加发展中国家实现低碳转型的难度。发展中国家人口增长较快，基本需求仍未满足，未来排放必然要继续增长。由于处于不同历史阶段，使得各国在走向低碳经济时面临的问题也有所不同，相应的政策措施，路径选择和减排成本也会有所不同。

5.1.3　低碳经济的评价指标体系

目前对低碳经济评价方法研究还比较分散，没有形成系统的理论。国内在实践中广泛应用的评价指标体系，一种是利用层次分析法把所选取的指标指数化，赋予权重后加总，以得分的高低排名，这种方法常见于时下比较流行的各种排名；另一种是给各指标设定不同的阈值，以是否达到阈值（目标值）为考核标准，这种方法如国家环境保护部（原国家环保总局）颁布的《生态县、生态市、生态省建设指标》。

国内学者（付加锋等，2010；林香娣，2010；王爱兰，2011）初步探讨了低碳经济的评价指标体系建立的原则以及如何选取指标的权重并把指标无量纲化的方法，但并没有在实践中对指标体系加以应用。一些研究在没有对低碳经济概念进行探讨的基础上构建的低碳经济指标体系，显然缺乏足够的理论支撑。

北京工商大学构建的绿色经济指标体系，采用层次分析法，从资源、消耗、环境、社会、经济和政府等6个维度构建了总计70个指标的指标体系（季铸等，2010）。这些指标分为参考性指标、指导性指标及约束性指标，但都是定量指标。由于指标比较多且多为定量指标，也为指标的推广应用带来了相应的难度。

哥伦比亚大学、清华大学和麦肯锡公司（2010）建立了中国城市可持续性评价方法，从基本需求、资源充足性、环境健康、建筑环境、对可持续性的承诺等五个方面进行衡量中国城市总体可持续状况，共18个指标。哥伦比亚大学的这套指标体系，相对比较简单，主要考虑到数据的可获得性问题。但该指标体系对指标选取的依据及指标之间的逻辑关系没有进行分析。

上述两项研究都试图把分项指标无量纲化，从而进行综合评价。这反映出社会需求以及对于城市评价研究的某种趋势。然而，上述研究侧重绿色经济指标体系及城市的可持续性评价，与低碳经济（城市）的评价重点有所不同。

庄贵阳等（2011）分析发现，单一指标不能全面、客观评价一个国家或经济体低碳经济发展水平，因此必须建立一套综合评价指标体系。这套综合评价指标体系要具有两个方面的功能：一方面要能够横向比较各国或经济体离低碳经济目标有多远，另一方面要能够纵向比较各国或经济体向低碳经济转型的努力程度。为此，庄贵阳等（2011）从低碳经济的概念界定出发，从低碳产出指标、低碳消费指标、低碳资源指标、低碳政策指标等四个层面构建了低碳经济发展水平衡量指标体系。其中，低碳产出指标表征低碳技术水平；低碳消费指标表征消费模式；低碳资源指标表征低碳资源禀赋及开发利用情况；低碳政策指标表征向低碳经济转型的努力程度。在每个层面之下，遴选一个或多个核心指标并赋予相应的阈值或定性描述（见表5.1）。

由于该套指标体系的出发点是用于国内城市的低碳发展现状评价，更多的着力点在低碳发展现状的相对评价。但考虑到国内各省市经济发展水平的差异，单纯利用相对标准进行评价可能存在局限，所以本文还根据世界低碳发展的实际水平，设定了绝对值的评价标准，以便发达地区能够放眼世界，找出不足。绝对评价标准是对相对评价标准的有效补充。

表 5.1　低碳经济发展水平的衡量指标体系

一级指标	序号	二级指标	相对评价标准	绝对评价标准
低碳产出指标	1	碳生产力（单位：万元/吨CO_2）	高于全国平均水平20%	高于北欧5国平均水平为低碳；介于北欧5国平均水平和OECD平均水平之间为中碳；低于OECD平均水平为高碳
	2	重点行业单位产品能耗或单位工业增加值碳排放（单位：吨CO_2/万元）	全国领先/行业领先	
低碳消费指标	3	人均碳排放（单位：吨CO_2/人）	如人均GDP低于全国平均水平，则人均碳排放低于全国平均水平；人均GDP如高于全国平均水平，则人均碳排放水平不得高于全国平均水平	人均碳排放低于5吨CO_2/人为低碳；介于5～10吨CO_2/人为中碳；高于10吨CO_2/人为高碳
	4	人均生活碳排放（单位：吨CO_2/人）	如人均可支配收入低于全国平均水平，则人均生活碳排放低于全国平均水平；如人均可支配收入高于全国平均水平，则人均生活碳排放水平不得高于全国平均水平	人均生活消费碳排放水平低于5/3吨CO_2/人为低碳；介于5/3～10/3吨CO_2/人为中碳；高于10/3吨CO_2/人为高碳
低碳资源指标	5	非化石能源占一次能源比例（单位，%）	超过全国平均水平	比例如高于20%为低碳；介于10%～20%之间为中碳；低于10%为高碳
	6	森林覆盖率（单位：%）	参照全国各功能区的水平	
	7	单位能源消费的CO_2排放因子	小于全国平均水平	
低碳政策指标	8	低碳经济发展规划	有	
	9	建立碳排放监测、统计和监管体系	完善	
	10	公众低碳经济知识普及程度	80%以上	
	11	建筑节能标准执行率	80%以上	
	12	非商品能源激励措施和力度	有且到位	

　　庄贵阳等（2011）同时指出，在国内碳排放统计、监测和管理体系尚未建立的条件下（很多城市没有能源平衡表），这套评价指标体系从宏观层面着眼，可以很好地应用到低碳城市发展规划研究中。与此同时，这套评价指标体系具有明显的政策含义，可以通过对低碳经济发展现状的评价，指出优势和劣势，对于地方政府认识自身现状、采取政策行动具有重要意义。不过，这套指标体系虽然有很好的理论基础，但相对来说还比较宏观，对于一些定性指标的评价还有进一步改进的余地，如是否具有低碳城市发展规划，如果只是回答"有"或"无"，似乎不能客观反映努力的程度。随着中国低碳试点省市低碳工作的开展，各地将制定低碳发展实施方案，各个部门都将采取相应政策措施。因此，在借鉴国内外低碳经济评价指标体系的优点以及在国内应用的反馈经验的基础上，继续深化和完善中国低碳经济综合评价指标体系，对各地低碳建设进行规范和引导，具有非常重要的实践意义。

5.2 实现低碳经济的途径

中国部分学者着重从能源角度探索未来中国的低碳发展道路选择，指出低碳道路意味着：一是能源服务需求绝对量的减少；二是在同样的服务需求方面，选择更高效、更清洁的方式；三是采取更高效的中断利用技术和加工转换技术（戴彦德等，2009）。而更广泛地从低碳经济的内涵出发，可以得出实现低碳经济的主要手段或发展渠道，也即需要在节约能源和改善能效、能源体系低碳化、增加碳汇，以及经济发展模式和社会价值观念等领域开展大量的工作（邓梁春等，2008）。

5.2.1 节约能源和提高能效

低碳发展模式要求改善能源开发、生产、输送、转换和利用过程中的效率并减少能源消耗（邓梁春，2009）。提高能源效率和节约能源涵盖了整个社会经济的方方面面，尤其作为重点用能和排放的部门如电力、工业、交通和建筑等，更是迫切需要通过提高发电和输配电的能效、降低主要高耗能产品的单产能耗、提高商业和民用部门在建筑和电器方面的能效、改善机动车燃油经济性等等措施，实现节能、增效、减排的低碳发展目标（邓梁春，2009）。麦肯锡公司对中国当前以能源效率为重点目标的政策进行情景模拟，认为由于能效改善的政策实施和技术应用，中国的温室气体排放在 2030 年可从 229 亿吨控制在 145 亿吨的水平，而进一步提高电力、工业、建筑和交通部门的能效，并大力推广可再生能源的开发利用，排放水平可进一步降至 78 亿吨（Joerss 等，2009）。

电力部门是中国低碳发展的关键领域。基于中国未来燃煤机组装机容量仍然在 8 亿千瓦以上的规模，加快推广超临界、超超临界电厂，淘汰效率低、污染高的小型燃煤电厂，将 2020 年燃煤电厂平均发电煤耗从基准情景的 310 克标准煤/千瓦时降至 303 克标准煤/千瓦时。2030 年后推广以煤的多联产技术为代表的新一代高效、清洁、低碳的煤炭加工转化技术，使得煤炭的综合利用效率提高 10%～20%，平均发电煤耗进一步降至 290 克标准煤/千瓦时，实现 SO_2、氮氧化物、粉尘和挥发性有机物等的近零排放，并且在 CO_2 近零排放上，比煤炭直接燃烧后再从烟气中捕集 CO_2 更有利于去除 CO_2（戴彦德等，2009）。

工业部门承担着中国未来城镇化和工业化进程中重要的且高耗能的产品的生产，中国提出 2010 年总体达到或接近 20 世纪 90 年代初期国际先进的能效水平，其中大中型企业达到 21 世纪初国际先进水平，2020 年达到或接近国际先进的能效水平。钢铁行业运用电子、信息技术可以促进钢铁长链生产工艺的整合，在废旧钢铁资源逐渐充沛的情况下发展短链生产工艺，推广熔融还原炼铁工艺、电炉炼钢工艺等，进一步使得吨钢能耗有所降低。水泥行业的低碳发展需要加大推广新型干法工艺，并且大力应用余热余能利用、促进烧成和粉磨系统的技术进步，推进水泥综合能耗在现有政策和技术推广的基础上，于 2030 年下降 5.6%，并且到 2050 年再下降 3.7%。另外，在合成氨、纯碱、烧碱和乙烯等主要的化工和石化行业，中国的低碳发展路径要求各行业的原料路线和工艺路线进一步优化，产业布局和企业规模更加合理，并且显著提高具有国际先进水平的大型装置比重（戴彦德等，2009）。

在交通领域，可以通过多种措施来减少对交通本身及其相应排放的需求，目的都是在实现相同交通服务的情况下提高碳排放的生产力水平。相关措施包括提高集中运输、优化城市规划、完善道路使用定价机制、减少运输商品的重量、在考虑碳价格的情况下重新设计供应链（输送更短的距离和更少的商品）、利用视频会议代替商务旅行等。而在提高燃油效率方面，对于汽车而言，具体措施包括减少重量、提高引擎效率以及进行更好的空气动力学设计。对于船运行业而言，制造更高效的引擎和改进船体设计都是提高能效的低碳措施。而由于燃料成本在运营成本中所占的比例很高，提高燃油效率对于航空业而言尤其重要（托尼·布莱尔，2008）。此外，作为道路交通部门非常关键的环节，车辆的技术低碳化也是非常重要的，具体的实现途径包括加强综合节能技术和混合动力技术应用、电池技术升级和燃料电池技术研发、加快生物燃料二代技术的研发以及煤基燃料路线中 CO_2 碳捕获和封存技术等低碳技术的应用（欧训民等，2010；许光清等，2009；国家能源领导小组办公室等，2008；欧训民等，2009；柴沁虎,2008;中国汽车技术研究中心等,2007)。

建筑领域的能源效率主要关注建筑在利用过程中能源利用的情况,而一般不包括作为工业生产过程讨论的建材生产和建筑建造过程中的能耗,但是广义上也涉及商业和民用部门用电设备的能效。在建筑领域,开展绿色建筑设计是实现低碳经济的重要手段。据有关资料显示,到 2020 年,中国城乡房屋建筑面积还将新增约 300 亿平方米,如果不采取有力的节能措施,每年建筑用能将消耗 1.2 万亿千瓦时电和 4.1 亿吨标准煤,耗电量相当于目前北京年用电量的 24 倍。而如果这些建筑全部按要求执行节能 50% 的标准,到 2020 年底,则可形成每年节省约 1.6 亿吨标准煤的能力。所谓绿色建筑,是指在建筑的全生命周期内,最大限度地节约资源(节能、节地、节水、节材)、保护环境和减少污染,为人们提供健康、适用、高效、与自然和谐共生的建筑。

与此同时,城市规划对实现低碳经济意义更为重大,建设生态绿色城市也是中国实现低碳经济的必然选择。2008 年,中国全国城市化率为 46%,与中等收入国家 61%、高收入国家 78% 相距甚远。经济快速增长推动城市化进程,城市化进程会提高整体能源消费水平,城市化进程中的工业化特征使高耗能产业的迅速发展。到 2020 年,估计中国大约有 3 亿人口将迁移进城市居住和工作。城市人口的能源消费大约是农村人口的 3.5～4 倍,城市化进程推动大规模城市基础设施和住房建设,因此,中国城市化进程对高耗能产业的需求是刚性的。即使技术进步提高能源使用效率,中国能源消费总量仍将经历一段刚性的高增长阶段。生态城市是按照生态学原则建立起来的社会、经济、自然协调发展的新型社会关系,是有效的利用环境资源实现可持续发展的新的生产与生活方式,对于实现低碳经济至关重要。

5.2.2 能源体系低碳化

能源保障是社会经济发展必不可少的重要支撑,能源体系低碳化则是要降低能源中的碳含量及其开发利用产生的碳排放。降低能源体系中的碳含量和碳排放,主要包括控制传统的化石燃料开发利用所产生的 CO_2,并且在资源条件和技术经济允许的情况下,以相对低碳的化石燃料替代相对高碳的化石燃料。能源体系低碳化还需要开发利用新能源、替代能源和可再生能源等非常规能源,以更为低碳甚至"零碳"的能源体系来补充并一定程度上替代传统能源体系。此外,对能源体系碳排放的终端控制,需要积极探索、研发、示范并适时应用 CCS 技术,捕集各种化石燃料电厂、氢能电厂和合成燃料电厂中的碳排放并加以地质封存(邓梁春,2009)。

总体而言,低碳能源仅占能源供应总量的 19%,大部分来自水能、核能、废热余热利用等等,而中国目前所占比例更低仅为 8%。虽然可再生能源和生物燃料取得了迅速增长,但是它们仅分别占全球电力生产总量的 1% 和交通燃料需求的 1%(托尼·布莱尔,2008)。未来 20 年至 30 年内世界上还会新建大量的电力和能源设施,到 2030 年基准情景下的终端能源需求量将增长 55%,其中 74% 来自于发展中国家。而除了能效措施之外,全世界特别是中国还需要大力开展以下五方面的工作。

(1)以气代煤

相比普通的燃煤火力发电厂,现代天然气燃气蒸汽联合循环(CCGT)电厂每千瓦时发电的碳排放量要低 60%。然而,这一技术的可行性和经济性主要取决于天然气供应的可靠性和稳定性、与煤炭相比的天然气价格和长期明确的碳价格,在长期还会受到燃煤火电厂和天然气发电厂应用 CCS 技术成本差异的影响。然而,天然气燃气蒸汽联合循环技术的碳排放虽然比煤炭低,但是却比煤炭加上 CCS、核能发电和可再生能源发电的排放高。在国家发改委能源所设计的低碳情景中,中国 2050 年化石燃料发电机组在电源结构中的比例降为 35.3%,其中天然气发电机组的比重从目前的 1% 增至 25.7%,在整个电源结构中的比例达到 8.4%(戴彦德等,2009)。

(2)可再生能源

扩大可再生能源(如风能、太阳能、生物质能、潮汐能)的供应量存在巨大的潜力。IEA 的预测总体来说认为,在有利的减排情景下(到 2050 年将现有 CO_2 排放量缩减至现有水平的一半),可再生能源,特别是风能、太阳能和生物质能,将占到全球电力供应量的 46%。但是若要实现这种占有率,则需要促进在规模化、低成本和高性能方面的投资，而高油价和高碳价将使可再生技术在成本上变得有竞争力。在国家发改委能源所设计的低碳情景中，中国风电和太阳能发电等一次电力的比重将会迅速提高，将从目前0.4%提高至2050年的33.2%（戴彦德等，2009）。

（3）核能

积极发展核能是中国构建低碳型能源结构、应对气候变化的合理有效选择。核能目前可以满足全球能源需求的7%，或全部发电量的17%，是一项已经成型且具备竞争力的低排放并能提供大量电力的技术。随着碳价格的引入、煤炭价格的上升，核能将更加具有竞争力。但是核能在很多国家存在着争议，而且在老化退役、废料处理、核扩散以及安全问题等方面存在着不确定性。中国当前正在大力发展核电，预计低碳情景下2050年核电年发电量将达到3.9亿千瓦时，在电源结构中的比重也将从目前的1.7%增至15.9%。与此同时，中国也积极加入了国际热核聚变试验堆（ITER）合作计划，希望在2050年前后开展受控热核聚变发电的商业示范，为中国的低碳能源发展开启新篇章（戴彦德等，2009）。中国学者对21世纪初期核电链与煤电链的温室气体排放系数进行过初步的计算，认为发展核电减少的CO_2排放量可能更大（姜子英，2008）。根据中国对核电发展的规划和CO_2排放增长的预估，中国发展核能替代化石燃料可有7.5%的直接减排贡献。考虑到核电链的温室气体排放主要因素是建设用材和其他燃料消耗，而将来的能耗水平仍有降低空间，因此核能总的减排效益可能更高（姜子英，2010）。

（4）替代燃料

生物燃料及其他替代燃料虽然不可能完全替代全球的燃料供应，但是在解决温室气体排放问题上却有着重要作用。各种生物燃料的可持续性可能差别很大，其对环境、社会和经济影响依赖于它们是如何以及在何地生长和生产的。在中国，以粮食为基础的生物燃料虽然可以大量减少温室气体排放，但是却被证明是不可持续的。而目前正处于商业化早期的新型生物燃料，包括从农业和林业残余物中提取的木质纤维素而生产的乙醇和生物柴油，也包括可以在边缘土地上种植的速生林草等等，才是中国低碳发展的可行选择。另外，以柴油（普通柴油以及二甲醚柴油、生物柴油混合燃料和煤制油柴油混合燃料）、充电电池、氢燃料电池等作为机动车替代燃料，潜在的也是中国低碳发展的重要选择（戴彦德等，2009）。

（5）碳捕集与封存

碳捕集与封存技术有可能是温室气体排放重要的末端措施，其在火电厂以及其他高碳强度产业的研发与应用是一项关键而紧急的优先任务。IPCC认为，CCS技术是温室气体长期减排的重要手段之一，预计对2100年CO_2减排的贡献率可能达到15%～55%（IPCC，2007）。而中国学者经过粗略估算，认为如果国内火电有50%采用CCS技术，电力部门的CO_2排放量可以在2005年基础上减少10亿～11亿吨，相当于2005年国内化石燃料排放总量的20%～22%（范英等，2010）。目前，专家认为常规发电厂加装碳捕集装置后，成本将会增加63%～76%，而如果在新建的IGCC电厂的设计时预先考虑CCS技术的应用，那么电厂发电成本的增幅可以控制在37%。也有学者粗略估算目前国内燃煤电厂采用CCS技术之后，发电成本将会提高2～3倍至每度电0.4～0.8元，而同期国内风电发电成本为0.35元。因此，采用CCS的火电基本没有经济性可言（范英等，2010），普遍认为CCS技术的大规模应用至少要到2020年甚至更晚（戴彦德等，2009），同时，在关注CCS技术的可行性、经济性和减排潜力的同时，有学者也提出其对全球环境、局部地区环境甚至是人体健康和安全产生的影响也需要引起关注（刘兰翠，2010；许志刚等，2008a；许志刚等，2008b）。

5.2.3　保持并增加自然碳汇

低碳发展模式还意味着调整和改善全球大气环境中的碳循环，通过发展吸碳经济并且增加自然碳汇，从而抵消或中和短期内无法避免的化石燃料燃烧所排放的温室气体。减少毁林排放和增加植树造林，不仅是改变人类长期以来对于森林、土地、林业产品、生物多样性等资源的过渡索取，而且也是改善人与自然关系、主动减缓人类活动对自然生态所导致的影响以及打造生态文明的重要手段。森林控制大气CO_2浓度升高的主要途径包括：减少毁林及土地退化；造林再造林；通过森林经营增加林分和景观尺度上的碳密度;增加木材产品、替代化石燃料(IPCC,2007)。此外,清洁发展机制的造林再造林项目,作为对《京都议定书》下温室气体灵活减排机制的应用,也具有很强的可行性和经济性(张治军等,2009)。

目前,每年有 1300 万公顷、相当于希腊土地面积的森林遭到破坏,另外,在热带地区还有 2400 万公顷的森林在逐步退化。在 2000 年至 2005 年间,仅仅巴西和印度尼西亚就占了全部森林损失面积的一半。森林的退化程度不同,但是根据千年生态系统评估情景,到 2050 年,在发展中国家将有 2 亿～4.9 亿公顷的森林遭到破坏,这占目前总体森林面积的 5%～12%。砍伐森林会导致显著的温室气体排放,据估计到 2000 年这一数量为每年 76 亿吨 CO_2,这相当于全部温室气体排放总量的15%～20%。

虽然对于森林所拥有的碳减排潜力仍然存在争议,但根据区域性自下而上的、对森林减排潜力的估算,其潜力区间从每年 130 亿吨到 420 亿吨 CO_2 不等,碳价格为 100 美元/吨 CO_2 或更低,其中更有一半可实现减排潜力成本低于 20 美元/吨 CO_2 当量。而全球自上而下的模型估算出的减排潜力为每年 90 亿～140 亿吨 CO_2 不等(托尼·布莱尔,2008)。

在中国,国家林业局碳汇管理办公室于 2004 年分别在广西、内蒙古、云南、四川、山西、辽宁 6 省(自治区)启动了林业碳汇试点项目。其中,广西碳汇项目和内蒙古碳汇项目还开发成为严格意义上的京都规则项目。根据实施清洁发展机制林业碳汇项目的要求及原则,优先区域应该是那些林木生长速度快、生物多样性保护潜在价值大,同时又是造林成本低、人均年收入低的地区。而根据全国清洁发展机制林业碳汇项目优先区域综合评价图,中国适合开展清洁发展机制造林再造林碳汇项目的优先发展区域约有 1000 多万亩,主要分布于云南、四川西北和西南、重庆东南部、贵州、广西西北部、内蒙古东北及中南部、河北北部及西南部、山西、河南等地区。中国具有较大的实施清洁发展机制林业碳汇项目的空间,国内外专家预测:在第一个承诺期内,中国可能争取到全球林业碳汇额度的 20%,即约为 720 万吨碳汇;按每亩森林平均产 2～3 吨碳汇计算,需要 240 万～360 万亩的无林地即可满足(李怒云,2007)。

与自然碳汇相关的林业和土地资源对于不同发展阶段的国家具有不同的开发利用价值,尤其是当前在保障粮食安全、缓解贫困、发展可持续生计等方面具有重大的意义。应对气候变化国际制度在避免毁林等方面的发展,就是将相关资源在自然碳汇方面的价值转化成为具体的经济效益,与其在其他领域所具有的价值进行综合的权衡,从而引导各国的经济社会发展路径朝低碳方向转型。通过植树造林增加自然碳汇降低大气中的温室气体浓度,通过控制热带雨林焚毁减少向大气中排放温室气体,以及通过对农业土地进行保护性耕作从而防止土壤中碳的流失,对于全球各国尤其是众多发展中国家都具有重要意义。

5.2.4 推行低碳价值理念

低碳发展模式还要求改变整个经济社会的发展理念和价值观念,引导实现全面的低碳转型。1992年联合国环境与发展大会通过了《21 世纪议程》,指出全球所面临的最严重的问题之一,就是不适当的消费和生产模式。发展低碳经济就是在应对气候变化的背景之下,从社会经济增长和人类发展的角度,对合理的生产消费模式做出重大变革(邓梁春,2009)。

发展低碳经济要求经济社会的发展理念从单纯依赖资源和环境的外延型粗放型增长,转向更多依赖技术创新、制度构建和人力资本投入的科学发展理念。传统的基于化石燃料所提供的高能流高强度能源而支撑起来的工业化和城镇化进程,必须从未来能源供给消费、相应资源环境成本的内部化等方面进行制度和技术创新。发展低碳经济还要求全社会建立更加可持续的价值观念,不能对资源和环境过度索取并造成严重破坏,要建立符合中国环境资源特征和经济发展水平的价值观念和生活方式。人类依赖大量消耗能源、大量排放温室气体所支撑下的所谓现代化的体面生活必须尽早尽快调整,这将是对当前人类的过渡消费、超前消费和奢侈性消费及其消费观念的重大转变,重塑可持续的社会价值观念(邓梁春,2009)。

价值观念的改变目的在于改变排放主体的决策和行为。碳排放在很大程度上是世界上每天每个生产者和消费者所做出的数以亿计的决定的结果。向低碳经济转型，需要消费者改变其购买行为和商品组合，生产者改变其所售货物的排放属性及其提供这些商品和服务的方式。由于碳排放空间曾经一直是免费的，无论是消费者还是生产者都从未在做选择的时候将其加以考虑。应采取碳价格、能效标准、上网电价、可再生能源激励措施等种种手段以确保碳的影响能够纳入其所做的决定。还应提供更多信息并对商品进行标注，以帮助消费者进行低碳选择。在这一领域，政府部门、工商企业以及消费大众应围绕碳的使用问题改变相关的社会价值和规范（托尼·布莱尔，2008）。

中国正处于快速工业化、城镇化以及居民消费结构快速升级的阶段，经济社会的发展模式和人民群众的生活方式正在形成，而由于"路径依赖"和"锁定效应"的重大影响，中国正处于选择低碳发展模式和观念的关键时期，具体措施包括（戴彦德等，2009）：

（1）控制建筑面积的快速增长

世界各国的经验表明，住宅产业在人均 GDP 达到 800 美元后开始快速发展，并在人均住宅面积达到 35 平方米之前保持旺盛，但是采取不同的措施将会使得人均住宅面积呈现不同趋势。比如美国和日本两国经济发展水平和人均收入水平大致相当，但美国的人均住宅面积（60 平方米）就比日本的高出一倍。而中国低碳发展路径下对于建筑面积快速增长的控制，主要通过鼓励集约式城市发展模式；鼓励经济型、公寓式住宅的建设和使用，限制别墅式住宅；通过提高市内结构设计水平提升房屋实用性和舒适性；加强社区周边公共辅助设施建设满足家庭和社交需求；鼓励房屋中转和租赁，减少闲置二手房。而在商业用途方面，中国的低碳发展也要求适当控制宾馆、写字楼、大型购物中心、综合商厦等大型公共建筑面积的快速增长。

（2）减缓私家车保有量的增幅以及私家车出行距离

中国国内汽车市场随着收入水平的增加而快速发展，2000 年以来私家车保有量年均增速高达24.4%，2007 年达到 2876 万辆，长期趋势仍将保持增长。汽车拥有量的提高和行使里程的不断增加必然导致公路交通用油不断上升，相应的碳排放也会不断增加。引导居民选择低碳出行方式是转变生活方式的重要内容之一，主要措施包括提供更完善的城市公共交通服务，特大和大城市形成以轨道交通为骨干、公共交通为主的城市公共交通系统；以燃油税、消费税、牌照费、进城费、拥堵费等经济措施，或者是交通现行或管制等行政措施，鼓励共同搭乘、汽车共享等模式，引导居民减少私家车出行及行驶里程。

（3）合理规划并引导交通运输需求

中国未来几十年的货运量、货物周转量仍将保持一定的增长势头，客运量、客运周转量也将不断提高，必须通过合理规划、引导交通服务需求。主要措施包括在政府和大型集团公司中加快普及电视电话会议，推广视频移动电话，减少不必要的交通出行；推广无联网网上购物和网上银行服务，利用以网络为基础的服务业一定程度上替代交通服务需求；大力推广信息化办公系统和电子政务系统，一定程度推广 SOHO（小型办公与家庭办公）的工作方式；合理规划城市功能区，减少不必要的交通流量，并且通过调整产业结构和生产布局来减少货运交通需求。

5.2.5 非 CO_2 类温室气体减排

从广义来看，低碳经济不仅仅意味着控制由于化石燃料开发利用所产生的二氧化碳，还包括了《京都议定书》中所调控的 6 种温室气体，因此社会经济高速发展的同时也必须同时降低非 CO_2 类温室气体的排放强度。

以汽车行业为例，在中国以及欧美国家，HFCs 类物质中当前使用量最大的是 HFC-134 a，作为CFCs 物质最主要的替代品之一，在汽车空调制冷剂替代品中占绝对主导地位，目前几乎全部新生产轿车和货车均采用 HFC-134 a 为空调制冷剂（全球变暖潜值 GWP 高达 1300）。对照 2005 年为基线的排放情景，通过制冷剂替代、技术进步、熟练操作和政策调控等情景假设，到 2010 年和 2015 年，可以减排温室气体分别达到 6.7 万吨和 13.0 万吨 CO_2（胡建信等，2009）。

此外，中国房间空调器行业淘汰 HCFC-22，采用 HFC-410A 和 HC-290 在减少消耗臭氧层物质排放的同时,还提高了制冷设备的运行效率,减少了温室气体的排放。其中,HC-290 由于其更低的 GWP 值,具有比 HFC-410A 更高的温室气体减排效益(万婷婷等,2010)。

5.3　国外低碳经济政策与实践

2007 年 IPCC 第四次科学评估报告发表后,尤其是"巴厘路线图"达成后,低碳经济理念受到国际社会的广泛关注,全球向低碳经济转型成为大势所趋。许多国家或地方政府发布了以温室气体减控目标为指引的低碳转型框架,并制定相应的政策措施,旨在消除向低碳经济转型过程中在投资与金融、资源与技术、市场与消费等领域存在的多种障碍。这些国家的实践也印证了:要实现低碳经济的转型,需要协调和发挥各种政策措施的综合作用;低碳经济转型所面临问题的复杂性和所影响主体的多样性,也决定了单一政策有效作用的有限性(Bernice Lee 等,2009)。

国外低碳政策手段大致可分为四类。第一类是法律法规等命令控制手段,如国家规划、国家发展目标、强制性标准及标识等;第二类是财税引导与激励手段,如征税、补贴与优惠等;第三类是基于市场的灵活机制,如合同能源管理、排放权交易等;第四类是信息支持与自愿性行动等鼓励公众参与的手段。一般说,法律法规类和财税引导类政策的减排有效性高而成本也较高,市场机制类政策的减排有效性较高而成本较低,自愿性行动的成本有效性较高但减排有效性略差些(WBCSD,2007)。

5.3.1　法律法规等命令控制手段

(1)国家目标导向政策

在各国推动低碳发展的规划与行动中,提高能源效率、增加可再生能源供应以及降低能源需求等,都是共同的努力方向。通过制定一定阶段的低碳发展规划与目标,将节能、可再生能源等发展目标通过法律或政策文件的形式发布,在此基础上,制定投资、价格和税收政策,确保发展目标的实现,这是目前发达国家促进低碳发展的普遍做法。

欧盟在 1997 年颁布的《可再生能源发展白皮书》中提出,到 2010 年可再生能源占欧盟总能源消耗的 12%。2001 年,欧盟提出,到 2010 年可再生能源发电量占全部发电量的 22%。2009 年,欧盟出台的《气候与能源综合法令》明确提出,到 2020 年欧盟终端能源消耗的 20% 来自可再生能源,各成员国交通能源消耗的 10% 必须来自可再生能源,欧盟 2020 年温室气体排放总量要比 1990 年减少 20%。在上述目标引导下,欧盟法令针对可再生能源、排放交易体系、碳捕集与封存等六个方面,首次为各成员国设立了有约束力的强制指标,规定了各国可再生能源在终端能源消耗中的比例,以此为投资者提供市场保证,并鼓励开发各类可再生能源技术。各成员国在此基础上,须制定可再生能源行动方案,明确可再生能源在交通、电力、供热及制冷等领域的能耗中所占比例。

英国政府在 2003 年颁布的《能源白皮书》中,最早正式提出将实现低碳经济作为其能源战略的首要目标。为此,英国推出了一系列有开创性的政策法规和配套措施。《气候变化法》于 2008 年 11 月 26 日正式颁布实施,使英国成为世界上第一个为温室气体长期减排目标立法的国家,并成立了相应的能源和气候变化部。英国将通过在本土和国外的行动实现 2050 年温室气体排放比 1990 年水平减少 80%,2020 年温室气体比 1990 年水平减排 26% 的目标。这些目标远远超过欧盟规定,而发展可再生能源将成为其实现目标的策略。英国已制定到 2020 年电力的 15% 来自可再生能源(中国能源和碳排放研究课题组,2009)。

日本政府为完成《京都议定书》中规定的 6% 的减排责任,于 1998 年成立了以内阁首相为主席的全球变暖减缓对策促进中心,通过了《全球变暖对策促进法》,明确了实现减排目标是各级政府、企业和国民的共同责任。2006 年 5 月,日本制定了《日本新国家能源战略》,设定的 2030 年国家能源情景目标是:能源利用效率提高 30%。实现目标的主要措施是实施先进的节能计划、新型的交通能源计划、新能源创新计划以及能源技术战略等(中国科学院可持续发展战略研究组,2009)。日本 2008 年提出"福田蓝图",其长期目标是 2050 年的温室气体排放总量比目前减少 60%~80%,日本要成为世界上第一个低碳社会。在 2011 年 3 月东日本大地震之后，日本国会于 8 月通过《可再生能源促进法》，规定电力公司有异物用固定价格购买民间的太阳能、风能、水能、生物能、地热等剩余电力，促进民用电力入网。但在 2011 年底德班会议上，日本政府对于《京都议定书》和履行温室气体减排目标的态度明显后退。

美国联邦政府尽管在国家承诺与义务方面的态度长期比较消极，但加利福尼亚、新泽西、佛罗里达等州都制定了温室气体中长期减排目标和发展可再生能源的强制指标等。美国在 1998—2007 年出台的各种法案中不断提高可再生电力和生物乙醇燃料的发展目标。2009 年奥巴马政府上台后，提出了到 2012 年美国电力的 10% 来自可再生能源、到 2050 年 25% 来自可再生能源的发展目标（熊良琼等，2009）。在此国家目标指引下，美国有 14 个州制定了可再生能源发电目标。如，加利福尼亚州提出到 2017 年可再生能源发电量占总发电量的比例达 20%，纽约州提出到 2013 年可再生能源发电量占总发电量的比例达 25%。2009 年 5 月众议院批准的《美国清洁能源和安全法案》中提出，2020 年美国温室气体排放要比 2005 年降低 17%，到 2050 年，再比 2005 年降低 83%。但该法案尚未得到参议院批准。美国联邦环保署则将 CO_2 作为一种特殊的环境污染物严加监管。

（2）强制性标准与标识

许多国家特别是工业化国家建立并实施能效标准和标识制度。能效标准主要用于建筑、汽车、家电和电机上。据国际能源机构统计，到 2000 年 6 月，已有 34 个国家和地区实施了能效标准，有 37 个国家和地区实施了能效标识制度，其中大多数的能效标准和标识制度均由政府职能部门直接组织实施并且是强制性的（戴彦德等，2008）。

美国较早通过国家立法确定了能效标准和标识的法律地位，如 1975 年颁布的《能源政策法》，1978 年颁布的《国家能源政策法》，1987 年颁布的《国家器具能源法》等。到 2000 年 6 月，美国政府对 25 种产品制定了强制性能效标准，14 种产品实施了强制性能效信息标识，31 种产品使用了自愿性的"能源之星"认证标识。

日本 1999 年制定的"领跑者计划"，针对汽车、电视机、空调等产品分类，以市场上能效水平最高的型号为标准，每个制造商必须在目标年确保其在某一类别的所有产品的能效加权平均值至少达到领跑者型号水平。这一方法避免了必须在市场上禁止某一具体的非效率型号的做法。日本还实施了强制性的建筑节能设计标准，取得了很大成效。住房小而精，道路体系布局合理，充分体现了节约型社会的特点。

欧盟委员会 1992 年 9 月颁布的《欧盟统一能效标识导则》（92/75/EEC），要求生产商在其产品上标出产品的能效等级、年耗能量等信息，使用户能够对不同品牌产品的能耗性能进行比较和排序。实施强制性能效标识的产品包括家用电冰箱、洗衣机、照明器具、空调器等。从 1996 年起，欧盟开始实施能效标准，并为此制定了相应的技术法规。由于欧盟法律未授权欧盟委员会直接制定或修订能效标准，每项能效标准还必须得到各成员国议会的批准方能生效，目前欧盟仅对两类产品制定了统一的最低能效标准。

交通部门在全球温室气体排放中所占比重最大，增速最快，而且不同的交通基础设施导致未来的碳排放也不同。各国正在采用渐进措施，提高机动车的碳排放标准，以提高燃料效率和减少对石油的依赖。虽然汽车工业在各国都有一定的政治敏感性，但跨国公司和全球供应链的存在，应该能够创造使现有最佳技术得以迅速应用的条件（庄贵阳等，2009）。

美国 2007 年的法律要求，到 2020 年所有销售的轿车和轻型卡车的燃油经济标准必须比 2007 年水平提高 31% 以上。2009 年 3 月，美国又出台新的燃油经济标准，规定在美国制造与销售的轿车及轻型卡车产品到 2011 年必须达到的最低燃油经济标准。其中，美国所有的轻型车燃油标准要提高 8%，达到平均每加仑 27.3 英里（相当于 1 升汽油行驶 11.6 千米）。该标准是奥巴马政府制定的第一个燃油经济目标，细致到在美销售汽车的每家制造商，并对大小不同的车型制定出了不同标准（庄贵阳等，2009）。

欧盟要求到 2020 年，汽车的 CO_2 排放限定为 95 克/千米。从 2012 年到 2018 年，每辆新登记的汽车，CO_2 排放超出标准的第 1 克要处以 5 欧元罚款，超出标准的第 2 克要处以 15 欧元罚款，超出标准的第 3 克则要处以 25 欧元罚款。对于 CO_2 排放超出标准 3 克的汽车,每辆车征收 95 欧元罚款。从 2019 年开始,规则将变为超过标准每克 CO_2 罚款 95 欧元。此外,欧盟还在修订后的指令中第一次引入燃油的温室气体减排指标。到 2020 年,燃油供应商要在其所有产品的生命周期中减少 6% 的有损气候的排放。这将会鼓励更多的生物燃油添入石油和柴油。为了避免负面影响,对生物燃油设定了更加严格的可持续性标准。

5.3.2 财税引导与激励政策手段

(1)可再生能源的财税激励政策

由于可再生能源资源分散,能量密度低,技术尚在发展之中,加上常规能源的发电价格通常未将环境影响等外部性成本考虑在内,故目前水能以外的多数可再生能源成本明显高于常规能源,许多国家遂采取优惠价格政策支持可再生能源发展。归纳起来主要有三种:一是优惠价格收购政策,由政府制定优惠的可再生能源发电上网电价;二是实行绿色电价,由用户自愿按较高电价认购一定数量的可再生能源电力;三是净售电量电价,对安装小型并网可再生能源发电装置的用户,用电量首先从其可再生能源发电量中抵扣,多余的可再生能源发电量按电网零售电价由电网购入。

在可再生能源发展初期,项目投资风险较大,有些国家直接给以项目补助。如,德国、美国在 20 世纪 80—90 年代对风电给予 10%～20% 的投资补助,希腊对所有可再生能源项目提供 30%～50% 的投资补助,印度为风电提供 10%～15% 的投资补贴。英国给高成本的海上风电项目提供 40% 的补贴。欧洲大多数国家还对个人投资或参股可再生能源项目进行补贴。这些投资补助资金一般来源于国家财政,也有一些来源于从市场筹集的可再生能源基金等。太阳能热水器、太阳能屋顶光伏发电属于终端用户直接安装使用的可再生能源产品,则直接补助用户。如西班牙为光伏发电项目提供 40% 的补助,欧洲大部分国家对太阳能热水器产品的用户提供 20%～60% 的补贴,日本对安装光伏发电产品的用户补贴 10%。

为了降低可再生能源项目建设成本,许多国家对可再生能源项目给予低息或贴息贷款,或者延长还款期限。一般优惠贷款由国家政策性银行提供,贴息资金由财政补贴。目前,德国对风电和光伏项目实施低利率贷款,利率为 2.5%～5.1%,意大利为建筑物配套安装的小型光伏系统(5～50 千瓦)提供无息贷款,西班牙金融机构对个人和企业投资可再生能源减免利息,法国对容量 1 千瓦以上的光伏发电系统提供低息贷款。

各国对可再生能源实行的税收优惠政策主要有:减免关税、增值税和所得税,以及免除碳税等。美国对可再生能源电力(主要是风电、生物质能发电)实行税收抵扣政策,目前抵扣额度为 1.9 美分/千瓦时;丹麦对个人投资于风电,葡萄牙、比利时、爱尔兰等国对个人投资于可再生能源项目的资金免征所得税;爱尔兰对一般企业投资于风能、生物质能、光伏和水电项目的资金免征企业所得税。有些国家为了支持本国可再生能源设备制造业的发展,对可再生能源成套设备征收较高的关税,如印度对风力发电机整机进口关税税率为 25%,但对散件进口关税实行零税率;而希腊对所有可再生能源项目和产品免税。有些国家对非可再生能源实施强制性税收政策,如丹麦、瑞典和英国对非可再生能源电力均征收碳税,这对可再生能源而言,是一种相对的税收优惠。

(2)节能方面的财税优惠政策

制定和施行节能财税支持政策这已经是国际上的通行做法。它有明确的支持领域,主要为节能技术研发项目、节能技术示范项目、能源审计项目、节能推广与教育活动、政策法规与能效标准的制定以及资助企业和个人购买节能设备等。政府财政补贴方式主要有两种:一是贴息,即政府使用财政资金支付企业因进行节能投资或用于节能研发而发生的银行贷款利息;二是直接补贴,即政府直接向节能项目提供财政援助,如对研究与开发项目、示范项目和能源审计项目等的补贴。此外,贷款优惠或对贷款提供担保,也是对节能设备投资和技术开发提供支持的通行做法。

欧盟对节能研究项目最高提供 50% 的资助额度,而对节能示范项目最多提供 35% 的资助额度。法国对各项目给予 20%～30% 的资助额度,对企业能源审计项目则根据被审计企业大小确定支持额度，政府对小企业的审计费用补贴50％，而对大企业的审计费用，只补助30％。英国碳基金（Carbon Trust）在其2002年2亿英镑的预算中，25％用于提供低（免）息贷款。法国环境与能源署和中小企业开发银行于2000年11月联合建立了节能担保基金（FOGIME），专门对中小企业节能投资提供贷款担保，较好地促进中小企业用于能效方面的投资（戴彦德等，2008）。

在节能新技术应用方面，政府的政策扶持也必不可少。如挪威政府在鼓励电动汽车使用方面就有独到之处。一是不但在工业上大力支持电动车的研制与开发，更主要的是在实际使用中提供大量优惠条件。电动车可以不交养路费、过桥费、高速公路费。二是在道路使用上给电动汽车以道路优先使用权，即可以使用公交专用车道，甚至充电免费。这些措施无疑会大大鼓励私人对电动车的使用。

从实施效果看，各国节能财政支持政策因实施环境、实施力度不同，对本国节能所起的支持促进作用大小程度也不一，但基本上都发挥了积极有效的作用。在节能专项资金建立时间较早、资金来源较稳定、资金规模较大、资金运作管理得当的国家，节能专项资金都起到了有效带动节能投资、促进节能技术和节能市场发展的综合作用。

税收激励政策作为鼓励提高能效和减排温室气体的重要手段获得了普遍应用。现在，能源环境税种类日益增多，包括排污税、碳税、硫税、汽车燃料税、轻型燃料税、电力税、气候变化税、煤炭焦炭税、航空燃油税、发动机交通工具税、废弃物最终处理税、包装税、水资源税和采矿税等。各种能源环境税一方面用以筹集财政收入，另一方面引导生产和消费。

（3）碳税

碳税是指一种针对CO_2排放所征收的税。碳税通过对燃煤和石油下游的汽油、航空燃油、天然气等化石燃料产品，按其碳含量的比例征税，以实现减少化石燃料消耗和CO_2排放。与总量控制和排放交易等市场竞争为基础的减排机制不同，征收碳税只需要增加较少的管理成本就可以实现。由于同全球气候变化联系在一起，碳税在理论上需要一个全球性的国际管理体制，以实现最优产出，但这并不是必然的。一个国家或地区在确定排放限额及减排目标的情况下，在国家或区域的层面上实施碳税同样具有相当的优越性（庄贵阳等，2009）。

在过去10年间，欧盟、美国、新西兰、南非和加拿大的部分省份在不同时期提出过碳税建议法案。一些欧盟国家把引进新的碳税作为环境税改革趋势中的一部分。欧盟建议各成员国征收碳税，旨在鼓励少用化石燃料，尤其是少用含碳量高的燃料，从而达到减少碳排放的目标。张金艳等（2011）研究发现，瑞典碳税是提高瑞典产业结构水平的重要因素。

李传喜（2010）总结了丹麦、瑞典、挪威和荷兰等国家的碳税优惠政策。不同国家碳税的优惠政策措施虽然区别很大，但其目的都是为了减少对能源密集型工业和面临较强国际竞争企业的负面影响，或者是对低收入居民进行保护，也有一些是出于同其他减排政策等综合使用的考虑。一般而言，发达国家碳税的税收优惠主要集中在三个方面：一是对能源密集型行业的优惠。由于征收碳税会影响企业国际竞争能力，对能源密集型行业实行低税率或税收返还制度，这是国际上为消除碳税征收对企业国际竞争力影响而采取的通行办法。虽然在客观上会降低碳税的实施效果，但有助于碳税的推行和保障产业竞争力。二是对CO_2排放削减达到一定标准（超过国家减排标准）的企业给予奖励。开征碳税的目的就是要减少CO_2的排放，因此有必要对企业在CO_2减排上的努力给予激励。三是对居民个人的优惠。对于因征收碳税而受影响较大的一些居民个人，如低收入者，为了不影响其生活，给予相应的减免优惠。

从政策效果看，虽然由于一国的碳减排措施多种多样而很难将碳税的政策效果与其他政策措施的效果分离出来，但总体来看，欧洲国家CO_2排放量的增长率明显比世界其他地区要低，这说明欧洲国家实施的碳减排措施还是有效的。李传喜（2010）总结认为，对发达国家碳税优惠政策的借鉴可以分为两个方面：一是借鉴其大量、宽泛的税收优惠政策，可减少开征时的阻力和对国内能源密集型工业和企业竞争力的不良影响；二是从反面借鉴，吸取其税收优惠政策过多过滥、特别是对排碳大户税收豁免过多、影响其实际节能减排效果的教训。

5.3.3　市场灵活机制

（1）排放交易

排放交易是指在监管当局规定的总排放水平的限制下，各污染企业可以自由交换其排放权，以达到总量控制下降低总减排成本的目的。排放交易是经济学家对环境政策制定所做的最重要的创新之一。何德旭等（2010）对国外排放贸易理论研究的发展脉络进行了梳理，从方法论角度对这一理论体系进行简评，并指出了未来的研究方向。

限额与交易体系在低碳转型中可以发挥重要作用。一是它在主要部门建立了一个国家规定的排放上限，该上限将随时间减少；二是通过交易给碳排放设定了价格，使高碳选择缺乏吸引力。

北京环境交易所（2011）认为，碳交易的主要问题是：碳价格信号波动较大，容易受到政策、配额发放、经济形势、能源价格、气候条件、技术水平等因素影响，很难准确预测，不稳定的价格信号可能对产业投资减排技术或替代能源的积极性造成不利影响；另外，排放交易机制如果设计或运作不当，排放许可配额的分配和交易可能受到利益团体或强大的市场势力的操纵。

相较碳税而言，一般认为排放交易的实施成本较高，因其对体系建设、管理当局能力等的要求较高。但在政策操作层面，产业界对排放交易政策的接受程度一般较高，一是因为企业应对的策略更有灵活性，二是减排量成为标准化可交易的商品，企业可以通过出售多余配额盈利。结果是排放交易政策执行起来较易获得政策对象的配合，因此也很难判定其实施成本一定高于碳税政策。

欧盟排放交易系统（EUETS）于2005年1月启动，是目前最大的跨国家、多部门参与的温室气体排放交易体系，覆盖了欧盟现有27个成员国的近1.15万个工业排放实体，占欧盟CO_2排放总量的45％。欧盟排放交易系统第一阶段（2005—2007年）主要就能源工业、有色金属的生产与加工、建材和造纸等能源密集型行业生产过程中的CO_2减排量进行交易。2008年后，欧盟排放交易系统步入第二阶段，交易领域逐步扩大。2009年4月6日批准的欧盟《气候与能源综合法令》中，欧共体理事会对温室气体排放交易体系进行了修订。从2013年开始，免费的温室气体排放许可权将不复存在，竞标拍卖将成为各成员国分配温室气体排放权的新形式。温室气体排放交易体系下的各行业要在2013年通过拍卖方式来购买其排放许可权的20％，以后逐年增长拍卖购买比例，到2020年拍卖购买比例要达到70％，2027年达到100％。

根据已开展的排放贸易方案，排放贸易中所涉及的行业或部门有电力、炼油、水泥、钢铁、玻璃、陶瓷、造纸、能源等，2008年开始的瑞士排放贸易方案还包括了金属加工、工程、塑料、铝、石灰、铸造业、打印机业和干草机业。随着新的排放贸易方案的实施，排放贸易涉及的行业领域将扩展。欧盟排放贸易体系就从2012年起将航空业纳入体系；根据欧盟排放贸易方案第三阶段（2013—2020）的实施内容，包括的部门还将有石油化工、氨、铝和制酸等。

国际碳市场的发展目前呈现以下两个趋势：一是应用碳排放交易体系应对气候变化的国家和地区越来越多。除目前已经实施的EU ETS、美国RGGI和日本TMG以外，正在设计或制定中的包括美国的WCI、MGGA、新西兰和澳大利亚的温室气体减排体系和加拿大部分省的温室气体减排体系等。二是应用总量控制与交易的碳排放交易体系的国家和地区越来越多。上述已经实施的三个碳排放交易体系均为总量控制与交易体系，正在设计中的WCI和MGGA、新西兰及澳大利亚等也属于此类。可以说，建立碳排放交易体系以应对气候变化、减少温室气体排放已成为国际社会的主流机制。

（2）可再生能源配额制

可再生能源配额制度是利用市场机制的一项重要政策，主要用于促进可再生能源发电的发展。该配额制一般以法律形式作出规定，要求供电企业的销售电量中必须有一定比例的可再生能源发电量，达不到配额要求的供电企业要缴纳高额罚款。可再生能源发电配额的目标系通过建立"绿色证书"交易制度来实现。在这种制度安排下，可再生能源发电企业在按电力市场价格上网售电后，将得到"绿色证书"。可再生能源发电企业再通过"绿色证书"交易市场将绿色证书卖给其他供电企业而获得额外收益，由此促进可再生能源市场的进一步发展。采用这种配额制的前提是要完全实现电力市场化改革，目前采用配额制政策促进可再生能源发展的有英国、澳大利亚、意大利和美国的一些州。

（3）合同能源管理

合同能源管理机制在美国、加拿大、欧洲以及印度等国得到推广应用，开展商业性节能服务的节能服务公司由此获得了繁荣发展。节能服务公司就节能项目的实施同能源用户签订节能服务合同，提供能源审计、节能项目投资、设计、施工、监测、管理等一条龙服务，通过同能源用户分享项目实施后产生的节能收益来赢利并滚动发展。

1992年美国国会通过法案允许政府机构与节能服务公司按合同能源管理机制开展节能项目，以达到既不需要增加政府预算，又能取得节能效果的目的。这为节能服务公司在美国的兴起与发展打开了大门。

在加拿大联邦政府的支持下，魁北克省政府同电力公司合作成立了加拿大首家节能服务公司，几年的运行实践展示了它的盈利机会和生命力，新的节能服务公司随后在加拿大不断涌现和发展。加拿大的多家银行为节能服务公司提供资金支持。1992年，加拿大政府开始实施《联邦建筑行动计划》，以帮助联邦各政府机构同节能服务公司合作进行办公楼宇的节能工作，制订了2000年前联邦政府机构节能30%的目标。对于政府机构与节能服务公司的合作，也制定了详细规范：单个合同不超过2500万加元，合同期不超过8年，必须以节能效益回收投资，政府机构只能同通过资格审查的节能服务公司合作，项目采购必须公开招标。

西班牙政府不仅通过政策支持为扶持节能服务公司创造了良好的环境，还在市场开拓、技术开发、风险管理、运行机制等方面为私人公司做出示范。具体做法是将20世纪80年代隶属于贸工部的能源研究所，逐步改制为兼有政策研究和项目示范双重功能的能源机构IDEA。该机构不仅为政府制定节能政策提供咨询服务和技术支持，而且也是一个地地道道的节能服务公司。但IDEA所开发的项目带有拓展和示范性质，特别是在项目融资、合同能源管理形式以及项目风险管理等方面，均在全国先行一步。一旦项目运行成功，就将有关的项目运行机制、市场潜力等通过各种媒体介绍给私人节能服务公司，把好的市场和机会留给私人节能服务公司。IDEA的先导和示范为西班牙私人节能服务公司在全国的迅速发展起到了重要的作用。

5.3.4　信息支持及自愿性行动

（1）碳标识

英国政府和碳基金[①]正在进行产品碳标准和碳标识的开发与制定，力图通过产品标准和碳标识的广泛应用，解决产品信息不对称，推动高能效产品与服务在市场上的应用。简而言之，碳标识就是将产品生命周期（即从原料、制造、储运、废弃到回收的全过程）的温室气体排放（碳足迹）在产品上进行标示。碳基金参与资助的《PAS 2050碳足迹标准》在2008年10月正式公布以后，碳标识的实施就有了科学依据。随着PAS 2050的公布，国际标准化组织也开始讨论将其转化为ISO国际标准的可能性。目前承诺实施碳标志的著名商业机构有食品公司Walkers、零售商Tesco和Timberland，沃尔玛等也开始针对产品碳排放量进行清查，并考虑在商品上做出标识。碳标识对时尚的低碳消费能起到促进作用，同时对制造商、供应商形成了巨大压力。届时，各类消费品都需要仔细评估进行碳足迹核算的必要性，否则将面临竞争力大幅削弱的风险（庄贵阳等，2009）。推行碳标识应当警惕那种过于简单的碳生命周期评估方法。尤其是制造业产品，任何一种最终产品都经历了成百上千道生产工序，方法学上面临着巨大挑战。此外，推行碳标志对消费者行为的影响目前尚不能确定。

（2）自愿协议

自愿协议是指企业与有管辖权的政府部门/政府授权的机构签订协议，自愿承诺在一定时间内实现特定的节能或减排目标，同时，政府为这些企业提供某些激励措施或一定形式的公开承认，以鼓励企业参与自愿协议行动。

---

①　英国碳基金是一个由政府投资、按企业模式运作的独立公司，成立于2001年。

自愿协议比严格的法规更具适用性和灵活性,更能适应环境的变化,降低行政费用和执法费用。它可以为企业实现节能和环保目标提供更大的能动性和创新性,促进工业环境管理模式从被动的末端治理转向主动的清洁生产,并鼓励政府同企业、企业同公众之间的对话与信任,促进多层面的合作。因此,自愿协议无论在产业界还是在政治上都具有较高的可接受度,目前在荷兰、丹麦、法国、德国、瑞典、美国、加拿大、日本等多个国家得到了广泛实施(戴彦德等,2008)。

荷兰是自愿协议开展最早、覆盖面最广、实施效果较好的国家之一。1992年荷兰政府同29个工业行业签订了长期协议,占荷兰工业能源消费的90%。由于协议得到了有效实施,1989年到2000年能源效率实际提高了22%,比协议目标20%还高出了2个百分点。荷兰政府为自愿签署协议的企业提供的优惠政策包括住房服务、节能技术提供、碳税减免以及免受环境许可管制等。

(3)信息服务

实现低碳经济的转型,必须要尽早对居民的生活方式和消费方式的升级目标进行引导和调整(中国能源和碳排放研究课题组,2009)。而在推动社会各行业转变现行生产方式的过程中,各国行之有效的一个重要做法就是推动行业信息分享和最佳实践传播。低碳的生活方式和生产方式并不是与生俱来的,必须要有导向性很强的政策和市场信号作为推动手段,而信息的公开、透明则有助于消费者发挥积极的公众监督和市场引导作用。

日本、英国、澳大利亚等国是节能传播服务开展得较好的国家。澳大利亚联邦政府通过公共出版物、网站、宣传点等,向公众进行节能宣传。地方政府在社区和责任区范围内,通过发放小册子、建立网站、实施示范工程和培训计划等,提高公众的忧患意识和节约意识。近年来,澳大利亚温室气体办公室同维多利亚州可持续能源管理局、新南威尔士州可持续能源管理局一起,共同组织实施"登星计划",开展了一系列的节能传播教育活动(戴彦德等,2008)。

日本设立了专门的节能日、节能月,在全国开展节能技术普及推广和形式多样的传播活动外,而且还规定每年8月1日和12月1日为节能检查日,检查、评估节能活动效果及生活习惯变化。节能中心在中小学校开展建立"节能共和国"活动,组织教师和学生参加节能宣传教育,得到了中小学、公司、协会和大学的积极响应。

英国碳基金在帮助商业和公共部门减少二氧化碳排放、寻找低碳技术商业机会、推动英国走向低碳经济社会的过程中,其中一项重要工作就是通过信息传播和咨询活动,向公众、企业、投资人和政府提供大量促进低碳发展的、有价值的资讯,以提高社会整体的意识与能力。

5.3.5 国际低碳经济政策对中国的启示

(1)明确的低碳发展战略和完善的制度安排

各国的实践探索表明,越来越多的国家把发展低碳经济作为增强自身综合国力、维持并提升国际竞争力的重要战略。王爱兰(2010)、昝月梅(2010)、张炜等(2008)认为,中国需从前瞻、长远和全局的角度,部署低碳经济的发展思路,在产业结构调整、区域布局、技术进步和基础设施建设等方面,为向低碳经济转型创造条件。政府要从宏观的角度进行整体规划,建立起一套正式、有效的制度框架,通过政府经济政策的制定和法律法规的颁布实施等正式制度以及企业承担社会责任、非政府组织发挥积极作用、公众广泛参与等非正式制度,实现发展与减排的良性循环。

(2)健全的法律法规体系为发展低碳经济建立法制保障机制

各国均以立法的形式制定了国家及地方层面的气候变化法案、低碳经济法案以及节能环保法律法规,并颁布对行业、部门的最低能效标准和排放标准,通过法律强制性手段,提高能源效率、保证能源安全、降低环境损害、减少温室气体排放、推动低碳经济转型,使得低碳经济的发展有法可依、有法必依(任奔等,2009;张杰才等,2010;王爱兰,2010)。中国已经制定了一些同环境保护和循环经济发展相关的法规政策,但尚不能同低碳经济发展的要求相适应,特别是同低碳发展直接相关的法规政策还很不系统和完善。此外,还需要通过法律建立企业节能减排的责任和参与制度,建立延伸产品生产者责任制度,以降低产品从生产、使用到回收全生命周期的总体环境影响(张炜等,2008)。

（3）限制性与激励性的经济政策并举

各国的经验都表明，当能源市场不能真实反映社会成本，即市场机制失灵时，政府必须通过经济手段对其纠正。因此建立在市场行为修正基础上的激励政策就成为商业化发展可再生能源的必要条件。经济激励政策是各国普遍采用的政策，包括税收、补贴、价格和贷款政策等等。通过各种税费的征收，政府可以使能源价格反映环境等外部成本的内部化，确保价格反映维持能源供应的长期成本，促进生产者和消费者节约能源并进行能源结构调整。通过节能减排专项补贴、减免税政策，可以鼓励企业开展节能减排活动，鼓励高效节能减排产品地研发和应用。

但具体财税政策的制定与应用，还需要根据国情以碳税为例，不同国家在不同社会经济发展阶段实施碳税，其实施效果有较大差异。李伟等（2008）认为在碳税的征收过程中，不仅要考虑到经济效益、环境效果，还要考虑到社会效益、国际竞争力等问题。周剑等（2008）认为，在中国逐步完善和改革能源税制体系中，应当考虑为碳税引入创造条件。碳税税率不宜绝对统一，要根据中国实际现状，不同地区、不同环境功能区、不同 CO_2 含量设置相应差别税率。碳税政策应建立完善的减免与返还机制，避免对能源密集型行业造成过大的冲击。张克中等（2009）认为碳税可以带来巨大的财政收入，相关部门可以利用碳税收入的资金建立国家专项基金，实现碳税收入的专款专用，用于提高能源效率、研发节能新技术、寻找新的替代能源、实施植树造林等增汇工程项目、促进国际交流与合作、引进国际上先进技术，从而降低加工业由于征收碳税而成本增加的竞争劣势。

（4）强制措施与市场机制相结合，探索碳排放交易制度

碳排放交易是利用命令规制手段和市场激励手段解决温室气体排放的有效手段，在欧美等国都得到广泛应用（胡荣等，2010）。对于中国的借鉴意义在于，建立以碳排放权交易为核心的贸易体系和机制，可以通过市场竞争使国内不同领域企业之间碳排放权实现最佳配置，减弱排放量限制对经济发展造成的不良影响。同时，积极参与世界碳排放交易，扩大交易范围，可使中国碳排放交易尽快融入世界碳排放交易体系之中。而在实际应用中，应根据中国低碳经济发展的不同阶段和不同地区的经济发展状况，建立起国家和区域等不同层次的碳排放交易市场体系。在市场体系建立过程中要特别注意市场功能的建设，如要重视基础设施、信息服务和金融服务等方面的建设（谢军安等，2008；周宏春，2009）。

（5）加强应对气候变化基础能力建设，提高科学研究和技术开发能力

各国的经验表明，应对气候变化和节能减排除了需要制度上的保障，还需要投入大量人力物力进行新型低碳技术的研究开发，提高基础研究能力，推进低碳技术创新。张杰才等（2010）、任力（2009）、任奔等（2009）、王爱兰等（2010）认为，低碳技术创新是提高能源效率、促进低碳经济发展的动力和核心。中国需要制定长远的发展规划，一方面加强政府对低碳技术创新研究开发的资金支持，另一方面要完善低碳技术创新的激励政策，鼓励企业积极投入低碳技术的开发、设备制造和低碳能源的生产，并推动其他社会资金支持低碳技术的创新及市场推广。

（6）开展低碳经济试点，充分发挥地方的主导作用

在这些国家的低碳经济实践中，都建立了类型及特征不同的低碳经济示范基地，通过各示范区的榜样作用，带动其他地区向低碳经济转型。对于中国而言，更要充分发挥地方在节能减排中的重要作用。通过选择典型地区、城市和重点行业进行低碳经济试点，发挥榜样的作用。根据经济与环境特点，选取特定的城市地区建立低碳经济发展实践区，在实践区大力推进节能工业、节能建筑、节能交通等示范工程，加速低碳技术的成果转化运用，使其为全国低碳经济建设提供示范带头作用（任奔等，2009）。定期对地方政府执行节能减排政策的效果进行全面评估，建立监测评估体系和信息发布制度，从而促进地方政府在执政理念上从眼前政绩向长远利益转变，在决策上从单纯经济增长向全面可持续发展转变（仇保兴，2008）。

（7）鼓励公众参与，转变传统生产生活方式

居民和企业的参与对各国低碳经济的推动都有着不可或缺的作用。参考各国已有经验，政府要将节能纳入到教育体系中，采取各种形式强化节能宣传、教育和培训，不断提高全民节能意识。新闻出

版、广播影视、文化等部门和有关社会团体，要加强舆论宣传和引导，组织制作、发布成功节能案例，传播节能信息，开展典型示范。各级政府和企业，要组织开展经常性的节能宣传、技术和典型交流，组织节能管理和技术人员的培训。政府要积极倡导绿色消费，引导和鼓励对可再生利用产品、环境标志产品和绿色产品的优先购买和使用，为这些产品培养稳定的市场。此外，还要逐步建立公众参与和监督制度体系，赋予公众环境权，加强公众对政府、企业和个人环境行为的监督权（张炜等，2008；王爱兰，2010）。

5.4　低碳经济的政策选择

中国首部《气候变化国家评估报告》于 2006 年 12 月发布，在其第 25 章《中国减缓气候变化的思路与对策》中，点到了走低碳经济的发展道路这一对策，这无疑是中国科学界深刻认识世界形势和中国国情的反映。中国一贯重视节约能源，也取得了明显成效。同自身相比，中国的能源利用效率，确实在不断提高。但"十一五"期间（2006—2010 年）的强制性节能减排指标，着重于能源强度每年降低 4％和 5 年降低 20％，并未同碳减排挂钩。同时，与国际相比，能源强度依然明显高于发达国家甚至某些发展中国家。中国新建建筑面积每年约 20 亿平方米，节能居住建筑在 2006 年之前仅占全国城市居住建筑的 3.5％。从国际经验看，世界各国的发展模式都存在"路径依赖"问题。日本在 20 世纪 70 年代第一次石油危机后，注重提高能源效率，其经济发展锁定在能效较高的路径上；而美国等却锁定在能效较低的路径上。决定发展模式的关键时期是：快速工业化、快速城镇化、居民消费结构快速升级。中国目前正好处于这 3 个关键时期，而能源结构又主要依靠煤，在政策选择上如不及早筹划向低碳转型，未来将更难以摆脱高碳依赖。低碳发展对中国不但是必要的，而且要有紧迫感。

5.4.1　可持续发展的政策矩阵

1992 年联合国环境与发展大会后，可持续发展日益深入人心，在政策选择方面，逐渐形成了各国普遍接受的可持续发展政策矩阵。基于不同国情，围绕不同的环境与发展问题，该政策矩阵中的内容与特点有所不同，并且还在不断地创新与丰富着。表 5.2 是世界可持续发展工商理事会（WBCSD，2007）针对建筑业低碳转型所概括的政策矩阵。

表 5.2　可持续发展政策矩阵

有效的政策工具	减排有效性	成本有效性
命令控制手段		
设备标准	高	高
成本有效性	高	高
授予标志与许可证项目	高	高
用户需求管理	高	高
基于市场的经济手段		
能源绩效合同	高	较高
财政手段与激励		
税收减免	高	高
支持、信息和自愿行动		
自愿认证与标志	较高	高
公众领导项目	较高	高

这些年来,无论是中国政府、产业界、学术界,还是在城市与农村,绿色、低碳理念正在日益深入人心。胡锦涛曾于 2007 年 9 月、2008 年 6 月两次郑重谈到发展低碳经济;2009 年 9 月,胡锦涛在联合国气候峰会上的演讲,再次鲜明指出,积极发展低碳经济和循环经济,建立政府主导、企业参与、市场运作的良性互动机制,让发展中国家用得上气候友好技术。这说明,中国政府在政策上十分明确,发展低碳经济,政府要起主导作用,要将法律法规手段同经济激励手段有机地结合起来;要将企业技术创新的积极性充分调动起来;要大力发挥市场的作用;要努力提高公众意识,鼓励公众参与;还要充分注意低碳技术的成本有效性。

5.4.2　实施法律法规等命令控制手段

（1）法律法规

为了支持节能减排、实施可持续发展,中国不断完善法制框架。直接涉及节能与可再生能源的法律:《清洁生产促进法》2003 年通过;《节约能源法》1997 年通过,2007 年修改后重颁;《可再生能源法》2005 年通过,2009 年修订后重颁;《循环经济促进法》2008 年通过,2009 年 1 月 1 日起生效;《煤炭法》1996 年颁布,2011 年修改后重颁;《建筑法》1997 年颁布,2011 年修改后重颁;这些新通过的或修订后重颁的法律都从不同领域或不同层次,鼓励节约能源和保护环境,提倡采用先进技术、先进设备、先进工艺、新型材料和现代管理方式。同时,国务院和有关部门还出台了多项相关条例、部门规章和规范性文件。如国务院颁布的《关于抑制部分行业产能过剩和重复建设引导产业健康发展若干意见的通知（2009）》、《关于进一步加强淘汰落后产能工作的通知（2010）》和《节能减排综合性工作方案（2011）》等;国家发改委等部门颁发的《中国应对气候变化国家方案（2007）》、《单位 GDP 能耗统计、监测、考核实施方案（2007）》等,都有力地推动了全国的结构调整和能耗降低。"十一五"期间,全国单位 GDP 能耗下降了 19.1%,以能源消费年均 6.6% 的增速支撑了国民经济年均 11.2% 的增长,能源消费弹性系数由"十五"时期的 1.04 下降到 0.59,扭转了工业化、城镇化加速阶段能源消耗强度大幅上升的势头,缓解了供需矛盾。5 年间共计少消耗能源 6.3 亿吨标准煤,减少 CO_2 排放14.6 亿吨。其中突出的有:上大压小、关停小火电机组 7200 万千瓦,淘汰落后炼铁产能 12172 万吨、炼钢产能 6969 万吨、水泥产能 3.3 亿吨等;十大重点节能工程(燃煤工业锅炉(窑炉)改造、区域热电联产、余热余压利用、节约和替代石油、电机系统节能、能量系统优化、建筑节能、绿色照明、政府机构节能、节能监测和技术服务体系建设)的实施,共形成节能能力 3.4 亿吨标准煤;"节能产品惠民工程",以财政补贴方式推广高效节能产品,已形成家用电器、交通工具、照明产品、工业设备等四大类推广体系;一年半的时间,中央财政共安排 160 多亿元,推广高效节能空调 3400 多万台、节能汽车100 多万辆、节能灯 3.6 亿多只。直接拉动消费需求 1200 多亿元,实现年节电 225 亿千瓦时,年节油 30 万吨,减排 CO_2 超过 1400 多万吨;千家企业节能行动(千家企业中各家的年综合能源消费量均在 18 万吨标准煤以上,合计占工业能源消费量的一半,占全国能源消费量的三分之一)。2006 年4 月启动,目标是"十一五"期间节能 1 亿吨标准煤左右。初步统计,实际可节能 1.5 亿吨标准煤。

"十一五"期间削减能耗 20% 的目标,较大程度是通过行政手段和监管工具(见表 5.3)来实现的。国内外的实践表明,命令控制手段有效,但相对费力而昂贵。据中国人民大学研究,为了实现"十一五"减排目标,中央通过将节能减排绩效同地方政府考核挂钩来约束地方政府,地方政府也用同样方式来约束重点企业。但是,由于地方高耗能企业的生产规模与地方财政收入直接挂钩,又缺乏相应的落后产能退出机制,企业和地方政府节能减排的动力非常不足,使得部分政府或企业上报虚假数据,或者为了完成节能目标而强制采取关停并转、拉闸限电等过激的手段,引发了一些负面的经济、环境、社会影响(曾贤刚,2011)。可见,单纯的命令控制手段并非上策,必须同时进行体制改革,并通过市场运作。

表 5.3 　主要行政手段与主要监管工具

主要行政手段	主要监管工具
1.通过行政指令要求各省和重点国有企业实现目标 2.控制土地和资本供给,收紧项目审批,控制高能耗产业扩大产能(如钢铁、水泥、铝、铅、造纸、平板玻璃、化工和焦煤等) 3.针对上述重点领域的新生产能力制定能效标准 4.责令关停上述领域的低效产能(一定规模以下并属于某个类别) 5.鼓励通过合并、并购,组建大型企业,形成规模经济	1.不同行业的投资引导政策 2.重点工业领域引导结构调整的法令和指令 3.更加严格的环境标准 4.针对建筑、消费品和汽车制定能效标准 5.能耗报告和审计

（2）规划

中国一贯高度重视规划的引导作用。规划有很多种,如国家和地区的国民经济与社会发展规划、产业发展规划以及专项规划等。中国环境与发展国际合作委员会 2008 年的研究报告认为(CCICED,2008),中国应当也完全有可能按照自己的发展战略和目标制定符合国家利益的长远计划。气候变化是一个全球性的问题,需要全球性的解决方案。气候变化也是一个长期性的问题,需要长期的解决方案。低碳经济、低碳技术、低碳社会等国际社会围绕缓解与适应气候变化提出的发展理念可以为中国提供借鉴与参考,关键是从现在起就要未雨绸缪,采取行动,而不是等到将来。低碳经济对中国的含义并不是要求减少煤炭等化石燃料的使用(至少在相当长的时期内不可能实现这样的要求),而是要全力提高中国的能源利用效率,使单位 GDP 的碳排放(碳排放强度)逐步降低,使中国的产业与技术,在未来适应气候变化的产业竞争中能占据一席之地。因此,中国在减缓气候变化方面要有战略性考虑:将中国的可持续发展目标同对于气候变化的关注紧密结合起来,把国家层面和全球层面的关注有机结合起来;高度重视研发工作,特别要着眼于中长期战略技术储备,必须马上开始行动,而不是以后;整合市场现有的低碳技术,迅速加以推广,形成规模,同时理顺企业风险投融资体制,鼓励企业开发低碳等先进技术;开展国际合作,争取互利双赢。

世界银行曾对中国《"十一五"国民经济与社会发展规划》(以下简称"十一五"规划)的制定与实施十分关注,在其专题研究报告中指出(世界银行,2008),"十一五"规划强调了政府应制定政策,促进节能和提高能效,提出了三种类型的节能:结构节能,即优化经济和工业结构,特别是减少能源密集型工业的比例;技术节能,即通过技术进步,减少单位产品能耗;管理节能,即通过提高监管机构能力,减少能源生产、运输和消费中的浪费。该规划要求各方共同努力,减少重点高能耗产业的能源使用,如钢铁、有色金属、煤炭、电力、化工、建材和交通运输。规划还突出强调了定价在促进节约资源方面的作用,并提出"要建立反映市场供求状况和资源稀缺程度的价格形成机制,更大程度地发挥市场在资源配置中的基础性作用"。世界银行认为,"十一五"规划得出削减能耗 20% 的目标,似乎是基于这样一些总体考虑,包括中国已经成为世界上能耗最大的经济体之一;以市场汇率计算,中国单位 GDP 的能耗是经合组织国家的 3～8 倍;中国实现了 20 年年均削减能耗 4.1% 的目标(1980—2000 年)。

世界银行也注意到了,有关部门曾作过研究,分析如何实现削减能耗 20% 的目标,以及各个关键要素所能作出的贡献。其中最为详细的研究是由国务院发展研究中心牵头的一个咨询项目,其主要结论是:5 年时间实现能耗削减 20% 的目标非常困难,但并非绝无可能;实现目标的可能性受经济增速的影响,经济增速越快,可能性越低,因为经济高速发展时期,工业对经济增长的贡献尤为突出;技术进步和结构调整的贡献是十分必要的;过去技术进步的贡献为 31%～54%,结构调整为 69%～45%,取决于经济增速(7.5%～9.5%);增速越快,技术进步的贡献就越大;如果 GDP 增速达到年均 9.5% 或更高,政府需要采取比现在更加有力的行动和政策,才能实现 20% 的削减目标。1980—2000 年,中国在保持经济高速增长的同时,实现了年均削减能耗 4.1%,在很大程度上,这是因为这段时期内的工业对经济的贡献低于 2000—2005 年的贡献。因此,技术进步和结构调整对削减能耗的贡献分别为 30%～40%和 70%～60%。

2009 年 6 月召开的国家应对气候变化与节能减排工作领导小组会议,针对"十一五"期间的约束性指标只限于单位 GDP 能耗，明确指出，要把应对气候变化、降低 CO_2 排放强度纳入国民经济和社会发展规划。同年 8 月，全国人大常委会通过关于积极应对气候变化的决议，提出要采取一系列措施积极应对气候变化，包括控制温室气体排放、增强适应气候变化能力、发挥科技的支撑引领作用、发展绿色经济、低碳经济等。该决议要求把积极应对气候变化作为实现可持续发展的长期任务纳入国民经济和社会发展规划，还提出要把应对气候变化的相关立法作为形成和完善中国特色社会主义法律体系的一项重要任务，纳入立法工作进程，适时修改相关法律、出台配套法规等；要求把应对气候变化工作为人大监督工作的重点之一，加强对有关法律实施情况的监督。随后，中国明确宣布到 2020 年，要把 CO_2 排放强度在 2005 年水平上降低 40%～45%。2011 年 3 月全国人大通过的《"十一五"国民经济与社会发展规划纲要》已经纳入了上述目标包括：到 2015 年，非化石能源占一次能源消费比例提高到 11.4%，单位 GDP 能耗和 CO_2 排放分别下降 16% 和 17%，主要污染物排放总量减少 8%～10%，森林蓄积量增加 6 亿立方米，森林覆盖率达到 21.66%。这标志着中国发展低碳经济正在进入一个新时期。

2011 年以来，各项产业发展规划及专项规划等陆续上报得到批准并公开发表，但《新能源规划》从 2009 年起媒体已报道说即将出台却到了 2011 年底仍未露面。对此，据《瞭望》周刊《"十二五"能源规划胶着》一文分析（王仁贵等，2011），原因在于能源规划相关方之间存在着不少关键问题需要协调。一是经济增速究竟应该配备多大的能源总量？按照国家发改委和国家能源局确定的目标，即 40 亿吨到 41 亿吨标准煤的能源总量控制目标；如果按照"十二五"规划中 7% 的 GDP 增长速度和 16% 的能源强度来计算，能源总量应该是 38 亿吨标准煤左右；毫无疑问，这两个指标总会有一个要突破。二是节能减排如何与地方积极性协调？在能源总量的省际分配角力中，各省区市都希望在总量盘子中为自己争取尽可能多的份额，究竟如何分配能源总量才公平？同时，与能源指标分配相关的还有技术问题；三是怎样理顺行业健康发展与能源结构调整的关系？不同能源行业都希望争取更大的发展空间；专家们注意到了背后的一个问题，那就是用电端存在的竞争。比如，风电未能上网是否有为煤电让路的考虑。专家们认为，总量控制之后，为了实现总量控制目标，肯定不会控制其风力发电，而是煤电。这是个积极信号。

中国环境规划院提出，碳排放强度承诺的本质是 CO_2 总量控制，根据他们的模型，给出了 2020 年不同情景下全国 CO_2 排放总量在 86.24 亿～103.32 亿吨，人均量在 5.88～7.23 吨之间，并提出 2020 年 CO_2 排放总量控制 86 亿吨左右是较为理想的目标。建议在"十二五"期间开展碳排放强度承诺下的 CO_2 排放总量控制试点，特别是典型区域和行业的试点（王金南等，2010）。该院还进行了《碳排放强度目标下的中国二氧化碳排放总量控制区域分解方案研究》（王金南，2011），他们认为，将碳排放强度目标转化为总量目标，可以给地方和行业一个明确的信号和预期，更具"三可"的特点。他们参考欧盟 Triptych 方法，把工业能源利用效率、能源结构、人均 CO_2 排放和 GDP 等因素作为分解方案考虑的核心因素，按中国各省区市的碳排放特征分为四类，注意坚持"公平性、可行性、效率性"三个基本原则，得出了区域分解初步研究结果，各省区市相对增排量和增排百分比差异较大。该研究结果可以考虑作为未来 CO_2 自愿性排放交易市场的基础。

清华大学气候研究中心认为（齐晔，2012），展望"十二五"，能耗强度下降 16%、CO_2 强度下降 17% 的目标充满挑战。经过"十一五"时期的低碳发展，大量成本较低、节能效益较好的技术已经得到广泛使用，使能耗下降的空间变小、节能减排边际成本不断上升。同时，地方政府的扩张冲动仍十分明显。各地区"十二五"规划预期的 GDP 年增长率远高于中央 7% 的预期目标，地方预期的能源消费总量较国家预期高出 5 亿吨标准煤左右。以能源消费总量控制在 41 亿吨标准煤估计，2015 年中国能源相关的 CO_2 排放将可能达到 84.6 亿吨，超过美国 49% 左右。"十二五"对于中国长期的低碳发展是一个关键时期，不仅要实现预定的节能和 CO_2 减排目标，通过这一时期的发展，还应该稳固低碳发展的基础，为未来更大减排目标的实现铺平道路。

（3）监督与管理体制的改革

中国科学院以"政策回顾与展望"为主题的 2008 年《中国可持续发展战略报告》尖锐地指出（王毅，2008），"当前我们的许多政策没有建立在完善的基础数据信息和坚实的科学研究基础上，政策目标的确定和决策过程过于简单,缺少真正独立的论证制度与合理程序,使有限的资金难以实现优先的政策目标"。"各种证据表明,能源、重要矿产资源消费及污染排放还远未达到总量增长的拐点,采取任何不具备科学数据支撑的激进政策,其效果都是有限的,最后也只能留下一个不断假唱的治理清单。"

中国科学院以"实现绿色的经济转型"为主题的 2011 年《中国可持续发展战略报告》(中国科学院可持续发展战略研究组,2011)进一步提出了八个方面的政策建议:Ⅰ.统一发展理念,争取实现最高层面的绿色转型。集中力量把绿色化、低碳化、智能化、循环经济的理念整合到工业化、城镇化以及生产、消费、投资、外贸等发展方式的全方位转型过程中,促进经济增长与资源利用逐步脱钩;Ⅱ.起草《绿色发展基本法》作为框架法;Ⅲ.成立中共中央绿色发展领导小组。国务院也应建立相应的协调机制;Ⅳ.加强规划引导,科学评估和选择绿色战略性新兴产业及其优先领域;Ⅴ.统筹制定配套政策,平衡投资导向;Ⅵ.加强市场经济手段的应用;Ⅶ.以立法形式,如《资源安全保障法》,限制涉及国家长期方针利益的战略性资源的出口,并科学合理地增加战略资源储备;Ⅷ.加快外贸发展方式的转变,实现绿色贸易转型。

为了实现低碳发展,中国迫切需要改革政府管理体制与监管制度。据研究(冯飞等,2006),改革的总体目标是,逐步建立起一个独立运作、政监分离、职能完善和能够有效监督与制衡的现代监管体制。要使政策的制定与执行职能相分离,从而保证监管机构的独立性和监管政策的连贯性;要在放松经济性监管(投资、价格和市场准入等)的同时,加强社会性监管和对于垄断环节的监管;要加强依法监管和监督,建立有效的制衡机制。在总体目标指导下,分步进行体制改革。初期(1~2 年)的体制重点放在完善结构职能和转变管理重点上。如增强能源综合管理部门(如国家能源局)的协调职能、完善监管机构的监管职能(如电监会对于电价的监管职能);监管重点由能源的生产与供应转向更加关注需求,从经济学监管转向社会性监管。中期(2~5 年)的重点是改革政府机构设置,理顺中央同地方的关系。远期(5~10 年)形成依法管理、有效推动可持续发展的新型管理体制和长效机制。国家能源局于 2009 年成立,这仅是中近期改革的重要一步。今后,一是如何发挥好这个综合性管理机构制定国家能源战略、能源规划和能源政策及协调各能源部门关系的作用;二是如何改革和完善能源监管机构。要做的工作还很多。国家能源委员会已于 2010 年成立,这是更重要的一步。如果能够适时实现中国科学院上述八个方面的政策建议,中国的绿色转型和低碳发展将更为有效。

5.4.3 实施利用市场的财税引导与激励政策手段

国家已经明确要建立政府主导、企业参与、市场运作的良性互动机制,这三者的关系,可以概括为政府是关键,市场是基础,企业是主体。所谓企业是主体,就是要充分调动和发挥企业在低碳发展中的能动性和创造力,消除限制企业发挥活力的障碍因素,鼓励企业创新和技术进步。同时,要塑造合格的市场主体,对低碳企业要大力鼓励和支持,对新技术成果的应用推广要创造良好的市场环境;对高碳企业和产品要坚决限制和淘汰。还要不断增强企业的社会责任感,使企业行为同国家的长远利益和公众的社会利益相一致。为此,要制定和实施基于市场的、面向企业的恰当的配套政策。

(1)建立促进节能与可再生能源发展专项资金

1)若干专项资金/基金。改革开放以来的不同时期,中国政府采用多渠道的集资方式,曾经设立过若干专项资金/基金,有针对性地资助重大电力公益事业和节能事业。它们可分为两种类型:集资型资金/基金和政府拨款或贷款型资金。集资型资金/基金有:电力建设基金、三峡建设基金、三电资金、电力需求侧管理(DSM)、专项资金(地方)等;政府拨款或贷款型资金有:节能基建专项资金、节能技改专项资金等。从资金使用效果看,这些基金/资金在不同程度上达到了预期目标。20 世纪 80 年代中期以来全国电力供应持续紧张的局面,到 1997 年基本得到缓解,这同集资型资金/基金的贡献分不开。许多节能项目既带来了企业效益,又带来了环境效益,还通过项目的税收增量增加了部分财政收入。随着情况的变迁,这些专项资金/基金大都不复存在了,但它们的运作经验依然值得总结借鉴。

2)节能技术改造财政奖励资金。"十一五"期间(2006—2010 年)由中央政府建立。2007 年,政府拨出 120 亿元的财政支持,其中,中央财政投入 70 亿元支持十大重点节能工程的节能活动,特别是废热回收、能源计量体系优化、工业锅炉(窑炉)改造，以及电机系统更新；财政转移支付 20 亿元支持淘汰落后产能；30 亿元用于开展能源领域的统计工作，包括监测能源消费。这些资金以拨款形式按照预期节能目标提供给企业。此外，政府发行了 54 亿元国债，为企业提供贴息贷款，支持节能减排项目。而且，中国人民银行鼓励内资银行增加对节能减排项目的贷款。银行也对重点能源密集型行业(如钢铁、水泥和铝材项目)收紧了贷款。

3)可再生能源发展专项资金。为进一步缓解能源供应压力，促进可再生能源的开发利用，根据《可再生能源法》的要求，中央财政设立了可再生能源发展专项资金。为了规范可再生能源发展专项资金的管理，财政部制定了《可再生能源发展专项资金管理暂行办法》，明确了该专项资金用于可再生能源开发利用的科学技术研究、标准制定和示范工程；农村、牧区生活用能的可再生能源利用项目；偏远地区和海岛可再生能源独立电力系统建设；可再生能源的资源勘查、评价和相关信息系统建设；促进可再生能源开发利用设备的本地化生产。

4)奖励资金与补贴。价格等经济手段作为"看不见的手"，在调节人们的消费行为时，经常是效果明显而执行成本较低的政策手段，涉及低碳社会更是如此。例如，尽管太阳能光伏产品的价格不便宜，但 2008 年金融危机前，中国的太阳能光伏产品之所以能够大量出口欧洲国家，就是因为欧洲国家对此类产品的用户有较高补贴，日本前些年住宅太阳能发电的增长也是如此。金融危机后，欧、日的此类补贴降低了甚至取消了，中国产品的出口和生产企业立即遭遇困难。中国财政部和住房与建设部于 2009 年适时地推出经济政策，对于国内的同光伏发电一体化的建筑，每平方米补贴 20 元，以带动内需，从而有力地支持了这项新能源产业的发展。

政府主导下的经济激励政策对推动低碳发展发挥了显著的作用。从财政部网站 5 可以查到这些现行的专项资金与补贴政策涉及促进节能与提高能效，如国家机关办公建筑和大型公共建筑节能专项资金、北方采暖区既有居住建筑供热计量及节能改造奖励资金、节能技术改造财政奖励资金、高效照明产品推广财政补贴资金、淘汰落后产能中央财政奖励资金、再生节能建筑材料财政补助资金、高效节能空调推广财政补贴、淘汰落后产能中央财政奖励资金、推进公共建筑节能、节能技术改造财政奖励资金、交通运输节能减排专项资金、节能减排财政政策综合示范等；扶持新能源与可再生能源发展，如可再生能源发展专项资金、发展生物能源和生物化工、农村沼气项目建设资金、风力发电设备产业化专项资金、秸秆能源化利用补助资金、太阳能光电建筑应用财政补助资金、可再生能源建筑应用城市示范、加快推进农村地区可再生能源建筑应用、金太阳示范工程和太阳能光电建筑应用示范工程、推进可再生能源建筑应用、绿色能源示范县建设补助资金、扩大公共服务领域节能与新能源汽车示范推广等；扶持新兴产业开发和服务业发展，如产业技术研究开发资金试行创业风险投资、电子信息产业发展基金、中央财政促进服务业发展专项资金、合同能源管理项目财政奖励资金、工业企业能源管理中心示范项目财政补助资金等；鼓励以旧换新、倡导低碳消费，如：家电以旧换新补贴、汽车以旧换新补贴、"节能产品惠民工程"节能汽车(1.6 升及以下乘用车)推广、开展私人购买新能源汽车补贴试点等。"十一五"期间节能与可再生能源取得的成果同这些政策的扶持是分不开的。现在迫切需要对现行的这些政策进行深入的评估，仔细分析其投入产出。在此基础上，结合国内外的经验教训，进一步做好系统的顶层设计。

(5)税赋征收

1)资源税。传统上，中国的自然资源，包括煤炭和石油，都是免费划配给国有企业用于开发的。资源税这一概念随着市场改革被引入中国，但税费水平很低。煤矿和石油企业缴纳的资源税是固定数额，而在其他多数国家资源税的税率都是同相应的市场价格联动的。例如，在美国和澳大利亚这样的主要产煤国，地下煤矿的资源税是开采收入的 5%～8% 不等。在中国，这一税率是 2.5～3.6 元/吨，以目前煤炭价格计算，约合销售收入的 1%。鉴于控制能源使用的考虑，煤炭的资源税应该提高。政府已经宣布了要按收入收取资源税的意向，先在山西省试点征收环境和可持续发展费，2010 年起逐步在全国铺开，包括西部的 12 个省区市。

2)消费税。中国还没有把消费税作为一种影响消费者选择能源产品的主要工具。过去几年中，与能源产品相关的消费税的主要变化有：提高大型汽车消费税税率。根据发动机规格，税率从 3% 到 20% 不等；对某些石油产品征收消费税，例如石脑油、润滑油和航空煤油，但税率只有 0.1～0.2 元/升。

3）能源税和碳税。能源生产和消耗的快速增长以及以煤炭为主体的能源结构给中国造成了严重的空气污染。其中，燃烧烟煤产生的大气颗粒物，例如 SO_2 对空气污染尤为严重。很多经合组织国家已经调整能源或碳税，让能源使用者负担环境成本。国家发改委、财政部、环保部等已经着手研究了有关税收方案，从燃油税、能源税到碳税，这些税种均有可能逐步在中国实施。

4）进出口税。为调整产业结构、降低能源需求，政府采取了多种措施，在一定程度上抑制了能源密集型的产品和材料的出口，鼓励了进口。过去几年中，进出口税经历了多次调整：取消或降低高能耗产品的出口退税；对部分能源强度最高的产品出口征收惩罚性税费；降低部分能源密集型材料的进口税和关税。2009—2010 年，钢铁产品出口增值税退税调整了 4 次。取消 553 种能源和/或资源密集型产品出口退税，对 142 种最大的能源/资源消耗型产品（如钢铁和焦炭）开征出口税。部分产品的税率做了调整。

5）税负减免。为鼓励企业运用合同能源管理机制，加大节能减排技术改造工作力度，根据税收法律法规有关规定和《国务院办公厅转发发展改革委等部门关于加快推进合同能源管理促进节能服务产业发展意见的通知》精神，从 2011 年 1 月 1 日起，对符合条件的节能服务公司实施合同能源管理项目，取得的营业税应税收入，暂免征收营业税；项目中的增值税应税货物转让给用能企业，暂免征收增值税；符合企业所得税税法有关规定的，自项目取得第一笔生产经营收入所属纳税年度起，第一年至第三年免征企业所得税，第四年至第六年按照 25％的法定税率减半征收企业所得税。优惠力度可谓不小。

（6）在企业所得税制中设立节能优惠政策措施

据研究，可供选择的企业所得税节能优惠政策有如下三方面（苏明等，2006）。

1）促进节能产品生产的企业所得税优惠政策措施：直接优惠措施（低税率优惠、定期减免优惠、再投资退税优惠）；间接优惠措施（投资抵免优惠，加速折旧优惠、加计扣除优惠）。

2）促进节能产品使用与消费的企业所得税优惠政策措施：对企业为达到国家规定的能耗标准进行节能改造而购置的节能产品或设备，可按其产品或设备投资额的一定比例从企业当年的应纳所得税中抵免或以后年度延续抵免，对形成固定资产的，可适当缩短折旧年限或加速折旧；对于不直接从事节能产品生产而仅从事节能产品销售的商贸企业，其销售的节能产品收入可按一定比例（如 90％）计入企业当期应纳税所得额计算缴纳企业所得税。

3）促进节能技术推广与运用的企业所得税优惠政策建议：对企业为生产节能产品服务的技术转让、技术培训、技术咨询、技术服务、技术承包所取得的技术性服务收入，予以免征企业所得税；对企业为生产节能产品而购买的技术服务支出，可按照 150％的比例加计扣除；企业外购的节能产品生产技术形成无形资产的，可在现行规定摊销年限的基础上，按照不高于 40％的比例缩短摊销年限。

（7）绿色金融政策措施

绿色金融政策在中国起步不久（见表 5.4），是由金融部门和环保部门借鉴国际上的"赤道原则"开始的。随着中国节能减排的逐步深入，以及"碳信用"与"碳交易"的试点，将有广阔的天地。

表 5.4　近年来推出的绿色金融政策措施

时间	事项	相关内容
2007 年 1 月 9 日	中国人民银行和国家环保总局联合举办"加快信用体系建设共建和谐环保社会"的新闻发布会	决定将企业环保信息纳入全国统一的企业信用信息基础数据库，并要求商业银行把企业环保守法情况作为审办信贷业务的重要依据
2007 年 6 月 29 日	中国人民银行发布《中国人民银行关于改进和加强节能环保领域金融服务工作的指导意见》	从统一思想、区别对待、严格管理和加强合作 4 个方面，对银行系统切实改进和加强对节能环保领域的金融服务提出具体要求

时间	事项	相关内容
2007 年 7 月 12 日	国家环保总局、中国人民银行和中国银监会联合下发《关于落实环保政策法规防范信贷风险的意见》	要求金融机构依据国家建设项目环境管理规定和环保部门通报情况，严格贷款审批、发放和监督管理，对未通过环评审批或者环保设施验收的项目，不得新增任何形式的授信支持；新闻通稿中首次使用"绿色信贷"称呼
2007 年 11 月 23 日	中国银监会发布《节能减排授信工作指导意见》	对列入国家重点的节能减排项目、节能减排绩效显著地区的企业和项目、得到财政税收支持的节能减排项目，在同等条件下给予信贷支持；对列入国际产业政策限制和淘汰类的新建项目、耗能和污染问题突出且整改不力的项目、被列入落后产能的项目均不予以信贷支持
2007 年 12 月 4 日	国家环保总局、国家保监会联合下发《关于环境污染责任保险工作的指导意见》	计划在"十一五"期间初步建立符合中国国情的环境污染责任保险制度，到 2015 年环境污染责任保险制度相对完善并在全国范围内推广
2009 年 12 月 22 日	中国人民银行、银监会、证监会和保监会联合发布《关于进一步做好金融服务支持重点产业调整振兴和抑制部分行业产能过剩的指导意见》	要求各金融机构加快推进金融产品和服务方式创新，努力改进和加强对重点产业和新兴产业的金融服务；充分发挥资本市场的融资功能，多方面拓宽重点产业调整和振兴的融资渠道；加强信贷结构和信贷风险预警监测，有效抑制产能过剩和防范金融风险

5.4.4　创建灵活的市场机制——"碳信用"与"碳交易"

通过给温室气体排放定价，一种新的资产——"碳排放配额"已被创造出来了。例如，欧盟向工业和能源企业发放碳排放配额，规定这些企业每年可进行的一定额度的碳排放。超额排放的企业需要从配额有富余的企业购买不足部分。中国正在讨论类似的机制，目前当然是在国内范围内探索试行，先决条件是国家或地区首先要有一个顶层设计，确认法定的能源总量控制指标或碳排放配额，才能进入下一步。"十二五"期间，上海围绕国家拟下达的"单位生产总值能耗累计下降 18%、碳排放强度下降 19%"的指标，坚持能耗强度和碳排放强度双重约束，更加注重能源消费和污染物排放总量控制。在继续提高能源利用效率、降低单位产出能源消耗的同时，探索实施能源总量控制制度，对于用能量大、增长快、单位能耗产出效益低的高耗能行业和重点项目，以及能耗总量大、增长快的区县、园区等，要加大能耗总量控制力度。如果各地都能像上海这样确认能源总量控制指标，碳信用额之类的市场机制才有可能开展。

据麦肯锡研究所估计，尽管目前碳信用额和碳抵消额的全球市场仍然较小（2008 年的交易量约为 920 亿美元），但预期到 2020 年，该市场可以增加到至少 8000 亿美元，甚至可能高达 2 万亿美元，这将是 2007 年全球商品衍生产品市场规模的 2 倍以上。市场增长的很大一部分将来自碳抵消额度。麦肯锡的研究表明，如果发达国家同意将其 2020 年的碳排放额在 1990 年的基础上减少 25%，他们就可能必须从发展中国家购买高达 40 亿吨的碳抵消额度——比目前水平增加 30~40 倍。由于欧盟在排放权交易计划（EU ETS）的第一阶段发放了太多的碳排放配额，加上近年来的经济下滑导致一些企业下调了自身的生产计划，由此造成了碳排放额供过于求，导致交易价格急剧下跌。一些银行面对数量与价格齐跌的局面，最近关闭或缩减了碳交易业务。但是，一个潜在价值高达 2 万亿美元的市场仍然值得关注。如果有了更完善的市场机制，使碳交易市场产业化，碳交易就会加速增长。这一产业化过程将需要制定有关市场透明度、产品规范和合同条款的通用标准；提供流动性；以及制定鼓励蓝筹公司参与大规模交易的法规。

国内的碳市场目前以 CDM（清洁发展机制）市场为主，以 VERs（自愿减排）为补充，配额市场尚未实质性启动，相关政策和试点工作正在推进中。CDM 市场发展很快，2005 年通过联合国 CDM 执行理事会注册的项目数仅为 3 个，到 2009 年递增到 353 个。自愿减排市场方面，截至 2010 年 9 月，北京环境交易所、上海环境能源交易所和天津排放权交易所挂牌的 VER 项目分别有 12、39 和 4 个，还成立了以企业会员为主的碳中和联盟或联合银行,推出了碳信用卡。自愿减排市场的发展不仅推进了项目开发企业的节能减排行动,也引导企业和个人进行低碳消费。2010年10月,国务院下发《国务院关于加快培育和发展战略性新兴产业的决定》,首次明确要建立和完善主要污染物和碳排放交易制度。同月,广州在《关于大力发展低碳经济的指导意见(2011—2015年)》,提出要建立国内有影响的碳交易市场、率先形成碳市场服务体系的目标。国家为统一管理从CDM项目征缴的收益分成,设立了中国清洁发展基金。截至2009年,已募集到资金30亿元。《中国清洁发展机制基金管理办法》于2010年10月公布,明确了基金的治理框架、资金来源和使用方法,要求基金在保值、增值原则下独立运营,开展支持国家应对气候变化相关产业的投资活动(雷红鹏等,2011)。

5.4.5 加强信息支持、自愿性行动等鼓励公众参与的政策

(1)信息公开

2007年国务院发布《信息公开办法(试行)》,各部门相应发布有关办法并开始试行。国家和各地的统计公报都有上年的能源使用数据。国家每年公布各省区市的节能指标完成情况,以及《十大重点节能工程》与《千家企业节能行动》的进展,接受公众监督。

(2)低碳消费

1992年联合国环境与发展大会正式提出"可持续发展"主题后,绿色消费逐步推广,中国消费者协会曾确定2001年为绿色消费年。国际上关于绿色消费的定义有三十多种,多数系指要求提供符合可持续发展原则的服务与相关产品,以满足人们提高生活质量的需求;中国消费者协会提出的三个层次的绿色消费中,强调的是消费者要选择未被污染的或有助于公众健康的绿色产品;同时,在消费过程中要注重对废弃物的处置,以保护环境。而低碳消费则是从应对气候变化、能源安全和提倡生态文明角度出发,是一种层次更高、抓手更为具体的新型消费模式,也是一种自愿性行动。目前,低碳消费(如低碳住宅、低碳出行、低碳产品、低碳旅游、碳中和等)在全球、在中国,都在逐步渗透到各行各业、社区、家庭和个人的日常生活中。

2010年,为引导消费者的低碳消费理念,环保部环境认证中心借鉴德国"蓝天使"的经验,在原有的"中国环境标志"的基础上推出了"中国环境标志低碳产品认证"。该项认证全面覆盖产品在整个生命周期内的环境影响,在对其他环境指标要求的基础上,对产品的温室气体排放指标提出要求,可以避免因为单独对产品温室气体排放进行限制进而可能导致其他环境污染物排放增加的情况,既支持温室气体减排,又引导可持续消费。2010年9月,环保部发布了首批4项中国环境标志低碳产品认证标准,包括电冰箱、家用电动洗衣机、复印机和一体化速印机。2010年11月,在企业自愿申请的基础上,经严格审查与评定,首批共有11家企业的292种型号的产品通过中国环境标志低碳产品认证。2011年3月,环保部发布了第五项中国环境标志低碳产品认证标准——彩色电视接收机。环保部环境认证中心将继续针对国家应对气候变化的需要,加快中国环境标志低碳产品标准的制订工作,满足市场需要。

低碳消费目前的障碍是意识淡薄。尽管不少人从媒体了解到一些有关气候变化、能源安全和生态文明的信息,开始关注碳减排、碳中和等事情,但认识比较浅显,影响面尚不广泛;收入制约。低碳消费虽然重要并时尚,但成本较大,价格偏高,现实中尚属比较高档的消费,供给与需求双双不足;标准模糊。低碳产品从原材料生产到最终产品形成,整个生命周期都要求尽可能低碳,但目前尚无权威的标准和规范;低碳消费的环境不佳。主要影响因素有法律环境、制度环境、技术环境、社会环境和政策环境等。包括缺乏相应的监督、管理机构;制度不健全;实施低碳生产的技术不配套;缺乏检测低碳产品的标准与技术等。为此,需要加强以下工作:大力倡导低碳消费;树立低碳营销理念;培育低碳市场;营造低碳消费环境;制定低碳消费政策;强化消费者协会推动低碳消费的职能;构建低碳消费指标与标准等。

在总结国内多年节能减排实践经验和借鉴国际经验的基础上,2011年8月31日,国务院下发了关于印发《"十二五"节能减排综合性工作方案》的通知。《通知》指出,"十一五"时期,各地区、各部门认真贯彻落实党中央、国务院的决策部署,把节能减排作为调整经济结构、转变经济发展方式、推动科学发

展的重要抓手和突破口，取得了显著成效。并指出应充分认识做好"十二五"节能减排工作的重要性、紧迫性和艰巨性。强调要严格落实节能减排目标责任，进一步形成政府为主导、企业为主体、市场有效驱动、全社会共同参与的推进节能减排工作格局。同时要全面加强对节能减排工作的组织领导，狠抓监督检查，严格考核问责。

《"十二五"节能减排综合性工作方案》共 12 个方面 50 条。其中规定了节能减排的总体要求和定量的主要目标，明确了具体措施：一要强化目标责任（合理分解指标，健全统计、监测和考核体系，加强目标责任评价考核）；二要调整优化产业结构（抑制高耗能、高排放行业过快增长，加快淘汰落后产能，推动传统产业改造升级，调整能源结构，提高服务业和战略性新兴产业在国民经济中的比重）；三要实施一系列重点工程（节能重点工程，污染物减排重点工程，循环经济重点工程），同时多渠道筹措节能减排资金；四要加强管理（合理控制能源消费总量，强化重点用能单位节能管理，加强工业节能减排，推动建筑节能，推进交通运输节能，促进农业和农村节能，推动商业和民用节能，加强公共机构节能）；五要大力发展循环经济（加强对发展循环经济的宏观指导，全面推行清洁生产，推进资源综合利用，加快资源再生利用产业化，促进垃圾资源化利用，推进节水型社会建设）；六要加快技术开发和推广应用（特别是共性和关键技术研发，技术产业化示范，技术推广应用）；七要完善节能减排经济政策（推进价格和环保收费改革，完善财政激励政策，健全税收支持政策，强化金融支持力度）；八要强化节能减排监督检查（健全法律法规，严格节能评估审查和环境影响评价制度，加强重点污染源和治理设施运行监管，加强执法监督）；九要推广节能减排市场化机制（加大能效标识和节能环保产品认证实施力度，建立"领跑者"标准制度，加强节能发电调度和电力需求侧管理，加快推行合同能源管理，推进排污权和碳排放权交易试点，推行污染治理设施建设运行特许经营等）；十要加强节能减排基础工作和能力建设（加快标准体系建设，强化管理能力建设）；最后强调要动员全社会参与节能减排（加强宣传教育，深入开展节能减排全民行动，政府机关带头节能减排）。

可以说，《"十二五"节能减排综合性工作方案》是集中了中国"十二五"期间低碳经济目标、政策与措施的大成，它预示着中国正在满怀信心，排除万难，继续在低碳发展的大道上，积极地探索前进。

参考文献

北京环境交易所.2011.北京市碳金融市场促进机制研究[R].世行北京项目报告.

柴沁虎.2008.生物质车用替代能源产业发展研究[D].北京:清华大学.

陈迎,潘家华,谢来辉.中国外贸进出口商品中的内涵能源及其政策含义[J].经济研究,(7):11-25.

CCICED.2007.低碳经济与建设资源节约型、环境友好型社会[R].中国环境与发展国际合作委员会专题政策报告.

CCICED.2008.中国发展低碳经济的若干问题[R].中国环境与发展国际合作委员会专题政策报告.

CCICED.2009.中国发展低碳经济途径研究[R].中国环境与发展国际合作委员会专题政策报告.

戴彦德、傅志寰、陈清泰,2006.中国可持续能源:财经与税收政策研究[M].北京:中国民航出版社:325-382.

戴彦德、胡秀莲、姜克隽、徐华清等.2009.见:中国 2050 年低碳发展之路:能源需求暨碳排放情景分析,国家发展和改革委员会能源研究所课题组[R].北京:科学出版社

戴彦德、周伏秋、朱跃中等.2008.实现单位 GDP 能耗降目标的途径与措施[M].北京:中国计划出版社.

邓梁春,王毅,吴昌华.2008.探索低碳发展之路:中国实现可持续发展的重要取向[Z].气候变化展望,(3):1-16.

邓梁春.2009.低碳经济发展的国际经验及对中国的启示[A].//2009 中国可持续发展战略报告:探索中国特色的低碳道路[R].北京:科学出版社.

范英,朱磊,张晓兵.碳捕获和封存技术认知、政策现状与减排潜力分析[J].气候变化研究进展.6(5):362-369.

冯飞,等.2006.见傅志寰,陈清泰.中国可持续能源:财经与税收政策研究[C].北京:中国民航出版社:119-155.

付加锋,庄贵阳,高庆先.2010.低碳经济的概念辨识及评价指标体系构建[J].中国人口·资源与环境,(8):38-43.

哥伦比亚大学,清华大学,麦肯锡公司.2010.城市可持续性发展指数:衡量中国城市的新工具[R].

国家能源领导小组办公室,中国汽车技术研究中心.中国汽车交通能耗及节能趋势研究报告[R].北京:国家能源领导小组办公室,2008

何德旭,史晓琳.2010.国外排放贸易理论的演进与发展述评[J].国外社会科学,(6):41-51

胡建信,万丹,李春梅等.2009.中国汽车空调行业 HFC-134a 需求和排放预测[J].气候变化研究进展,**5**(1):1-6.

胡荣,徐岭.2010.浅析美国碳排放权制度及其交易体系[J].内蒙古大学学报,(3):17-21.

季铸,何燕,孙瑾.2010.四川省遂宁市区域绿色经济指标体系研究[R].北京工商大学世界经济研究中心、遂宁市发展和改革委员会、遂宁市绿色经济研究院.

姜子英.发展核能与减少温室气体排放[J].气候变化研究进展,**6**(5):376-380.

姜子英.2008.我国核电与煤电的外部成本研究[D].北京:清华大学.

雷红鹏,庄贵阳,张楚.2011.把脉中国低碳城市发展策略与方法[M].北京·中国环境科学出版社.

李传喜.2010.发达国家碳税优惠政策及其借鉴[J].涉外税务,(11):41-44

李怒云,徐泽鸿,王春峰,等.2007.中国造林再造林碳汇项目的有限发展区域选择与评价[J].林业科学,**43**(7):5-9.

李伟,张希良,周剑,等.2008.关于碳税问题的研究[J].税务研究,(3):20-22.

林香娣.2010.对构建低碳经济评价指标体系的若干思考[J].中国科技财富,(18):84-85.

刘兰翠,曹东,王金南.碳捕获与封存技术潜在的环境影响及对策建议[J].气候变化研究进展,**6**(4):290-295.

欧训民,张希良,常世彦等.2009.未来我国电动汽车能耗和温室气体排放全生命周期分析[J].汽车与配件:新能源汽车周刊,(13):40-41.

欧训民,张希良.2010.中国低碳车辆技术现状与发展趋势[J].气候变化研究进展,**6**(2):136-140.

潘家华,郑艳.2008.碳排放与发展权益[J].世界环境,(5):58-63.

潘家华,庄贵阳,郑艳,等.2010.低碳经济的概念辨识及核心要素分析[J].国际经济评论,(4):88-101.

齐晔.2012.中国低碳发展报告(2011—2012)回顾"十一五"展望"十二五"[R].北京:社会文献科学出版社:2-3.

仇保兴.2008..创建低碳社会,提升国家竞争力——英国减排温室气体的经验与启示[J].城市发展研究,(2):127-134.

任奔,凌芳.2009.国际低碳经济发展经验与启示[J].上海节能,(4):10-14.

任力.2009.国外发展低碳经济的政策与启示[J].发展研究.(2):23-27.

世界银行.2008.中国第十一个五年规划中期进展评估[R](世行东亚及太平洋地区扶贫与经济管理局受国家发改委发展规划司的委托,对"十一五"规划的中期进展情况进行评价和分析,整体报告于 2008 年 10 月提交,编号 Image Report No.46355-CN).

苏明,等.2006.能源公共财政体制和财税政策研究.//傅志寰,陈清泰.中国可持续能源财经与税收政策研究[M].北京:中国民航出版社.

托尼·布莱尔.2008.打破气候变化僵局——构建低碳未来的全球协议[R].世界气候组织.

万婷婷,窦艳伟,王雷等.中国房间空调器行业淘汰 HCFC-22 的环境效益分析[J].气候变化研究进展,**6**(3):210-215.

王爱兰.2010.国际经验对我国发展低碳经济的借鉴意义[J].创新,(44):15-18.

王爱兰.2011.低碳城市建设水平综合评价指标体系构建研究[J].城市,(6):66-69.

王金南,蔡博峰,等.2010.排放强度承诺下的 CO2 排放总量控制研究[J]中国环境科学,**30**(11):1009-1014.

王金南,蔡博峰,等.2011.中国 CO_2 排放总量控制区域分解方案研究[J].环境科学学报,**31**(4):680-685.

王仁贵等.2011."十二五"能源规划胶着.瞭望周刊,33 期.

王毅,邓梁春.2009.中国特色低碳道路的发展战略[A].2009 中国可持续发展战略报告:探索中国特色的低碳道路[R].北京:科学出版社,2009.

谢军安,郝东恒,谢雯.2008.我国发展低碳经济的思路与对策[J].当代经济管理,**30**(12):1-7.

熊良琼,吴刚.2009.世界典型国家可再生能源政策比较分析及对中国的启示[J].中国能源,(6):22-25.

许光清,邹骥,杨宝路等.控制中国汽车交通燃油消耗和温室气体排放的技术选择与政策体系[J].气候变化研究进展,**5**(3):167-173

许志刚,陈代钊,曾荣树等.2008a.CO₂ 地下封存分布状况及环境影响的监测[J].气候变化研究进展,**4**(6):363-368.

许志刚,陈代钊,曾荣树等.2008b.CO₂ 地质埋存渗漏风险及补救对策[J].地质论评,**54**(2):373-386.

昝月梅.2010.借鉴国际低碳发展经验推动中国低碳经济有效发展[J].经济论坛,(4):81-83.

曾纪发.2009.发展低碳经济须澄清十大误区[N].中国财经报.2009 年 9 月 8 日.

曾贤刚.2011.二氧化碳减排的经济学分析[M].北京:中国环境科学出版社.

张杰才,毛茜.2010.发达国家低碳经济发展经验与启示[J].西南石油大学学,(6):14-18.

张金艳,杨永聪.2011.瑞典碳税对产业结构水平影响的实证分析[J].战略决策研究,(2):18-22.

张克中,杨福来.2009.碳税的国际实践与启示[J].税务研究,(4):88-90.

张坤民,潘家华,崔大鹏.2008.低碳经济论[M].北京:中国环境科学出版社.

张炜,樊瑛.2008.德国节能减排的经验与启示[J].国际经济合作,(3):64-68.

张治军,张小全,朱建华等.清洁发展机制(CDM)造林再造林项目碳汇成本研究——以CDM广西珠江流域治理再造林项目为例[J].气候变化研究进展,**5**(6):348-356.

中国科学院可持续发展战略研究组.2011.中国可持续发展战略报告——实现绿色的经济转型,北京:科学出版社.

中国科学院可持续发展战略研究组.2009.中国可持续发展战略报告—探索中国特色的低碳道路[M].北京:科学出版社.

中国能源和碳排放研究课题组.2009.2009—2050中国能源和碳排放报告[M].北京:科学出版社.

中国汽车技术研究中心,通用汽车公司.2007.中国未来多种车用燃料的WellstoWheels能源消耗和温室气体排放研究[R].北京:中国汽车技术研究中心.

周宏春.2009.应对气候变化的国际经验及其启示[J].中国科技投资,(11):78-79.

周剑,何建坤.2008.北欧国家碳税政策的研究及启示[J].环境保护,(11B):70-73.

庄贵阳,潘家华,朱守先.2011.低碳经济的内涵及综合评价指标体系的构建[J].经济学动态,(1):132-136.

庄贵阳,谢倩漪.2009.低碳经济转型的国际经验与发展趋势[R].见气候变化绿皮书.北京:社科文献出版社.

庄贵阳.2007.低碳经济:气候变化背景下中国的发展之路[M].北京:气象出版社.

庄贵阳.2009.由"表"及"里"认识低碳经济.经济日报[N].2009年1月7日.

Bernice Lee, et al. 2009. Strategic shift towards a Global Low Carbon Economy: Mapping International Experiences, the Chatham House.

IPCC. 2007. Climate Change 2007: Mitigation of Climate Change [M]. Cambridge: Cambridge University Press.

Joerss M, Woetzel J, Zhang H. 2009. China's Green Opportunity, The Mckinsey Quarterly, May 2009 (http://www.mckinseyquarterly.com/)

WBCSD. 2007. Policy Directions to 2050—A business contribution to the dialogues on cooperation action.

第六章　国际合作减缓气候变化

主　笔:张海滨,于宏源

提　要

气候变化问题是典型的全球性问题,呈现出不可分割性、渗透性和紧迫性的特点。因此,应对气候变化需要通过国际间的合作才能成功。目前减缓气候变化的国际合作已形成以联合国为中心、20国集团等其他多边机制为补充的多层次治理模式,但其成效有限。在"共同但有区别的责任"原则上,发达国家与发展中国家依然存在重大分歧。与此同时,发达国家阵营和发展中国家阵营都出现了不断分化的趋势。2012年后的国际气候变化谈判将在曲折中艰难发展。中国以积极和建设性的姿态参与国际应对气候变化合作,正在展示出一个负责任的大国形象。但如何找到维护国家的基本发展权益与对世界作出更大贡献之间的最佳平衡点仍是中国面临的重大挑战。

6.1　国际合作减缓气候变化的现状

6.1.1　全球气候变化合作的必然性

气候问题是典型的全球性问题,呈现出不可分割性、渗透性和紧迫性的特点。所谓不可分割性是指气候问题所涉及的范围是全球性的,其影响是全球维度的,需要所有国家共同面对。所谓渗透性是指气候问题并非单纯的环境问题,而是与经济、资源、能源等其他问题紧紧联系在一起,相互影响、相互作用;应对气候变化必须从科学、技术、政治、经济、社会、外交等自然科学、社会科学和政治与外交紧密结合才能解决。所谓紧迫性是指气候问题要求必须给予及时、正确的应对与解决,如果不能实现 IPCC 报告强调的 2℃目标,极有可能导致气候危机全面爆发,威胁全人类的福祉和生存。因此气候变化问题必须通过合作来完成。

由于气候变化是全球性问题,未来的国际制度必须具有公共性和非排他性,温室气体固然是一个国家排放到大气系统中去的,但是温室效应却不局限于一国、一域。气候变化演化为长期复杂的环境问题,是全球市场失灵和国际制度失灵的结果(黄卫平等,2010)。Hardin(1968)认为"公共资源的自由使用会毁灭所有的公共资源"。《公地悲剧》思想完全适用于大气系统,也就是说大气权利过度使用也会出现农村草地一样的悲剧——枯竭、恶化(Hardin,1968)。政府间气候变化专门委员会(IPCC)发布第四次综合评估报告指出,全球变暖趋势正在加剧。为遏制这种趋势,落实《公约》最终目标,全球进行国际合作,到 2050 年将气温上升控制在前工业时期的 2℃水平以内,这要求将温室气体浓度控制在 450 ppm 水平(IPCC,2001)。

从建设符合气候变化特征的从国际气候协定的发展来看,其走向取决于三大因素,即政治意愿、经济利益和科学认知(潘家华,2005)。展望未来,一个成功的国际气候制度必须是政治上可行、经济上合理、生态上有效的国际制度。

气候变化的治理在全球难以形成强制性的制约。在国际政治经济错综复杂的体系中，全球气候变化作为一个非强制性的松散型政治议题，既吸引了各国和地区的关注，同时也无法对各国和地区的政策形成强制性制约。气候变化演化为长期复杂的环境问题，是全球市场失灵和国际制度失灵的结果（黄卫平等，2010）。各国和地区的态度和政策极不协调和统一，削弱了这些政策和努力向未来延伸的积极性，使未来的气候变化应对策略变得极不确定（于宏源，2010c）。国际气候变化合作必须具有整体性和长期性的特征。气候变化问题的影响层面很多，具有"牵一发而动全身"、"不可分割"等整体性特性（IPCC，2007）。气候变化的时间长，变化速度缓慢，由于具有长期性，容易被人所忽略。温室气体是在相当长的时期累计产生的，当前采取的任何减缓气候变化和减排温室气体的措施，其效果只会在未来逐渐呈现。但是，气候变化问题具有代际转移的属性，后代人将承受气候变化的严重后果（IPCC，2001）。

对气候变化的方向和影响因素有争论，客观上 IPCC 本身也并没有得出 100％ 的肯定结论，说明在气候变化方向以及影响因子等问题上还有待进一步的科学论证（潘家华，2010），2010 年初，联合国报告了一系列出错事件以及北半球罕见的严冬等，推动气候变化"怀疑论"升温。"怀疑论"的升温将导致未来国际合作应对气候变化的难度增大（赵宏图，2010）。

6.1.2 全球气候合作的发展与曲折

1992 年《气候公约》指出地球气候变化及其不利影响是人类共同关心的问题，……各国应尽可能地采取最广泛的合作，并参与有效和适当的国际应对行动。因此，应对全球气候变化合作并减排温室气体是极为艰巨的，各国必须采取切实有效措施来推动国际气候变化合作。全球气候变化合作有三个主要特征：第一，应对气候变化的国际合作主要基于参与者（国家和地区）的自愿。第二，国际合作的主要机制是谈判而不是垂直型等级制那种集权的决策方式。第三，国际合作实施的主要形式是契约。

全球气候变化合作行动首先来自 1972 年于瑞典斯德哥尔摩召开联合国人类与环境会议及其通过的两个文件《人类环境宣言》和《只有一个地球》。这次会议首次在国际层面上提出了指导解决气候变化问题的原则。世界气象组织于 1985 年 10 月在奥地利维拉赫组织召开会议，确定为了对气候变化做出回应需要成立一个关于气候变化方面的特别小组，并着手考虑建立全球性公约（徐再荣，2003）。

全球气候变化合作的政治经济行动则始于 20 世纪 80 年代。1988 年，加拿大多伦多气候变化会议呼吁各国必须赶快行动起来，制定保护大气的计划，会议甚至提出了各国政府和企业界必须在 2005 年将温室气体排放量降低到 1988 年水平的 20％ 的具体要求。多伦多议会之后，气候变化问题迅速成为国际政治中的重要议题。1988 年 11 月政府间气候变化专门委员会（IPCC）成立，其主要任务就是围绕气候变化有关问题展开定期的工作，进行科学、经济、社会的研究，为各国政府提供决策咨询（涂瑞和，2005）。1989 年 7 月七国首脑年会发表了要建立一项框架性协议和一揽子公约的声明。1989 年 11 月国际大气污染和气候变化部长级会议在荷兰诺德魏克举行，大会通过了《关于防止大气污染与气候变化的诺德韦克宣言》，宣言提出了制定防止全球气候变化公约的问题（涂瑞和，2005）。在各方的共同努力之下，1990 年 12 月 21 日，联合国通过了第 45/212 号决议，决定成立气候变化框架公约政府间谈判委员会，下设两个组：一个组负责减排承诺、资金和技术支持；另外一组负责法律和相关的制度建设。在 1991 年 2 月至 1992 年 5 月间谈判委员会共举行 5 轮 6 次谈判。一些国家主张订立一个宽泛性的气候框架公约另外一些国家则主张包含有具体减排承诺的公约，这实际上反映了发展中国家与发达国家之间，欧盟与美国之间的矛盾。在联合国环境和发展大会即将召开的前提下，各方达成妥协，终于在 1992 年 6 月在里约热内卢召开的联合国环境与发展大会上由 166 个国家签署并通过了《联合国气候变化框架气候公约》（以下略作《气候公约》），并于 1994 年 3 月 21 日开始生效。

1992 年《气候公约》规定了用于指导缔约方采取履约行动的目标、原则、义务、资金机制和技术转让及其能力建设。公约还规定了发达国家应在 20 世纪末将温室气体排放水平回复到 1990 年水平，但并没有制定量化指标。1995 年 3 月在德国柏林召开了《气候公约》第一次缔约方大会（Conference of Parties简称 COP）对发达国家的履约状况进行了评估，认为发达国家承诺不足或者没有足够的意愿以缓解全球气候变化,因此,通过了一项"柏林授权",要为发达国家制定 2000 年以后的减排义务时间表从而启动了议定书的谈判。1995 年 12 月,IPCC 发布了第二次评估报告,报告强调各缔约方必须采取有力行动,推进减缓全球变暖。1996 年 7 月,第二次缔约方会议召开,美国、欧盟、日本、发展中大国、石油输出国组织又围绕着新的减排义务、时间表、对经济的影响等问题展开谈判(崔大鹏,2003;陈迎等,2001b),虽然分歧显著,但会议最终通过了《日内瓦宣言》,呼吁缔约方制定有法律约束力的减排目标,以推进谈判。经过一系列的准备工作,包括机构的设置、报告的审查等,缔约方大会第三次会议 1997 年 3 月在日本京都召开,会议达成并通过了《京都议定书》,定量确定了发达国家 2008—2012 年平均排放数量比 1990 年下降 5.2% 的限额,同时提出了帮助发达国家实现以降低成本实现目标的三种有效机制:排放权交易(ET)、联合履约(JI)和清洁发展机制(CDM)。《京都议定书》规定了发达国家整体于 2008—2012 年第一承诺期平均排放量比 1990 年下降 5.2% 的限额。它于 2005 年正式生效,同年"后京都进程"开始启动。

1997 年《京都议定书》几乎是以满足发达国家利益为前提订立的(陈迎等,2001a),它的原则目的是减少碳排放。然而,《京都议定书》在为碳交易系统铺路时,并没有考虑发展中国家最为关注的三个问题:适应性、技术以及资金问题(黄山枫等,2008)。尽管《京都议定书》设定了发达国家至 2012 年的减排目标,但仍存在许多问题,主要包括:发达国家为达到减排目标,必须对国家间的排放交易、共同实施、清洁开发制度以及靠吸收温室气体的汇的计算方法等加以细化;要对各国间的协议过程与技术转让、资金供给等方面的内容作出明确规定等。

2005 年之后,后京都气候变化谈判主要任务(称为双轨谈判机制)是《京都议定书》下开始成立特设工作组,谈判发达国家第二承诺期(2012 年之后)的减排义务,同时鉴于美国等发达国家未批准《京都议定书》,各国还在《气候公约》就促进国际社会应对气候变化的长期合作行动进行谈判对话(何建坤等,2007)。2005 年蒙特利尔和 2006 年内罗毕两次气候变化大会中,发达国家对于中期减排的政治意愿不足,气候谈判进展缓慢。2007 年,气候变化成为从八国峰会到联合国大会、安理会以及美国组织的世界主要经济体能源和气候变化会议的重点议题(何建坤等,2007)。各国在 2007 年通过了"巴厘路线图",重新强调合作包括在 2009 年的哥本哈根会议上达成全球性共识;美国在内的所有发达国家缔约方都要履行可测量、可报告、可核实的温室气体减排责任;同时强调国际社会对适应气候变化问题、技术开发和转让问题以及资金问题的重视。

哥本哈根进程的核心问题主要集中在两个基本问题上:一是针对能否在"共同但有区别原则"下达成共识,促使发达国家在京都议定书第二承诺期承担大幅度量化减排指标、确保未批准京都议定书的发达国家承担可比的减排承诺,同时推动主要发展中国家自愿参与减排;二是针对能否保持公约全面、有效和持续实施的问题,各方需要就减缓、适应、技术转让、资金支持等问题的制度安排进行谈判,并通过有效的机制安排,推动发达国家和发展中国家在资金、技术转让和能力建设支持方面达成共识,促进全球在可持续发展框架下根据本国国情采取适当的适应和减缓行动。目前各方尚未就 2020 年乃至 2050 年的量化减排指标达成一致,但发达国家如果承认中期内发展中国家的排放还将继续增长,发达国家就应当承担更大的减排额度。按照当前发展中国家的提议,发达国家应当作为一个整体到 2020 年相对于 1990 年水平减排 40% 以上,才能够为发展中国家仍将增排、逐步达到峰值留出余地。

因而,历经多次全球气候会议,气候变化谈判在屡受挫折后很可能会出现倒退的趋势,政策前景并不乐观(张海滨,2010)。《哥本哈根协议》是国际社会共同应对气候变化的又一次不同寻常的一个重要成果。该协定首次将美国纳入承诺温室气体强制减排的轨道,并促使包括中国在内的发展中国家和新兴经济体承诺更有力度的削减排放目标(尽管发展中国家不愿意承担强制性的减排义务),还在解决发达国家向发展中国家、小岛屿国家和最不发达国家提供财政援助的资金来源上向前迈进了一步,而且在减排透明度和尊重发展中国家主权以及"绿色气候基金"的设立等方面达成了框架性的协议,为 2010 年的墨西哥城谈判打下了基础(曹明德,2010)。联合国和各国政府总体上对哥本哈根气候变化大会给予积极评价。联合国秘书长潘基文说,《哥本哈根协议》"标志着在能够限制和减少温室气体排放、支持最脆弱国家适应气候变化并有助于开创环境可持续增长新时代的第一项真正的全球协议的谈判中所迈出的重要一步"。但对许多非政府组织而言，哥本哈根气候变化大会令人失望。绿色和平的库米·奈都直接把《哥本哈根协议》称为"非协议"。哥本哈根会议后，主要国家和谈判联盟正在围绕以长期目标为核心的气候变化谈判问题积极进行准备，并将在以下两个问题方面展开激烈博弈：一是气候变化谈判程序规范问题；二是责任与义务问题(潘家华，2010)。

2010年《联合国气候变化框架公约》第16次缔约方会议暨《京都议定书》会议(坎昆会议)中的各方重点围绕推进全球减排和建设资金技术援助机制等问题达成了共识。坎昆会议协议明确区别了发达国家和发展中国家的共同但有区别的责任，也就是世界各国共同努力把全球变暖控制在1.5～2℃之内，发达国家应提高中期减排指标；适应和减缓同处于优先解决地位；《公约》各缔约方应该合作，促使全球和各自的温室气体排放尽快达到峰值(杨理塑等，2011)。在气候融资方面，设立新的气候基金，发达国家帮助发展中国家进行气候减缓和适应行动，发达国家承诺到2020年，根据1990年的基准，减排温室气体25%～40%，设立了"绿色气候基金"，落实发达国家300亿美元快速启动气候融资来满足发展中国家的短期需求，并在2020年之前募集1000亿美元资金，帮助贫穷国家发展低碳经济，保护热带雨林，共享洁净能源新技术等。在技术援助方面，发达国家将给发展中国家应对气候变化提供技术支持；设立知识产权和技术转让委员会，启动包括碳捕集和封存技术在内的技术合作，用于帮助发展中国家增强应对气候变化的能力。在减缓行动透明度方面，设立了对发达国家的"三可"框架，对发展中国家国内减排则引入国际磋商和分析程序。

然而有学者认为《坎昆协议》还特别突出发展中国家履行自主减排义务时的国际磋商和分析，虽然同时强调了发达国家和发展中国家的义务，但对发达国家约束性减排和向发展中国家转让资金技术的"三可"义务，却远远没有对发展中国家所谓国家适当减缓行动义务强调得多，模糊了双方应该承担的减排责任(康晓等，2011)。

2010年《坎昆协议》之后的气候变化谈判进一步明确的非强制性减排模式以及双轨向单轨转型的趋势，应对气候变化的国际法进程在表面上的挫折中不断通过国际谈判调试着未来的发展方向。2011年的新一轮多边谈判已经开启，例如在印度新德里召开的《公约》德里可持续发展峰会，《公约》执行秘书克利斯提·菲格雷斯呼吁所有国家发挥其作用，以确保各缔约方能依据《坎昆协议》在各级采取行动。2011年的联合国气候变化谈判(两个特设工作组的会议及落实《坎昆协议》的相关决定)也于在泰国曼谷和德国波恩举行。由于《京都议定书》第二承诺期即将到期，未来气候变化谈判是延长现有的《京都议定书》第一承诺期，还是成功实现《京都议定书》第二承诺期至关重要，已经成为主要大国角力的重点。南非德班大会要求从2013年起执行第二承诺期，并保证了2012年《京都议定书》第一承诺期结束后不会出现法律的空当时期。大会确定绿色气候基金为《联合国气候变化框架公约》框架下金融机制的操作实体，成立基金董事会，并要求董事会尽快使基金可操作化。大会还确定开始讨论欧盟所提出的2020年之后全球减排路线图。德班气候大会成立了德班增强行动平台特设工作组，其本意就是修改《京都议定书》模式，把以前的双轨制谈判进行并轨，即以往谈判发达国家减排的京都议定书轨道和讨论《联合国气候变化框架公约》下的长期合作轨道并轨为2020年全球减排路线图，按照这种提议，该工作组将主要负责制定一个适用于所有缔约方的法律工具或者法律成果，这项工作将于2012年上半年开始，不晚于2015年结束。各缔约方要在工作组工作的基础上，从2020年开始根据该法律工具或者法律成果探讨如何减排，降低温室气体排放。欧盟的本意是2020年要根据法律协议来进行全球减排，在中国印度等发展中国家强烈反对下，在巴西代表的调停下，最终在文本中用法律工具代替了法律协议。然而如果2020年一旦开始严格法律意义上的量化减排，新兴发展中大国将会面临重大压力。

总体来看，当前气候变化谈判有四个趋势：一是随着发展中国家之间发展程度和差距越来越大，发展中国家谈判阵营的立场差异和分歧逐渐扩大；二是发达国家阵营在气候变化中长期减排方面立场的固有差异仍未解决，对国际合作模式的认识差异增多。三是以《联合国气候变化框架》公约为核心的气候变化治理机制受到质疑和挑战，以大国协调为特征的合作机制模式在发达国家和主要发展中大国之间不断发展。四是参与谈判的各国力量和影响力发生变化，发展中国家整体实力增强，发达国家影响力有所削弱。

关于全球气候变化机制的发展和演变,参见表 6.1(庄贵阳等,2005;徐再荣,2003;于宏源,2009c;Yu Hongyuan,2008)。

表 6.1　全球气候变化政治化的历史发展和气候变化机制过程和主要成果表

时间	重要事件	主要成果
1972 年	联合国人类环境大会	国际科学界重点逐步转向气候问题
1991 年	政府间谈判委员会成立,气候谈判开始	气候变化政治化和谈判进入实质性阶段
1992 年 6 月	里约环境与发展大会	通过了可持续发展行动纲领《21 世纪议程》、开放签署《联合国气候变化框架公约》和《生物多样性公约》,成立联合国可持续发展委员会。
1994 年 3 月	气候公约生效	
1995 年 3 月	柏林第一次缔约方大会	通过了"柏林授权",成立"柏林授权特别小组",负责进行公约的后续法律文件谈判,为第三次缔约方会议起草一项议定书或法律文件,以强化发达国家的减排义务
1995 年	IPCC 第二次科学评估报告发表	证实了第一次评估报告的结论,并进一步指出人类活动对全球气候变化具有可辨别的影响
1996 年 7 月	日内瓦第二次缔约方大会	通过了《日内瓦宣言》,赞同 IPCC 第二次评估报告的结论,呼吁发达国家制定具有法律约束力的限排目标和作出实质性的排放量削减
1997 年 12 月	京都第三次缔约方大会	通过了《京都议定书》,为附件 I 缔约方规定了具有法律约束力和时间表的减排义务,并引入 ET,JI 和 CDM。CDM 旨在帮助附件 I 缔约方实现减排义务和促进发展中国家可持续发展双重目标
1998 年 12 月	布宜诺斯艾利斯第四次缔约方大会	通过了《布宜诺斯艾利斯行动计划》,决定于 2000 年第六次缔约方大会上就京都机制问题作决定
1999 年 10 月	波恩第五次缔约方大会	就《京都议定书》生效所需具体细则继续磋商,但没有取得实质性进展
2000 年 9 月	联合国千年首脑会议	联合国的首要任务是消除极端贫困,强调全球化时代公平的重要性
2000 年 11 月	海牙第六次缔约方大会	欧美分歧严重,无果而终
2001 年 3 月	美国宣布拒绝批准《京都议定书》	《京都议定书》生效面临重大威胁
2001 年 7 月	第六次缔约方大会续会	达成《波恩政治协议》挽救了《京都议定书》
2001 年	IPCC 第三次科学评估报告发表	进一步证实气候变化不可避免,并检验了气候变化与可持续发展之间的联系
2001 年 10 月	马拉喀什第七次缔约方大会	通过落实《波恩政治协议》的《马拉喀什协定》完成了《京都议定书》生效的准备工作,但《京都议定书》的环境效益打了折扣
2002 年 2 月	美国推出温室气体减排新方案	提出碳排放强度方法,强调经济增长的重要性
2002 年 8 月	约翰内斯堡世界可持续发展首脑会议	《京都议定书》未能如期生效。通过《可持续发展执行计划》,在可持续发展框架下考虑减缓和适应气候变化问题成为谈判的新思路
2002 年 10 月	新德里第八次缔约方大会	通过《德里宣言》,明确提出在可持续发展框架下应对气候变化
2003 年 12 月	米兰第九次缔约方大会	解决《京都议定书》中操作和技术层面的解决,如碳汇项目的原则和标准,制定气候变化专项基金的操作规则,以及如何运用 IPCC 第三次评估报告作为新一轮气候变化谈判的科学依据等。
2004 年 12 月	布宜诺斯艾利斯第十次缔约方大会	布宜诺斯艾利斯会议达成了继续展开减缓全球变暖非正式会谈的决议,但在关键议题的谈判上没有显著进展,也没有得到美国的实际承诺
2005 年 2 月	《京都议定书》正式生效	后京都谈判在 2005 年底前开始
2005 年 11 月	蒙特利尔第十一次缔约方大会	通过了有关《京都议定书》的执行规定和"控制气候变化的蒙特利尔路线图",一个新的工作组就《京都议定书》第二阶段温室气体减排展开谈判,缔约方就探讨控制全球变暖的长期战略展开对话
2006 年 5 月	《京都议定书》附件一缔约方第二承诺期减排义务谈判工作组第一次会议在波恩举行	参加第二承诺期谈判的附件一缔约方政治意愿不足

续表

时间	重要事件	主要成果
2006 年 11 月	内罗毕第十二次缔约方大会	各方同意负责第二承诺期谈判的《议定书》第三条第九款不限名额特设工作组；附件一国家减排潜力和目标分析、减排方式分析以及减排设想，但各方未能就工作组谈判时间表达成共识；各方还同意《议定书》第二次审评应在 2008 年进行
2007 年 2—5 月	IPCC 第四次科学评估报告发表	进一步肯定了人类活动是近 50 年全球气候系统变暖的主要原因，气候变化已经对许多自然和生物系统产生了可辨别的影响，证实可持续发展与减排之间并不矛盾
2007 年 12 月	巴厘岛第十三次缔约方大会	通过了"巴厘路线图"，重新强调合作包括美国在内的所有发达国家缔约方都要履行可测量、可报告、可核实的温室气体减排责任，同时对适应气候变化问题、技术开发和转让问题以及资金问题作出了说明，要求缔约方应于 2009 年达成 2012 年《议定书》第一阶段到期后的全球减排协议
2008 年 7 月	北海道八国首脑会议	八国同意与其他缔约国一起到 2050 年将全球温室气体排放量减少至少一半的长期目标，还同意每个成员国都应执行与自己经济规模相当的中期目标，以达到绝对减排效果和在可能范围内尽早停止排放量的增加，不过中期目标没有量化
2008 年 12 月	波兹南第十四次缔约方大会	波兹南会议确定了长期气候合作框架，制定了详尽的工作计划，赋予"适应基金"独立的法人资格
2009 年 7 月	意大利八国峰会	宣布把工业革命以来的气温升幅控制在 2℃ 以下，到 2050 年将全球温室气体排放量至少减少 50%，发达国家排放总量减少 80% 以上的目标
2009 年 9 月	联合国气候变化峰会	100 多个国家的领导人参加，旨在为年底的哥本哈根气候变迁会议奠基。胡锦涛主席提出了显著降低碳强度和携手应对气候变化等主张
2009 年 12 月	哥本哈根第十五次缔约方大会	主要成果是无国际法约束力、以"附注"（take note of）形式被缔约方大会提及的《哥本哈根协议》（Copenhagen Accord）
2010 年 12 月	坎昆第十六次缔约方大会	《坎昆协议》明确世界各国共同努力把全球变暖控制在 1.5～2℃ 之内，发达国家承诺到 2020 年根据 1990 年的基准，减排温室气体 25%～40%，设立了"绿色气候基金"，落实快速启动气候融资
2011 年 12 月	南非德班第十七次缔约方大会	《京都议定书》第二承诺期、长期合作行动计划、绿色气候基金和 2020 年后减排的法律安排等方面取得了成果，设立德班增强行动平台特设工作组。

6.1.3 联合国框架下的气候变化合作

《气候公约》为全球行动建立了公正的准则。该公约内容清晰、论证有力，开宗明义地"承认地球气候的变化及其不利影响是人类共同关心的问题"，只有加强和改革气候变化多边合作机制才能有效解决人类面临的气候变化威胁。联合国政府间气候变化谈判委员会（IPCC）连续发布的报告，警告全球气候变化的威胁，以及人类工业文明对地球环境的破坏，这些报告的让作为传统安全产物的联合国开始应对气候变化等非传统安全的挑战。作为传统安全产物的联合国正面临气候变化这一非传统安全的挑战，全球气候变化威胁和美国退出《京都议定书》也引发了联合国解决气候变化的能力危机（庄贵阳等，2005）。因此，只有加强和改革《气候公约》等多边合作机制才能有效解决人类面临的气候变化威胁（高广生，2008）。《气候公约》和《京都议定书》是应对气候变化国际合作的主要法律文件，国际合作机制和集体行动的研究也主要围绕他们而展开。

联合国在应对全球气候变化中所发挥的作用主要体现在：第一，联合国是气候变化科学信息的主要提供者。第二，联合国是国际气候变化谈判的主要发起者和推动者。第三，联合国是国家应对气候变化能力建设的积极推动者。第四，联合国全球气候治理网络与伙伴关系的主要组织者（张海滨，

2009a)。气候变化已成为联合国当下及今后的一项关键议程,用潘基文的话来说,是"我们时代的标志性挑战"。联合国应对气候变化的成败将在很大程度上定义联合国在 21 世纪上半叶的影响。联合国和《气候公约》推动国际社会承认正是一百多年来发达国家的工业化进程对环境和生态肆意破坏才造成了今天全球气候变化的局面(庄贵阳等,2005)。1989 年联合国大会第 44/228 号决议指出,严重关切全球环境不断恶化地主要原因是不可持续发展地生产和消费方式,特别是发达国家的这种生产和消费方式。《气候公约》与合作有关的条款主要包括以下几个方面:第一,各国参与合作的重要性与应坚持的总原则。第二,关于为实现本公约的目标和采取行动的指导方针或具体原则,共同但有区别的原则。考虑发展中国家的需要和特殊性原则;坚持预防为主的原则;促进可持续发展的原则;促进国际经济体系发展原则。第三,关于各国合作的内容与方式。所有缔约方,考虑到它们共同但有区别的责任,以及各自的国家和区域发展优先顺序、目标和情况。《京都议定书》中与合作有关的内容主要为第 10 条规定,所有缔约方:第一,应合作促进有效方式用以开发、应用和传播与气候变化有关的有益于环境的技术;第二,应在科学研究方面进行合作;第三,应在国际一级合作并酌情利用现有机构,促进拟定和实施教育及培训方案;第四,寻求和利用各主管国际组织和政府间及非政府机构提供的合作和信息(金永明,2008)。

迄今为止,人类应对气候变化的努力主要是在联合国框架下展开的。联合国框架下参与应对气候变化努力的联合国主要机构包括:联合国气候变化框架公约、政府间气候变化专门委员会、联合国环境规划署、世界气象组织、联合国可持续发展委员会、联合国粮食农业组织、全球环境基金、联合国开发计划署、世界银行、生物多样性公约、联合国防治荒漠化公约、国际海事组织、国际货币基金、联合国亚洲及太平洋经济委员会、世界旅游组织、国际民用航空组织、联合国教育、科学及文化组织、世界卫生组织、联合国世界粮食计划署、联合国人类住区规划署、联合国贸易和发展会议、联合国经济和社会事务部、联合国工业发展组织、全球气候观测系统、国际农业发展基金、国际减少灾害战略、国际电信联盟和联合国训练研究所等(庄贵阳等,2005)。

联合国将气候变化作为其最优先考虑的问题之一,不仅出台了有关全球气候变化的多份报告,还专门任命了三位气候变化特使[①],全面强化联合国在气候变化问题上的主导作用。2007 年,联合国安理会举行了历史上第一次有关气候变化及其与国际安全的关系的讨论。这次会议更多是在该月联合国轮值主席国英国的推动下进行的。2007 年联合国大会也首次就气候变化问题举行非正式专题辩论,主题是"气候变化是一项全球性挑战",近 100 个国家和地区在此次有关气候变化问题的大会上发言,各国的领导人在本届联大一般性辩论之前先期举行一场气候变化问题高级别会议,并发表一份由联合国秘书处起草的总结性文件。2009 年 9 月 100 多各国家的领导人参加了联合国首度召开的气候变化峰会,为哥本哈根气候变化会议奠定了基础。2010 年以来联合国秘书长潘基文不断敦促 20 国集团、八国集团等大国协调机制妥善解决气候变化问题。2010 年 7 月联合国安理会就"国际和平与安全:气候变化的影响"再次举行辩论,会后的声明对气候变化可能对国际安全产生的长远影响表示关注,这已经意味着气候变化上升到联合国集体安全行动的轨道上来。

6.1.4 国际合作的其他平台和重要机制

虽然《气候公约》下的双轨制谈判模式在形式上仍得以保持,但是,随着气候变化谈判行为体的要求、诉求、谈判目标、立场差异日趋增多,20 国集团、主要经济体等互动模式在发达国家和发展中大国之间不断发展。

八国峰会也是重要的全球气候变化合作平台。继 2005 年英国鹰谷会议后,气候变化在 2007 年仍

---

① 即以推动全球可持续发展,发表《我们共同的未来》而着称的挪威前总理、世界环境与发展委员会前主席格罗·哈莱姆·布伦特兰夫人,大韩民国前外交部长、前联合国大会第五十六届会议主席韩升洙先生,以及智利前总统里卡多·拉戈斯·埃斯科瓦尔先生,主要负责协助他同各国政府进行协商,就如何促进联合国内部的多边气候变化谈判,以及年内召开联合国高级别会议等问题征询各国政府的意见。

被列为八国峰会主要议题，并以 G8＋5 形式加强与发展中大国在能源和气候变化方面的对话。2009年八国峰会宣布，把工业革命以来的气温升幅控制在 2 度以下，到 2050 年将全球温室气体排放量至少减少 50％，发达国家排放总量减少 80％以上标。2009 年起，全球治理的大国协调机制平台主要向 20国集团转移，2009 年的美国匹兹堡 20 国集团会议重申了《气候公约》所确立的目标、条款和原则，表示将加强同其他国家合作以推动在哥本哈根会议中达成一项包括减缓、适应、技术和资金等内容在内的气候协定，并强调通过多边、地区和双边的融资渠道确保国家导向的计划所支持的合作。2011 年戛纳20 国集团峰会成果文件有两个章节以气候变化和低碳能源为主题。

地区性合作组织也将气候变化作为讨论的首要议题，推动本地区应对气候变化的国际合作。2007年在悉尼举行的亚太经合组织（APEC）第 15 次领导人非正式会议发表了《亚太经合组织领导人关于气候变化、能源安全和清洁发展的宣言》，强调各成员同意努力实现到 2030 年将亚太地区能源强度在2005 年的基础上降低至少 25％。美国在 2007 年 APEC 会议上也主张继续加强亚太六国（美国、中国、印度、日本、韩国、俄罗斯）"清洁发展与气候变化合作伙伴关系"。欧盟是全球气候变化合作中最重要的一体化组织。2006 年 3 月，欧盟委员会正式公布题为《获得可持续发展，有竞争力和安全能源的欧洲战略》的能源政策绿皮书，绿皮书将可持续性、有竞争力和供应安全设立为欧洲能源政策三个主要目标。2008 年 1 月 23 日，欧盟委员会公布了《气候行动与可再生能源综合计划》。

6.2 参与全球气候合作意愿的影响因素分析

回顾历史，环境合作研究始自 20 世纪 60 年代，历时已半个多世纪。以罗马俱乐部发表著名的《增长的极限》和《人类处在转折点》两份报告为标志，尤其是在 1972 年联合国在斯德哥尔摩召开"人类环境大会"之后，许多国家的专家和学者开始研究国际环境合作问题。联合国环境署，世界观察研究所在20 世纪 80 年代以来的历次报告中不断对环境合作理论深化，认为国际合作可以实现人类生活的可持续发展；实现环保、贸易和经济的协同进步。气候变化危机加剧迫使人类重新审视传统的安全观念，提出新的安全观念和合作模式，各国政府也开始在对外关系行为中引入生态环境因素，并在多边和多维互动中衍生出各种合作模式。张文磊等（2010）认为在各国立场各异的减排政策背后，其驱动因素都是相似的，即以国家利益为核心，根本目标是争取本国利益的最大化．而结合英美等国家的政策出发点，这里所说的国家利益是包含了经济利益（经济增长、就业、企业利益等）、国家安全（环境安全和能源安全）、国际地位以及政党利益等许多要素在内的综合衡量标准。本节提出影响气候变化国际合作的因素包括生态、经济、能源和政治四个方面。

6.2.1 生态和地理环境因素

一个国家既可以是全球气候变化的污染源，也可能是受害者，而更多的是两者兼具。有的地方会更加干旱而受灾，有的地方却冰川融化便于开垦更多的土地而获益，有的国家却被淹没，有的国家则因北冰洋的融化而可以获得更多的航运和海洋资源。发达国家由于强大的政治经济实力适应性还要比一些非洲、东南亚等发展中国家好，脆弱性也相对较小；气候变化问题最具有不确定性，这种不确定性导致一些国家和地区根本无法采取针对措施；最后就是成本的现实性，为降低全球变暖的趋势必要付出经济上的代价，这就必然要增大经济和生活的成本使得每个人都有额外的开支。气候变化的这些特征表明人类不能以局部的眼光和方式处理这个问题，单个国家或许能够自愿行动作出自己的贡献，但是终究杯水车薪、无济于事，而气候变化的另外一些特征时间滞后性和影响不均衡性又影响到一些国家的政策选择。不是觉得当前的回报太少就是成本太高而不愿采取政策措施，各国政治意愿不足，都有搭便车的企图（于宏源，2009b）。气候变化全球治理的重点不在于谁是受害者，谁应该付出代价，而是如何建立共识，通过共同的规范和标准进行合作以减缓变暖的趋势。气候变化的这块"公用地"如何避免"悲剧"就成为各国政府都不得不考虑的重要问题（陈刚，2006）。然而有一些排放大国本身受到气候变化的影响较低，因此控制排放的意愿也不强；而一些深受气候变化影响的国家减缓全球温室效应的能力却很低。特别是人类的后代受到气候变化影响最大,但是在全球气候变化谈判桌上却毫无发言权。另外传统的化石燃料95%以上控制在一小部分国家手中,而全球15个国家占有了大约75%的温室气体排放总量。以上都说明,作为全球公共物品的气候变化问题需要全球集体应对。气候变暖对于不同国家和地区造成的影响大不相同,根据参与气候变化制度意愿的高低来看海平面上升会导致小岛屿国家生存出现危机,所以参与行动意愿最高。全球变暖危及欧洲冬暖夏凉气候,欧洲国家对此非常敏感。中国、印度、巴西等国人口众多,资源匮乏,经济技术水平和管理相对薄弱,一方面对气候变化的不利影响比较脆弱,另一方面随着快速经济发展和城市化进程,能源消费和温室气体排放需求快速增长。因此,不同的生态驱动因素促使不同的国家以不同的理念和积极性参与到气候变化的协同中来了。石油输出国因担心温室气体减排的行动方案对石油消费构成影响,而成为全球气候变化治理的强硬反对者。毛艳(2010)提出俄罗斯、挪威、冰岛等高纬度国家不仅仅从气候变暖中受益,而且由于本身就是资源和能源大国,对气候变化治理也持消极立场。作为石油输出国的领导人,俄罗斯总统梅德韦杰夫在哥本哈根峰会上强调,正在哥本哈根进行的有关新的气候条约谈判不应成为"政治迫害"。梅德韦杰夫表示,一直以来对于那些碳氢化合物丰富的国家施加了不公平的压力[①]。

6.2.2 市场和经济利益

控制气候变化影响因素的手段主要有两种,一种是命令与控制(Command and Control),另一种是总量与交易(Cap and Trade),前者依赖于政府制定相应的法律、法规,后者主要依赖于市场交易,并辅之以环境税(Environmental Tax),无论是哪一种,在其执行之后,都会直接对企业生产和居民生活产生影响,提高生产和消费的成本(李向阳,2010)。

在各国立场各异的减排政策背后,其驱动因素都是相似的,即以经济利益为核心,根本目标是争取本国利益的最大化,国际经济贸易中正在形成低碳壁垒,对进口商品的生产排放设定限制,制约高碳国家和高碳产业在国际贸易中的作为(张文磊等,2010)。根据联合国环境规划署发表的一项报告认为,如果各国在未来50年中不能采取有效措施减少温室气体的排放,每年就将有高达3000亿美元的经济损失。联合国政府间气候变化专门委员会认为,如果在2030年前不能将温室气体的浓度控制在一定范围之内,全球GDP可能损失0.2%~3%(IPCC,2007)。而英国政府《斯特恩报告》则指出,气候变化恶化的代价会是全球GDP的5%~10%(Stern,2008)。因此,气候变化成为经济发展必须关注的重要议题。气候变化问题对每个国家来说,收益和受损呈非对称性,并非每个国家都能完全平等的从气候变化中受害或者受益。气候变化全球合作的特点就是各国从全球气候变化中受益和受损差异。《全球温室机制:谁来承担》(Hayes等,1993)首先拉开了研究气候变暖问题中各国的不同收益和受损、立场、政策和不同处境序幕。《斯特恩报告》认为气候问题是人类长期问题,经济危机则是眼前焦点,世界经济危机使目前世界经济脚步放缓,失去了经济增长点,而纯粹应对金融危机显然是不能拉动经济增长,因此低碳经济是一个机会,"因为目前低碳技术方面的投资都属于劳动密集型",通过发展低碳经济不但可以吸引劳动力就业,而且还可以扩大内需,从而成为新的经济增长点(Stern,2008)。联合国秘书长潘基文也认为:"寻找共同解决办法,克服我们面临的严重挑战。就最严重的两个挑战—金融危机和气候变化—来说,答案就是绿色经济。"显然把两者结合起来的做法并不能赢得所有的人的同意。

有学者认为以低碳经济应对金融危机值得商榷(李向阳,2010),原因如下:第一,对于大部分国家来说发展低碳经济似乎就是发展能源和环保产业,而这两大产业对经济增长贡献比率不到10%,而新能源目前在能源所占比例不足10%,也就是说新能源投资对经济的拉动作用仅为1%,因此靠新能源走出经济低谷是不现实的;第二,引发这轮经济危机表面是美国金融体系缺陷,而根源在于美国消费和储蓄的失衡,而这两项问题与低碳经济风马牛不相及,这两个问题不解决还会引发下一次经济灾难,因此美国总统奥巴马试图依靠投资新能源走出低谷是重大失误;第三,低碳投资会造成资源的错置,任何人都无法保证低碳经济成本会小于带来的收益,诺贝尔经济学奖得主加里·贝克尔就认为全球变暖引

① Christopher Caldwell. 2009. Climate change, the great leveller. Financial Times.

致的损失如果贴现率过高的话通过发展低碳产业、低碳技术会使得成本将远远大于收益，不符合经济活动的逻辑，因此把资本用于回报率较高的地方而非气候治理可能对后代有更多的福利改进（王军，2008）；第四，发展低碳经济的一些政策措施如减排目标、总量排放权交易体系、经济发展规划、引入碳价格等会让很多工厂一夜倒闭，工作机会蒸发，即使投资新能源而获得的每一个绿色就业机会也可能以牺牲 2.2 个传统就业机会的代价。

美国政府于 2007 年 5 月提出过"气候变化新战略倡议"，认为气候变化和发展经济密切相关，应对气候变化不应该影响经济发展，强调技术进步与技术转让对于应对气候变化的关键性作用。2009 年后美国奥巴马政府为经济和气候危机的双赢进行制度上的准备，并把重心向气候变化领域倾斜（Ward 等，2009）：一是把气候变化和美国能源独立性联系起来，强调新能源和低碳经济对于美国未来经济竞争力和国际地位的重大影响；二是明确接受全球变暖的科学事实，并在此准备基础上制定一系列低碳和减排政策；三是奥巴马能源环境阁僚都是积极低碳和气候政策推动者[①]。特别是 2009 年 5 月底，美国国会众议院议长南希·佩洛西，美国参议院外委会主席约翰·克里访华就中美两国之间将就清洁能源合作等应对气候变化领域构建合作战略，下半年奥巴马访华的重要任务新能源合作。这已然说明中美两个最大的温室气体排国，开始把应对气候危机，建设低碳经济作为大国战略互信的基石（于宏源，2009a）。阎学通（2010）认为中美在气候变化问题上争夺道义制高点的竞争就非常有助于全球 CO_2 的减排。

经济和气候危机推动欧美内部，以及与其他大国气候变化关系出现某些积极变化。气候危机和经济危机的双重压力在一定程度上有助于缩小发达国家与发展中国家间的分歧，有助于彼此采取积极主动的低碳和气候变化合作策略，都有助于各国合理公平地在减排空间和发展需求之间寻求适当的平衡。美国作为最大温室气体排放体在全球气候变化谈判进程中扮演举足轻重的角色，联合国认为美国奥巴马政府会采取积极和灵活的气候变化政策。美国宣称要减少 50 亿吨 CO_2 的排放、承诺要通过新立法来使美国温室气体排放量到 2050 年之前比 1990 年减少 80%。

当前发达国家和新兴发展中大国的清洁伙伴关系也为全球气候外交注入了新的活力，例如中国和欧盟，中国和日本，欧盟和印度等。亚洲协会和皮尤气候变化中心联合发布的《中美能源与气候变化合作路线图》，以及布鲁金斯学会发布的《克服中美气候变化合作的障碍》报告，不仅把气候变化作为推动中美关系转型的重要基础，而且提出中美两国应该共同缔造全球低碳经济和气候变化制度。鉴于欧盟和美国受到金融危机冲击而开始推广全球低碳经济的情况下，发展中国家也可以利用这个历史机遇，获得新能源和低碳技术，实现从高碳发展向低碳社会的经济结构调整，从而把自身的发展融入后京都进程和哥本哈根谈判中。

然而受到金融危机和国内政治的制约，欧美等发达国家参与全球气候合作自身减排意愿下降，并把发展中大国减排成为谈判的焦点。美国在推动清洁能源、气候谈判等方面缺少经费和国会支持，特别是在发生了日本核电占事故之后，新能源（核能等）成为政治家 2012 年选举年的敏感话题，随着地方债务问题严重，美国已经无力继续补贴地方的清洁能源发展了。在这种情况下，美国已经缺乏推动全球能源和气候合作的强大政治意愿。从中长期看，美国能源气候外交将出现以下两种情形：未来如果共和党赢得总统和国会控制权，美国将会倒退回小布什总统时期的保守立场；如果共和党控制国会参众两院而奥巴马继续连任，抑或美国政治继续维持目前的态势，奥巴马的气候能源外交政策都无法实现。因此美国推动全球能源气候合作的政治意愿将不断下降。对于欧盟来说，债务危机和财政问题取代气候变化和低碳问题，成为当前欧洲最突出的问题，欧洲民众和舆论对气候变化问题的关注相对下降。欧洲的政治层面推动力相对弱化，必然反映到气候变化和新能源产业的方方面面。欧盟已经从《京都议定书》积极的维护者变成了机会主义者，即会根据俄罗斯、日本和澳大利亚的反应，采取符合自身利益的能源气候政策。

[①] 如能源与环境协调官布劳纳（Carol Browner）、白宫科技顾问美国能源和气候专家霍尔德伦（John Holdren）、华裔能源部长朱棣文，气候谈判大使托德·斯坦恩（Todd Stern）等。

在这种情况下,欧盟希望切割发展中国家阵营,将中国和印度等新兴市场国家定义为发达的发展中国家,让排放量相对较高的新兴发展中国家承担量化减排指标,同时还希望通过一揽子协议将所有国家纳入气候变化框架减排机制。美国则主张以"小多边主义"和"大国减排"取代"发达国家减排",否定"共同但有区别的责任"原则。日本所提出应建立包含所有"主要排放国"的否定京都议定书模式的谈判框架,也希望以此落实发展中国家量化减排目标。2010 年,美国国会选举民主党失利之后,美国政治制度的缺失不仅仅导致美国预算和债务危机,更加约束了美国碳政治的发展,其中主要表现在气候立法受阻和预算危机方面:参议院版本的《清洁能源工作与美国能源法》提出后,美国气候立法限于停滞。2010 年 5 月 12 日,参议院《2010 年美国能源法(讨论草案)》(American Power Act of 2010)重启了美国气候立法。该法规定了与依据《哥本哈根协定》而自愿申报的相一致的减排目标,即要求美国在2020 年将全国温室气体排放量相对于 2005 年水平减排至少 17%,2030 年减排至少 42%,2050 年减排至少 83%。然而这份草案未能进入美国众议院立法程序。

6.2.3 能源安全

应对气候变化与能源安全之间存在着某种必然的联系,这种联系在气候变化与能源安全法律关系之间相互博弈的态势十分明显,从不同的法律制度及其机制的形成方面,都体现出这种趋势。第一,气候变化争端解决机制对能源安全的影响。有学者认为,《京都议定书》表面上是全球温室气体排放控制的协定,实质上是各国对能源消耗控制的协议。它明确规定了发达国家控制 CO_2 等六种主要温室气体的时间表和目标,但对争议的解决和强制机制并无明文规定,仅在第 19 条规定"争端的解决比照适用《气候公约》第14 条的规定。"而该公约的第 14 条则是国际争端解决的一般性条款,即谈判、仲裁及司法。对此,学者建议气候变化争端解决机制可以从四个原则方面设置:区分缺乏执行能力的不履约和缺乏意愿的不履约;区分发达国家和发展中国家在法律责任的归责原则上适用不同的归责原则;"最密切联系地"仲裁优先管辖原则;促进可持续发展原则(曾加等,2008)。第二,温室气候排放数据对能源安全的影响。有学者对国际上开展全球范围温室气候排放数据收集、分析、计算、评价、建档、信息发布工作的五个国家、国际组织以及非政府间国际组织的机构的数据进行了分析,指出对全球和各国温室气候排放量进行准确的评估,是确定和更合理有效的温室气体减排行动框架的基础性工作,具有重要现实意义。但现有的温室气体排放评估方法总体上仍然是较为保守的评估方法,所有的评估手段和方法都具有很大的不确定性。温室气候排放评估工作应加强对能源表观消费量的深入分析,尤其要开展对商品碳成本科学核算的工作,建立全面、合理的温室气候排放评估体系。要把温室气体的评估工作与社会和人的发展问题结合起来考虑,要从各国的历史积累人均排放量、人均 GDP 排放量、排放空间等角度分析温室气候排放状况。最重要的是,温室气体排放的计算和温室气体减排的责任承担,必须从单纯地关注生产领域转变到商品终端消费领域,从关注温室气体的"表观排放者"到关注温室气体的"幕后排放者",以深刻提示温室气体排放真正的受益者,从而体现"受益者承担义务"的原则(曲建升等,2008)。

新能源的挑战将推动国际气候变化合作,能源问题是防止气候变暖的核心。随着中国经济快速持续发展,能源需求迅速攀升,所面临的全球环保压力愈发凸显。目前围绕碳排放安排的国际谈判十分激烈:一方面美国欧洲力压新兴发展中大国的碳排放量增长;另一方面,全球各国都注意到气候危机的严重性,以及共同减排的义务。在全球气候变化谈判的压力下,低碳经济和气候变化正在推动未来进入一个新能源时代。由于传统能源稀缺和气候变化问题的凸显,各国的经济增长模式也必然逐步向适应于新能源要求的方向发展。当前低碳经济创新是下一代能源的核心,国际体系重大结构性变化的前提和条件是能源权力结构的变化即出现了下一代能源的主导国。乔治·莫德尔斯基、康德拉季耶夫等认为主要大国均重视创新优势的竞争,丹尼尔·耶金认为技术和制度创新对能源权力结构具有重要意义。气候变化危机为权力竞争带来了新的机会和特征,格莱布和麦斯纳把国家竞争力变迁和技术投资与减轻气候变化成本联系起来。乔纳森·戈卢布和尼古拉斯·斯特恩等指出欧盟推动气候变化谈判不仅让其在全球治理中占据主动也为提升创新优势奠定了基础。也有学者从经济角度对气候变化对经济发展的影响进行研究,通过建立模型,指出不同的气候变化政策对经济发展的影响,认为世界主要经济体和新兴市场对世界气候变化的潜在影响不容忽视，在保持经济稳定发展的同时，承担适当的气候保护任务是不可避免的。在实行减排政策时，增加碳汇和能源替代与新能源开发明显要比单纯控制碳排放量增长具有市场效率（张焕波等，2008）。

郎咸平（2010）认为，气候谈判在保卫人类地球家园的背后是发达国家想要通过先进的低碳技术，将仍处于初级阶段的发展中国家远远的甩在后面低碳经济是欧美发达国家的一个新的竞争。未来国际体系的大国要取得争夺国际体系的优势就必须具有发展低碳经济方面的创新优势欧美发达国家通过气候变化谈判来占有未来能源市场和环境容量划分，更为重要的是利用气候变化议题逐渐实现对低碳经济的控制（于宏源，2008c）。因此，世界主要大国都把新能源和低碳经济作为实现减缓气候变化的优选途径。而未来国际经济体系重大结构性变化的前提和条件仍然是能源权力结构的变化，即出现了新能源和低碳经济的主导国。在低碳经济的大环境下，中国借此机会，转变国内的经济增长方式，发展高效节能的低碳经济。只有这样才能在新一轮的国际竞争中处于优势地位（卞相珊，2011）。

6.2.4 政治驱动因素和气候变化的协同

应对气候变化的政治驱动主要表现在气候外交层面。全球气候外交有着独特的演进规律，气候危机加剧迫使人类重新审视传统的安全观念，提出新的安全观念，各国政府也开始在对外关系行为引入生态环境因素，并在多边和多维互动中衍生出全球气候变化外交。大国的气候变化外交政策涵盖全球、地区和双边努力，其重点在于邻国和发展中国家，同时也重视主导国际法和国际制度建设。大国的气候变化外交内容包括：设置气候变化政治议事日程、制定气候变化国际规则和制度，承担气候变化公共物品并起到率先垂范作用，以及合作领导减缓和适应气候变化生态灾难等。

（1）发达国家气候政治发展态势

在当前的气候谈判中，有三派力量决定着气候问题的解决方式：一派是欧盟，一派是美国，第三派是以中国和印度为代表的发展中国家（于宏源，2008e）。

欧盟作为气候谈判的发起者，一直是推动气候变化谈判最重要的政治力量。美国退出《京都议定书》，一度对京都机制构成重大威胁（全球变化与经济发展项目课题组，2002），欧盟也藉此成为气候政治的领袖。全球合作机制首次在没有美国参与的情形下获得成功，也使美国在气候合作领域被边缘化了（于宏源，2008d）。薄燕等（2011）认为哥本哈根会议之后欧洲在气候谈判中的地位不断下降。特别是2011年以来欧债危机将会给全球新能源产业发展带来阻力，进而使联合国气候谈判遇阻。债务和财政取代气候变暖和低碳成为当前欧洲最紧迫的问题，民众和舆论的关注点也随之转移。与此同时，在政治层面推动力相对弱化，也将影响到欧洲应对气候变化的方方面面。从欧盟内部气候政策来看，2007年2月，欧盟委员会达成强制性目标协议，在2020年将温室气体排放量在1990年的基础上削减至少20%，将可再生能源在欧盟能源消耗中的比例提高到20%。2008年1月欧盟在一揽子决议中重新确认了其减排承诺。欧盟坚持各国的承诺要具有强制性和法律约束力，执行过程能够做到可衡量、可报告和可核实（严双伍等，2010）2011年3月的欧盟2050年低碳路线图上，欧盟重申要在2050年前减排80%，在2030年前减排40%，为此未来40年里，欧盟平均每年需增加2700亿欧元投资，这相当于欧盟成员国国内生产总值的1.5%，此外，欧盟积极推动推动国际性碳税、援助发展中国家（清洁发展机制、全球环境基金机制）、援助中东欧国家（联合履约机制）等来实现减缓气候变化。欧盟所有成员国皆已批准《京都议定书》，积极推动碳交易市场，成立欧盟碳交易体系，严格控管全球2000多家航空公司，并纳入适用节能减碳政策的名单中，抵欧的航班都必须缴交高额碳税。而且近年来CDM机制成功案例也在显著增加。英国、德国和北欧等热衷于控制温室气体国家承担的义务比较沉重，同时为了鼓励其他国家积极减排，欧盟内部还采取了一些财政激励或者惩罚，但是不可否认的是随着欧盟扩大，欧盟内部政策协调的难度加大，某种程度上已经出现了不同声音（庄贵阳等，2005）。

以美国为首的"伞型"集团[①]是国际气候谈判中另一支重要的政治力量。"伞型"集团力量曾经非常

---

① 在《京都议定书》谈判中形成，以美国为首，包括日本、加拿大、澳大利亚、新西兰、俄罗斯等多个国家。

强盛,随着日本、加拿大、俄罗斯、澳大利亚先后批准议定书,力量大大削弱,美国以全世界 4% 的人口排放将近 25% 的温室气体,为世界能源最大的消耗者和环境破坏者(Volker 等,2006)[①]。美国当前参与气候合作的意图是摒弃即将到期的《京都议定书》,在温室气体排放强度方案的基础上塑造以美国为领导的气候合作的后京都机制,确立美国在该机制中的话语权,使其成为美国主导的国际机制体系的组成部分,服务于美国的全球战略(李强,2009)。对于美国退出京都机制,有学者认为是政府首脑进双层博弈的结果,美国的政府首脑在参与《京都议定书》的国际谈判过程中,一方面要考虑他的提议能否得到其他国家谈判者的接受,另一方面又要思考他在国际层面上所达成的协议能否得到国内的批准,这就既给他决策创造了机会,也给决策造成限制,成为影响美国没有批准《京都议定书》的重要因素(薄燕,2007)。而其他一些学者则认为由于三权分立制度的存在导致了美国在气候变化政策中表现,总统和国会之间的权力分立,前者谈判和创立条约后者批准条约造成了这种僵局,而造成国会不肯批准的主要原则却在于减排所需付出的成本和强大的化石燃料能源公司的游说,因此,他们得出结论认为国会和行政的分立给处理包括气候变化在内环境问题提出了挑战(Bryner,2000)。还有的学者试图比较全面的分析美国采取如此政策的原因在于除了国会之外的行为者如商业团队和环境非政府组织。当然,还有其他学者阐释气候变化在国内政治议程上的发展历程,利用管制理论和公共决策阐释了美国偏好某些特定政策工具的因素。在论及美国没有签署《京都议定书》的影响时,徐华清(2005)则认为这一举动不但可能使得生效时间大大推迟,量化的限排和减排目标和清洁发展机制大打折扣,而且会引起更强烈的对发展中国家减排义务的关注,陶迎(2001)则从国际法学的角度反驳了美国没有批准京都议定书的抗辩理由。目前看来尽管美国未签署《京都议定书》,但其政府仍投入相当经费与资源在温室气体减排的科学研究及技术发展上,其推动的计划主要包括:提出气候变化技术计划,提出气候变化科学计划,目地是要深入研究地球环境系统的自然及人为改变,透过观测、了解和预测全球变迁,以提供美国和国际决策科学基础,目标是加速发展关键技术以达到实质温室气体减排的任务。此外通过国际合作,由美国推动国际多边及双边行动,以达到相关气候变迁工作成果。建立气候合作伙伴关系,12 个主要工业部门及商业圆桌会议成员承诺与美国环保署、能源部、交通部及农业部合作,进行未来 10 年的减排工作。

何一鸣(2011)认为尽管俄罗斯仍然反对《京都议定书》第二承诺前排,但是俄罗斯批准了《俄罗斯气候学说》,俄罗斯承认气候变化事实及全球变暖对俄罗斯未来的威胁,承诺俄罗斯将在国内和国际两个层面通过节能减排应对气候变化,并以最佳方式向发展中国家提供援助。俄罗斯确定的温室气体减排目标是到 2020 年比 1990 年减排 10%～15%,到 2050 年减排 50%,并大力发展可替代能源,大量使用"绿色技术",构建节能型的经济发展模式。

日本政府将整个经济分为产业部门、民生部门与运输部三个部门,分别采取各种减量对策。日本积极参与和加入了《气候公约》和《京都议定书》;从国内层面上,日本环境基本法规定了基本性的原则;制定了《地球温暖化对策推进法》,征收碳税控制温室气候排放;为可再生能源进行立法;制定《环境教育法》(刘莹等,2008)。日本在积极促进自己的国际地位、提升自己的国际形象、谋求一些问题领域在世界内的领导权,总的来说在变暖议题上日本采取合作和负责任的政策。Yasuko(2000)对日本的气候变化政策的历史进行了双层博弈的分析后指出除非日本的政治体系有根本的改变,否则日本的立场将一直受到美国的影响,而环境问题是日本可以在国际上发挥领导作用的重要领域(刘江永,2003),可以这么认为日本的气候变化政策其实并不是纯粹的气候变化政策其着眼点也是改善邻国对日本的认知(张海滨,2007)。澳大利亚积极投从事重要气候与能源技术的发展、移转与更新,包括:氢经济国际伙伴协议及再生能源与能源效率计划等(如明,2006)。2007 年 12 月陆克文成为澳大利亚第 26 任新总理,上任之际即签署了批准《京都议定书》,创建气候变化与水资源部。并开始制定了一系列的有关气候变化与能源的文件和报告,这些举措的出台,表明澳大利亚在发达国家阵营中,已由追随美国制衡欧

[①] 截至 2004 年,主要工业发达国家的温室气体排放量在 1990 年的基础上平均减少了 3.3%,但世界上最大的温室气体排放国美国的排放量比 1990 年上升了 15.8%。

盟演变为在美、欧之间权衡；在与发展中国家的关系方面，坚持"有限区别"原则和合作原则；对前任霍华德政府的仍有继承和衔接，目标是本国利益最大化（周剑等，2008）。

表 6.2　主要附件一国家的 2020 年减排计划

附件一缔约方	2020 年减排目标①	相当于 1990 年为基期的实质减排目标②
美国	以 2005 年为基期减排 17%	减排 3%
加拿大	以 2005 年为基期减排 17%	增排 2.52%
澳大利亚	以 2000 年为基期减排 5%～25%	增排 13% 到减排 11%
日本	以 1990 年为基期减排 25%	减排 25%
欧盟（附件一国家）	以 1990 年为基期减排 20%～30%	减排 20%～30%
挪威	以 1990 年为基期减排 30%～40%	减排 30%～40%
俄罗斯	以 1990 年为基期减排 15%～25%	减排 15%～25%

资料来源：联合国气候变化框架公约官方网站（www.UNFCCC.int）.

（2）主要发展中大国气候政治发展态势

七十七国集团加中国作为一个整体代表了全部发展中国家，本身就形成了强大的政治力量。温室气体排放能力，尤其是排放潜力的日益呈现，加上本身就具有的政治权力，使得七十七国集团加中国成为京都谈判的三大力量之一。面对主要是由发达国家造成的气候问题，处于相近发展水平、具有共同发展需求的中国和 G77 成员国，为扭转谈判中面对发达国家的不利态势结成了巩固的战略联盟。但随着国际气候谈判的深入和各方利益的错综复杂，中国和 G77 部分成员国之间的矛盾与分歧凸显，但中国与 G77 之间继续合作的基础和条件仍然比较稳固。严双伍等（2010）等认为，中国和 G77 成员国之间虽然分歧较大、立场分化，但在反对抛弃京都模式、主张发达国家提供资金援助方面却空前团结，基本保全了"双轨"谈判机制。

表 6.3　主要发展中国家的自主减排行动计划

非附件一缔约方	2020 年减排目标③	国家性质
中国	单位 GDP CO_2 排放比 2005 年下降 40%～45%	基础四国等新兴发展中大国
印度	单位 GDP CO_2 排放比 2005 年下降 20%～25%	
巴西	在 BAU④ 基础上减排 36.1%～38.9%	
南非	在 BAU 基础上减排 34%	
墨西哥	在 BAU 基础上减排 30%	
马绍尔群岛	以 2009 年为基期减排 40%	小岛屿国家联盟等受气候变化影响巨大的国家
摩尔多瓦	以 1990 年为基期减排 25%	
马尔代夫	碳中立（10 年内从使用石油转变为使用 100% 的可再生能源）	

资料来源：联合国气候变化框架公约官方网站（www.UNFCCC.int）.

（3）气候变化政治合作与博弈的变迁

全球气候国际制度建设进程中的南北矛盾在继续加深。虽然多边谈判格局出现分化调整，但是最主要的矛盾仍然集中在发达国家和发展中国家这两大集团之间。全球气候变化外交有两种发展趋向：一种是继续延续议定书的模式，发达国家承担量化减排指标发展中国家不承担；另一种趋向是发展中

---

① UNFCCC. Appendix I：Quantified economy—wide emissions targets for 2020. http://unfccc.int/home/items/5264.php. May 15,2010.

② UNFCCC. GHG Data：Time series—Annex I. http://unfccc.int/ghg_data/ghg_data_unfccc/time_series_annex_i/items/3814.php. May 15,2010.

③ UNFCCC. Appendix II—Nationally appropriate mitigation actions of developing country Parties. http://unfccc.int/home/items/5265.php. May 15,2010.

④ BAU 是 Business As Usual 的简称，可理解为"按原轨道发展"、"一切照旧"或"照常"情景。温室气体排放的 BAU 情景是指，在照常经济社会发展趋势下所排放的温室气体。

国家也要逐渐承担指标，或者中国、印度、巴西等经济快速增长的大国，也应承担一定的量化指标（于宏源，2007）。发达国家的历史、实力和国家利益决定了他们应充当气候变化国际行动的主要责任方。发展中大国是气候变化外交的参与者和维护全球公平发展的中流砥柱。在环保的责任、资金和技术的共享、环境与发展的关系等问题上，美欧等发达国家和发展中大国以及他们内部存在许多分歧有待解决。当前受到气候变化影响而形成国家利益各不相同形成了发展中国家和发达国家两大谈判阵营，在奥巴马政府态度转变和哥本哈根谈判日趋紧张背景下，发达国家内部协调和协同程度加深，新兴发展中国家在全球气候谈判进程中位置凸现，与此同时欧盟、美国和发展中大国的清洁伙伴合作也得到深入发展。此外，发达国家继续利用"发展中国家减排牌"转嫁危机、推卸自身减排责任、分化发展中国家。发展中国家则在维护"共同但有区别责任原则"基础上，争取发展权益和资金、技术援助。但是发达国家和发展中国家在第二承诺期减排指标，以及在减缓和适应上对发展中国家资金和技术支持上存在深刻矛盾，而这一矛盾随着后京都进程发展而不断深化。欧盟、美国和日本等主要气候变化谈判方都希望通过贸易和气候变化挂钩的谈判策略达到削弱发达国家竞争对手，取得国际经济优势地位，并进一步成为气候变化的国际领导，加强气候外交软实力。例如欧洲对于美国迟迟不能明确中期减排目标表示不满，日本立场时而追随美国时而追随欧洲摇摆不定。然而当前发达国家内部协调合作是全球气候外交的主要方面，他们之间的矛盾和竞争是次要的，这种变化的重要基础是美国政策的调整。随着气候变化谈判进程的不断发展，发展中国家谈判阵营的差异性日趋扩大：一是经济差距的分化，发展中国家发展程度和差距已经越来越大了，特别是新兴发展中国家和其他的发展中国家相比。二是温室气体排放总量的差异性，新兴发展中国家过去的20年温室气体排放增量是最大和最快的。根据《世界能源展望》的分析，从2008—2035年，中国和印度能源需求增量将占据全球增量的93%以上。小岛屿国家和部分撒哈拉以南发展中国家不仅经济发展缓慢，而且受到气候变暖影响程度很深。因此对于发展中国家阵营来说，新兴发展中国家日益成为最为关键的利益攸关方，而且这些国家担负着维护发展中国家的团结重要任务。

6.3 国际合作的减缓气候变化方面评估

减缓气候变化即使经济问题，也是政治问题。围绕全球气候变化规则争议的核心是经济利益的分配与成本的分担。未来气候变化规则不仅将重塑全球产业结构的形态和布局，而且将在一定程度上决定各国在未来国际分工中的地位（李向阳，2010）。从政治角度上讲，它是对各国未来的发展空间进行分配，因而吸引了各国的广泛参与、合作和博弈。从早期发展中国家和发达国家的互动形成了"南北格局"，到目前排放格局的变化后，新的谈判阵营分化改组。从全球范围来看，气候变化已经成为世界各国的物质基础与道义需求，它与建设公正合理的全球政治经济新秩序密切相关。

6.3.1 国际合作减排的经济评估

由于预期《京都议定书》生效，其所规定的灵活机制催生了碳排放交易市场。应对全球气候变化领域签署的这一国际条约成为推动以市场手段控制温室气体排放的国际法保证。《议定书》的"清洁发展机制"（CDM）更促使我国在2012年以前可以通过"经核实证的减排量"（CERs）的交易，使得工业化国家向我国投资减排项目而实现其部分减排义务，进而使我国相关项目下企业获得一定数量的资金支持。然而后京都时代的制度安排充满变数，未来国际法规则的谈判有可能涉及调整缔约方的附件Ⅰ或非附件Ⅰ国家地位，因而公约非附件Ⅰ中缔约方也有可能在后续承诺期中参与定量减排。始自2007年的金融危机已经冲击了全球的金融业务，碳金融也不例外，EUA及CER的二级市场价格跌至历史低点，CER一级市场价格也继续面临压力。加之碳信用额本身的限制、CER需求疲软、已签约的未来违约风险以及经济衰退等问题，都使得我国这样一个所谓"先进发展中国家"面临政策的调整和应对可能风险的机制。

（1）《京都议定书》创立的碳交易机制

由于《京都议定书》对各工业化国家温室气体限排和减排义务的规定都是用 CO_2 当量减排量来计算，因此，基于温室气体减排而产生的信用即可统称为碳排放减少信用（carbon emission reduction credits）。随着碳信用的产生，碳市场和碳交易开始发展。自《京都议定书》生效以来，碳交易规模显著增长，2007 年达到 640.35 亿美元，（World Bank Institute，2009）相当于 2005 年的 6 倍，碳市场发展成为全球最具发展潜力的商品交易市场。同时，与碳交易相关的贷款、保险、投资等金融问题相应产生。可以说，由《京都议定书》规制的碳减排信用而开发的金融衍生工具，属于上述环境金融的组成内容，但具备了碳金融的独特内涵。碳金融包含了市场、机构、产品和服务等要素，是金融体系应对气候变化的重要环节。为实现可持续发展、减缓和适应气候变化、灾害管理三重环境目标提供了一个低成本的有效途径（Labatt 等，2007）。《京都议定书》建立的"灵活机制"包括第 17 条规定的排放贸易机制（Emission Trading，ET）、第 6 条规定的联合履行机制（Joint Implementation，JI）以及第 12 条规定的清洁发展机制（Clean Development Mechanism，CDM）统称为"灵活机制"。前者是基于配额的交易机制，后两者是基于项目的交易机制。《京都议定书》建立的"灵活机制"又称为京都机制。排放贸易机制仅限于议定书附件 B 国家之间使用，因为议定书附件 B 国家被分配了"量化的限制和减少排放的承诺"的基准年或基准期百分比，他们可于第一承诺期（2008—2012 年）进行"分配数量单位"（Assigned Amount Units，AAUs）的交易。基于排放贸易机制的确立，一种以排放减少或消除量为形式的新的商品被创造出来了。公约附件一国家如果需要超过其被许可的排放量，可以从拥有富裕排放量的附件一国家一现货交易的方式购买 AAUs。由于交易的是 CO_2 当量计的温室气体，此类交易被统称为"碳交易"。由于"碳"成了和其他商品一样受人们关注和交易的对象，"碳市场"就自然形成了。JI 和 CDM 被成为基于项目的交易，是因为这两种机制需要公约附件一发达国家或其国内企业到其他国家投资具有减排效益的项目。东道国将项目产生的 GHG 减排量卖给投资方，而投资方以其折抵在议定书中的减排承诺。只是基于东道国是公约附件一中的"经济转轨国家"还是公约的非附件一国家（发展中国家）而分别设计为 JI 和 CDM。联合履行机制下的项目减排量称为"减排单位"（Emission Reduction Units，ERUs）。清洁发展机制的主要目的是协助非附件一国家能够达到可持续发展，并协助附件一国家履行《京都议定书》之减量承诺，所获减量单位称为"核证减排量"（Certified Emission Reductions，CERs），其第一个起算期从 2000 年开始。

（2）京都机制创建的碳信用市场

京都机制利用市场手段，以实现高效率的基础广泛的应对气候变化的经济模式。这些新兴市场从污染源交易中创造新的财富。通过确立包括成本、价格等因素的碳交易机制，以及不同类型的配额和排放减少信用，为各经济体创造新的发展模式并赢得竞争优势。AAUs、ERUs、CERs 等都属于可交易的碳信用范围，由于其归属分配和实际使用并非发生在一个时间点上，使得碳信用具备了金融衍生产品的某些特性，为国际金融充分介入碳交易奠定了基础。"碳交易"市场机制基于《京都议定书》规范为国际法之后，大量碳交易是通过各国在京都机制之外单独建立了国际碳排放权交易一级和二级市场进行的。并且在"配额"和"项目"两个框架内依据不同方式发展起来的。

比较重要的是碳信用的配额型交易市场。除《京都议定书》下的分配数量单位（AAUs）产生的碳交易市场外，英国于 2002 年启动了排放交易体系（the UK Emissions Trading Scheme，UK ETS）[①]。为了协调与欧盟排放交易体系的关系，该体系于 2006 年年底结束（吴向阳，2006）。欧盟的碳排放贸易计划（EU-ETS）于 2005 年 1 月 1 日正式启动，该计划覆盖了欧盟 25 个成员国，近 1.2 万个排放实体，占欧盟地区温室气体排放量的一半以上。减排目标是强制性的，有明确的排放上限，其考核实施分两阶段进行，若不能完成规定的减排目标，在第一阶段（2005—2007 年）要缴纳每吨 CO_2 40 欧元的罚金；在第二阶段（2008—2012 年）罚金为 100 欧元，且不能以罚金抵消减排义务。根据 EU-ETS 的安排，在第一阶段，主要温室气体仅包括 CO_2，在第二阶段可能扩展到包括甲烷等其他五种温室气体（以 CO_2 当量

---

① The International Energy Agency. (IEA). ［2009-03-01］. http://www.iea.org/textbase/work/2003/ghgem/uk.pdf.

计），且排放配额在两个阶段之间不可通兑。政府对欧盟减排配额（EUAs）不规定价格上限，也不干预市场价格。在第二阶段，允许在发展中国家和经济转轨国家减排得到的减排额度参与交易，并与日本、美国市场相联系，形成开放的全球碳排放贸易市场（潘家华等，2006）。欧盟的能源税不仅仅是增加政府财政收入，更是应对气候变化、空气污染和其他环境问题的工具，然而对能源密集产业的免税和税收负担的分配不公却可能构成能源税实施的障碍"（王文文，2008）。欧盟针对气候变化征收边界调节税是欧盟新的贸易壁垒（谢来辉，2008）。在当前国际气候机制下减排国家必须忍受减排带来竞争力的损失，通过国际排放贸易与清洁发展机制等其他合理方式降低减排成本，因此单从本国减排的成本有效性而采用调节税是不合适的。发展中国家人均收入低，温饱问题广泛存在，不可能以减少经济发展的方法接受减排，正因为如此减排应由发达国家承担，对广大发展中国家征调节税非但不能解决问题，反而会恶化其贸易条件，导致更多的环境资源损失与破坏。澳大利亚于新南威尔士温室气体减排体系（NSW/ACT）于 2003 年建立。设立了为期 10 年的州一级温室气体减排体系。通过分配一定数量的许可排放量，实现碳信用下的实际交易（王卉彤，2008）。美国的芝加哥气候交易所（Chicago Climate Exchange，CCX）和气候期货交易所（Chicago Climate Futures Exchange，CCFX）建成了全球第一家非强制性的自愿气候交易市场。目前最大的碳交易系统是欧盟于 2005 年建立的排放交易体系（EU ETS）。为应对欧盟在《京都议定书》中 8％ 的减排承诺，欧盟对各成员国的大规模点源都设定了排放限制。

还有，就是碳信用的项目型二级交易市场。项目型交易基本规范在《京都议定书》框架下的清洁发展机制和联合履行机制中的一级市场上。项目型碳交易的二级市场是由大量碳投资基金的投资行为引发的，使得法定的一级市场之外建立起了规模庞大的不受国际法约束的碳金融市场。自从 20 世纪 70 年代第一个社会责任投资基金（Socially Responsible Investment，SRI）创立以来，与可持续性相一致的金融工具不断创新。这类投资基金已经从环保项目的二级市场投资中获得了巨大的利益，但这并不是国际法应对气候变化的灵活机制所预设的情景。此类市场的交易模式是投资基金与发展中国家项目业主签署合同后，将购得的碳信用转售给公约附件一国家。二级市场的建立属于纯粹的碳投机行为，但是作为碳金融的一种形式，适度发展将推动 CDM 机制的迅速发展。目前的碳投资基金数量庞大，从世界银行 1999 年的"原型碳基金"（PCF）、生物碳基金（BioCF）、社区发展碳基金（CDCF）、伞形碳基金、框架碳基金（UCF）到国家层面上的荷兰清洁发展机制基金（NCDMF）、荷兰欧洲碳基金、意大利碳基金（ICF）、丹麦碳基金（DCF）、西班牙碳基金（SCF）、欧洲碳基金（CFE）；从商业金融机构瑞士信托银行的"排放交易基金"到非政府组织管理的"美国碳基金组织"再到私募碳基金"复兴碳基金"，投资基金的大量出现和运作在推动碳金融市场繁荣的同时，也增加了虚拟经济过渡炒作而带来的巨大风险。

再有，就是碳排放信用衍生品市场的发展。碳信用在不同市场上表现出不同类型的金融衍生品特性。以欧盟排放交易体系（EU-ETS）为例，欧洲的期货市场是该体系运行的主要市场。虽然欧盟碳信用交易的 3/4 是场外柜台交易和双边交易，但半数以上的场外柜台交易都是通过交易所结算的。这个期货平台引入标准格式的碳减排权合同，使全世界的买家都可以在这个平台上进行交易。欧洲的期货交易所和芝加哥气候期货交易所都可以同时对碳信用期货和碳信用期权进行交易（王卉彤，2008）。以买卖碳信用远期标准化合约为交易对象的金融衍生品交易使得碳排放交易市场越发成为减排温室气体无关的金融组织获取利益的摇篮。《京都议定书》的签订和生效之后，国际法确立的碳交易制度从侧面推动了国际金融类碳排放信用衍生品的发展。全球最大的实物商品期货期权交易所纽约商业交易所控股有限公司（NYMEX Holdings，Inc）宣布计划上市温室气体排放权期货产品，还将牵头组建全球最大的环保衍生品交易所"Green Ex-change"。Green Exchange 上市的环保期货、期货、互换合约，将广泛涉及包括碳排放物、可再生能源的各类环保市场。其初始交易品种，有欧盟排放交易计划下发放的碳排放额度（EUAs）、联合国按清洁发展机制发放的碳排放信用（CERs），及通过美国 Green-e 认证发放的可再生能源许可额度（RECs）。

（3）碳市场的经济分析

日益缩小的的温室气体排放空间出现了稀缺，进而具备了价值和价格的意义且成为可以交易的对象(例如排放权的交易)。"稀缺性不仅构成了法律经济学理论体系的基本假设,也是法学和经济学两者联盟的关键"(周林彬,2004)。国际气候环境物品的稀缺性使其内部蕴含的经济特征为治理全球全球环境容量争夺提供了理论基础。目前,国际环境法律在配额和项目两个领域为碳交易规制了初步的产权制度。《议定书》下的分配数量单位(AAU)和欧盟排放交易体系(EU-ETS)下的欧盟配额(EUAs)就是基于配额的交易,由买家在"限量与贸易"(cap and trade)体制下购买由管理者制定、分配的减排配额;而《议定书》的清洁发展机制(CDM)以及联合履行机制(JE)下分别产生核证减排量(CERs)和减排单位(ERUs)是基于项目的交易,由买主向可证实减低温室气体排放的项目购买减排额。

"巴厘路线图"的达成树立了遏制全球气候变暖,拯救地球的路标①。同时,国际金融动荡演化成的国际经济危机使得国际社会普遍呼唤经济的恢复发展。虽然两大目标表面上可用"可持续发展"的理念加以弥合,然而《议定书》的谈判举步维艰已经充分表明,没有实质性的制度规范和创新思维,无法真正协调环保和经济发展这两大目标。在《议定书》的谈判过程中,各国积极运用各自对策,力图使本国获取最好谈判结果。为此,各方利益诉求和国际环境法的建设就需要纳入一种成本效益分析的框架下进行策略选择,例如通过制度设计以达成各方均衡的实现其次优价值的协议,才能真正推动《议定书》减排计划的实现,并在未来实现各国实际意义上的可持续发展。因此,经济法学的分析方法将为后京都时代国际法框架和制度的形成提供新的视角和策略选择。首先,碳市场的评估就需要基于对国际合作制度进行成本效益分析。需要对气候变化的经济损失、适应气候变化的成本分析、减排的经济成本进行了综述,明确经济学研究的主要内容和思路(陈迎,2000)。也需要用经济学方法对研究国际气候机制与合作博弈进行分析中国温室气体减排宏观经济评价(叶勇,1996)。还需要对国际合作的"成本有效原则"进行解释,分析温室气体减排潜在的经济影响,然后用消费和生产理论分析了温室气体减排的供给机制,并对国际谈判的基本特征以及限制"搭便车"的方法使用模型分析,最后可以得出结论认为,限制"搭便车"的根本途径可能是"非正式压力"(刘建民,2001)。其次,经济发展的外部不经济性促使国际法设计减排的经济手段。国际气候环境恶化的基本原因就是工业化生产行为任由整体气候环境全部负担各国任意排放的后果。当温室气体排放空间丧失殆尽,建立在温室气体排放基础上的国际经济发展只得停滞并为国际气候环境的恶化集体买单,这就是经济学强调的国际经济发展对国际气候环境的外部不经济性②。消除外部性必须由公权力通过制定执行法律的方式进行。所以《议定书》这样的国际间减排协议成为最重要的国际法(赵晓兵,2000)。另外,外部性可通过选择某种策略使环境风险在时间和空间上转移。例如2001年《波恩政治协议》以及《马拉喀什协定》将造林、再造林等林业活动纳入《议定书》确立的灵活机制,鼓励各国通过绿化、造林来抵消部分工业源CO_2的排放。第三,气候环境资源的稀缺性引发了全球基于市场的环境容量争夺。国际气候环境本不具有稀缺性,然而大量消耗化石能源使温室气体排放量激增,打破了自然界正常的碳循环过程(卢升高,吕军,2004),致使大气中温室气体增加速度和增加数量大大超过了海洋碳库和陆地生态碳库可以吸收的速度和数量,从而引起温室效应(邹骥等,2009)。

6.3.2 国际合作减排的政治评估

气候变化谈判利益交错、矛盾互织,发展中国家和发达国家两大阵营的矛盾贯穿于整个过程,并围绕减排目标为核心,以下两个方面为主要问题展开激烈博弈:一是针对能否促使发达国家承担大幅度量化减排指标、确保未批准《京都议定书》的发达国家做出可比的减排承诺,同时推动主要发展中国家

---

① 2007年12月在印尼巴厘岛召开的联合国气候变化公约缔约方大会(COP13)达成的"巴厘岛路线图",确定在2009年前达成减缓气候变化的新协议。"巴厘岛路线图"明确规定,《公约》的所有发达国家缔约方都要履行可测量、可报告、可核实的温室气体减排责任,这把长期游离于国际减排计划之外的美国纳入其中。"巴厘岛路线图"除减缓气候变化问题外,还强调了另外三个在以前国际谈判中曾不同程度受到忽视的问题:适应气候变化问题、技术开发和转让问题以及资金问题。

② 经济学意义上的"外部不经济性"(Negative externalities)是指生产者或消费者的经济活动对其他消费者和生产者造成的负面影响而又未将这些负面影响计入市场交易的成本与价格之中。

参与减排;二是就减缓、适应、技术转让、资金支持等问题的制度安排实现共识,促进全球在可持续发展框架下根据本国国情采取适当的适应和减缓行动。减缓气候变化既然已经进入了国际法调控的程序,各国间的协同共进就成了成功应对气候变化的基础。在这些"碳外交"领域,发达国家通过和温室气体排放大国进行沟通和协商,推进大国清洁伙伴关系,建立后京都时代合理和有效率的环境容量约束制度等,来维护能源消费、地球气候和经济发展的协调均衡;另外也推动发展中国家接受环境容量的软法和硬法约束(于宏源,2008)。

发达国家能源气候协同的基础是美国政策重心向气候变化倾斜,其结果是美欧日等发达国家共同向发展中国家施加减排压力。受到发达国家自身减排意愿下降和谈判策略调整等因素影响,发展中国家减排和能源发展问题将成为谈判的焦点。发达国家将在量化减排和新能源市场方面问题继续向发展中国家施加压力,并切割发展中国家阵营,让排放量相对较高的新兴发展中大国承担量化减排指标,同时还希望通过一揽子协议将所有国家纳入气候变化框架减排机制(于宏源,2010)。

从多边谈判格局的领导权发展来看,气候变化谈判过程中已经形成的欧盟的领导权正面临巨大的挑战。首先,发达国家之间基于国家竞争力问题而产生分歧,使得欧盟的领导地位得到削弱。欧盟、美国和日本等主要气候变化谈判方都希望通过国际贸易和气候变化挂钩的谈判策略,达到削弱发达国家竞争对手,取得国际经济优势地位,进而成为气候变化应对机制的领导者的目的。其次,发达国家在减排基准年上的巨大分歧,事实上否定了欧盟的领导地位。基准年的安排的巨大分歧已经使欧盟无法再引领国际气候变化谈判进程,发达国家内部减排阵营已经形成裂痕。

哥本哈根气候变化谈判进程中的南北矛盾也在继续加深。虽然多边谈判格局出现分化调整,但是最主要的矛盾仍然集中在发达国家和发展中国家这两大集团之间。发达国家继续利用"发展中国家减排牌"转嫁危机、推卸自身减排责任,分化发展中国家。发展中国家则在维护"共同但有区别责任原则"基础上,争取发展权益和资金、技术援助。但是发达国家和发展中国家在第二承诺期减排指标,以及在减缓和适应上对发展中国家资金和技术支持上存在深刻矛盾,而这一矛盾随着后京都进程发展而不断深化。首先,发达国家继续规避自身的减排责任和援助义务。他们刻意把气候变化谈判引入讨论程序问题、技术问题、边缘问题,对于发达国家率先深度减排和兑现资金与技术转让承诺等实质性问题则采取拖延战术。其次,欧美等主要发达国家对发展中国家阵营采取合并和分化并举的策略。所谓"并轨策略"是指发达国家否定"二轨谈判"原则,将自身中期减排指标和全球气候变化长期谈判合并在一起,重点要求中国和印度的主要发展中国家经济体做出中期减排承诺。所谓"分化策略"指的是发达国家强调发展中国家内部的差异性,利用最不发达国家和小岛屿国家自身迫切需要,通过资金和技术援助许诺,分而施压,以期分化七十七国集团加中国在气候谈判中的团结,把矛盾聚焦在中国等发展中大国。第三,经济衰退进一步促使发达国家和发展中国家的分歧。受到金融危机引发的全球经济衰退的严重影响,欧盟等所谓"环保先锋"国家减排意愿下降,向发展中国家提供资金问题上趋于保守,延缓了发展中国家气候变化适应能力建设进程,如适应基金和发展中国家的实际需求相比仍有数十倍差距。而发展中国家则坚持发达国家的历史责任,强调减缓、适应、技术转让和资金支持应当同举并重。

为了与《京都议定书》第一承诺期衔接,避免 2012 年后减排制度出现中断,按照《巴厘路线图》新的国际气候协定必须要在 2013 年生效。2010 年坎昆会议之后,发达国家在减排方面对发展中国家要价将更高,新兴发展中大国在资金援助和技术转让问题上将处于更加不利的境地(杨理堃等,2011)。欧盟委员会制订了新的方案,要求 2012 年之后大幅削减巴西、中国和印度等先进发展中国家的 CDM 规模。欧盟认为,对于先进的发展中国家和那些竞争激烈的行业而言,基于项目的 CDM 机制应当让位于行业性的碳市场计入机制,这一方案明确表明了欧盟要求所谓"先进发展中国家"参与实际减排的态度。美国能源部长朱棣文在国会的提议对碳排放权征收进口关税。此外,欧盟还准备将清洁发展机制(CDM)交易和发展中国家是否减排相挂钩。发达国家媒体和领导还不断高调渲染新兴发展中大国尽早承担减排义务,欧盟领导人和美国前副总统戈尔在波兹南会议提倡中国积极参与全球减排计划的行动的方式,希望促使中国接受温室气体减排"硬法"指标的约束(吕学都,2009)。

6.3.3 国际协同对国内制度建设的影响

（1）全球气候变化治理碎片化

发展中国家阵营内部立场出现分化，出现了越来越多的不同声。发展中国家内部由于情况不同、地理位置不同、资源不同，应对气候变化的潜在差异逐渐表面化，尤其在减排目标和责任等方面：首先在减排目标方面，由于气候变化带来的生存威胁，近年来小岛屿国家和最不发达国家要求所有排放大国都承担减排义务，要求实现 1.5 度的减排目标，而经济快速增长的发展中国家限于发展阶段和资源禀赋等的原因，未来一段时间内温室气体排放还要持续增长。因此在减排目标方面发展中国家内部的分歧逐渐扩大化。

其次是发达国家阵营内部立场差异性增多。在发达国家内部，美国代表的伞形联盟与欧盟在《京都议定书》模式这一固有差异仍未解决，与此同时，发达国家内部新的矛盾也在扩大，主要体现在基准年标准和减排目标方面。欧洲一直坚持绝对量减排，而美国则认同在"政治上和技术上可以实现的"的减排[①]。欧美在减排基准年份的分歧日益明显，欧盟表示"计算标准可以是任何一年，但评价基准年只能是 1990 年"（曾静静，2009），以此强调将继续以《公约》及《京都议定书》定下的基准年 1990 年作为国际谈判的基准。

第三是发达国家和发展中国家的气候谈判互动模式发生转型。虽然《联合国气候变化框架公约》下的双轨制谈判模式在形式上仍是发达国家和发展中国家进行博弈的主要平台。但随着气候变化谈判行为体立场差异日趋增多，二十国集团、主要经济体等互动模式在发达国家和发展中大国之间不断发展。

最后是参与谈判的各方的影响力都在不断发展变化。这种发展既表现在行为体数量，也表现在行为体影响力的变化方面。Ward（2009）认为，全球气候变化格局也反映了各种力量多极化演进的现实，即超级大国或其他主要力量无法控制气候变化全球谈判的发展变化。一方面，参与气候变化谈判博弈的国家行为体日益增多。通常仅为部长级别的联合国气候会议，却有 100 多位国家元首及政府首脑出席哥本哈根大会。另一方面，发展中国家整体实力增强，发达国家影响力有所削弱（陈向阳，2010）。欧盟委员会主席巴罗佐承认，欧洲在哥本哈根气候变化大会上被边缘化，而在哥本哈根大会，不少政治经济不发达的国家对气候变化的影响力日益提升，发展中国家特别是最不发达国家在气候变化谈判中有了部分话语权[②]。哥本哈根大会已经证明：欧洲，美国已不再是唯一主角……许多在地图上都难以找到的外围国家，比如玻利维亚以及众多非洲国家也成为主角"（Caldwell，2009）。

（2）气候变化谈判对国内政策协同影响

软能力建设是指一国与国际制度互动而衍生出的利益协调、制度建设和规范内化等。在全球气候变化谈判中，如何形成气候变化利益协调和传导机制；如何提升引导气候变化话语权和谈判进程的能力；如何平衡国家利益和国际责任两方面的考量；如何强化气候变化战略共识和协调机制等问题现实的摆在面前。全球气候变化谈判的主要影响有三个方面：第一是最根本的利益关系，包括新的利益理念、利益集团等，它们既是促进国内相关行为体在气候变化领域与国际接轨的主要动力，同时也促进国内制度和规范通过气候变化谈判而对现行气候变化谈判规制和规范形成反作用力；第二是知识层面，它包括全球气候变化作为人类最重要的国际规范的扩散与内化、国际培训等，正是在这一过程，中国相应的气候变化政策部门逐渐得以国际化，而气候变化制度与规范也逐渐被当地化；第三是制度建设层面，它包括国内气候变化行政管理体制的改革、议事日程的设定、国际履约等，这一层面更多地体现了中国自身的国内行政管理体制在国际化过程中所体现出来的能动性，这对于发展中国家应对全球气候变化谈判压力也有着重大的启示（于宏源，2008）。

---

① 参见美国气候变化谈判代表斯特恩在 2009 年波恩的表态。"Cooling the planet without chilling trade"，The Washington Post，November 13，2009.

② 除了中国、印度和巴西的大幅度自愿减排目标之外，阿根廷、墨西哥等拉美国家主张全球减排，墨西哥承诺到 2050 年将排放量减少 50%。小岛屿国和最不发达国家特别是非洲国家要求所有排放大国都承担减排义务，这些方案推进了哥本哈根会议进程。

气候变化谈判事关人类发展前途与各国发展权益和国际责任,是涉及经济和政治利益的重大问题,也是发达国家用以在政治上干涉、经济上遏制发展中国家的主要工具。因此,在全球气候变化谈判中,中国对协调南北之间、大国之间、公平和正义、减缓和适应等方面起到重要的作用。首先,全球气候变化谈判中的减排指标和时间表事关中国的国家利益和未来的发展权益,事关未来全球经济,能源和政治竞争格局,因此是新兴而且较为重要的中国国家利益(于宏源,2005)。其次,目前在气候变化成为全球重要安全问题的压力下,发达国家意识到向发展中国家提供环境援助,是为了人类共同利益和自身利益的一种投资,世界银行等国际组织强调技术转让对发展中国家转向低碳发展道路的重要性。全球气候变化的利益驱动因素将有利于中国深化和改变对气候集团的出现将形成推动全球气候变化的利益集团、为国内参与各个行为体带来了实际的利益,并影响到政策制定的进程与各个角色的态度。

在全球气候变化所带来的专业知识压力方面。全球气候变化谈判非常复杂,呈现出科学问题政治化、政治问题科学化以及经济能源问题政治化的趋势。不同部门和单位之间的协调合作与信息交流,对于中国掌握全球气候变化谈判的主动权至关重要。由于存在科学上的不确定性以及降低温室气体模式的复杂性,全球气候变化谈判是通过科学和专业知识来解决问题的国际制度(气象学、能源科学等十几门专业科学),因此,需要多种专业知识的交流互补和以部门交流为核心的平台,如果没有不同相关部门的整合,中国也无法确定自己的国家利益并应对全球气候变化谈判。在《京都议定书》签署之前,国际环境贷款与援助因素在中国气候变化政策制定中的位置非常高,然而在2007年,由于巴厘岛气候变化谈判大会以及后京都进程的日趋迫近,国际气候变化谈判压力需要对于中国气候变化政策的影响作用凸现出来。同时由于全球气候变化理念已经普适化,因此在受重视程度上小于气候变化谈判压力。对国际化和国际制度所带来的利益与规范影响的认识必然与客观现实存在偏差,因此国内认知对于中国气候变化政策的国际化也有着重要建构作用,后一方面是传统的建构主义所少有关注的,但也同时是中国参与全球化中不可忽视的行为。

众所周知,中国作为世界最大的高能耗国家不仅面临着全球环境安全的严重挑战,其自身也是全球环境问题主要来源。因此,面对不断融合和相互联系的能源环境问题,中国作为负责任的发展中大国一方面要恪守承诺,为维护全球能源和环境安全保护作出贡献;另一方面也不可充当全球气候变化领域的主导或领导,否则将严重牺牲本国的利益和发展权益(于宏源,2009)。

6.4 中国同国际社会应对减缓气候变化的全方位合作

6.4.1 多边合作

(1)中国与联合国气候变化谈判

在全球层次上,国际减缓气候变化合作的主要形式和成果表现为联合国主导下的国际气候谈判和由此产生的《气候公约》及其《京都议定书》。《气候公约》及其《京都议定书》构成当今主要的全球应对气候变化的机制。随着联合国气候变化谈判进程的发展,中国的作用和影响受到广泛关注。有关研究表明,在联合国气候变化谈判中,中国正以日益积极的姿态参与其中,发挥了越来越重要的建设性作用。中国的作用主要体现在以下几个方面:

第一,全程参与联合国气候变化谈判,认真履约并起到一定示范作用。

1992年6月,在巴西里约热内卢召开的联合国环境与发展大会期间,公约正式开放签署。李鹏总理代表中国政府在里约会议期间签署了公约,同年底全国人大审议并批准了该公约。1994年3月21日,该公约在50个国家批准后正式生效,中国是公约最早的10个缔约方之一。1997年在日本京都召开的公约第三次缔约方会议(COP3)通过了《京都议定书》,2002年,全国人大审议并批准了该议定书。《气候公约》缔约方会议第13次会议(COP 13 of UNFCCC)暨《京都议定书》缔约方会议第3次会议于2007年12月3—15日在印度尼西亚巴厘岛举行。在中国代表团的积极参与下,会议制定了"巴厘路线图",路线图进一步确认了公约和议定书下的"双轨"谈判进程,并决定于2009年底在丹麦哥本哈根举行的公约第 15 次缔约方会议和议定书第五次缔约方会议上最终完成谈判，加强应对气候变化国际合作，促进公约及议定书的履行。在 2009 年底的哥本哈根气候变化大会上，中国作为基础四国的一员，为《哥本哈根协议》的出台发挥了关键性作用。

与此同时，中国认真履行本国在《气候公约》和《议定书》下的义务，于 2004 年提交了《中华人民共和国气候变化初始国家信息通报》，并于 2007 年 6 月发布《应对气候变化国家方案》和《中国应对气候变化科技专项行动》。中国是世界上第一个发布《应对气候变化国家方案》的发展中国家。在《气候公约》和《议定书》下，中国虽然没有量化减排义务，但在国内采取积极的节能减排措施。其力度之大，举世罕见。在"十一五"规划中，中国制定了从 2006—2010 年将单位 GDP 的能耗降低 20% 的约束性指标。如果中国 GDP 增长速度按 9.5% 计算，到 2010 年实现 20% 的节能目标，可减少 16 亿吨 CO_2 的排放。这是目前世界上所有减排计划中贡献最大的一个国家目标（杨富强等，2009）中国这一雄心勃勃的减排计划和行动受到国际的广泛好评。联合国秘书长潘基文指出："中国计划在五年时间内将单位 GDP 能耗减少 20%，这与欧盟承诺在 2020 年前将温室气体排放减少 20% 在本质上相差不远。"[①]

2009 年 9 月，胡锦涛主席在联合国气候变化峰会上宣布，中国将进一步把应对气候变化纳入经济社会发展规划，并继续采取强有力的措施。一是加强节能、提高能效工作，争取到 2020 年单位国内生产总值二氧化碳排放比 2005 年有显著下降；二是大力发展可再生能源和核能，争取到 2020 年非化石能源占一次能源消费比重达到 15% 左右；三是大力增加森林碳汇，争取到 2020 年森林面积比 2005 年增加 4000 万公顷，森林蓄积量比 2005 年增加 13 亿立方米；四是大力发展绿色经济，积极发展低碳经济和循环经济，研发和推广气候友好技术。2009 年 11 月，中国政府进一步明确承诺，2020 年在 2005 年基础上将单位 GDP 的碳排放降低 40%～45%。

这些事实表明，在一定程度上，中国不仅在认真履行条约的义务，而且起到了示范和榜样的作用。

第二，中国有力维护发展中国家的整体利益。

在公约谈判过程中，中国代表团的关于气候变化公约草案首先成为七十七国集团协调立场的基本文件，然后成为国际谈判的基础。在 1995 年《京都议定书》谈判之前，中国代表团提出了关于进一步加强发达国家量化减排指标谈判的决定，提出了具体的要素，这个决定也为后来的谈判，以及制定《京都议定书》的规定——只有发达国家承担量化减排指标——提供了重要的基础。在 2005 年蒙特利尔会议上，中国代表团关于《京都议定书》第二承诺期指标谈判的动力也为会议所采纳，这就基本上奠定了"巴厘路线图"的基础。发达国家不但要在 2008—2012 年的第一阶段期承担量化的减排指标，还将在 2012 年以后继续按照《京都议定书》的模式承担量化的减排指标。《京都议定书》建立了一个重要模式：只有发达国家承担具体的量化的减排指标，发展中国家没有量化的减排义务。《议定书》只是重申了公约所承担的应对气候变化原则性、一般性的承诺和义务。公约和议定书的原则和规定，对中国和发展中国家非常有利，是中国联合发展中国家的力量，共同努力，经过艰苦谈判争取而来的。苏伟等（2008）在 2007 年的巴厘岛大会上，中国代表团为绘制"巴厘路线图"作出了重要贡献。从大的方面讲，中国代表团提出启动公约谈判进程的目的是加强公约实施，坚持了"共同但有区别的责任"原则。从小的方面讲，中国代表团提出"减缓、适应、技术、资金"四个轮子独立并行，强调了"技术和资金"在帮助发展中国家应对气候变化方面的极端重要性。以上这些均已反映在《巴厘行动计划》中。此外，针对发达国家为降低减排成本引入并极力推行基于市场的三个灵活机制，却一直在对发展中国家的资金援助和技术转让问题上设置障碍，中国在 COP4 上提出"技术转让机制"（TTM），并被写入 COP4 会议决议的正式文本，即"布宜诺斯艾利斯行动计划"，为公约制度的完善作出了贡献（陈迎，2002）。

第三，中国是国际气候变化谈判的积极支持者。表 6.4 显示了中国领导人对于应对全球气候变化的政治意愿。

表 6.4　中国领导人系统阐述保护气候国际合作立场的重要讲话

时间	场合	发表者	讲话题目
2005 年 7 月	八国集团同发展中国家对话会	胡锦涛	携手开创未来推动合作共赢
2007 年 9 月	APEC 第十五次领导人非正式会议	胡锦涛	在亚太经合组织第十五次领导人非正式会议上的讲话
2007 年 11 月	第三届东亚峰会	温家宝	携手合作 共同创造可持续发展的未来
2008 年 7 月	经济大国能源安全和气候变化领导人会议	胡锦涛	在经济大国能源安全和气候变化领导人会议上的讲话
2008 年 11 月	应对气候变化技术开发与转让高级别研讨会	温家宝	加强国际技术合作 积极应对气候变化
2009 年 9 月	联合国气候变化峰会	胡锦涛	携手应对气候变化挑战
2009 年 12 月	哥本哈根气候变化会议领导人会议	温家宝	凝聚共识 加强合作 推进应对气候变化历史进程

在气候谈判"南北对立"的基本政治格局下,尽管不同国家或国家集团之间存在着错综复杂的利益关系,但欧盟、以美国为首的伞形国家集团以及代表发展中国家的"七十七国集团加中国"基本上是决定公约演化进程的三支最主要的政治力量。虽然代表"七十七国集团加中国"发表立场声明的往往是"七十七国集团"的轮值主席国的代表,但中国以其大国的国际地位,通过艰苦的内部协调工作,在维护发展中国家的基本利益的同时,采取日益灵活与合作的政策,以推动谈判的进程。陈迎(2002)通过对比 1991 年、1999 年、2001 年和 2009 年四个时间点中国在国际气候变化谈判问题上的基本立场发现,18 年间,中国在国际气候变化谈判中的立场稳中有变。不变的是中国坚持不承担量化减排温室气体的义务,变化的是以比过去灵活、更合作的态度参与国际气候变化谈判,具体体现在:第一,在对待三个灵活机制方面,尤其是清洁发展机制,由过去的怀疑转变为现在的支持;第二,在资金和技术方面,由过去一味强调发达国家必须向发展中国家提供资金和技术援助,转向呼吁建立双赢的技术推广机制和互利技术合作;第三,从过去专注于《联合国气候变化公约》及其《京都议定书》转向对其他形式的国际气候合作机制持开放态度;第四,同意在不损害国家主权的条件下,每两年向联合国报告国内减排措施和实施情况,并同意温升不超过 2℃ 的长远目标(张海滨,2010)。

此外,中国参与联合国政府间气候变化专门委员会(IPCC)科学评估活动的情况也从另一个侧面反映了中国不断强化的参与程度。在 1990 年和 1995 年 IPCC 推出的第一、二次《气候变化评估报告》,中国影响力相对不高。到 2001 年推出的第三期评估报告,中国有一人担任了第一工作组的联合主席,共有 20 人次作为主要作者和评阅人参与了报告的编写,另有许多科学家参与了先后三轮的科学和政府审评工作,使发展中国家在气候变化问题上发挥的作用大大增强(陈迎,2002)。而在 2007 年 IPCC 推出的第四次评估报告中,共有 20 多位中国人作为主要作者和评审编辑参与其中。第五次 IPCC 评估报告有 43 位中国专家参加。中国科学家在报告的起草工作中发挥了重要作用。

关于中国国际气候谈判立场的形成原因,中国学者进行了多种分析。Zhang(2003)认为,国家利益、主权和国际形象是影响中国国际气候变化谈判政策的三个因素。徐华清等(2005)认为影响和决定一个国家气候变化谈判立场的因素主要有决策依据、利益相关者的作用、经济与环境意识、对国际事务的态度、减缓气候变化的手段等并据此对中国的谈判立场进行分析。任国玉等(2005)则强调,对未来气候变化可能情景及其影响的预期不同是影响包括中国在内的世界各主要国家和国家集团在气候变化问题上的立场和政策形成的重要因素。张海滨(2007)提出,减缓成本、生态脆弱性和公平原则是影响中国国际气候变化谈判立场的三个基本变量。在国际气候变化谈判中,中国的减缓成本越高,中国承诺减排义务的可能性就越小;中国的减缓成本越低,中国承诺减排义务的可能性就越大。在中国,气候变化导致的生态脆弱性越高,中国承诺减排义务的可能性越大。陈迎(2007)认为,应将单一理性人模式(The Unitary Rational Actor Model,URA)、国内政治模式(The Domestic Politics Model,DP)和社会学习和理念模式(The Social Learning and Ideas Model,SLI)三种模式结合起来综合解释中国的谈判立场。

不少研究都注意到,中国在国际气候变化谈判中正面临日益增大的压力。有的学者对当前国际气候变化谈判的格局进行了分析,认为在国际气候谈判中,由于各个国家的发展水平、政治诉求、地理位置、自然条件、资源构成有很多差异,主张的要求、诉求、谈判目标、立场也大不相同,各方矛盾交错、利益互织。总体来看,主要可划分为发展中国家和发达国家两大阵营,以及欧盟、美国、以中国为代表的发展中国家这三股力量，并表现为诸多的矛盾：南北的矛盾，发达国家和发展中国家的矛盾，发达国家内部的矛盾，发展中国家的矛盾，以及所有的国家，针对排放大国的矛盾。这些矛盾的现在指向是：不管发达国家还是发展中国家，只要排放得多，总量大，就会成为众矢之的。说到两大阵营之间的矛盾，焦点主要还在于历史责任问题、资金和技术转让的问题。而三股力量（欧盟、美国、中国），则主要围绕分担如何减排的义务，谁来减，减多少，什么时候减，怎么减。

中国在气候变化国际谈判中面临的形势非常严峻。中国温室气体排放的增长很快。根据 2009 年联合国的有关数据，2006 年中国 CO_2 排放总量 61 亿吨，超过美国的 57.52 亿吨，成为世界第一排放大国。(United Nations Statistics Division，2009)从 2000—2004 年，中国和美国 CO_2 排放总量分别占世界同期增量的 59%，3.2%。从这个数字看，中美尽管在排放总量上差不多，但中国的增量上升很快，虽然这一疾升势头近年已经趋缓，但毕竟还在升，比如，人均排放量 2006 年大致在 4.32 吨，2004 年是 4.18 吨。到 2010 年，即使中国 GDP 能耗按计划比 2005 年下降 20%，CO_2 排放也将比 2005 年增长 20%多，也就是说，虽然我们的单位 GDP 能耗降了，但是温室气体总量还会增长。中国温室气体增长的势头非常猛，2005 年比 1990 年增长了一倍多，据估算，2050 年会比 2005 年再增长一倍，即比 1990 年翻四番。美欧虽然在气候变化问题上有一些不同的看法，有道路之争、模式之争，但是在发展中大国承担量化减排的指标问题上，有着共同的呼声和利益。其根本意图是：用量化的长期目标来压缩发展中国家发展的空间。

（2）中国与减缓气候变化的其他多边合作机制

在坚持联合国气候变化的主导地位的同时，中国也以开放的态度积极参与其他应对气候变化的多边机制。这些机制主要包括：

1）亚太清洁发展和气候伙伴计划

2005 年 7 月，在美国和澳大利亚的倡议下，中、美、日、澳、印、韩共同成立亚太清洁发展与气候伙伴计划。2007 年 10 月加拿大正式加入，使伙伴计划成员增加至 7 个。伙伴计划是美国为减轻其因拒绝批准《京都议定书》所面临的国际压力而发起成立的。

2）国际甲烷市场化合作计划

2004 年 7 月美国政府倡导启动了国际甲烷市场化合作计划，旨在通过低成本、高收益的甲烷回收利用项目，在短期实现甲烷减排。该计划包括四个领域：煤炭、城市垃圾填埋、农业（家畜粪肥处理）及石油天然气。目前世界上已有包括中国在内的 18 个国家加入该计划。

3）参加亚太经合组织关于气候变化问题宣言的制定

2007 年，亚太经合组织第十五次领导人非正式会议通过并发表了《APEC 领导人关于气候变化、能源安全和清洁发展的宣言》，宣言就降低亚太地区能源强度与增加森林面积确定了具体目标。宣言中关于建立亚太森林恢复和可持续管理网络，以加强森林领域能力建设和信息交流的内容就是根据胡锦涛主席的建议写进去的（张海滨，2009）。

4）八国集团和五个主要发展中国家气候变化对话（"G8+5"气候变化对话）

2005 年 8 月的八国峰会，首次采取了八国集团加中国、印度、巴西、南非与墨西哥的形式，把抑制全球气候变暖作为本次峰会两大重要议题之一。此次首脑会议最终制定了《气候变化、清洁能源与可持续发展宣言》和《格伦伊格尔斯行动计划气候变化、清洁能源与可持续发展》两个重要文件。此后，气候变化一直是"G8+5"的主要议题之一。从 2008 年开始，每年峰会期间举行经济大国能源安全和气候变化领导人会议。"G8+5"在气候变化对话中的最新进展是，在 2009 年举行的经济大国能源安全和气候变化领导人会议上，17 个与会国首次确认，全球平均气温上升幅度不能高于工业化前水平 2℃。

5）经济大国能源安全和气候变化论坛

由美国发起并主办的全球气候变化会议。美国总统奥巴马上任后于 2009 年 3 月启动，成员包括美、俄、中、日等 16 个经济大国和欧盟，另加上哥本哈根大会东道主丹麦。其前身是"主要经济体能源安全与气候变化会议"。该会议于 2007 年 9 月底在华盛顿首次举行。共有 16 个国家以及联合国和欧盟的代表与会，探讨如何共同应对气候变化。美国邀请的其他 15 个国家包括英国、法国、德国、日本、加拿大、澳大利亚等发达国家，以及中国、印度、巴西、墨西哥、南非等发展中国家。

6)"基础四国"气候变化磋商机制

2007年联合国气候变化巴厘岛大会通过"巴厘路线图"之后,为在哥本哈根气候变化会议上维护发展中国家的利益,中国与印度、巴西和南非等主要发展中国家的交流与协调行动日益密切。2009年11月26—27日,中国、印度、巴西与南非四个最主要的发展中国的代表在哥本哈根大会开幕前夕,齐聚北京,共商这次气候大会上的基本立场。有人便取巴西(Brazil)、南非(South Africa)、印度(India)和中国(China)的英文首字母刚好组成英文单词BASIC,将四国冠以"基础四国"之名。在哥本哈根气候大会上,基础四国团结一致,在"单轨"与"双轨"、"丹麦文本"和"哥本哈根协定"等重大问题上集体发声,推动哥本哈根会议朝着正确方向前进,显示了强大的影响力。2009年12月23日,联合国政府间气候变化专门委员会主席拉津德·帕乔里表示,由中国、印度、巴西和南非组成的"基础四国"成为哥本哈根会议上一股重要力量,他们可能会引领未来的气候谈判道路。

6.4.2 双边合作

在积极参与减缓气候变化多边机制的同时,中国也努力开展双边气候变化合作。在双边方面,中国与欧盟、印度、巴西、南非、日本、美国、加拿大、英国、澳大利亚等国家和地区建立了气候变化对话与合作机制。中国的双边合作主要集中在中国与发达国家之间。中国与发展中国家,如印度、巴西等举行过多次气候变化磋商[①],但具体项目的合作较少。中国与美国、日本、欧盟、德国、英国、加拿大、澳大利亚等发达国家都签署了双边应对气候变化合作的政府协议,并且开展了项目合作。其中,中国与欧盟的气候合作在广度和深度上位居中国对外双边气候合作的前列,主要表现在中欧双方对"共同但有区别的责任"原则有较高的共识度;中欧双方在气候变化领域的资金和项目合作力度较大。2009年11月30日在第十二次中欧领导人会议上签署的《中国—欧盟领导人会晤联合声明》集中反映了中欧气候变化合作的进展(张海滨,2010)。2010年4月中欧双方决定建立中欧气候变化部长级对话与合作机制。表6.2、表6.3列出了中日与中美之间签署的主要双边气候变化协议。

表6.5 中日关于应对气候变化合作的主要双边协定

合作协定名称	签署级别
《中日两国政府关于进一步加强气候变化科学技术合作的联合声明》(2007年)	部级
《关于进一步加强中日环保合作的联合声明》(2007年)	部级
《中日两国政府关于推动环境能源领域合作的联合公报》(2007年)	部级
《中日关于全面推进战略互惠关系的联合声明》(2008年)	元首级
《中日两国政府关于气候变化的联合声明》(2008年)	部级
《中日两国政府关于加强交流与合作的联合新闻公报》(2008年)	部级
《关于继续加强节能环保领域合作的备忘录》(2008)	部级

表6.6 中美关于应对气候变化合作的主要双边协定

合作协定名称	签署级别
《中美化石能技术开发与利用合作议定书》(1985年)	部级
《中美能源效率和可再生能源技术发展与利用合作议定书》(1995年)	部级
《中华人民共和国国家发展计划委员会和美国国家环保局关于清洁大气和清洁能源技术合作的意向声明》(1999年)	部级
《中美环境与发展合作联合声明》(2000年)	部级
《2008年北京夏季奥运会清洁能源技术合作议定书》(2004年)	部级
《中美能源环境十年合作框架》(2008年)	副总理级
《关于中美两国加强在气候变化、能源和环境方面合作的谅解备忘录》(2009年)	副总理级
《中美联合声明》(1997年)	元首级

① 参见外交部网站(http://www.fmprc.gov.cn/chn/pds/wjdt/sjxw/t348706.htm).

相比之下，中日、中欧和中美气候变化合作规模较大。其中中日合作要明显好于中美合作。美国和日本在能源和环境领域对华政策的不同是导致这一差异的主要原因：第一，日美两国的国际环境战略不同，日本比美国更愿意充当世界环境领袖，更重视国际环境战略，更重视借环境合作扩大其国际环保产业市场；第二，日美两国在国际气候变化谈判中与中国之间的共识度不同，中日之间的共识多于中美之间的共识；第三，日美两国对华能源和环境政策中的意识形态色彩不同，美国重于日本；第四，日美两国通过对华能源和环保政策影响中国决策的方式不同，美国直截了当，主导性强，日本则主要是配合中国的政策，协调性强，中国更易接受。此外，地理上中日相邻，中美相距较远也有一定影响（张海滨，2009）。奥巴马政府执政以来中美双方加大了应对气候变化的合作力度，取得了一些具体成果。比如，中美签署了《关于中美两国加强在气候变化、能源和环境方面合作的谅解备忘录》，合作建立了中美清洁能源联合研究中心。中美气候变化与能源合作的进一步合作值得期待。有的学者还从清洁发展机制（CDM）的角度对中日合作的"必要性"和"实现可能性"进行了分析，指出两国存在巨大的合作空间（庄贵阳，2002）。

关于中国如何发展与发达国家的气候合作，国内学者存在不同意见。有的学者对美国的合作意图高度怀疑，强调"我们也要看到美国过去搞台独、搞藏独，现在又搞气候变化，这些手段都是为了从中国这里换取它的实际利益。所以，我们必须坚持凡事以'我'为主。对我们的可持续发展有利的，我们就去做。跟我们的可持续发展没什么关系的，就先放一放。归根结底，一切要以中国自己的可持续发展为根本准则和目标"（丁一凡，2009）。有的学者认为，奥巴马政府在气候变化问题上表现出积极的姿态，既是出于改善美国国际形象的需要，又是出于保持美国未来竞争力的考虑。美国视中国为战略竞争者，不可能免费提供给中国资金、技术，从实质上帮助中国发展低碳经济。应对气候变化，中国要丢掉幻想，坚定地走自己的路。中美在气候问题上的利益分歧，决定了双边合作一个时期内只能是表层的、形式上的。但是，中美在气候问题上，为两国人民计，为全人类计，总是应当谋求由浅入深的负责任的合作。针对美国在气候合作领域走大国路线的橄榄枝，一方面，我们要利用联合国气候公约的框架进程，强调多边道路；另一方面，我们要站住理，敢讲理，防止上当（潘家华，2009）。有的学者则强调，应从战略高度重视并积极开展中国与美日欧等发达国家和地区的双边气候合作。如果单就中国与某一国的气候合作来看，合作效果并不会很大，但如果将中国与欧盟、美国、日本、德国、英国和加拿大以及澳大利亚等国的双边合作中获得的技术串联起来，加以整合和系统化，效果将令人刮目相看（张海滨，2009）。

在中国的双边气候变化合中，一个新的现象是，中国开始在气候变化领域向发展中国家提供援助。比如，中国开始在力所能及的范围内，帮助非洲和小岛屿发展中国家提高应对气候变化的能力。中国积极推动中非在气候变化等领域的合作。截至2009年上半年，中国政府分别举办了两期针对非洲和亚洲发展中国家政府官员的清洁发展机制项目研修班，提高了这些国家开展清洁发展机制项目的能力（中国国务院新闻办公室，2009）。

值得强调的是，无论在多边机制还是双边机制中，发展合作研究都是中国的一个工作重点。中国积极与外国政府、国际组织、国外研究机构开展应对气候变化领域的合作研究，内容涉及气候变化的科学问题、减缓和适应、应对政策与措施等方面，包括中国气候变化的趋势、气候变化对中国的影响、中国农林部门的适应措施与行动、中国水资源管理、中国海岸带和海洋生态系统综合管理、中国的温室气体减排成本和潜力、中国应对气候变化的法律法规和政策研究，以及若干低碳能源技术的研发和示范等。中国积极参与相关国际科技合作计划，如地球科学系统联盟（ESSP）框架下的世界气候研究计划（WCRP）、国际地圈—生物圈计划（IGBP）、国际全球变化人文因素计划（IHDP）、全球对地观测政府间协调组织（GEO）、全球气候系统观测计划（GCOS）、全球海洋观测系统（GOOS）、国际地转海洋学实时观测计划（ARGO）、国际极地年计划等，并加强与相关国际组织和机构的信息沟通和资源共享（中国国务院新闻办公室，2009）。

6.4.3 挑战与困境

应对气候变化事关中国的根本国家利益和人类的长远利益[①]。因此,进一步深化中国应对气候变化的国际合作是中国的必然选择。在这一进程中,中国面临着许多困难和挑战。这些挑战包括:

(1)如何在维护中国的基本发展权益和为减缓全球气候变化作出更大贡献之间找到最佳的平衡点。

随着中国快速经济发展而导致的温室气体排放的迅速增加和全球气候治理的日益强化,国际社会要求中国在全球应对气候变化努力中承担更大的责任,甚至发挥领导作用的呼声日益高涨。比如,联合国秘书长潘基文在2009年7月底访华期间,强调中国是哥本哈根气候谈判成功的关键:"今天中国已经是全球性大国。全球性大国应该承担全球性责任。没有中国,今年新的全球气候框架的谈判就无法取得成功。但是有了中国的参与,今年哥本哈根谈判达成协议就有了极大的可能性。……随着哥本哈根峰会的来临,我希望中国进一步承担随着成为全球强国而来的全球责任。"(UN Department of Public Information,2009)另一方面,中国仍然是一个发展中国家,人口众多,经济发展水平较低,发展任务艰巨;处于工业化发展阶段,能源结构以煤为主,控制温室气体排放任务艰巨;气候条件复杂,生态环境脆弱,适应任务艰巨。如何既有效维护好中国的基本发展权益,又更好地展现中国负责任大国的形象,并实现二者的良性互动,无疑是中国未来进一步参与国际应对气候变化合作的巨大挑战,也是对我国外交理念和智慧的严峻考验。

(2)如何促使发达国家切实遵守共同但有区别的责任原则。

《气候公约》(以下简称《气候公约》)指出,历史上和目前全球温室气体排放的最大部分源自发达国家,发展中国家的人均排放仍相对较低,发展中国家在全球排放中所占的份额将增加,以满足其经济和社会发展需要。《气候公约》明确提出,各缔约方应在公平的基础上,根据他们共同但有区别的责任和各自的能力,为人类当代和后代的利益保护气候系统,发达国家缔约方应率先采取行动应对气候变化及其不利影响,并向发展中国家提供资金和技术援助。中国深化应对气候变化的国际合作,就意味着需要促使发达国家按《气候公约》规定,切实履行向发展中国家提供资金和技术的承诺,提高发展中国家应对气候变化的能力。中国为此已提出了技术需求和能力需求的清单。从中国的角度看(中国国家发展和改革委员会,2007),现阶段,中国能源消费表现出总量规模大、速度增长快的特点。许多发达国家的经验表明,经济快速发展阶段都会伴随能源消费的快速增长。目前中国正在进行大规模的基础设施建设,能源需求快速增长。如果只使用当前大量的非低碳技术,将产生对环境的严重影响。由于用落后的非低碳技术建成的固定资产不可能在短期内推倒重建,将形成中国能源基础设施在其生命周期内的资金和技术的"锁定效应"。所谓锁定效应,是指事物的发展过程对初始路径和规则选择的依赖性,一旦选择了某种道路就很难改弦易辙,以致在演进过程中进入一种类似于"锁定"的状态。因此,如果中国不能在当前获得低碳技术用于基础设施建设,将失去控制未来几十年温室气体浓度的机会。(邹骥等,2009)但令人遗憾的是,自公约生效以来,在发达国家向发展中国家进行技术转让方面进展甚微。究其原因,发达国家将低碳技术视为其未来国家竞争力的重要组成部分,缺乏对发展中国家进行技术转让的政治意愿。如何推动发达国家在向发展中国家转让低碳技术和资金方面取得实质性成果也是未来中外气候变化合作面临的一大挑战。

(3)如何加强发展中国家的团结。

在可以预见的将来,南北之间的冲突与合作将依然是国际气候博弈的基本模式。发展中国家内部的团结是推动南北合作的基础和动力。作为世界上最大的发展中国家,中国对此有清醒的认识[②]。随

---

① 新华社电讯:"胡锦涛在中共中央政治局第六次集体学习时强调坚定不移走可持续发展道路 加强应对气候变化能力建设".[2008-06-28]. http://news.xinhuanet.com/newscenter/2008-06/28/content_8454350.htm. 2009-2-1.

② 中国政府. 2009. 落实巴厘路线图——中国政府关于哥本哈根气候变化会议的立场. http://www.gov.cn/gzdt/2009-05/21/content_1321022.htm. 2009-07-1.

着国际气候变化谈判的深入,发展中国家内部由于情况不同、地理位置不同、资源不同,应对气候变化的立场存有很大的差异,发展中国家阵营的分化趋势日益严重。石油输出国组织成员国担心全球减排会影响到国际石油市场,强调国际社会应该帮助其改善经济结构,以适应因全球减排行动对其国家对其股价经济造成的不利影响。小岛屿国家联盟深受气候变化导致的海平面上升的严重威胁,主张采取最有力的减缓气候变化的措施,强烈支持欧盟提出的激进的全球减排计划,甚至提出了全球气候升温控制在 1.5℃ 的最激进的目标。非洲国家则因排放量小,受气候变化影响大,主要关注适应问题,希望获得更大的国际资金援助。由于国际资金来源非常有限,发展中国家之间为了经济利益产生矛盾和竞争不可避免。与此同时,我国在温室气体排放和综合国力上正在与其他发展中国家拉开距离。我国二氧化碳排放总量大,增长迅速,而且增长潜力巨大。1970—1996 年,我国二氧化碳排放以每年 5.3% 的速度增长,目前已成为温室气体排放第一大国。在没有承担减排义务的非附件 I 国家（发展中国家）的温室气体排放量中,我国占三分之一以上,2004 年是排在第二位的印度的 4.3 倍,人均排放量的 3.6 倍。从 1990 年到 2000 年,我国 CO_2 排放量增加了 35%,美国增加了 17%,我国和美国 CO_2 排放的增长量分别占世界同期增长量的 30% 和 31%（IEA,2002）。2000—2004 年,我国 CO_2 排放量增长了 58.9%,而美国仅增长 1.7%,我国和美国 CO_2 排放增长量分别占世界同期增长量的 56.9% 和 3.2%（IEA,2005）。在今后一段时期内,我国 CO_2 排放增长量都会超过发达国家的减排量,对世界 CO_2 排放量的增长产生至关重要的影响。我国人均 CO_2 排放低的优势也正迅速丧失。我国人均 CO_2 排放量一直较低,2000 年为世界平均水平的 60%（国家统计局,2006）,但随着我国能源消费的较快增长,人均 CO_2 排放低的优势正快速丧失。据 IEA 统计数据,2004 年我国人均 CO_2 排放量是世界人均水平的 87%,2008 年已达世界人均水平的 112%。不能否认的是,我国综合国力的大幅跃升使我国作为发展中国家的国际认同难度加大。经过 30 年改革开放,我国综合国力显著增强。虽然我国的人均 GDP 仍属世界后进,但我国经济总量已位居世界第三,很快将超过日本的事实、世界最大的外汇储备国地位、神九升空、奥运的成功举办等重大事件都强化了世人的中国已是一个强国的认知。加之一些西方国家的故意夸大,与 20 年前相比,我国现在这种既大又小,既富又贫,欲强还弱的状态使我国对自身作为发展中国家的定位更难得到广泛认同（裴援平,2009）。世界对中国的期待和要求在迅速增加。这使得中国借助发展中国家,维护自身利益的程度相应会受到一定的限制,而且承担着来自发展中国家内部的越来越大的压力。在此背景下,如何维护发展中国家的团结,以便在南北合作中争取最大利益,就成为中国未来参与国际气候合作的一大挑战。

6.5 未来国际气候制度的设计

2012 年后国际气候制度的谈判正在激烈进行中,因事关人类的未来,举世关注。气候变化问题的经济学性质在于,它是迄今为止世界各经济体系所遭遇到的最大的外部性问题,其作用的空间范围之大（影响至全球）、时间之长（响应周期从几十年到数百年甚至更长）是以往环境经济决策所不曾考虑过的（邹骥,2008）。气候变化问题的国际政治本质在于,应对气候变化不仅关系到各国的绝对收益,而且关系到各国的相对收益,即国家间力量对比的变化（张海滨,2009）。迎接这样一个新的重大挑战,现有国际政治、经济、环境、能源管理体制远不能胜任,需要与时俱进,迈出创新的步伐。

6.5.1 国际气候制度评估

（1）国际气候制度评估的基本要素

根据 IPCC 报告,国际上普遍使用以下四个指标来评估一项环境政策和制度。

环境有效性,指一项政策达到预期的环境目标或者取得正面的环境结果的程度;保护气候无疑是任何气候政策的主要环境目的,但同时可能产生协同效益,如改善大气污染状况,另外,市场方法与行政管理方法对环境的改善至少是同等有效的。

符合成本效益,指多大程度上该政策以最小的社会成本实现目标。

分配上的考虑,指一项包含公平公正等内容的政策的影响范围和带来的分配上的后果。在气候变化制度中,公平通常包含责任、能力和需求三大要素。

制度的可行性,指在多大程度上一项政策可能被视为合法、并被认同和接受以及付诸实施。而气候变化协议一般都包含目标、参与、行动、制度安排和执行条款等要素(Gupta 等,2007)。

国际合作制度建设指的是自利团体之间为了处理集体行为问题而进行的协商,主要建立在利益取向的概念之上。各国是否愿意参与多边气候国际制度,是否愿意遵行气候变化国际制度,可以用国际合作制度建设理论进行解释。Young(1989)提出六种影响国际合作制度建设的要素:一是多元行为体以及全体共识原则,二是整合的议价,三是国际制度的安排不确定性问题,四是国际制度在不同问题领域的处理方式问题,五是跨国制度谈判联盟问题,六是变动的连接,国际制度将不同的议题挂钩,通过国际对等和集体交易的原则互投赞成票,可以提高各行为体相互妥协的可能性,可以同时解决许多问题。根据 Young 的国际合作制度建设理论,议题和行为体的性质对国际合作制度建设成功起到关键作用。在气候变化制度中,议题本身具有收益和受损的非对称性的特点。而参与的行为体则以大国为核心。Young 提出,"外部危机使得协商国际制度的可能性提升。拥有一个有力的领导国家,制度议价就可以成功"。大国关系因此是影响国际制度的决定因素。大国参与是实现全球气候变化合作的关键。

实施《京都议定书》所规定的目标对不同的国家和地区具有不同的经济影响,而国际政治源于国家经济利益的差异,从而导致了气候谈判中不同国家集团的分化和组合(潘家华,2003)。气候变化的巨大不确定性有利于国际合作制度建设。制度议价是自利团体之间为了处理集体行为问题而进行的协商,但是只有在各国家行为体没有办法确定国际制度如何影响他们的国家利益的情况下,国际制度才能够成功。Young(1989)认为,国际制度的安排通常包括非常广泛的内容,而且必须经过一段时间的实行才能了解是否有成效,各行为体面临这种不确定会有什么后果的状态,会降低参与的意愿。虽然气候变化的不确定性和参与国的意愿成反比,但是实际上这种不确定性有助于各国参与气候变化制度建设,因为一个国家无法单独面对气候变暖的后果,无法知道自己的利益会遭受多大程度的损失,因此会愿意加入国际制度并执行共同制定的政策(于宏源,2008)。

国家越认同气候变化国际制度,则参与国际制度的意愿就越高,反之就越低。而平等则是气候变化国际制度中最复杂的问题,一些国家认为从减排能力、技术和所承担责任角度来看待平等,而另外一些国家则从排放总量来判断。如何让更多的国家感受到气候变化国际制度的平等性而愿意遵行国际制度,以及认同参与国际制度带来的正面利益是气候变化国际合作制度建设应该持续努力的方向平等和利益是气候变化国际制度成功延续的关键。臭氧层国际制度成功的案例就是一个典型的例子,20 世纪 90 年代以来,各国致力于全球范围堵截消耗臭氧层物质的走私和生产,因为都明白一个国家大规模生产消耗臭氧层物质将导致全球防止臭氧层消逝的集体行动毁于一旦由于发达国家通过多边基金实施技术援助,因此臭氧层制度被公认为是比较公平和有效的(于宏源,2008)。

在这种环保伦理道德的指导下人们对 IPCC 评估报告的所指出的可能后果越发相信并逐渐形成一种生存主义的话语,也就是说不管全球变暖是否必然带来诸多恶果,人们已经在本能的道德层次上树立起碳排放减少的必要性(约翰·德赖泽克,2008)。生存主义的逻辑迫使人类寻找解决的办法,《气候公约》和《京都议定书》为主体的国际气候变化机制随之建立(萨克斯,2009)。从全球治理模型研究气候变化首先源自气候变化的伦理研究,即气候变化的减缓和排放权的分配究竟哪种是公平的?公平在伦理学中主要指分配正义和程序正义,把这两种正义应用到气候变化问题上,可以得出一样的分类:基于分配的公平原则、基于结果的公平原则和基于过程的公平原则(崔大鹏,2003)。从《气候公约》出发,对人类社会应对气候变化行动中的"公平"性问题从不同角度进行了系统讨论,对发展中国家和发达国家在公平原则下责任、义务及优先事项的差别进行了分析,提出并分析了以人均碳排放权相等为标准,两阶段碳排放权分配原则(何建坤等,2004)。从温室气体减排问题中的公平性与效率问题入手,以公平与效率的关系问题分析,温室气体减排应该公平原则为先,以效率原则为辅,因为过分强调效率就会使得发展中国家不可避免背上减排义务的负担,从而减缓经济增长,最终削弱了减排的长久能力(张艳林,2001)。

在分析了温室气体不同的减排义务之后,学者们也指明了碳排放权的层次性:个人层次的、社区国家统一支配的和以市场原则进行的,建立鉴于发达国家已经建立最低社会保障制度,那么在世界上就应该建设最低碳排放权的社会保障制度,以保障发展中国家和穷人的基本权益(潘家华等,2003)。从气候变化框架公约的伦理趋向可以发现:公平、效率和秩序的一致性,气候变化机制应当贯彻"公平优先兼顾效率"的理念(杨兴,2005)。尽管《京都议定书》提供了全球性合作的平台,但关于合作契约的制定、合作模式的规定和合作利益的分配上仍然很不明朗,经过讨论我们发现这个世界上其实根本就没有可以普遍接受的减缓气候变暖公平原则,所谓公平其实也只不过是各自利益的表现而已,京都机制要成为能够自我实施的机制而不是一纸空文就必须寻求一个各方都能接受的平衡点。

（2）现有国际气候合作制度的作用

作为现有减缓气候变化的主要国际协同机制,《气候公约》及其《京都议定书》的作用和重要性受到国际社会的高度肯定。大量的研究和证据表明,《气候公约》及其《京都议定书》发挥了以下作用:首先建立了全球应对气候变化的机制。气候变化的全球性要求国际社会必须在全球层面采取协同行动,否则难以达到有效保护地球气候的环境目标。《气候公约》及其《京都议定书》均拥有 170 个以上的缔约国,是迄今覆盖面最广泛的国际气候机制。第二,促进了一系列国家政策的出台。为履行《气候公约》及其《京都议定书》的义务,发达国家和发展中国家都采取了一系列提高能效、调整产业结构和能源结构、发展新能源、鼓励公众参与等政策的出台。第三,创建了全球碳市场和新的体制机制。京都议定书的三个灵活机制,是应用市场手段解决环境问题的一个制度创新。随着欧洲碳交易市场的建立和运行,一个全球性的碳市场正在形成中,这为未来的减缓努力奠定了基础。第四,在《气候公约》框架下和在其他国际计划下解决适应问题方面也取得了进展(Gupta 等,2007)。

中国政府对《气候公约》及其《京都议定书》给予积极评价,因为《气候公约》及其《京都议定书》的一大成就是确立了"共同但有区别的责任"原则,维护了发展中国家的基本权益(苏伟,2008b)。

（3）现有国际气候制度的缺陷和不足

对现有的国际气候制度国际上迄今尚无权威的评估。不过,近年来随着京都议定书第一承诺期的即将结束,国际学术界对《气候公约》及其《京都议定书》的局限性和不足日益关注,进行了大量研究,主要的结论如下:第一,现有的国际气候协议缺乏明确的长远目标,导致国家在制定国家和国际政策时,缺乏明确的方向。第二,现有的国际气候协议制定的目标不够严格。第三,现有协议没有确保国家足够的参与。第四,现有协议的履行成本太高。第五,现有协议缺乏有力的执行条款。第六,现有协议在促进技术开发和转让方面力度不够。第七,现有协议对适应问题关注不够,提出的解决方法有限(Gupta 等,2007)。

我国有的学者也对《气候公约》及其《京都议定书》的利弊进行了分析。潘家华(2005)分析了《京都议定书》模式的不足,将其概括为:取之不当,弃之可惜,《京都议定书》来之不易,是妥协的产物,兼顾了各方利益,具有可操作性,可以作为一种既定模式,如同关于臭氧层保护的《蒙特利尔议定书》,经过缔约方会议修订而不断深化延续。但奉行这一选择有两大阻力,一是美国的反对,美国退出《京都议定书》后,没有任何重返京都机制的迹象。二是发展中国家的态度。欠发达的发展中国家对减排协定兴致并不高,而工业化进程中的发展中国家,尤其是发展中大国,担心减排承诺对发展的约束,而不会接受总量减排的京都模式。但在另一方面,《京都议定书》业已生效,缔约方可能珍惜这一来之不易的进展,在欧盟和部分发展中国家的推动下,经过修正而延续(潘家华,2005)。

6.5.2　国外关于 2012 年后国际气候制度的各种建议

近年来,对 2012 年后国际气候制度的构建,国际上出现了许多建议。表 6.7 根据联合国气候变化框架下提高减排承诺和行动、联合国气候变化框架之外提高减排承诺和行动、分享减缓行动的途径、追踪国家的减排表现和未来气候协议的法律形式等五大关键议题将国外关于 2012 后国际气候制度的建议做了分类。总体而言,这些建议的特点是:如何减排的建议多,如何激励技术创新的少;单独制定气候政策的建议多,将气候政策置于其他政策领域主要地位的建议少;主张用市场手段解决气候变化的建议多,意识到市场手段的缺陷,特别是在国际层面存在不足的建议少;主张以联合国为主建立机制的建议多,今后基于区域和行业建立更分散的机制的建议可能增加;研究减排的建议多,分析如何将减排与适应相结合的建议少(Onno 等,2008)。此外,发展中国家与发达国家的学者在公平问题上仍然分歧巨大。

表 6.7　国外关于 2012 年后国际气候变化机制的主要建议

关键议题	文献	主要观点
一、UNFCCC 机制下提高减排承诺和行动	阿尔迪和斯塔文思主编(2010):《后京都国际气候政策研究》(哈佛国际气候协议研究项目)	编辑集中了几位作者提交的文章,这些文章点明了经过科学验证、经济合理以及政治上可行的关键设计因素。他们认为无论是高度集中的、类似于《京都议定书》的机制,还是游离于 UNFCCC 之外的机制,例如 G8＋5 或 G20,都是可能的
	安德森、史蒂芬等(2010):"协同气候变化与消耗臭氧层公约,控制 HFC-23 及其他超级温室气体"(自然资源保护协会)	这篇文章讨论了清洁发展机制改革,以及在《蒙特利尔议定书》下遏制 HFC-23 气体排放的行动改革,以确保所有国家能够在保护气候和臭氧层上合作
	贝尔和日格勒:"重新设计气候协定:来自应对其他跨国挑战的经验教训"(世界资源研究所即将出版)	作者强调了从国际安全与经济合作机制中获得经验和教训,来应用于国际气候政策。当小心、有节制地吸取这些教训时,他们能够促进国际气候机制的进一步发展。这些经验和教训包括采取一些增量的措施,能够在缔约国之间发展出信任时,建立一个气候机制。这对于透明度和核查非常重要。他们列举了评估、专家交换、资讯过程以及非对立的讨论的改变力量,由此来鼓励缔约国采取更进一步的行动
	波旦斯基(2007):"2012 年后气候框架中的国际行业协定"(皮尤全球气候变化中心)	作者指出,国际间基于行业的协议或许作为一个更宽泛的框架中的一个因素,有助于 2012 年后的气候制度安排。这种协议很适合降低国家之间的竞争性,在一个比较紧急的行业内协商关键的技术相资金议题。他得出结论说,在那些高度国际化、组织有序的行业内(例如水泥、铝),面临竞争不平衡性的公司,可能更有动力去发起这样一个行业减排协议。如果公司动力不足,可能就需要政府来采取措施,以确保行业协议的达成
	波旦斯基和蒂林戈尔(2010):"多边机制的演变:对气候变化的含义"(皮尤全球气候变化中心)	一个全面的、有法律约束力的全球协议好处很多,应该成为我们追求的终极目标。但在实现这一目标的过程中,缔约国们应该在 UNFCCC 机制内外,努力采取更为具体的增值措施。缔约国因此应该抓住机会,在 UNFCCC 有法律约束力的机制内始终坚持长期的努力目标的同时,在 UNFCCC 机制外也采取平行的努力。由此来确保该机制的合法性和可信度
	艾尔仁、奥利佛等(2007):"将国际航空与海事排放纳入 2012 年后气候减排机制的方案选择"(荷兰环境评估署)	文章提供了未来航海和航空行业减排的种种制度安排
	黑尔(2010):"全球气候机制的构建:一种自上而下的视角"(气候政策)	作者提出,一个集中的、自上而下的、具有法律约束力的气候制度安排是达到 1.5 或者 2 度的最佳选择。为达到这一目标,需要强大的国际合作,为各个国家制定严格的目标和时间进度表,这需要尽快达成并进入实施,以应对气候变化
	麦基尔南和法伦(2011):"致联合国气候变化框架公约的报告"(2007)	作者提出缔约方大会规定了一种程序,以支持各国在发展和履行气候政策时遵守人权标准,因此确保了应对全球气候变化的努力是有效的、可持续的,并有利于全人类的发展、安全和自由。作者提出,这个程序应该阐明现有的人权原则,应该提供政府和专家对话,以及分享气候减缓和适应对于人权影响的信息的平台。这个程序的所有特点都必须在国际、地区以及国内的政策制定上得以履行
	斯克拉马丁格勒等(2007):"将土地利用纳入 2012 后气候协定的选择:改进京都议定书的方法"(环境科学与政策)	文章讨论了目前土地使用、LULUCF 在《京都议定书》第一承诺期内存在的缺点,并提出了一个基于目前的架构、但纠正了这些缺点的机制

关键议题	文献	主要观点
一、UNFCCC机制下提高减排承诺和行动	理查德·托尔（2010）："京都议定书万岁！"	《京都议定书》为实现一个雄心勃勃的国际气候政策提供了所有的工具，包括排放数据的国际监控，声明和评估国内行动的平台，以及在减排方面的一个灵活的国际机制
	世界银行（2010）：碳市场的现状与发展趋势2010	文章列举了2010年国际碳市场的成功与缺点。作者认为，为了建立一个更为强大的全球碳市场，必须具备清晰的政策和发出清楚的管理信号。为了提供管理的确定性，必须对碳金融机制进行较大规模的投资，并伴以其他的政策和金融工具，以应对气候变化带来的威胁
二、UNFCCC机制之外提高减排承诺和行动	安德森、史蒂芬等（2010）："协同气候变化与消耗臭氧层公约，控制HFC－23及其他超级温室气体"（自然资源保护协会）	这篇文章讨论了清洁发展机制的改革，以及在《蒙特利尔议定书》下减少HFC-23排放的补充行动的改革
	奥等（2011）："超越全球协议：采用"联合国＋"的方法应对气候治理"	作者提出了对于UNFCCC程序之外的补充措施，通过一系列从下至上和从上至下的措施，来确保全球气候机制的运行。双边合作，尤其是美国和中国的合作特别重要。地方、市级和地区级别的合作可以设计出从上至下的有效的气候政策。公民社会也对于改变气候变化的语境起到作用
	巴雷特和斯塔文斯（2003）："强化国际环境条约的参与和遵约"	基于UNFCCC和《京都议定书》无法使得缔约国有效参与和协作这样的假设，这篇论文的作者们提出了其他机制的建议。他们发现那些执行成本最低、市场为基础的机制在促进参与和合作上往往表现不好，而那些集中在国内措施和政策上的机制则能够更好的促进参与和合作。本文作者即认为在全球气候机制的建设中，应该考虑这一点。他们发现制定一些国际合作的激励措施是次优的选择，更多的注意力应该放在控制成本和执行的可能性上，这两个方面能够影响到缔约国参与和合作的程度
	比尔曼等（2009）："全球治理结构的碎片化：一种分析框架"（全球环境政治）	本文作者讨论了国际气候管理机制的碎片化，列举出一个分散化的机制的优点和缺点。他们提出，联合国气候机制和其他机制之间的正式合作能够保证应对气候工作的进展。他们发现联合国机制需要与其他非环境类的机制合作，以减少"矛盾性的碎片化"所带来的对机制运转效率的影响
	波旦斯基（2011）：两种机制介绍	作者研究了国际气候谈判的进展，提出人们更多地在采取自下而上的方法。他进一步提出，这样的方式从政治上来说是有问题的，因为难以建立互信和获得气候管理的经验
	布雷德利（2007）："切饼为片：国际气候协定中的行业方法：问题与选择"（世界资源研究所）	作者认为，很多高排放工业，因为考虑到国际竞争力、产品和流程的标准性等，并未积极参与国际合作。这些因素很可能影响到行业减排协议是否能够达成。他们进一步指出，比起分行业分解减排，一个综合的措施可能更合适
	美国海军分析中心（2007）：《国家安全与气候变化的威胁》	这本报告的作者，一批退伍的美国军官，研究了气候变化带来的国家安全问题。他们发现气候变化是一个"威胁放大器"，不但扩大了对于安全问题的担忧，并给那些本来不稳定的地区带来更广泛的不稳定性。他们建议气候变化应该被列入国家的安全和国防政策之中。美国应该担负起更强有力的国际领导责任
	国际议员联盟（2011）：《气候变化立法：法律、模式与趋势》	这份报告分别研究了16个主要经济体的气候立法，其中大多数都是自2009年制定的。报告指出更多的精力应该放在制定国内政策和立法上，因为在国内出现了讨论的转变，政府开始意识到应对气候变化符合他们的国家利益
	黑尔（2010）："全球气候机制的构建：一种自上而下的视角"（气候政策）	作者提出，一个集中的、有法律约束力的气候管理机制是达到控温在2度或者1.5度的最佳选择。这要求国际层面的通力合作，严格的目标。缔约国家应该尽快达成和实施减排的时间表

续表

关键议题	文献	主要观点
二、UNFCCC机制之外提高减排承诺和行动	国际人权政策委员会(2008)：《气候变化与人权：一份初步纲领》	本书第三章讨论了在气候政策中，因为很难在国际和国内层面上寻求诉讼，所以导致诉讼在气候政策中无法发挥作用。它还指出气候变化提出了许多问题，这些问题与目前的人权框架并不符合。这份报告指出即使法律诉讼失败了，但诉讼这个手段还是对于提高公众的意识起到了作用
	卡普尔(2011)："气候变化、知识产权与人权责任的范围"(可持续发展法律与政策)	作者研究了国际法律和人权条款如何在气候变化中运用，并指出了技术转移中与知识产权保护的关系。文章分析了人权责任如何在国内和国家之间实施
	基欧汉和维克托(2010)："论气候变化复合机制"	作者分析了为什么目前一个单一的全球气候机制失败了，他们认为，一个"复合机制"在灵活度和适应性上，可能更好。这样的一个复合机制需要复合一些标准，目前来看，从制度上还无法达到这个标准。UNFCCC可以继续发挥一个"保护伞"的作用，但主要是出于政治现实考虑。可能采取一个更为松散、但同样有效的谈判机制更有利于应对气候变化
	列维和麦康斯基(2010)："利用国际制度应对气候变化"	作者讨论了目前多边气候变化管理的机制所发挥的潜在作用。他们指出建立这样机制的能力已经存在。现存的环境和能源机构可以在达成一个协议方面发挥作用。但在未来，这些机构可能不是主要发挥作用的机构。目前来看，多边发展银行(MDBs)是目前唯一存在的机构，可以处理气候变化的资金问题。他们还指出，决策者应该预期到气候变化与目前现存机构之间的冲突，例如世界贸易组织
	娄、马萨尔和雷诺德(2011)："贸易与气候机制的接口：划定议题的范围"(世界贸易组织工作文件)	作者讨论了世界贸易组织可能在减少碳泄露和减排导致国家竞争力受到的威胁方面起到的作用。他们警示说，人们应该达成共识，确定对竞争力的影响到底对气候政策的制定起多大的作用
	梅斯："国际条约"(载于施耐德等主编：《气候变化科学与政策》第21章)	作者讨论了2012之后的气候变化框架，包括平等问题如何解决，应该做出怎样的承诺，以及技术转移的作用和资金适应问题。作者认为，考虑到气候变化问题的紧急性，自上而下的管理架构是最合适。但他也指出，自上而下和自下而上的路径相结合也是有可能的
	梅尔(2010)："减少与投资：减少大气中的CO_2，投资可持续经济"	作者提出，对全球的化石能源消费应该征收 $5\% \sim 10\%$ 的税。这一市场机制可以减少人们的消费，与此同时刺激可再生能源的投资。税率可以根据减排目标的不同而调整
	玛莉奥，摩丽娜等(2009)："利用蒙特利尔议定书和有助于减排CO_2的管理措施降低气候变化突变的风险"(美国国家科学院论文集)	这篇文章讨论了如何减少非CO_2排放的其他温室气体的办法，例如修改《蒙特利尔议定书》以及促进应对黑碳的政策制定
	奥蕾拉娜等(2010)：《经济、社会和文化权利委员会工作中的气候变化》	报告在CESCR(经济、社会和文化权利委员会)的框架下，讨论了气候变化和人权问题，以及这两个问题在一个更广泛的人权框架下的关系。作者们研究了涉及人权问题的环境案例的法学，并对CESCR提出了一系列的建议，包括制定国家报告准则等
	施瓦特和比恩(2010)："国际气候变化诉讼与谈判进程"(国际环境法律与发展基金会工作文件)	文章讨论了在国际法背景下，诉讼如何帮助应对气候变化的问题。报告指出，诉讼已经对目前UNFCCC的谈判发挥了正面和及时的作用。它基于目前的国际法理论和准则，以及相应实施的程序提出了几个实质性的法律手段建议
	联合国人类发展报告 2007/2008	报告指出，气候变化在重新定义我们的发展，抵消了我们在贫困减少等方面所做出的努力。为了应对这一问题，报告建议，适应问题应该放在国际合作的核心位置
	联合国环境署(2009)：《绿色经济报告》	报告提出了向绿色经济转型的社会和经济措施。报告强调：政府和私人部门在其中发挥重要作用。对于政府来说，意味着要取消有害的补贴，建立市场激励手段，以及鼓励绿色采购。私人部门则需要回应这种刺激手段，通过从绿色经济发展创造的机会中发展自己的技术，并进行创新

关键议题	文献	主要观点
三、分享减缓行动的途径	阿德维和恩吉尼尔（2010）："有限碳世界中的公平与社会正义"，（世界经济与政治周刊）	作者分析了卡尼特卡尔提出的碳预算的提议，认为该提议集中在碳储存，而不是碳流动，这对于碳公平的问题能够产生积极的影响。但同时作者也指出其所使用的模型存在问题，他们认为这个模型潜在的假设太理想化，由此减弱了该研究的客观性
	贝尔和鲍尔等（2009）："温室发展权利框架：关注全球气候辩论中国家内部的不平等"（发展与气候）	1)定义了"发展的起点"，确定了一个生活水平标准线，在这个标准线下的人们不要求分担气候转型带来的成本；2)每个国家的"综合能力"被认为是所有人的收入总和，去掉那些标准线以下人的收入；3)每个国家的"责任"，是指1990年以来的累计排放，去掉标准线以下人群的排放；4)"综合能力"和"责任"的这些方法可以被整合起来，形成一个责任指标——责任能力指数（RCI）；5)"责任能力指数"可以作为逐渐实施的全球"气候税"的基础，以明确每个国家的资金责任，形成一笔大数额的国际资金，支持减缓和适应，或者作为明确每个国家在国际减排要求下需要承担的各自减排责任；6)预期这是一个具有法律约束力的机制
	坎尼（2001）："国际分配正义"	这篇文章将气候变化问题作为讨论全球和跨代之间公平的格外引人关注的案例。作者研究了责任的分享，将手段分为两种。"因果"之说主要研究的是气候变化的集体责任，每个人应承担的修补责任；而"受益"之说则指的是那些通过工业发展从气候变化中获益的人应该承担修补责任。他最后得出结论说，这两个说法所牵涉的因素使得修补比人们通常预期的要复杂得多
	杜特（2009）："2012后的气候协定"	作者提出，那些较发达的发展中国家承诺限制未来的排放增长。这一发展状态可以由GDP或者"人类发展指数"来界定。在排放效率上有所作为的国家应该与其他国家区别开来。DUTT认为应该对与能源相关的CO_2排放和其他排放例如森林、农业和氟化气体分开管理。通过他国的专家团队追踪其减排的表现
	杜特（2010）："气候变化中的公平问题"	这是基于作者在2009年对于《哥本哈根协议》的分析。他综合了所有国家在哥本哈根提出的减排主张，得出结论说，目前所提出的减排主张将导致CO_2浓度达到775 ppm，这意味着在本世纪末温度将升高3.9度。他提出了一些尚未有答案的问题，包括未来《京都议定书》机制所要扮演的角色，以及一些长期资金的问题
	可持续性的经济学基金会（2008）：《总量控制与分担：一种减少温室气体排放的公平方法》	1)确定GHG下降的总量控制数；2)每年允许排放的对应的PAP（生产管理许可）配额；3)PAP平均分配给地球上的每个成年人；4)每个成年人可以一市场价出售此配额或者销毁它；5)石化能源必须购买PAP
	卡尼特卡尔等（2010）："全球碳预算和气候变化中的公平问题印度研讨会"（2010年6月28—29日）	作者提出了一个责任分享的模型，以期在各个国家之间实现平等的利用和责任分享。这个模型贯彻了"平等分享"的理念，并考虑到了那些已经超过排放配额国家的减排问题，以及那些尚未用完排放配额的国家可以继续增长的问题。这个提议将人类的福利和不同代人的排放平等问题作为中心考虑因素
	拉罗瓦丽等（2002）："气候变化与可持续发展战略：巴西人的观点"	报告从巴西的视角，提出建立一个平等的国际机制来应对气候变化。指出了当前存在的障碍及解决方案。针对气候减缓所得出的主要结论，包括旨在减少砍伐森林的政策以及重点发展可再生能源等。作者提出了两个责任分享的建议。第一个是基于每个国家对于全球自1840年以来的升温需要承担的责任，并不仅仅是这些国家自己每年的温室气体排放；第二个（也是较为平和的建议），是使用每个国家自1990年以来的累计温室气体排放作为依据
	梅斯（2008）："巴厘路线图：能为小岛屿国家提供一个公平的2012后气候协定吗?"	论文强调了在国际气候谈判中，小岛国联盟就行动分享获得的主要成果

续表

关键议题	文献	主要观点
三、分享减缓行动的途径	马土和苏布拉马年(2010):"气候变化中的公平:一个评述"(世界银行政策研究报告)	文章提出了关于公平和气候变化的分析框架。基于未来的排放分配,它强调了采用不同方式(包括渐进的削减、付担成本的能力、人均排放以及历史责任)而获得的结果。基于平等问题存在很大的利益冲突问题,这篇文章的作者提出国际合作应该致力于发起低碳技术的变革
	麦基罗瓦和阿克塞尔等( ):"毕业和深化:一种激进的2012后气候政策情景"(国际环境协定:政治、法律与经济)	这篇论文提出了如何促进缔约国实现减排目标,以及在未来逐渐提高绝对减排总量的建议
	佩吉(2007):"气候变化、正义与后代"	作者对目前的气候变化谈判和未来可能达成的谈判机制所存在的公平问题进行了广泛的讨论。作者总结出了两种责任分享的方式,一个是基于对目前气候问题承担多少的责任,另一个是基于承担减排成本的能力。他讨论了每种方式的优点、存在的挑战和复杂性
	佩吉(2008):《分配应对气候变化的负担》	作者基于承担减排成本的能力、承担减排的责任等问题讨论了责任分享问题。他认为,在学术可行性和实际的政策实施上,没有一个单一的措施能够实现二者的平衡。作者发现"全球发展权利"的建议最能够体现这两种特点
	印度能源研究所(2009):"可持续发展的权利:对气候变化的一种伦理分析"	论文提出了TERI的理论,即基于公平和平等原则界定减缓责任,以达到可持续发展
	德国全球变化咨询委员会(2008):《走出气候困境:预算方案》	1)在国际法中,2度是具法律约束力的目标;2)对于化石能源产生的CO_2,制定一个全球的排放预算;3)在平等的人均基础上,在各个国家之间平分这一预算;4)每个国家必须制定自己的减排路线图;5)建立全球排放交易系统以在不同的国家之间达到平衡;6)针对历史CO_2排放,在南北之间需要一个额外的赔偿资金机制;7)来自非石化燃料的CO_2排放,以及其他的温室气体等,需要单独的管理措施
四、追踪国家的减排表现	布莱克曼和芬雷(2011年):"控制气候能从过去控制核威胁的努力中学到什么?"(西蒙中心)	作者分析了核武器产生之后,人们所采取的防扩散措施。这些措施包括单边的国家声明、正式的协议、多边条约以及国际组织的建立。他们提出从控制核武器中可以获得一些经验和教训:其中一个值得注意的领域是核查的重要性,这对于公众加强对于国际协议的信任很重要。私人部门在这其中也扮演着重要的角色,从产业的合作,到鼓励"检举人",并促进个人和非政府组织发挥作用。对于气候变化机制来说,可以获得的经验教训包括——明确一个终极目标;即使谈判进展迅速但也有可能遇到困难;设立执行主体;主要参与方缺失仍然需要继续;关注核查问题;鼓励私人部门的参与;并考虑采取激进的单边行动
	布克纳等(2011):"监督和追踪经济合作与发展组织支持气候行动的长期金融政策"	这份报告分析了气候机制的资金问题,提出目前还没有形成对于资金来源的明确界定,以及如何追踪气候资金的方法。作者认为,要建立一个针对气候资金的全面的MRV体系,还需要一些相关的信息。他们还提出,需要改进目前的报告和追踪系统,以形成一个更为强大和广泛的MRV体系
	查耶斯(1998):"新主权:执行国际管理协议"	作者发现在如今这个机会和威胁都在成倍增长的世界,高度警醒的核查政策和程序还未就位。寻找一个绝对的保证是空谈。最终,无论如何资助,没有核查体系能够彻底核查减排行为。无论核查体系如何复杂和成熟,始终存在不确定性和关于信息的争议。因此,在不给核查添加太多负担的同时,我们有必要审慎考虑透明度问题
	德福雷斯等(2007):"建立地球观察系统,评估发展中国家毁林导致的温室气体排放"	作者分析了监控砍伐森林和预估其排放的技术能力,指出减少毁林排放的政策实施必须具备有效、前后一致、可复制以及准确的毁林监控系统。关键控制因素包括国际对于资源消耗的降低,合作观察以确保覆盖面,免费或者较低成本地获得数据,以及阐述和分析地标准化

关键议题	文献	主要观点
四、追踪国家的减排表现	福兰森（2009）："改进今天的 MRV 框架，满足明天的需求：国家通报和清单的作用"	论文在 UNFCCC 的框架下，就 2021 年之后的气候机制，讨论了"国家信息通报"的优点和缺点
	高什和伍兹（2010）："发展中国家对气候金融建议的关切：优先事项、信任和可信的捐赠者"	作者提出以下几个论点：过去几年，南北之间的互相不信任一直笼罩着气候谈判；稳固的资金支持是重要的；有效的监控、核查和遵守机制需要在减排、资金和技术转让等环节贯彻；需要能够令人信赖的机构（布雷森顿体系并不是这样一个令人信赖的机构）
	纳什、蓬德雷登和雷塔兰克（2009）："在北南气候变化契约中建立信任与合作：管理者发挥什么作用？"	这篇论文研究了 UNFCCC 框架下，核查和承诺的演进和角色，并强调了有关能力建设等问题的重要性。作者认为这些领域应该受到关注，以制定一个有效的全球机制
	维克托等（1998）："国际环境条约的实施和有效性"	作者主要讨论了多边环境协议实施的一些问题，包括承诺如何兑现。文章考察了行动实施的检查体系（SIRs），即缔约国分享信息、检查行动表现以及应对不履约情况的组织机构。这些行动都在国际层面展开，而具体的减排行为却在各国开展。作者集中比较了二者的差距
五、未来气候协议的法律形式	贝尔和鲍尔等（2009）："温室发展权利框架：关注全球气候辩论中国家内部的不平等"（发展与气候）	主张建立一个具有法律约束力的机制
	波旦斯基和蒂林戈尔（2010）："多边机制的演变：对气候变化的含义"（皮尤全球气候变化中心）	作者分析了国际机制是如何逐渐发展称为一个法律约束力的机制。他们指出，气候变化机制同样也符合这一发展趋势。作者分析了这种渐进式演进过程的有利之处，强调其能够最终导向一个更为有效和强大的机制，中间必然经历了组织机构的学习以及缔约国之间互信的建立
	科梯尔（2011）："建立信任，应对全球挑战：国际经济法及关系的经验"	作者分析了国际经济机制的缓慢发展和演变对气候变化治理的借鉴意义。他指出，经济机制的典型的激励措施对于气候变化并不能奏效，所以气候机制显得更为散漫和自由。作者认为，一个一揽子协议，包括集中围绕核心议题缓慢获得共识、开放性谈判以及建立一个解决争议的机制，这些是建立一个综合全面的气候机制的最佳选择。他发现，目前达成的自上而下的机制面临着核查和实施力度不足的问题
	英国能源与气候变化部（2010）："超越哥本哈根：英国政府的国际气候变化行动计划"	报告提出一个约束所有缔约国的单一协议，遵守并建立在《京都议定书》基础之上的协议，包括对于发达国家约束力的减排目标，碳市场的设计准则，是 UNFCCC 谈判最好的产出
	福克纳等（2010）："哥本哈根之后的国际气候政策：一种搭积木的方式"	作者指出，需要对目前建立气候谈判机制的努力进行评估。所谓的达成"全球协议"的策略——基于要谈判出一个全面的、通用的以及具法律约束力协议的想法，想要通过从上至下的方法，基于之前达成的原则将其适用于各个国家，这个策略目前来是不成功的，我们需要重新考虑第二佳方案。通过建立"支柱"的策略，可以将谈判分散，最终汇总称为一个多轨道的途径，以帮助缔约国获得最容易达成的那些结果，从而推动谈判，以达成一致。这有助于防止目前的气候谈判流落成分散的、从下至上的机制
	国际环境法律与发展基金会（2011）："关于新的气候变化协定的法律形式的简报"	这份简报归纳了各缔约国就未来的气候变化谈判机制的法律形式问题各自提出的建议
	基欧汉和维克托（2011）："论气候变化复合机制"	作者认为，采取一个更为松散、但同样有效的谈判机制更有利于应对气候变化
	奥尔姆斯坦德和斯塔文思（2010）："2012 后国际气候政策制度的三大关键因素"	作者提出了 2012 之后国际气候机制的三个要素：一是确保主要的发达国家和发展中国家不同但有意义的参与；二是强调目标实施路径的可延长的时间；三是采用灵活的市场机制政策和工具，以降低减排成本，有利于国际公平

续表

关键议题	文献	主要观点
五、未来气候协议的法律形式	拉贾玛尼(2009):"应对后京都的纷争:对正在兴起的气候机制法律框架的思考"	作者提出了国际气候协议可以采取的几种法律形式,强调了一个所谓成功的协议应该包含的内容。这些内容包括具法律约束力的协议,囊括了所有发达国家,并能够让发展中国家参与进来,尤其是那些快速发展的发展中国家
	理查德等(2010):"坎昆在铺下基石:达成一个公平、目标远大和有约束力协议的基本步骤"	这篇文章提出需要达成的几个步骤,以帮助 COP17 最终达成"全面的、具野心的、和具约束力的协议"。作者对于全球的目标、各国分担的减排责任以及发达国家的减排工作、发展中国家的减缓行动,以及适应的支持以及未来协议的法律形式问题,给予了格外的关注
	谭根(2010):"奇怪的一对? 国际气候变化谈判双轨制的优点"	作者提出未来谈判机制应在两个轨道上进行,在《京都议定书》第二承诺期的具法律约束力的轨道上进行的同时,又将气候大会的决议包括《哥本哈根协议》的承诺目标纳入到气候变化大会框架中去
	德国全球变化咨询委员会(2008):《走出气候困境:预算方案》	1)在国际法中,2 度是具法律约束力的目标;2)对于化石能源产生的 CO_2,制定一个全球的排放预算;3)在平等的人均基础上,在各个国家之间平分这一预算;4)每个国家必须制定自己的减排路线图;5)建立全球排放交易系统以在不同的国家之间达到平衡;6)针对历史二氧化碳排放,在南北之间需要一个额外的赔偿资金机制;7)来自非石化燃料的二氧化碳排放,以及其他的温室气体等,需要单独的管理措施
	沃克斯曼(2010):未来气候变化协定下的法律对称性与法律差异",(气候政策)	作者提议,缔约国应该在 UNFCCC 的谈判中集中关注几个关键性议题,并在这些议题达成一致之后再考虑协议的法律性问题
	沃克斯曼(2010):"法律与纷争:法律形式问题将促成还是破坏全球气候协议?"	这篇文章讨论了发展中国家和发达国家就一个具法律约束力的协议成为联合国气候谈判最终结果的不同立场。它还提出了一个管理框架,如果在法律形式问题上出现分歧,这个框架可以帮助解决这一分歧
	温克劳和比奥蒙特(2010):"后哥本哈根气候谈判中的公平与有效的多边主义",(气候政策)	作者研究了其他多边环境协议的发展情况,提出了目前气候谈判进程发展趋势的几个选择,包括改变内容、风格、参与者以及谈判的舞台。最终,他们认为需要在联合国程序上下工夫,这是目前唯一一个合法的、全面综合的场合。他们同时也认为一个具法律约束力的协议最能够保证行动实施的有效性

来源:Remi Moncel,Paul Joffe,Kevin McCall and Kelly Levin,"Building the Climate change Regime:Survey and Analysis of Approaches",WRI working paper,2011,http://pdf. wri. org/working_papers/building_the_climate_change_regime. pdf,并经作者整理。

6.5.3 国际气候制度与公平原则

气候变化问题既是一个环境问题,又是一个发展问题,具有双重性。其实质是发展问题,即发展引起气候变化,气候变化应靠发展来解决。它们既互相影响,又互相促进。尤其是应对气候变化需要大量的资金技术和装备,更需要各国间在不同领域的合作。为此,发达国家应负主要责任,向发展中国家提供解决气候变化问题所需的资金、设备和技术转让与合作,从而切实缓和与解决全球气候变化问题(金永明,2008)。

《气候公约》建立了不同国家在应对气候变化中的合作原则:"共同而有区别的责任"和"各自能力"的公平原则①。"共同的责任"应该是基于"有区别的责任",强调的应该是这个责任的有区别性。"共同但有区别的责任原则"已经被认为是国际气候变化合作的基本原则之一。作为国际社会主要成员的各个国家,自然应当担负起保护和改善环境的共同责任。共同责任要求每个国家,不论其大小、贫富等方面的区别,都对保护全球环境负有一份责任,都应当参加全球环保事业,都必须在保护和改善环境方面

---

① 见《联合国气候变化框架公约》,第三条第 1 款。

承担义务(王曦,1998)。共同责任也表明两个或更多的国家在保护特定的环境资源的时候,考虑到该资源的属性与特性、地理位置和历史作用,各国要分担保护的义务。有区别的责任就是在国际努力当中,发展中国家承担不同于发达国家的义务,往往是比较符合发展中国家的国情和能力的义务,如发展中国家可以遵守比较宽松的标准,可以在同一问题上享有比较长的执行期间,可以采用比较有弹性的方式方法以履行公约规定的义务;同时,发展中国家还可以利用发达国家所提供的资金援助和技术援助。而这种规定旨在于把所有的国家,不论是发达国家还是发展中国家,都动员起来参与到解决那些威胁整个人类安全的共同的国际环境问题中来。因为一方面单靠发达国家的努力不可能解决全球性的环境问题,另一方面是与其让发展中国家"搭便车",不如给以鼓励措施,让发展中国家在治理环境方面逐渐地赶上发达国家。

"共同但有区别的责任原则"主要内容包括(金瑞林,2000):第一,各国必须采取切实措施保护和改善本国管辖范围内的环境,解决各国的国内环境问题同解决全球性环境问题具有同等重要意义。第二,各国应当采取措施防止在其管辖范围内或控制的活动对其他国家和国家管辖范围以外地区的环境造成损害。第三,各国应当广泛参与环保的国际合作,努力参与国际环境事务,通过国际环境合作,致力于解决全球性的环境问题。第四,各国应当在环保方面相互支持和援助在环保方面有能力的国家应当帮助缺乏能力的国家解决环境问题。《气候公约》所规定的有区别的责任并不体现在每一个或每类国家的具体的减排标准上(《京都议定书》就规定了附件一国家的标准),而是从整体上规定发达国家所承担的责任比发展中国家要多一些、严一些。自《蒙特利尔议定书》1990年修正案以后,国际社会越来越多地强调要在国际环境法领域内要向发展中国家提供资金和技术援助。提供资金和技术援助的主要方式是设立各种不同的国际环保基金。提供资金和技术援助的另一方面就是向发展中国家转让技术和提供技术援助。

因此,公平原则是联合国气候变化框架公约的基石,也同样是未来国际气候制度的基础。如何确保公平原则在未来的国际气候变化谈判中得以真正实现是中国学者关注的一个焦点。近年来,中国学者从国际公平和人际公平等不同视角对后京都国际气候制度的设计进行了有益的探索,在国际上引起越来越大的关注。

潘家华(2002)从发展的概念、新古典经济学的发展理念和后福利主义的发展观等方面,探讨了人文发展分析的概念构架,并通过当前国际上有关人文发展的一些截面和时间系列数据,进行了一些经验分析。潘家华(2002)指出,人文发展涉及社会个体的基本需求、生活质量、政治与民事权益等方面,并不是一个简单的收入指标所能描述的。分析表明,人文发展具有发展潜力的权利与极限的内涵,而这种权限正是新古典经济学发展理念所忽略的内容。人文发展的权限,并不必然随着时间的延伸而呈线性无限递增,而是在一定的技术经济和制度条件下,趋近于一个常数值。由于技术的外溢效应,国际合作有助于低收入国家降低人均碳排放的峰值,通过削减碳排放强度,满足人文发展的基本需求。全球减缓气候变化的国际谈判,需要考虑地球上每一个人实现其发展权益所需要的排放需求。对于发展中国家而言,认识这种发展潜力是人权的一部分,有着重要的现实意义。发展中国家由于经济技术等原因,目前没有能力开发利用区域或全球共享资源;但其人文发展潜力的实现,必须要占用一定量的共享资源。这是发展中国家发展权利的一部分,必须要争取,防止发达国家利用现有优势,对发展中国家的发展权力实施剥夺。潘家华(2002)提出实现人文发展基本需要的途径是保障基本需要的满足、限制奢侈和浪费性排放、保障气候目标的实现,从而达到代内公平与代际公平。通过讨论和分析发展所面临的消除贫困、城市化和工业化挑战以及居民生活水平提高而引起的消费增加等问题,他区分了并不需要每年更新的存量排放和经常性消费的流量排放,界定了满足基本需要的能源消费和碳排放的标准。在此基础上,又提出了碳预算的概念和方法,比较了这一方法的特点及与其他途径的区别和联系,尤其是研究和分析了碳预算作为国际气候制度设计的公平和可持续含义(潘家华,2008)。最近,他在对国际气候制度中基于不同公平原则的碳排放权设计进行综合分析的基础上,强调在国际气候制度的构建过程中,必须基于以下前提:承认、保护和支持基本需要的满足,区分国际公平和人际公平,在此基础上制定公平有效的减排方案,真正实现碳排放权在不同国家和个体之间的公平分配(潘家华等,2009)。

陈文颖等(2005)则在对已有碳排放权分配方法进行分析评价的基础上,提出"两个趋同"的分配方法。"两个趋同"一是趋同年(2100年)各国的人均碳排放相同,二是1990年到趋同年各国累积的人均碳排放相等。给出了中国在"两个趋同"分配方法下对应于不同CO_2浓度水平到2100年的碳允许排放廓线,测算并比较了主要国家或地区基于"两个趋同"法、紧缩与趋同法、多阶段参与法以及Triptych法分配的2030,2050以及2100年的碳允许排放限额。研究结果表明:"两个趋同"的方法可以给予发展中国家应有的发展空间以实现工业化,符合公平、共同的但有区别的责任以及可持续发展的原则(陈文颖等,2005)。

胡鞍钢(2008)认为,全球减排协议的达成是2009年哥本哈根气候变化大会成功的重要标志。目前国际社会并未提出一个为各国所接受的全球减排方案,其根本原因是原有的国家分类原则并不适合现实情况,也不利于减排目标实现。为此全球减排中国家分类应有两大原则:第一大原则是以人类发展指数(Human Development Index,简称HDI)分类为基础的四分组原则来替代发达国家与发展中国家两分组原则。第二大原则是污染排放大国减排主体原则。上述两个原则可以作为全球减排的约束指标。根据这两大原则,胡鞍钢(2008)分析了中国应承担的减排责任和义务,并根据中国各地区净碳源和HDI情况提出了地方减排的路线图。

丁仲礼等(2009)认为,要实现控制大气CO_2浓度的长远目标,在目前由少数国家主导的且备受争议的减排话语下是难以完成的,必须建立以各国排放配额分配为基石的全球责任体系. 而"人均累计排放指标"最能体现"共同而有区别的责任"原则和公平正义准则。他们据此设定2050年前将大气CO_2浓度控制在470 ppm的目标,接着以1900年为时间起点,对各国过去(1900—2005年)人均累计排放量、应得排放配额以及今后(2006—2050年)的排放配额做了逐年计算,并根据1900—2050年的应得配额数、1900—2005年的实际排放量、2005年的排放水平、1996—2005年排放量平均增速这四个客观指标,将世界上大于30万人口的国家或地区分为四大类:已形成排放赤字国家、排放总量需降低国家或地区、排放增速需降低国家或地区、可保持目前排放增速国家。2005年前,G8国家大多已经用完到2050年的排放配额,累计形成的赤字价值已超过5.5万亿美元(以每吨CO_2价值20美元计),这些国家即使今后实现其提出的大幅度减排目标,它们在2006—2050年的人均排放量上还会大大高于发展中国家,并还将形成6.3万亿美元的排放赤字。发展中国家由于历史上人均累计排放低,大部分处在第3和第4类,即今后尚有较大的排放空间。中国尽管可占全球2006—2050年总排放配额的30%以上,但今后只有降低排放增速,才能做到配额内排放。

国务院发展研究中心课题组(2009)认为,实现全球温室气体减排目标和全球减排资源最优配置的关键是合理界定并严格执行各国温室气体排放权,并在此基础上进行国际排放权交易。为此,该课题组应用产权理论和外部性理论,建立了一个界定各国历史排放权和未来排放权的理论框架,并据此提出一个将各国"共同但有区别的责任"明晰化、将所有国家纳入全球减排行动的后京都时代解决方案。其基本观点是建议建立温室气体国际排放权账户,通过计算人均历史累计排放,确定各国温室气体排放标准和额度。具体而言,排放超过经过计算确定的标准就意味账户出现赤字,还没达到就有盈余,各国都有责任使各自排放权账户达到平衡。同时不同账户间允许进行交易,例如发达国家向发展中国家提供资金或转让节能减排技术都可以换取碳排放额度。

当前,对中国的学者而言,如何将上述公平的温室气体排放权方案在目前不公平的国际秩序下得以最大限度的推广仍是一个巨大的挑战。

6.5.4 国际气候制度与技术转让

解决气候变化问题的最终出路是依靠科学技术进步。这是各国的普遍共识。因此,技术开发与转让始终是国际气候变化谈判的主要议题之一。

(1)锁定效应与国际低碳技术转让的紧迫性

能源是国民经济的动力和引擎。但能源的消耗,尤其是化石能源的大量消耗却是地球温室气体增加的主要原因。目前,发达国家尽管仍然占据世界能源消费的主要份额,但发展中国家的能源消费随着快速的工业化和城市化增长势头强劲。国际能源机构预测,2005—2030 年,世界一次能源需求的新增量将有 2/3 来自发展中国家(IEA,2007)。

由于人口增长和正处于高速工业化、城市化进程之中,中国能源消费增长很快,是世界上能源消费增长最快的国家之一,体现出总量规模大、速度增加快的特征。发达国家的经验表明,在经济快速发展阶段一般都会伴随能源消费的快速增长。目前发展中国家所经历的经济快速增长,也伴随着大规模的基础设施建设,同样拉动能源需求快速增长。如果只使用发展中国家当前所拥有的非低碳技术,将对环境产生严重的影响。由于用落后于发达国家的非低碳技术建成的固定资产不可能在短期内推倒重建,极易形成发展中国家能源基础设施在其生命周期内的资金和技术的"锁定效应"。所谓锁定效应,是指事物的发展过程对初始路径和规则选择的依赖性,一旦选择了某种道路就很难改变,进入一种类似于"锁定"的状态。如果当前不能很好地解决这个问题,就可能失去控制未来几十年温室气体浓度的先机。而最容易发生锁定效应的部门是诸如电厂、交通等高载能的行业。以中国的电力行业为例。2005 年中国煤电装机容量为 3.68 亿千瓦,假设 2010 年、2020 年和 2030 年中国的煤电装机容量分别达到 6.87 亿千瓦、10.1 亿千瓦和 12.91 亿千瓦。在基准情景下,假设中国未来将以 60 万千瓦的成熟的亚临界技术作为主力发电机组;为进行对比,在技术进步情景下,假设中国以 60 万千瓦以上的超超临界机组作为主力机组,同时加大淘汰小机组和进行 IGCC 试点的步伐。通过计算不难发现,与基准情景相比,技术进步情景下,2006—2020 年的 CO_2 累积减排量将达到 23.13 亿吨,2006—2030 年的累积减排量更高达 58.13 亿吨。换句话,如果没有及时的技术转让以帮助中国对燃煤火电机组进行技术升级,中国到 2030 年可能多排放近 60 亿吨 CO_2(邹骥等,2009)。

中国目前正在进行大规模的基础设施建设,是克服技术锁定效应的关键时期。由于大量低效率的技术的存在和应用,中国有可能深受锁定效应的影响。中国现在的能源利用效率为 35%,低于 OECD 国家 45% 的平均能源效率 10 个百分点。发展中国家与发达国家在能源强度上的差距见表 6.5。

表 6.8   2009 年国际能源强度比较(IEA)报告

国家	GDP(百万美元)	一次能源消耗量(百万吨)	单位 GDP 能耗(吨/万美元)	单位 GDP 能耗比(中国:外国)
中国	2668071	1697.8	6.36	1.00
印度	906268	423.2	4.67	1.36
印度尼西亚	364459	114.3	3.14	2.03
俄罗斯	986940	704.9	7.14	0.89
日本	4340133	520.3	1.20	5.31
美国	13201819	2326.4	1.76	3.61
德国	2906681	328.5	1.13	5.63
世界	48244879	10878.5	2.25	2.82

来源:经济数据来源于世界银行.2007.世界发展指数数据库;能源数据来自:BP.2007.BP 世界能源统计 2007.

因此,大规模、高效率的国际低碳技术的转让对于发展中国家克服技术的锁定效应,有效应对气候变化具有重大的意义。

(2)《气候公约》框架下的技术转让与资金机制

第一,《气候公约》中有关技术转让与资金机制的规定

《气候公约》对技术转让与资金机制非常重视,制定了相关规定,主要有三条:第一条是《气候公约》第 4.5 款。该款规定:"附件二所列的发达国家缔约方和其他发达缔约方应采取一切实际可行的步骤,酌情促进、便利和资助向其他缔约方特别是发展中国家缔约方转让或使它们有机会得到无害环境的技术和技术诀窍"。第二条是《气候公约》第 4.7 款。该款强调,发展中国家缔约方能在多大程度上有效履行其在《气候公约》下的承诺,将取决于发达国家缔约方对其在《气候公约》下所承担的有关资金和技术转让的承诺的有效履行情况。第三条是《气候公约》第 4.1(c)款。该款提出应在所有有关部门,包括能源、运输、工业、农业、林业和废物管理部门,促进和合作发展、应用和传播各种用于控制、减少或防止温室气体排放的技术、做法和过程。

自《气候公约》生效以来,历次缔约方大会都将技术开发与转让作为重要议题加以讨论。其中一个重要的进展是在 2001 年的第七次缔约方大会上达成了一个技术转让行动框架,并设立了一个由缔约方提名的专家组成的技术转让专家小组。在 2007 年第 13 次缔约方大会上达成的"巴厘行动计划"要求发展中国家在可持续发展的框架下采取适当的国内减缓行动,这些减排行动应是"可测量、可报告、可核实"的,但与此同时,发展中国家的适当的国内减排行动,以发达国家提供资金、技术和能力建设支持为前提,发达国家向发展中国家提供的资金、技术和能力建设支持同样应是"可测量、可报告、可核实"的。

关于技术转让的资金机制,2001 年第七次缔约方大会达成的《马拉喀什协定》中,决定由全球环境基金(GEF)作为技术转让的专门资金机制,为技术转让行动框架提供资金支持。但 GEF 的资金规模有限,远不能满足技术转让的资金需求。GEF 的第四次增资期预计有 10 亿美元,加上气候变化特别基金约 1600 万美元,缺口很大。据《气候公约》秘书处对减排的资金需求所做的估算,到 2030 年,为使全球温室气体排放在 2000 年的基础上下降 25% 所需的额外投资约为 2000 亿美元。显然,《气候公约》下的现有资金机制的资金规模远远不能满足技术转让的国际合作的需求。对此欧盟认为资金应来自三个方面:发展中国家的自有资金(包括公私部门)、国际碳市场和国际公共资金(来自发达国家公共部门),对于发展中国家所需资金的分摊,欧盟坚持所有国家(除最不发达国家以外)都应该作出平等的贡献欧盟坚持各国的承诺要具有强制性和法律约束力,执行过程能够做到可衡量、可报告和可核实(严双伍等,2011)

表 6.9　《气候公约》和《京都议定书》下用于减缓的现有资金渠道和规模

资金渠道	规模(百万美元)	时间范围
示范阶段	280.6	1991—1993 年
GEF1	507	1994—1998 年
GEF2	667.2	1998—2002 年
GEF3	881.8	2002—2006 年
GEF4	1030	2006—2010 年
气候变化特别基金	16.2	截至 2008 年 12 月 7 日

来源:邹骥等(2009).

《哥本哈根协定》提出,"为了促进技术开发与转让,决定建立技术机制(Technology Mechanism),以加快技术研发和转让,支持适应和减缓气候变化的行动"。这是气候谈判中第一次提出要建立专门的技术机制。但是《哥本哈根协定》未获得缔约方大会正式通过且协定文本中对技术机制的结构和内容没有做具体规定。因此,2010 年 12 月通过的"坎昆协议"除了重申上述规定,从而在公约法律框架下正式确定要建立技术机制之外,还明确了该技术机制由技术执行委员会(Technology Executive Committee,以下简称 TEC)和气候技术中心与网络(Climate Technology Centre and Network,以下简称 CTCN)组成。这是气候谈判中关于技术开发与转让议题所取得的重要进展。《坎昆协议》对技术机制的优先工作领域以及技术执行委员会和气候技术中心与网络这两部分机构的具体职能做了相应规定。对于技术执行委员会,《坎昆协议》规定其由 20 位通过缔约方大会选举的专家组成,其主要职能包括:开展技术需求评估,分析促进技术开发与转让的相关政策,推动政府、私营部门、非营利组织和学术界在减缓和适应技术开发与转让方面的合作,提出克服障碍的行动建议等。而气候技术中心与网络的职能,则包括在技术需求和如何推广应用环境有益技术等方面提供咨询意见,促进发展中国家缔约方迅速采取行动部署环境有益技术,加强技术开发与转让国际合作等。

技术转让专家小组(EGTT)根据缔约方大会的授权,组织专家对技术机制的可能模式进行了研究,提出了三种备选模式(EGTT,2010):模式一,资金机制拥有对缔约方的项目建议书进行审批的决定权。技术执行委员会只能通过公约附属机构向缔约方大会提出关于项目建议书审批的建议。缔约方大会采纳建议以后再对资金机制的审批过程进行指导。模式二,技术机制将提出详细的政策导则和优先项目评审标准，以支持技术开发与转让项目的遴选。提交给资金机制运行实体的项目建议书，将由技术执行委员会负责评审。模式三，技术执行委员会在缔约方大会的授权下，直接向资金机制的运行实体提供建议并进行指导。技术机制的上述三种模式，也体现了发达国家和发展中国家在技术转让议题上各自立场的差异。

第二，《气候公约》框架下的技术转让与资金机制进展缓慢的原因

自《气候公约》生效以来，发达国家对发展中国家进行技术转让进展非常缓慢，成果有限。究其原因，大致有八大障碍：政治障碍：发达国家将低碳技术视为未来国家竞争力的重要组成部分，缺乏对发展中国家进行技术转让的政治意愿。张建平（2010）认为，发达国家出于对国家竞争优势及国家战略利益考虑，发达国家政府对低碳技术转让并不都很积极，发达国家认为高新技术出口将会导致技术进口国生产效率提高，技术出口国与技术进口国技术差距缩小，进而使技术出口国必须与自己培养的竞争对手进行竞争，陷入失去技术垄断地位和市场竞争优势的不利局面。市场障碍：市场的不稳定阻碍了国际技术投资。很多低碳技术的知识产权掌握在发达国家企业手中，低碳技术市场具有垄断性，容易造成市场失灵，也会增加发展中国家企业进入低碳技术市场的难度。资金障碍：缺乏对向发展中国家转让技术的资金支持，特别是缺乏对未商业化的新兴技术和低碳技术的额外成本部分的资助。政策障碍：发展中国家缺少稳定的政策环境和定义明晰、实施明确的政策，无法给技术开发与转让的利益相关方提供有效的激励。未覆盖低碳技术的所有要素：只重视技术的更新换代，对更新改造和运行维护技术关注不够，没有将针对技术运行维护的培训纳入技术转让内容之中。信息障碍：由于对可得的技术和融资渠道、特定领域的技术需求缺乏了解，发展中国家企业对低碳技术的收益也缺乏了解。机构障碍：机构设置方面存在不足，例如，缺少发挥共同作用和实施有效政策工具的政府间机构，这会导致一些涉及多国的问题不能直接有效地由专管部门解决。促成环境不足：必要的基础设施和辅助设施不足，例如，技术交易信息的不透明和缺少统一的交易机构导致了高额的交易成本；对知识产权的过度保护导致了令广大发展中国家无法承受的高额费用；发展中国家薄弱的国家创新体系导致了发展中国家企业薄弱的技术吸收能力（邹骥等，2009）。同时发达国家进行技术转移的意愿也严重不足。

（3）国际低碳技术转让机制的创新

在国际应对气候变化的努力中，达成有效的国际技术协议至关重要的。主要原因如下：

首先，国际技术协议既具有减缓气候变化的环境效益，又可以增强各国适应气候变化的能力。技术是减缓和解决气候变化问题的根本手段。特别是发展中国家，国际技术协议在促进减缓气候变化的同时，可以实现技术和产业升级，从而使发展中国家更好地适应气候变化影响下的发展要求。其次，国际技术协议具有兼顾各国利益的国际公平取向，体现"共同但有区别的责任"。在气候变化问题上，国际技术协议的核心目标之一是促进具有温室气体减排效果的先进技术的扩散。由于先进技术一般来说主要掌握在发达国家手中，这种扩散往往就需要先进技术由发达国家向发展中国家转让，从而为处于劣势地位的发展中国家提供共同应对气候变化的技术能力。第三，国际技术协议具有完善国际法律体系的法律正义取向。通过将现有的涉及技术内容的协议进行整合，促进技术转让的规范化、便捷化，加强对技术转移的管理，这是对参与技术转让的国家的利益更强有力的保障。而且，后续的涉及技术的协议也可以纳入到国际技术协议的框架之中，使得所有涉及技术要素的协议体系化（裴卿等，2008）。

值得注意的是，传统的通过基于市场的国际贸易和投资机制而实现的技术开发、转让和扩散，无论是规模、范围和速度都远不能满足应对气候变化挑战的需要。因此，实现国际低碳技术转让机制和融资机制的创新势在必行。

在《中国应对气候变化国家方案》中，中国提出："应建立有效的技术合作机制，促进应对气候变化技术的研发、应用与转让；应消除技术合作中存在的政策、体制、程序、资金以及知识产权保护方面的障碍，为技术合作的技术转让提供激励措施，使技术合作和技术转让在实践中得以顺利进行；应建立国际技术合作基金，确保广大发展中国家买得起、用得上先进的环境友好型技术"。

如何有效推动气候变化领域的技术开发与转让？邹骥等（2008）认为，应当坚持将技术开发与转让问题与减缓、适应和资金机制问题紧密结合并作为一个不可分割的有机整体去而如何形成一套促进环

境友好技术国际合作的机制,则是对人类智慧的考验。首先必须要有制度创新。这一制度是一个体系,其整体框架主要应当包括:政府间合作机制,资助技术开发与转让的资金机制,技术转让效果评价、核查和监督机制,国际联合研发机制,技术交易平台(含相应交易规则),专门的知识产权保护机制,促进企业履行社会责任及公众(特别是作为消费者)参与机制。由于气候变化问题是最大的全球外部性问题,也是全球公共物品保护问题,不可能完全依靠市场机制去解决,政府必须出面行使公共管理职能。而在处理全球公共管理问题中,需要形成强有力的政府间合作机制。就国际环境有益技术合作而言,需要专门的政府间合作机构和机制,以实现提供指导原则和建议、制定管理规则与战略计划、协调不同国际利益相关方的行动、协调政策、促进交流对话与信息和知识共享、提供信息等服务、监督和评价技术合作绩效等方面的职能。为此,邹骥等(2009)提出了一个新的国际低碳技术转让的机制框架,见图6.1。

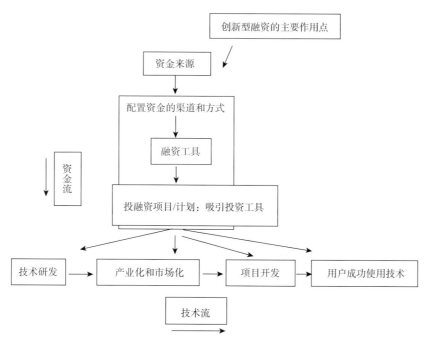

图 6.1　　低碳技术国际合作机制的资金流和技术流

在新的国际低碳技术合作机制中,应坚持六大原则:技术有效性和先进性原则,技术便利性和低成本原则,快捷性原则,国有和私有部门合作原则,循序渐进原则和全面综合开展合作的原则。与此同时,政府间合作仍是低碳技术国际合作的主要驱动力,应为私营部门参与低碳技术的国际合作提供积极的刺激,应选择联合研发作为低碳技术国际合作的新的着眼点,并建立低碳技术国际合作的创新性融资机制。

中国积极推动和参与《气候公约》框架下的技术转让,努力创建有利于国际技术转让的国内环境,并提交了技术需求清单。中国认为,《气候公约》框架下的技术转让不应单纯依靠市场,关键在于发达国家应努力减少和消除技术转让障碍,采取引导和激励政策与措施,在推动技术转让过程中发挥作用。对于尚在研发之中的应对气候变化的关键技术,应依靠国际社会广大成员国的合力,抓紧取得突破性进展,并为各国所共享。2008年4月24—25日,中国政府与联合国驻华机构共同主办"气候变化与科技创新国际论坛"。与会者就气候变化的重大科学问题,减缓气候变化的战略与政策,气候变化的影响与适应,重大技术与国际科技合作,资金与市场机制等领域展开了广泛讨论。会议受到国际社会的广泛关注和好评。与此同时,也有学者认为,由于发展中国家与发达国家在资金和技术问题上分歧巨大,难以取得实质性进展,中国可以效仿美国暂时退出国际气候制度,对外可以减少国际压力,对内集中精力发展低碳经济,等到时机成熟再返回国际气候制度。

参考文献

卞相珊.2011.从国际气候谈判看中国低碳经济转型.法政论丛,**6**:19-26.

薄燕,陈志敏.2011.全球气候变化治理中欧盟领导能力的弱化.国际问题研究,**1**:37-46.

薄燕.2007.国际谈判与国内政治——美国与《京都议定书》谈判的实例.上海:三联书店.

曹明德.2010.哥本哈根协定:全球应对气候变化的新起点.政治与法律,**2**:3-9.

陈刚.2006.《京都议定书》与集体行动逻辑.国际政治科学,**2**:85-112.

陈文颖、吴宗鑫、何建坤.2005.全球未来碳排放权"两个趋同"的分配方法.清华大学学报(自然科学版),850-857

陈迎,庄贵阳.2001a.《京都议定书》的前途及其国际经济和政治影响.世界经济与政治,**6**:39-45.

陈迎,庄贵阳.2001b.试析国际气候谈判中的国家集团及其影响.太平洋学报,**2**:23-30.

陈迎.2002.中国在气候公约演化进程中的作用与战略选择.世界经济与政治,**5**:16.

陈迎.2007.国际气候制度的演进及对中国谈判立场的分析.世界经济与政治,**2**:52-60.

崔大鹏.2003.国际气候合作的政治经济学分析.北京:商务印书馆.

丁仲礼,段晓男,葛全胜,张志强.2009.2050年大气CO_2浓度控制:各国排放权计算.中国科学（D辑）,**39**（8）:1009-1027.

高广生.2008.如何发挥市场机制的作用应对气候变化.中国能源,**7**:6-7.

国家统计局.2006.中国统计年鉴(2006).北京:中国统计出版社.

国务院发展研究中心课题组.2009.全球温室气体减排:理论框架和解决方案.经济研究,**3**:4-13.

何建坤,刘滨,陈文颖.2004.有关全球变化问题上的公平性分析.中国人口、资源与环境,**14**:12-15.

何一鸣.2011.俄罗斯气候政策转型的驱动因素及国际影响分析.东北亚论坛,**3**:76-84.

胡鞍钢.2008.通向哥本哈根之路的全球减排路线图.当代亚太,**6**:22-38.

黄山枫,姜冬梅,张孟衡,等.2008.多边基金机制与清洁发展机制的比较研究.环保,**10**:15-19.

黄卫平,宋晓恒.2010.应对气候变化挑战的全球合作框架思考.经济理论与经济管理,**1**:12-17.

金永明.2008.论合作:构建和谐世界之方法与路径——以国际法领域的相关制度为中心.政治与法律,**2**:21-23.

康晓,许丹.2011.绝对收益与相对收益视角下的气候变化全球治理.外交评论,**1**:103-120.

郎咸平.2010.新帝国主义在中国.北京:东方出版社.

李强.2009.后京都时代美国参与国际气候合作原因的理性解读.理论导刊,**3**:32-35.

李向阳.2010.全球气候变化规则对世界经济的影响.求是,**4**:57-62.

刘江永.2003.日本应对气候变化的战略、措施与困难.世界经济与政治,**6**:72-80.

刘莹,孙磊.2008.日本应对气候变化的法律机制及其对我国的启示.法制与社会,**8**:337-338.

吕学都.2009.联合国气候变化大会进展及展望.世界环境,**1**:23-29.

毛艳.2010.俄罗斯应对气候变化的战略、措施与挑战.国际论坛,**11**:25-32.

潘家华,陈迎,庄贵阳.2006.欧盟的污染物排放贸易实践.中国经济导刊,**18**:34-36.

潘家华,郑艳.2009.碳排放与发展权益.//杨洁勉主编.世界气候外交与中国的应对.北京:时事出版社:241-256

潘家华,庄贵阳 陈迎.2003.减缓气候变化的经济分析.北京:气象出版社.

潘家华.2002a.人文发展分析的概念构架与经验数据——以对碳排放空间的需求为例.中国社会科学,**6**:15-25.

潘家华.2002b.人文发展分析的概念架构与经验数据——以对碳排放空间的需求为例.中国社会科学,**6**:35-48.

潘家华.2005.后京都国际气候协定的谈判趋势与对策思考.气候变化研究进展,**1**:12

潘家华.2008.满足基本需求的碳预算及其国际公平与可持续含义.世界经济与政治,**1**:35-42

潘家华.2010.哥本哈根气候会议的争议焦点与反思.红旗文稿,**3**:9-13.

裴卿,王灿,吕学都.2008.应对气候变化的国际技术协议评述.气候变化研究进展,**4**:261-270.

裴援平.2009.关于中国国际战略研究的若干看法.//王缉思.中国国际战略评论.北京:世界知识出版社.

曲建升,曾静静,张志强.2008.国际主要温室气体排放数据集比较分析研究.地球科学进展,**1**:47-54.

全球变化与经济发展项目课题组.2002.美国温室气体减排新方案及其影响.世界经济与政治,**8**:54-58.

任国玉,徐影.2005.从未来气候情景看主要发达国家的气候谈判立场.中国科技论坛,**2**:13

如明.2006.发达国家温室气体减排策略.中国科技投资,**7**:10-11.

苏伟,吕学都,孙国顺.2008.未来联合国气候变化谈判的核心内容及前景展望——"巴厘路线图"解读.气候变化研究进展,(1):59.

苏伟.2008a.中国促进减缓气候变化的战略与政策.环保,**5**:14-15.

苏伟. 2008b. 中国如何应对气候变化. 绿叶，**8**：35-36

陶迎. 2001. 对美国拒绝批准《京都议定书》的法理分析——国际环境法的视角. 重庆环境科学，**5**：61-63.

涂瑞和. 2005.《联合国气候变化框架公约》与《京都议定书》及其谈判进程. 国际合作与交流，**3**：65-71.

王军. 2008. 气候变化经济学的文献综述. 世界经济，**8**：85-87.

王文文. 2008. 欧盟能源税概况、瓶颈及展望. 产业与科技论坛，**8**：253-254.

王曦. 1998. 国际环境法. 北京：法律出版社.

徐华清，郑爽. 2005.《气候公约》及《京都议定书》谈判前景、走向及对策研究. //周大地等主编. 中国能源问题研究. 北京：中国环境科学出版社.

徐华清. 2005. 美国拒绝批准《京都议定书》的影响及我国的响应对策. www. eri. org. cn/manage/englishfile/76-2005-9-14-763557. pdf.

徐再荣. 2003. 从科学到政治：全球变暖问题的历史演变. 史学月刊，**4**：114-120.

严双伍、肖兰兰. 2010. 中国与G77在国际气候谈判中的分歧. 现代国际关系，**4**：21-26.

阎学通. 2010. 对中美关系不稳定性的分析. 世界经济与政治，**12**：4-25.

杨富强、侯艳丽. 2009. 击破气候变化谈判的"坚壳". //杨洁勉主编. 世界气候外交和中国的应对. 北京：时事出版社.

杨理堃、李照耀. 2011. 坎昆会议. 国际资料信息，**2**：36-40.

于宏源. 2008a. 国际气候变化制度议价和中国. 教学与研究，(9)：21-28.

于宏源. 2008b. 国际制度和中国软能力建设——基于两次问卷调查的结果分析. 世界经济与政治，**8**：16-23.

于宏源. 2008c. 环境容量与能源创新——国际气候变化谈判的二元博弈视角. 国际观察，**6**：51-58.

于宏源. 2008d. 气候变化问题的二元博弈视角及启示. 国际观察，**5**：51-58.

于宏源. 2008e. 权力转移中的能源链及其挑战. 世界经济研究，**2**：29-34.

于宏源. 2009a. 全球气候治理和发展中国家气候谈判策略研究. 毛泽东邓小平理论研究，**7**：61-66.

于宏源. 2009b. 整合气候和经济危机的全球治理：气候谈判新发展研究. 世界经济研究，**7**：10-15.

于宏源. 2009c. 中国和气候变化国际制度：认知和塑造. 国际观察，**4**：18-25.

于宏源. 2010a. 低碳创新与城市责任. 北京：海洋出版社.

于宏源. 2010b. 哥本哈根谈判进程和中美碳外交的发展. 当代亚太，**3**：90-105.

于宏源. 2010c. 气候变化与全球安全治理：基于问卷的思考. 世界政治，(6)：19-32.

于宏源、李威. 2010. 创新国际能源机制与国际能源法. 北京：海洋出版社

曾加、李奕霏. 2008. 从履约角度谈《京都议定书》的争端解决机制. 西北大学学报，**5**：135-140.

张海滨. 2007. 中国与国际气候变化谈判. 国际政治研究，**1**：21-36.

张海滨. 2009a. 联合国与气候变化. //陈健主编. 中国的联合国外交. 北京：世界知识出版社：186-200

张海滨. 2009b. 应对气候变化：中日合作与中美合作比较研究. 世界经济与政治，**1**：38-48

张海滨. 2010. 气候变化与中国国家安全. 北京：时事出版社.

张焕波、王铮、郑一萍. 2008. 不同气候保护政策的模拟对比研究. 中国人口、资源与环境，**3**：21-24.

张建平. 2010. 气候变化谈判框架下的国际技术转让机制研究. 国际贸易，**5**：50-56.

张文磊、胡欢. 2010. 碳减排的国家驱动力分析及对中国的应对政策的探讨. 复旦学报，**1**：121-128.

赵宏图. 2010. 气候变化"怀疑论"分析及启示. 现代国际关系，**4**：56-60.

周剑、何建坤. 2008. 陆克文政府气候变化与能源政策评析. 世界经济与政治，**8**：33-41.

庄贵阳、陈迎. 2005. 国际气候制度与中国. 北京：世界知识出版社.

邹骥，等. 2009. 低碳道路的技术转让和资金机制. //中国社科院可持续发展战略研究组. 中国可持续发展战略报告——探索中国特色的低碳道路. 北京：科学出版社.

邹骥. 2008. 气候变化领域技术开发与转让国际机制创新. 环保，**5**：17.

Bryner Gary. 2000. Congress and the Politics of Climate Change. in Paul G. harris eds. Climate change and American Foreign policy. New York：St Martin's Press.

Caldwell Christopher. 2009. Climate change，the great leveler. Financial Times，December 12，2009.

EGTT. 2010. Preparing for the Implementation of the Proposed Technology Mechanism：A Working Paper of the Expert Group on Technology Transfer.

Gupta S，Tirpak D A，Burger N，et al. 2007. Policies，Instruments and Co-operative Arrangements. //Climate Change 2007：Mitigation. Contribution of Working Group III to the Fourth Assessment Report of the Intergovernmental Panel on Climate Change. Cambridge：Cambridge University Press.

Hardin Garrett. 1968. The Tragedy of the Commons. Science, **162**：1243-1248.

Hayes Peter and Kirk Smith. 1993. The Global Greenhouse Regime-Who Pays. London：United Nations University Press.

IEA. 2002. CO_2 Emission from Fuel Combustion，1971—2000 . Paris.

IEA. 2007. World Energy Outlook 2007：China and India Insights . Paris：International Energy Agency.

IPCC. 2001. Climate Change 2001：Scientific Basis. Cambridge：Cambridge University Press.

IPCC. 2007. Climate Change 2007：Scientific Basis. Cambridge：Cambridge University Press.

Stern Nicholas. 2008. Stern Review on the Economics of Climate Change. http：//www. hm-treasury. gov. uk/independent_reviews/stern_review_economics_climate_change/sternreview_index. cfm. .

Ward Andrew and Daniel Dombey. 2009. US 'ready to lead' on climate change. Detroit Financial Times，January 13，2009.

Ward Andrew. 2009. New world order. Financial Times，December 23，2009.

World Bank Institute. 2009. Carbon Market at a Glance，Volumes &. Values in 2006-07. ［2009—1—28］. http：//wbcarbonfinance. org/docs/State_Trends_FINAL. pdf.

Yasuko Kameyama. 2003. Climate change as Japanese foreign policy：from reactive to proactive. in Paul G. Harris. Global Warming and East Asia. Lodon：Routledge.

Yu Hongyuan. 2008. Global Warming and China's Environmental Diplomacy. New York：Nova Publishers.

Zhang Zhihong. 2003. The forces behind China's climate change policy：Interests，sovereignty，and prestige，in Paul G. Harris，ed. ，Global Warming and East Asia：The Domestic and International Politics of Climate Change. London：Routledge.

第七章　地方政府和社会参与

主　笔:喻　捷,郑易生
贡献者:薛艳艳

提　要

气候变化现象主要是因为现代生活提供能源而燃烧化石燃料释放温室气体所致,能源的终端消费者是每一个享受现代生活的普通人。因此,如果要减缓气候变化,不仅需要先进技术、合理的政策,也需要自下而上的减排行动的参与。地方政府先于或高于国家指令的地方实践和推动、企业的低碳研发和发展战略、个人生活方式和消费行为的改变,以及社会团体在政府和企业之外的相应倡导和教育项目,都是减缓气候变化行动中不可或缺的一部分。本章即试图对这些自下而上的行动做一概括和评述。

7.1　引言

减缓气候变化需要自上而下的政策框架的制定,以实现相应的激励和管制,前面的数章已就其重要性和可行性进行了评估和论述。与此同时,自下而上的参与同样意义重大。首先,来自地方行政机构、企业、公民的超前实践为政策推广提供经验和教训以及创新的活力。其次,这些实践和意识的提高赋予上一级决策以合法性,使得政策执行具备更丰富的资源和动力保障。自下而上参与的深度与广度是国家应对气候变化行动成功与否的关键。

* 政府间气候变化专门委员会(IPCC)在其2007年发布的第四次评估报告《决策者摘要》中指出:生活方式的改变可减少温室气体(GHGs)的排放。强调资源节约的生活方式和消费方式的转变,可促进低碳经济的发展,这样既有公平性,又有可持续性。教育和培训计划能够有助于克服市场在接受能效方面的障碍,特别是与其他措施相结合。

* 居住者行为、文化形态、消费者的选择以及使用技术等方面的改变能够大幅度减少与建筑物能源使用有关的温室气体排放。

* 交通运输需求管理能够支持温室气体的减排,它包括城市规划(能够降低旅行需求)、提供信息和教育技术手段(能够减少汽车的使用,并有助于提倡高效的驾驶方式)。

* 在工业方面,管理工具包括了人员培训、回报制度、定期反馈、现有规范文件的编制,这些工具能够有助于克服工业组织面临的障碍,减少能源的使用和GHG排放。

以上诸点很好地提示了与本章相关的几方面减排行动。其中,交通运输和建筑相关的减排行动大多由城市政府引导,在城市的规划、管理和具体公共投入中实现。尤其对于中国这样的发展中国家,处于快速的城市化进程中,正在进行大量的基础设施建设,其城市发展的模式、布局将锁定未来至少几十年的能源需求和排放需求,这些都是中央政府在政策制定中无法一一控制兼管制的,且中央管制也不一定良好地反映地方发展和治理的需求。其次,建筑节能政策的执行还有赖于地方部门,以实现制度创新、有效的激励和监督。企业则不仅承担政策所制定的减排任务,在管理中建立与减排相关的一系列制度，也在提供低碳产品和服务中起到不可替代的作用。此外，社会团体在提高资源节约的意识以及引导新型气候友好的行为方式上可深入社区，利用小范围的实践和大众传播方式起到引导、催化和普及的工作，为实现IPCC总结概括的前三点目标作出贡献。

7.2 地方政府的参与

自下而上的参与以应对气候变化应包括城市、社区等地方政府，这其中有两个主要原因。其一，相对于国家政府参与国际气候谈判并承诺相应减排目标，国际上大多数有强制减排义务国家的城市政府并无被分配的减排目标，因此其额外的减排行动属自愿行为①。其二，大多数城市采取应对气候变化的直接动力是城市的可持续发展以及绿色增长，虽然这些行动也直接或间接地帮助国家政府实现减排目标。例如，美国有710个市长签署了市长气候保护协议，承诺了美国联邦政府没有承诺的温室气体减排目标(Lamia Kamal-Chaoui,2009)。因此，Lutsey等(2008)将美国地方政府的温室气体减排行动定义为自下而上的自愿减排，截至2007年9月，所有美国地方政府的减排行动可以使得美国2020年的温室气体排放保持在2010年水平。对于发展中国家的城市，通常发展在其议程中占有更重要的地位，但是低碳的发展路径可能使其拥有独特的竞争力。因此，地方政府的行动对于全球温室气体减排的贡献不容忽视。本节从城市的气候责任出发，系统回顾了国际国内城市层面应对气候变化的研究以及实践结果，凸显了城市应对气候变化的重要性。

7.2.1 气候变化与城市的责任

短短几十年来，人们对气候变化问题的认识从最初的科学问题上升到国际协商减排的政治问题，再到最近几年寻求减碳增益机会的经济问题，从而渗透到了社会发展的很多方面。城市作为一个国家的地方行政单元和大多数居民生活以及经济生产的集中承载体，无论从受灾还是从寻求和启动解决方案，都有其独特角色，尤其是在后者，其强大的资源整合能力更使其无可取代。

首先，保障全球气候安全是国际应对气候变化问题的最初始的推动力。IPCC分别在1990,1995,2001年及2007年发表的四次正式"气候变化评估报告"，一次比一次更加科学地证明了人类活动对造成全球气候变化的影响。全球相当一部分大城市分布在沿河、沿海地区或河流入海口的特点决定了这些城市面临气候变化带来的极端气候时的脆弱性。经济合作与发展组织(OECD)研究了全球136个港口城市，其中有四千万人口面临着海平面上升的危险，其财产总额占2005年全球GDP的5%，在受威胁最严峻的10个全球城市中，中国的广州和上海位列其中(OECD,2007)。

其次，城市是人类活动的主要聚集地，是温室气体排放的主体。联合国人居署指出城市温室气体排放大概占据人类总排放的75%～80%。OECD/国际能源署(IEA)预测，到2030年，美国的城市消耗87%的能源，在欧洲、澳大利亚和新西兰，这一比例分别是75%,78%和80%(OECD/IEA,2008)。相比之下，中国城市的能源消耗也已经上升到全国的75%，到2030年这一比例将会上升到83%(Dollar,2008)。

联合国气候变化谈判对大多数发达国家排放国均分配了法定减排责任和目标，另一些国家也提出自愿减排目标，而城市作为国家的地方行政单元，常常是实现国家减排目标的基本行动主体，尤其在建筑和交通领域。一些城市的气候变化应对行动效果甚至远远超出国家行动。如马德里在1990—2004年期间在城市规划、交通、建筑、水以及垃圾管理中采取的综合措施使得其温室气体排放减少了15%，而同一时期西班牙整个国家的温室气体排放则增加了47%(Lamia Kamal-Chaoui,2009)。

在危机意识推动下，气候变化所要求的能源转型也为城市谋求的经济增长提供了新的商机。可再生能源和替代能源，催生了新产业的繁荣，各种低碳技术也得到广泛的市场应用。发展低碳技术和低

---

① 中国的城市是例外。2006年起，中央政府制定了以提高能源强度为目标的国家政策，通过行政辖域逐级下放目标以实现全国目标。因此，中国的城市自2006年已开始执行强制性减排目标。

碳产业,创造绿色工作机会和新一轮的经济增长点的现实利益,为城市的气候行动在责任感以外提供了强劲的驱动力。

在气候安全、城市责任和绿色增长等三种主要驱动力的推动下,城市需要在减排和适应上制定战略,避害增益。尤其是发达国家的城市纷纷开始识别自我碳排放现状以确立目标,创新政策机制,并为此制定相应的战略和政策。当低碳发展已成国际趋势时,如何率先行动以掌握具有领先的低碳技术、产业和金融优势是世界级城市的主要考虑,也同时成为一些后起城市在新一轮角逐中的利器。另外,参与全球的城市低碳建设过程,与更多城市分享经验和教训,从低碳城市网络中获得最新的理念和技术等信息也是城市走向低碳发展的共同路径。

气候变化与城市的关系在中国更具有其独特之处,这就是快速工业化和城市化背景之下影响巨大的新增制造业、基础设施建设、生活方式改变和由此决定的未来排放情景。至 2009 年底,我国大陆的总人口达到 13.34 亿,其中 46.6% 的人居住在城市,53.4% 的人居住在农村。至 2030 年,中国的城市人口将超过 10 亿,届时中国的百万人口级城市将达到 221 个①。伴随着城市化的首先是人均收入的增加,每当新增 1% 的城市人口,中国居民的消费总额相应上升 0.19%~0.34%(蔡昉,2006)。根据城乡建设部的相关估计,每新增一个城市人口,将会需要增加 20000 人民币的基础设施投资。新增基础设施的规划和建设不仅关系到当前的能源消耗和温室气体排放,而且将在至少几十年或更长的时间内锁定城市的布局,其结果对未来的交通、建筑等产生的能耗将起到深远的影响。因此,城市当前的发展战略是否考虑到未来的能源和气候变化挑战至关重要。

与大多数国际城市不同的是,在国家的节能政策总体框架下,中国的城市面临实现能源效率目标的强约束。"十一五"经济社会发展规划的 20% 万元 GDP 消耗目标自上而下由省、市分解承担。城市因此自 2006 年起,接受年度目标进展考核。从这个角度看,无论称之能源政策还是气候政策,中国的城市已经与温室气体减排不可分割。因此,在谈到中国城市参与应对气候变化时,这个背景不可或缺。在此之上,方可探讨中国城市的额外作为。

国情虽有不同,但是已经采取气候友好方案的国际城市仍可作为中国城市的参照,提供基本参照。将其经验进行整理,有助于中国城市深入理解减排的路径和方法。

7.2.2 国际城市的减缓目标和方法

在国际政府间气候变化谈判之外,某些在应对气候变化上积极行动的城市正在形成一股新的应对气候变化政治格局,那就是城市自身的行动和城市在国际层面的交流和合作。Bulkeley 等(2003)认为,城市层面应对气候变化的四个驱动力因素包括:

城市消耗大量的能源和水,各地城市虽然在各国不同政治体系下的作为程度不同,但是都能在能源、交通、土地利用、建筑、垃圾和社区管理等方面有所作为。

地方 21 世纪议程中的城市发展部分包括了气候变化的内容。

在国家政府和其他资源的支持下进行小规模的示范,可以探索应对气候变化的新模式。

城市已经在环境管理方面积累了大量经验,可以创新地应用到气候变化领域。

具体来说,国际城市参与气候变化可以分为三个层次:城市本身的努力,国家或区域内的城市间联合行动,以及国际的城市联合行动。

(1)城市自身的努力

城市自身应对气候变化的努力反映在城市管理的多个方面,包括建筑、交通、能源、垃圾处理、土地规划和城市再开发,以及公众行动等。但是越来越多的城市开始系统地把气候变化内容纳入到地方政策的制定和执行过程,并制定专门的气候变化方案,将其变成城市决策中秉承的价值观之一。城市的气候相关行动一般包括:编制城市温室气体排放清单、制定城市减排远期目标、形成系统的气候变化行动方案和政策框架体系、并利用各种创新手段和方法执行政策项目等。

---

① 联合国人口基金会.2010 世界人口报告.

例如伦敦在 2007 年发布的气候变化行动方案中设定伦敦到 2025 年实现基于 1990 年排放水平最高减排 60%的目标,纽约也在同年发布"更绿更高"的减排运动计划,要求实现 2020 年相对于 2005 年减排 30%的目标,东京 2007 年气候变化战略设定 2000—2020 年的 25%减排目标。

但是,这些城市的减排目标和减排政策并不是一蹴而就,而是城市长期探索的结果。气候组织(2010)分析了国际九个城市的应对气候变化行动方案,发现了类似的城市减排路线图。

表 7.1 九个国际城市气候变化愿景、目标和低碳路线图

城市	路线图	愿景	目标
芝加哥	• 市长能源计划,2001 年 • 气候变化行动计划,2008 年 9 月 • 芝加哥全民绿色就业计划,2009 年	世界最绿色和最宜居的城市	基于 1990 年水平 2020 年降低 25% 2050 年降低 80%
伦敦	• 市长住宅战略,2008 年 • 适应战略气候变化草案,2008 年 • 经济发展战略,2009 年 • 交通战略,2009 年 • 伦敦计划——塑造伦敦,2009 年更新版 • 减缓气候变化及能源战略 2010 年咨询草案 • 适应气候变化战略 2010 年咨询草案 • 市长市政废弃物管理战略 2010 年咨询草案	通过应对气候变化、改善公共服务质量、减少污染、发展低碳经济、减少能源消耗和提高能源利用率,成为改善区域和全球环境的全球的领跑者	2025 年比 1990 年水平降低 60%
墨尔本	• 温室气体行动计划,2001—2006 年 • 温室气体行动计划,2006—2010 年 • 2020 零净排放计划,2003 年 • 总体水战略,2004 年 • 墨尔本未来战略 2030,2008 年 • 2020 零净排放计划—2008 年更新版 • 适应气候变化计划草案,2008 年	到 2020 年,成为一个碳中和的城市	2010 年在 2001 年水平上住宅和商业能源领域碳排放减少 20%,2020 年实现零净排放
首尔	• 首尔绿色战略,2005 年 • 首尔环境友好能源宣言,2007 年 • 低碳和绿色增长的总体规划,2009 年	到 2030 年,成为世界级的清洁、有吸引力的、气候友好的城市	到 2030 年,在 1990 年水平上减少 30%
斯德哥尔摩	• 减少温室气体排放的行动计划,2003 至今 • 第 5 期斯德哥尔摩环境规划,2008—2011 年 • 减少温室气体排放的行动计划,1998—2002 年 • 能源效率和健康住宅计划 • 能源效率和环境友好建筑计划 • 斯德哥尔摩地方政府绿色指令 • 斯德哥尔摩水规划	至 2050 年,成为零化石燃料使用城市	在 1990 年水平减少 60%～80%;到 2050 年,成为零化石燃料使用城市
柏林	• 能源概念框架,2020 年 • 柏林地区能源计划,2006—2010 年 • 能源和节能条例 • 能源行动计划"Berlin Spart Energie",1994 年	"更富有"、"更明智"和"更具信念和动力"的城市	2020 年在 1990 年水平上减少 40%
西雅图	• 西雅图气候行动计划(CAOP),2006 年 • 西雅图保护气候行动,2006 年 • 西雅图社区气候立即行动,2006 年	改进公众健康、提高生活质量、增强经济活力	基于 1990 年水平,2024 年减少 30% 2050 减少 80%
纽约	• 纽约城市计划(PlaNYC),2006 年	更绿更高的纽约	2030 年在 2005 年水平上减少 30%
旧金山	• 气候行动计划,2002 年 • 电力资源规划,2002 年 • 旧金山前进计划,2008 年		2012 年在 1990 年水平上减少 20%

来源:气候组织(2010).

（2）国家或区域内的城市间联合行动

除此之外，一些国家和地区内也存在着联合行动网络。如英国 2000 年在诺丁汉发起《联合王国诺丁汉宣言》，表达城市自愿减排的意愿，目前已经有 300 多个地方当局签署了宣言。美国地方政府于 2006 年发起市长气候保护协议，承诺到 2012 年实现 1990 年基础上的 7% 温室气体减排目标，目前已经有 1044 位地方市长签署了协议。另外，欧盟委员会于 2008 年 1 月发起《欧洲市长公约》，希望欧洲的地区和城市都能加入该公约，为欧盟制定的到 2020 年实现 20% 的目标而努力，已有 700 多个欧盟地区和城市在公约上签字。

（3）国际间的城市联合行动

除了各国的城市气候行动网络，另有一些重要的国际经验交流平台，例如地方政府环境国际委员会（ICLEI）。ICLEI 已成立于 1990 年，20 世纪 90 年代初已在欧美及加拿大的 14 个城市开展城市 CO_2 减排运动。它是目前全球最大的城市间环境行动相关网络，承担着研究、能力建设、培训、咨询等帮助城市实现雄心的任务，气候变化已成为该委员会的主要工作内容之一。1993 年 ICLEI 发起了城市气候保护运动（CCP），与地方政府一起工作，采用综合的和战略的能源管理手段减少温室气体排放，通过五步法（现状审查、目标设定、制订计划、进行执行和结果检验）来帮助会员城市进行温室气体减排。截至 2009 年，已经有世界上 1000 多个地方政府在 CCP 的影响下将气候变化纳入到政府政策制定需要考虑的议题中。

除了 ICLEI，近年其他国际城市行动网络也纷纷兴起。2005 年在伦敦市长的呼吁下，国际大城市气候变化领导组织（C40）成立，C40 聚集全球 40 个大城市组成一个城市减碳的国际网络。中国的北京、上海和香港均为会员城市。2006 年克林顿基金会发起气候行动倡议，当时就有 23 个世界城市签署了倡议书。几年来气候行动在建筑节能改造、废物管理、城市交通、公共照明、城市低碳规划、新能源和森林等方面在地方城市取得了成效。同年美国 300 多名城市市长签署"美国市长气候保护协议"，承诺 2012 年在 1990 年基础上减排 7%。2008 年，欧盟委员会于 2008 年 1 月发起《欧洲市长公约》，希望欧洲的地区和城市都能参加该公约，为欧盟制定的到 2020 年实现三个 20% 的目标而努力，已有 700 多个欧盟地区和城市在公约上签字。这些不同的国际网络都发挥其相应作用，帮助城市更有效地学习既有地经验和方法，以开展自身行动。

研究国际城市的应对气候变化努力，可以归纳出几个共同的特征：

- 科学的目标设定和清晰的低碳愿景

上页列出的几个案例城市在目标设定方面有一个共同特征，那就是都对城市的碳排放现状和潜力进行了科学的评估和情景预测。其基础是先行制定出一份城市温室气体排放清单，并在历史排放基础上设定目标年的常规（BAU）排放情景，接着确立重点部门的碳排放贡献，从技术可行性、成本效益以及政策选择这几个角度逐渐识别潜力，从而制定出减排的具体量化目标及具体行动方案。这一系列工作不可能速成，它是一个过程。这个过程同时也是城市对气候变化问题深入认识的过程。同时，所有案例城市均认识到把应对气候变化和经济繁荣结合起来的战略必要性，以达到低碳发展的目标。

- 政府部门须低碳率先垂范

这项措施包括市政府及各下属机关对其办公场所和车辆使用进行节能改造，及为市政照明和公共交通等排放较大的部门制定减排方案。温室气体减排首先在政府公共部门开展具有几个方面的带动作用，首先可以在技术应用和节能机制方面取得一手经验，向社会证明节能减排的可行性。此外因政府部门庞大的节能需求，政府以公共财政投入进行节能改造，将会对低碳技术市场的发展和创造绿色就业就会起到极大的推动作用，真正实现低碳和发展并行。

对相关政策和行动的整合和调整

气候变化不是一个全新的领域，也不是一个独立的领域。它和环境保护其他方面联系紧密，是能源领域的派生问题。它和城市规划、经济发展都互为因果、互相影响。因此成功的气候变化行动计划和政策制定都离不开对过去政策的回顾，也离不开对现有政策的整合。

国际城市的气候变化政策的形成大都经历了几个阶段：环境保护政策、温室气体减排计划、气候变化适应计划、绿色经济增长计划、到最后的综合性的低碳规划。对过去政策和行动的回顾不仅有利于对相关资源的认识，并且也帮助建立起在过去基础上进一步推进的信心。

利益相关方的参与和协调机制

国际经验中另一共同特征是参与城市都在城市气候变化行动计划和低碳发展政策的制定和执行过程联合了各利益相关方的参与和合作。这样的多部门参与机制使得城市最大程度利用可用资源包括人才、专业技能、资金和政策等，大大提升了城市的相关执行力。这里的多部门和多利益相关方包括城市政府的上级政府和同级政府、城市政府的各部门、商业部门、专业公民团体组织和慈善组织、专家教授、普通公众、项目涉及居民等。

低碳技术及融资

低碳技术和低碳融资是应对气候变化和低碳发展过程中的重要问题。能源的节约、能效的提高、资源高效利用、新能源的商业化利用、CO_2 的被动减少和主动减少都需要清洁技术的大规模应用和资金保障以及市场的推动。技术的拥有者希望通过机制扩大技术的市场化应用，从而以低碳技术为契机复苏经济、创造绿色就业机会。技术的使用者则希望通过有效的融资机制快速得以技术应用，推进低碳发展。这方面存在着大量的创新机会，城市政府可以与工商界合作进行新机制的创新实践，并及时在城市层面推广经验。

其实，应对气候变化的努力不是孤立的课题，它和在城市规划以及运营中已经提出的许多围绕资源节约而出现的新型模式相互呼应，例如以公共交通的可获得性为主导的社区发展模式（Transport Oriented Development），提供提高居住密度从而实现资源节约的紧凑型城市（Compact City）等模式，都是集合了居住的舒适型、公共交通的便利性、购物及其他公共服务以及工作等提高社区综合质量的举措。这些举措很多都和减碳的行动有协同效应，并且可以为之提供丰富的经验借鉴。

7.2.3 中国城市的减缓现状与努力

总结国际城市的气候友好行动，结合中国作为发展中国家的阶段特征，中国城市应对气候变化可以从城市温室气体排放及清单研究、低碳城市的相关学术研究、低碳城市的实践探索，以及主要的瓶颈和障碍四个方面展开分析。

（1）城市温室气体排放及清单研究

目前，国内学术界对于中国城市层面的温室气体排放的研究仍停留在对于城市总体排放和碳排放强度等基本数据的初步估算阶段，数据来源以及估算方法不尽相同。城市的温室气体排放清单研究还处于起步阶段。

为了积累省级清单编制经验，2010年国家发改委确定广东、湖北、辽宁、云南、浙江、陕西、天津七个省市作为编制2005年温室气体排放清单试点省市，先行开始编制。根据《关于编制省级2005年温室气体清单（试点省份）及其他省份能力建设课题工作方案》的内容，7个试点省份要在2011年6月编制出温室气体排放总量、分量、下降幅度、排放强度等主要指标排放表，完成温室气体排放清单初稿，并在2011年底完成报告。

一般来说，联合国政府间气候变化专门委员会（IPCC）2006年国际温室气体清单编制指南是基本参照，但是各种能源的排放系数是研究者们面临的第一个问题。各大机构对于煤炭、石油和天然气三大基本能源的碳排放系数的定量也不同，所以各城市间的碳排放数据以及与国外城市数据的横向对比只能作为参考。

表 7.2　不同机构参照的不同能源排放系数

数据来源	煤炭碳排放系数	石油碳排放系数	天然气碳排放系数
美国能源部	0.702	0.478	0.389
日本能源经济研究所	0.756	0.586	0.449
国家科委气候变化项目	0.726	0.583	0.409
徐国泉（2006）	0.7476	0.5825	0.4435
平均值	0.7329	0.5574	0.4226

资料来源：谭丹，等．2008．

另外,研究者们经常用的另外一种方法是先把各类能源按照国家发改委颁布的标准折算成标准煤(1 吨煤炭＝0.7143 吨标准煤,1 吨石油＝1.4286 吨标准煤,1 万立方米天然气＝12.143 吨标准煤),然后把标准煤换算成 CO_2 排放(梁朝晖,2009)。

事实上,作为碳排放数据基础的能源统计数字的准确性和真实性也目前阶段尚不能保证。

目前,除工业以外的其他产业,第一产业和第三产业还没有完整的能源统计报表制度,只能根据有关部门的数据进行推算和估算。第二产业中的规模以下工业企业也还没有建立能源统计制度,有关能源资料是根据经济普查或其他方面的资料进行推算的。

归根结底,"十一五"约束的能效指标由两部分组成,分别是作为分母的 GDP 统计数字,和作为分子的能源消耗统计数字,两个数字的准确性都事关以单位 GDP 能源消耗为依据能源强度指标。然而,地方 GDP 和能源消耗统计数字的真实性、准确性,一直是中央政府长期致力解决的一个难题。只有GDP 数据可靠,方能真实说明能效指标的完成效果。

(2)低碳城市概念的学术探讨

在学术界探讨城市层面温室气体排放总量和清单估算的方法的同时,对"低碳城市"的学术探索和实践也是中国城市应对气候变化的挑战。研究发现,因为发展阶段不同,国际通用办法不可简单复制。

低碳城市衍生于低碳经济的概念。付允等(2008)提出低碳城市是通过在城市空间发展低碳经济,创新低碳技术,改变生活方式,最大限度减少城市的温室气体排放,逐渐摆脱以往大量生产、大量消费和大量废弃的社会经济运行模式。该学者从系统论的角度建立了低碳城市的发展路径。其主要分为四个系统:能源低碳,主要提倡减少煤炭使用,充分利用各类新能源和可再生能源;经济低碳,主要优化产业结构,严格限制高耗能产业的发展,积极发展第三产业;社会低碳,主要通过调整交通战略和空间战略来促使人们养成依赖步行、自行车及公共交通的绿色交通方式,同时改变以往高消费、高浪费的生活方式。技术低碳,主要是通过发展 CO_2 捕捉以及清洁能源开发等技术来作为发展低碳城市的支撑体系。

2009 年出版的《中国可持续发展战略报告》绿皮书中将低碳城市的特征概括为以下几点:经济性、安全性、系统性、动态性、区域性。绿皮书也提出了低碳城市的基本支撑体系分为以下四项:①低碳城市的产业结构体系。实现工业向服务业的转变和重化工业化向高加工度化的转变,利于我国减少能源消费,发展低碳经济。②低碳城市的基础设施体系。需预先做好城市基础设施的总体规划,保证城市基础设施设计的低碳化。③低碳城市的消费支撑体系。为实现城市的低碳发展,人们要改变以往高消费、高浪费的生活方式。④低碳城市的政策制度体系。制定合理、正确的制度和政策,依托和整合现有政策体系及手段,确定低碳城市发展的长期目标,向社会大众表明政府联合全社会一起实现低排放或零排放的决心。其中,第二条基础设施体系对于处于快速城市化阶段的中国城市尤其具有针对性,目前的城市规划设计中是否考虑了未来的城市布局和其造成的能源消费后果,将是至关重要的。

事实上,低碳城市的核心是减少温室气体的排放。因此,实现低碳城市需要实现常规情景上的排放降低。这在国际实践中已经证明是一条必经之路。中国城市的排放清单统计工作刚刚开始试点,要实现国际水平的碳排放数据收集、分析、预测和潜力识别还有相当远的路要走。因此从严格意义上,以上提出的低碳城市如果需要制定量化目标,并且监督及核准其实施效果,在目前阶段仍很难实现精准。

除了对低碳城市的理论性学术研究,目前还有一部分低碳城市的研究成果来自国际机构的众多低碳城市项目。大多数低碳城市项目受国际机构的资助,旨在帮助城市制定低碳发展长期规划,探讨不同规模城市的低碳发展模式。表 7.3 总结了目前主要的低碳城市项目以及预期研究成果。

表 7.3 低碳城市项目的研究及预期成果

城市	助力机构及重点	(预期)主要研究成果
保定	世界自然基金/低碳产业发展	
南昌	英国战略政策基金/低碳发展规划	
吉林	英国战略政策基金/低碳发展规划	吉林市低碳发展计划
重庆	英国战略政策基金/低碳产业及融资	
广元	英国国际发展部/灾后重建低碳路	广元低碳城市发展规划研究
银川等	瑞士使馆/城市中长期低碳规划	

根据相关资料整理,2010

例如,吉林市低碳城市项目是由五家中欧研究机构共同执行的研究项目。项目通过情景分析方法分析了吉林市分别在常规(BAU)情景、政策情景、低碳情景和碳捕集和碳封存(CCS)充分利用情景下的能源使用和碳排放情况,为吉林市实现低碳发展提出了关键的政策领域和技术应用建议,发展了相应的减排路线图。研究认为吉林市调整经济结构对实现 2030 年低碳情景的减排贡献仅为 37%,而节能和能效提高的贡献则为 51%。技术与创新的政策是吉林市实现低碳经济的核心所在。

另外,研究还提出了中国低碳城市评价相对指标体系,分为低碳产出、低碳消费、低碳资源和低碳政策四大模块共 12 个指标(见表 7.4)。根据指标评估吉林目前的低碳发展水平,吉林的碳生产力是全国平均水平的一半,2007 年人均碳排放是全国的 2.25 倍,低碳能源占比不到 5%。这表明吉林的发展水平远没有达到低碳经济的目标。下图是该项目为吉林制定的低碳城市目标。目前此项研究仍是科研成果,尚未被城市采纳。

表 7.4 城市低碳经济发展相对指标体系

模块	序号	指标	低碳标准
低碳产出	1	碳生产力	高于全国水平 20%
	2	单位产值能耗	居全国领先地位
低碳消费	3	人均碳排放	人均 GDP 低于全国平均水平地区,人均碳排放也低于全国水平 人均 GDP 超过全国平均水平地区,人均碳排放须不超过全国水平 0.5%
	4	家庭人均碳排放	人均 GDP 低于全国平均水平地区,人均碳排放也低于全国水平 人均 GDP 超过全国平均水平地区,人均碳排放须不超过全国水平 0.5X%
低碳资源	5	零碳能源的比例	高于全国平均水平
	6	森林覆盖率	参考现行国家标准
	7	单位能源 CO_2 排放系数	低于全国平均水平
低碳政策	8	低碳经济发展规划	制定并通过全面发展规划,并在相关政府部门的计划中加以体现
	9	碳排放监测、统计监管机制	系统应做到有效、充分和协调一致
	10	公众对低碳经济的认知度	超过 80%
	11	符合建筑物能效标准	超过 80%
	12	非商业性能源的激励措施	设计合理,广泛应用

资料来源:查塔姆研究所(2010)

除了吉林,能源研究所的姜克隽团队运用其开发的 IPAC-AIM[①] 模型工具,对广东省和沈阳市提供未来低碳经济和低碳发展的情景预测、目标设定和行动指南的决策参考。相关研究建议地方在国家制定任务基础上,提高自愿目标,在发展的同时进行低碳和其他环境元素等的经济质量的建设,以获得

---

① IPAC 的英文全称是 Integrated Policy Assessment Model of China,中文译为中国能源环境综合政策评价模型,为能源研究所(ERI)开发的针对中国的能源和环境政策进行定量分析和综合评价的模型工具。

符合可持续发展方向的核心竞争力。通过输入人口、社会经济和技术潜力等因子的模型运算,计算出通过五条途径可实现的阶段性量化碳减排目标。这五条途径分别是:工业低碳化、能源低碳化、交通低碳化、建筑低碳化和生活方式低碳化。整体来说,该方案对沈阳的万元 GDP 能耗提出了比国家平均指标更高的要求,也就是到 2012 年在 2010 年基础上降低 13%,2015 年降低 30%[①]。同时,因为对 GDP 增长的预测,研究也对城市未来的能源消耗和二氧化碳排放总量做出了规划。

中国人民大学邹骥教授的团队也在 2010 年为贵阳市撰写了《贵阳市低碳发展行动计划(2010—2020)》。该计划为贵阳市设定的目标是,到 2020 年努力实现万元国内生产总值能耗比 2005 年下降 40% 以上,确保万元国内生产总值 CO_2 排放量比 2005 年下降 40%,力争下降 45%。实现路径如图 7.1 所示,其假设条件是贵阳在这一阶段的年 GDP 增幅位于 13%～14% 区间。

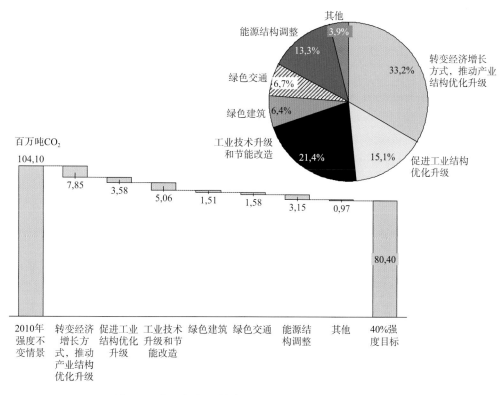

图 7.1 贵阳市实现低碳发展目标和战略(2010—2020)

(资料来源:贵阳市低碳发展行动计划(纲要))

不仅在城市层面,位于市属县境内的中小城镇也开始建立相应的包涵低碳在内的规划体系。2001 年 4 月,延庆县规划设计所编制完成的《四海镇控制性详细规划》通过县政府审查。该规划控制指标体系主要由建设规模、建设高度、基础设施、建筑能耗、宜居城镇指标等组成,旨在突出绿色、低碳、宜居的特点,将在"十二五"期间全面实施。在首都总体功能定位中,延庆县被定位于生态涵养发展区,其产业发展方向指向旅游休闲产业、新能源环保产业、有机循环农业等绿色产业。控制性详规的指标体系的建立起到了在实际建设中落实原则方向的作用[②]。

(3)低碳城市的实践探索

自下而上出现的相关研究的兴起以及地方政府对于低碳城市称号的热衷,推动了国家层面提出的低碳城市试点。2010 年 8 月,国家发展和改革委员会启动国家低碳省和低碳城市试点工作。承担低碳试点工作的是广东、辽宁、湖北、陕西、云南五省和天津、重庆、深圳、厦门、杭州、南昌、贵阳、保定八市。

期间公布的《国家发展改革委关于开展低碳省区和低碳城市试点工作的通知》说明,试点省和试点

---

① 国家目标是到 2015 年,万元 GDP 能耗比 2010 年降低 16%。

② 《发展低碳经济 延庆全力打造绿色北京示范区》.http://www.chinanews.com/ny/2010/08-03/2442865.shtml.

城市要将应对气候变化工作全面纳入本地区"十二五"规划，研究制定试点省和试点城市低碳发展规划，明确提出本地区控制温室气体排放的行动目标、重点任务和具体措施，建立温室气体排放数据统计和管理体系、积极倡导低碳绿色生活方式和消费模式，降低碳排放强度。

此外，《通知》要求试点地区发挥应对气候变化与节能环保、新能源发展、生态建设等方面的协同效应，积极探索有利于节能减排和低碳产业发展的体制机制，实行控制温室气体排放目标责任制，探索有效的政府引导和经济激励政策，研究运用市场机制推动控制温室气体排放目标的落实；密切跟踪低碳领域技术进步最新进展，积极推动技术引进消化吸收再创新或与国外的联合研发。

事实上，在此之前的一两年时间里，在国内政府和机构的推动下，以及学术研究的理论支持下，中国的一部分城市已经开始进行低碳城市建设的实践探索。城市除了在工业节能、建筑、交通、新能源利用等城市管理方面进行投入外，有些城市还先后制定低碳城市发展规划，设定低碳发展目标，尝试以低碳发展行动应对气候变化。纵观目前众多在低碳规划和目标设定上已经有所进展的典型性城市，目前出现的有四种模式：以低碳产业为基础的，以综合规划为模式的，以城市规划为先导的，和以城市应对气候变化为出发点的模式。

1）以发展低碳产业为基础的"碳益"模式

保定市因以发展新能源设备制造业为主导而被称为"碳益城市"[①]，因为保定市生产的新能源设备在其他地方的应用带来的碳减排效益远远大于保定市本身实现的碳减排。近年，保定逐渐形成了包括太阳能光伏发电、风力发电设备、新型储能材料、电力电子与电力自动化设备、输变电设备和高效节能设备六大产业体系。2009 年，新能源产业的总产值达到 318 亿元。2008 年年底，保定市发布了《保定市人民政府关于建设低碳城市的意见（试行）》的文件，宣称到 2010 年，保定市万元 GDP CO_2 排放量比 2005 年下降 25％以上；到 2020 年，万元 GDP CO_2 排放量比 2010 年下降 35％（相当于比 2005 年下降约 51％）。这是国内为数不多的自愿提出 2020 年减排量化目标的城市。

山东德州和江西南昌也属于这一类型的城市。山东德州因其太阳能产业逐渐形成新能源产业链扩张和城市低碳化之路。南昌市政府则审议通过《关于进一步深化"花园城市，绿色南昌"建设的若干意见》的政府文件。根据该意见，南昌市要构建低碳产业体系，发展半导体照明、光伏、服务外包三大产业。

这一类型以发展产业为出发点的模式，尤其符合目前中国城市追求经济增长的自身利益，因此也获得了最广泛的效仿。但是，在目前体制下容易滋生的重复建设问题，也在发展低碳产业的领域频繁出现。产能饱和、过剩导致的产业调整后，一些城市将退出这场角逐。

2）低碳城市综合化规划模式

杭州 2009 年 12 月发布《关于建设低碳城市的实施意见》，即杭州市"低碳新政 50 条"[②]。杭州市定义的"低碳城市"，是指以低碳经济为发展模式及方向、市民以低碳生活为理念和行为特征、政府公务管理层以低碳社会为建设标本和蓝图的城市。杭州市低碳城市建设的框架是"六位一体"，则是指低碳经济、低碳建筑、低碳交通、低碳生活、低碳环境和低碳社会。

从内容上开看，杭州市的"低碳新政 50 条"试图对杭州市建设低碳城市从经济产业、环境、建筑、交通、社会和生活等方面做全方位的探索，与保定和德州的"中国电谷""中国太阳能城"的低碳旗帜以及南昌的三大低碳产业规划的思路形成鲜明的对比。虽然对于"六位一体"的定位是否全面科学具有可操作性还没有定论，但是这已经表明城市在寻求不同于低碳产业导向的新模式，只不过这个思路大多数仍旧是提纲式的，大多数板块也没有设定系统的量化目标。

3）以城市规划为先导的模式

厦门是以城市规划为出发点探讨低碳城市建设的城市。2010 年初，厦门市编制完成《厦门市低碳

---

① 中国低碳城市的理想与现实.科学时报，[2010-05-09].http://news.sciencenet.cn/sbhtmlnews/2010/5/231924.html。

② 杭州关于建设低碳城市的决定（征求意见稿）.杭州网，[2009-12-26].http://z.hangzhou.com.cn/09sw10t7/content/2009-12/26/content_2971605.htm

城市总体规划纲要》,目标设定到 2020 年,厦门 GDP 总量是 2005 年的 7.14 倍,单位能耗只是 2005 年的 60%,CO_2 的排放总量要控制在 6864 万吨。占碳排放总量 90% 以上的交通、建筑和生产这三大领域将是未来探索低碳发展模式的重点行业。这也是一个提出了具体量化减排目标的城市,但是不同于保定的碳强度指标,厦门提出的是总量控制指标。

2010 年 5 月,厦门三大领域的专项低碳规划完成。2005 年,厦门交通领域的 CO_2 排放量是 288.69 万吨,占全市总排放量的 18%,《厦门市低碳城市总体规划纲要》设定到 2020 年,交通领域的排放量控制在 1235.58 万吨。最近编制完成的《厦门低碳交通规划》显示,未来厦门交通领域将追求减碳目标,倡导"公共交通+自行车"的出行模式。根据规划,厦门跨区出行,即厦门本岛与岛外之间将以轨道交通为主,现已建成投入使用的 BRT(城市快速公交)可进行升级转换为轻轨,从而实现以厦门岛为中心的轨道出行 40 分钟全覆盖。除了轨道交通之外,水上巴士也将是厦门公共交通发展的重点。而在各个区域内出行,则以公共交通为主导,自行车、步行与之相衔接。目前厦门岛外新城已规划自行车道和步行系统,可与公共交通形成良好的衔接;在岛内,也已规划了步行系统,部分区域低碳化已经初具"雏形"[①]。

4)以应对气候变化为出发点的模式

天津市从城市应对气候变化入手探讨城市的低碳发展。天津市人民政府 2010 年 3 月印发了《天津市应对气候变化方案》。方案从天津市的能源以及自然资源和社会经济发展背景入手,分析了天津市的温室气体排放现状以及危害,设定了控制温室气体排放的目标,即到 2010 年,单位 GDP 化石燃料燃烧的 CO_2 排放为 2.0 吨/万元;单位 GDP 能耗降到 0.85 吨标准煤/万元,比 2005 年下降 23.2%;2015 年,单位 GDP 化石燃料燃烧的 CO_2 排放为 1.69 吨/万元,比 2010 年下降 15.5%;单位 GDP 能耗比 2010 年降低 15% 左右;林木覆盖率达到 23% 以上。特别值得注意的是天津市设定 2010 年,工业过程的二氧化碳排放量控制在 2007 年的水平,农牧业的温室气体排放低于 2008 年的水平。

方案不仅部署了天津市减缓温室气体排放的重点领域,还部署了适应气候变化的重点领域,包括低碳产业、交通一体化和公交优先、建筑节能、节能减排全民行动、技术提高能效、发展可再生能源以改善能源结构、发展循环经济、生态农业和林业碳汇等九大方面的具体工作。

总之,对于国内城市而言,既有着与国际城市的相似性,也有着差异性。相似性在于国内城市充分意识到城市层面采取行动应对气候变化的必要性,即作为城市面临着同样的气候责任和发展机遇。不同的是,中国城市所面临的是实现国家"十一五"节能减排的约束性指标制约,这不同高于国际城市的自愿减排目标。而且某些城市面临的指标甚至高于 20% 的一般性指标。为实现目标,城市必须在加强节能的基础上进行经济结构调整、能源结构调整等措施。这是目前中国城市开展应对气候变化行动的内核。

然而,目前的探讨特别是城市的实践探索中仍旧更多强调节能技术以及新能源产业的发展,落脚点更多在于经济发展上,而对于类似城市空间规划、垃圾处理等发展中国家面临的独特挑战和机遇则没有做出充分的考虑。相反,国际城市应对气候变化方案中开始注重旧城复兴和空间再开发,给中国城市目前高速城市化时期的城市发展和低碳城市建设提供了思考和经验预警。因此在中国目前城市的气候应对行动中,对于城市低碳发展的外延性因素还很缺乏。

7.2.4 低碳城市在中国遇到的挑战

(1)低碳城市的量化指标

低碳城市的"低"的判断依据是什么,是这个概念出现以后受到广泛议论的一个话题。以国外的经验,是各个城市依据测算出来的各自的常规排放情景,以及评估自身的潜力和能力而做出的额外承诺,最极致的情况如斯德哥尔摩设立了 2050 年成为零碳城市的愿景。事实上,很难评判谁最"低碳",因为这与城市的自然禀赋、发展阶段等基础条件的差异有很大关系。关键是城市在综合评估以后,和自己

---

① 厦门未来出行倡导"公共交通+自行车"模式。[2009-05-29]. http://www.hnjpw.org/news/view.asp? id=2556.

的常规（BAU）情景进行比较，做出最有利于增强城市综合竞争力的选择，如果这些目标如约实现，即可成为"低碳城市"。与发达国家城市相比，中国的城市本身就负担着"十一五"的考核指标，因此如果是承担具有量化指标的低碳计划，就要自愿承担更多，这未必是城市的真实意愿。

目前虽有很多城市迈开了走向低碳城市的第一步，但是大多数还是停留在定性阶段，定量阶段还需等"十二五"对于地方能效或者碳排放强度指标明朗后，方有对于城市整体额外努力进行评估的基础。因此，比较城市在低碳发展中所做的努力，将通过他们在各个部门例如电力、工业、建筑、交通上的创新机制和更高要求得以体现。

（2）与其他环境指标考核的整合

在低碳城市热潮之前，国内还曾经出现过生态城市、绿色城市，以及近期的循环经济和环境友好型城市等城市建设概念的热潮。回顾并借鉴过去和现在的这些相关理念的规划及实施，或许会对认识低碳城市和其实施的难度和可行性有所借鉴和启发。

例如，以生态城市为例，早先由环保部出台了相应的指标和考核验收程序，因此，也具备了各级认可和遵循的统一标准。这些国家标准的存在，为城市的创建创造了较为透明的导向，因此，也成为城市管理部门日常工作的一部分。与此同时，这种自上而下的可持续发展类别的城市创建评比，并不止生态城市一项。据统计，由国家各个部委进行考核评比的与城市环境相关的项目还有环境保护模范城市、国家园林城市、全国绿化模范城市、国家卫生城市等。其中有些指标与减缓气候变化有着明显的协同效益。

傅娇等（2009）的研究发现，从发展模式上来看，中国的生态城市建设基本上是"政府引导型"。在中国，生态城市正是以国家机构的行政力量结合监督考核机制进行推动的。因为生态城市的规划是对城市发展规划的反思，其中新观念的落实与现行的规划体系，例如城市规划、土地利用规划、社会经济发展规划等不能有效衔接，遇到问题时，无法可依，只能依靠行政手段推动。由于规划通常由少数规划师个人制定抑或者是政府部门意志的体现，缺乏广泛的社会参与，因此，在实施中出现了常见问题：规划变化多，长时间实施的少；口号型的规划多，具实质的少；涉及领域与包含的内容多，能实际操作的少。结果就是，以行政手段推进的多，依靠社会参与和法律支撑的少。

与此同时，这种自上而下"政府引导型"的与可持续发展相关的城市创建评比，并不止生态城市一项。据统计，由国家各个部委进行考核评比的与城市环境相关的项目如表7.5所示。

表7.5 现有城市环境、生态评选项目及各自主管部门

负责部门	考核内容
国家环保部自然生态司	生态县、生态市、生态省建设
国家环保部污染控制司	国家环境保护模范城市
国家住房和城乡建设部	国家园林城市
全国绿化委员会	全国绿化模范城市
国家统计局	全国百强县（市）社会经济综合发展指数测评
全国爱国卫生运动委员会	国家卫生城市

资料来源：傅娇、陈洪波根据有关部委的相关资料整理。

城市的节能减排工作具有综合性的特点，节水、节电、节地等与城市节能材料的使用、城市垃圾处理等都密切相关，但在我国的城市管理体制中，规划、供电、供水、煤气、垃圾回收等处于完全分割的状态，导致为协调关系就需要花费很大的精力和成本。

城市的低碳发展还面临着政策整合和衔接的问题。中国低碳政策的多部门利益特征日益突出，权力分割，特别是不同部门之间的权力分割，往往导致各个部门的政策法令之间互相矛盾。城市处于政策执行网络的末端，往往面临着不同政策面的要求，例如向国家发改委汇报国民经济规划以及节能指标的进展，向工信部汇报落后产能淘汰，向住房建设部汇报建筑节能和规划，向环保部汇报申请生态城市等。虽然国家采用大部制改革，仍无法避免此种政策交叉现象。而低碳城市的建设是涉及多部门

（如表7.6所示）多领域的综合课题，城市在庞大的政策网络中需要强有力的低碳执政能力和政策整合能力。

表7.6 中国政府体制里低碳政策所涉及的部门

责任	部门
宏观协调和控制	国家发展改革委员会 财政部 外交部
污染控制	环保部
工业与建设	住房与城乡建设部 工业与信息化部
交通运输	交通运输部 铁道部
农业和林业	农业部 林业局
产业发展	财政部 税收总局 国家发展改革委员会 工业与信息化部 农业部
技术	科技部 环境保护部 国家发展改革委员会

资料来源：UNDP，中国人类发展报告（2009/10，P70）.

（3）快速城市化和倾向低碳的城市规划的法律和制度障碍

中国城市选择低碳发展不容忽略的一个背景是中国目前正处于高速城市化阶段，2000—2007年全国城市建成区面积平均每年扩大1861平方千米，比20世纪90年代的扩张速度加快了一倍①。《2010年城市蓝皮书》指出"十一五"期间，中国城镇化得到快速发展，截至2009年，中国城镇人口已经达到6.2亿，城镇化率达到46.6%，与2000年相比，城镇人口增加1.63亿，城镇化率提高10.4%。预计"十二五"期间，中国将展开更大规模的城市建设，将进入城镇化与城市发展双重转型的新阶段，预计城镇化率年均提高0.8至1.0个百分点，到2015年达到52%左右，此后中国的城市化增长速率将逐步放缓，到2030年达到65%左右②。

随着城市规模的增大，新增人口的人均碳排放量一般要高于存量人口，而土地开发密度与碳排放量存在较为明显的负相关关系（Glaser and Kahn，2008）。新建建筑中居民的人均碳排放和人均居住面积以及电气化水平增高有关。由于城市的基础设施建设有着长期的锁定效应，因此中国在城市化进程中的开发模式将影响到未来长期的碳排放。据相关预测，中国现有建筑面积约为400亿平方米，到2020年年均增幅为38%～50%③，达到450亿～500亿平方米。全世界每年新增建筑面积里面，中国占据一半，并且增速占首位。

观念和技术上的问题，目前已经有一些相应的共识，例如混合功能的社区减排效果优于当下流行的专属功能区，可以因此减少出行。以"城乡统筹发展战略"，最大限度地建立起围绕轨道交通和公共交通为导向的走廊式发展模式，通过空间整合与控制小汽车的使用，也达到节约能源的目标等。但是，目前低碳规划的障碍更明显的是来自法律、制度上的安排。

---

① 住房和城乡建设部综合财务司，《中国城市建设统计年鉴2007》.
② 《2010年城市蓝皮书》发布，浏览于［2010-09-07］. http://www.cass.net.cn/file/20100729277339.html.
③ 《2020年我国大部分建筑完成节能改造》. http://www.build.cn/JieNenJianPai/ShowArticle.asp? ArticleID=3355.

叶祖达（2009）认为，城市在编制总体规划和城市发展战略时，可对不同方案作出其在减少 CO_2 排放方面或者能效的比较。然而，目前城市规划管理系统内，缺乏在详细规划层面执行低碳目标的有效法定框架。传统城市规划中也没有考虑对城市的能源供求管理策略做出指导性的方向。因此，建议在土地开发过程及规划许可制度内编制相应的工具去引导或要求建设单位充分利用低碳基建、建筑及建造技术，鼓励在城市开发中推动可再生能源的利用和发展。

潘海啸等（2008）则进一步指出，现有的规划管制从内容和功能上有可能成为未来低碳规划的瓶颈。例如，目前城镇体系规划、国土利用规划和区域发展规划分别有多个不同的编制主体，且空间规划与交通规划又分属不同部门负责，所以规划之间横向纵向衔接差，严重削弱了规划的整体性。要想在这些不同的部门之间协调和低碳相关的规划，难度相当大。

此外，目前中国城市的土地财政也对城市规划的持久性和稳定性提出了挑战①。今年年初，中国指数研究院发布 2009 年中国土地出让金年终盘点报告，发现土地出让金收入正在成为地方财政的主要支柱，包括北京在内的国内一些重点城市此项收入占全年总收入的一半以上。规划就是城市空间的利用，其中核心是土地，这种财政收入结构使得政府在维护和修改既有规划的动力中必然混合了土地出让的利益。

因此，规划节能潜力巨大，却其实现的难度也可能是最大的。目前各个城市的相关低碳发展文件来看，几乎还没有涉及规划层面的。城市大多在发展轨道和公共交通以及提高建筑能效上提出了工作方向，但是整合性的低碳规划难度不小。

（4）节能潜力巨大的机会尚未得到利用

目前，中国的人均碳排放约为 5.7 吨，但是居民生活碳排放只占总排放的 20%，而在美国这一比例达到 40%。几位美国学者通过国内相关统计数据研究发现②，74 个列入研究范围的城市标准家庭年碳排放是 2.2 吨，其中居民住宅用电和冬季供暖是生活碳排放的两个最大的组成部分，分别占到 39% 和 43%。南北比较，北京是 4.0 吨，上海是 1.8 吨，原因主要是由于南北不同的供暖体制。在北方城市，供暖能耗往往超过总能耗的 40% 以上。

目前，北京市一个冬季的供热，每平方米建筑消耗为 22.4 千克标煤，而德国已经实现 9 千克标煤，差距巨大。这其中既有建设本身的围护等保温问题，也有供热的计量办法不能有效激励节能的问题。住房和城乡建设部部长姜伟新曾表示，仅对既有建筑实施供热计量改造并按用热量计价收费，就可以节能 20% 左右。如果同步进行围护结构节能改造，建筑节能的潜力将更大，可以达到 50%。但是，供暖体制改革却是历经十年努力至今不能解决的一个问题。

虽然政府的供暖补贴由"暗补"改为"明补"，但是仍然沿用按面积收费，而不是按照实际用热收费。住房和城乡建设部副部长仇保兴曾表示，改革的阻力就是体制问题，因为供热公司是政府的附属机构，机制僵化，利益牵扯，所以分户计量一直没有得到有效推广。供热公司的垄断性质决定了其最关心的是每年热能销售总量是否增长。以科技部大楼为例，因为使用节能建筑技术其实际用热量只有一般大楼的五分之一，却只能按照面积支付供暖费。目前技术上的问题例如热量计容易损坏、读数错误等原因已经可以通过一栋楼安装一个热量计，并且分户每个暖气片贴一个热分配表来完成。

在低碳城市的热潮中，北方庞大的供热系统所蕴藏的巨大潜力，亟待释放。前文第三章所提到的交通和建筑等领域的减排机会，其技术的可获得早已不是障碍，机制的障碍反而是这些减排机会不能释放的主要原因。

（5）城市主导的低碳产业发展出现产能过剩

无锡的尚德、江西的塞维、大连的华锐、保定的英利，回顾这些新能源产业的明星企业，都难以回避他们曾经获得的来自地方政府的不论是政策、还是资金的鼎力相助。那时，新能源尚未形成今日的热潮，地方政府对于深具潜力的行业和企业的识别确需战略性眼光，这些日后成为新能源产业领军者的

---

① 《数据显示部分地方财政收入过半靠土地出让金》. http://news.ifeng.com/mainland/201001/0109_17_1503924.shtml.

② 《中国城市"低碳生活"的南北差异》. http://discover.news.163.com/10/0111/09/5SO3F50G000125LI.html.

企业也给了城市政府丰厚的回报。他们的凝聚能力使得这些城市形成了集群的新能源制造能力。

他们的成功案例激发了地方政府发展新能源的热情,加上政府对于新能源的相关补贴政策陆续明朗,在过去的几年中,中国已经有 18 个省区提出打造太阳能发电、风能、光伏产业、新能源装备制造等新能源基地;上百个城市提出把新能源作为经济发展的增长点;甚至个别省市已经制定出打造上千亿元、上万亿元的新能源产业规划。在 2010 年的地方两会政府工作报告中,北京、上海、东北三省、安徽、江西、山东、湖南、海南、重庆及两湖、两广等 16 个省份均提出了新能源汽车的发展方向。[①]

然而,从行业传出的信息来看,国内的风能、太阳能制造已经形成了严重的重复建设问题。

风能是其中最先发展的新能源产业。据中国风能协会 2009 年的统计,全国的风电设备整机厂从 2004 年的 6 家上升到 2009 年的 80 多家,这个数字已经超过全球其余地区风电整机制造企业的总和。同时,叶片制造厂也已超过 50 多家。业内人士估计,今后我国每年风电装机规模约为 1000 万千瓦左右,而明年我国风电设备业产能将超过 2000 万千瓦,至少一半产能将闲置。即便从市场竞争所必需的过剩来衡量,超过一倍的产能过剩也会导致竞争成本过大。自 2005 年起,主流机型的售价已经减少一半,这一方面使得装机成本更便宜,另一方也使得行业利润越来越薄。太阳能光伏产业也面临同样的问题,据最近发布的 REN21 全球可再生能源权威网络统计[②],在江浙两省仅仅从事太阳能光伏制造的企业就已经超过了 300 家。

重复建设的动力中,地方政府希望做大本地的新能源产业,以争取更多的国家支持。而竞争力不强的新能源制造企业,也利用地方做大本地产业的心理,要求政府给予优惠政策并引导业主下订单,从而导致一些本应当被市场淘汰的企业得以维持,重复建设的模式周而复始,浪费社会整体资源。

地方政府强大的意愿,并不一定都能获得期待中的回报。更多的地方政府尽管支持力度很大,当地的新能源企业仍然规模很小。由地方政府利用公共财政推动产业发展,资源浪费的风险相当大。

7.3 企业的参与

能源是工业化的命脉,是企业必要的生产保障。减缓气候变化的政策措施中,对于相关能源政策的调整是重点,因此企业受到的影响首当其冲。这部分外部环境的改变既给企业带来了风险,也带来了相应的机遇。一方面,政府所制定的目标,需要依赖企业的战略调整、研发以及提供低碳产品和服务得以实现,另一方面,企业也以其独有的创新能力为决策者提供实践经验和技术支持,推动政策的出台。抑或,企业也会试图阻碍于其不利的政策的推行。总之,企业在应对气候变化中的角色至关重要。

7.3.1 企业减排的驱动力

2008 年,曾有机构调查了全球 2000 家跨国公司的高管对于气候变化的认知和其公司相应的应对策略。这些公司中,40% 来自金融行业和制造业,还有 8% 来自能源行业、交通业和采矿业。受访者认为,在公司面临的所有全球性问题中,气候变化无疑是最重要的问题之一。但是与此形成鲜明对照的是,在公司实际运行中,只偶尔会在涉及公司声誉和品牌、开发新产品和管理环境问题时考虑到气候变化。超过 30% 的公司很少甚至从来没有将气候变化纳入其整体战略。一半认为机遇和风险是对半的。60% 的人认为如果管理的好,气候变化对公司的影响可能是正面的。80% 的人觉得五年内有关气候变化的管制会在公司所在国内出现(Mckinsey,2008)。此项调查说明,全球市场中大多数的企业对于气候变化带来的影响仍处于被动应对的状态。事实上,态度的差异反映的是能源成本在公司运营中的比重多少。

碳披露组织(CDP,2010)在对国内的大企业进行问卷调查时也发现,不同行业在评估气候变化的

① 经济观察:中国十余省区蜂拥打造新能源基地. http://www.tianshannet.com.cn/news/content/2010-06/02/content_5013601.htm.

② REN21_GSR2010_Solar PV.

风险和收益时,因其不同的行业特征,有着不同的答案。例如,对金融业和公用事业是机遇和风险相当,对于零售业、房地产业和食品烟草业是风险大大高于机遇,对于信息产业则是机会显著高于风险。测算此风险和机会,与企业合理划定相关范围有紧密关系。有的企业包涵直接排放和间接排放即可,有的企业则需要上溯到供应链上游,方能对风险和机遇开展有效评估。例如,消费产品市场、高科技市场和其他生产者中,40%～60%的公司碳足迹在其供应链上游,类似原材料、交通、包装,以及在生产过程中消耗的能源。对于零售商,这个数字则可能是80%。对于这些公司,可观的减碳活动需要和供应链合作伙伴的合作。了解和产品有关的碳排放是第一步,然后需系统地分析减排机会,很多减排机会是有节省成本机会的。图7.2展示了气候政策对不同行业的影响。

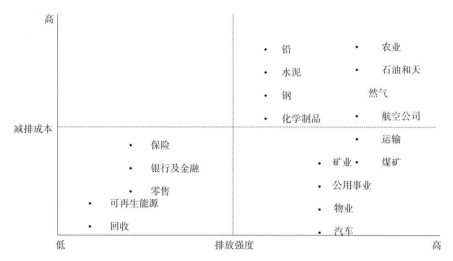

图7.2 气候政策对不同行业的影响(横轴显示了基于温室气体排放的强度,可能受气候政策影响的行业;纵轴显示不同行业用于减排上的相对成本。资料来源:毕马威,亚太区碳排放报告和管理——企业高管层指南,2010)

(1)企业减排的风险梳理及评估

一般来说,在进行气候变化的相关风险评估时,企业评估的主要包括自然风险、安全风险、能源供应安全风险和政策风险。

1)自然风险包括洪水、暴风雪等极端气候事件强度和频率的大幅增加,以及海平面不断上升,水资源短缺。这些事件一方面会直接导致企业遭受财务损失和营运危机,并可能造成长期困扰企业的资源稳定供应的问题,另一方面灾难通过影响和改变人们的生活习惯间接地使企业遭受损失。

2)安全风险指的是,因自然资源的减少而不断加剧的竞争可能引发一些地区的冲突或其他安全风险,甚至导致全球局势的不稳定和供应链中断。另一方面,气候变化在国际政治谈判中成为非常重要的一个问题,这可能会对国际竞争或合作格局产生重大影响。

3)低碳发展与能源供给安全的利益从根本上来说是一致的,调整一次能源消耗结构可以降低对煤炭的依赖从而降低能源供给风险和保证可持续发展。

4)国际法规、国家政策和地方法规将给企业的运营或产品的排放等带来越来越多的压力,督促企业在控制排放方面开展实际行动。同时,这些政策法规还会导致经济产业结构发生重大转变,企业的低碳发展将有效规避政策风险并利用国家政策抢占行业先机。

5)国际化风险。明确或隐含低碳因素的贸易、投资、技术壁垒正在国际上建立和深化,为了规避企业对外各类经营行为的低碳壁垒风险,必须通过自身的低碳发展突破低碳壁垒。

6)金融风险包括脆弱地区例如海岸地区的保险费将增加,对碳密集产品需求的降低、生产能源密集产品更高的运行费用,以及更核心的是更高的石油和能源价格、市场机制和消费者需求的改变。

7)合作环境风险包括产业链上下游、金融机构、地方政府在内的企业和潜在的重要合作伙伴都不同程度以不同步调的进行低碳转型,如果无法与合作伙伴保持步调一致甚至帮助合作伙伴一起转型,企业将无法适应未来环境下的合作模式。

8)经济风险。在一些脆弱的地区(如沿海地区)保险费增加,碳密集型产品需求的减少导致收入减少,化石燃料密集型产业的运营成本会增加,不断上涨的燃料和能源价格,市场机制和客户需求变化带来的损失,甚至公众气候变化意识的提高而引起的消费行为的变化会改变市场状况;

9)企业竞争力与形象风险。在国际和国内市场中该风险因素与政策风险紧密相关,气候风险准备将成为影响一个公司竞争能力的关键因素。有远见的公司,对这些变化进行预测并做相应的准备,有可能大大提升企业在低碳经济中的竞争力。另一方面,企业的股东和广大的消费者会越来越关注气候变化,企业如果不在这方面做相应的努力,那么它的品牌价值将会受到严重影响;

10)技术革新引发的风险。低碳技术革新和突破会给一些企业带来致命的影响,尤其是对那些对低碳经济和气候变化毫无准备的企业。

(2)企业减排的机遇及其利用

风险和机遇同时涉及企业的利益。疏理风险和机遇是企业遭遇气候变化问题并决定是否作为的第一步。气候变化可能带给企业的机遇存在于企业价值的再发现、管理升级、盈利能力增长、提升集团的行业竞争力、参与政策制定这些方面。

1)企业价值再发现。低碳发展提供了一次重新定义企业的机会,为新环境下本来模糊的可持续发展模式提供了一个相对清晰的努力方向。

2)管理升级。低碳发展要求企业通过管理升级实现资源高效配置和生产环节管理效率的整体提升,这样的管理升级将同时带动集团各类工作的高效开展。

3)盈利能力增长。在许多行业,可以通过实施提高能效和利用新的低碳技术等发展战略来降低产品生产成本和运营成本,以满足不断变化的企业盈利和消费者的需求,同时也可以比竞争对手减少更多的额外费用。一方面有利于控制运营成本,另一方面可以销售自己的排放配额来获得利润,并把它作为新的盈利增长点,通过包括现有 CDM 机制在内的国际国内排放贸易机制将创造更多的低风险盈利。通常情况下,政府在推进低碳经济的发展中,会给相应的一些企业提供政策优惠、技术帮助以及资金支持等措施,企业对于气候变化和低碳经济的认识和准备越多,获利也就会越多。

4)提升集团的行业竞争力。通过采取行动应对气候变化,企业的形象和竞争力会得到提升,品牌附加值也会相应得到提升。同时和相关机构的合作也会得到改善。除了增加盈利等益处,还会为企业在人才招聘方面赢得更多机会。国外一项针对此的调查显示,85%的员工倾向于找那些具备低碳意识的企业作为雇主。

5)参与政策制定。应对气候变化作为国家的新兴行动战略,在相关政策的制定方面需要参考低碳领导力企业的意见,并把它们纳入到国家政策制定中去。企业尤其是国有企业在应对气候变化方面的行动越积极,表现越好,越有可能成为国家政策制定的参与者。

6)从企业的角度出发,它的利益相关者包括股东(投资者)、政府管制者、消费者、非政府组织、企业生产销售等环节。随着气候变化问题的日益突出,企业的营商环境也在发生变化,无论是利益相关者、还是企业经营者都会对企业提出新的要求。

因此,企业首先必须深入了解与评估气候变化与公司业务的各种联系。温室气体排放量较大的企业更需要评估新的政策法规带来的风险,并制定相应的减排战略。对自然风险承受能力差的公司还需要考虑资产和供应链。所有这些评估都必须经过企业高层来进行,包括 CEO 和董事会。

了解相关风险和机遇以后,企业可以着手制定和实施应对气候变化的行动计划,管理气候风险并抓住新的市场机遇。包括新的企业政策,减少和减轻风险的程序,设立温室气体减排目标和能源效率目标,以及开发或购买新的清洁能源技术。企业还可以参与气候政策的对话或相关的其他机构(例如,非政府组织)组织的活动,这将帮助企业更好地认识和实现目的。最重要的是,企业领导者必须克服用短期目光来评价这些气候战略实施的成功与否,应强调长期的财务业绩,建立长期的股东价值取向。从本质上讲,公司决策者和他们所做出决定的持久影响将决定最终的成败。

那么目前,中国企业对于气候变化和减排的意识处于什么水平?他们相关行动的动力何在?世界自然基金(2011)对十家在中国颇具影响力的本土和跨国企业调研证实,受调企业对气候变化的认识仅停留在"节能减排"和"发展新能源"上,尚未对低碳发展带来的机遇与挑战有清晰的了解。相当多的企业对于气候变化对行业发展前景的影响认识模糊,也对碳税、碳金融、碳排放的监测、核查和报告等机制的可能影响缺乏概念。虽然目前部分企业已经制定或出台了本企业的低碳发展战略,内容基本只涉及节能减排的行动层面,未能与企业长期发展目标有效结合。此外,最基本的碳核算能力的缺乏和企业意识和能力不足互为因果。

另一份对包括国有企业和私营企业的问卷调查结果显示,国有企业、第二产业、企业技术部门的负责人相对于私营企业、第一、第三产业和董事会或监事会人员的气候变化意识相对较高(许光清等,2011)。研究者认为,产生此现象的原因在于,目前第二产业和其中规模较大的国有企业承担着国家节能减排的强制性任务,淘汰落后产能等措施直接对企业的生存和运营产生重大影响,因此处于节能减排一线的技术人员意识程度最高,也可见节能减排当前是企业气候变化意识高低的主导因素。

受到"十一五"节能减排计划中约束的千家企业及其依此类推被地方政府指定了减排目标的企业,它的减排动力主要来自于完成自上而下的任务(表7.7)。因此,可以比较确切地说,它的意识只是简单建立在能效目标上,而仍欠缺对风险和机遇的系统评估,以识别企业在气候变化这个大环境变化中的得失。因此,事实上并不具备对于气候变化的完整理念和行动认识。即便如此,合格完成国家近年下达的任务指标,并执行相关政策,对于企业已经是一个开创性的工作,其一整套技术和管理制定的建立将使企业在未来持续受益。

表 7.7　国内发布的主要的应对气候变化政策和工业政策框架

类别	2006 年及以前	2007 年	2008 年	2009 年	2010 年以后
循环经济和可持续发展	中国 21 世纪议程		循环经济促进法,清洁生产促进法		
节能减排	中国能源中长期发展规划	节能能源法(修订)			
	千家企业节能行动				
十一五规划	单位国内生产总值能耗下降 20%、可再生能源 10%、13 行业淘汰落后能、十六市能工程、财税政策				
应对气候变化政策	可再生能源法 CDM 管理办法		省级应对气候变化方案,应对气候变化科技专项方案	应对气候变化林业行动方案,可再生能源法修订	2020 年 CO$_2$ 排放强度下降 40%～55%,2020 年非化石能源占能源消费 15%
国家应对气候变化战略战略		中国应对气候变化国家方案	中国应对气候变化的政策与行动(白皮书)	中国应对气候变化的政策与行动 2009 年度报告	

资料来源:WWF,气候变化与中国企业(2010).

此外,尚有很多非高能耗企业并未直接受到各级政府节能量和能效指标的管制。2010 年,世界自然基金会(WWF)和中国企业家俱乐部道农研究院①对 150 家年度绿色公司入围企业进行了调查。调查发现,因为调查对象都是绿色公司入围企业,因此,他们大多已经意识到气候变化的战略地位和重要性,但是,在更进一步将气候变化纳入企业发展战略、提出企业减排目标方面,外企明显比国企和民企走远。国企因为大多身处事关国计民生的行业,因此受到政府管制的角度,显示出明确的合规倾向,而民企更多从绿色商机和市场推广上看待气候变化。

另一个由"碳披露机构"主导的项目也针对中国 100 家市值最大的上市公司发出了披露其气候变

---

① 道农研究院(Daonong Center for Enterprise)是国内第一家重点关注企业家群体的非盈利性民间机构,主要研究与中国企业家这一阶层相关的经济、社会课题,涉及中国商业环境变化与新商业伦理、企业家精神、全球化时代的竞争力、企业与社会、环境的协调发展等,致力于搭建企业界、政府及其他社会组织、社会公众之间良性互动平台。

化战略和温室气体排放数据的请求。项目执行方在其《中国报告 2010》中公布了结果,一共有 11 家上市公司填写了问卷,18 家上市公司提供了相关信息,尽管如此,还是比 08 年的调查结果数量翻了一倍(CDP,2010)。CDP 的调查发现,碳排放数据是受访公司最不愿意回答的问题,因为多数公司缺乏相应的数据收集体系。即使做得比较好的公司,也未能提供排放历史、数据第三方验证、审核和数据准确性的说明。缺乏数据,则量化管理也就无从谈起。这点说明,数据缺乏是中国进行碳排放管理需要克服的一个基础障碍,无论对于前节提到的城市,还是企业。

事实上,大企业气候或碳战略的整合并不是简单地在原有的可持续发展或者企业社会责任部门中增添一项内容,而是涉及多个业务部门,财务、采购、研发、政府关系、行政等。因此,一些企业在高层管理人员中加入了气候官的职位,负责从日常业务运营到企业在气候保护上的长期定位,即持续致力于减少生产过程中的温室气体排放,也为市场提供采用环保技术的产品,使之在使用时能减少温室气体排放量。中小企业则可以由外部咨询机构提供专业帮助,实现合规、碳资产管理和低碳商机的综合管理。

7.3.2 企业着手减排的步骤

和城市一样,企业碳战略中的第一步是摸清家底。明确自身甚至供应链范围内的碳排放后,与国内外同行的效率进行对比,为未来的排放状况设定如常基线,并在测算自身潜力和能力的前提下,制定相应的减排目标。测算的过程,就是识别减排机会的过程。

企业测量温室气体排放数据或称碳数据管理的主要工具是 IPCC 的温室气体核算体系(GHG protocol),这是基于世界资源研究所(World Resource Institute,简称 WRI)和世界可持续工商理事会(World Business Council of Sustainable Development,简称 WBCSD)共同开发的测量工具。近年,这两家组织已联合出版了围绕企业、产品和企业价值链为核算范围的相关核算标准。因此,企业温室气体排放的核算可以由企业自己决定在哪个层面展开。第一个范围(Scope 1)是直接排放,指的是汇报主体所有和控制的排放源。第二个范围(Scope 2)是非直接排放,来自企业消耗的电力、供暖等,是汇报主体所进行活动造成的结果,但是排放源的所有权和控制权来自别的主体。第三个范围(Scope 3)是其他非直接排放、例如资源开采和生产所需要的原料和油料、交通相关活动却并不受报告主体拥有和控制、电力相关的活动、外包活动,和废弃物处理。

在此核算体系基础上,国际标准化组织(International Standard Organization,简称 ISO)建立了 ISO14064 系列标准,此举进一步支持和推广了温室体系核算标准相关体系的应用。自 2006 年起,ISO 陆续推出 14064-1,14064-2,分别为组织层面、项目层面的温室气体排放及消减的量化、监察及报告制定指导性规范,14064-3 则提供了核查与核证的指导性规范。这两种工具基于同一套核算标准,繁简各异,各有所长,为不同的用户所使用。

在实际操作中,大多数企业都选择测算直接排放。因为,测算非直接排放和供应链管理难度较大,因其排放主体并不受报告主体控制,约束和改变这些排放主体不易执行。尽管如此,试图管理供应链的企业仍然可以通过传播知识、提供采购激励机制和银行担保等措施协助分散的排放主体供应商采取行动。瑞典的宜家(IKEA)公司就为几个能源密集产品序列的供应商准备了通用能效手册,并将设定目标为全球最主要的 70 个供应商在一定时间内将能源效率提高 30%,这个目标可减少 5 万吨 CO_2 排放,并减少 1500 万吨 CO_2 排放。

经过温室气体核算,企业便可以设定排放的基准点或基准线,并在此基础上制定企业低碳行动的目标。此目标既可以是总量控制目标,也可以是单位强度目标。具体的减排措施包括结构减排、公用设施减排、建筑减排、技术减排、管理减排和市场减排等。以上提到的核算工具中都包含了减排措施的相关建议,可供企业参考。此外,帮助执行 ISO 标准的咨询公司也能为企业的减排措施提供服务。

在具体的企业减碳行动步骤上,美国的皮尤(Pew)气候变化中心总结了如下三步。

第一步,开发气候战略碳排放数据核算

- 风险和机遇评估。

- 评估技术解决方案的选择。
- 制定目的和量化目标。

第二步，内部工作

- 开发支持气候项目的融资机制。
- 组织参与。

第三步，外部工作

- 构建政策战略。
- 管理外部关系。

减排目标的实施，除了管理上的创新，解决融资也非常关键。在计算减排成本的基础上，目前存在几条的融资渠道包括合同能源管理、节能服务公司、国内商业银行和中小企业信用担保资金以及自愿碳市场等。如果，企业减排有明显的经济效益，那么融资难度相对较小，如果相反，则目前的瓶颈主要还是在融资环节。

在统一的核算工具指导下，了解同行企业在减排上的努力，并将自己的减排目标和实施情况向公众披露，是企业实施碳战略的最后一个环节。目前，在发达国家，这种在共同的平台上计算和报告减排成果的企业行为日益普遍。平台机构包括气候注册（The Climate Registry）和碳注册机构（The Carbon Registry）。企业通过平台披露相关信息后，公众可以追踪其完成减排指标的进展，并实现支持国家气候变化战略、支持温室气体交易项目的目标，同时促进减排活动、并为持股者和投资者提供信息。

测量碳排放是企业减碳的基础工作。但是目前在中国，碳排放的有关标准尚未出台。当下依靠的仍是能源统计和审计，并通过换算通用的排放系数来约略获得碳排放量。在我国，能源审计体系建设的已经开始相当长一段时间，它也是一种科学的管理手段与方法，已为节能管理提供有效的评价方法与模式。

国内进行能源审计的法律法规最主要的有《中华人民共和国节约能源法》、《重点用能单位节能管理办法》和地方节能主管部门的相关管理办法。目前，与之配套一系列技术标准也已陆续推出。例如，国家技术监督局于 1997 年颁布了《企业能源审计技术通则》国家标准（GB/T 17166—1997）。受当前的政策导向和企业发展阶段的制约，目前在国内企业中节能相比减碳更受企业欢迎。参见碳披露（CDP）的问卷调查结果，中国企业中尚未有系统完成自愿完整减排步骤者。不过，一些企业受品牌增值的吸引，纷纷购买使用可再生能源和植树等的项目减排量实现碳中和。交易所、碳补偿公司等平台陆续出现。随着企业和公众对减排认识的深入，在企业内部挖掘潜力并与实施主营业务相关的减排活动将会越来越多。

此外，我国出口企业在其目标市场正面临越来越多的碳约束。除了高耗能产品出口未来可能出现的关税壁垒，中国出口的一般消费品也面临国外零售商日益广泛的碳标识要求和行动，即在产品上标注其隐含能源。目前企业可以采用的标准有国际通用的 ISO 14064 和由英国的碳信托基金（Carbon Trust）开发的 PAS2050。在实施标识的过程中，企业可将来自供应商、原料、产品设计及工艺流程的排放影响整合入公司节能决策中，满足客户对于产品碳足迹的信息需求的同时，把握本企业节能及降低成本的机会。

7.3.3 行政手段与市场手段

本节中以上两小节总结的是企业进行自愿性温室气体减排的动力和路径。根据前面所做的利益相关性分析，目前对自愿目标感兴趣的往往是能源成本在生产或运营总成本中只占很小比例的企业，例如通信业和金融行业。对于大多数企业来说，更加直接的温室气体减排压力或者动力是来自政府的强制节能目标指导下的具体管制措施。

2006—2010 年是中国推行第一个国家节能目标单位 GDP 能耗降低 20% 的第一个五年。之后的几年中，国务院和相关部委陆续制定和颁布了相应的法律、规划和工作方案以支持此目标的实施。2007 年 4 月颁布的《能源发展"十一五"规划》对重点耗能行业的主要产品、主要耗能设备以及汽车、家用电器等,提出能源效率改进目标,为行业设定了标杆。随后国务院印发的《节能减排综合性工作方案》分10个方面提出40项政策措施和具体要求。

其中加快淘汰落后产能是《节能减排综合性工作方案》中的重要内容。例如,"十一五"期间电力行业关停小燃煤火电机组5000万千瓦,钢铁行业关停300立方米以下高炉炼铁产能1亿吨,年产20万吨及以下小转炉、小电炉炼钢产能5500万吨,水泥行业通过等量替代及立窑水泥熟料淘汰2.5亿吨。据统计,目前关停小火电的目标已经超额完成。[①]"十一五"期间的另一项重大举措是2006年7月25日发布的《"十一五"十大重点节能工程实施意见》。通过实施十大重点节能工程,"十一五"期间可实现节能2.4亿吨标准煤,重点行业主要产品的单位能耗指标总体达到或接近21世纪初国际先进化水平。公共资金配合银行贷款,为企业节能改造提供了资金。

此外,借鉴国外的政府与企业签署自愿减排协议的制度设计,"十一五"期间中央政府还推出了《千家企业节能行动实施方案》,其针对的是中国工业温室气体排放中的排放大户,其中涉及的千家企业2004年综合能源消耗量占全国能源消费总量的33%,占工业能源消费量的47%。按照国外的经验,政府与企业之间签订温室气体自愿减排协议,应当逐步实施,即先了解企业的排放数据和排放源,分析节能和使用替代能源的技术选择,评估各种技术选择的经济性,确定减排目标。其后,适当的统计、监测和奖惩制度将帮助政府更好地鼓励企业完成目标,并且对同行业的节能技术、成本及能效水平有更加详细的了解。

在国内,由于目标完成与否与地方政府及其国有企业领导的业绩考核挂钩,因此具有半强制的特征。国家发改委在为每家企业设定初步目标时,考虑了企业的基本情况,比如企业属于哪个行业,以及企业的总体技术水平如何。但由于时间所限,企业目标的设定尚未做到基于对每个企业或行业详细节能潜力的评估。依照国际经验,在类似项目开始前的3~4年政府就要着手设定目标,但由于千家企业节能行动的设计是为了配合在2006年开始实施的"十一五"规划,因时间紧迫和参加企业众多的问题,不可能完全依照国际经验提前设定科学准确的目标。事实上,因为千家企业所在行业能耗相对较高,科学的评估甚至可能挖掘出更大的节能潜力(Lawrence Berkeley National Laboratory,2008)。

尽管不够完善,千家企业在"十一五"期间还是获得了制度改进和实际节能的双重效果。经过培训,千家企业已成立了企业内部的节能管理机构,设立节能目标,编制节能计划,建立能源利用报告制度,开展能源审计,建立节能激励机制。指导千家企业开展能源管理工作的《企业能源审计报告审核指南》和《企业节能规划报告审核指南》已发布。此外,针对中小企业,政府还推出了《做好中小企业节能减排工作的通知》。

从政策手段来看,"十一五"期间,行政化手段实现节能目标的特征仍非常明显。除了重点企业,大多数企业仍然是通过政府行政承担的节能指标被动接受管制,而不是基于企业现有能效由政府加以区别对待。能效较高的企业与能效较低的企业被赋予相同的降低单位GDP能耗百分比。因此,部分企业尤其是能效较高的企业要求在行业内实现对标的呼声很高。

2010年下半年,因为节能考核指标与官员政绩考核挂钩,各地相继出现拉闸限电现象,以至于很多企业为了维持生产不得不启用柴油发电机,造成了全国性的柴油紧张[②]。分散式的柴油发电机对空气的污染和二氧化碳的排放都要比集中排放并通过电网输电的发电厂高得多,因此对整体的提高能效、减低温室气体排放的效果适得其反。"十一五"结束前的突击完成任务现象,进一步显示了建立节能长效机制的重要性。理顺政府的节能目标和企业的盈利逻辑,成为"十二五"的重要课题之一。财税和市场手段被认为是建立长效机制的主要方式。财税手段主要指的是能源税、碳税、资源税等会对电力和能源的使用起到杠杆作用的财政和税收调节手段。市场手段则是指通过排放交易体系,在约定排放上限后以减排主体之间进行交易,实现减排的成本效益。发改委已表示,相关行业和地区性的碳市场试点将在未来五年之内在国内展开。碳排放数据、交易规则、主管机构等都需要一一建立,因此近期碳交易机制离大面积推广仍有相当距离。

总之，企业参与温室气体减排及节能，分为自上而下的强制和自下而上的自愿两种模式。自上而下的模式中，政府需目标明确，激励、监督和奖惩机制到位，在技术和金融等服务领域鼓励相关产业的发展，并且尽量指明逐步以市场机制取代行政机制作为政策实施手段的方向。自下而上的模式中，应尊重企业的意愿，以财税手段鼓励其达成目标，并在技术、融资等方面给予支持。分清强制和自愿，以有利于企业在法律和社会责任两个层面塑造和约束自己的行为。

7.4 公众与社团参与

公众是能源的终极消费者和气候影响的直接承受者之一，在导致气候变化的成因中，公众对能源的需求是问题的源头。因此，减缓气候变化，除了技术进步、政策推动，还需要公众动员，以及来自非政府组织或称公民团体的推动和监督。公民个人的参与则可以在法治的框架下进行，也可以通过公民团体参与。此外，行业协会作为公民社会的有机组成部分，称为企业公民的利益代表，参与影响决策。

7.4.1 气候变化与公众参与

公众参与是 20 世纪 80 年代末在欧美以及国际援助项目中兴起的新的治理理念和实践。在西方国家，立法以及重要决策由议会决定，议会是合法的民意代表，通常公众通过民意代表间接实现自己对公共政策的影响。但是，对公众有重大影响的决策有相当一部分是由行政部门做出的，为了增强行政部门决策的公开性和透明性，获得政策对象及广泛公众的理解和支持，决策中的公众参与是非常有效的补充。尤其在欧洲，公众参与被认为是应对政府信任危机的解决方案，目的是为了在政策制定中充分寻求来自公众的观点和参与，而不是把公众仅仅当作政策的被动受体。在英国，公众参与的形式包括利益相关者咨询、专门问题研究小组、在线论坛等（Rowe 等，2005）。在美国，行政部门的规则制定中的公共参与指的是规则草案在一定时间之内供公共评论。听证会也是公共参与的一般形式。尤其在环境问题上，不仅仅依赖技术官僚的独断决策，而是通过公共参与使得政府在制定与社区相关的法律时，将社区需求考虑在内。

在气候变化领域的公众参与中，与日常生活密切相关的城市规划、建筑、交通等领域常常是与社区利益密切相关的，社区居民的参与积极性相对较高。而宏观经济尤其是工业领域的公共政策，往往需要由具备专业知识的公民组织参与决策咨询。

在我国，根据《中华人民共和国立法法》，规定对于内容涉及社会普遍关注的热点事项或者对公民、法人或其他组织的权益有较重大影响的法律法规制定，都应当举行听证会。近年，无论国家相关能源立法及地方实施细则，均设置了草案网上公示的阶段，征求公众意见，并汇总供立法者参考[①]。其中，大到《中华人民共和国能源法》及《中华人民共和国节约能源法》，小到《关于居民生活用电实行阶梯电价的指导意见》均进行了网上公示，无论机构与个人都可提供相关建议和意见。尤其是 2004 年《中华人民共和国可再生能源法》制定过程中，邀请了来自国内外的环保和行业协会机构参与立法咨询，首开此种尝试。

在本章，我们按照国际惯例，将公众参与的范围确定在立法程序之外。"公众参与"这个概念在中国第一次通过法律形式确定下来是 2006 年颁布的《环境影响评价公众参与暂行办法》，但是其中的"公众参与"特指需要提交环境影响评价以申请审批的建设项目。因此，它尚不能涵盖公共政策决策过程中的公共参与。

该《暂行办法》要求建设项目公开环境信息、征求公众意见，公众参与的形式推荐使用调查问卷收集公众意见，专家咨询可以书面形式，也可以通过召开座谈会、听证会等收集意见。《暂行办法》对听证

---

① 能源法正式稿修订完毕，即将公开征求意见.海证券报.[2007-10-22]. http://news. xinhuanet. com/legal/2007/10/22/content _6920124. htm.

会的组织形式和流程以及需要准备的文件进行了规定,但是是否举行听证会并未由法律强制规定。公众参与活动的主办方是负责撰写环境影响评价书的咨询公司,其行为是商业行为。因此在现实中,公众参与的质量未能得到制度的保障。在减缓气候变化领域,温室气体在尚不属于国家环境保护部门监管之下的污染物,因此,相关的建设项目出具文件中无需包含温室气体排放的环境影响评价。不过,事实上很多发电和能源密集型产业的建设项目同时也释放例如 SO_2 等被管制污染气体,因此火电厂的建设仍然需要提交环境影响评价书。公众参与可通过已经由污染控制部门定义的污染物环境影响来实现。

和其他领域的公众参与一样,要实现环境领域、尤其是减缓气候变化领域的公众参与,必须实现:信息公开化;决策民主化;公益诉讼;民间环保组织的作用;利益相关者参与,或者大众参与。通常潜在受到政策影响或对政策感兴趣的人群会寻求和推动在决策过程中的参与。减缓气候变化领域的公众参与相对其他领域更为困难,除了尚未被列入管制污染物,它所产生的环境和人身健康危害的长期性和非直接性是主要原因。

7.4.2 国际气候政治的公众参与新趋势

自 20 世纪 70 年代,科学家发现全球变暖问题以来,全球公民团体始终推动着这一环境问题的政治化,并推动了政府间气候变化专门委员会(IPCC)、《联合国气候变化框架公约》、和《京都议定书》的陆续出台。借助《联合国气候变化框架公约》缔约国会议这个平台,全球的公民社会即各种公民团体多年来通过场内和场外的途径积极参与影响其进程和结果。尤其是随着政府间气候变化委员会的历次评估报告的出笼,参与、活跃于气候变化领域的公民团体的数量和类别也越来越多。例如,参与国际气候谈判的公民团体数量自 1995 年 UNFCCC 第一次缔约方大会(COP1)以来,获得联合国谘商资格的公民团体数量从 178 个上升到现在的近 1000 个,历次大会中来自公民团体的参会人数一般都超过来自各国政府代表的人数。这一现象在哥本哈根谈判中达到高潮,共有超过 45000 人注册参加会议,超过历届谈判,其中大部分为非政府组织成员。

哥本哈根之前的两年,公民团体的工作从各个方面旨在推动 2012《京都议定书》到期之后全球政治协议的突破。为此出现了新的工作方式,主要体现在新型的全球范围的大众动员、各种已有的社会运动与气候变化议题的交织与渗透,以及其形成的公民社会在气候变化领域、尤其是政治立场方面的明显分歧。此外,国际合作的重要性也日益突显。

大众动员的典型代表是类似 TCK TCK TCK[①] 这样的专事动员和协同网络的出现,它的雏形于 06 年前后酝酿。TCK TCK TCK 在运行过程中,整合及联动了环境、发展、宗教领域的非政府组织和青年团体、工会以及个人,截止哥本哈根大会,它总共动员了全球 1500 万人以各种形式注册,成为这个运动的支持者。在解决气候变化问题这个大的使命面前,组织者意识到,只有打破过去的地区和议题的藩篱,方能在极短的时间之内,形成超常的动员能力。它的目的就在于,动员全球公民社会力量推动第二轮气候变化全球协议,力争推动公民所在国的领导人达成一个公平的、有雄心的和有法律约束力的协议。

同时,随着 IPCC 第四次评估报告在 2007 年的形成的广泛关注,各类社会运动都在积极寻找和气候变化问题的关联,以参与新的至关重要的全球治理框架的制定。因此,形成了目前气候变化领域日益复杂的公民运动政治生态。

其中,相当引人注目的是气候公正网络(Climate Justice Now,简称 CJN)[②]的成立。在此之前,气候行动网络(Climate Action Network,简称 CAN)是在公约秘书处登记的最大的全球公民团体网络,囊括了全球超过 450 个公民团体成员。这个团体成员均通过 CAN 国际总部统一向联合国气候变化框架公约的缔约国谈判进行游说。但是,随着新的社团力量的加入和原先社团的立场分化,CAN 的视野

---

① http://www.tcktcktck.org.

② http://www.climate-justice-now.org/.

和愿景已经无法同时包容众多的甚至是相异的立场，尤其是新加入的气候谈判的公民团体如来自南方国家、原住民和反全球化社团。组成一个新的有所区别于CAN的新网络的愿望已然形成。2008年，气候公正网络成立，目前已有超过160家公民团体成为他其会员。他们的鲜明口号是"改变体制，而不是气候"，体现了其更加激进的左派立场，以及对资本主义制度本身提出的挑战。

在发达国家更多关注减缓问题，发展中国家作为气候变化的"受害者"，更容易受到气候变化的负面影响，更多关注如何适应气候变化，以及问题的责任归属以及成本分担问题，要求在可持续发展的框架下解决气候变化问题。

公民团体，在解决问题的平台和方法上有歧义，在控制温室气体排放的目标这样的根本性问题上也出现分歧。CAN作为主流环境公民团体联盟，其相应立场一直是升温控制在两度以内，对应的是大气中温室气体浓度不超过450 ppm。而最激进的玻利维亚总统莫拉莱斯（Evo Morales）要求将全球升温控制在1度以内，他的诉求在世界人民气候变化和地球母亲大会上得到了很多公民团体的支持。要求1.5℃升温控制的是小岛国联盟和由美国著名的环境作家比尔。麦吉本（Bill Mcgibben）创立的350.org，他们的温室气体大气浓度目标是最终稳定在350 ppm。其次，公民社会组织中，特别是从事发展的公民团体，更加关注气候政治中的公平问题，包括代表受到气候变化和跨国石化工业、采掘业影响的民众的社区公民团体，它们从研究、倡导和行动等各方面将对气候谈判的考量和评判从技术层面引入到社区和边缘人群的权利层面。他们批评气候变化谈判大多流于技术，被公司利益集团所操纵，认为碳贸易将地球碳循环能力转化成财产而在全球市场中买卖，延续了人类对土地、食物、劳动力、森林和水的商品化过程，并试图从人权和环境公义的角度将气候变化和社区问题联系在一起（自然之友等，2007）。这样的观点导致他们对碳市场、清洁煤、生物燃料、碳捕捉与碳储存等技术持反对立场。因此也使得相应技术在各国的使用遭遇不同的民间支持和反对的力量。

事实上，按照UNFCCC的分类，其批准的谘商机构中，除了公民团体，还包括研究、和工商协会这样的社团组织。他们的活跃程度和影响力相对公民来说，都弱一些。而研究团体很多时候为公民团体的技术支持，因此在本小节未重点表述。

7.4.3　社团和公民团体在中国减缓气候变化中的参与

公民团体在中国以体制或者来源区分有三个界别，一类是带有官方背景的、历史较为悠久的社团组织，一类是九十年代开始出现的公民自发成立的民间社团组织，还有一类是国际社团组织在中国设立的分支和办事处。

目前，从数量上，中国大部分的注册社团仍是带有官方背景的第一类组织。在非慈善救助的领域，尤其是政策影响领域，这些机构事实上是以半官方咨询机构的角色在政策设计及咨询中扮演重要角色。例如，中国电力企业联合会（简称中电联）是于1988年由国务院批准成立的，它的主要成员是中国的电力企业和研究机构。目前，它在国家电力监管委员会之下运作。在西方国家，企业与监管者有着不同的利益。但是，在中国，由于众多国有或者国有控股性质的电力企业的存在，因此两者的界限并不清晰。中电联承担了《电力行业"十二五"规划》的咨询工作，由14个大型电力企业和相关企业研究机构的专家负责起草。草案最终经国务院审议称为国家方案，成为"十二五"计划的一部分。基本上，这些官方社团承担了政府的部分功能，经政府授权开展相关的调研工作。其官方色彩包括这些社团的高层管理人员由党委组织部门直接任命。

类似的官方背景的行业协会同样存在于在钢铁和化工等能源密集型行业。但是因为这两个行业中，民营企业占据相当数量，因此除了官方行业协会，纯民间的协会也同时存在。与官方协会参与制定行业重大政策不同，民间协会的角色偏向于收集行业数据，进行行业前景分析，为行业标准提供建议以及为会员企业提供法律咨询等。

与传统产业不同的是，新能源领域的行业协会显得更国际化、更开放和更活跃。例如，中国可再生能源产业协会（英文简称CREIA），原本是原国家计划与经济委员会、联合国发展署和全国环境基金的"加速中国可再生能源商业化能力建设项目"的项目办公室，后2002年经民政部批准，称为社团组织。

它的成员单位都是行业内企业,旨在为政府、研究机构和企业之间搭建桥梁。新能源作为新兴行业急需政府相关的政策支持,因此,行业协会以为行业繁荣寻求积极的政策框架作为其使命。该协会还积极与环境公民团体合作,共同推动行业发展和政策完善,与世界自然基金会(WWF)和绿色和平等机构都有长期和紧密的合作。

相比于行业协会,社团组织中的学会机构则从另一个角度开始关注气候变化问题。中国气象学会、中国科学技术协会、中国地理学会、中国植物学会、中国林学会、中国农学会等通过设立相应的分委员会,极大地推进气候变化影响有关交叉领域的研究活动。一些相关国际组织中国委员会陆续成立,也为中国的气候变化研究和普及做出了积极贡献。世界气候研究计划(WCRP)中国委员会、全球气候观测系统(GCOS)中国委员会、国际地圈生物圈计划中国全国委员会(CNC-IGBP)、国际科学联盟环境问题科学委员会中国委员会、国际全球环境变化人文因素计划中国国家委员会(CNC-IHDP)等。这些国际组织的中国委员会作为学术性机构,推动了中国气候变化科学研究的对外交流与合作,为国家管理机构提供了有效的科学咨询,为中国应对气候变化问题构建了多个与国际接轨的平台。

除此之外,在倡导和培育公众意识、开展气候变化相关研究、推动着政府和企业的相关行动以及推动气候制度决策等各个方面与公众沟通最密切的当属以环境为议题的公民团体。根据 2008 年中华环保联合会发布的《中国环保民间组织发展状况报告》里的数据,截至 2008 年 10 月,全国共有环保民间组织 3539 家(包括港、澳、台地区)。其中,由政府发起成立的环保民间组织 1309 家,学校环保社团 1382 家,草根环保民间组织 508 家,国际环保组织驻中国机构 90 家,港、澳、台 3 地的环保民间组织约有 250 家左右。

一般来说,公民团体的活动方式通常包括如下几类:研究与教育、知识传播;直接提供产品或服务;参与、监督和协调政府或政府间国际组织的决策与行为;信息披露;倡议与游说;抗议与斗争。表 7.8 从国际及国内两个层面列举了西方气候变化领域公民团体典型的活动方式。

表 7.8 西方气候变化领域公民团体典型活动方式

国际层面	国内层面
提出政策建议 知识建构与传播 游说与运动,引起公众和政治家关注	将气候变化议题纳入竞选活动 参与公共政策的制定 培育草根意识和开展社区行动 公共问责及私人部门的公众监管 激励企业实现社会责任

资料来源:蓝煜昕等.2010.全球气候变化应对与公民团体参与:国际经验借鉴.中国非营利评论,(1):87-105.

与发达国家环境社团在气候变化领域的时间跨度和工作经验相比,中国环境公民团体进入这个领域不到十年。作为发展中国家,气候变化往往雨社会更加关心的空气质量和节能等更易找到协同效益,以共同推进。因此,项目设计也体现了这种本地关切。中国最早成立的民间环境社团自然之友经过 17 年的发展,目前的项目划分为四种类型:改变公众行为、环境政策倡导、支持草根环保行动以及绿色传播。2005 年,曾在社会及政府层面产生较大影响的"26 度空调节能行动"即由自然之友和另外五家民间环境社团共同发起的。经过成功的推广活动以及后来的持续努力,国务院在 2007 年采纳了此建议,要求所有的公共建筑夏天空调最低设温 26℃,是为民间环保社团一大建言成功案例。自然之友其他与气候和能源相关的项目还包括绿色交通、绿色消费者手册、夏至关灯行动等。其中,绿色交通对北京市地铁沿线自行车停放和租赁现状进行了调研,同时对北京市的路况进行盘查,提供信息,以鼓励公众多使用自行车。改变公众行为的另一个新项目为"低碳家庭"。项目的第一个步骤是培训 200 个志愿家庭测量家中水电和其他能源的消费,并实施最简单的减少消费的方法。2011 年,针对居民用电实施阶梯电价的政策,自然之友进行了一项大型调研,并将结果公之于众。此项目的设计目的为反馈公众意见,并在决策者与公众之间修复某种缺失的信任。

近年,因为气候变化问题的跨界特征,以及其在公众和政府层面所引起的高度关注,很多公民团体都将气候变化与能源作为优先项目开展，在资金和人员上给予强有力的支持。由于此议题的全球性，气候变化议题的重要性更带动了国外的公民团体在中国设立分部。例如国际资源研究所（WRI）2008年开始设立中国办事处。目前从事的最核心的项目是温室气体核算方法，与中国的合作伙伴一起，开发符合国际标准的温室气体的核算办法。从最基础的标准开始，建立起中国的排放核算体系，并在此基础上为企业提供相关碳核算计量培训，以及为城市的低碳发展提供相关咨询。

为行业提供技术支持，本土的公民团体也逐渐出现了具有较强技术实力的专门机构，例如能源与交通创新中心（ICET）。目前，其项目包括监测并报告燃油经济性标准的执行情况、商用车燃油经济性标准开发、更新和推广中国环境友好汽车在线评估系统、进行中国低碳燃料标准与政策的基础性研究和政策性规划、新能源汽车在中国的发展问题等。美国大自然保护协会和保护国际两个机构则与中国国家林业局合作，在四川、云南启动"森林·碳汇·生物多样性试点项目"，将林业碳汇的CDM项目引入中国。

除了为业界提供技术支持以外，公民团体与企业的关系也正在向纵深和多维度推进。其中，既有一贯的监督与曝光，也有正面的推动。前者如例如绿色和平2009年7月发布的《中国发电集团气候影响排名》报告，该报告根据来自中国电力联合会等机构公布的官方数据推算，将中国前十名的风电公司在发电效率、可再生能源占发电总量的比例、相关投资、新建电厂的能源来源结构等一一排名，使得原始数据在换算之后，展现出了这些中国最大的发电企业在气候变化方面的实际表现。这也符合绿色和平给企业"施压"的传统手法。另一种手法正面推动则旨在为企业参与低碳经济的意愿倡导良好的政策框架，同时提高其行动的能力。其中，山水保护中心组织的《中国商界气候变化国际论坛》，由企业家王石、冯仑、张跃等在哥本哈根发表了《我们的希望与愿景—中国企业家哥本哈根宣言》，让企业家了解国际气候政治进程，而且通过媒体对活动的宣传向国内大众介绍气候变化。此外，类似的项目还包括世界自然基金会的"可再生能源企业家俱乐部"项目，旨在发掘可再生能源政策领域的改善空间，为产业争取到更好的鼓励和扶持政策，以及"企业气候先锋"项目，通过企业减排的自愿承诺，帮助其一同识别障碍、一同设计行动方案完成目标。气候组织借助"企业碳战略"项目，与电力、金融、零售等行业一同制定具有行业特色的企业碳战略，分享先锋经验，为行业树立典范。全球环境研究所则推动了"中国水泥行业余热发电项目"，通过对行业内100多家企业的逐个排查，筛选了25家水泥企业，对其节能项目的减排量进行打包操作，并帮助其在国际市场上寻找买家，为企业带来实质利益。

技术上的扶持是一种渠道，大众动员也仍不可或缺，它是企业获得动力、地方政府获得支持所必需的。近年，公民团体的大众动员工作方式也有几个新的趋势。一是网络平台的使用。哥本哈根气候大会前夕，绿色和平启动了"I care"（我在乎）的网上多媒体平台，共有八万六千多名网友线上注册，他们可以通过邮件随时接收对于谈判的跟踪。目前这个平台也用于跟踪其他绿色和平对国内环境突发事件的分析和行动。

公民团体、商业与公众的结合是近年出现的新的项目特征。气候组织的"百万森林"项目，即通过网上平台，引导大众的低碳生活方式，之后将这些改变象征性折算成碳减排量，并由企业支付资金在西部种植经济作物沙棘树作为补偿。美国环保协会则通过与世博会合作，将绿色出行的动员化作自愿减排量的购买，每张卡以20元或者40元不等的价格抵消世博出行所排放的温室气体，并支付给减排项目。这些创新性的项目将大众与企业的减碳意愿结合起来，又通过实地项目实现减排。

除了普通社团和公民团体，基金会虽不在前台，却为社会参与提供了重要的资金保障。一般基金会有自己的项目策略和目标，通过确定研究题目，邀请研究者参与项目，从而获得基于科学基础上的研究发现和结论，并且通过研讨会、借助媒体触发政策讨论以及获得公众支持等施加其影响。例如，前几年的一项《政府与企业在节能上的自愿协议》研究对中国之后在《"十一五"实施纲要》中采用的"千家企业节能行动"产生了具体的推动，虽然最后落实的具体形式有所差别。

除了具体的行业政策研究，相关资助还包括宏观层面的战略政策研究。2010年，由美国能源基金会和世界自然基金会中国分会共同资助，由国内十几个研究单位参与的《中国2050年低碳发展之路》研究项目在北京公布了研究结果。项目的102名参与专家完成了《2050中国能源和碳排放报告》和《中国低碳发展之路：2050 年中国能源需求暨碳排放情景分析》(国家发展和改革委员会能源研究所课题组，2009)。关于排放情景的分析，以 2005 年为基准年，2050 年为目标年，应用展望与回望相结合，定性与定量相结合，由上而下和由下而上的模型方法相结合以及情景分析等方法，详细分析了影响中国未来实现"三步走"发展战略目标的各种驱动和限制因素，模拟分析了这些因素对中国 2005 年至 2050 年的经济社会发展、能源需求和 CO_2 排放的影响，探讨了不同时段，选择、推广应用不同技术和实施不同政策措施，实现低碳经济情景的主要途径及路线图。研究者为此提出了一定条件下的基础、节能、低碳和强化低碳四种情景。这项研究一发布便引起多方关注，因为它是中国第一次进行跨度至 2050 年的减排路径分析和研究，为这一方面的长期规划制定提供了科学的依据和未来改进的基础。

回顾五年前，国内从事气候变化的公民团体还相当有限。在五年里，随着新一轮谈判的展开，中国的温室气体排放大国地位确立及国际经济地位的上升，中国逐渐成为解决全球气候问题绕不开的一个国家，政府、商业公司以及公民团体都在各自领域寻找机会、扮演角色、成就抱负。更专业、更有影响力是公民团体参与政府和社会其他部门相关工作的前提条件，越来越多的项目和渗透力正在为这一领域培养人才，并孕育更丰富的项目执行经验。

7.5 低碳与可持续消费

低碳生活方式(或消费模式)是减缓和适应气候变化的一个重要的方面。无论建立节约型社会，还是在转变发展方式、低碳经济、及绿色发展，消费模式都是其中重要的组成部分。中国作为一个正在快速发展的国家，以及公众生活方式随着经济增长正在发生剧烈改变的国家，走向低碳的消费模式是一个重大的挑战。但由于这个问题涉及面宽泛又相当分散，考虑到其重要性，我们将它单独概括出来，作为社会参与的案例加以综合阐述。

7.5.1 可持续消费政治议程的进展[①]

有减缓气候变化的议题，方有低碳生产和低碳消费的话题。其内涵就是在生产和消费过程中，尽可能相对减少能源的消费和 CO_2 的排放。一种是减少消费，二是在消费时选择低碳的产品，这其中包括产品在生产过程中的所释放的 CO_2，产品在使用过程中的 CO_2 排放，以及最终在产品使用寿命结束，在垃圾废物处理时的排放。加在一起，就是全生命周期排放。现实中，各种标识正在逐步帮助消费者填补信息的鸿沟，例如生产环节的碳排放可以通过上一节提到的碳标识系统得到反映，使用环节的碳排放目前主要由能源效率标识间接体现。碳标识目前只在自愿基础上在某些商品上使用，而能效标识则由各国纷纷推出，大多是已实现强制标示，以引导和帮助消费者选择高能效节能产品。

与低碳消费相比，可持续消费所涉更加宽泛。在产品生产和消费的过程中，能源作为资源的一种被计入可持续消费的大框架。因可持续消费概念及其治理已被纳入联合国议程，得以在特定的平台上得到更加充分的研究和讨论，可为今日对低碳消费的认识提供启示和借鉴。因此本节将有大量篇幅针对可持续消费，而不仅仅限于低碳消费。

"可持续消费与可持续生产"(SCP)的这一术语是 20 世纪 90 年代国际社会的环境保护力量在呼吁可持续发展的过程中形成的。其权威出处是 1992 年联合国环境与发展大会(里约峰会)通过的《21 世纪议程》。其中指出，全球环境不断恶化的主要原因是来自发达国家的不可持续生产方式与消费方式，并号召各国"促进可持续生产方式与消费方式(即减少环境压力并满足人类基本需求)。更好地理解消费的作用，形成更加可持续的消费模式"。

2003 年，由联合国发展署(UNDP)与联合国经济与社会发展事务部(UNDESA)协调的旨在推动"可持续消费与生产的十年计划框架的"Marrakech Process(2003—2012)开始实施。它的活动包括国际、国家、地区三个层面，方法是举行专家会议，圆桌会议(其中包括 2006 的北京会议)，专题研究组等，

在相关范围提出 SCP 框架、战略与行动计划，促进各有关方面合作与对话。Marrakech process 围绕三个主题，第一个是推广可持续的产品及服务的先锋实践，例如日本领跑者计划（Top Runner Programme）。第二个是走上可持续的生活方式的实践，第三个是为实施 SCP 开展国际合作。从已有的实践看，Marrakech process 以项目为主体，并形成案例性质一类的成果。特别是对于可持续消费，提倡自愿性的引导和服务性支持。

为实施"可持续消费与生产的十年计划框架的"，英国政府带头于 2003 年公布了"改变方式——可持续消费与生产的英国政府框架"，由环境食品农业部部长与工业贸易部部长合写的前言中称"本文件将经济与环境放在一起处理，以推进可持续消费与生产的行动，这在历史上还是第一次"。作为一个发达国家旨在减少经济发展对环境与资源压力的政策框架，它体现了怎样的认识与思路呢？

首先该战略对所面临挑战的性质及其范围采取的态度。对于资源前景，乐观派认为完全可以以一半的资源获得两倍的增长（factor 4），而悲观派认为按照现行消费方式推广人类需要三个地球。对此英国政府（该政策框架）的基调则是"人们对前景的估计确实有相当大的差异，但毫无疑义的是：为了保住可持续性我们需要做出有实质意义的改进"。而另一方面，政府承认并提请注意当下人们在认知上不平衡问题——相对于对气候变暖问题较为充分和有力的理解，这里评估与物质资源联系的环境极限要复杂得多，对此人们的理解还远不够。

第二是对十年来在可持续消费与生产的尝试中的有成效成分的梳理。这些进步是：一是许多厂家已从实践公司的社会责任中获得商业利益，其中不少是通过减少浪费和改进能源效率。二是一些措施使消费者与投资者获得更多信息，从而在购买选择中更能实现其道德偏好。这帮助刺激市场更加积极地销售那些可持续的商品及服务。三是公民团体与各方合作推进改变消费与生产方式的格局。

第三是政策目标。在消解经济增长的环境退化上，成功的领域是大气、水污染及能源即 CO_2 的减排；薄弱环节是交通产生的 CO_2 及废料。而最落后的领域是家庭消费。鉴于此，政策思路是："我们自己的个人行为造成的环境影响应是更密切地与消费支出相关的，而不是泛泛地与作为一个整体的经济相关的"。优先解决产生环境影响大的那些资源的使用问题，而不是关注所有资源使用的总水平。增加能源与材料使用的生产率，这也是国家提高生产率目标的一个部分。鼓励和从信息等多方面协助那些有积极性的个人的或公司的消费者，使他们实践更加可持续的消费。英国政府认定主要的挑战就是能否让那些有利于环境与社会的更可持续的选择行为由"摆设"变成社会主流。

第四是政策方法论的原则——竭力追求整体的最终效果。在保持与更高级别原则，即国家可持续发展纲领性文件《A Better Quality of Life（1999）》一致性前提下，英国"可持续消费与生产政策框架力求形成几个特征：整体方法，考虑产品整个生命周期，在"资源-废物"流程中在尽可能在"上游"环节处理问题；依靠市场，区分与明确哪里是市场失败的主要区间；将 SCP 思想与目标整合进所有其他政策过程；使用精心设计的多种政策措施的组合，不能单一化；刺激创新。该框架特别强调的为确保政策的最终后果，即最后改变了什么，而不是在过程中做了什么。要将这一政策建议始终置于受"政策管制影响评价"程序的检验之下。

7.5.2 可持续消费理论探索中的几个关键问题

如果说政府和国际机构的文件是考虑了政治、经济等现实因素的权衡结果的话，一些研究论文则更能反映对可持续消费理论探索的不同思考。

在过去几个世纪里，工业化国家成功开发出一系列技术手段，使人们得以用较少的能源投入供给其日常生活必须的需要，这也是低碳消费的一部分。例如，用简陋的烧木柴的炉子做饭的效率一般为 5%～10%，而今天的燃气炉的效率达到 40%。一百年以前，发电的效率是 5%～10%，而今天现代电厂的效率超过 40%。工业化国家的每个地方和领域的技术效率都大幅提高，这很容易令人们以为这将继续到无限的未来。在一些领域特别是终端能源使用技术上，例如住房的热效率的确还有较大技术上升空间，但是经验表明技术的改进是一个缓慢的过程；而且在许多情况下，能源效率正接近于实际的或理论的极限。然而真正的问题不是在这里，而是人们发现即使在发达国家，能源效率的持续提高并没有减少能源消费总量。为什么效率提高而能源总量不减反升的现象，成为国外可持续消费与生产理论关注和争论的一个重要问题。

于是出现了"反弹效应"(rebound effect)理论。在一些情况下，那些从更高效的技术获得的能源节余，被用来促进能源服务消费的进一步增长。例如在工业化国家，尽管新汽车的耗油和污染物排放大大改进，由于汽车数量更多，行驶更长，结果燃油耗量、用于制造的资源、占地、排放 CO_2 更多了，或没有真正改进。在英国，1999—2003 年平均每台洗衣机、洗碗机、制冷设备耗能分别下降 4.5%、9.5%、6.7%，但总能耗分别增长了 18.5%、6.8%、2.2%。注意同期洗衣机、洗碗机、制冷设备数量分别从2040 万增加到 2540 万、从 560 万增加到 650 万、从 3600 万增加到 3770 万。可以说，"反弹效应理论"促使发达国家一些决策者注意到并部分解释了一个他们曾经不经意的政策效果问题——从整个经济角度看，它从技术效率的提高中最终真实得到的能源节约多少要少于效率改进的直接影响。"反弹效应"一词不仅出现在学术讨论中，在上述"改变方式——可持续消费与生产的英国政府框架"中也有近一页的专栏加以说明。

当然究竟有多少"节能"是以反弹效应的方式被"吞掉"的，学者们的估测不一样，有说极少，有说几乎是 100%。似乎居中的估计是 20% 的从能效提高得来的节能又被它促进的活动增加收回去了。发达国家的历史经验，特别是 20 世纪 70 年代石油危机时期说明能效提高对减缓能耗总量增加的贡献是不可否认的。经济发展与合作组织(OECD)国家"在效率提高时能源消耗总量不降反升"的现象主要还不是由于狭义的"反弹效应"，而是更宏观的因素：总的经济中的生产率提高，包括能耗的提高被用以推动了 GDP 的增长，从而带动了更多经济活动，导致能源需求量增加了。对于"反弹效应理论"，还应补充两点。一是反弹效应的大小取决于一个国家的发展水平、经济结构等因素。发展中国家由于能源劳动力等生产要素相对价值高，能效提高对经济增长贡献要比在发达国家更为突出。二是反弹效应理论是建立在社会对能源服务一味追求不加限制的假设之上的。

"在效率提高时能源消耗总量不降反升"的现象引起了学者对欧洲节能政策的反思，并出现了"技术效率陷阱"的警告。欧洲的节能政策经常被表面上显得进步显著的技术效率所蒙蔽，却很可能陷入一个悖论，得到鼓励的方法可能实际上在增加能源的使用。

上述的讨论都指向另一端的潜力源，消费侧。近年来在发达国家确实存在着一个不断增大的认识趋势——资源生产率的提高尽管绝对重要，但只靠它自己来完成可持续发展将是不够的，消费方式与消费规模的转变很可能也是绝对不能缺少的。而实现后者依赖于我们能不能在影响工业的效率、商业行为表现和产品设计的同时，还能影响广大消费者的期望、选择、行为和生活方式。

人们优先考虑从提高效率来减缓资源和能源压力是非常自然的。因为一方面新技术在不断发展，使用能源与资源的效率已经大幅度提高并在继续提高；另一方面，改变人们的消费行为涉及面太广太深，谈何容易？即使人类从消费侧的深层的努力成为越来越重要的维持全球可持续性发展的途径，这也将是一个充满反复与曲折的道路。因此，许多研究者放弃了简单化思维，认识到承认可持续消费争论中立场的多样性及其植根其内的价值观的存在，是将争论深入进行下去的第一步。不论何种观点倾向，重要的是对消费行为和人的选择必须有清楚的理解：为什么我们要消费？我们从消费品中期望得到的是什么？我们是否成功地满足了这些期望？是什么限制了我们的消费？什么是驱使我们的期望的主要力量？这些问题对于我们理解消费行为并领悟可持续发展是至关重要的。值得注意的是，一般经济学在这个领域中的资源不足，甚至不认为这些是问题，而心理学、社会学、人类学生态经济学等学科则做了大量研究，探讨了一些关键的问题。如他们努力追究"消费"与"幸福"(well-being)的关系，探求两者之区别。有实证研究显示：人们对物质化价值的追求远不仅是为了改善生活质量，而是为获得心理的"幸福"。又如他们对物质产品占有的社会符号作用的研究，发现现代社会已经很适于让商品的符号性质在凸显社会尊严、维护社会能力、维系社会关系中发挥至关重要的作用。还有研究说明一些被批评的过度的、不必要的消费未必都是故意炫耀，而有更平常或更深的原因——社会已经使"与时俱进"的消费成为一种"普通"的消费。消费者自己已被"锁定"在不可持续的消费模式中了——不管是被超越个人控制力的社会所规范，还是被个人只能身在其中的制度所限。这些无不造成了可持续的消费政策的复杂性与难度。

总之，目前在可持续消费实践中，强调更有效地生产更可持续的产品的"资源效率派"的影响远大于"生活方式派"。原因除了消费侧的问题太主观太意识形态，政策干预难度大、效果不理想外，还因为它难免触动现代社会存在的根基，例如干预消费冒犯消费者主权，威胁文化多样，这是对从十八世纪形成并在 20 世纪扩张到全球的重大历史潮流——消费主义的挑战。

7.5.3 低碳和可持续消费

当发达国家在经历过高速发展期，并且世界进入全球化时代，发展中国家积极承接全球重新分工中的角色，一边为发达国家制造愈加廉价的消费品，一边因制造业崛起，社会财富激增。经济增长带动居民收入，物质日益丰富，消费行为也在发生了剧烈的变化。

除了为生产出口产品所消耗的能源和碳排放，以及在快速城市化中需要的基础设施原材料的排放，建筑业原材料能耗、工业生产能耗、交通和建筑运行的能耗都是公众的消费行为导致的能耗。消费转型而导致的碳排放已处在激增阶段。据统计，2010 年与消费直接相关的建筑和交通的碳排放约占社会总量的 30%，与 2005 年相比增长了 41%。这还不包括因建造新增房屋而消耗的钢材、水泥中所包括的碳排放。增量城镇人口所需住房，以及存量人口住房面积改善是过去 10 年间新增住房建设面积年均增长达 12.5% 的主要原因。

此外，清华大学的研究(2011)发现，居民的收入水平与其住房面积大小有一定的关联。一线城市房价较高，因此购房者受购买力所限，更加愿意购买小户型，而二线城市公众购买大户型意愿更加强烈。

在住房消费增加的同时，交通排放也随之增长，2010 年全国小汽车油耗达 5400 万吨标准煤，与 2005 年相比增长超过 74%。在城市中，小汽车已经成为客运交通领域的主要碳排放源。小汽车能耗占北京、上海两地的市内客运交通比例分别由 2005 年的 74% 和 62%，上升到 2008 年的 80% 和 67%。

在人均 GDP 达到一定数额时，中国也在经历其他发达国家经历过的公众消费方式的转变，来自建筑和交通的能耗将持续上升，并逐渐占据主要的排放源地位。但是，作为拥有近十三亿人并逐渐迈向现代化的大国，并且在碳排放、能源消耗和资源紧张多重约束的今天，如何实现经济增长，完成城市化，并且满足公众对一定程度的舒适生活的需求，需要中国走一条不同于发达国家的创新发展之路。建设节约型社会，倡导和建立适合国情的低碳和可持续消费模式已是当务之急。

围绕建构我国"低碳和可持续消费模式"所进行的研究，归纳起来有以下几方面。

一是加强示范和引导，提升可持续消费意识。在市场经济条件下，消费者的决策极其分散，行为具有高度的个体性。在消费者对消费行为的可持续原则缺乏较为统一的认识以前，政府应加强示范和引导，广泛持续地开展全民消费教育，培植可持续消费意识。

二是完善相应的政策及法规，运用经济手段调节消费行为。

三是加快研究和开发低碳可持续性产品。企业积极参与此类产品的研制，并在实践中率先应用新成果，以利于低碳和可持续消费模式在全社会的确立。

四是构建绿色和低碳流通渠道。绿色和低碳流通渠道的构建包括以"相关商品、物流、技术、服务"为主体内容的流通运行体系和以绿色和低碳流通的管理目标、管理方式、监控技术为主的管理体系。

近年，政府在鼓励小排量汽车、新能源汽车、节能电器和节能灯推广上都有优惠和倾斜政策，前面低碳经济相关章节已有介绍。事实上，单一推广低碳商品和消费，有其明显的局限性。例如，食品方面，公众更关心食品安全和营养，因此更大范围的绿色产品概念的整合，更易于接近消费者，获得更多的市场份额。政府采购也是更早从绿色采购开始的。中国政府从 2006 开始实施政府绿色采购，截至目前为止，财政部和环境保护部已经发布了两批政府绿色采购清单，共有 14 个种类的 444 家企业进入到了政府绿色采购清单；而我国环境标志认证工作作为我国政府绿色采购的重要技术支撑，经过 15 年的持续努力，目前已建立了相对完善的标准体系、认证体系、质量保证体系等，已经有 65 个认证产品种类，1500 多家企业的 30000 多个型号的产品通过环境标志认证，形成 1000 多亿元的产值。中国环境标志目前已与德国、北欧、日本、韩国、澳大利亚、新西兰、泰国等国家签订了合作互助协议。

尽管,对于扭转经济增长大势下的消费主义潮流仅靠以上框架恐难实现低碳消费的终极目标,但是正如 7.5.2 节所讨论的,消费主义潮流来势汹涌,先发达国家尚未找到很好的约束办法,发展中国家的消费崛起将对资源供给和价格提出新的挑战。而资源价格杠杆在其中将起到多大的约束作用,结果尚未可知。上文所提及的建构中国的低碳和可持续消费模式也可算是对资源紧缺下的消费约束的预先准备。

在现实中,政府和商界热议的低碳经济以外,低碳生活方式是这样一个领域:人们说得较多,但真正想去落实的较少;人们在原则上似乎争议的不多,但在实践上问题不少。

近年来,虽然一些政府部门已经开始意识到,消费行为与居民生活行为对于落实节能减排纲要、应对气候变化有着不同程度的关联,但对于全面推动可持续消费和低碳生活的专题政策仍然有所欠缺。根据其他国家的经验,这一欠缺在可持续消费观念还没有充分被大多数人接受的时期,环境民间组织的作用特别大的,甚至对未来走向有巨大影响。事实上,《21 世纪议程》提出并号召可持续消费后至今的 17 年,这个声音始终没有进入主流,不是走强而是变得更弱了。但是在公民社会,对可持续消费的倡导和实践一直在坚持并逐步前进。下面是一些典型的例子。

(1)"绿色选择"网站。

2006 年,由北京地球村、自然之友和中国环境与可持续发展资料研究中心联合创建了"绿色选择"网站(www.greenchoice.cn),这是中国首家提供可持续生活方式相关信息和建议的中英文双语网站。

(2)灾区重建中如何建设低碳民居。

2008 年"5·12"汶川地震后,北京地球村环境教育中心主任廖晓义和她的团队进入四川,将"敬天惜物、乐道尚和"这一理念融入大坪村的重建中。

大坪村的建筑形式,采用独特的土木结构,一层、一层半或两层,简单、实用。设计这些民居的是西安建筑科技大学的刘加平教授。这里的石材采用当地随处可见的石灰岩,在景观中引入当地最常见的本土树种:核桃树、桃树、竹子及山草野花等,再引入一些本土的花卉,丰富植被物种。院落内的装饰元素利用村民常见的饮水槽、石水池、石磨、木楼梯、竹篓、背篓及卵石等。同时,当地因盛产林木,也被居民广泛用于墙面围护,建筑被竹木围合,与周边群山氛围和谐统一。大坪村的方案看起来很简单,就是用当地的一堆木材盖了一个房子。但是他们在材料的使用上,尽可能降低对能源的使用,当然碳排放就减少。生态民居、低碳乡村还要有绿色的生活方式。还引入旱厕、沼气池、节能灶、垃圾分类系统、污水处理系统等,提高了卫生标准。旱厕的推行,也方便了沼气池的建设。沼气池又可以为照明、用热等提供方便。

(3)2009 年初,武汉市妇联在 1 万户家庭中引进"绿色消费档案"。

首批家庭绿色消费档案,将包括家庭购买使用节能环保产品、每月能源支出情况、废旧物品回收及循环利用情况、绿色生活方式记录等内容。此项活动重点通过在全市有计划、有步骤地建立家庭绿色消费档案,引导家庭成员将践行"两型"生活的知识、措施、方法、成果纳入到家庭档案。此外,市妇联还在推行家庭绿色消费档案的基础上,在全市建立 10 个社区家庭节能咨询站;推广 100 个"换客超市";招募 1000 名"两型家庭"志愿者;评选 1 万户"两型示范家庭"等。引自 2009 年 3 月 31 日《武汉晚报》。

(4)低碳生活。

2009 年 4 月,由美国环保协会、"老社区,新绿色"环保公益行动和国家环保部宣教中心主办的"酷中国全民低碳行动试点项目"正式启动。项目选择广东、江苏、天津、上海、重庆、宁夏、陕西、厦门、沈阳等 9 个省份 11 个城市开展低碳生活推广试点,并在每个城市选择 330 户家庭,应用碳计算器进行家庭碳排放调查和分析,完成《2009 年中国 11 城市家庭碳排放调查报告》;同时展开一系列可持续消费及低碳生活宣传活动。项目将通过一年的实施,把各地的项目经验和项目过程中积累提炼的宣传教育材料汇编成一套经典的《社区低碳教育与行动工具包》,向全国绿色社区推广,扩大宣教范围,鼓励更多公众参与低碳生活行动。

本土环保组织自然之友也将工作对象定位于城市家庭,于 2009 年夏季推出了"低碳家庭"主题行动。此项工作的核心内容是在全国挑选一百个试点家庭,通过专业的能耗测量工具对家庭耗电情况进行记录和分析，邀请专家对每个家庭出具富有针对性的家庭能耗改善计划。

（5）我国已有为数不少的为了环境原因而改为素食主义者群体。

这主要在城市知识圈。有一些网站，第一，介绍环境知识，特别是气候变化问题的态势。第二，系统介绍素食与环境保护的关系、与气候变化的关系、与人的身心健康的关系。第三介绍素食店的分布于发展情况。此外，从这里可以观察到公众自发的按照可持续消费模式生活的努力。

总之，也许没有任何一个国家的未来消费方式对世界环境，包括温室气体排放的影响像中国那样巨大。中国对这一领域问题的思考还处于开始阶段，在国内属于边缘问题。但是这一情况会逐渐改变。因此，今天在中国进行的关于低碳和可持续消费的伦理上、经济上的讨论，具有极大的潜在的影响。

参考文献

蔡昉. 2006. "工业反哺农业、城市支持农村"的经济学分析. 中国农村经济, (1):11-17.

查塔姆研究所. 2010. 吉林市低碳发展计划. 项目研究报告.

付允, 汪云林, 李丁. 2008. 低碳城市的发展路径研究. 科学对社会的影响, (2):5-10.

傅娆, 陈洪波. 2009. 中国生态城市建设：回顾、现状与展望. //中国可持续发展报告.

国家发展和改革委员会能源研究所课题组. 2009. 中国 2050 年低碳发展之：能源需求暨碳排放情景分析. 北京：科学出版社.

梁朝晖. 2009. 上海市碳排放的历史特征与远期趋势分析. 上海经济研究, **7**:79-87.

麦肯锡. 2009. 节能减排的坚实第一步——浅析中国"十一五"节能减排目标.

潘海啸, 等. 2008. 中国"低碳城市"的空间规划策略. 城市规划学刊, (6):57-64 .

气候组织. 2010. 国际视角的城市低碳发展——国际城市气候变化行动计划综述. 气候组织报告, 北京.

世界自然基金(WWF). 2011. 气候变化与企业. 项目研究报告.

谭丹, 黄贤金. 2008. 我国东、中、西部地区经济发展与碳排放的关联分析与比较. 中国人口资源与环境, 18(3):54 - 57.

叶祖达. 2009. 发展低碳城市之路：反思规划决策流程. 江苏城市规划, (7):6-10.

自然之友. 2007. 中国公民社会应对气候变化可行性研究报告.

CDP. 2010. Carbon Disclosure Project Supply Chain Report 2010.

Dollar. D (2008), "Lessons from China for Africa", World Bank Policy Research Paper4531, p. 19.

Lamia Kamal-Chaoui. 2008. Competitive Cities and Climate Change: an Introductory Paper, in Competitive Cities and Climate Change, OECD conference, Milan, Italy, 9-10 October 2008.

Lawrence Berkeley National Laboratory. 2008. China's Top-1000 Energy Consuming Enterprises Program: Reducing Energy Consumption of the 1000 Largest Industrial Enterprises in China.

Lutsey N, Sperling D. 2008. America's bottom-up climate change mitigation policy, Energy Policy, **36**(2):673-685.

Mckinsey & Company. 2008. How companies think about climate change. A Mckinsey Global Survey.

OECD (2007), R. Nicholls, S. Hanson, C. Herweijer, N. Patmore, S. Hallegatte, J. Corfee-Morlot, J. Chateau and R. Muir-Wood, "Ranking Port Cities with High Exposure and Vulnerability to Climate Extremes: Exposure Estimates", OECD Environment Working Paper 1, ENV/WKP(2007)1, OECD Publications, Paris.

OECD/IEA (2008), World Energy Outlook 2008, International Energy Agency, OECD Publications, Paris.

第八章 综合应对气候变化

主　笔：陈迎，王克

贡献者：傅莎

提　要

气候变化是人类社会面临的最严峻的挑战之一，与人类社会的可持续发展密切相关。它不仅是环境问题，更是发展问题，是在发展过程中与生产和消费等经济行为相交织的综合性问题。因此，无论从发达国家应对气候变化的经验看，还是中国自身发展阶段和具体国情看，都需要制定和实施综合应对气候变化的战略和政策，促进气候政策与社会经济发展、能源安全以及环境保护政策之间的协同，强调减缓与适应并重，寻求多约束条件下多目标之间的协同共赢。

本章探讨了综合应对气候变化战略需要考虑的几个方面，首先是减缓气候变化与经济发展战略和政策之间协同。强调中国处于快速工业化和城市化的特殊发展阶段，减缓气候变化对中国经济发展而言，既面临严峻的挑战，也带来新的机遇。通过对投资、消费、贸易和能源安全政策的调整，促进经济增长方式转变，优化经济结构和能源结构，可以对减缓气候变化发挥重要作用；其次，减缓气候变化与促进社会进步的协同，强调应对气候变化的政策应该与减少贫困、创造新的就业机会，促进社会公平等社会发展目标结合起来；第三，减缓气候变化与环境保护政策的协同，强调通过提高化石能源的利用效率，促进减缓气候变化与减少空气污染的协同效益。此外，通过改善环境经济政策、环境技术政策、环境社会政策和加强国际环境合作都可以促进减缓行动。最后，通过比较、分析减缓和适应行动的不同性质和特点，强调了应对气候变化必须减缓与适应并重，保持二者之间的平衡和协同。

本章最后一节简要回顾了欧美综合应对气候变化的国际经验，从德班会议国际气候谈判形势展望了中国未来10年面临的国际和国内双重挑战，强调尽早制定和完善综合应对气候变化的国家战略和相关政策，促进向绿色经济转型，不仅是全球发展的大势所趋，也是中国可持续发展的必由之路。

8.1　引言

自工业革命以来，人类社会高速发展，经历了沧桑巨变，也面临一系列生存危机。气候变化是人类社会面临的最严峻的挑战之一，与可持续发展的三大支柱，即经济、社会和环境都密切相关。可持续发展原则是《联合国气候变化框架公约》强调应对气候变化的重要原则之一。应对气候变化的根本目标是促进人类社会的可持续发展，需要考虑各国不同的发展阶段和具体国情，采取综合应对的策略，寻求适合本国国情和发展阶段的政策措施，促进发展与应对气候变化之间的政策协同。

2009年9月1日，联合国经济与社会事务部发布《2009年世界经济和社会概览：促进发展，拯救地球》报告，强调综合应对气候变化的重要性（UNDESA，2009）。报告指出，只有在发展中国家能够维持快速经济增长的情况下，各国才能积极参与应对气候挑战。面对挑战，发达国家和发展中国家都需要做出重大的调整。相比发达国家，发展中国家由于处于不同的发展阶段，社会经济发展对能源需求不同，面临更为严峻的挑战，受到更多的制约，因此应对气候变化的政策选择也应有所不同。发达国家，拥有成熟的市场，拥有充足甚至过多能源服务和基础设施，建立基于市场的"限额-贸易"和碳税体系，提高化石能源的价格，促进可再生能源的开发和生活方式的转变是通行的做法，但最不发达国家，大量贫困人口尚未享受现代能源服务，提高能源价格不仅不能真正减少温室气体排放，反而会使更多人口因负担不起而遭受能源的匮乏，这并不是真正的解决之道。

所谓综合应对气候变化战略，至少包含以下几个方面的含义：首先，减缓气候变化与经济发展战略和政策之间协同。促进经济增长方式转变，调整经济结构等宏观经济政策和产业政策对减缓气候变化发挥重要作用。其中也包括减缓气候变化与保障能源安全的政策协同。鼓励核能和可再生能源的开发和利用，不仅减少碳排放，还优化能源结构，降低对化石能源的依赖，增强了国家的能源安全。其次，减缓气候变化与促进社会进步的协同，包括减少贫困，创造就业，促进社会公平等；第三，减缓气候变化与环境保护政策的协同，包括减少空气污染，加强生态建设等。最后，减缓和适应作为应对气候变化的两条重要途径，具有不同的性质和特点，也应该保持二者之间的平衡和协同。

本章以下各节分别就这些问题展开讨论，强调社会经济的发展是一个多目标、多约束的进程，应对气候变化不是唯一的目标，与社会经济发展的多目标之间往往存在协同的一面，有时也有矛盾和冲突。只有强化政策协同，化解矛盾，采取综合应对的战略，寻求多约束条件下多目标之间的协同共赢，才能真正促进社会经济的可持续发展。

8.2 减缓和经济发展战略与政策的协同

8.2.1 中国经济发展阶段和主要问题

中国经过近年来的快速发展，国民经济综合实力实现由弱到强，由小到大的历史性转变。综合国力明显增强，国际地位和影响力显著提高：与1949年相比，GDP以年均超过8%的速度增长，经济总量已增加了80多倍，跃居世界第2位；到2010年，全国公共财政收入达到8.3万亿元，比1950年增长1300多倍。

外汇储备则增加近14000倍，由长期外汇短缺国一跃成为世界第一外汇储备大国，2010年外汇储备为28473亿美元（国家统计局，2012）。改革开放以来到2010年，外贸总额也由占世界比例不足1%升至超过8%，出口居世界第二位。2010年中国人均国民收入（GNI）已经达到4000美元，按照世界银行的划分标准，中国已经由长期以来的低收入国家跃升至世界中等收入偏上国家行列（世界银行，2011）。

尽管中国在过去几十年中取得了令人瞩目的经济发展成就，但仍然还是一个发展中国家。根据世界银行世界发展指数数据库（World Development Indicators Database，WDI），2010年中国人均GDP排在世界第100位。2011年中国的人类发展指数（HDI）为0.687，排名全球第101位，刚刚超过世界平均水平（UNDP，2011）。中国城市化进程发展迅速，城市化率从2000年36%增长到2010年接近50%，但与发达国家如美国、法国等70%以上的城市化率相差甚远。因此未来大规模的城市化进程还将继续。

随着工业基础建设的加强、生产能力不断扩张，中国已经发展成为世界制造业大国，但还远不是制造业强国。由于处于世界制造业产业链的中下游，中国制造业附加值（MVA）——一个度量经济体投入产出效益的综合指标——尚不足0.4，而美国、日本等发达国家的制造附加值在0.55左右（UNIDO，2009）。

根据世界银行的对中国"十一五"规划的中期进展情况评估，中国目前仍然是资本密集型和工业主导型的增长模式。从经济增长各要素的贡献率看，1993—2005年GDP增长的60%以上来自于资本投入。从部门角度看，中国的增长主要依靠工业，服务业的发展相对滞后。1978—2010年中国的服务业产值占 GDP 比例仅从 23.9％增至 42.6％(国家统计局,2011),而中等收入国家和高收入国家相应值的平均水平分别为 54％和 70％。服务业长期滞后于制造业一方面是中国低层次的产业结构并接受高耗能、高污染、初级加工和劳动密集型产业转移的国际分工所付出的代价;另一方面,出于对短期的 GDP 增长和地方财政收入增长的追求,优先发展工业,也造成了服务业发展相对滞后。

随着中国从低收入国家进入中等收入国家行列,未来的发展也越来越面临所谓"中等收入陷阱"的风险。与拉丁美洲国家相比,中国除了要解决转变经济增长方式的问题,还将面临资源环境矛盾异常突出这样一个特殊的严峻挑战。资本密集型和工业主导型的增长模式对于能源、自然资源的消耗特别密集,对环境破坏严重。2010 年中国的一次能源需求已经占到世界的 20.3％(BP,2011)。尽管从 1990 年至今,中国的能源消费强度一直以很快的速度在下降,但仍远远高于世界平均水平。目前中国资本密集型和工业主导型的发展模式,已经造成了资源耗竭和环境急剧恶化等严重问题,并给未来发展带来了严重障碍。

在全球气候变化背景下,中国以煤炭为主体的能源结构给提高能源利用效率、减少温室气体排放带来了更大的挑战。从 1995 年以来,中国原煤占一次能源消费总量的比例一直居高不下,维持在 70％左右,远远高于国际平均的水平。2010 年,中国一次能源消费量为 24.32 亿吨油当量。其中,化石能源占 92.1％,煤炭占 70.4％(BP,2011)。煤炭电力结构也呈现以煤为主的特征。更为严峻的是煤炭大量开采和使用带来了生态环境破坏和水资源、大气环境的污染。有研究估计,2007 年煤炭的环境外部成本达到了 161.17 元/吨,全年全国煤炭开采、运输和使用造成的外部成本达到 17450 亿元,相当于当年 GDP 的 7.1％(茅于轼等,2008)。

由于中国正处于工业化和城市化进程中,目前的经济发展模式以资本密集型和工业主导型为主,以及煤炭在能源消费结构中占主要地位等因素,中国在未来一段时间内,温室气体排放还将长期增长。国际和国内多个研究机构对中国未来排放的预测,都印证了这个判断。美国能源信息署(EIA)预测 2035 年前中国能源相关 CO_2 排放量还将年均增长 2.6％(IEA,2011)。国际能源署(IEA)预测,在全球大气中 CO_2 浓度控制在 450 ppm 的情景下,2020 年中国能源相关 CO_2 排放量将达到 91 亿吨(IEA,2011)。中国人民大学能源与气候经济学项目(PECE)预测了基准情景、控排情景和减排情景下中国未来与能源相关 CO_2 排放量,到 2050 年将分别达到 162 亿吨、67 亿吨和 55 亿吨。

为应对大规模的城市化和城市人口增长,中国需要新建 50000 幢高层建筑和 170 套新的大众交通系统(麦肯锡,2009)。未来为满足城市建设和运行需求,以及支持消费所需物资的运输量快速增长的状况,中国需要加大公路、铁路、港口的建设(见表 8.1)。这些基础设施的建设将带来对钢铁、有色金属、水泥等高耗能产品需求的持续上升。同时随着经济发展,人民群众的住房、交通等消费水平将迅速上升,这会进一步促进能源需求以及 CO_2 排放的增长。

表 8.1 2000—2010 年中国交通基础设施建设

项目	2000 年	2005 年	2010 年
铁路(万千米)	6.9	7.5	9.0
公路(万千米)	140	193	230
高速公路(万千米)	1.6	4.1	6.5
沿海港口吞吐量(亿吨)	12.6	29.3	50.0

数据来源:国家统计局,2009;铁道部,2006;交通部,2006.

在气候变化、人口、资源和环境的限制条件下,如何坚持科学的发展观,正确地认识资源国情;加大实施可持续发展战略的力度,以科技进步为支撑,大力发展循环经济、低碳经济,提高质量效益、节约资源、保护环境;在全社会提倡绿色生产方式和文明消费,形成有利于低投入、高产出、少排污、可循环的政策环境和发展机制,完善相应的法律法规,全面建设节约型社会,是中国应对气候变化政策的关键。

8.2.2 减缓气候变化给中国经济发展带来的挑战和机遇

气候变化对中国社会经济长期可持续发展有着巨大的潜在威胁。气候变化引起的气象灾害、海平面上升和疾病传播，会对农业生产的稳定性、东部沿海地区的发展以及居民的身体健康和生命财产安全造成负面影响。此外，随着国际气候进程的推进，碳排放空间逐渐成为一种稀缺资源，并成为约束中国经济和社会发展的因素。因此，采取有力的措施减缓气候变化，对中国来说是必然的选择。但是中国在控制温室气体排放、减缓气候变化过程中，将面临许多困难和挑战。

首先，人口增长与人类发展水平提升的双重驱动，会给中国控制温室气体排放总量带来巨大的压力。现有研究对中国未来人口增长的预测比较一致，普遍认为近年来我国人口仍会增长，直到 2030 年左右达到峰值（UNDESA，2007）。即便在人均排放不变的情况下，人口的增长也会带来温室气体排放的增长。与此同时，广大中国人民刚解决温饱问题，还有着巨大的提高生活水平的需求。中国人类发展水平的提高，则意味着中国居民将拥有更多的耐用消费品、更多的交通出行、更大的人均居住面积和更多的食品消费等。这些都意味着更多的能源消费和更高的人均排放。

第二，中国经济目前正处于工业化进程中，以机械制造、钢铁、建材、化工等为代表的具有重化工业特征的行业发展迅速，能源密集型工业在经济中仍占很高的比重。与此同时，城市化也进入高速发展阶段，大规模的基础设施建设不断推行，城市建筑面积不断扩大。这些都必然带来能源消费的持续增长。尽管中国政府已经开始着力于调整经济结构、转变增长方式，但这种努力不可能是一蹴而就的，需要克服巨大的困难。

第三，"富煤、贫油、少气"的自然资源禀赋，决定了中国能源生产、消费结构均以煤为主，且在很长一段时间内不可能得到根本改变。在产生同等热量的条件下，煤排放的 CO_2 远超过其他化石能源，加大了中国控制温室气体排放的难度。

第四，作为发展中国家，中国的整体科技水平仍然比较落后，技术研发能力有限，尤其是在几项关键的低碳技术领域。因此，中国很难完全依靠自身的技术研发，快速减少温室气体的排放，引进国外的先进技术是必要的。但是在目前的全球气候制度中，已有的促进低碳技术国际转移的机制所发挥的作用还远远不够。

减缓气候变化的措施尽管能减少气候变化对中国未来的人类发展和经济发展的损害，但这些减缓措施本身也会给中国的未来发展带来挑战。

首先，控制温室气体的排放将给中国宏观经济带来一定的负面影响，主要表现为 GDP 损失。中国人民大学能源与气候经济学项目研究团队构建的 CGE 模型（PECE）模拟结果表明（图 8.1），以 2005 年为基准年，在控排情景和减排情景下，中国 2050 年相对基准情景的 GDP 损失将分别达到 4.6% 和 9.9%，平均每吨 CO_2 对应的 GDP 损失为 158 美元和 210 美元（联合国开发计划署等 2010）。其他研究也得出了相似的结果（王灿，2005；chen，2005）。减排对 GDP 产生负面影响，会损害人均收入和生活水平的提高。这可能会对中国解决贫困问题、提高人民生活水平带来不利影响。

其次，应对气候变化需要进行大规模的低碳投资。据估计中国在节能减排和低碳技术开发过程中，每年需要 5000 亿～6000 亿人民币，在 2020 年以后的 CO_2 减排中，资金需求量更大（2050 中国能源和碳排放研究课题组，2009）。PECE 课题组的研究表明，要使中国在 2030 年出现排放峰值并在 2050 年初步实现低碳经济转型，在需要关键技术支持的前提条件下，还需要付出高额增量投资和增量成本。即如果 2050 年中国要在基准情景（162 亿吨 CO_2）的基础上分别实现减排 35% 和 65%（即分别达到 95 亿吨和 55 亿吨 CO_2，相应减排 67 亿吨 107 亿吨 CO_2），那么在 2010—2050 年期间，中国需要新增高达约 9.5 万亿和 14.2 万亿美元的增量投资（相当于平均每年约 2400 和 3550 亿美元的增量投资）以及需要分别付出高达 5000 亿美元/年和 16000 亿美元/年的增量成本（对应的单位减排成本约为 80 和 150 美元/吨 CO_2）。而且随着减排量的提高，相应的增量投资和增量成本将会大幅提高。中国目前情况下，社会资源极为有限，需要在教育、医疗、社会保障等民生工程和应对气候变化之间进行配置。而这些民生领域的投资和应对气候变化的投资一样，都将主要依赖政府主导的公共资金。因此对于应对气候变化领域的投资,会有巨大的机会成本,在短期内可能会影响民生领域的资金投入力度,还会影响脱贫和经济发展目标的实现。

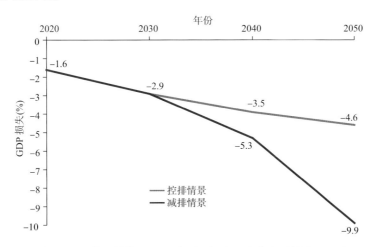

图 8.1　根据 PECE 模型估算的 GDP 损失(据中国人类发展报告 2009/10,2010)

但是减缓气候变化在给中国经济发展带来严峻挑战的同时,也暗藏着结构转型、实现可持续发展的机遇。

应对气候变化的行动将带来可观的商业机会,有助于中国的经济转型。为减缓气候变化,低碳能源技术和其他低碳商品和服务方面将形成新的市场,带来新的经济增长点,创造新的就业机会。研究表明,仅仅在欧洲和美国,在建筑物节能方面增加的投资就将新增 200 万~350 万个绿色就业机会(联合国环境规划署等,2008)。在中国这样的发展中国家,由于目前建筑能效普遍较低、节能潜力大,因此在建筑节能领域绿色就业的潜力将更大。

中国建设低碳经济社会更有可能通过促进技术创新和升级,提高"清洁"产品和能源技术的出口等方面的努力,发挥后发优势,走跨越式发展道路。中国在低碳技术研发方面的努力,有助于提升未来的技术的国际竞争力,改变目前在国际上处于产业链低端的不利地位。

减缓气候变化有助于中国发挥后发优势,提升国际竞争力。在全球气候变化的背景下,当前的国际经济格局和贸易规则将发生改变,碳生产力将会成为衡量国际竞争力的核心指标之一。国际贸易规则在应对气候变化的国际框架下将会有新的调整,碳排放边境调节税、碳关税等将成为关注的焦点。中国如果能发挥后发优势,发展低碳经济、获得较高的碳生产力,将会形成新的比较优势,从而在国际贸易上居于有利的地位,并进一步提升国际竞争力。

减缓气候变化对资本投入、技术研发和其他社会经济资源投入提出了很高的要求。根据 KAYA 公式,在人口保持平稳增长且不损害发展中国家社会经济可持续发展目标的前提下,减缓气候变化,只能依靠能源效率的改善和能源结构调整,并最终依赖于技术变动和革新。反过来,可持续发展能力的提升,会增强社会经济系统的应对能力,制定和实施有助于减缓气候变化的措施,从而使得社会经济系统迈向低碳发展道路,实现减缓气候变化和经济社会可持续发展的协同效应(图 8.2)。

气候变化是人类发展进程中出现的问题,既受自然因素影响,也受人类活动影响,既是环境问题,更是发展问题。归根到底,应对气候变化问题只能在发展过程中推进,也只能靠共同发展来解决[1]。在减缓气候变化与社会经济发展目标在短期内不一致的情况下,就需要政府在政策决策和体制安排的过程中,统筹兼顾,多目标寻优,实现协同发展。

---

[1]　摘自胡锦涛主席在联合国气候变化峰会开幕式上的讲话"携手应对气候变化挑战",2009-09-22,新华网.

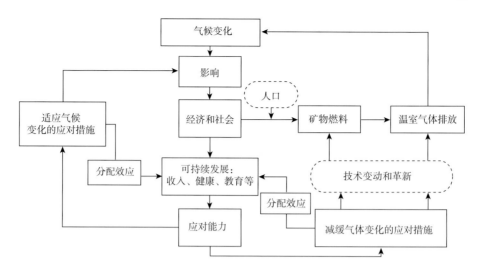

图 8.2　减缓和适应气候变化与经济社会可持续发展的协同效应（据中国人类发展报告 2009/10，2010）

8.2.3　中国经济发展战略重点和减缓政策的协同

在过去 20 多年改革开放的发展历程中，中国经济取得了令全世界瞩目的成绩。但是在全球金融和气候变化双重危机的时代背景下，中国需要进一步思考适合中国国情、更可持续的经济增长方式。

（1）减缓和投资政策的协同

在经济增长方式方面，中国目前还存在着高投入、高消耗、高排放、不协调、难循环、低效率的突出问题，存在着严重的发展隐患。中国必须进行经济结构的调整和发展引擎的转向，在保持经济增长的同时，加大对能源效率行业和可再生能源行业的投资，促进产业结构的升级。总的来说，中国目前处于以资本和能源密集化为特征的工业化中后期，要积极发展低碳产业，通过绿色投资促进低碳就业。

政府投资是我国政府实现经济建设职能、公共服务职能和宏观经济调控职能的重要政策手段，政府投资政策则是政府投资的职能定位选择，以及政府投资实现其职能的具体运作和管理方式。通常，政府投资政策是一定时期经济社会发展所处阶段、经济体制、国家发展战略等在投资领域的集中体现（周兴法，2007）。从当前的国家整体战略看，中央明确要求从过去促进国民经济"又快又好"发展向"又好又快"发展转变，这为国民经济结构调整定下了基调。国务院颁布的《节能减排综合性工作方案》也明确强调调整投资方向，促进结构调整，最终实现节能减排（俞海，2009）。

一系列投资指导性政策为绿色投资提供了强大的政策环境。

《产业结构调整指导目录（2011 年本）》中，鼓励类新增了新能源门类，在几乎所有制造业门类中增加了清洁生产工业、节能减排、循环利用等方面的内容；《外商投资产业指导目录（2007 年修订）》不鼓励外商投资我国稀缺或不可再生的重要矿产资源，限制或禁止高物耗、高能耗、高污染外资项目准入，鼓励发展 60 万千瓦以上大火电机组的建设等；《调低部分商品出口退税率》自 2007 年 7 月 1 日起，取消了553 小高耗能、高污染资源性产品出口关税等。

中央和地方通过财政、税收等政策，引导经济向低碳转型。

2007 年 7 月，国家环保总局、人民银行和银监会三部委联合发布了《关于落实环保政策法规防范信贷风险的意见》，首次提出通过金融杠杆来具体实现环保调控手段的政策。通过在金融信贷领域建立环境准入门槛，对限制和淘汰类新建项目，不得提供信贷支持，并采取措施收回已发放的贷款，从源头上切断高耗能、高污染行业无序发展和盲目扩张的经济命脉，遏制其投资冲动，通过信贷发放进行产业结构调整、缓解环境问题。

随后，国内银行业金融机构相继制定了一系列绿色信贷政策和管理制度。如银监会制定了《落实"节能减排综合性工作方案"具体措施》，并于 2007 年 11 月公布了《节能减排授信工作指导意见》等。2009 年 12 月 23 日，人民银行联合银监会、证监会、保监会发布《关于进一步做好金融服务、支持重点产业调整振兴和抑制部分行业产能过剩的指导意见》,明确信贷投放要"区别对待,有保有压",严格控制产能过剩行业贷款,加大绿色信贷和对重点产业的支持力度。表8.2总结了2005年至2009年中国金融机构支持的节能环保项目。

表 8.2 节能环保信贷

年份	节能环保项目 贷款额(亿元)	节能环保项目贷款额占 贷款总额的比例(%)	节能环保项目贷款 涉及的项目数(个)	节能环保项目贷款 涉及的企业数(户)
2005	1323.06	1.87	1334	1847
2006	2028.94	2.65	1999	2649
2007	3411.00	2.70	2715	3505
2008	3710.16	3.11	2983	3615
2009	8560.46	8.93	6412	4099
总计	19033.62		15443	15715

资料来源:中国银行协会,2009,2010。

就现阶段而言,商业银行绿色信贷探索的最大亮点在于能效贷款。已经有国内商业银行与世界银行集团下属的国际金融公司合作,专门为利用清洁能源及开发可再生能源的中小企业提供能效贷款。为了推动能效贷款项目持续快速发展,各家银行正在不断深入探索节能环保相关的金融服务市场新业务,持续研发新的能效融资模式。如兴业银行与光大银行分别与北京环境交易所建立了合作关系。兴业银行推出了中国低碳信用卡,光大银行推出了绿色零碳信用卡,为个人购买碳排放交易提供了银行交易渠道。工商银行通过推进"绿色信贷"建设,严格控制"两高一资"行业的贷款投放来减少不良贷款。

同时,对于其他产业的投资同样能促进低碳产业的发展。

2008年为了应对全球的金融危机,中国政府启动了规模达4万亿元人民币的经济刺激计划。在4万亿元投资中,有2100亿元投向节能减排与生态工程建设,这些投资主要用于"十大重点节能工程"和核电项目,其余都投向了新建住宅和基础设施建设。虽然4万亿元带动了大量的钢铁、有色金属和水泥等高耗能产业的增长,短期内看来是以负面影响为主,但长期来看,由于高耗能产业的高额投资不可持续,再加上轨道交通网络建成后的节能优势,世界自然基金会2010年研究显示,在2014年之后4万亿元投资对节能减排的影响将由负面转为正面(WWF,国务院发展研究中心,2010)。

在各种投资政策的驱动和引导下,政府和社会在节能减排方面投入巨额资金,表8.3总结了"十一五"期间各政策行动的中央政府财政资金、地方政府财政资金、社会投资和2010年形成的减碳能力。由财政资金成本与社会资金成本比值可以估算出,财政资金投入与社会资金投入的杠杆效应为1:4.4。这表明,对中央对低碳节能领域的投资和政策的导向,将会带动社会大量的资金涌入,刺激该领域迅速发展。

表 8.3 政府财政资金和社会资金投入及 2010 年形成的减碳能力

政策行动	中央财政资金投入 (亿元)	地方财政资金投入 (亿元)	2010 年减碳能力 (万吨 CO_2)	社会资金投入 (亿元)	2010 年减碳能力 (万吨 CO_2)
重点节能工程	315	158	37703	1860	48102
淘汰落后产能	202	102	29260	2874	38841
建筑节能	152	134	4263	2307	8281

来源:2011年中国低碳发展报告。

联合国贸发组织2011年的《世界投资报告》显示,在金融危机后,很多国家大力发展低碳产业,不仅将其看作应对环境恶化和气候变化的必要措施,而且作为应对经济衰退、创造就业以及抢占新一轮技术革命制高点的新兴战略产业。中国应该利用好外资发展低碳经济,重视国内本土低碳绿色投资,转变经济增长方式,大力推动节能减排。

UNEP最新发布的《绿色经济》报告中,同样强调了减缓与投资的协同关系。报告强调了,政府投资和指出应优先关注可刺激行业绿色化的领域,运用税负和市场工具促进绿色投资和创新,同时建议加大能力建设、培训和教育方面的投资同样重要。

在投资政策的刺激下，低碳有关的市场逐渐发展起来。但同时，以促进新能源和可再生能源发展、节约能源和增加碳汇为目标的低碳发展政策也同样促进和拉动相关行业的资本投入，减缓气候变化与投资政策协同作业，相互促进，相互影响。

对于可再生能源，在法律方面，《可再生能源法》的颁布和实施，基本上消除了可再生能源大规模发展面临的价格、市场准入、产业薄弱等障碍；在财政方面，陆续颁布的可再生能源专项资金管理办法，包括《可再生能源发展专项资金管理暂行办法》、《风力发电设备产业化专项资金管理暂行办法》等，在资金上支持可再生能源的发展；在税收方面，企业所得税中明确将风电、太阳能发电、生物质能列为享受税收优惠的范围，减轻可再生能源企业的负担，降低了可再生能源利用的成本；在标准规范方面，部分技术和行业标准已通过国家标准化管理委员会审核，规范了可再生能源市场，鼓励更多的企业进入可再生能源市场。

在以上的低碳发展政策的支持下，在可再生能源领域，中国近年来已跃居全球第一投资大国，在低碳相关的设备制造领域占据了重要地位，中国已经成为太阳能组件第一生产大国和出口国，同时也是风力发电设备制造能力最大的国家之一。"十一五"期间，全社会对可再生能源领域投资达 1.73 万亿元，其中水电投资占 36%，风电投资占 27%，太阳能光伏投资占 11.5%。中国应采取积极的鼓励政策，推动有实力的太阳能、风能企业进一步"走出去"。

在节能政策方面，通过约束性的节能指标、节能目标分解以及节能目标责任制实施为核心，指导具体的节能行动，包括关停小火电、千家企业节能行动、淘汰落后产能、十大重点节能工程、节能建筑、节能产品惠民工程、低碳交通行动等。根据国家发改委能源研究所研究报告显示，"十一五"期间中国直接用于提高能效的资金总额为 8466 亿元（国家发改委能源所，等，2011），其中社会投资占 85%。

在碳汇方面，2006 年中国与世界银行合作的关于珠江流域治理再造林项目是全球第一个获得联合国 CDM 执行理事会批准的林业项目，该项目目前已进入二期实施阶段。除此之外中国还有多个 CDM 造林再造林碳汇项目。同时，中国绿色碳汇基金会于 2010 年 7 月经国务院批准由民政部登记注册成立，是我国第一家以增汇减排、应对气候变化为目的的全国性公募基金会，目前已启动五个绿色基金专项，获得社会捐资近 3 亿元，完成造林 100 多万亩。通过以上的方式为林业部门筹集资金，使减缓行动在适应性方面得到进一步的巩固。

通过以上分析可以发现，中央和地方通过财政、税收、对外贸易等政策，可以引导经济向低碳转型，财政资金对绿色产业的投入可以撬动大量的社会资金流入相关行业，促进结构、行业、产业和产品等的绿色化。而可再生能源发展、节约能源和增加碳汇为目标的低碳发展政策，同样为相关资金的流入铺平道路，并且提供优惠条件，吸引更多的投资。减缓与投资政策相互促进，协同发展，为传统经济向绿色经济转型创造有利条件。

（2）减缓和消费政策的协同

随着城市化进程的快速发展以及人均收入的增长，人民日益增长的能源需求及消费方式选择将成为未来我国能源消耗的主要驱动力，根据统计年鉴，我国生活能耗呈逐年增长趋势，2008 年生活能耗达 3.19 亿吨标准煤，占全国总能耗 11%。据清华大学齐晔教授的统计，我国 2010 年与公众消费行为直接相关的建筑和交通的碳排放约占社会总量的 30%，与 2005 年相比增长了 41%，高于同时期社会总量的增速 36%。如何在我国城市化、现代化快速发展时期，抓住机遇，引导消费者走低碳可持续的消费道路，是应对低碳挑战的关键。

公众能源需求主要体现为住房、家电和交通消费。随着城镇人口增长和公众对住房要求水平的提高，住房面积增长引致的建筑施工能耗、建材生产能耗成为我国能源消费增长的重要驱动力。在住房需求和人民生活水平提高的拉动下，公众对电视机、冰箱等家电消费增加。人民收入增长还带动小汽车消费需求，2010 年中国新增私人小汽车 1181 万辆（国家统计局，2011），汽车消费增加带动能源消耗增长，在发达国家，交通能源需求占全部能源需求的三分之一甚至更高，我国正处于中等收入国家发展阶段，未来来自公众交通能源消费碳排放会更多。

政府制定低碳消费引导政策。中央及地方政府通过各种行政命令、财政激励和宣传手段，鼓励引导消费者购买节能电器、增加公共出行方式和抑制非理性住房需求，取得了显著效果。据家电以旧换新管理信息系统和节能产品惠民工程网站公布的数据，截至2011年6月28日，全国家电以旧换新政策拉动家电产品消费2075亿元，销售新家电5571.3万台，回收旧家电5760.9万台。中央财政共安排115.4亿元实现推广3400多万台高效节能空调，实现年节电100亿千瓦，产品寿命期内节电800亿～1000亿千瓦时，年节约电费50亿元，寿命周期内节约电费400亿～500亿元，高效节能空调的市场占有率从推广前的5％上升到70％。两项财税激励政策推动了淘汰能耗高的旧家电，推广购买节能家电，进一步促进了绿色消费和资源利用。政府还通过行政命令手段降低能源消费需求，限购令、车牌拍卖规定严格控制了小汽车保有量的增长速度，颁布民用建筑节能设计标准和国家防止过热、抑制投资需求的住房调控政策遏止了住房面积地无序增长并促进建筑节能标准应用，提高建筑能效和降低建筑能耗增速。此外，政府还组织开展节能宣传周活动，大力提倡低碳消费，推广节能产品，培养消费者的绿色消费意识。节能减排消费政策的实施，使高能效、低排放的观念深入人心，消费者现已完全认可高能效电器并开始理性选择出行方式与住房面积需求。

进一步深入制定实施消费政策。齐晔等（2011）对"十一五"期间中国小汽车消费相关政策作了汇总，并对其减排贡献作了评价（见表8.4），同时还介绍了"十一五"期间中国与节能减排相关的家电消费政策（见表8.5）。虽然我国已经在促进公众低碳消费方面取得了重要进展，但仍然存在不足。尽管限购令、车牌拍卖起到了控制汽车消费增长速度的作用，但是汽车保有量增加和公众出行增多使每年来自交通部门的碳排放压力依然很大，交通部门排放量逐年增加。新能源汽车补贴政策未充分发挥效用，新能源汽车市场仍待培育。建筑节能财税激励政策不足，使对现有建筑进行节能改造的难度高。因此，政府仍要继续加强政策引导，控制汽车保有量增长速度、调整汽车购买结构和控制汽车使用量，通过行政、财税、市场手段，推动新能源汽车发展，鼓励消费者采用公共交通出行方式，培养低碳出行习惯；进一步完善住房政策，降低公众对住房的非理性需求，并加大经济激励，推动建筑节能工作的全面部署，支持节能技术开发，完善节能建筑法律法规。

表8.4 "十一五"期间中国与小汽车消费相关政策汇总与减排贡献评价

政策目的		政策内容	政策类型	执行结果评述
汽车保有量	调控增长	限购令	行政命令	保有量增长得到严格控制
		车牌拍卖		上海牌照车数量得到控制 实际路面在跑车量保持增长
	调整结构	小排量汽车补贴	财税激励	小排量汽车比例提高 居民消费意愿与政策相关
		新能源汽车补贴		补贴发放困难 市场待培育
		降低小排量汽车消费税 提升大排量汽车消费税		暂无确切数据表明有鼓励居民买小车不买大车的效果
汽车使用量	控制增长	燃油税		居民对燃油性能关注最多 暂无数据表明减少汽车出行
		调高停车费用		汽车流量下降12％ 居民小汽车出行意愿降低
	鼓励替代	公交优先系列政策		公交出行比例增加
		低价公交出行		居民关注拥堵多于关注票价
		限行令	行政命令	削减20％公务车出行量 削减20％汽车出行量 但减排量被汽车增长量抵消
		保障非机动车出行		示范改造区工程完成 自行车路权得到保障

来自：齐晔等.中国低碳发展报告2011—2012.北京：社会科学文献出版社.

表8.5 "十一五"期间中国与节能减排相关的家电消费政策

颁布时间	政策或法律法规	部门	内容	政策类型
2006 年 4 月 27 日	《废弃家用电器与电子产品污染防治技术政策》	国家环境保护总局、科技部、信息产业部和商务部	鼓励开发家用电器与电子产品污染防治技术	行政命令
2007 年 9 月 27 日	《电子废物污染环境防治管理办法》	国家环境保护总局	加强对国内电子废物拆解、利用、处置监督、责任、处罚管理	
2009 年 2 月 25 日	《废弃电器电子产品回收处理管理条例》	国务院	规范废弃电器电子产品的回收处理活动	
2009 年 4 月 17 日	《关于 2009 年全国节能宣传周活动安排意见的通知》	国家发展改革委	2009 年 6 月 14 至 20 日以"推广使用节能产品，促进扩大消费需求"为主题举办全国节能宣传周活动	
2009 年 5 月 18 日	《关于开展"节能产品惠民工程"的通知》	财政部、国家发展改革委	采取财政补贴方式，支持高效节能产品的推广使用	财税激励
2009 年 6 月 28 日	《关于印发〈家电以旧换新实施办法〉的通知》	财政部、商务部、国家发展改革委、工业和信息化部、环境保护部、工商总局、质检总局	2009 年 6 月 1 日至 2010 年 5 月 31 日在 9 省市试点家电以旧换新，并提供财政补贴	
2010 年 6 月 21 日	《关于印发〈家电以旧换新实施办法（修订稿）〉的通知》	财政部、商务部、国家发展改革委、工业和信息化部、环境保护部、工商总局、质检总局	2010 年 6 月 1 日至 2011 年 12 月 31 日将家电以旧换新活动推广到 19 个省市	

（3）减缓和贸易政策的协同

尽管中国已经成为毋庸置疑的全球制造中心，但是在全球经济产业链上，中国基本上还是处在中低端，资源和能源密集型产品出口仍占较大比例。因此，出口商品中蕴含着大量的能源消耗和内涵碳排放。据刘俊伶（2011）研究表明，无论是绝对值还是增长速度，中国内涵碳排放的出口值都非常惊人。1997 年我国出口产品内涵碳排放 8.3 亿吨，2002 年 9.3 亿吨，2007 年迅速增长为 26.4 亿吨，较 2002 年增长 182.78%。我国出口内涵碳排放占国内总排放比重从 1997 年的 27.0% 与 2002 年的 26.9% 快速增长为 2007 年 42.1%，来自贸易的国内碳排放量越来越多。出口内涵碳排放最高的行业为通信设备、计算机及其他电子设备制造业、化学工业、电器机械及器材制造业和金属冶炼及压延加工业。虽然中国在进口贸易中同样有内涵能源的引进，但由于进出口来源和商品结构不同，以及大额的贸易顺差，内涵能源与内涵碳排放仍然有相当大的出口净值。Lei 等（2011）计算得到，2007 年中国净出口内涵碳 4.84 亿吨，占国内总排放 8.59%。齐晔等（2009）用保守方法估计得到中国内涵碳净出口占当年碳排放总量的比重从 2004 年前的 0.5%～2.7% 迅速增加为 2006 年的 10%，乐观估计方法得到的结果更为惊人，2006 年内涵碳净出口比例可高达 29.28%。

在双边贸易内涵碳排放的研究中，有关中美贸易内涵碳排放，刘俊伶（2011）的分析结果显示，由于中国向美国大量出口机械设备制造业、化学工业、金属冶炼及压延加工业等能源密集型行业产品，美国对中国除了出口部分机械设备制造业，还出口大量的农业，导致中对美贸易存在巨大的内涵碳净出口，且排放量呈快速增长趋势。中国对美国内涵碳排放净出口量从 1997 年 1.3 亿吨增长为 2007 年 4.5 亿吨，对美净出口量占国内总排放比重由 1997 年 4.2% 上升为 2007 年 7.2%。有关中日贸易内涵碳排放，熊煜华（2011）计算得到，自 2004 年以来中国对日本内涵碳净出口排放量均在 7000 万吨以上，但由于日本对我国大量出口技术含量高、附加值高的产品，导致我国为贸易逆差，使我国在中日贸易中既承受贸易逆差带来的巨大压力，也承担了很大的国内碳排放量，处于一种极端的劣势地位。其他有关中国对外贸易内涵碳排放研究文献见表 8.6。

表 8.6 其他中国对外贸易内涵碳排放研究文献

作者	研究对象	时间跨度	结论
Bin Shui	中国双边	1997—2008 年	中国是净出口方,对美净出口占国内总排放 2.4%～10.9%;中对日净出口占国内 1.48%～2.03%
尹显萍	(中美、中日)		
Liu Xianbing			
Chen Z M	多国	2001—2004 年	发达国家是内涵碳净进口国,发展中国家是净出口国
Peters			

贸易政策促进国内碳减排。2006 年中期以来,中国政府已对资源性产品加征出口关税,对"两资一高"取消出口退税或降低了出口退税的税率,并且对此类产品的加工和生产厂家实行更加紧缩的财政信用措施,以控制高能源或自然资源消耗产品的生产和贸易。2006 年《关于调整部分商品出口退税率和增补加工贸易禁止类商品目录的通知》和 2008 年《关于当前经济形势下做好环境影响评价审批工作的通知》的发布和实施,使我国"两高一资"产品的出口总量明显得到控制,资源性产品的进口量有所增加,优化了我国进出口商品结构,促进了贸易增长方式的转变。根据国家统计年鉴数据显示,2007 年我国"两高一资"产品的出口量普遍出现下降或增速回落。其中,煤炭出口量为 5317 万吨,同比下降了 16%;原油出口量为 389 万吨,同比下降 38.6%;2006—2008 年,单位 GDP 能耗累计下降 10.08%,能效提高与能源出口限制都减少了我国贸易的碳排放量。在节能设备进口优惠方面,2007 年国务院发布的《关于印发节能减排综合性工作方案的通知》中提出要实行鼓励先进节能环保技术设备进口的税收优惠政策。这一政策一直保留下来并写入了"十二五"节能减排综合性工作方案,对于进口的关键零部件及材料,抓紧研究制定税收优惠政策。

减缓政策扩大行业贸易。自 2005 年颁布《中华人民共和国可再生能源法》,国家大力促进新能源产业,推动太阳能、风能装备制造业的发展,为培养我国新能源行业国际竞争优势、扩大贸易出口额起到了重要作用。目前,我国已成为世界最大太阳能电池制造国,在世界十大太阳能电池生产商中有 4 家是中国企业;2009 年我国风电累积装机容量达到 25805 MW,位居世界第二位,同年新增装机容量达到 13803 MW,已经跃居世界第一(中国可再生能源学会风能专业委员会,2010);金风、华锐和东汽的世界市场份额达到 22.9%(毛清华等,2010)。

尽管我国风能、太阳能等可再生能源技术有了快速的发展,但是目前我国尚未掌握太阳能电池材料及风电设备制造的核心技术。太阳能光伏产业的多晶硅和单晶硅的提纯技术,一直垄断在日本、德国等国外厂商手中,国际知识产权(IPRs)的保护给我国风能、太阳能行业发展带来巨大的成本压力,抑制了风能、太阳能行业技术进步。此外,国际市场需求趋近饱和阻碍我国太阳能、风能制造行业进一步扩大出口,我国太阳能电池板出口也正受到美国提出反倾销反补贴申诉。这些问题都是我国可再生能源行业走出国内市场需要克服的难关。

为了赢得长远发展,稳定和扩大太阳能、风能行业的竞争优势和贸易量,我国一方面需要加大自主研发投入,引进国外先进风机设备和太阳能材料制作技术,提高消化、吸收能力,尽快掌握其核心技术,攻克技术难关,不断提高自身核心竞争力;另一方面要积极利用国际机制,在国际谈判中维护自己的权利,争取自己的利益,借助国际机制和谈判平台推动 IPRs 改革与保护我国可再生能源商品出口权利。

8.2.4 减缓与能源安全的协同

温室气体浓度的快速增加与人类大规模的使用能源有着紧密的联系,能源部门排放的温室气体占总排放量的 80%(IPCC,2007)。因此,减缓气候变化,在不考虑大规模应用碳捕获与碳封存(CCS)技术的情况下,从能源的角度看就是要控制矿物燃料的使用量,增加可再生能源的比例。

能源安全实质上即保障能源可靠供给,或者说使能源对外依存度保持在安全范围(Bauen,2006)。就中国的能源安全问题来说,很重要的一方面就是解决供需矛盾,确保能源的供给安全。我国是能源供给相对短缺的国家。从总体看,我国的能源资源总量约 4 万亿吨标准煤,居世界第 3 位,但人均能源资源占有量不到世界平均水平的一半。从个体来看,我国人均煤炭资源仅为世界平均值的 42.5%,人均石油资源为世界平均值的 17.1%,人均天然气资源仅相当于世界人均水平的 5%(余乐安等,2007)。

中国优质能源资源相对不足,制约了供应能力的提高;能源资源分布不均,增加了持续稳定供应的难度;能源结构级别低和经济增长方式粗放,进一步加剧了能源供需矛盾。近年来,中国能源消费的增长幅度远远超过能源生产发展的速度,能源供给和社会需求缺口越来越大,特别是石油的国际需求量大幅度提升,对外依存度迅速增加,能源安全面临重大挑战。而且随着中国经济迅速增长,城市化进程不断加快,能源需求在可以预见的未来将持续上升。对现有关于中国未来减排情景研究进行综述(IEA,2008;EIA,2009;姜克隽等,2009;麦肯锡,2009;联合国开发计划署等,2010;),可以发现,在所有研究团队所设定的基准情景下,到 2050 年,中国未来的一次能源需求仍将大幅上升,一次能源需求量在 2020 年将达到 42 亿～48 亿吨标煤,2030 年达到 52 亿～57 亿吨标煤,而到 2050 年则达到 67 亿～69 亿吨标煤,约是 2005 年能源需求量的 3 倍。如此大幅的增长,将给能源供应和能源安全带来很大压力。

因此,解决能源安全问题,其中很重要的一环就是要控制对可耗竭的矿物燃料的需求,增加可再生能源的供给量,提高能源供给的多样性。从这个角度看,减缓气候变化和保障能源安全,在很大程度上是一致的。

但是,减缓气候变化和保障能源安全并不总存在双赢,在某些方面二者存在冲突(见图 8.3)。某些减缓行动如大规模应用天然气替代煤炭或者大规模使用 CCS 引起的能源效率损失可能将造成新的能源安全风险,而某些保障能源安全的措施如煤制油等并无法保障低碳。在制定相关减缓政策和能源政策时需充分考虑这些潜在的风险。

此外,随着全球对气候变化的关注,许多发达国家开始实施能源税、碳税等 CO_2 减排措施和政策。如丹麦、瑞典、挪威等国家,均已经开征碳税。各国的这些能源和 CO_2 减排政策必将造成国际石油市场价格的波动,从而影响中国能源供给的价格安全。中国作为一个新兴的能源消费大国,一直游离于世界能源价格定价体系的外围。对于像中国这样能源密集度很高的国家来说,油价波动带来的负面影响应该比对发达国家的影响更大。

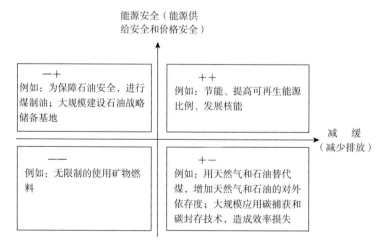

图 8.3 减缓与保障能源安全行动的关系和分类

从上述分析可知,减缓气候变化的行动在一定程度上有助于保障能源安全,但同时也可能给能源安全带来新的风险。尽管对于减缓气候变化的行动究竟是否有利于能源安全还存在疑问,但目前对于应对气候变化和能源安全这两个问题间存在交叉这一问题已基本取得共识。如果不能有效解决气候变化或是能源安全问题都将带来巨大的社会经济损失(Turton,Barreto,2006)。

面对全球气候变化的压力,人们在制定能源政策时,必须要同时考虑保障能源安全和减少碳排放两个目标。这就需要对所采取的政策措施进行综合分析,以保证两个目标的实现。在通常采取的措施中,提高能源效率、发展非化石能源等措施,对两个目标的作用方向是相同的;而调整能源结构和末端治理排放的措施,可能会对两个目标的实现产生相反的作用,需慎重使用。

为了促进减缓气候变化的行动与能源安全的协同,在减少温室气体排放的同时提高能源安全的保障,可以从以下几个方面来进行。

(1)通过节能实现减排和保障能源安全

传统思维中,能源实质上是"数量能源"的概念,强调能源的量。客观上,经济越发展,所需的数量能源就越多。但是数量再大,也毕竟有个限度,要用有限的数量能源去实现一个无限的目标,肯定不可能达到。应该改变思维,更多地强调能源的质量,或者说强调"素质能源"概念。"素质能源"的核心就是把节能也作为一种能源来考虑——节能是最清洁、最高效也最安全的"新能源"(董秀成,2009)。

在其他条件不变的前提下,能源效率的提高将减少一国的能源需求总量,从而降低其对不安全能源的依赖,提升能源安全程度。同时,在能源结构不变的条件下,能源消费量的降低,将减少碳排放量(李建武,等,2010)。

与西方发达国家不同,中国现在正处于第二产业快速发展时期,一方面在大力开发能源——既包括传统能源,又包括现代新能源;一方面又在大量地浪费。所以中国在调整能源结构、大力发展新能源的同时,要将节能作为国家最重要的能源政策。节能的关键在于产业结构调整。要通过法律制约和政策引导等手段促进节能工作的进行。一是改变企业的粗放型经营方式为集约型经营方式,全方位提高能源效率,提升能源节约在社会经济发展战略中重要地位。二是积极发展技术措施节约能源,加强高能耗企业的技术改造,大幅度提高能源利用效率;三是综合运用投资、税收、价格、法律等经济和行政手段,鼓励节约,杜绝和防止无效、低效使用能源,提高能源利用效率。

(2)依靠能源结构调整实现减排

作为一个发展中的大国,为保证能源安全,必须长期坚持能源供应基本立足国内的方针。

能源消费结构的不合理是中国能源安全的内在隐患。要调整能源消费结构,从以油气为主的能源发展战略转向以煤炭为基础,电力为中心,油气和新能源全面发展的能源发展战略转变。这一能源发展战略的转变不是对过去以煤炭为主的能源发展战略的简单重复,其核心内容是调整和优化能源结构,开发和推广清洁煤技术,实现能源消费的多元化,最大限度地保护自然环境。基于矿物燃料,特别是煤炭在当前和未来我国能源结构和能源安全保障中的基础地位,在中长期能源安全和应对气候变化的背景下,优先部署以煤的气化为龙头的多联产技术系统的开发、示范和整体煤气化联合循环(IGCC)等先进发电技术的商业化,同时结合 CCS 技术,在煤炭清洁利用等相关领域达到国际领先水平。

提高核能和可再生能源消费比重,推进能源替代战略。发展核电和风能、太阳能等可再生能源是降低能源对外依存度,保障国家能源安全的重要选择。适当加快核电和可再生能源发展,对于按照洁净、安全、高效的原则推进能源替代战略,大幅提高能源自给率,保护生态环境,减少对外依存度带来的风险,确保国家能源供应持续安全的供给,具有深远意义。但是也应该避免盲目发展核能和可再生能源。目前智能电网在大规模消纳间歇性可再生电力方面尚存技术上的不确定性。同时,日本福岛核泄露事件的发生也要求中国进一步关注核能发展中的安全问题(陈国华,2011),因此,需要加强核安全的监督和管理,制订并实施核安全、辐射环境保护、核与辐射事故应急有关的法律法规、标准和部门规章。

还有一个更为根本的问题就是,从宏观上来讲,能源结构和整个国家的产业结构、经济结构紧密结合在一起。调整能源结构,就需要国家将之与调整相关产业政策、经济政策综合起来考虑,协调解决。中国现在的能源格局在世界上是绝无仅有的,多种能源几乎都是在全国范围内大调运——煤炭是"北煤南运",天然气是"西气东输",石油实际上也是"北油南运",现在又在进行"南水北调"。能源大规模的长途运输,必定会消耗大量的能源并产生大气污染等环境问题。因此,从未来的发展来看,国家必须将能源结构的调整和产业经济、区域经济的布局统筹安排。

(3)依靠低碳技术确保能源安全

解决减缓气候变化问题,保障能源供给安全,关键靠技术。要加强前沿能源技术的研究开发,形成先进能源技术的研发推广体系,推进先进适用能源技术的开发应用,提高重大能源技术装备开发能力。要提高能源研发投入力度,实现重点技术突破。对清洁煤技术、核能技术、新能源汽车技术、可再生能源技术、重大节能技术予以重点支持。促进国内外各类资源的紧密合作,以科技计划项目为纽带,对于投入大、周期长、风险高的能源研发项目实行风险共担、成果共享的支持模式,提高能源技术的自主创新能力,从而从技术上谋求减缓和能源安全。

节能和低碳技术的应用将降低中国的石油对外进口依存度。减缓气候变化的行动通过节能和应用新能源汽车等措施将降低中国对石油的需求,从而降低中国石油的进口依存度。据估算,原油进口在 2030 年将提高到 7 亿吨左右,约占届时世界原油产量的 13%,从而使中国的石油进口依存度提高到接近 80%(目前美国不到 60%)。大规模采用电动车(EV)和先进的汽车内燃机效率改善技术,到 2030 年可使汽油需求减少 70% 以上,使柴油需求减少约 10%。交通部门的效率提升可以减少石油进口 2 亿～3 亿吨,约占 2030 年全球石油预计产量的 4%～6%,大庆油田产油量的 5～8 倍。这还将使中国对进口石油的依存度从接近 80% 降到 60%～70%(麦肯锡,2009)。

2007 年 6 月,中国政府发布《应对气候变化国家方案》,明确提出要依靠科技进步和科技创新应对气候变化,"要发挥科技进步在减缓和适应气候变化中的先导性和基础性作用,促进各种技术的发展以及加快科技创新和技术引进步伐等",并将"先进适用技术开发和推广"作为温室气体减排的重点领域。中国政府还颁布了《应对气候变化科技专项行动》作为《国家方案》实施的科技支撑。同时,中国已经将减缓气候变化的核心技术作为优先领域,纳入《国家中长期科学和技术发展规划纲要》。2009 年 3 月 5 日,温家宝总理在政府工作报告中强调要"实施应对气候变化国家方案,提高应对气候变化能力"。2009 年 8 月 27 日,十一届全国人大常委会第十次会议通过了《全国人大常委会积极应对气候变化的决议》,强调"加强科学技术创新,以科技进步为重要手段,努力提高应对气候变化的能力"。

这些规划和方案中都已经充分认识到了技术进步的重要性,而且这些规划和方案目标的实现,也都需要技术进步的支撑。

(4)开展气候与能源的国际合作

减缓气候变化和保障能源安全不是独立存在的事物,它是国家间相互关系内容的一部分。开展国际气候和能源合作,共同应对气候变化和保障国家能源安全成为各方面的共识。中国为了减缓气候变化和保障能源安全,必须加强国际气候和能源合作。国际能源合作不仅能够建立中国和主要的能源出口国和进口国之间的沟通和协调,而且可以利用国际组织的制度化力量减少中国和其他国家可能因能源问题出现的冲突、推动国际能源市场的稳定,保障中国经济发展的可持续性。

开展国际合作的目的主要有两个:第一,分享能源技术创新,提高能源技术水平;第二,保障稳定的能源供需,保持能源价格的稳定。

中国已经在开展国际合作方面做出了较大努力。但在能源领域,中国参与全球层面能源合作的程度弱于参与区域层面能源合作的程度。在全球层面的能源合作中,中国基本被排斥于主要能源组织的核心角色之外,缺乏足够的发言权。中国应当加深与全球层面国际能源组织的合作程度,拓展与区域层面国际组织的合作(张宇燕等,2009)。

8.3　减缓和社会发展的协同

8.3.1　减缓与扶贫的协同

(1)气候变化将直接或间接加剧贫困,减缓气候变化有助于避免负面气候损失

中国作为一个发展中国家,目前还有 4000 万人口处于贫困线(以人均年收入 1067 元人民币为标准)以下(国务院扶贫办公室,2009)。同时,随着城市化进程的深入,城市贫困人口的数量和贫富差距也将进一步加大。

研究普遍发现气候变化将直接或间接加剧贫困。贫困人口由于通常享受到的教育和卫生等基本社会服务水平低、条件差,基础设施落后,应对气候变化的能力较弱,因此,对于气候变化风险极为脆弱。而且贫困人口往往处在温饱的边缘,一旦气候变化引起粮食减产,他们的食物来源就会受到威胁,有可能造成营养不良、饥饿等问题。此外,贫困人口的基本生计多数依赖于初级的农业、渔业等。这些高度依赖于气

温、降水等自然条件的产业,很容易受到气候变化的不利影响,而这又会给贫困人口的基本生活生计造成严重威胁(联合国开发计划署等,2010)。中国目前已经出现气候变化带来的局部返贫现象。

在中国,贫困人口的分布与生态脆弱地区还有着很大的相关性。贫困与生态脆弱性相互作用,更加剧了气候变化对贫困人口的影响。国家环境保护部2005年统计显示,全国95%的绝对贫困人口生活在生态环境极度脆弱的老少边穷地区,已经成为气候变化的最大受害者。中国的贫困地区与生态环境脆弱地带高度相关。李周等(1997)的研究结果显示,在生态敏感地带的人口中,74%生活在贫困县内,约占贫困县总人口的81%。中国的贫困地区与生态脆弱地区具有高度的地理吻合性。周毅等(2008)研究了中国典型生态脆弱带与贫困的关系(图8.4)。根据生态脆弱性与贫困因子的相关性建立数学模型,通过统计分析和比较,得出区域脆弱生态环境是西部贫困首因,直接影响区域农业发展水平,决定区域经济差异。

气候变化对贫困人群的影响可分为直接影响和间接影响。直接影响是指极端气候事件对农业、人民的生命财产、生计、基础设施等造成的损失。这体现在气象灾害发生的频次增加、强度增大,不仅对灾害发生时期的生产活动产生严重的后果,而且会因对自然环境和基础设施的损坏,给灾后恢复和发展带来严重的影响。间接影响来自于对经济增长和社会发展的长期影响(绿色和平,乐施会,2009)。

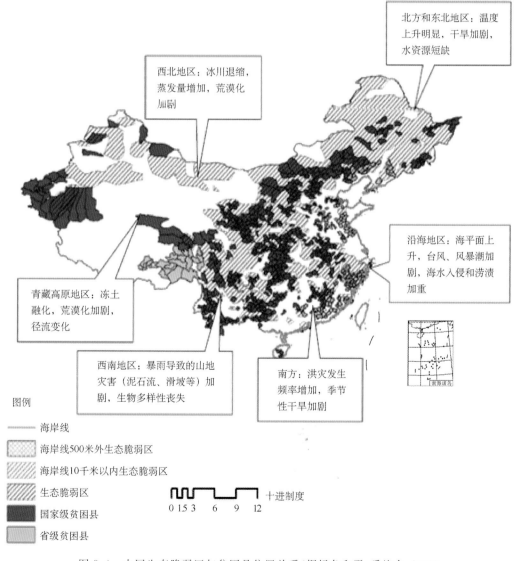

图8.4 中国生态脆弱区与贫困县位置关系(据绿色和平,乐施会,2009)

如果不马上采取积极的应对行动，气候变化将削弱中国的扶贫努力，并可能对中国实现长期扶贫目标造成严重阻碍（绿色和平，乐施会，2009）。

而减缓气候变化的行动将有助于降低极端气候事件和气候灾害发生的频率，从而对改善贫困人口的生活产生正面影响。

（2）减缓气候变化和中国扶贫进程的相互影响

大多数研究都表明，控制温室气体的排放将给中国经济带来负面影响，会降低人均收入和妨碍城乡居民生活水平的提高，虽然影响程度很不确定。而潜在的负面的宏观经济影响将不利于国家所确定的提高人民收入、解决贫困问题的目标的实现。

PECE 研究组（联合国开发计划署等，2010）、王灿等（2005）、Chen 等（2005）等研究结果都表明，控制温室气体排放对中国 GDP 增长会造成负面的影响。碳减排率越高，对经济和能源系统的冲击幅度越大。

但也有研究表明，从长期看或者从某些区域看，促进低碳经济和社会发展的政策对宏观经济的影响会减小甚至具有正向的激励作用（例如，魏涛远等，2002；胡宗义，2007；张树伟，2007；张明文等，2009）。另外一些特殊的政策，尤其是农村新能源政策和相关的林业政策，则被认为为中国农村地区的扶贫和生活水平的提高做出了突出贡献（崔民选，2009）。

一般来说，在扶贫过程中，随着贫困地区居民的收入水平和消费水平的提高，人均能源消费量和二氧化碳排放量会相应增加。从这种角度看，扶贫会进一步加大减排压力，对减缓气候变化产生负面影响。

但是，另一方面，如果能够在扶贫过程中广泛采用普及节能技术，使用清洁能源，改善能源结构，实施退耕还林和耕地保护等措施，并注重民众能源消费习惯的改善和生态保护意识的提高，那么在扶贫的过程中也可能降低贫困地区的人均二氧化碳排放，使其走上一条相对低碳的脱贫道路。如何立足本地能源资源特点和比较优势，从构建低碳能源体系和低碳产业集群、增强碳汇、倡导和推广低碳生活方式等途径探索出一条欠发达地区低碳发展、低碳重建的新模式，将对中国有着积极意义。例如，以低碳经济为核心的低碳旅游扶贫模式可能就是一条实现经济与生态环境良性循环和持续发展的可行之路（孙猛等，2011）

（3）减缓与扶贫协同的实现

要实现减缓与扶贫的协同，主要需要在以下两方面下工夫：

一方面，在贫困地区和脆弱地区因地制宜的发展生态农业和开发绿色新能源产业，包括发展农用沼气、种植绿色能源植物发展生物燃料等，通过这些产业的发展来做到既保护气候又增加贫困人口的收入，实现减缓与扶贫的协同。

另一方面，对贫困地区要根据其气候等环境条件等实行分区、分类的扶贫战略，因地制宜采取适应措施，包括根据对未来气候的预测调整农业结构，即要在适宜的时间和地点种植最适宜的作物；加强管理、改善农业基础设施，特别是要根据未来的气候变化预测改善灌溉和排水设施；采用新技术、提高农业生产对气候变化不利影响的抵御能力，如针对冬季变暖使冬小麦抗寒能力下降、易受春季冻害的新问题，专家提出利用分子标记技术有目的选育推广新的抗灾农作物品种；增强农业抗灾能力，最大限度地减少损失。另一方面还要提高贫困地区人群应对气候风险的能力，做好相应的保障工作。建立完善的农业灾害保险，以利于气象等重大自然灾害发生后，农民的有关理赔等问题及时实现，减少损失。中国保监会针对很多政协委员的提案，已经起草了《政策性农业保险条例（草案）》，建议政府尽快出台农业政策性保险，通过政府为农民买保费的形式降低农业和农民的风险。包括建立巨灾基金，以便重大灾害发生后可以迅速通过有力的补救措施来应对。

8.3.2　减缓与就业的协同

（1）减缓气候变化的行动对就业的影响是双向的

一方面，低碳能源技术和其他低碳商品和服务方面将形成新的市场，创造就业机会。

联合国环境规划署等（2008）对低碳技术和服务创造的就业机会进行了回顾（见表 8.7）。2006 年全球可再生能源生产领域创造的就业量超过 200 万，其中生物质能和太阳能供热吸纳的就业量最多，分别为 117.4 万和 62.4 万；风能和太阳能光伏创造的就业也在 10 万以上。中国、德国、美国、西班牙、巴西是可再生能源生产领域创造就业量最多的国家。

众多研究报告指出，减缓气候变化行动将带来可观的商业机会，低碳能源技术和其他低碳商品和服务方面将形成新的市场，每年价值数千亿美元。这些行业的就业机会也将相应扩大（联合国环境规划署等，2008；Greenpeace，the European Renewable Energy Council，2009；Center For American Progress，2009；Universidad Rey Juan Carlos，2009.）。

据罗兰·贝格公司（Roland－Berger Strategy Consultants）研究，到2020年，全球环境产品与服务市场预计将在目前每年1.37万亿美元的基础上实现翻番，达到2.74万亿美元。其中一半为节能市场，并且取决于可持续的交通、水资源供给、公共卫生以及废物管理之间的平衡。比如，到2030年，德国的环保技术市场将会增长4倍，在工业产值中的比例将达到16％，环保行业的就业人数将超过机床制造以及汽车等主要产业部门的就业人数。仅仅在欧洲和美国，在建筑物节能方面增加的投资就将新增200万～350万个绿色工作机会。在发展中国家，绿色工作的潜力则更大。

绿色和平与欧洲可再生能源理事会（EREC）（Greenpeace，European Renewable Energy Council，2009）共同发布的《拯救气候：创造绿色就业机会》报告称，在大力投资绿色能源产业的前提下，到2030年，可再生能源行业将提供690万个就业岗位，节能行业则提供另外110万个就业岗位。根据报告，与维持目前的高污染模式相比，投资清洁能源带来的就业机会是使用化石能源的2～8倍。到2030年，如果能实现大规模的从传统煤炭发电向可再生能源发电的转型，不仅会在全球范围内减少100亿吨CO_2排放，同时可新增270万个就业岗位。相反，由于煤矿资源开发的合并重组，全球煤炭行业的就业机会将从目前的470万个减少到2030年的140万个。同时如果中国继续推行积极政策，大力改善能源结构，到2020年，将会因之提供30多万个新的就业机会。

表8.7　可再生能源生产领域所创造就业量估计（在被选国家和世界范围内，2006年）

可再生能源	世界范围内	被选国家	就业量
风能	30万	德国	82100
		美国	38800
		西班牙	35000
		中国	22200
		丹麦	21000
		印度	10000
太阳能光伏	17万	中国	55000
		德国	35000
		西班牙	26449
		美国	15700
太阳能供热	多于62.4万	中国	600000
		德国	13300
		西班牙	9142
		美国	1900
生物能源	117.4万	巴西	500000
		美国	312200
		中国	266000
		德国	95400
		西班牙	10349
水力发电	多于3.9万	欧洲	20000
		美国	19000
地热能	2.5万	美国	21000
		德国	4200

资料来源：联合国环境规划署等，2008.

该研究还对未来绿色工作的整体的发展趋势进行了预测，发现可再生能源、回收行业、建筑行业将是未来绿色工作的主要来源（联合国环境规划署等，2008）。

但也有研究者对上述乐观观点提出了质疑，认为绿色工作能够对清洁经济增长、发展以及扶贫做出多少贡献，归根结底取决于这些工作的质量。目前的许多绿色工作质量很差，如回收领域的工作往往极其危险，会带来很多严重的职业安全、公共安全问题以及健康隐患，而且工作人员的工资、收入往往不能保障其生活；在生物燃料原材料生产中，也出现了严重侵犯劳工权、人权的例子。而且目前绿色工作产生速度太慢，无法切实解决世界上的失业和就业不足的问题。很少有绿色工作能够提供给最需就业的人群（青年、妇女以及发展中国家的贫困人口，还有深受气候变化影响的人）。在全球经济日趋非正规和不平等的背景下，创造高质量的劳动机会非常困难。

与能源、资本密集的制造业相比，劳动力密集型的第一产业和第三产业总体上表现为低碳排放、高附加值的特点。因此，积极发展第一产业（如林业、农副产业等）和第三产业（生产型服务业和消费型服务业），不但可以吸纳更多的城乡就业人口，增加收入，刺激国内家庭部门的需求，优化产业结构，推动经济增长，而且还可以减少单位产出的碳排放水平，从而促进就业和低碳化发展的双重目标的实现。一项对林业、电力企业的调查发现，碳汇林业的发展对就业具有较强的吸纳作用；火电企业开展节能减排后对就业的净效应为负，但是绿色投资拉动就业的间接效应远大于直接效应。因此中国节能减排政策及太阳能、生物燃料、风电、水电等清洁能源的发展，将带来大量的就业机会（王伟光等，2009）。

另一方面，减缓气候变化会造成大量中小型高耗能企业的工人失业。

"十一五"期间中国为了实现节能减排目标，采取的一个重要举措是上大压小，通过大规模淘汰落后产能，关闭各种中小型高耗能企业。据统计，中国电力行业在"十一五"期间关停7000台小机组，牵涉到关停的工作人员将近40万（王伟光等，2009）。以山西一家发电公司为例，该公司"上大压小"中，母公司共安排关停了15台发电机组共计80万容量，才获准建设出2台60万千瓦机组。而按照原国电火力发电厂98定员标准，两台60万机组可安置关停员工约为380人，而15台机组关停共需要分流近3600名员工，这其中差3200多名员工将面临失业危险。虽然目前中央财政安排了20多亿资金专门对一些边远困难的省份，在企业调整结构、安置职工、下岗培训等方面给予了20亿资金安排。但目前政策方面并没有出台对应措施解决这部分人的就业问题，目前对因小火电而关停的员工只有按《劳动合同法》规定的补贴，并没有额外的补贴，目前关于这部分资金的使用细则并没有出台，由此带来的失业问题依然很严峻。此外，这些潜在面临失业风险的人群多为较低教育水平，较低技能的工人，如要实现再就业，国家还必须提供下岗培训和开展能力建设。这些都是转型过程中所面临的巨大挑战（联合国开发计划署等，2010）。

对于那些受到绿色经济转型影响的部门以及那些不得不适应气候变化的部门来说，他们需要的是合理的转型。特定地区的行业往往会受到这种转型的严重打击，尤其是那些需要采取快速、全面措施以应对气候变化的部门。从历史来看，发展中国家的有些行业很少产生温室气体，对全球变暖承担的责任最小，但这些部门恰恰是最容易受气候变化影响且最需要适应气候变化的行业。

有研究指出，尽管从长期来看，其新创造的就业从数量上可以抵消这部分失业，但是需要注意的是，最后获得绿色就业机会的人和失业的人群中间并不是完全对等的。事实上可能存在着很大的错位，这就造成了我们通常所说的"结构性失业"的问题。正如上文提到的，国家必须为这些较低教育水平、技能的工人提供下岗培训和能力培训，以实现他们的再就业，而这是转型过程中所面临的一大挑战。尤其当这种情况发生在产业高度集中的某些地区时，对当地人们的生存生活产生的影响将更为巨大（Ana等，2009）。

（2）政府开展能力建设和再就业培训是实现减缓与就业协同的关键

为少数人提供绿色工作还不足以应对当今世界面临的环境和社会挑战，政府必须在其中发挥重要作用，其中，能力建设和再就业培训是关键。

在很多情况下，政府对工人和企业的支持非常必要。有价值的社会对话将有助于缓和紧张的社会气氛，同时也有利于实现成本共担，以及资源的有效分配。受到转型影响的工人和团体需要足够的社会保护,也需要获得全新的机会,包括积极的劳动力市场政策、收入保护、劳动力再培训、雇主和工会的宣传教育以及能力建设、创业精神的开发、为劳动力重新进入就业市场提供协助、为地方经济的多样化提供投资,创造新的工作机会(联合国开发计划署等,2010)。

此外,要对绿色工作发展和劳动力市场转变进行评估与监控,其中包括对间接就业、联动就业以及移位效应的评估和监控。在此过程中还应特别注意性别平等,要将弱势群体和地区包括进去。

国际劳工组织为合理转型提供了一个框架,包括指导企业实现可持续发展,为跨国组织以及实现公平的全球化提供指导意见等等。这个框架以及广泛的经验可以用于以下领域:积极的劳动力市场政策、收入保护、劳动力再培训、雇主和工会的宣传教育以及能力建设、创业精神的开发、为劳动力重新进入就业市场提供协助、为地方经济的多样化提供投资,创造新的工作机会等(联合国环境规划署等,2008)。

8.3.3　减缓与保障妇女权益的协同

(1)气候变化的影响在性别间存在差异,对妇女影响更大

气候变化的影响在性别间存在差异。贫困妇女,尤其是处在中国西部农村的女性,其边缘化地位和对农村当地自然资源的严重依赖,使之承受着更大的来自气候变化后果的负担和威胁。气候恶劣有可能导致这些妇女不得不为了取水、采集燃料和饲料等付出更多的劳动。在一些地区,气候变化会导致资源短缺和劳力市场的不稳定,这样会促使更多的男性劳力外出工作,而留下女性去从事繁重的农业生产及家庭劳作(UNDP,2008)。

联合国粮农组织(FAO)研究显示,中国农村女性在畜牧业生产、森林和水资源利用等农业领域起到重要作用。但是由于气候变化、生态退化等原因,这些工作都将变得更为艰难。在全球范围内,取水的任务都主要由妇女和儿童承担。在中国这样一个原本水资源就缺乏的国家,气候变化还将加剧水资源分布不均,使得女性和儿童取水的工作更为艰难(FAO,2009)。

此外,在气候变化带来极端气候事件的情况下,世界上部分地区的女性由于社会地位低下、受到宗教文化的限制等,阻碍了她们在遭遇飓风、地震和洪水等自然灾害时逃生和获得医疗救助的机会。另外,由于妇女通常在照顾病人上负担更多,当气候变化带来的高温和疾病传播加剧,女性不仅要付出更多的精力照顾病人,而且也更容易受到疾病的感染(UNDP,2009)。

(2)减缓气候变化的行动可能进一步损害妇女权益

由于妇女的整体收入水平在社会各个阶层均低于男性,尤其在偏远贫困地区的妇女受教育水平、接触先进生产技术的渠道均极为有限,导致其保障生活来源的手段也相对单一,一旦由减缓气候变化政策如碳税、能源消费上扬等导致其经济状况受到威胁,妇女应对困境的能力相对男性就要薄弱得多。为了减轻经济负担,更多的男性可能外出工作,妇女留在家里独立承担各种农活及其他家庭劳动会使其生存负担更为加重。另外,如果农村家庭经济负担过重,又会影响到下一代的受教育情况,而在农村,女孩往往比男孩更容易失去教育的机会,从而进一步影响女性的社会地位得以改善(UNDP,2009)。

(3)减缓气候变化的行动会给妇女带来新的潜在的就业机会

减缓气候变化的行动在对妇女产生不利影响的同时,也带来了新的潜在的就业机会。例如可帮助妇女参与到一些与能源密切相关的产业或项目如沼气利用、家庭用太阳能等小规模清洁发展机制中,使妇女从与可持续发展相关的国家或国际资助,技术转让与能力建设中受益。或者若使妇女能通过家庭作业帮助地方能源企业生产,也是一个很好的途径。

(4)减缓与保障妇女权益协同的实现

要促进减缓与保障妇女权益协同的实现,需要国家或地方同时可加大对妇女有关环境与发展低碳经济的宣传教育,建立健全的公众参与机制,使妇女获得更广泛的了解经济及环境的信息渠道,并能更多的参与国家在出台低碳政策时关系到妇女利益的决策,对自己的切身利益获得更多的发言权。另外,建立一些内地与港澳台、国际互通有无的妇女论坛,也能扩大妇女的知识与信息享有途径。

8.4 减缓与环境政策的协同

从 20 世纪 70 年代至今，中国的环境政策进展很大。从最初偏重污染控制到如今融入可持续发展理念，环境政策逐步走向成熟。环境政策作为综合政策的重要部分，对于减缓温室气体排放具有重要意义。

能源作为重要自然资源，是国家的战略资源，关系社会发展和经济安全。当前中国能源消费进入快速增长时期，能源需求和温室气体排放必然呈现增长趋势。今后 20～50 年，如何协调能源安全与控制温室气体排放之间的关系是中国面临的一个严峻挑战。

8.4.1 减缓与环境政策的相互关系

中国在经济发展过程中已经认识到环境保护的重要性，并把环境污染治理、环境质量改善等和经济发展一并作为优先领域。中国关于减缓与环境政策的协同效应可以概括为两个方面。一是通过控制局部污染物排放（如有害气体）的政策和技术，可以同时实现减少温室气体排放。二是通过生态建设，如植树造林等，也可以减少或吸收二氧化碳和其他温室气体，从而达到减缓的目的（胡涛等，2004）。

越来越多的研究和实践表明，如果实施了诸如控制大气污染物排放的环境政策，在减少大气污染物的同时，能够收获显著的温室气体减排效应。此外，通过实施环境政策，可以有效减少减排温室气体所需成本。许多温室气体与大气污染气体具有共同的排放源，实施控制其中一者的技术或政策，在很多情况下也能起到对另一者的抑制作用（IPCC，2007）。

除了减少人为温室气体排放，增加温室气体吸收汇也是减缓气候变化的主要方面之一。碳吸收汇指通过植物吸收，将大气中的二氧化碳固定于植被或土壤中，从而减少大气中二氧化碳浓度。合理的土地利用、土地利用变化和林业（LULUCF）活动能在一定程度上增强碳汇，在吸收有害气体的同时降低二氧化碳浓度，对于减缓气候变化具有重要意义。根据中国实际的森林规划，中国未来几十年的林业活动具有极大的碳汇潜力，预计未来 20 年内林业活动每年的碳汇潜力与温室气体排放量之比将呈上升趋势（《气候变化国家评估报告》编写委员会，2007）。

以上"协同效应"主要说明了减缓与环境政策之间的正面效应。事实上，减少温室气体排放与环境保护之间也存在相互矛盾。在削减传统污染物方面，如果燃煤电厂进行脱硫处理，会增加温室气体排放。在减排基础设施和设备等的研发和使用方面，如发展太阳能技术和产品，虽然最终生产的是低碳产品，但关键部件的生产过程可能会产生新的温室气体排放，也无法确定其废弃处理过程对环境是否具有负面影响（胡涛等，2004）。在一些传统部门，如煤炭发电厂，如果采取措施对电厂进行环保方面的改进，可能会因为技术锁定效应而使减排更加困难（潘家华等，2003）。在生态建设方面，由于人类活动对森林生态系统的间接影响，森林的固碳作用在几十年间会逐渐减少，甚至很可能成为未来的排放源。此外，随着大气二氧化碳浓度的持续增加，某些植物厌氧呼吸作用加强，光合作用的速率将减慢，固碳能力减弱。而人类活动干扰和环境本身的变化很可能使 LULUCF 增加的碳储量又释放到大气中，也将成为固碳不稳定的因素之一（《气候变化国家评估报告》编写委员会，2007）。

8.4.2 减缓与环境政策的协同

中国在减缓气候变化、向低碳经济转型过程中应该通过调整环境政策，制定协同控制大气污染物与温室气体排放的政策，实现能源节约、污染防治和减排温室气体的正面协同效应。调整环境政策，具体可以通过调整环境经济政策、环境技术政策、环境社会政策和国际环境政策等方面来实现。

（1）减缓与环境经济政策的协同

环境经济政策是以市场为基础，通过间接宏观调控纠正因市场失灵而导致的环境问题，使外部不经济性内部化。由于市场机制不完善，中国的环境经济政策并没有发挥应有的作用。面对应对气候变化的挑战，中国需要进一步完善激励机制，加大对温室气体减排的支持。

一是建立碳排放交易市场。2010年10月27日公布的《中共中央关于制定国民经济和社会发展第十二个五年规划的建议》提出,要"逐步建立碳排放交易市场"。这是首次以中央文件的形式,对"碳排放交易"给出明确的实施时间。中国已经在二氧化硫排污权交易制度方面建立了试点。应以此为基础,总结经验教训,并借鉴发达国家发展碳排放交易市场的经验,加快建立碳排放交易市场。

二是调整环境税收制度。开征针对高碳产品的环境税、资源税、碳税、进出口税等。通过对碳进行征税,一方面体现"污染者付费"原则,另一方面也可以推动企业积极寻求创新和节能技术,促进产业结构的转型。

三是利用金融手段促进低碳投融资。如绿色信贷政策和绿色保险政策,为生产低碳低污染产品和服务的企业提供优惠政策。2008年兴业银行采纳"赤道原则"①,为其他中国商业银行起了良好的示范作用。随着更多倾向应对气候变化的金融政策的实施,将逐步形成更加清洁低碳的投融资模式,支持能源节约和减排。

四是制定低碳投资政策。国家发展与改革委员会声明,从2010年11月起,所有固定资产投资的新项目都需要接受能源节约的审查,未能通过审查的项目将被拒绝。这是投资领域在温室气体减排方面的重要举措。未来需要进一步研究和制定低碳投资政策,引导清洁产业健康发展。

(2)减缓与环境技术政策的协同

低碳技术在应对气候变化方面起着重要作用,将低碳技术纳入环境技术政策对于减缓气候变化具有重要意义。

一是完善低碳科技创新机制。支持环境友好和低碳清洁技术的研发,一方面需要建立健全创新机制和低碳技术管理体系,另一方面需要加大对低碳技术的财政资金投入,为科技创新提供良好的环境。

二是在产品体系中引入生态标签(或碳标签)。目前许多发达国家通过推行生态标签标准(如德国的"蓝色天使"、加拿大的"环境选择"和日本的"生态标记"等),在引导消费者形成低碳意识的同时,督促企业生产环境友好型的产品(Assunção. L,Zhang. Z. X,2002)。碳标签已经在国际上形成了巨大趋势,向中国企业推行低碳产品认证是大势所趋。引入碳标签,在推动企业积极进行低碳技术探索和革新的同时,也能够增强中国企业的国际竞争力。在碳标签基础上,制定低碳产品标准,将低碳产品标识体系纳入中国环境认证体系中(刘正权等,2009)。为产品制定低碳标准相当于对企业温室气体排放提出限制,从而为减少温室气体排放作出贡献。

(3)减缓与环境社会政策的协同

环境社会政策主要指面向利益相关主体的环境宣传教育政策。应对气候变化不仅是各国政府的工作,更需要企业和公众的共同参与。为此,政府、企业和公众对于气候变化问题的理解非常重要。只有各利益主体认识到应对气候变化的重要性,加快形成环境友好、低碳清洁的生产方式和健康、可持续的生活方式,才能全面地为减缓气候变化形成相应体制和机制。需要通过多种媒体开展宣传教育,引导社会各界科学地看待气候变化问题。面向政府部门,将气候变化问题和低碳技术等内容纳入政府领导干部的培训体系。面向企业,定期向相关人员开展低碳技术和低碳企业培训,为企业打造绿色供应链管理体系,倡导全生命周期的清洁生产和服务。面向公众,应加强对青少年的宣传教育,将应对气候变化、可持续发展等知识和理念融入教育体系。此外,公众是消费市场的主体,应通过多种途径向公众宣传选择低碳产品、进行低碳消费的重要性,通过倡导公众改变消费习惯,促进产品供应链的"绿化"。

(4)减缓与国际环境政策的协同

应对气候变化是目前全球环境问题中最受关注的议题之一,各国都广泛地参与,希望在后京都国际气候制度制定过程中发挥相应作用。中国作为全球温室气体排放大国,应将应对气候变化和发展低碳经济作为国际环境政策的重要内容。出于国际压力和转变产业结构的需要,中国已经做出在2020年之前将单位国内生产总值碳强度下降40%～45%的具有挑战性的承诺,表明了中国应对全球气候变

---

① 赤道原则(the Equator Principles,简称EPs),是由世界主要金融机构根据国际金融公司和世界银行的政策和指南建立的,旨在决定、评估和管理项目融资中的环境与社会风险而确定的金融行业基准。它广泛运用于国际融资实践,并发展成为行业惯例。

化方面的决心和态度。然而,减缓气候变化需要大量的资金和技术投入。这需要中国积极地参与国际气候制度建设,充分利用清洁发展机制带来的减排机遇,促进环境友好和低碳清洁型技术向中国的转移和扩散。中国还需要有意识地引导投资向低碳领域发展。通过制定低碳投资规则,对外商投资进行管制,避免高碳排放产业向中国转移。通过制定绿色投资优惠政策,鼓励低碳生产技术和清洁管理模式在中国的传播。此外,中国需要积极地寻求和参与国际合作,为减缓气候变化提供多渠道融资和技术转移方式。近年来,中国已经与欧盟、美国、日本等国发表了关于加强气候变化领域合作的联合声明和宣言,未来将在气候领域展开技术、投资和贸易等方面的合作。为此,相关规则应尽快建立,为气候合作创造良好的环境。

8.5 减缓与适应的协同

人类社会应对全球气候变化有两条主要途径,一是通过减少温室气体排放和增加碳吸收汇来减缓气候变化,二是通过适当的行动,减少气候变化的不利影响和损失,适应气候变化。无论人类社会如何努力减排,由于气候系统的时滞效应,气候变化不仅目前已经发生,而且未来还将是一个不可避免的过程。因此,减缓和适应对于降低气候变化给人类社会带来的风险都是必要的,二者密切联系,缺一不可。然而长期以来,国际气候谈判对减缓问题的关注程度远远超过适应问题,尽管发展中国家对适应气候变化高度重视,迫切需要提高适应能力,但很大程度上,适应所需的资金和技术支持难以落实。

8.5.1 减缓和适应的差异性

减缓和适应从本质上说是应对气候变化的两个不同途径。其差异和内在矛盾代表了气候变化的重要特征,至少表现在以下三个方面(Klein 等,2003;巢清尘,2009):

首先,减缓和适应的空间和时间尺度的有效性不同。如果说这两种途径在某个地区或区域中能够很好地得以实施,那么减缓更具有全球效益,而适应的效益往往只在实施适应行动的特定层面或者系统。从时间尺度看,温室气体在大气层中的生命期一般为几十到几百年,今天采取的减缓行动的效果只有到数十年以后的未来才能显现出来,而适应措施通过降低系统对气候变化不利影响和利用有利方面的脆弱性,可以立即或在近期就见效。

其次,减缓和适应涉及的对象不同。对发达国家而言,减缓主要包括能源和交通部门。对发展中国家而言,还应该包括林业和农业等部门。相对于减缓,适应涉及的对象将具有更广泛的部门性,包括从农业、水资源、海岸带管理、城市规划和自然生态保护,到交通运输、电力设施保护、人体健康和旅游休闲等。这些部门的共同特点是受到气候变化直接或潜在影响,对象既包括个体人群,也包括国家经济实体。因此,对这些部门或者个体而言,气候变化受到普遍意义的关注。但是,投资者总是更关注市场效益,由于适应政策的实施很难在这些部门立即产生投资的回报,因此人们难以有很强的主观意愿将适应纳入政策决策的范畴。

第三,减缓和适应成本效益的可比性不同。尽管减缓行动多种多样,但所有减缓行动的目的都是减少温室气体排放,减缓行动的全球效益与减缓行动的发生地无关。不同减缓行动的减排量可以用统一的 CO_2 当量单位进行比较,如果减缓行动的执行成本是已知的,则可以对不同减缓行动的成本有效性进行分析和比较。但适应行动的效益很难用统一的度量单位来表达,某些效益属于非市场问题,无法用货币价值类衡量,例如人的生命,对生态系统的影响等。因此,不同的适应行动之间很难进行比较。为了克服这一难题,有学者提出一些间接的成本效益评价方法,例如,用采取适应措施后所避免的与气候相关的损失来衡量适应措施的效益,这就需要定量比较假设没有适应措施时气候变化对某一系统的潜在影响与采取适应措施后剩余的影响之间的差额,再减去执行适应措施所花费的成本,才能得到适应的净效益。但由于气候变化影响的预测和评价存在很大的不确定性,即使采取上述间接评价方法,对适应措施效益的定量分析和比较仍然是非常困难的。

8.5.2　减缓和适应的协同与权衡取舍

减缓和适应气候变化也存在一定的协同性,主要表现在三个方面。首先,实施政策的根本目标是一致的。作为应对气候变化的两种途径,都是为了确保降低气候变化对人类社会带来的损失和风险。

其次,减缓和适应之间存在"双赢"的空间。例如,植树造林,既有利于减缓,又有利于适应。不过在众多减缓和适应措施中,类似绝对意义上的"双赢"方案只是其中一小部分,仅仅依靠协同的气候政策,难以实现所期望的减缓或适应的目标。即使能够找到减缓和适应协同的政策措施,对其投资能否使产生的减缓和适应的净效益(即减少气候变化的损失)最大化还不得而知,因为分别将投资的一半用于更有效率的减缓或适应活动可能比投资于减缓和适应协同的政策措施的净效益更好(Klein等,2003)。

第三,减缓和适应都有益于催生与环境和可持续有关的外部效应。例如高耗能企业减排可以同时减少局地污染物,修建防洪基础设施等适应措施可能也有利于局地自然资源保护,发展旅游。

减缓和适应除上述协同作用之外,更多的时候处于此消彼长的权衡取舍关系。其中,减缓活动对适应的可能影响,人们可以从项目的环境影响评估中得到大致的了解,但人们对适应活动可能导致大量温室气体排放却往往认识不足。"适应性排放"至少来源于三类适应行动:

第一类适应性基础设施建设,如堤防、水坝以及改善供水系统等,工程建设增加了社会对碳密集的建筑材料的需求,如钢铁、水泥等,而这些建筑材料的生产需要排放大量的二氧化碳。其特点是一次性建设投入的资金和材料数量都非常巨大,一旦建成后,运行和维护的成本和材料消耗相对较少。

第二类是生产性适应行动,例如,农业生产中增加抗旱排涝设备和能源消费,也会增加温室气体排放。生产性适应措施的特点是根据生产规模以及气候极端事件的发生频率和强度做出经常性投入。

第三类是消费性适应,例如,随着生活水平的提高,人们的经济能力使改善居住和工作环境成为可能,个人必然增加购买和使用空调、冰箱、风扇等防暑降温设备,增加了能源消费和温室气体排放。消费性适应措施的特点除根据人口规模以及气候极端事件的发生频率和强度做出经常性投入之外,还与社会的经济发展水平和城市化发展进程密切相关。

发达国家与发展中国家在适应能力和未来排放需求上具有非常大的差异。发达国家已经基本完成了适应性工程的基础设施建设,今后只需要少量的运行和维护,碳密集的原材料消耗十分有限。而绝大多数发展中国家适应气候变化所需的基础设施很不完善,迫切需要加强工程性适应措施的建设,由此带来对适应性排放的巨大需求。除此之外,中国在满足生产性适应和消费性适应措施的需求上也面临严峻的挑战。

8.5.3　促进减缓和适应气候政策的协同

减缓和适应之间既存在一定程度的协同,又往往需要权衡取舍。能否在有限资金约束下,找到减缓和适应综合利益最大化目标下的最优点?国际学术界也有一些这方面的研究,进行模型模拟和优化计算。例如美国橡树岭国家实验室采用自下而上和自上而下两种不同的模式尝试进行减缓和适应的综合评价与分析(Wilbanks等,2007a,2007b)。

要找到最优点理论上看似可行,但现实中却非常困难。因为气候变化时间尺度长,影响空间是全球性的,行动效果具有非线性和不可逆性,不同社会群体的利益、价值取向和各自偏好不同,气候变化和社会经济影响分析存在巨大不确定性,况且最优点的确定直接取决于采用怎样的决策标准和决策框架。由此可见,所谓减缓和适应的最优组合,应随时间变化而变化,因具体对象、具体情况不同而不同,因此很难简单地通过模型来确定。

然而,促进减缓与适应的协同,寻求共赢是人类应对气候变化不能不面对的严峻挑战。在全球尺度上,全球长期目标,无论采用大气中温室气体的稳定浓度或者全球升温上限等不同形式,都会不可避免地涉及减缓和适应之间的权衡。长期以来,科学家对于全球气候变化的阈值问题开展了许多研究和讨论,并没有得出唯一的答案(IPCC WGII,2007),只能作为一个政治决策留给谈判解决。2009年在意大利召开的8国首脑峰会和主要经济体能源和气候变化论坛,共同关注到控制全球升温不超过2度的目标,为达成政治共识打下基础,哥本哈根会议已将 2 度目标进一步法律化,并推进该目标的具体化。建立 2012 年后的国际气候制度,应该坚持减缓与适应并重的原则。强调发展与公平,在可持续发展框架下应对气候变化问题,不断提高减缓和适应气候变化的能力。

相比而言,在区域尺度上,或者针对具体部门,有关减缓和适应的协同问题越来越受到重视。2010 年,IPCC 就人居与基础设施建设中的减缓和适应战略专门召开专家研讨会,促进和鼓励对这一问题开展进一步的研究。根据专家估计,2007 年世界上已有 33 亿人生活在城市,超过了全球人口总数的 50%,标志着全球已进入城市社会阶段。随着世界人口城市化进程加快,到 2030 年,城市人口比例将扩大到 60%,城市人口总数将达到 50 亿左右。在全球城市化的大趋势下,作为发展中大国,中国的城镇化发展无论从规模还是速度,都是其他国家无法比拟的。中国已进入城镇化加速时期,城镇化率将很快超过 50%,未来大规模城镇化的趋势仍将持续一段相当长的时间。预计未来 15~20 年,将会新增加 3.5 亿的城市人口,城市人口总数预计将会超过 10 亿。有研究预测,2050 年中国城镇人口可能达到 75%,接近发达国家的城市化水平(国际欧亚科学院中国科学中心,2010)。

城市一方面是温室气体的重要排放源,根据国际能源署(IEA)《世界能源展望 2008》报告的数据,城市能源消费大约占全球总量的 67%。随着全球城市化进程,城市排放二氧化碳占全球的比重将从 2006 年的 71% 增加到 2030 年的 76%(IEA,2008)。城市不仅自身工业、交通、建筑和能源供应直接排放大量的温室气体,往往还需要输入大量的食品和能源,产生间接排放。另一方面,城市由于人口、经济活动和基础设施密集,对气候变化的不利影响又特别脆弱。2011 年 5 月,联合国人类住区规划署(HABITAT)发布《城市与气候变化》报告(UN-HABITAT,2011),旨在使各国政府和公众进一步了解城市对气候变化产生的影响和气候变化对城市产生的反作用,以及各城市正在采取的减缓和适应气候变化的行动。报告强调减缓和适应并重,从而保障城市以一种更加具有可持续性和适应性的方式向前发展。在快速城市化过程中,消耗能源和排放的绝对增长是不可能避免的,但通过低碳城市规划和建设,协同减缓与适应,在能源供应、交通体系、建筑、水资源管理、废弃物管理、人体健康、投资、保险等诸多领域,既考虑到未来气候变化的影响,同时尽可能节约能源,减少排放,努力提高城市的减缓和适应能力,却是大有可为的。目前,国内开展了大量有关低碳城市建设和城市适应气候变化的研究,但综合考虑城市减缓与适应协同的研究还刚刚起步。

8.6 综合应对气候变化,促进绿色经济转型

气候变化归根到底是发展问题,应对气候变化就是要走可持续发展之路,要求兼顾经济增长、社会公平与环境保护目标,将气候变化政策纳入国民经济社会规划。

从国际经验看,发达国家应对气候变化的战略和政策也贯彻了综合应对的思路,气候变化政策不只针对气候变化本身,而且兼顾了多重目标,是将气候政策与能源经济发展相结合的综合应对战略。

例如,欧洲理事会 2007 年提出综合解决能源和气候变化问题的决议,其核心内容是"20-20-20-10"行动——即承诺到 2020 年将欧盟温室气体排放量在 1990 年基础上减少 20%,若达成的新的国际气候协议中,其他发达国家承诺相应大幅度减排且先进发展中国家也承担相应义务,欧盟将承诺减少 30%;将可再生能源在总能源消费中的比例提高到 20%,其中生物质燃料占总燃料消费的比例不低于 10%。为达成上述目标,欧盟委员会于 2008 年 1 月 23 日提出"气候行动和可再生能源一揽子计划",具体包括四个方面的主要内容:一是为各成员国设定强制性的可再生能源发展目标;二是为非欧盟温室气体排放交易机制涵盖领域制定温室气体排放上限;三是扩大和加强欧盟温室气体排放交易机制;四是制定关于碳捕获和封存以及环境补贴的新规则。欧盟的一揽子计划综合了可再生能源目标、基于排放贸易的市场机制、技术发展以及环境政策手段,期望在减少温室气体排放的同时不仅增进能源安全,创造潜在的"绿色岗位",减少大气污染,更重要的是,促进研发和创新从而获得技术和竞争力的大幅提升。

2009 年 6 月 26 日,美国众议院通过了美国清洁能源与安全法案,分清洁能源、能源效率、减少温室气体排放、向清洁能源经济转型以及农业和林业相关减排抵消等五大部分,对发展可再生能源、碳捕获

和封存技术、低碳交通燃料、清洁电动汽车以及智能电网,提高包括建筑、电器、交通运输和工业等所有经济部门的能效,设定温室气体减排路径以及相关的市场机制,保护国内企业竞争力并逐渐向低碳能源经济转型,农业和林业减排抵消计划等方面的政策进行了详细阐述。主要国内政策包括:明确可再生能源发展目标,提高可再生能源在电力供应部门的比例,以电力、建筑和交通部门为重点促进节能和提高能效,建立限额—贸易市场机制,鼓励相关低碳技术的研发和应用等。该法案以保护美国的竞争力为主导,还提出了有条件的资金和技术转让以及必要时采取碳关税等措施。由此可见,尽管目前该法案暂时搁浅,但通过增强经济竞争力、保障能源安全、保护环境以及改善能源服务来减缓气候变化,是美国制定气候政策坚持的一贯立场。

从中国的发展现实看,面临国际和国内的双重压力。南非德班召开的气候公约第 17 次缔约方会议在延长《京都议定书》第二承诺期的同时,建立德班增强行动平台特设工作组启动了一个新的谈判进程,目标是在 2015 年前制定一个适用于公约所有缔约方的法律工具或法律成果。中国温室气体排放已位居世界第一,人均排放也增长较快,未来 10 年中国面临国际减排压力剧增。国际社会期望中国承担更多的义务。从国内需求看,"十二五"是中国全面建设小康社会的关键时期,也是深化改革开放、加快转变经济发展方式的攻坚时期。"十一五"期间节能减排的成绩来之不易,"十二五"时期继续推进难度加大。中国需要从基本国情和发展阶段的特征出发,尽早制定和完善综合应对气候变化的国家战略和相关政策,促进向绿色经济转型。这是全球发展的大势所趋,也是中国可持续发展的必由之路。

参考文献

《气候变化国家评估报告》编写委员会.2007.气候变化国家评估报告.北京:科学出版社.

2050 中国能源和碳排放研究课题组.2009.2050 中国能源和碳排放报告.北京:科学出版社.

巢清尘.2009.气候政策核心要素的演化及多目标的协同.气候变化研究进展,**5**(3):151-155

陈国华.2011.论我国应对气候变化与国家能源安全问题的策略.能源与环境,(5):2-5.

崔民选主编.2009.能源蓝皮书:中国能源发展报告(2009).北京:社会科学文献出版社

董秀成.2009.立足国内才能保障中国能源安全.绿叶,**10**:36-40

国际欧亚科学院中国科学中心.2010.中国城市发展报告 2009.北京:中国城市出版社.

国家统计局.2011.中国统计年鉴 2010.北京:中国统计出版社.

国家统计局.2012.中国统计年鉴 2011.北京:中国统计出版社.

胡涛,田春秀,李丽平.2004.协同效应对中国气候变化的政策影响.环境保护,(9):56-58

胡宗义,蔡文彬.2007.能源税征收对能源强度影响的 CGE 研究.湖南大学学报(社会科学版),**21**(5):57-61.

姜克隽,胡秀莲,庄幸,刘强.2009.中国 2050 年低碳情景和低碳发展之路.中外能源,**14**(6):1-7.

李建武,陈其慎.2010.能源安全与减排:双目标条件下的政策措施分析.中国矿业,**19**(5):1-4.

李周,孙若梅,高岭,等.1997.中国贫困山区开发方式和生态变化关系的研究.太原:山西经济出版社.

联合国环境规划署(UNEP),国际劳工组织(ILO),等.2008."绿色就业:在低碳、可持续发展的世界实现体面劳动". www.ilo.org/wcmsp5/groups/public/—dgreports/—dcomm/documents/publication/wcms_098503.pdf.

联合国开发计划署,中国人民大学.2010.中国人类发展报告 2009/10.北京:对外翻译出版社.

刘俊伶.边境碳条件下中国对外贸易碳排放研究[D].2011.

刘正权,陈璐.2009.低碳产品和服务评价技术标准及碳标签发展现状.中国建材科技,**S2**:69-78.

绿色和平,乐施会.2009.气候变化与贫困——中国案例研究.

麦肯锡.2009.中国的绿色革命——实现能源与环境可持续发展的技术选择.http://www.mckinsey.com/locations/chinasimplified/mckonchina/reports/china_green_revolution_report_cn.pdf.

毛清华,湛敬贤,程卫霞.2010.国内外风电设备制造企业比较研究.生态经济,(11):161-163.

茅于轼,盛洪,杨富强,等.2008.煤炭的真实成本.北京:煤炭工业出版社.

潘家华,庄贵阳,陈迎.2003.减缓气候变化的经济分析.北京:气象出版社.

齐晔,李惠民,等.2009.中国进出口贸易中的隐含碳估算.中国人口?资源与环境,**18**(3):8-13.

齐晔,等.2011.中国低碳发展报告 2011—2012.北京:社会科学文献出版社.

世界银行. 2008. 中国第十一个五年规划：中期进展报告评估.

孙猛, 刘娜, 等. 2011. 基于低碳经济背景下的低碳旅游扶贫模式构建研究——以莫莫格国家级自然保护区为例. 经济研究导刊,(14):107-110.

王灿, 陈吉宁, 邹骥. 2005. 基于CGE模型的CO2减排对中国经济的影响. 清华大学学报(自然科学版), 12:1621-1624.

王伟光, 郑国光. 2009. 应对气候变化报告(2009):通向哥本哈根. 北京:社会科学文献出版社.

魏涛远, 格罗姆斯洛德. 2002. 征收碳税对中国经济与温室气体排放的影响. 世界经济与政治, 8:47-49.

熊煜华. 2011. 中日进出口贸易中的内涵碳研究[D].

余乐安, 汪寿阳. 2007. 中国能源安全与战略选择. 科学时报.

俞海. 2009. 绿色投资:以结构调整促进节能减排的关键. 环境经济,(增刊1):74-79.

张明文, 张金良, 谭忠富, 王东海. 2009. 碳税对经济增长、能源消费与收入分配的影响分析. 技术经济, 28(6):48-51.

张树伟. 2007. 基于一般均衡模型(CGE)框架的交通能源模拟与政策评价. 北京:清华大学博士学位论文.

张宇燕, 管清友. 2007. 世界能源格局与中国的能源安全. 世界经济,(9):17-30.

中国可再生能源学会风能专业委员会. 2010. 2009 中国风电发展. [China Renewable Energy Association, Wind Energy Professional Committee. China Wind Development 2009[R],2010.]

中国社会科学院气候变化绿皮书编撰委员会. 2009. 应对气候变化报告(2009):通向哥本哈根. 北京:社会科学文献出版社.

周发兴. 2007. 中国政府投资政策转变及其影响研究. 武汉:华中科技大学.

周毅, 李旋旗, 赵景柱. 2008. 中国典型生态脆弱带与贫困相关性分析. 北京理工大学学报, 28(3):260-262.

Ana Belén Sanchez, Peter Poschen. 2009. The social and decent work dimensions of a new agreement on climate change. http://www. ilo. org/wcmsp5/groups/public/—dgreports/—integration/documents/briefingnote/wcms_107814. pdf.

Bauen A. 2006. Future energy sources and systems—Action on climate change and energy security. Journal of Power Sources, 157(2):893-901.

BP. 2009. BP Statistical review of world energy 2009.

BP. 2011. BP Statistical Review of World Energy 2011

Center For American Progress. 2009. The Economic Benefits of Investing in Clean Energy.

Chen Wenying. 2005. The costs of mitigating carbon emissions in China: Findings from China MARKAL-MACRO modeling. Energy Policy, 33(7):885-896.

Food and Agriculture Organization of the United Nations. http://www. fao. org/sd/WPdirect/WPre0107. htm.

IEA. 2008. World Energy Outlook 2008.

IEA. 2009. World Energy Outlook 2009.

IEA. 2011. World Energy Outlook 2011.

IPCC. 2007. Climate Change 2007:Mitigation of Climate Change of Working Group III to the Fourth Assessment Report of the Intergovernmental Panel on Climate Change. Cambridge: Cambridge University Press.

Klein R J T, Huq S. 2003. Climate Change, Adaptive Capacity and development. Imperial College Press.

Liu L and Ma X. 2011. CO2 embodied in China's foreign trade 2007 with discussion for global climate policy. Procedia Environmental Sciences, 5:105-113.

Turtona H, Barretob L. 2006. Long-term security of energy supply and climate change. Energy Polity, Elsevier.

UNDESA. 2009. Promoting Development, Saving the Planet. World Economic and Social Survey 2009.

UNDESA. 2007. World Population Prospects: The 2006 Revision, www. un. org/esa/population/publications/wpp2006/WPP2006_Highlights_rev. pdf.

UNDP. 2009. Resource Guide on Gender and Climate Change. http://www. un. org/womenwatch/downloads/Resource_Guide_English_FINAL. pdf

UNDP. 2011. Human Development Report.

UN-HABITAT. 2011. Cities and Climate Change. http://www. unhabitat. org/downloads/docs/GRHS2011_Full. pdf

Universidad Rey Juan Carlos. 2009. Study of the effects on employment of public aid to renewable energy sources.

Wilbanks T J, Leiby P, et al. 2007a. Toward an integrated analysis of mitigation and adaptation: some preliminary findings, Mitigation & Adaptation Strategies for Global Change, 12:713-725

Wilbanks T J, Sathaye J. 2007b. Integrating Mitigation and Adaptation as Responses to Climate Change: a Synthesis. Mitigation & Adaptation Strategies for Global Change, 12:957-962